四川省
生态环境政策研究报告

四川省环境政策研究与规划院
长江黄河上游生态屏障建设研究智库 编著

2022

SICHUAN SHENG
SHENGTAI HUANJING
ZHENGCE YANJIU BAOGAO 2022

中国环境出版集团 · 北京

图书在版编目（CIP）数据

四川省生态环境政策研究报告. 2022 / 四川省环境政策研究与规划院，长江黄河上游生态屏障建设研究智库编著. -- 北京 : 中国环境出版集团，2024. 6. -- ISBN 978-7-5111-5897-0

Ⅰ. X-012

中国国家版本馆 CIP 数据核字第 202466N41A 号

出 版 人 武德凯
责任编辑 曹 玮
文字编辑 刘 露
封面设计 彭 杉

出版发行 中国环境出版集团
（100062 北京市东城区广渠门内大街 16 号）
网 址：http://www.cesp.com.cn
电子邮箱：bjgl@cesp.com.cn
联系电话：010-67112765（编辑管理部）
010-67113412（第二分社）
发行热线：010-67125803，010-67113405（传真）

印 刷 北京中科印刷有限公司
经 销 各地新华书店
版 次 2024 年 6 月第 1 版
印 次 2024 年 6 月第 1 次印刷
开 本 787×1092 1/16
印 张 37.25
字 数 700 千字
定 价 149.00 元

编委会

主　编　罗　彬

副主编　王　恒

编　委（按姓氏拼音排序）

常明庆　陈明扬　陈奕彤　成亚薇　邓　冉
刁　剑　杜　敏　付思文　谷　丰　何　蓉
贺光艳　黄　庆　黄　田　孔茹芸　李　丁
李淑丽　李言洁　林佳丽　刘冬梅　罗媛凤
潘　哲　邱利平　任春坪　沈仙霞　孙　洁
唐书培　田梦莎　汪　洋　王　博　王金华
王　维　文新茹　吴　优　向　柳　向蔓菁
向仕甜　向语兮　肖君实　肖熙葶　肖雪琳
谢　怡　谢义琴　徐　豪　薛文安　于　瀛
张豇浜　张凌杰　张　璐　张卫兵　赵康平
郑淋峰　郑勇军　周　鑫　诸　莎

序　言

旗帜指引方向，核心领航未来。党的十八大以来，四川省以习近平新时代中国特色社会主义思想为指导，坚定走生态优先、绿色发展之路，不断筑牢长江黄河上游生态屏障，奋力谱写美丽中国的四川篇章。四川省环境政策研究与规划院（以下简称省政研规划院）始终胸怀“国之大者”，凝聚政研规划之力，围绕生态环境保护工作开展战略性、前瞻性和全局性研究，致力于服务生态环境高水平保护和经济社会高质量发展，为四川生态环境保护贡献智库力量、提供科技支撑。

习近平总书记指出：“调查研究是做好工作的基本功。一定要学会调查研究，在调查研究中提高工作本领。”2022 年是省政研规划院成立 3 周年。3 年来，全院坚持把调查研究贯穿于做好服务生态环境保护工作的全过程，围绕全省生态环境重点工作、热点难点问题，组织全院职工深入实践、深入基层、深入群众，下深水、调实情、研对策，着重培养在实践中提高发现问题、分析问题和解决问题的能力，形成系列环境政策与环境战略研究成果。

本书汇编了 2022 年省政研规划院在碳达峰路径研究、成渝地区双城经济圈生态共建环境共保、美丽四川建设、生态环境保护规划、生物多样性保护、环境信息依法披露制度改革、中央生态环境保护督察、土壤污染防治、噪声污染防治等生态环境领域调研、钻研与科研的优秀成果，共 66 篇文章，呈现了全院关于完整准确全面贯彻新发展理念、以生态环境高水平保护推动经济高质量发展的研究与思考，有力回应了全省有关生态环境保护的一系列战略部署和重点任务。

2022 年，省政研规划院紧紧围绕服务中心大局，集全院之力量，以笔为剑、以墨为锋、以美丽四川建设为图景，为四川省生态环境治理提供智力支撑。未来，省政研规划院将始终坚定以习近平新时代中国特色社会主义思想特别是习近平生态文明思想为指导，心怀“国之大者”，锚定省委“总牵引、总抓手、总思路”，在咨政建言、科技创新、基层服务等方面积极发挥作用，助推美丽四川建设迈出新步伐！

由于时间仓促和编者水平有限，书中难免有不足之处，敬请读者批评指正！

编委会

2023 年 12 月

目　录

实践探究篇

决策咨询篇

政策法治篇

实践探究篇

关于美丽大渡河建设路径探索的思考建议

摘　要：美丽河湖保护与建设是贯彻落实习近平生态文明思想、推进美丽中国建设的重要实践，是建设美丽中国好经验、好做法的集中展示和具体体现。对于富有“千河之省”美誉的四川来讲，建设美丽河湖，确保一江碧水向东流，不仅是建设美丽中国、美丽四川的重要组成，也是不断提升人民群众获得感、幸福感、安全感的重要抓手。目前，大渡河流域仍然存在尚未建立流域水电开发统一调度机制、小水电整改未到位、流域电力输出受限、水土流失严重、美丽河湖建设思路不清晰等问题，省政研规划院探索提出了美丽大渡河建设路径，即应探索流域绿色开发新模式，建设新型清洁能源基地。以水陆统筹生态环境保护修复为核心，筑牢生态安全屏障。挖掘大渡河流域历史人文及优美自然风光价值，创建富裕、亮丽、红色、多民族团结融合的大渡河。建立健全流域上下游水电站协同调度机制，共享“绿色清洁循环发展、山环水韵和谐共生、多样文旅产业融合、上下库群统筹调度”的美丽大渡河建设硕果。

关键词：大渡河；美丽河湖建设；路径探索

一、美丽大渡河的水韵人文

大渡河流域物华天宝、人杰地灵，囊贡嘎山“山中之王，蜀地之巅”的高耸丰饶之壮美；蕴金口大峡谷“地质天书、旷世幽谷”的壁立千仞之奇观；含14座梯级水电站“高峡出平湖，当今世界殊”的巧夺天工之奇迹；承泸定桥“大渡桥横铁索寒”的红军飞夺天险之壮举；袭成昆铁路“为有牺牲多壮志，敢教日月换新天”的中国铁道兵之伟绩；展乐山大佛“莲身凭岸起，鹫岭倚云开”的三江汇流之和谐……这数不完的风光与人文交结在一起，构成一幅多彩多姿的美丽大渡河画卷。

（一）流域位置优势突出

大渡河是岷江一级支流，长江二级支流，位于青藏高原东南边缘向四川盆地西部的过渡地带。河流发源于青海省境内的果洛山南麓，流经青海省、四川省，于乐山市草鞋渡左纳青衣江，至乐山萧公嘴汇入岷江，流域面积7.72万km^2（不含青衣江），河长1 074 km（四川省875.6 km），其水系见图1。四川境内流经阿坝藏族羌族自治州（以下简称阿坝州）、甘孜藏族自治州（以下简称甘孜州）、雅安市、凉山彝族自治州（以下简称凉山州）、乐山市 5 个市（州）23 个县（市、区）（见附表 1），多年平均水资源量 443.44 亿 m^3，多年平均径流深 658.8 mm，河口多年平均流量 1 988 m^3/s，多年平均天然年径流量 627 亿 m^3，是黄河流域的 1.17 倍①。

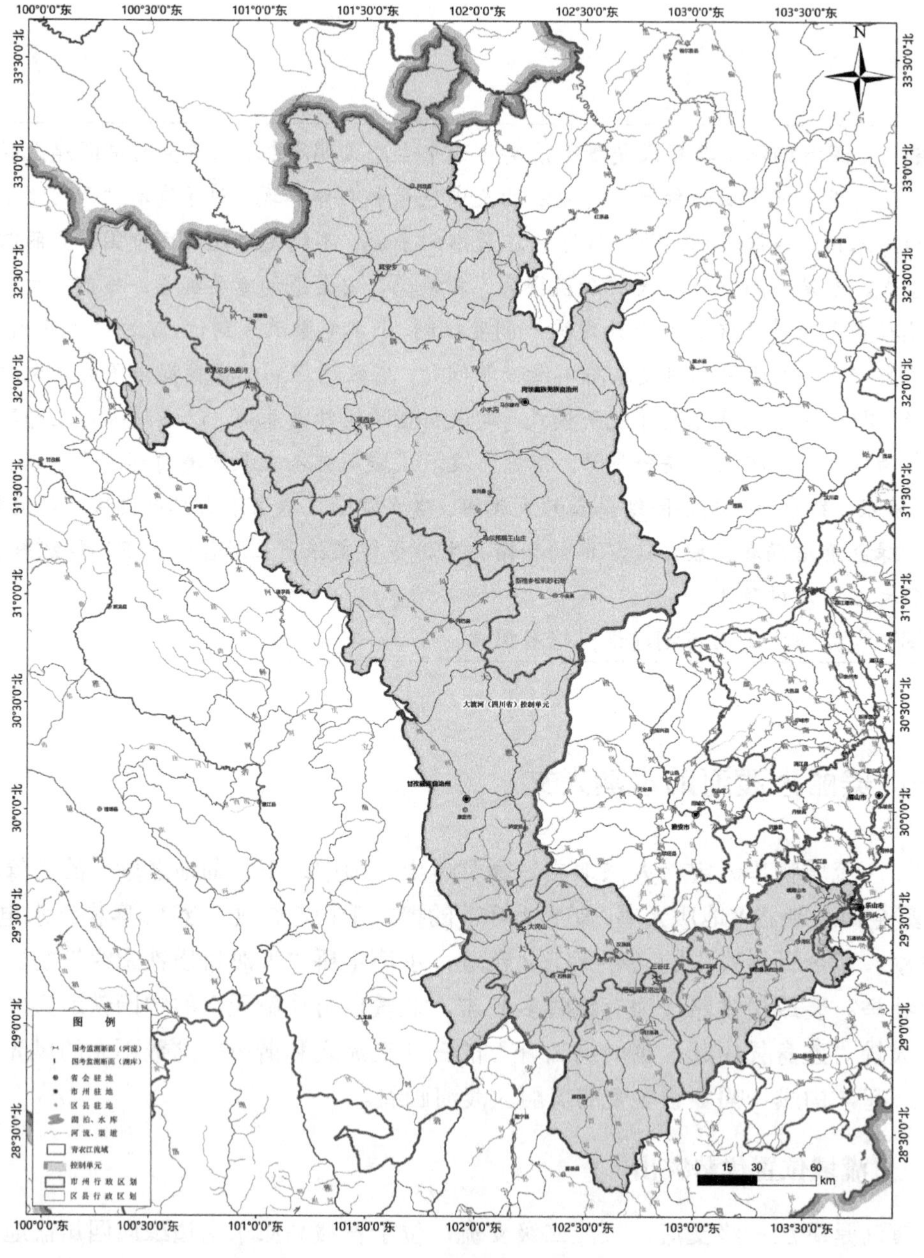

图 1　大渡河流域水系

① 根据《黄河流域综合规划》（2012—2030 年）成果，1956—2000 年黄河流域多年平均天然年径流量为 534.8 亿 m^3。

（二）生态环境禀赋独厚

大渡河流域既是川青生物多样性保护和青藏高原生态屏障的重要组成部分，又是长江上游水源涵养地，流域地貌多样、地形复杂，森林植被覆盖广阔，生物多样性突出，水生态环境优良。“十三五”期末，大渡河流域 5 个国考断面水质均达到Ⅰ～Ⅱ类，全国重要江河湖泊水功能区水质达标率完成年度目标要求。“十四五”期间，大渡河流域国考、省考断面数分别增至 10 个、12 个，2021 年国考、省考断面均达到或好于Ⅲ类。其中达到Ⅱ类及以上的均为 10 个，分别占比 100%、83.3%，大渡河流域以Ⅱ类水为主体的水环境治理体系不断巩固。大渡河流经全球八大候鸟迁徙通道之一的东亚至西澳大利亚和中亚（南北）迁徙通道重叠处，全年有大量的珍稀鸟类在此过境或栖居。流域内规模最大的瀑布沟黑马鱼类增殖站和猴子岩鱼类增殖站，近年累计增殖放流约 915 万尾珍稀鱼苗，枕头坝一级和沙坪二级 2 座竖缝式鱼道，开展了长薄鳅、青石爬鮡、侧沟爬岩鳅等珍稀鱼类人工繁殖关键技术研究。流域梯级水电站群在拦沙方面的综合效益也非常突出，以瀑布沟水库为例，每年能为长江中下游减少约 2 400 万 t 的泥沙下泄，泥沙净化能力能持续 70 年至 100 年。

（三）清洁能源优势突出

大渡河年径流丰沛稳定，是四川水能资源丰富的三大河流之一，在国家规划的十三大水电基地中排名第五。其干流下尔呷以下河段共规划 28 座梯级电站（14 座已建，3 座在建，11 座开展前期工作），规划总装机容量约 2 675 万 kW（见附表 2）。拥有世界第一高坝（高 315 m）的双江口电站 2024 年建成后，连同下尔呷、瀑布沟总调节库容达 76.29 亿 m^3，干流径流将具备年调节能力。“十三五”期间，大渡河流域装机容量已达 1 744 万 kW，累计发电量达到 1 565 亿 kW·h，实现二氧化碳减排超 1.56 亿 t。方家山、新林、沙坪等 3 座水电站入选水利部 2020 年度绿色小水电示范电站名单（四川入选 13 座），取得良好的社会反响和示范效应。大渡河流域的风电、光伏开发在保护生态环境、促进节能减排等方面同样发挥着积极作用。阿坝州、甘孜州、凉山州有序推进大渡河中、上游建设水风光一体化可再生能源综合开发基地，并以调节性蓄水电站为依托，通过冬春季“风能+光能+抽水储能电站”与水电调峰模式解决枯水期电量波动问题。

（四）红色文化底蕴深厚

大渡河是一条红色的“民族河、文化河、英雄河”，这里有丹巴甲居藏寨、红五军团政治部遗址、红军飞夺泸定桥纪念馆、中国工农红军强渡大渡河纪念馆、红军胜利场安顺古镇、川西茶马古道要塞磨西古镇等一批优秀的文化古迹。在这里可以欣赏“山顶积雪皑皑，山腰树林葱葱，山脚海子粼粼”风光下的乡土民居与田园牧歌式的画卷；可以感受石棉县以建设幸福美丽和谐新安顺为目标，建设宜居宜业的红色文化生态特色村，用红色文化的传承与弘扬助推乡村绿色发展的信心；可以体会汉源县将青山、绿水、花海、果香等特色作为自己的“肤色”，打造川西最具魅力的“阳光水韵·康养新城”的雄心；也可在铁道兵博物馆里领会铁道兵“逢山凿路，遇水架桥，铁道兵前无困难”的志在四方的恒心；更可通过峨边大渡河水文化博览馆记录的水电发展历程，体会峨边人在困难和挫折中艰苦奋斗开展水电建设的决心。

二、美丽大渡河的关键症结

“美丽河湖”是美学意识延伸至生态文明领域的具体体现，是绿水青山之美与生态文明之兴的有机结合，是人民群众共享生态红利的重要内容。大渡河流域建设美丽河湖虽然优势突出、特色鲜明，但是由于水电开发缺乏统一调度、小水电整改尚未到位、清洁能源输出受限、水生生物多样性下降、水土流失严重、文化旅游产品整合度低、绿水青山向金山银山转化不畅、乡村振兴尚待加强等“美中不足”，美丽大渡河建设工作仍然任重道远。

（一）生态环境保护有短板

三州地区环保基础设施历史欠账多，污水处理设施及配套管网的建设工作起步晚，县城及乡镇的污水收集配套管网建设滞后，污水收集率低。水资源消耗总量和强度“双控”管理还需进一步加强。部分市（州）违规占用河滩地、挤占水生态空间还需逐步解决，河道管理范围内存在开发利用项目“占而不用、多占少用、深水浅用”，以及专用码头、公共码头岸线使用不合理现象，挤占了大渡河的生态空间。同时，大渡河流域为中国地质灾害高易发区，现有地质灾害隐患点 2 212 处，以滑坡和泥石流为主，目前水土保持信息化建设仍待加强，建设项目水土保持监测工作开展情况普遍不理想，部分建设项目虽编制了水土保持方案，但未严格落实措施或落实措施未达到设计要求。

（二）清洁能源开发不全面

流域尚未建立统一调度机制。大渡河流域梯级电站分属不同开发主体，尤其是中上游猴子岩至瀑布沟河段，条块分割、各自为政问题突出，不同业主间因调度目标不一致难以统筹优化，影响到汛期防洪安全、枯期生态流量保障与电力供应保障。全国主要流域“弃水”主要发生在四川省，受产能过剩以及送出受限等问题影响，造成大渡河流域在四川主网中弃水情况突出，干流“弃水”电量约占全省的 57%；康甘、九石雅为大渡河流域电站四川 500 kV 省内送出通道阻塞最为严重断面，受限率分别达到 62%、45%。部分小水电业主虽完成生态流量泄放措施和在线监测设施安装，但是存在使用不规范，监管不严、不实等问题，如 2021 年 3—4 月，泸定县海螺沟燕子沟、冰川河流域小水电以检修之名，导致生态流量下泄不足，减水严重，河道几乎干涸。

（三）美丽河湖建设思路不清晰

大渡河流域虽特色鲜明，但离美丽大渡河建设仍有差距。首先，美丽大渡河保护与建设路径尚不清晰，目前各地正处于“为什么建设、建设什么样的、如何保护与建设”的起步阶段，对美丽河湖保护与建设没有一个清晰的认识。其次，建设规划的整体性思考不全，由于创建工作起步阶段的局限性，对于建设工作尚未建立明确目标，更未形成合力，各地工作还没有站在全流域的角度来进行长远谋划，进而无法实现“治理一处河湖，美丽一片区域”的目标。最后，区域协同性有待提升，大渡河流域涉及 5 个市（州）23 个县（市、区），地区一体化协作关系尚未形成，部分规划各自为政，发展定位协同不够，特色产业、产品、品牌协调不足，流域、区域一体化高质量发展和高水平保护的意识尚未全面形成。

三、美丽大渡河保护与发展的建设路径

在美丽大渡河的建设上要聚焦落实山水林田湖草沙冰一体化保护和系统治理的要求，拓展绿水青山就是金山银山理念在大渡河流域的转化路径，以守护生态就是创造最普惠民生福祉的总思路，让生态保护筑基高质量发展，让百姓共享生态红利，让人民切切实实地收获到“金山银山”，努力走一条具有流域特色的美丽河湖建设示范之路。

（一）凸显清洁水道之美，打造多能互补的创新模式

充分利用水、风、光等自然资源，大力发展水电、风电、光伏、氢能等清洁能源产业，加快培育制氢装备制造、储存装备制造等产业，建设大渡河中、上游风光水一体化可再生能源综合开发基地，打造甘孜州国家级可再生能源多能互补示范基地，促进流域能源绿色高质量发展，为流域实现碳达峰碳中和提供保障。建设新型绿色水电站，恢复库区边坡生态，建立健全流域多业主协同调度机制，统筹考虑防洪、生态安全及电力供应需求，制定优化调度方案，落实已建、在建水利水电工程生态流量泄放及相关保障措施，提高水资源利用效率。

推进川渝电网特高压交流网架建设，实施川渝特高压联网工程，实现四川特高压交流环网与重庆特高压交流联网，增强四川水电外送能力和川渝电网灵活性，解决大渡河上游新投电站和现有康甘断面送出受限问题。加大对可再生能源消纳配额制的实施和监管力度，完善四川水电消纳与跨省火电调峰机制，平衡四川水电的丰枯峰谷矛盾，通过智能化的运行调度，保障电能稳定输出。开展大渡河流域水风光电站联合运行模式及发电策略、梯级水电调节及外送电碳中和效益共享等机制研究，进一步提升大渡河流域水电的水能资源利用水平，提高流域综合管理能力，实现流域梯级电站信息共享和优化调度。

（二）呈显自然生态之美，守护水韵和谐的流域环境

筑牢青藏高原生态屏障，加强川青生态及生物多样性保护，提高上游水源涵养能力，守护源头河水生态环境质量，全面保护上游高原高寒森林、草原、湿地，加强上游森林碳汇工程建设；实施以国家公园为主体的自然保护地恢复建设，科学保护修复南莫且、多美林卡、大瓦山、沙湾大渡河与莲宝叶则等国家级、省级自然保护区与湿地公园，不断提升湿地生态功能；以贡嘎雪山、海螺沟冰川为重点，建设雪山冰川国家地质公园。持续开展珍稀鱼类保护研究和增殖放流任务，推进水电站鱼道与过鱼机建设，建设“大渡河流域水生态环境监控中心”，统筹生态保护监测和预警等智慧环境管理工作。

不断压实河（湖）长制责任，落实禁渔措施，践行流域水岸共治理念，加快补齐三州地区城乡污水处理设施及配套管网，实施沿河与环湖（库）截污、生态保育、水土资源调控等重点工程，美化岸线景观，守护中华秋沙鸭、红嘴鸥等珍稀水鸟越冬场所。以梭磨河、绰斯甲河、东谷河、小金川、康定河等为重点厚植高原生态本底，推广“崇峻雪山—高原草甸—美丽藏寨—璀璨文化”的望山依水之旅。以干流丹巴段、金口河段、峨边段等为重点，重塑生态绿隔走廊，展现大渡河切开绝世峡谷的伟岸，加快形成以山体郊野公园、生态廊道为基底的城市生态园林绿地系统。

（三）彰显城乡宜居之美，共享多样人文的幸福家园

鼓励甘孜州、雅安市大渡河流域涉及市、县积极创建生态文明示范县或“绿水青山就是金山银山”实践创新基地，打造全流域彰显地域韵味、让老百姓记得住乡愁、让游客流连忘返的大渡河“美丽市县”。全域以生态环境保护为实践起点，以生态红利共享为价值归宿，不断推动建设人与自然和谐共生的幸福家园，将移民安置、水电开发和乡村振兴有机结合，建设宜居宜业的“故事村”。围绕流域绿色产业创优，培育特色水果、绿色蔬菜、生态养殖、道地中药材、生态食用菌等产业，建立金川雪梨、小金苹果、康定仙桃、泸定红樱桃、石棉枇杷、汉源金花梨特色水果产业带，创建高原有机蔬菜种植基地与特色中、藏药材生态种植示范基地，打造以羊肚菌、藏白灵芝为主的特色食用菌基地。不断做优地域特色的优势产业，推进地域优势产业精细化发展，彰显阿坝甘孜牦牛肉之优、汉源花椒之麻、峨眉竹叶青之香。

大渡河全域逐步形成“一村一溪一风景、一镇一河一风情、一城一江一风光”的美丽河湖新格局，上游以嘉绒文化为基底、以红色文化为引领，以甲居藏寨为代表，建设“山陆岸水”层次分明、错落有致的沿江、环湖风光带，着力推进壤塘长征国家文化公园、马尔康尘埃落定红色文化旅游城的建设，打造红色文化高地。中游厚植生态本底，以红色文化助推乡村绿色生态发展，利用崇山峻岭、平湖峡谷自然风光，努力打造“渚清沙白鸟飞回”的汉源湖、“舟行碧波上，人在画中游”的水上骑游大道；不断提升红军飞夺泸定桥纪念馆、强渡大渡河纪念馆、铁道兵博物馆、成昆铁路建设丰碑等红色文旅目

的地品质；打造汉源、石棉、峨边康养、休闲、度假式“城市后花园”，助力沿河安顺、磨西等红色文化特色古镇创优、致富，塑造连接城镇、乡村、旅游区等主要节点的美丽廊道。下游深入挖掘峨眉山—乐山大佛文化内涵，以世界文化与自然双重遗产的优势，串联峨眉山市、沙湾区，打造大渡河、青衣江和岷江三江旅游产业带，让“春赏花、夏避暑、秋品果、冬沐阳”成为流域最亮丽的文旅特色。

（四）昭显安澜大渡之美，维护协同调度的安全体系

加强流域水利工程联合调度，完善引流活水工程，促进水体有序流动，充分利用猴子岩、长河坝、大岗山等水库建成后增加大渡河流域整体防洪库容的优势，统筹堤防、水库等各类水工程与大渡河流域防洪、水量调度的关系，分期、分流量级做好各水库水位动态控制，完善农村基层防汛预报预警体系和县级监测预警平台，全面提升预警系统防灾减灾效益，加快构建流域大防洪体系，有效保障和维护流域水生态环境安全。

以金川、小金、丹巴、石棉、汉源、峨边为重点，开展流域环境风险评估与环境应急资源调查，强化生态环境突发事件应急演练。持续开展地质灾害综合治理，加快推进河道自然岸线的修复与保护，以防洪安全、河势稳定和河流健康为前提，修复并维持河道多样化自然形态。依托河湖水域及堤防，形成江河安澜的行洪通道，加快滑坡塌岸、山洪等地质灾害防治，推进山洪沟治理及非工程防治措施落地。加强中游土壤保持和水土流失综合治理，建设大渡河生态廊道，科学有序开采流域矿产资源，推进绿色矿山建设。

附表 1

大渡河流域范围

流域控制单元	地市	国控断面名称	断面所在水体	涉及区县	省控断面
大渡河（四川省）控制单元	阿坝州	茸安乡	阿柯河	阿坝县、红原县	
		小水沟	梭磨河	马尔康市、红原县	新康猫大桥
		蒲西乡	绰斯甲河	壤塘县	
		马尔邦碉王山庄	大金川河	金川县、马尔康市、壤塘县、阿坝县	集沐乡周山村点、茸木达乡
		新格乡松矶砂石场	小金川河	小金县	
		大岗山	大渡河	金川县、小金县	
	甘孜州	歌乐沱乡色曲河	色曲河	色达县	
		蒲西乡	绰斯甲河	炉霍县	
		马尔邦碉王山庄	大金川河	道孚县	
		大岗山	大渡河	康定市、泸定县、丹巴县、道孚县	聂呷乡佛爷岩、鸳鸯坝
		三谷庄	大渡河	九龙县	
	雅安市	大岗山	大渡河	石棉县	
		三谷庄	大渡河	汉源县、石棉县	石棉丰乐乡三星村、青富
		李码头	大渡河	汉源县	
	凉山州	三谷庄	大渡河	甘洛县	
		尼日河甘洛出境	尼日河	喜德县、越西县、甘洛县	梅花乡巴姑村
		李码头	大渡河	甘洛县	
	乐山市	李码头	大渡河	市中区、沙湾区、金口河区、峨边彝族自治县、峨眉山市	大渡河安谷电站大坝、大渡河宜坪、大渡河芝麻凼、峨眉河曾河坝

附表 2

大渡河干流下尔呷以下河段梯级电站统计

序号	水电站名称	建设地点	多年平均流量/（m^3/s）	调节库容/亿 m^3	调节性能	装机容量/万 kW	装机台数	多年平均发电量/亿 kW·h	建设状况	开发主体
1	下尔呷	阿坝县	186	19.3	多年	54		22.21	前期工作	中电建水电开发集团有限公司
2	巴拉	马尔康市	190			56		22.42	前期工作	
3	达维	马尔康市	199			36		14.84	前期工作	
4	卜寺沟	马尔康市	208			30		12.84	前期工作	国电集团四川公司
5	双江口	马尔康市、金川县	502	19.17	年	200	4×50	77.07	在建	铁投控股
6	金川	马尔康市、金川县	509	0.5	日	86	4×21.5	34.86	在建	国家能源集团大渡河公司
7	安宁	金川县	536	0.123	日	38	4×9.5	15.69（联调）	前期工作	
8	巴底	丹巴县	553	0.246	日	72	4×18	29.47	前期工作	
9	丹巴	丹巴县	561	0.15	日	119.66	4×29.5+1.66	49.52	前期工作	
10	猴子岩	康定市、丹巴县	773	0.617（3.87）	季	170	4×42.5	70.15	已建	
11	长河坝	康定市	821	1.2（4.15）	季	260	4×65	103.98	已建	大唐集团公司
12	黄金坪	康定市	847	0.2	日	85	4×20+2×2.5	38.61	已建	
13	泸定	泸定县	881	0.22	日	92	4×23	37.82	已建	四川华电集团
14	硬梁包	泸定县	887	0.082 6	日	111.6	4×27+3.6	48.5	在建	华能泸定公司
15	大岗山	石棉县	1 010	1.17	日	260	4×65	114.5	已建	国家能源集团大渡河公司
16	龙头石	石棉县	1 020	0.17	日	72	4×18	31.18	已建	大渡河龙头石水电公司

序号	水电站名称	建设地点	多年平均流量/（m^3/s）	调节库容/亿 m^3	调节性能	装机容量/万 kW	装机台数	多年平均发电量/亿 kW·h	建设状况	开发主体
17	老鹰岩一级	石棉县	1 020	0.042 9	日	22	4×5.5	9.52	前期工作	国家能源集团大渡河公司
18	老鹰岩二级	石棉县	1 100	0.058 5	日	35	4×8.75	15.47	前期工作	
19	瀑布沟	汉源县	1 230	38.82	年	360	6×60	146.88	已建	
20	深溪沟	汉源县	1 350	0.08	日	66	4×16.5	31.49	已建	
21	枕头坝一级	金口河区	1 360	0.123	日	72	4×18	32.9	已建	
22	枕头坝二级	金口河区	1 360	0.015	日	32.6	6×5.43	15.4	前期工作	
23	沙坪一级	峨边彝族自治县	1 370	0.053	日	38	5×7.6	17.83	前期工作	
24	沙坪二级	峨边彝族自治县	1 390	0.058	日	34.8	6×5.75	16.42	已建	
25	龚嘴	峨边彝族自治县	1 470	0.86	日	77	7×11	38.95	已建	
26	铜街子	沙湾区	1 470	0.48	日	70	4×17.5	29.56	已建	
27	沙湾	沙湾区	1 490	0	无	48	4×12	24.07	已建	中电建水电开发集团有限公司
28	安谷	市中区	1 490	0.064 5	日	77.2	19×4+1.2	34.71+0.87	已建	

关于四川省创新推广生态标志制度，丰富生态价值转化路径的思考与建议

摘　要： 生态标志制度是一种对可持续或环境友好型产品进行标记的制度。从本质上说，生态标志制度深入践行绿水青山就是金山银山理念，促使生产者在生产、消费、分配和交换过程中采取生态友好的形式，并通过实现商品保护生态环境的附加值来体现生态环境保护效益，是一种实现生态价值转化的有效路径。课题组分析生态标志国内外运用情况发现，完善的法律保障是生态标志制度有效应用的基础，公众对生态标志产品价值的认可是生态标志制度有效应用的关键，政府部门的参与和推动是生态标志制度有效应用的保障。鉴于此，课题组提出拓宽生态标志应用场景、加强生态标志管理、培育全民参与的绿色氛围等相关建议。

关键词： 生态标志；价值转化；环境友好；绿色消费

一、生态标志的概念

生态标志制度是一种对可持续或环境友好型产品进行标记的制度，由权威机构依据有关的环境标准和规定，按照公认的程序对生态保护与建设、生态服务的供给进行认证，确认产品的绿色生态属性，用标志图案的方式告知，以区别于普通产品。生态标志制度的初衷是希望能够选出各类产品中生态保护领域的佼佼者，对其予以肯定和激励，同时对提供生态标志产品的地区进行生态补偿，以促进生态产品持续、高质量供给。从广义路径来看，生态标志既包括生态标志产品，也包括生态标志地区。国际上生态标志制度是一项普遍实行的环境友好型产品的认证制度。

从本质上说，生态标志是践行绿水青山就是金山银山理念、实现生态价值转化的一种路径。生态标志将生态价值具体化，并体现在最终消费产品上，间接性地向市场消费者收取费用。按照马克思主义政治经济学原理，生态标志制度体现在社会再生产的 4 个环节：生产、分配、交换、消费。生态标志的运用促使生产者在生产、分配、交换、消费过程中采取生态友好的生产方式和消费形式，并通过实现商品的保护生态的附加值来体现生态环境保护效益。

具体来说，生产决定着分配、交换和消费，在生态产品价值实现过程中起决定性作

用。生态标志产品的生产者，采用以节能、减污、降碳、维护生态平衡为目标的绿色生产方式进行生产，让产品变优、生态属性更强，以取代对环境和资源有负面作用的产品。分配本质上是生产的分配，是生态产品价值实现的利益再分配，通常通过建立起当地居民参与生态环境保护活动的利益共享机制，实现对生态产品供给地区的反哺。交换是生态标志产品得以实现其价值的手段，实现生态产品交换的前提是完成生态产品价值的测定，往往通过市场进行交易，将产品中的生态属性转化成现实的经济价值。消费是生态产品价值实现的最终环节，一旦消费者认可生产者的环境友好生产方式，就会以超过普通商品的价格购买生态标志产品，意味着支付商品生产者在生产过程中因保护生产环境而付出的成本。

二、国内外生态标志制度运用分析

（一）国外生态标志制度运用情况

如表 1 所示，1978 年联合国政治事务部提出了第一个有关环境和消费者保护的标志体系——蓝色天使（Blue Angel），1986 年该体系转交给了德国环境部。此后，生态标志制度迅速发展，多个国家和地区都建立了相关的生态标志制度，如加拿大环境选择计划（Environmental Choice Program）、日本生态标签制度（Eco Mark）、北欧白天鹅制度（Nordic Environmentally Labeled）等。总体来看，各国生态标志制度均是由政府部门、第三方认证机构或民间团体制定相关标准，推出相应标识，证明产品在生命周期内（开发、生产、运输、销售、使用、回收再利用的过程中）符合绿色、生态标准；由生产者根据自身产品特性、销售需求等，主动申请生态标志以证明产品与普通产品相比更加绿色环保。与政府强制型环境规制不同，生态标志制度属于企业自愿环境规制，生产者可以根据自己的实际情况选择是否申请生态标志。

表 1　部分生态标志制度

国家/地区	生态标志制度名称	建立年份
德国	蓝色天使（Blue Angel）	1978
加拿大	环境选择计划（Environmental Choice Program）	1988
日本	生态标签（Eco Mark）	1989
北欧	白天鹅制度（Nordic Environmentally Labeled）	1989
美国	能源之星（Energy Star）	1992
法国	NF（Norme Francaise）环境标志	1992
泰国	泰国绿色标签（Thailand Green Label）	1993
俄罗斯	生命之叶（Vitality Leaf）	2001
乌克兰	绿鹤（Living Planet）	2003

（二）国内生态标志制度应用情况

我国对生态标志制度进行了多重探索，政府部门、第三方机构、行业协会以及企业都推出了相关的生态标志。如表2所示，我国1994年推出的“中国环境标志”，已和北欧、澳大利亚、韩国、日本、泰国等国家和地区的环境标志机构签署了互认合作和代理协议，也已加入全球环境标志网（GEN）、全球环境产品声明网（GED），提升了国际知名度。此外，我国企业也在积极参与探索生态标志的应用，如蒙牛集团推出的“包装盒换奶”计划，通过回收铝制奶盒的绿色环保活动，将绿色标签烙印在品牌形象上的同时，也培养了消费者的环保意识，提升消费者对品牌认可度；农夫山泉公司以每卖一瓶水捐一分钱给水源地的方式，赋予了品牌“一分钱”饮水思源的绿色标签，运用生态标志这一市场化工具将获得的收益支付给水源地生态服务的提供者，以补偿其牺牲的经济发展机会。

表2　国内部分生态标志

制定机构	生态标志名称
政府部门	中国环境标志
	中国绿色产品
	中国绿色食品
	中国低碳产品
	电子信息产品污染控制认证
	绿色印刷品认证
第三方机构	环保产品认证
	节能产品认证
	方圆标志认证
	建材环保
行业协会	建筑节能认证
	CQC质量环保标志
	汽车产品绿色认证
企业	铝包装盒换奶
	“一分钱”饮水思源

综合分析国内外生态标志制度发现，完善的法律保障是生态标志制度有效应用的基础，将生态标志制度纳入立法，为生态标志提供法律保障、规范授予主体与程序，能够有效促进生态标志制度的应用；公众对生态标志产品价值的认可是生态标志制度有效应用的关键，公众认可生态标志价值，并愿意为其支付更高价格的市场行为，将有效刺激企业生产生态标志产品；政府部门的参与和推动是生态标志制度有效应用的保障，政府激励政策可以一定程度上弥补实施生态标志制度企业的生产成本劣势。

此外，从国内外成功的生态标志实践案例经验来看，生态标志制度在有以下特征的产品上应用有较好的效果：①市场占有率高的产品；②在生产、分配、交换、消费的生命周期中对自然环境有较大影响的产品；③符合生态标志标准，消费者购买后对改善生态环境有积极作用的产品；④可以通过生态标志提升市场竞争优势的产品；⑤主要用于最终消费的产品；⑥有利于实现生产价值利益和生态价值再分配的产品；⑦能体现区域特征或区域优势的产品。

三、建议

（一）拓宽生态标志应用场景

一是加强生态标志在区域产业布局中的应用，打造实现绿色发展的生态标志区域品牌。建议各地在“一干多支、五区协同”的产业发展格局上，结合区域产业发展特色优势，设计特色化的生态标志区域主题，打造绿色发展的区位品牌。例如，打造攀西经济区清洁能源、阳光康养的生态标志，打响川西北生态示范区生态旅游、高原特色农牧业的生态标志。加大宣传力度，在提升区域知名度的同时，推动当地付出更多的生态保护与建设努力，维护自身绿色发展的区位品牌。二是探索生态标志在全产业链中的应用，实现有机融合。探索生态标志在产品的研发、生产、加工、储运、销售、体验、消费、服务等环节中的应用，推动各环节有效衔接、耦合配套，形成有机整体，促进第一、二、三产业融合发展。例如，五粮液集团以生态种植业的方式推动酿酒专用粮生产，在酿酒专用粮生产基地周围发展生态养殖业解决酒糟等酿酒生产废弃物，同时，将园区特色生态观赏、基地文化体验、厂区工业旅游统一起来打造了一个多元产业共生的酒产业体系，以此将整个产业体系“打包”成一个优质的生态标志，在提升生态产品供给能力的同时，实现生态产品的“有机融合”。三是充分发挥生态标志在不同领域中的作用，加强生态标志与其他品牌的联动。围绕生态标志产品的供给服务、调节服务、文化服务三大类优势，充分发挥生态标志在生态农业、绿色工业、生态旅游业、生态文化产业、健康养生业等生态产业中的作用，例如在“天府三九大 • 安逸走四川”四川文旅品牌中，打造生态旅游分支，助力文旅品牌宣传推广。四是拓宽生态标志的使用渠道，更广泛地推广生态标志。现阶段，生态标志的价值主要来自生态产品自身的溢出价值，建议探索生态标志在绿色金融中的应用。例如，鼓励金融机构针对高质量的生态标志企业设计综合化的绿色融资方案，提高融资申请审批的便捷度；对拥有绿色新兴技术的生态标志产品，提供政策支持和资金帮扶。

（二）加强生态标志管理

一是推动生态标志专门立法。现有的《中华人民共和国认证认可条例》对生态标志的认证工作起到了一定的指导和规范作用，但由于生态标志产品的类型多样，需要制定更加具体和可行的认证实施办法，科学界定生态标志的定义与分类，保证生态标志制度的权威性。二是构建生态标志产品认证体系。培育生态标志认证机构，建立和规范生态标志认证评价标准，构建消费者信赖的生态标志认证体系，推动生态标志国际互认。建立生态标志产品质量追溯机制，健全生态标志产品交易流通全过程监督体系，实现产品信息可查询、质量可追溯、责任可追查。三是探索生态标志产品反哺机制。将生态产品开发经营实现的经济收益按一定的比例反哺生态环境保护者，一方面用于当地环境保护，维护良好的生态环境质量；另一方面用于增加当地就业，促进共同富裕。建立回访监督制度，对提供生态标志产品的地区定期回访，监督其是否实施生态补偿。四是建立生态标志企业激励机制。对实施生态标志制度的企业，由政府给予外部激励，如采取信贷支持、税收减免、补贴等政策或措施，减少开发生态友好型产品的企业在成本上的劣势。将生态标志产品纳入政府采购目录，通过政府购买的形式鼓励生态服务交易。

（三）培育全民参与的绿色氛围

一是培养公众践行绿色行为。通过推广生态标志产品、培养公众践行绿色行为、举办与生态标志产品相关的主题活动等，提升公民生态环境与健康素养，强化公众对美好生态环境的向往，培育公众绿色意识，使公众自觉承担起环境保护责任，主动购买有生态标志的环境友好型产品。二是培育企业绿色文化。引导企业将申请生态标志认证作为企业质量文化构成的重要部分，根据自身情况构建环境管理体系，选择合适产品开展生态标志认证，提升产品档次，营造绿色企业形象。三是培育绿色消费市场。拓宽绿色消费市场，提升食品消费绿色化水平，鼓励推行绿色衣着消费，积极推广绿色居住消费，大力发展绿色交通消费，全面促进绿色用品消费，有序引导文化和旅游领域绿色消费，进一步激发全社会绿色电力消费潜力，大力推进公共机构消费绿色转型。四是营造绿色消费氛围。整合广播、电视、网站、出版、报纸、杂志等各类媒介宣传优势，积极构建多元、立体、高效、全面的生态标志宣传营销体系，帮助消费者了解生态产品的功能价值，提升消费者绿色消费产品的购买意愿。

环境经济形势指数评价体系研究
——以 2020 年第二季度环境经济形势分析为例

摘　要：为量化比较各地区环境经济形势，为生态环境管理决策提供重要数据依据，考虑经济水平、绿色发展、生态环境三方面，建立包括 15 个指标的评价模型。通过构建指标加权总分（Sum of Indicators，SoI）与指标得分耦合协调度（Coupling Coordination Degree，CCD）分别表征地区发展水平与发展协调度，两量相乘获得环境经济形势指数（Environmental and Economic Situation Index，EESI）。根据截至 2020 年第二季度 31 个省（区、市）数据，核算并分析：①空间分布层面，31 个省（区、市）EESI 总体呈现南方表现优于北方，东部优于西部的空间分布规律；②SoI 与 CCD 线性相关性层面，31 个省（区、市）大部分相关度明显；③经济水平—绿色发展—生态环境 3 个系统关联性层面，指标加权总分较高地区正相关明显，总分较低地区负相关性明显。本文指标体系与评价方法应用既为整合已有信息，也可探索更深层次形势分析，用于不同尺度研究对象彼此比较。
关键词：环境经济形势；EESI 指标评价体系；发展水平；发展协调度

环境经济形势分析工作是生态环境保护部门助推经济高质量发展的一项重要抓手，其作用在于表征地区环境—经济协调发展程度，并通过准确认识环境与经济关系特征，客观判断经济发展趋势以及可能产生的环境问题[1]，最终回答“当前环境经济形势究竟是向好还是趋坏”，进而提出当前国家环境政策、制度、规定等在实践中暴露出的不适应、不完善的问题，该工作是推动环保参与宏观决策和综合管理的重要途径[2]，对于推进“五位一体”总体布局，助推经济高质量发展具有积极作用。然而，在目前的研究成果中，缺乏一套合理的计算体系来评价地区环境经济形势，导致环境经济形势分析结果往往参考性不强、指导性不足。因此，本文采用指标权重法，构建环境经济形势指数（Environmental and Economic Situation Index，EESI）指标评价体系，填补了环境经济形势分析工作领域的研究空白。以此为据，核算 31 个省（区、市）和新疆生产建设兵团（以下简称 31 地区）截至 2020 年第二季度 EESI 空间分布规律，特别以四川省 2020 年第二季度为例，对 EESI 评价体系结果进行了具体分析，为行政管理部门全面、及时、准确地掌握当地的环境经济形势，对标先进地区，找出薄弱环节和突出问题，并有针对性地提出对策措施。结果表明，评价结果基本符合四川省实际。

一、文献综述

2007 年环境与经济形势分析工作启动以来，环境与经济形势分析的工作机制基本建立，分析内容体系也逐步形成[1]。曹利江等[2]指出环境与经济形势分析应重点分析宏观经济形势、污染减排进展、环境质量影响因素等问题。李志青[3]指出环境经济形势分析是一种对环境与经济关系特征的分析，并基于截至 2017 年 8 月统计数据，认为中长期里中国环境经济形势趋好，短期内环境经济关系呈现“经济热、环境冷”的趋势。田石强等[4]基于 EKC 和脱钩理论，对湖南省主要环境污染指标和经济增长指标之间的关系和发展变化趋势进行了初步分析。范清华等[5]对 2012 年 1－9 月江苏省环境与经济形势进行了分析，分析结果表明全省产业结构重型化态势在短期内难以根本改变，主要污染物总量减排等环保重点工作仍面临较大困难和压力。卢亚灵等[6]从经济与污染排放形势、经济与环境质量形势两个方面，构建流域经济环境综合形势指标体系及控制区经济环境综合诊断形势指标体系，认为松花江流域水环境综合形势整体一般，提出了引进高新技术产业、发展集约化畜禽养殖业等建议。

以上研究均反映出环境经济形势分析工作中，应考虑经济发展水平、产业结构、消费、环境质量、污染物排放等多个因素，对环境经济形势分析概念进行了较为统一的定义。过去以协调发展、可持续发展等为主题的研究[7-20]也体现出了这种趋势。

李雪松等[10]构建一个兼顾经济发展、社会进步与生态环境建设的综合评价体系，得出 2000—2015 年长江经济带城市区域发展的可持续性较好，生态环境是经济发展的基石。孙黄平等[11]选取城镇化与生态环境两个系统层指标，对 2002—2014 年泛长三角城市群城镇化与生态环境耦合协调度展开分析，认为这期间耦合协调度呈倒“U”形曲线变化，存在显著的空间集聚性特征，主要影响因素有第二、三产业增加值占 GDP 比重、每万人在校大学生数等。姚鹏等[12]在构建中国区域协调发展指数的研究中，选取了区域发展差距、城乡协调发展、资源环境协调发展等理念层指标，认为在 2012—2015 年，中国区域协调发展水平总体上升，资源环境协调发展水平起重要推动作用。李茜等[13]选取环境保护、经济发展与社会进步三大子系统，建立了一个生态文明综合评价体系，研究了系统间协调发展度，认为 1990—2010 年中国生态文明建设水平持续提高，环境与经济、社会之间的协调发展水平不断提升，协调发展度基本呈现东高西低的格局，但生态文明指数空间分布并不完全符合东高西低的特征。Zhao 等[14]从社会和谐、经济发展、环境改善 3 个方面构建了可持续发展指标体系，以朔州市为例，对资源型城市可持续发展进行了分析，建议政府应注重绿色基础设施用地、林地和其他用地之间的比例关系，提高植被覆盖率。Weng 等[15]区域协作理论框架建立了一个基于社会、经济、环境和交通的综合承载力指标体系，比较了 2000—2016 年粤港澳大湾区 11 个城市的综合承载力，提出了 GBA 发展的政策启示。Xu 等[16]认为中国必须从传统发展道路向协调可持续发展道路转变，基于这一发展内涵，构建了经济—社会—环境系统的组合模型，用以衡量组合系统及其子系统的协调发展。

目前，环境经济形势领域大多依旧停留在半定量和定性分析阶段，主要依靠个人经验和自主研判，存在研究成果之间数据可借鉴程度不高、无法实现时空对比等问题。因此，为填补这一研究空白，有效整合各方面信息，形成科学有效的环境与经济形势分析技术方法，本文以截至 2020 年第二季度 31 地区数据为基础，研究建立了 EESI 指标评价体系。

二、环境经济形势指数评价体系

（一）环境经济形势指数的内涵

环境经济形势指数是度量环境经济形势状况的数据依据，环境经济形势是环境—经济协调发展水平的表象。故环境经济形势指数的内涵在于度量经济水平、绿色发展、生态环境 3 个系统中各项指标的总体水平以及相互协调度的综合表现，包含“量”和“质”两个维度的考量。其中，“量”是各个指标指数的加权总和，“质”是各系统指标表现的耦合协调度，将两者与环境经济形势指数建立合理的换算方式，以数据形式直观、科学地反映地区一定时期环境经济形势，为管理决策提供重要依据。

（二）构建指标体系

1. 指标选取

评价指标选取要全面评价目标，应具有不同类别和层次，各指标之间既相互联系又相互独立。如果评价指标过多，EESI 的客观性会由于指标之间的相关性而受到干扰；评价指标过少，又可能导致所选的指标缺乏足够的代表性，使得 EESI 指数不能准确反映环境经济形势情况。

因此，本文在构建综合环境经济形势指标体系时，基于对环境经济形势内涵的基本认识，从经济水平、绿色发展、生态环境 3 个系统，综合考虑数据的可获得性，在遵循科学性、代表性、可行性及可比性等选取原则的基础上，对各个系统下的备选指标进行了反复筛选并进行了可测性、可比性、独立性检验，最终选取了 15 项指标。其中，在生态环境系统中，除了环境质量本身，考虑地域、经济发展水平的差异，将单位 GDP 污染物排放绩效纳入评价，并根据可获得性的原则，单位 GDP 水污染排放绩效一项包括 COD、总磷、总氮、氨氮 4 项污染物排放量，单位 GDP 大气污染排放绩效中一项包括 SO_2、NO_x 以及烟（粉）尘污染物排放量 3 项。在绿色发展系统中，将单位 GDP 水耗、电耗以及人均用水量等表征绿色生产、生活的指标纳入评价范围。在经济水平系统中，考虑人口集聚度、区域发展战略的差异，将 GDP 增速、人均可支配收入、产业结构等指标纳入评价，而未考虑经济总量、城镇化率、工业增加值等指标。

2．指标标准化

由于各指标的单位不同，如果直接以对应的数据进行运算，将无法得出准确的结果，因此需要对各指标进行无量纲化赋值，将基础数据转化为无量纲、无数量级差别的标准分。本研究根据其指标特性以及分析结果关联指数考虑，在标准化各指标表现时，采取两种赋值方式，一种是正态分布相对位置赋值法，另一种是固定分赋值法。

正态分布相对位置赋值法：采用此种赋值方法的指标，需对同一时间节点不同区域该指标表现进行正态转换和排序（如需要对四川省 2020 年第一季度 GDP 增速赋值，则需收集 31 个地区 2020 年第一季度 GDP 增速的数据，并将数据正态转换之后排序）。正态转化的目的在于使排序数据尽可能呈正态分布，增加下阶段的数据分析的可靠性。排序之后，根据最高数值对应 100 分，最低数值对应 0 分，建立函数曲线，将拟赋值的指标数据带入后，即可得出标准分。

以工业单位产值水耗为例，进行正态（对数）转化，见图 1、图 2；图中横坐标为转换之后值的区间分组，纵坐标为落在各个区间分组中值的个数，可以看出，处理之后，数据的分布特征更加逼近正态分布。

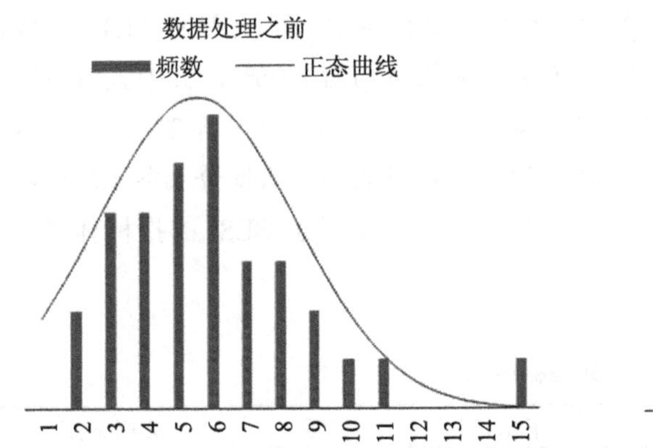

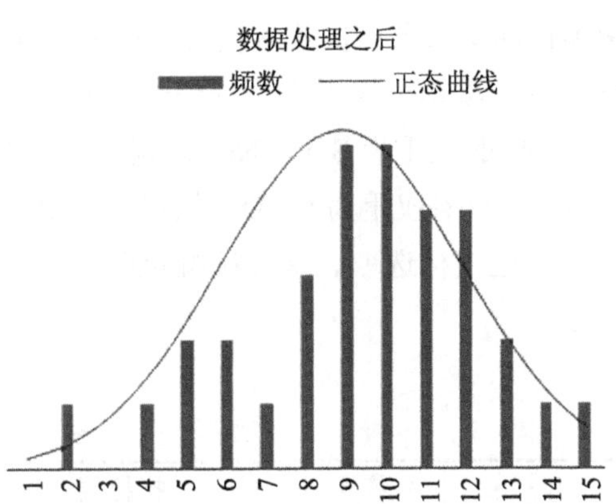

图 1　数据处理前后分布对比

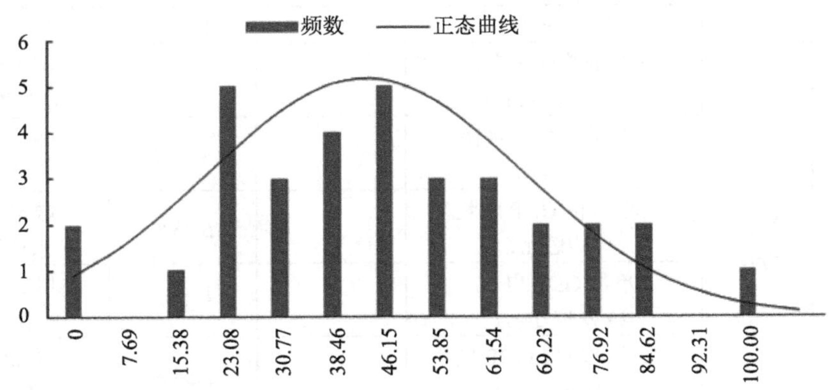

图 2　转换之后的工业单位产值水耗数据分布

简单赋值法：对于一些特殊指标，即空气质量优良天数比率、国考断面水质优良比率两项指标值，我们采取简单赋值法，即对指标值进行单位换算，获得指标值赋值，具体方法见表 1。

表 1　简单赋值法评分方法

类别	评分方法	实例
空气质量优良天数比率	直接将优良天数比率、国考断面水质优良比率作为该项得分	如四川省第二季度优良天数比率为 86.7%，则该项得分为 86.7 分；四川省第二季度国考断面水质优良比率为 98.4%，则该项得分为 98.4 分
国考断面水质优良比率		

3. 权重设置

权重用以衡量各基础指标的相对重要性，权重设置的合理性、准确性直接影响评价体系的可靠性。赋权方法一般分为主观赋权法和客观赋权法。国内关于绿色发展指数的研究，大多考虑经济、社会、环境三方面因素同时作用，故经济水平、绿色发展、生态环境三个系统层分权重均为 33.3%。在 3 个系统层之下，经济水平系统中人均可支配收入与人均 GDP 两项指标均表征居民收入情况，因此权重各为 5.55%，其他两项指标权重为 11.1%；绿色发展中 6 项指标权重均为 5.55%；生态环境中 5 项指标权重均为 6.66%，其中大气污染所占 6.66%的权重为 SO_2、NO_x、烟（粉）尘 3 项污染物排放强度所均分（各 2.22%）、水污染所占 6.66%权重为 COD、氨氮、总氮、总磷 4 项污染物排放强度所均分（各 1.665%）。

通过指标选取、指标标准化赋值以及权重的设计，构建形成了 EESI 的指标体系，见表 2。

表 2　EESI 指标体系

目标层	系统层	指标层	子指标层	权重	数据来源
EESI 指标体系	经济水平	人均 GDP/万元	/	5.55%	国家统计局
		GDP 增速/%	/	11.1%	国家统计局
		人均可支配收入/万元	/	5.55%	国家统计局
		第三产业比重	/	11.1%	国家统计局
	绿色发展	单位农耕面积产值/（万元/10 km^2）	/	5.55%	国家统计局/农业统计年报
		单位耕地面积水耗/（m^3/10 km^2）		5.55%	农业统计年报/水资源公报
		工业单位 GDP 水耗/（m^3/亿元）	/	5.55%	国家统计局/水资源公报
		单位 GDP 电耗/（kW·h/万元）	/	5.55%	国家统计局/中国电网
		第二产业单位 GDP 电耗/（kW·h/万元）	/	5.55%	国家统计局/中国电网
		人均用水量/m^3	/	5.55%	水资源公报

目标层	系统层	指标层	子指标层	权重	数据来源
EESI指标体系	生态环境	水污染排放效益/（万元/t）	COD	1.665%	国家统计局/环境统计数据
			总磷	1.665%	国家统计局/环境统计数据
			总氮	1.665%	国家统计局/环境统计数据
			氨氮	1.665%	国家统计局/环境统计数据
		大气污染排放效益/（万元/t）	SO_2	2.22%	国家统计局/环境统计数据
			NO_x	2.22%	国家统计局/环境统计数据
			烟（粉）尘	2.22%	国家统计局/环境统计数据
		优良天数比率/%	/	6.66%	环境质量公报
		优良水体比率/%	/	6.66%	环境质量公报
		$PM_{2.5}$浓度/（$\mu g/m^3$）	/	6.66%	环境质量公报

（三）研究方法

在指标体系确定后，为有效度量 EESI 指数，需要将指标运用到发展水平与发展协调度中，即“量”和“质”两个维度的测算。

1．发展水平测算

对指标评分体系中所有指标进行打分，根据各指标权重加权后，得到该地区指标加和总分（SoI），以 SoI 表征地区的发展水平。

$$\mathrm{SoI}=\sum_{i=1}^{15} w_i \times s_i \tag{1}$$

式中：w_i为指标 i 的权重；s_i为某地区在指标 i 下的得分。

2．发展协调度测算

发展协调度是指各个系统层面之间相互促进，从而实现区域整体发展的优化和良性循环态势，产生协同效应（Synergy）的过程。本文选用已有研究[10-13, 19]中的常用概念耦合协调度（CCD）来测算各个地区发展协调度。

具体而言，耦合协调度评价分为耦合度评价和协调度评价，耦合度用于衡量不同模块之间的相互依赖性，协调度则用于衡量区域发展中要素彼此和谐一致的程度。

结合效益理论和平衡理论，借助物理学中耦合模型，推导得到 3 个系统层面的耦合度计算公式[10]：

$$C_i=\frac{\left(m_i \cdot n_i \cdot k_i\right)^{\frac{1}{3}}}{\frac{1}{3}\left(m_i+n_i+k_i\right)} \tag{2}$$

式中：m_i、n_i、k_i 分别为地区在经济水平、绿色发展、生态环境 3 个系统所获得分；C_i 为耦合度；当 C_i=1 时，表明 3 个子系统处于最佳耦合状态；当 C_i=0 时，表明系统内部各要素之间无耦合性，系统之间各要素之间处于无关状态。由于耦合度模型只能衡量 3 个子系统间的互相依赖程度，不能衡量系统协调状态，故引入耦合度协调模型，综合经济水平—绿色发展—生态环境的耦合协调状况 C_i 与协调程度 T_i，从而能够更好地评价 3 个子系统，即对于某一地区来说，3 个准则层指标之间的协调程度。耦合协调度计算公式如下[17]：

$$\mathrm{CCD}_i = \left(C_i \cdot T_i\right)^{\frac{1}{2}} \tag{3}$$

$$T_i = \alpha m_i + \beta n_i + \gamma k_i \tag{4}$$

式中：CCD_i 为耦合协调度；C_i 为耦合度；T_i 为经济水平—绿色发展—生态环境综合评价指数；α、β、γ 分别为经济水平、绿色发展和生态环境的待定系数，由于经济水平、绿色发展、生态环境三者在相互作用中的影响相当，因此取 $\alpha=\beta=\gamma=1/3$，此时 T_i 在数值上等于上一步中求得的 SoI。当 CCD_i=1 时，三大系统处于最佳耦合协调状态；当 CCD_i=0 时，系统内部各要素之间无耦合协调性，系统之间存在极大矛盾。协调发展评价分类标准[18]见表 3。

表 3　协调发展评价分类标准

类型	CCD 取值	分类
协调发展类	0.9～1.0	优质协调发展类
	0.8～0.9	良好协调发展类
	0.7～0.8	中级协调发展类
	0.6～0.7	初级协调发展类
过渡发展类	0.5～0.6	勉强协调发展类
	0.4～0.5	濒临失调发展类
失调衰退类	0.3～0.4	轻度失调衰退类
	0.2～0.3	中度失调衰退类
	0.0～0.2	严重失调衰退类

3. EESI 评价

EESI 是指标总体水平与指标协调度的综合表现，通过指标体系测算得到 SoI、CCD，根据 SoI、CCD 在 EESI 中的意义，此次研究采取两者相乘的方式，最终计算 EESI 得分。

$$\mathrm{EESI}_j = \mathrm{SoI}_j \times \mathrm{CCD}_j \tag{5}$$

式中：SoI_j 为 j 地区的经济水平、绿色发展、生态环境三方面各指标得分的简单加和；CCD_j 为 j 地区的协调发展程度。

三、实例分析：31 个省（区、市）2020 年第二季度的 EESI

按照以上评价方法，对 31 个省（区、市）2020 年第二季度的 EESI 进行评价，见表 4。

表 4　EESI 指标评价情况

省（区、市）	人均GDP	GDP增速	人均可支配收入	第三产业比重	单位农耕面积产值	单位耕地面积水耗	工业单位GDP水耗	单位GDP电耗	第二产业单位GDP电耗	人均用水量	水污染排放效益	大气污染排放效益	优良天数比率	优良水体比率	$PM_{2.5}$浓度	SoI	CCD	EESI
北京市	95.3	19.7	91.4	100.0	85.6	65.0	100.0	100.0	87.4	100.0	97.5	98.6	61.4	62.5	37.5	77.39	0.88	67.88
天津市	61.8	17.0	63.0	50.3	77.5	43.5	83.2	70.2	74.5	99.9	50.5	55.6	65.7	46.7	30.7	55.94	0.74	41.26
河北省	28.0	31.6	36.3	17.1	74.6	25.9	71.3	44.3	45.4	96.1	17.6	19.0	61.7	56.3	40.5	41.86	0.55	23.14
山西省	26.4	27.4	25.8	17.5	60.6	18.4	61.9	33.1	34.4	93.8	27.9	13.6	66.9	65.4	40.4	38.96	0.54	21.00
内蒙古自治区	46.3	17.4	40.6	12.3	24.1	28.7	48.3	8.3	1.6	88.6	21.7	11.4	89.7	68.9	65.2	36.34	0.52	19.01
辽宁省	37.1	17.0	49.9	22.0	70.4	35.9	56.9	47.2	48.7	88.3	19.1	22.9	81.2	63.7	41.9	43.72	0.58	25.20
吉林省	24.5	32.1	28.5	24.2	32.1	23.4	35.5	64.6	65.2	88.1	15.5	26.9	85.6	73.7	45.3	42.83	0.58	25.03
黑龙江省	4.6	13.3	16.5	13.7	35.9	39.1	22.6	95.8	38.6	87.3	0.0	17.1	93.8	62.9	51.4	36.94	0.36	13.40
上海市	92.5	22.2	92.2	73.9	74.5	79.2	24.1	90.3	84.6	80.3	82.4	92.5	82.5	52.1	35.9	68.02	0.82	55.82
江苏省	81.2	38.7	54.0	17.1	79.6	60.8	22.6	72.2	72.1	80.2	56.0	58.3	75.1	68.0	52.5	55.90	0.70	39.40
浙江省	73.0	36.6	70.8	24.9	88.8	63.5	66.2	62.2	68.1	79.3	59.1	71.1	94.8	82.1	58.3	62.96	0.74	46.40
安徽省	41.2	37.7	36.6	15.9	72.0	32.6	19.1	70.8	73.5	78.5	31.9	42.5	84.7	69.8	45.9	47.84	0.62	29.56
福建省	73.4	36.6	54.7	0.0	85.7	77.2	41.6	76.6	80.7	77.0	48.2	58.8	97.9	98.6	71.9	60.59	0.64	39.06
江西省	36.0	38.7	30.3	6.4	56.5	51.9	20.6	71.5	77.5	71.2	28.5	37.7	92.4	92.9	51.4	48.29	0.57	27.41
山东省	50.5	33.1	47.2	21.9	85.4	18.0	79.4	54.1	100.0	65.9	25.7	39.5	66.3	54.0	37.0	48.75	0.62	30.39
河南省	39.2	32.6	23.9	7.7	77.8	2.6	56.3	71.1	77.1	65.9	28.2	51.5	66.0	68.1	8.2	42.27	0.53	22.61
湖北省	44.8	0.0	26.4	13.6	70.3	36.3	27.8	78.2	85.1	65.2	35.8	56.5	92.5	86.5	49.3	47.00	0.42	19.73

省（区、市）	人均GDP	GDP增速	人均可支配收入	第三产业比重	单位农耕面积产值	单位耕地面积水耗	工业单位GDP水耗	单位GDP电耗	第二产业单位GDP电耗	人均用水量	水污染排放效益	大气污染排放效益	优良天数比率	优良水体比率	$PM_{2.5}$浓度	SoI	CCD	EESI
湖南省	41.0	40.9	32.2	22.7	74.1	44.7	17.0	84.8	90.7	64.6	25.8	52.3	96.2	98.1	47.9	53.37	0.64	34.38
广东省	64.8	22.6	62.0	29.0	84.1	73.2	57.0	72.2	70.6	63.4	49.4	64.6	95.0	89.5	74.2	60.98	0.69	42.04
广西壮族自治区	25.4	38.2	27.2	15.6	65.1	56.9	11.1	54.0	48.1	61.6	24.1	37.5	99.3	100.0	58.3	46.66	0.57	26.44
海南省	36.4	22.2	41.9	38.3	95.7	69.7	32.4	64.7	80.0	60.8	22.2	56.9	99.8	88.2	100.0	57.95	0.64	37.15
重庆市	55.4	38.2	44.5	22.6	71.6	0.0	38.6	83.8	86.7	60.4	44.4	47.3	87.0	86.1	29.7	50.89	0.67	34.05
四川省	38.9	37.1	36.7	20.4	73.7	29.6	48.1	74.8	73.1	59.4	29.7	47.5	86.7	85.5	51.1	50.56	0.63	31.77
贵州省	29.1	42.0	21.6	14.3	78.0	15.0	28.0	51.3	51.0	56.4	35.9	21.4	99.8	97.5	38.1	44.12	0.57	25.34
云南省	31.2	36.6	25.6	21.0	66.9	27.9	37.2	59.3	33.4	53.2	36.0	29.6	98.0	81.0	59.9	45.31	0.59	26.54
西藏自治区	33.4	64.2	18.7	26.0	69.3	100.0	0.0	85.2	88.6	44.2	35.9	45.4	99.6	75.5	52.1	55.01	0.69	37.84
陕西省	46.5	32.6	35.4	1.5	77.2	23.7	73.4	66.6	76.0	42.9	43.4	40.0	84.7	100.0	47.3	49.35	0.55	27.28
甘肃省	10.1	42.0	8.7	27.9	59.3	44.1	34.5	27.5	17.3	35.7	28.0	14.7	92.1	100.0	67.1	41.06	0.54	22.06
青海省	31.1	39.2	19.5	15.6	44.6	58.9	44.8	6.4	0.0	34.8	33.9	11.8	95.6	100.0	66.1	39.93	0.51	20.56
宁夏回族自治区	36.7	40.9	24.7	14.3	50.5	72.1	39.6	2.0	0.0	33.3	19.9	0.0	86.5	60.3	47.6	34.80	0.57	19.67
新疆维吾尔自治区	36.8	52.5	11.0	18.2	65.1	91.8	46.2	20.1	52.1	0.0	19.6	11.5	76.1	99.6	19.7	40.90	0.61	25.05
全国平均	17.8	51.9	43.3	39.5	72.4	53.8	43.4	62.4	61.1	59.7	34.7	41.6	86.4	75.5	52.1	52.51	0.69	36.48

注：各指标单位参照表2。

（一）地区环境经济形势呈现明显的空间分布规律

从各省（区、市）2020 年第二季度的 EESI 来看，研究所选取地区环境经济形势区域特征明显：南方地区表现优于北方地区，东部地区优于西部地区，西北地区、东北地区整体得分低于其他地区，其中黑龙江省分值最低；华北地区整体分值较低，北京市、天津市与周围地区差异明显；相较之下，东南沿海地区以及沿长江各省份环境经济形势良好，见图 3、图 4。这主要是由于东南沿海地区（如上海市、浙江省等）经济较发达，工业发展对资源能源的利用率也较大，部分城市甚至已经走完工业化阶段，同时环境治理水平也较高，教育、医疗等公共事业逐步完善；相较之下，东北地区由于重要资源趋于枯竭，与之相关的资源型产业出现萎缩，老工业基地振兴进度迟缓，资源开发与经济社会生态可持续发展的矛盾较为突出。

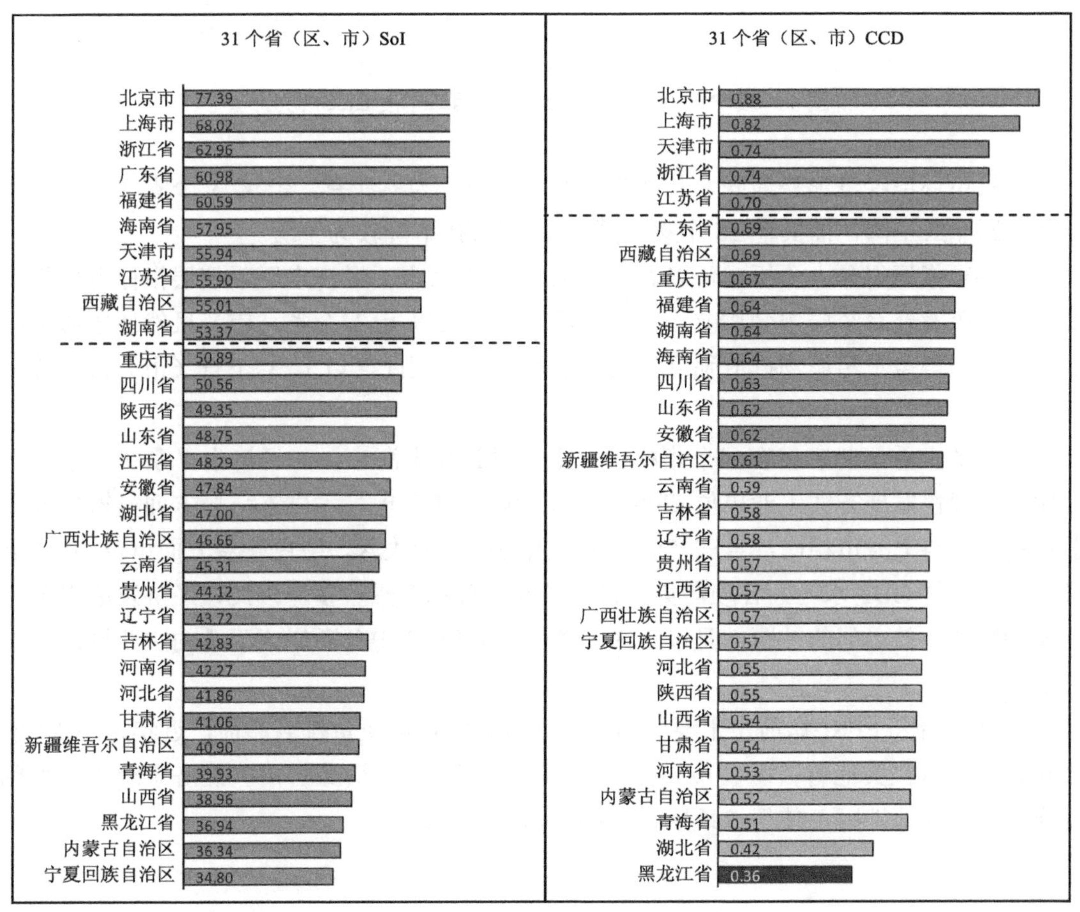

图 3　31 个省（区、市）2020 年第二季度 SoI、CCD 情况

注：两图中虚线表示研究所选取地区整体水平所在位置。“研究所选取地区整体水平”将研究所选取地区看作一个研究目标计算数据，而非 31 个省（区、市）的平均值。

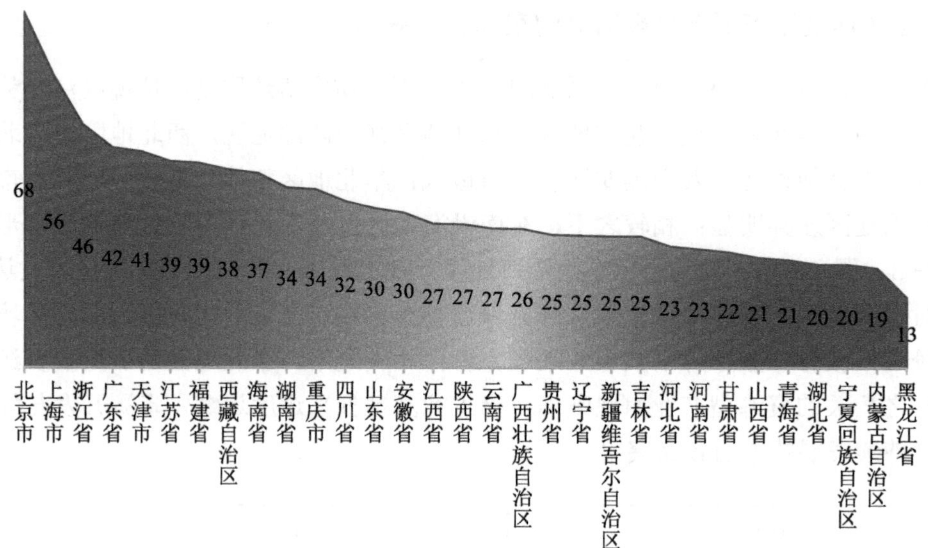

图 4　31 个省（区、市）2020 年第二季度 EESI 得分

北京市环境经济形势最好，其次为上海市，第三为浙江省，但这 3 个省（市）之间分数呈断崖式下降，而其他 28 个省（区、市）EESI 下降较为平缓。

从各项指标得分上分析，可以看出以上 3 个省（市）经济水平系统层指标得分位于前三，绿色发展系统层排名靠前，而生态环境系统层以上 3 个省（市）虽然环境质量排名靠后，但得益于污染物排放强度较低、效益较高，因此，以上 3 个省（市）排名总体靠前。

从分数上看，北京市在多个指标得分上明显领先上海市，如经济水平系统中第三产业比重，绿色发展方面工业单位 GDP 水耗、单位 GDP 电耗，生态环境方面氨氮排放效益；浙江省与上海市相比，第三产业比重、人均可支配收入，绿色发展方面单位 GDP 电耗、工业单位 GDP 水耗，各项污染物排放效益得分都落后较多。因此，经济发展水平与污染物排放效益之间的差距，是以上 3 个省（市）EESI 得分断崖式下跌的主要原因。见表 5。

西藏自治区 EESI 靠前，主要原因在于西藏地区环境质量排名靠前，近年来 GDP 增速较高，同时在其他省（区、市）受疫情影响的情况下，西藏自治区经济系统指标表现受影响小于其他地区，使得该地区 EESI 总体得分较高。

表 5　北京市、上海市、浙江省 3 个省（市）EESI 系统层排名及得分分析

	经济水平	绿色发展	生态环境		
			污染物排放效益	环境质量	总排名
北京市	1	1	1	27	4
上海市	2	4	2	26	5
浙江省	3	5	3	11	6
	经济水平	绿色发展	生态环境		
			污染物排放效益	环境质量	总得分
北京市	71.0	89.7	98.0	53.8	71.5
上海市	62.8	72.2	87.5	56.8	69.1
浙江省	44.5	71.4	65.1	78.4	73.1

（二）部分地区发展水平和协调发展程度出现不一致，但 31 个省（区、市）整体呈线性相关趋势

将 31 个省（区、市）的 SoI 得分与 CCD 得分进行关联分析，出现明显的正向相关性，即总分较高的地区，其地区 3 个系统耦合协调情况也较好。但也存在部分地区 SoI 总分与耦合协调发展程度不一致的情况。例如，湖北省、黑龙江省多项排名靠后的同时散点位置高于趋势线明显，偏向 SoI 一侧，这主要是由于湖北省经济受疫情影响严重，导致 SoI 得分较低的同时耦合协调度下降明显；而新中国成立以来黑龙江省一直以重工业为主，多个行业能源强度较大，长期的高投入、高消耗、高污染、粗放型经济增长方式已经造成了区域性的水环境、生态系统破坏的旧模式，导致该地区耦合协调度低于趋势线，近年来更是难以适应国内经济转型的大背景，综合能力下降，因而 SoI 总分落后。北京市作为我国首都，要素吸引力较强，经济发达，同时资源能源利用率较高，两个子系统得分均位于研究所选取地区第一，但北京市空气及地表水质量在研究所选取地区中排名靠后，导致其环境系统即便达到较高的污染物排放效益，与整体的耦合协调度较低，排名仅位于研究所选取地区第四，导致北京市散点位置在关联图上明显高于趋势线，偏向 SoI 得分一侧，耦合协调发展水平有待提升，见图 5。

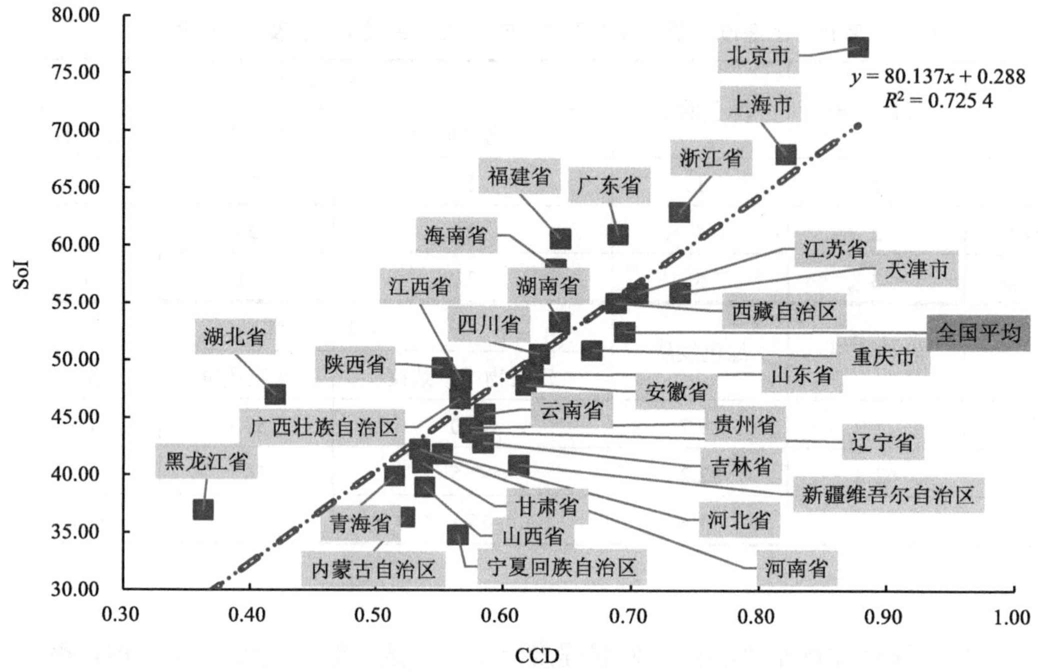

图 5 关联性分析：31 个省（区、市）SoI-CCD 关系

（三）发展水平较高地区，其经济水平—绿色发展—生态环境 3 个系统之间呈现更强的关联性

对 3 个系统分别做关联性分析，发现 SoI 排名靠前的地区中，3 个系统表现出较强正向相关性，而对比排名靠后的地区，这种相关性较弱，甚至出现负向相关性（表 6）。这说明发展水平更高的地区，其 3 个系统之间正向相关性也更强。因此，若要优化经济环境形势，发展某一方面而牺牲协调程度不具备可操作性，应着力于经济水平—绿色发展—生态环境 3 个系统同时提升。

表 6 经济水平—绿色发展—生态环境 3 个系统相关系数

SoI 排名前 16 位	经济水平	绿色发展	生态环境
经济水平	1		
绿色发展	0.808	1	
生态环境	0.939	0.805	1
SoI 排名后 16 位	经济水平	绿色发展	生态环境
经济水平	1		
绿色发展	−0.254	1	
生态环境	−0.022	0.474	1

本文特别对经济水平—绿色发展子系统做分类关联分析，结果表明（图 6），高 SoI 得分地区，即发展水平更高地区，两个系统之间呈现较强正相关关系，而低 SoI 得分地区，即发展水平更低地区则呈负相关关系。

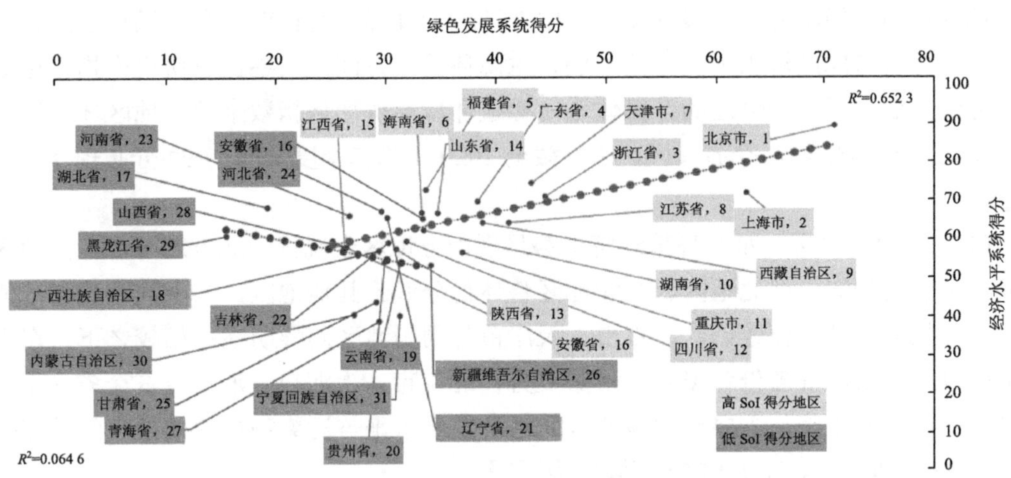

图 6　经济水平—绿色发展子系统关联图

对经济水平—生态环境（污染物排放效益类指标）子系统做分类关联分析，结果表明（图 7），高 SoI 得分地区经济水平—生态环境（污染物排放效益类指标）之间呈较强正相关关系，而低 SoI 得分地区，即发展水平更低地区则呈负相关关系。

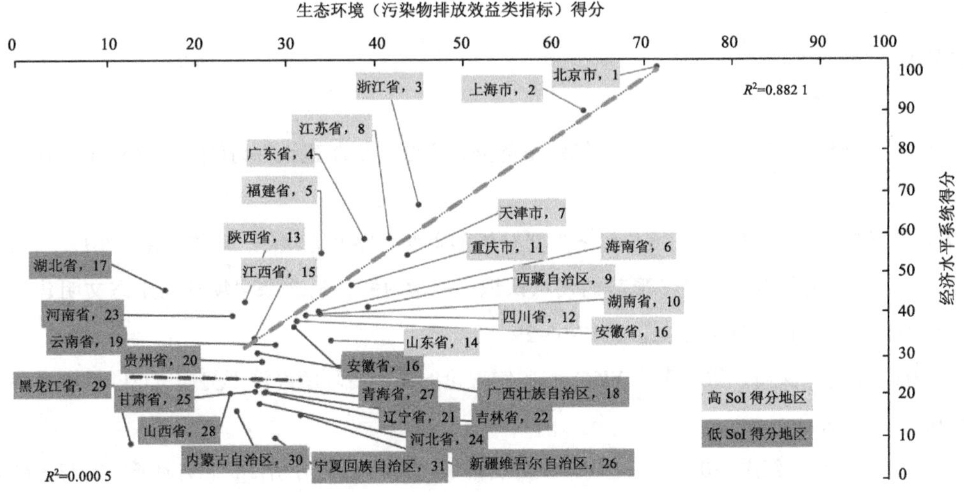

图 7　经济水平—生态环境（污染物排放效益类指标）子系统关联图

四、结论

环境经济形势分析作为生态环境保护部门助推经济高质量发展的一项重要抓手，可表征地区环境—经济协调发展程度，为生态环境治理提出有针对性和可操作性的政策建议。本文综合考虑经济水平、绿色发展、生态环境三方面，借鉴已有研究中指标选取与处理方法，建立了一套合理的计算体系，构建环境经济形势指数来评价地区环境经济形势，以此为据，核算 31 个省（区、市）截至 2020 年第二季度 EESI 空间分布规律，结论如下：

（1）31 个省（区、市）环境经济形势呈现南方地区表现优于北方地区，东部地区优于西部地区的规律，西北地区、东北地区整体得分低于其他地区，其中黑龙江省分值最低；华北地区整体分值较低，北京市、天津市与周围地区差异明显；相较之下，东南沿海地区以及沿长江各省份环境经济形势良好；北京市、上海市、浙江省 3 个省（市）之间分数呈断崖式下降，主要原因是地区间经济发展水平与污染物排放效益之间的差距，而其他 28 个省（区、市）EESI 下降较为平缓。

（2）关联分析 SoI 与 CCD，结果表明部分地区指标加权总分和耦合协调发展程度出现不一致，但 31 个省（区、市）整体呈线性相关趋势。

（3）对 SoI 进行分类分析，发现 SoI 靠前的地区，其经济水平—绿色发展—生态环境 3 个系统之间呈现更强的关联性，进一步分析了经济水平—绿色发展子系统、经济水平—生态环境（污染物排放效益类指标）子系统的关系，都呈现 SoI 高分地区正相关、低分地区负相关的规律。

参考文献

[1] 贾杰林，吴舜泽，李新，等. 环境与经济形势分析方法与机制建设探讨[J]. 环境经济，2013（12）：35-38.

[2] 曹利江，谭映宇，徐彦颖. 环境与经济形势分析的主要思路及方法[J]. 环境经济，2012（9）：20-22.

[3] 李志青. 对正确分析环境经济形势的几点认识——学习宣传河北塞罕坝林场生态文明建设范例座谈会发言摘编[N]. 中国环境报，2017-08-29.

[4] 田石强，蔡青，文涛，等. 基于 EKC 和脱钩理论的湖南省环境经济形势研究[J]. 低碳世界，2016（26）：16-19.

[5] 范清华，张涛，沈红军. 2012 年 1—9 月江苏省环境与经济形势分析[J]. 北方环境，2013，25（10）：4-6.

[6] 卢亚灵，蒋洪强，吴文俊，等. 流域经济环境综合形势研究：以松花江流域为例[J]. 环境科学与技术，2015，38（10）：175-181.

[7] MUHADAISI A，FEI Z，NGAI W C，et al. Coupling coordination analysis and spatio-temporal heterogeneity between urbanization and eco-environment along the Silk Road Economic Belt in China[J]. Ecological Indicators，2021（121）：107014.

[8] SHIJU L，YA W，SIU W W，et al. Provincial perspective analysis on the coordination between urbanization growth and resource environment carrying capacity（RECC） in China[J]. Science of The Total Environment，2020，730：138964.

[9] Chun Y，Wei Z，Xin Y. Coupling coordination evaluation and sustainable development pattern of geo-ecological environment and urbanization in Chongqing municipality，China[J].Sustainable Cities and Society，2020（61）：102271.

[10] 李雪松，龙湘雪，齐晓旭. 长江经济带城市经济－社会－环境耦合协调发展的动态演化与分析[J]. 长江流域资源与环境，2019，28（3）：505-516.

[11] 孙黄平，黄震方，徐冬冬，等. 泛长三角城市群城镇化与生态环境耦合的空间特征与驱动机制[J]. 经济地理，2017，37（2）：163-186.

[12] 姚鹏，叶振宇. 中国区域协调发展指数构建及优化路径分析[J]. 财经问题研究，2019（9）：80-87.

[13] 李茜，胡昊，李名升，等. 中国生态文明综合评价及环境、经济与社会协调发展研究[J]. 资源科学，2015，37（7）：1444-1454.

[14] ZHAO RUI J，JIN MAN W. Sustainable development evaluation of the society–economy–environment in a resource-based city of China：A complex network approach [J]. Journal of Cleaner Production，2020（263）：1-17.

[15] WENG H，KOU J，Shao Q. Evaluation of urban comprehensive carrying capacity in the Guangdong–Hong Kong–Macao Greater Bay Area based on regional collaboration[J]. Environmental Science and Pollution Research，2020，27（16）：20025-20036.

[16] Xu M，Hu W Q. A research on coordination between economy，society and environment in China：A case study of Jiangsu[J]. Journal of Cleaner Production，2020（258）：120641.

[17] 谭俊涛，张平宇，李静，等. 吉林省城镇化与生态环境协调发展的时空演变特征[J]. 应用生态学报，2015，26（12）：3827-3834.

[18] 贾兴梅，李俊，贾伟. 安徽省新型城镇化协调水平测度与比较[J]. 经济地理，2016，36（2）：80-86.

[19] SHEN L，HUANG Y，HUANG Z，et al. Improved coupling analysis on the coordination between socio-economy and carbon emission [J]. Ecological Indicators，2018（94）：357-366.

[20] TAO S，SHENYAN Y，WEI Z，et al.Coupling coordination degree measurement and spatiotemporal heterogeneity between economic development and ecological environment-Empirical evidence from tropical and subtropical regions of China - ScienceDirect[J].Journal of Cleaner Production，2020，（244）：6898-6912.

新形势下生态环境部门推动减污降碳协同路径研究

摘　要：我国生态文明建设已进入以降碳为重点战略方向的新时期，生态环境部门作为生态文明建设“主力军”，应以碳达峰碳中和目标为引领，以减污降碳协同增效为主抓手，协同做好应对气候变化和生态环境保护工作，建设美丽宜居低碳四川。

关键词：减污降碳；协同增效；碳达峰碳中和

应对气候变化与污染治理、生态保护、环境安全共同构成了生态环境高水平保护的基本格局。生态环境部门作为生态文明建设“主力军”，做好碳达峰碳中和工作，是履行应对气候变化法定职责的主要抓手，既是深入打好污染防治攻坚战的内在要求，也是把碳达峰碳中和纳入生态文明建设整体布局的重要体现，有利于实现减污降碳协同增效，提升环境与气候治理能力的现代化水平，实现生态效益、环境效益和气候效益共赢。

一、国家要求：推动降碳为重点的生态文明建设

（一）生态文明建设新形势

党的十八大以来，我国将生态文明建设摆在十分突出的位置，全面加强生态环境保护，深入打好污染防治攻坚战，生态环境质量明显改善，但生态文明建设仍面临严峻形势，我国生态环境保护结构性、根源性、趋势性压力总体上尚未根本缓解，重点区域、重点行业污染问题仍然突出，单一污染物削减或局部环境问题的解决已无法实现整体生态环境质量的根本改善，生态环境质量改善难以实现由量变到质变的转换，传统末端手段治理边际效益递减（如预计到2030年大气等领域末端减排潜力将基本耗尽），甚至出现减污降碳不协同等问题。

面对新发展阶段要求，我国提出“力争2030年前实现碳达峰，2060年前实现碳中和”的目标愿景，赋予生态文明建设时代新的奋进方向。做好碳达峰碳中和工作有利于改变传统“大量生产、大量消耗、大量排放”的生产模式和消费模式，有利于推动总量减排、源头减排、结构减排，实现减污与降碳、改善环境质量与应对气候变化协同增效。党中央、国务院站在新的历史起点上，把碳达峰碳中和纳入生态文明建设整体布局，纳入经

济社会发展全局，提出生态文明建设进入以降碳为重点战略方向、推动减污降碳协同增效、促进经济社会发展全面绿色转型、实现生态环境质量改善由量变到质变的新时期。有序推进碳达峰碳中和已然成为生态环境部门面临的新时代课题。

（二）碳达峰碳中和新要求

我国力争2030年前实现碳达峰、2060年前实现碳中和，是党中央经过深思熟虑作出的重大战略决策。《中共中央 国务院关于完整准确全面贯彻新发展理念做好碳达峰碳中和工作的意见》提出，坚定不移走生态优先、绿色低碳的高质量发展道路，将碳达峰碳中和目标任务落实情况纳入中央生态环境保护督察。《中共中央 国务院关于深入打好污染防治攻坚战的意见》将实现减污降碳协同增效作为深入打好污染防治攻坚战的总抓手，要求统筹污染治理、生态保护、应对气候变化，加快构建减污降碳一体谋划、一体部署、一体推进、一体考核的制度机制。《中国落实国家自主贡献成效和新目标新举措》将推动生态环境高水平保护作为推进碳达峰碳中和的13项举措之一，要求全面筹划应对气候变化和环境污染防治、生物多样性保护在规划目标、政策行动、制度体系、试点示范等领域的协同、创新与融合。《中国本世纪中叶长期温室气体低排放发展战略》提出，强化温室气体排放与大气污染物排放的协同控制。《中国应对气候变化的政策与行动》白皮书将减污降碳协同增效作为我国应对气候变化五大新理念之一，要求推进环境、气候、经济效益多赢。

我国以碳达峰碳中和目标为引领，紧盯减污降碳协同增效，采取调整产业结构、优化能源结构、节能提高能效、建立市场机制、增加森林碳汇等系列措施，各项工作取得积极进展。2020年，单位GDP二氧化碳排放较2015年降低18.7%，较2005年降低48.4%，基本扭转二氧化碳排放快速增长的局面。2020年全国非化石能源占能源消费比重达15.9%，较2005年提升8.5个百分点，对煤炭消费的依赖显著下降；光伏、风电等可再生能源装机容量均居世界首位，新能源汽车保有量占世界的一半。

（三）生态环境部工作推动

2018年机构改革，特别是我国承诺碳达峰碳中和目标愿景以来，生态环境部紧扣“打通一氧化碳和二氧化碳”，加快推进减污降碳协同增效，统筹和加强应对气候变化和生态环境保护。

（1）法规制度。推动大气污染防治法增加大气污染物和温室气体实施协同控制条款。牵头编制《碳排放权交易管理暂行条例（草案）》。出台《关于深化生态环境领域依法行政 持续强化依法治污的指导意见》，开展应对气候变化立法研究，推动构建生态环境应对气候变化标准体系。

（2）政策体系。将应对气候变化作为美丽中国建设重要组成部分，全面融入生态环境保护规划，编制《“十四五”中国气象局应对气候变化发展规划》《国家适应气候变化战略 2035》。出台《关于统筹和加强应对气候变化与生态环境保护相关工作的指导意见》，组织编制《减污降碳协同增效实施方案》。

（3）监测核算。出台《环境信息依法披露制度改革方案》《企业环境信息依法披露格式准则》，鼓励重点企业编制绿色低碳发展报告。印发《碳监测评估试点工作方案》，启动重点行业、城市、区域 3 个层面的碳监测评估试点。全国排污许可证管理信息平台增加碳排放报送模块和功能。

（4）环境准入。制定《环境影响评价与排污许可领域协同推进碳减排工作方案》《“三线一单”减污降碳协同管控试点工作方案》，将碳排放纳入高耗能、高排放（“两高”）项目生态环境源头防控体系，开展重点行业建设项目碳排放环境影响评价试点，试点在产业园区规划环境影响评价中开展碳排放评价。

（5）督察执法。将碳达峰碳中和研究部署作为中央生态环境保护督察的重点，通报一批涉节能降碳、“两高”管控典型案例，将碳排放纳入生态环境“双随机、一公开”监管，开展发电行业企业温室气体排放报告专项监督帮扶，公开通报一批碳排放报告数据弄虚作假等典型案例。

（6）市场机制。印发《碳排放权交易管理办法（试行）》《2019—2020 年全国碳排放权交易配额总量设定与分配实施方案（发电行业）》及登记、交易、结算规则和指南，明确首批纳入全国碳市场的发电行业重点排放单位，组织企业温室气体排放报告与核查。全国碳市场自 2021 年 7 月 16 日启动交易以来，整体运行平稳，首个履约期累计成交碳排放配额 1.79 亿 t，累计成交额 76.61 亿元，按履约量计完成率 99.5%。

（7）试点示范。印发《关于推进国家生态工业示范园区碳达峰碳中和相关工作的通知》，将碳达峰碳中和作为重要目标，要求分阶段、有步骤推动全社会实现碳达峰碳中和。《2022 年生态环境工作要点》明确，将推动建设近零碳排放示范工程。

（8）投资融资。协同构建绿色金融体系，推动成立国家绿色发展基金。推动将气候投融资作为绿色金融的重要组成部分，联合出台《关于促进应对气候变化投融资的指导意见》《关于开展气候投融资试点工作的通知》，统筹减缓和适应资金需求，提出建设国家气候投融资项目库，布局开展气候投融资地方试点。

（9）科技创新。印发《百城千县万名专家生态环境科技帮扶行动计划》，将支撑碳达峰碳中和纳入百城千县万名专家生态环境科技帮扶行动计划，支持在气候变化与协同治理领域创建国家重点实验室、工程研究中心和野外科学观测研究站等。

（10）宣传动员。举办六五环境日、全国低碳日，生态环境部主要负责人多次发表署名文章和接受采访，举办以“协同减污降碳 建设美丽中国”为主题的美丽中国百人论坛，开展绿色低碳典型案例征集，讲好美丽中国低碳故事。

（11）对外合作。参与绿色“一带一路”建设，出台《关于推进共建“一带一路”绿色发展的意见》。开展环境气候外交，完成《巴黎协定》实施细则谈判，推动开展中欧环境与气候高层对话，将应对气候变化纳入环境部长对话机制。牵头筹备《生物多样性公约》第十五次缔约方大会，参加《联合国气候变化框架公约》第 26 次缔约方大会，为大会贡献中国智慧和中国方案。

二、地方实践：因地制宜探索减污降碳协同增效路径

（一）北京：推动降碳治气协同，实现空气质量大幅改善、二氧化碳排放率先达峰

北京市以超常规措施和力度治理大气污染，以疏解非首都功能为“牛鼻子”，创新构建减污降碳治理体系，专设大气污染综合治理及应对气候变化工作小组，构建国内领先、世界一流的环保标准体系。“十三五”淘汰退出一般制造业和污染企业 2 154 家，成为全国首个减量发展城市。实施能源清洁化战略，实现本地电力生产清洁化、工业基本无燃煤，煤炭消费由 2015 年的 1 165 万 t 大幅削减至 2020 年的 173 万 t，煤炭消费占比由 13.7%降至 1.9%，基本实现平原地区“无煤化”，率先在北方城市中解决燃煤污染问题。淘汰老旧机动车 109.1 万辆，推广新能源车 40.1 万辆，建成新能源汽车充电桩 21.9 万个，基本形成小于 5 km 服务半径充电网络。加大资金支持力度，支撑燃煤锅炉清洁能源改造、老旧机动车淘汰更新、污染企业整治退出。讲好首都转型故事，举办北京国际大都市清洁空气与气候行动论坛、碳达峰碳中和北京行动论坛，大气污染治理入选联合国环境规划署“实践案例”。2022 年北京冬奥会和冬残奥会采取低碳场馆、低碳能源、低碳交通等措施，减少赛事筹办和举办过程中的碳排放，全部实现碳中和。

（二）上海：促进融资协同，建设全球气候投融资中心，加快打造国际绿色金融枢纽

上海市依托金融中心优势，推动碳金融及绿色金融领域的产品及服务创新。上海市生态环境局召开生态环境部门与金融机构合作座谈会、绿色金融助力上海环保产业高质量发展座谈会，与中国银行、兴业银行等银行上海分行签订战略合作协议，与中国建设银行上海市分行签署《金融支持碳达峰碳中和战略合作协议》。发展基于碳配额及国家核证自愿减排量（CCER）产品的借碳、回购、质押、信托等碳市场服务业务，推出全国首个标准化碳金融衍生品。推动金融机构加大对环境保护、污染防治和清洁能源等绿色发展重点领域支持力度，截至 2020 年年底，银行业绿色信贷余额 4 288.3 亿元。支持符合条件的绿色企业通过上市融资、再融资和并购重组等方式做大、做强，2020 年已拥有主营业务与环保、节能、新能源等领域上市公司 11 家。专门为企事业单位搭建智能服务平台“e 小二”，将绿色金融作为四大板块之一，归集绿色金融政策、金融机构、案例库等信息。上海市政府印发的《上海加快打造国际绿色金融枢纽服务碳达峰碳中和目标的实施意见》提出，推动气候投融资试点，建设气候投融资服务机构，推动国家级气候投融资功能平台在沪设立，设立气候投融资基金，建立健全气候投融资标准体系，开发气

候投融资创新产品，促进上海成为全球气候投融资中心。

（三）重庆：加快治理协同，着力写好九篇“控碳”文章，提升应对气候变化行动力

重庆市将应对气候变化纳入污染防治攻坚战一体部署、一体推进，围绕碳达峰定总量、碳中和增“热量”、碳考核加力量、碳市场管存量、碳评价控增量、碳产业占分量、碳普查摸数量、碳金融提质量、碳标签添“流量”，率先在全国将碳排放纳入环评和排污许可管理，超50份环评报告实现二氧化碳和污染物“双评价”，20余张排污许可证实现二氧化碳和污染物“一证融合”。印发《重庆市“碳惠通”生态产品价值实现平台管理办法（试行）》，建设全国首个集碳履约、碳中和、碳普惠为一体的“碳惠通”生态产品价值实现平台，完成渝东北、渝东南首批碳汇类生态产品开发。创建绿色金融改革创新试验区，申报首批全国气候投融资试点，开展碳排放权质押贷款等气候投融资业务，募集资金超180亿元。“十四五”期间，将在10个区（县）、10个园区、100个社区开展低碳试点示范，建立5个市级的气候投融资试点工程，至少创建10个碳中和机关。

（四）深圳：探索制度协同，率先构建减污降碳一体法制，助力打造美丽中国典范

深圳市制定《深圳经济特区生态环境保护条例》，率先将应对气候变化作为重要内容纳入生态环境保护法规。明确将生态保护、应对气候变化、环境质量改善纳入建设项目开展环境效益评价。提出由市生态环境部门会同相关部门建立健全温室气体排放统计制度，组织编制温室气体排放清单。要求完善气候投融资机制，拓宽气候项目融资渠道，推动气候适应型城市建设。提出制定重点行业碳排放强度标准，将碳排放强度超标的建设项目纳入行业准入负面清单。在本市要求碳达峰后年温室气体排放量预期达到 3 000 t 二氧化碳排放当量的新建、改建或者扩建项目，应当制订碳中和计划和实施方案。强调设定固定总量的排放额度，约束纳入碳排放权交易的单位的年度碳排放，支持碳排放权交易机构创新碳市场交易品种，增加生态系统碳减排指标和碳普惠指标。呼吁建立碳普惠机制，推动建立本市碳普惠服务平台。展望未来，深圳市将在协同法制引领下，开展碳达峰和空气质量达标协同管理，以低碳环保引领推动高质量发展，率先打造人与自然和谐共生的美丽中国典范。

三、对策建议：以“1830”行动全链条赋能碳达峰碳中和

自2019年生态环境部门承接应对气候变化职能以来，四川省生态环境系统开展了能力建设，完善了治理机制，推进了碳市场建设，强化了降碳督导，编制了温室气体排放清单，开展了科普宣传，取得积极成效。全省碳排放强度降低29.9%（超额近10个百分

点），完成“十三五”降碳约束性目标（19.5%），成都、广元、泸州降碳考核获“超额完成”等级。四川省碳披露、碳中和推广成效显著，市（州）温室气体清单编制全覆盖，成都加入 C40 城市气候领导联盟、启动“碳惠天府”机制建设、荣获全球绿色低碳领域先锋城市蓝天奖。但同时应对气候变化和碳达峰碳中和工作也面临严峻形势，降碳工作“上热下冷”，气候统筹能力整体偏弱，降碳治理协同总体滞后，引领性创新不多，基础性投入不够，与新要求差距明显。

为主动顺应新形势、积极融入新格局、有序应对新挑战，应以碳达峰碳中和目标为引领，立足地方实际和职能职责，坚持有所为有所不为，坚持主动作为、锐意创新，统筹当务之急和长期工作、系统布局与重点突破，发挥生态环境部门长期以来的监管和支撑优势，将减污降碳协同增效作为 1 个总抓手，从 8 个方面实施 30 条措施（“1830”行动），形成生态环境保护新抓手、打造美丽四川建设新引擎、培育低碳发展新动能。

（一）坚持“一盘棋”，做好顶层设计

（1）开展战略研究。统筹近期和中远期，持续开展美丽四川路径跟踪研究、温室气体低排放发展战略性研究，提出四川建成国家碳中和先行区的时间表和路线图，论证燃油车禁售、减煤、控气、零碳电力系统等重大问题。开展重大决策和重大工程碳绩效评估，培育低碳新理念、新技术、新应用、新政策、新机制、新场景策源地。

（2）加强战略设计。推动将减污降碳理念和要求纳入国民经济社会发展规划、国土空间规划、区域规划和各类专项规划。配合完善碳达峰碳中和“1+N”政策体系，牵头编制减污降碳协同增效实施方案，制订“十四五”应对气候变化规划及适应气候变化行动方案。将控制温室气体排放融入深入打好污染防治攻坚战“1+X”战役。协同实施坚决遏制“两高”项目盲目发展三年行动。由生态环境厅会同农业农村厅、住房城乡建设厅、省能源局等部门，研究编制《四川省控制甲烷排放工作方案》，探索区域甲烷控排路径，逐步构建起非二氧化碳温室气体管控工作体系。

（3）完善法规制度。坚持目标导向、战略导向，坚持创新立法、引领立法，推动新制定的生态环境保护地方性法规和政府规章纳入更多温室气体控排和适应气候变化因素，推动我省既有生态环境保护法律法规制度修订时纳入减污降碳增绿内容。探索应对气候变化地方立法，鼓励具备条件的地区出台低碳发展促进条例、碳达峰碳中和促进条例。

（4）推动标准化建设。将降碳作为生态环境标准化的重要方面，探索将温室气体纳入新制定的生态环境类标准。重点围绕温室气体排放核算与报告、低碳建设指南与评价技术规范、产品全生命周期碳足迹、生态系统碳汇、碳标签、近零碳、碳中和等环节构建地方标准体系，发布实施《企业温室气体排放管理规范》。

（二）坚持“一体化”，加强统筹协调

（5）健全协同体制。用好省生态环境保护委员会“1+5”机制，积极参与污染防治、

碳达峰碳中和等专项工作委员会，实现一体谋划、一体推进。发挥各级节能减排及应对气候变化工作领导小组作用，因地制宜制定应对气候变化行动计划，适时召开应对气候变化工作推进会。推动完善市（州）、县（市、区）两级生态环境保护工作机制，将减污降碳协同摆在更加突出位置，加快推动工作部署，推动从污染“治标”走向降碳“治本”。联动本地区发展改革、统计、能源等部门，做好降碳目标责任评价考核。

（6）发挥统筹作用。发挥应对气候变化牵头职能和碳达峰碳中和支撑作用，依托省节能减排及应对气候变化工作领导小组办公室，强化统筹思维，提升综合能力，将减污降碳协同增效纳入全省应对气候变化的信息汇聚、系统谋划、工作调度、综合协调。

（7）提升工作能力。推动充实省、市（州）生态环境部门应对气候变化内设机构设置、人力配备，鼓励独立设置科室（处）。将应对气候变化纳入生态环境系统干部培训体系，作为业务能力提升的重要方面。定期制定和更新生态环境部门应对气候变化工作指南、应对气候变化（碳达峰碳中和）工作手册。

（三）坚持“协同性”，促进要素融合增效

（8）以降碳协同治气。把降碳作为大气污染源头治理的“牛鼻子”，以成都平原、川南、川东北地区为重点，加快产业结构、能源结构、交通运输结构、用地结构调整，加强在产工业源和在用移动源综合整治。探索开展大气（温室气体）排放清单协同编制和协同应用。推广清洁低碳、节能高效的设计、工艺、设备和技术，协同推动大气污染治理改造和节能降碳改造，提升末端治理的协同性。协同控制消耗臭氧层物质和氢氟碳化物排放。

（9）降低治水碳足迹。推动具备条件的污水处理设施开展沼气回收利用，提升污水处理设施设备能效，优先在新城新区、攀西地区推动大型污水处理厂安装分布式太阳能发电装备，应用环境经济政策手段鼓励污水治理企业提高购入电力的可再生能源占比。加强城乡黑臭水体治理，推广污泥低碳化处置方式。

（10）以固体废物“三化”降碳。提升各类固体废物减量化、资源化、无害化水平，推动成渝地区双城经济圈固体废物处置设施共建共享共用，开展“无废城市”建设，力争成都都市圈率先实现全域无废，实现固体废物管理信息“一张网”。加大塑料污染治理，从源头减少石油化工产品需求。鼓励采用焚烧等固体废物低碳处置方式，控制垃圾填埋场甲烷排放，加强垃圾填埋气收集利用。

（11）强化生态保护拓展“碳汇增量”。加强自然保护地生态环境保护监管，强化生态红线监管，推动生态系统保护修复，协同巩固和提升生态系统碳汇。推动碳汇类国家温室气体核证减排量和区域碳普惠核证减排量项目开发和市场交易，拓展生态价值实现路径。

（四）坚持“全过程”，实施“足迹”管理

（12）建立“事前”准入机制。以高耗能、高排放项目“上马”较为集中的地区为重点，将碳排放纳入“三线一单”生态环境分区管控，开展区域碳排放现状评价，提出碳达峰碳中和目标底线，划定碳排放管控分区，明确重点管控区的碳排放总（增）量和强度要求，以及产业准入碳排放绩效门槛。聚焦火电、钢铁、建材、化工、造纸等行业，开展碳排放绩效评价，提出优化调整建议、减污降碳协同增效措施及碳排放强度与总量控制要求。

（13）加强“事中”调查监测执法。坚持“核算为主、监测为辅”，完善温室气体排放统计核算体系。区域层面，出台《四川省城市温室气体清单编制指南（试行）》，常态化编制省、市（州）温室气体清单，鼓励县（市、区）编制温室气体清单，建立温室气体大数据库。行业企业层面，扩大碳排放报告与核查行业范围，将减碳责任压实到企业，建立温室气体重点排放单位名录，逐步实现年温室气体排放 1 万 t 二氧化碳当量及以上企业 100%覆盖，“十四五”期间纳入 1 000 家重点企业进行管控（占全省温室气体排放的比重超过 80%）。做好国家碳监测评估试点，率先在煤电、水泥、钢铁等行业探索碳排放在线监测。围绕碳排放数据质量控制、清缴履约等常态开展减污降碳监督执法活动，出台相关要求，通报核查结果，严厉打击数据造假行为。

（14）加强“事后”考核问责。将降碳纳入政府目标绩效、生态环境保护党政同责、污染防治攻坚战考核体系，协同构建降碳考核体系和追责问责机制，将落实碳达峰碳中和决策部署要求、能源消费“双控”、降碳约束性目标、“两高”项目管控、碳排放配额清缴履约等纳入省级生态环境保护督察范畴，通过网站、媒体等常态化曝光节能减污降碳负面典型案例。

（五）坚持“点带面”，探索试点示范

（15）争创国家试点。争取将成渝地区双城经济圈整体纳入国家减污降碳区域协同试点。推动成渝地区或成都平原经济区申报国家级区域减污降碳协同试点，引导广元、成都深化国家气候适应型城市、低碳城市试点，争创“国家低碳示范城市”。支持成都等市（州）申报国家空气质量达标和二氧化碳排放达峰“双达”城市试点，指导和推动 1 个城市、1 个背景站、1 家电厂、3 块气田做好国家碳监测评估试点。

（16）探索省级试点。支持成都都市圈、赤水河流域、安宁河谷等地区，开展区域减污降碳区域协同试点，推动减煤炭、增绿能，深入打好污染防治攻坚战。选择空气质量尚未达标、碳排放趋于稳定的城市（如泸州、宜宾、自贡、乐山、达州、眉山等）开展空气质量达标和二氧化碳达峰“双达”省级试点。支持甘孜、阿坝、雅安等市（州）探索碳中和先行区建设，推动可再生能源和生态碳汇价值转化。优化省级生态文明示范县（区）创建指标，纳入降碳量化指标。选择一批绿色发展基础好、产业体系优势足、低碳达峰意愿强、经济实力有保障的工业园区，从温室气体排放核算、近零碳建设等方面开

展示范试点，探索工业园区降碳路径。

（17）打造示范试点。以冶金、建材、化工、火电等传统行业企业为重点，通过原料替代、燃料替代、节能提效、工艺改造、数字赋能等打造减污降碳协同增效试点企业。探索污染物和碳排放“双近零”示范，支持成都探索低碳交通示范区建设，支持五粮液、通威、四川时代等开展碳中和企业试点。以碳排放最多的 100 家企业为主，实施企业控制温室气体排放行动，开展降碳目标分解和考核。选择天然气（页岩气）开发、钢铁、水泥、火电、废弃物等行业企业开展温室气体监测试点。配合推动绿色低碳示范园区创建、碳足迹认证与应用。

（18）构建碳普惠机制。推进省级碳普惠机制建设，研究制定碳普惠机制建设工作方案和管理办法，有序出台一批省级碳普惠核证减排量方法学，优先推动城乡社区光伏、农村沼气、老旧小区节能改造等亲民场景项目开发，营造碳激励生态圈。支持成都市“碳惠天府”、泸州市“绿芽积分”创新发展。适时推动川渝碳普惠核证减排量规则协同和互认，争取入市消纳。

（六）坚持“市场化”，完善激励机制

（19）打造引领服务平台。由生态环境厅联合四川省国有资产监督管理委员会、四川省地方金融监管局、中国人民银行成都分行等相关部门和蜀道集团、四川省生态环保产业集团等省属企业，全力支持四川联合环境交易所以增资入股、承担服务功能等方式参与全国碳排放权交易中心（上海）、全国温室气体自愿减排交易中心（北京）建营。依托省政研规划院，打造全国碳排放权注册登记机构四川分中心。通过政府购买服务方式，支持全国碳市场能力建设（成都）中心提升服务品质和辐射范围。

（20）积极参与全国碳市场。做好碳排放权交易管理政策解读宣贯和执行。制定碳排放权交易管理配套制度，明确省、市（州）监管权责和企业权利义务清单。以发电、建材、冶金、化工等行业为重点，加强全国碳市场纳入企业数据质量常态监管。实施企业碳排放监测、报告和核查能力专项提升行动，规范碳排放权核算关键参数实测、数据台账管理。完善碳排放清缴工作机制和责任压实机制。加强省、市（州）碳市场检查执法能力。

（21）有序开发各类碳信用。借鉴清洁发展机制（CDM）项目开发经验，发挥林草碳汇、清洁能源等生态环境资源禀赋优势，抓住国家核证自愿减排量（CCER）项目开发机制重启机遇，由生态环境厅会同农业农村、林草、能源等部门建立工作机制，推动林草碳汇、可再生能源、农村沼气等类别碳信用项目储备和开发，抢占发展先机。

（22）推行活动碳中和。推动四川联合环境交易所进一步拓展“点点”碳中和服务平台功能，打造成为线上、线下碳中和综合服务平台，打造碳中和品牌。依托成都大运会等赛事、会议和展览，在采取有效控制温室气体行动基础上，落实《四川省大型活动碳中和推广方案》，推广大型活动碳中和，年均实现社会活动碳中和 100 场次。优先推动生态环境部门举办的大型活动实施碳中和。

（七）坚持“现代化”，健全治理体系

（23）强化科技支撑。支持天府永兴实验室、四川省碳中和技术创新中心发展。支持应对气候变化、减污降碳协同增效、碳达峰碳中和相关科研平台建设，争取科技厅将减污降碳纳入重点研发计划。支持省政研规划院建设温室气体排放控制政策技术研究所，推动污染源大气污染物和温室气体排放统计衔接，开展减污降碳评估方法研究和构型构建，量化协同效果，评估碳中和进展。建立应对气候变化专家库。支持有条件的市（州）成立低碳发展应用研究院、研究所。

（24）加大财政资金投入。研究支持碳市场建设的政策，推动设立规模应对气候变化专项资金，重点支持能力建设、试点示范、降碳改造等。完善生态环境投融资政策，优化投资结构，通过生态环境保护专项资金加大对应对气候变化和降碳的支持，推动生态环境保护专项资金支持减污降碳协同增效项目。

（25）发展气候投融资。加强气候投融资供需形势分析和对接，由生态环境厅联合中国人民银行成都分行协同推动碳排放权质押规范发展，力争2025年气候投融资规模达到1 000亿元以上、2030年达到2 000亿元以上。支持四川天府新区争创国家气候投融资试点，积极参与国家投融资项目建设。支持依托四川联合环境交易所，成立四川省气候（碳中和）投融资创新服务中心，服务对接西南地区清洁能源开发利用。

（26）培育碳资产管理队伍。围绕碳市场能力建设、碳资产管理、碳排放核查、碳足迹认证等专业机构发展，提升综合服务能力。发挥行业组织作用，引导“碳排放管理员”新职业队伍规范发展。到2025年，力争建成一批具有区域辐射能力的碳资产管理机构，通过职业技能考试的“碳排放管理员”达2 000人。

（八）坚持“国际化”，讲好四川故事

（27）提升传播能力。整合利用宣传平台和手段，利用“雪山”“大熊猫”等天府元素，以国际视野、开放思维开展应对气候变化宣传、教育、科普和对外传播。定期发布应对气候变化白皮书，支撑国家对外气候宣传大局。

（28）深化国内合作。推动校省、部省合作深化，推动更多合作事项和共建平台落地发展。以成渝地区、川滇、川藏等为重点，推动区域应对气候变化合作，打造川渝气候变化对话平台，发布合作清单。

（29）开展对外对话。坚持“走出去”“引进来”相结合，紧跟国家气候和环境国际合作安排，依托友好省州关系，广泛开展对欧、对美、对日等地方交流合作。参与“一带一路”应对气候变化“南南合作”。支持成都参与C40城市气候领导联盟。

（30）打造高端平台。依托西博会等重大平台，适时举办气候与环境高峰论坛，争取国际、国内重大气候与环境会议在川举办。依托节能环保产业优势，将减污降碳纳入大型环保博览会。

四川省生态文明体制改革评估研究

摘　要： 为进一步推动四川生态文明建设再上台阶，本文采用逻辑框架法和对标分析法对《四川省生态文明体制改革方案》（以下简称《方案》）提出的目标、任务及与先进省份的差距进行了系统评价。结果表明，《方案》中 3 个目标基本达成；43 项具体改革任务中 35 项进展良好，8 项任务进展较好，但部分领域改革措施、生态文明体制改革支撑配套以及“大环保”信息资源共享机制等方面亟待进一步健全完善；与先进省份相比，四川在生态文明体制改革创新手段、绿色金融政策支持体系、大数据和智能化应用以及跨区域、跨部门的协作机制等方面较为薄弱。根据评估结果提出四川省生态文明体制改革政策建议。

关键词： 生态文明体制改革；评估；对标分析

生态文明建设是关系中华民族永续发展的根本大计。加快推进生态文明建设，是维护国家生态安全、实现“美丽中国”的重大举措。党的十九大将建设生态文明提升为“千年大计”，提出要“加快生态文明体制改革，建设美丽中国”。2012 年至今，相继出台《关于加快推进生态文明建设的意见》《生态文明体制改革总体方案》，制定了 40 多项涉及生态文明建设的改革方案，指导生态文明建设稳步推进。

四川省是中国西部的经济大省、人口大省、资源大省，也是长江黄河上游重要水源涵养地，是世界 25 个生物多样性热点地区之一——中国西南山地的重要组成部分，区位条件与功能属性的特殊性决定了其在生态文明战略部署中的引领示范作用。为加快推进全省生态文明建设，2016 年四川省印发了《四川省生态文明体制改革方案》，是四川省生态文明领域改革的顶层设计和部署。《方案》涉及的目标指标、重点任务等具体内容（表 1），对于四川省生态文明体制改革推进、生态文明发展导向等都产生了实质性的推动影响。对《方案》实施情况进行科学、系统、及时的评估，不仅能够有力促进《方案》有效执行，也能够为《方案》优化调整、落实落地夯实基础。本文在总结全省生态文明建设经验的基础上，借助逻辑框架法和对标分析法对《方案》实施进展进行了系统评价，为未来四川省生态文明建设战略的深入实施提供决策参考。

表 1 《四川省生态文明体制改革方案》任务执行评估结果

目标层（3 个目标）	领域层（8 个领域）	任务层（43 项具体任务）	评估结果
生态文明制度体系基本建成；环境保护体系基本建立；生态建设和环境治理取得显著成效	1. 健全自然资源资产产权制度	（1）加快建立统一的确权登记系统	黄灯
		（2）健全自然资源产权体系	黄灯
		（3）改革自然资源资产管理体制	绿灯
	2. 建立国土空间开发保护制度	（4）加快建设主体功能区	绿灯
		（5）加快建立国土空间用途管制制度	绿灯
		（6）探索建立国家公园体制	绿灯
		（7）探索建立自然资源监管体制	绿灯
		（8）加强城市生态建设与修复	绿灯
	3. 建立空间规划体系	（9）探索编制空间规划	绿灯
		（10）在部分重点区域率先开展“多规合一”试点	绿灯
	4. 完善资源总量管理和全面节约制度	（11）实行最严格的耕地保护制度和土地节约集约利用制度	绿灯
		（12）落实最严格的水资源管理制度	绿灯
		（13）健全能源消费总量管理和节约制度	绿灯
		（14）完善天然林保护制度	绿灯
		（15）完善草原保护制度	绿灯
		（16）完善湿地保护制度	绿灯
		（17）完善地震灾区等生态脆弱地区生态修复机制	绿灯
		（18）加强矿产资源开发利用管理	黄灯
		（19）推进资源循环利用	绿灯
	5. 健全资源有偿使用及生态补偿制度	（20）推进天然气等自然资源及其产品价格改革	绿灯
		（21）落实土地有偿使用制度	绿灯
		（22）完善矿产资源有偿使用制度	黄灯
		（23）研究推进资源环境税费改革	绿灯
		（24）建立健全生态补偿机制	绿灯
		（25）完善生态保护修复资金使用机制	黄灯
		（26）落实耕地草原河湖休养生息制度	绿灯
	6. 健全环境治理体系	（27）完善污染物排放许可制	绿灯
		（28）完善大气、水、土壤污染防治区域联动机制	绿灯
		（29）健全农村环境治理体制机制	绿灯
		（30）健全环境信息公开制度	绿灯
		（31）建立生态环境损害赔偿制度	绿灯
		（32）完善环境保护管理制度	绿灯
	7. 健全市场体系	（33）培育壮大环境治理和生态保护市场主体	黄灯
		（34）探索推进用能权和碳排放权交易制度	绿灯
		（35）探索推进排污权交易制度	绿灯
		（36）开展水权交易制度研究	绿灯
		（37）探索建立绿色金融体系	黄灯
		（38）积极推广国家绿色产品体系	绿灯

目标层（3 个目标）	领域层（8 个领域）	任务层（43 项具体任务）	评估结果
	8. 完善生态文明绩效评价考核和责任追究制度	（39）建立绿色发展指标体系和生态文明目标评价考核体系	绿灯
		（40）建立资源环境承载能力监测预警机制	绿灯
		（41）探索编制自然资源资产负债表	黄灯
		（42）实行领导干部自然资源资产离任审计	绿灯
		（43）建立生态环境损害责任终身追究制	绿灯

一、评估思路

（一）评估原则

《方案》评估主要基于 3 个原则开展。一是逐层分解、全面评估。将《方案》分解为目标、领域、任务 3 个层次（表 1），对照任务要求逐项进行评估，分析目标达成情况及任务执行、实施情况，全面研判《方案》实施进展与成效。二是定性为主、定量为辅。对《方案》评估以定性为主，兼顾定量，主要针对《方案》提出的政策是否出台、实施进展进行评估。三是对标先进、找出差距。基于四川省生态文明体制改革现状，对标先进省份的成功做法，找出四川省生态文明体制改革的差距。

（二）评估内容

基于上述原则，确定《方案》评估的 4 个工作内容。一是评估实施进展。主要分析提出的政策改革任务措施的进展情况，政策是否已经出台，措施是否已经到位等。二是识别实施弱项。重点识别《方案》中已经提出但是目前没有进展或者进展缓慢的政策措施，研判需要完善的重点政策。三是找出改革差距。对标先进地区生态文明体制改革举措和经验做法，识别四川省生态文明体制改革的差距，便于学习和借鉴。四是明确改进方向。通过发现《方案》实施过程中存在的问题与原因，为下一步四川省生态文明体制改革提供经验借鉴。

（三）评估方法

1. 逻辑框架法

《方案》目标和任务进展评估采用逻辑框架法。根据《方案》目标与任务内容设置，将《方案》分解为目标和任务两大块分别实施评估（图 1）。目标方面，根据四川省生态文明体制改革现状评估目标的完成情况；任务方面，对 43 项任务系统评估，评估指标包括政策制定、政策执行、政策效果等。其中，政策制定方面考虑是否出台了相关法律法规、政策文件；政策执行主要是考虑政策文件落实情况；政策效果主要是指政策实施后产生的影响，包括但不限于对生态保护、污染减排、环境质量改善的推动作用等。另外，通过对政策制定、政策执行和政策效果的综合评判来最终决定各项改革任务进度的评估结论。评估结论分为红灯、黄灯、绿灯 3 个级别，其中，红灯代表没有进展、进展较小或进展一般，需要加快推进；黄灯代表进展较好，但还有进一步完善提升空间；绿灯代表进展良好，达到了预期目标。

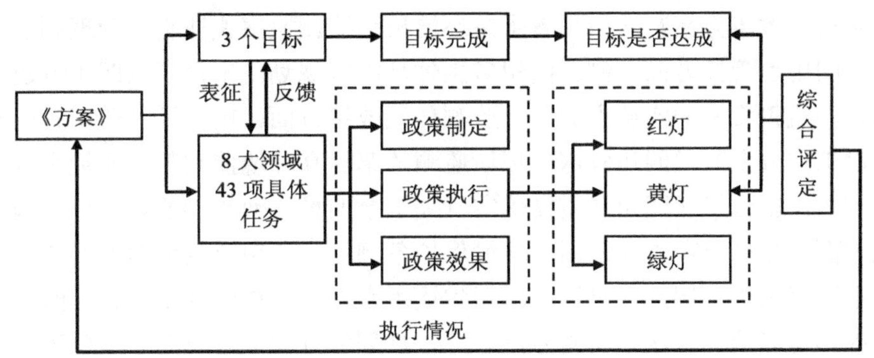

图 1 逻辑框架法

2．对标分析法

福建、江西、贵州等是首批国家生态文明试验区，被赋予探索不同发展阶段的生态文明建设制度模式的改革重任。2020 年 11 月国家发展改革委印发了《国家生态文明试验区改革举措和经验做法推广清单》（以下简称《清单》），包含 14 方面、90 项改革举措和经验做法，向全国分享试验区“先行者”们的改革样本。浙江是绿水青山就是金山银山理念的发源地和率先实践地，在生态文明建设和生态文明体制改革等方面始终走在全国前列。按照生态文明体制改革“四梁八柱”要求，对福建、江西、贵州、浙江等先进省份的典型改革举措进行梳理，识别四川省生态文明体制改革薄弱环节。

（四）评估依据

本文通过收集四川省生态文明建设情况相关的文件、报告、规划等资料和实地调研四川省生态文明体制改革背景资料，梳理四川省生态文明建设大事记，系统评价四川省生态文明体制改革的总体情况。由于《方案》设定的目标年为 2020 年，评估时间和范围为截至 2020 年四川省生态文明体制改革所取得的进展。

二、评估结果

（一）目标完成评估

从目标完成情况来看，2020 年，《方案》3 个目标基本达成，《方案》执行取得了显著成效。

1．生态文明制度体系基本建成

四川省基本建成了具有“四梁八柱”性质的生态文明制度体系。成立生态文明体制改革专项小组，将年度改革工作任务纳入年度绩效考核的重要内容，截至2020年共出台27个改革方案和50余部地方性法规、政策、规划。综合性体制改革方面，出台了《四川省生态文明体制改革方案》《四川省生态环境机构监测监察执法垂直管理制度改革实施方案》。空间用途管控方面，制订四川省主体功能区规划，出台了《四川省建立国土空间规划体系并监督实施的实施方案》。监测体制改革方面，出台了《四川省生态环境监测网络建设工作方案》《四川省深化环境监测改革提高环境监测数据质量实施方案》。流域监管方面，出台了《四川省贯彻落实〈关于全面推行河长制的意见〉实施方案》。法律法规方面，先后出台了《四川省环境保护条例》、首部跨区域地方性法规《四川省沱江流域水环境保护条例》，修订《四川省饮用水水源保护管理条例》《四川省〈中华人民共和国环境影响评价法〉实施办法》等。规划和行动部署方面，出台了《大气污染防治行动计划》《水污染防治行动计划》《土壤污染防治行动计划》等文件。这一系列改革政策文件覆盖生态修复、环境监测、环境监管、环境责任等领域，逐步健全自然资源资产产权制度、自然资源有偿使用制度和生态补偿机制等。

2．环境保护体系基本建立

四川省成立了省委书记和省长同时任主任的省生态环境保护委员会，先后出台生态文明建设目标评价考核、绿色发展指标体系、领导干部自然资源资产离任审计、党政领导干部生态环境损害责任追究等改革文件。省级环保督察方面，四川省在全国率先实现省级环保督察全覆盖，进一步明确督察重点、督察方式、督察对象、督察纪律等，督促地方落实党政同责和一岗双责，从传统的“督企”转变为“督政”，实现了督察体制机制的根本性改变。生态文明绩效评价考核和责任追究方面，出台生态文明建设目标评价考核办法、绿色发展指标体系、环境保护党政同责工作目标绩效管理办法和实施细则，推进领导干部自然资源资产离任审计试点，强化各地各部门环境保护履责考核，制定生态环境损害责任追究案件调查处理及移送程序。领导干部自然资源资产离任审计监督方面，出台了《四川省领导干部自然资源资产离任审计办法（试行）》，实现全省5个县（区）、191个镇（乡）党政和部门领导干部自然资源资产离任（任中）审计项目全覆盖。此外四川省还在全国率先构建了自然资源资产审计信息平台。

3．生态建设和环境治理取得显著成效

四川省生态环境质量显著改善，环境空气质量改善成果持续巩固，水环境质量持续改善，土壤环境风险得到有效管控，污染减排任务顺利完成。大气环境质量方面，全省2020年优良天数比率为90.8%，较“十三五”初期提高5.6个百分点；重污染天数平均为0.6天，较“十三五”初期减少6.2天；成都市摘得了联合国2018年度全球绿色低碳领域先锋城市蓝天奖。水环境质量方面，全省87个国考断面中地表水水质优良断面86个，优良率达98.9%，较“十三五”初期上升26.4个百分点；全面消除国考、省考劣Ⅴ类断面；38 个地级集中式饮用水水源水质均达到考核要求，县级及以上集中式饮用水水源水质达标率为 100%。土壤环境管理方面，四川省受污染耕地、污染地块安全利用率均达 100%。生态系统方面，四川省共划定生态保护红线 15.08 万 km^2，占全省辖区面积的 31.03%，截至 2020 年累计建成国家生态文明建设示范县 22 个，创建全国“绿水青山就是金山银山”实践创新基地 6 个。主要污染物减排方面，2020 年四川省二氧化硫、氮氧化物、化学需氧量、氨氮 4 项主要污染物排放总量较 2015 年分别削减 26.4%、19.7%、17.2%、18.6%，均超额完成国家下达给四川省的“十三五”减排目标任务（目标任务分别为 16%、16%、12.8%、13.9%）。

（二）主要任务执行评估

根据逻辑框架法评估主要任务推进情况（评估结果见表 1）。《方案》执行情况总体较好，其中 35 项改革任务进展良好，评价为“绿灯”，占比 81.4%；8 项改革任务为进展较好，评价为“黄灯”，占比 18.6%；无评价为“红灯”的改革任务。

通过分析，四川省生态文明体制改革存在以下问题：

1．部分领域改革措施有待进一步完善

目前，《方案》有 8 项任务评价为“黄灯”。一方面，国家顶层设计尚未出台。部分改革事项由于需要待国家出台相应的政策、标准或国家政策调整等原因，改革任务难以推进。例如，自然资源部尚未确定由其直接确权登记的自然资源目录，导致市、县两级全部建立承包地确权登记管理平台工作滞后。另一方面，生态文明体制改革相关方案自身有待完善。改革方案中以严格的约束性措施为主，激励机制不足，导致领导干部和守法企业主动开展生态文明体制改革的动力不足。此外改革方案中市场的主体作用还未完全发挥，市场活力尚未激发，环境经济政策及法治体系仍需进一步细化和完善。

2．生态文明体制改革的支撑配套不足

一是相关政策支持、配套改革跟进衔接不足。例如，目前虽有序推进国土空间规划编制工作，但由于空间规划立法尚未出台，导致空间规划的制定缺乏法律支撑等。二是生态文明体制改革所需的资金投入不足。治水治气治污、生物多样性保护等生态项目投入大、见效慢、回报周期长，生态保护资金投入水平远低于需求，严重制约了生态文明体制改革纵深推进。三是生态文明体制改革的专业性人才供给不足。人才技术及人员数量难以满足当前繁重的生态文明体制改革任务的需求，尤其是基层环保部门，能力建设滞后，环保技术基础薄弱，环保业务能力不能完全适应工作需要。

3．“大环保”信息资源共享机制亟待健全

当前，各职能部门环境信息资源数据被割裂，形成了以行业、地域、部门、系统等为边界的信息孤岛，“信息盲点”“数据垄断”和“数据打架”现象大量存在，极大地制约了社会服务效率、协同管理水平和应急响应能力。由于政务信息资源共享统筹规划和顶层设计不够完善、传统行政观念和部门利益等，多数生态文明体制改革相关的信息

化建设和应用方案仅限于倡导性、鼓励性的意见，严重限制了“大环保”信息资源共享的深度和广度，信息共建共享的机制体制还有待健全。

（三）对标分析结果

通过对标分析，发现四川省生态文明体制改革情况与先进省份存在一定差距。具体表现在以下几个方面。

1．生态文明体制改革创新手段不足

先进省份积极创新生态文明体制改革的思路和举措，从而极大地提高了生态文明建设水平。以自然资源资产产权制度为例，福建省创新推出的“林票”制度，让难以流通的林权实现证券化，打破森林资源流通性差的壁垒，吸纳更多的社会资本进山入林，实现了资源变资产、股权变股金、林农变股农；江西省对县域范围内的古村落、古建筑进行确权办证登记，通过创新建立传统村落和古建筑的线上交易平台，开展古建筑所有权、经营权抵押贷款，打通了生态产品“资产—资本—资金”的通道，实现了生态产品价值的转换，推动绿色发展崛起等。四川省拥有丰富的生态资源，但生态资源价值化实现形式的创新不够，活化利用严重不足，自然资源资产产权制度的建立健全存在明显短板。

2．绿色金融政策支持体系还需进一步完善

先进省份均高度重视政策助力绿色金融体系完善。以江西省为例，研究制定了《关于加强运用货币政策工具支持赣江新区建设绿色金融改革试验区的通知》《关于发展绿色信贷推动生态文明建设的实施意见》《关于绿色金融重点推进的试验任务》等政策，将地方法人金融机构发展绿色信贷情况纳入央行评级，范围扩大至村镇银行，并在货币政策、信贷考评、银企对接方面建立正向激励机制，支持因地制宜创新多样性绿色信贷产品，从而涌出了林权抵押融资推进储备林基地建设、畜禽智能洁养贷、“信用+”经营权贷款机制等典型案例。四川省虽已逐步建立了绿色金融政策框架体系，但在积极运用货币政策工具、加强信贷政策窗口指导、完善财政金融互动政策等方面与先进省份还存在较大差距。

3．大数据和智能化应用不足

先进省份在生态文明体制改革中融合了数字化技术。例如，福建省厦门市依托“多规合一”业务协同平台，全面推动审批制度改革，再造了从用地规划许可到竣工验收的项目审批流程，推行“一表式”受理审批，审批时间从 53 个工作日压缩到 10 个工作日，审批时限由 122 个工作日缩短至 49 个工作日；浙江省依托国土空间规划实施监督信息系统、生态修复监管系统的建设和应用，实现国土空间生态修复“一张图”和生态修复全程智治，极大地提高了工作效率，进一步促进科学决策、民主决策和依法决策。与先进省份相比，四川省在生态文明体制改革中大数据和智能化手段应用不足。

4．跨区域、跨部门的协作机制不健全

生态文明体制改革需要不同职能部门间、跨区域政府间的分工和配合。先进省份均采取了多种手段完善生态文明体制改革的协作机制，跨区域协作如流域生态补偿和赣湘两省护鸟联盟等、跨部门协同如生态环境综合执法协调机制等、制度集成如“河（湖）长制+河湖司法协作机制”等。四川省生态文明体制改革协作机制尚不完善，跨省环境污染及生态保护补偿问题还没有得到有效解决，执法等改革领域跨部门壁垒尚未完全打破，还需加强改革系统集成协同，推动生态文明体制各方面制度更加成熟定型。

三、政策建议

基于《方案》评估及对标分析结果，具体提出以下政策建议。

（一）进一步优化生态文明体制改革的方案设计

一是增加正向激励的生态文明制度内容。激发领导干部、企业、社会组织和公众自觉参与生态环境保护的积极性。对生态文明建设作出积极推动和突出贡献的领导干部，给予表彰和更多晋升机会，同时建立健全容错纠错机制，激发广大干部新担当新作为；对于遵纪守法和严格执行环保排放标准的企业，给予相应的奖励、税收优惠或政策支持，调动企业守法和保护环境的自主性自觉性。二是加强跨部门、跨地区的生态保护协作机制建设。做好协调机构与区域督察机构以及环境保护主管部门等相关部门的有序衔接，探索建立跨部门联合执法机制，加快推进生态环境、自然资源、林业草原、水利、农业农村、气象等部门之间生态环境监测数据的共享机制。加强地区生态环境管理协同、措施协同、政策协同、能力协同，建立区域生态环境保护一体化推进机制，强化区域统筹管理，完善区域法治标准。

（二）以生态产品价值实现提升生态文明体制改革的动力

生态产品价值实现是绿水青山向金山银山转化的现实路径，能够有效推动良好生态成为高质量发展的增长点和高品质生活的支撑点，是生态文明体制改革的重要内生动力，要积极引导各级政府及领导干部充分认识到生态价值转化蕴含的巨大经济价值，更好地服务于社会经济高质量发展大局。一是推动领导干部转变政绩观念。加快生态产品价值核算“进规划、进项目、进决策、进政策”的制度设计，推动生态产品价值量在绿色发展财政奖补等领域的广泛应用，推动实行生态系统生产总值（GEP）和国内生产总值（GDP）“双核算、双运行、双提升”的考评机制，建立生态产品保护责任追究制度。二是挖掘生态价值转化的多元化路径。加快生态环境治理项目与资源、产业开发的有效融合，围绕自然生态系统构建，积极开发新业态、新模式的生态产品，支持四川省开展生态产品价值实现基地试点、生态环境导向的开发模式（EOD）试点等，加强优秀案例和经验做法的推广和应用。三是将生态补偿制度作为生态价值转化的重要抓手。健全国家和地方公益林补偿标准动态调整机制，进一步加大对长江上游地区纵向补偿力度，加大对欠发达地区、水系源头地区、自然保护地和重要生态功能区的纵向转移支付力度，探索建立湿地生态效益补偿制度。

（三）以健全市场机制激发生态文明体制改革的活力

一是强化绿色消费对绿色生产的促进作用。推行优质生态产品的差别化价格政策，支持各地区健全生态产品认证体系，鼓励运用税收减免、补贴等多种经济手段提升绿色产业竞争力，扩大生态产品的市场供给，有效推动绿色消费的普及，“倒逼”和引导产业生态化和生态产业化。二是引导社会资本参与环境治理。大力推广 EOD 模式，通过设立生态环境保护基金、利用建设—经营—转让（BOT）、移交—经营—移交（TOT）等融资模式，扶持环保企业产业化运营等方式，引导社会资本投入，逐步形成市场主导的投资内生增长机制，积极推行第三方治理一体化服务模式，支持四川开展小城镇环境综合治理托管服务试点。三是加快发展绿色金融。完善私募投资基金和股权众筹等投融资机制，鼓励各类金融机构扩大绿色信贷规模，通过综合运用财政奖补、贴息、风险补偿等方式促进绿色债券发行，建立环境污染强制责任保险制度，推动林草碳汇开发和交易，支持西部环境资源交易中心建设。

（四）以美丽四川建设为载体建立新时期生态文明体制改革制度与评估体系

一是加快美丽四川建设的相关理论研究。厘清美丽中国与可持续发展及生态文明的内在关联，开展美丽四川的内涵研究，深入挖掘四川独特的自然生态之美和多彩人文之韵，识别四川的美丽元素，丰富美丽四川的科学内涵，以理论来确保实践的顺畅推进。二是建立美丽四川建设评价技术体系。推进建立美丽四川建设评价体系，加快制定美丽四川建设评价方案和技术指南，谋划开展市、县等多尺度美丽四川建设进程评估工作，鼓励开展美丽生态、美丽文化、美丽经济等评价。三是建立美丽四川建设的重点任务与责任考核体系。将美丽四川建设主要任务、目标指标纳入各地各有关部门（单位）考核，引导各地区落实和推动美丽四川建设工作。

（五）加强生态文明体制改革典型案例推广

一是借鉴学习先进省份改革举措和经验做法。重点围绕活化利用生态资源价值化实现形式、加大绿色金融政策支持力度、推进大数据和智能化应用等方面，有针对性地借鉴学习先进省份改革举措和经验做法，完善思路举措，创新管理模式，因地制宜开展复制推广工作，有效融合到四川省“四梁八柱”生态文明制度体系建设中。二是加强省内典型案例的总结和推广。持续开展创建国家生态文明建设示范区、“绿水青山就是金山银山”实践创新基地，深化低碳城市、“无废城市”建设，开展美丽中国建设地方创建系列，聚焦最小单元开展美丽城市、美丽乡村、美丽园区、美丽河湖等保护建设，加强示范建设典型经验总结和宣传推广，推进建设实践成果应用。

四川省农村黑臭水体污染现状与治理对策建议

摘　要：当前，四川省农村黑臭水体治理正处于起步阶段。本文结合当前四川省农村黑臭水体治理工作基础，分析了四川省农村黑臭水体污染现状与成因，提出了下一步工作建议：一是摸清底数，全面识别问题，确定水体基本信息，开展溯源分析，识别污染成因，为高效开展农村黑臭水体治理提供重要支撑。二是试点先行，分类治理修复，遴选有基础、有条件，能够体现典型性、代表性的地区开展治理试点示范，总结经验，带动全省农村黑臭水体治理工作。三是统筹协同，系统控源治污，统筹农村黑臭水体治理与乡村振兴、农村人居环境综合整治，坚持“一河一策”“一沟一策”“一塘一策”，因地制宜系统推进治理。四是保障资金，强化多元投入，加强资金整合，打好资金“组合拳”，拓宽资金渠道，积极创新投融资方式，吸引社会资本参与治理，调动村民主动性，鼓励村民自觉清理房前屋后黑臭水体。五是强化监管，确保长治久清，建立治理长效机制，加大宣传力度，切实提高群众幸福感、获得感，为全省农村黑臭水体治理打下坚实基础。

关键词：农村；黑臭；污染；治理；水体

农村黑臭水体治理是改善农村人居环境的重要内容，对于推动解决农村水生态环境问题，加快建设美丽宜居乡村具有重要意义。近年来，我国城市地区经济相对发达，治理资金投入多，技术路线成熟，已经形成了较为完善的治理体系，城市黑臭水体治理效果明显，群众满意度得到较大提升，截至2020年年底，我国地级及以上城市黑臭水体消除比例已达到98.2%。相对城市而言，我国农村黑臭水体分布量多面广、底数不清，对生态环境影响范围更大、更突出且尚未得到有效治理。

2018年2月，中共中央办公厅、国务院办公厅印发《农村人居环境整治三年行动方案》，指出“以房前屋后河塘沟渠为重点实施清淤疏浚，采取综合措施恢复水生态，逐步消除农村黑臭水体”。2019年7月，生态环境部会同水利部、农业农村部印发《关于推进农村黑臭水体治理工作的指导意见》，该指导意见提出了农村黑臭水体的治理目标：到2020年，建立规章制度，完成排查，启动试点示范。到2025年，形成一批可复制、可推广的农村黑臭水体治理模式。到2035年，基本消除农村黑臭水体。2021年12月，中共中央办公厅、国务院办公厅印发《农村人居环境整治提升五年行动方案（2021—2025年）》，该方案是“十四五”时期开展农村人居环境整治工作的重要指导文件，指出“摸清全国农村黑臭水体底数，建立治理台账，明确治理优先顺序。开展农村黑臭水体治理试点，以房前屋后河塘沟渠和群众反映强烈的黑臭水体为重点，采取控源截污、清淤疏浚、生态修复、水体净化等措施综合治理，基本消除较大面积黑臭水体，形成一批可复制、可推广的治理模式。鼓励河（湖）长制体系向村级延伸，建立健全促进水质改善的长效运行维护机制”。2022 年 1 月，生态环境部、农业农村部、住房和城乡建设部、水利部、国家乡村振兴局联合印发《农业农村污染治理攻坚战行动方案（2021—2025 年）》，该方案明确了“十四五”农村黑臭水体治理目标，提出了“明确整治重点、系统开展整治、推动‘长治久清’”的工作任务。

为推进我省农村黑臭水体治理，基于四川省农村黑臭水体治理工作开展情况，分析污染现状与成因，提出工作建议。

一、农村黑臭水体的内涵

（一）农村黑臭水体的判定

农村黑臭水体是指行政村（社区等）范围内颜色明显异常或散发浓烈（难闻）气味的水体。

农村黑臭水体主要依据感官识别、问卷识别和监测识别。气味异常或颜色明显异常（如发黑、发黄、发白等）即可视为黑臭水体。感官识别存在争议时，委托专业机构对附近村民、商户或随机人群开展问卷调查，原则上每个水体的有效调查问卷数量不少于 30 份，如有超过 60%的受调查人士认为水体有“黑”或“臭”问题，可认定该水体为“黑臭水体”。无法开展问卷调查时，开展水质监测，透明度＜25 cm（水深不足 25 cm 时，透明度按水深的 40%取值）、溶解氧＜2 mg/L、氨氮＞15 mg/L，根据指标判定是否属于黑臭水体。

（二）农村黑臭水体治理的难点

当前，我国农村黑臭水体治理存在底数不清、污染成因复杂、治理难度大、资金不足四大难题。一是底数不清，未开展系统调查。相较于城市黑臭水体，农村黑臭水体比较分散，多数为封闭式水域，自净能力差，丰水期坑塘内有水，枯水期又多处于干涸状态，具有季节性、反复性特点，排查识别难度较大。二是成因复杂，城乡差异大。农村与城市的水环境差异较大，城市的沟渠、水塘很少，农村的排水系统不完善，低洼地带积水极易形成黑臭水体。农村黑臭水体污染成因复杂，涉及很多方面，多数由内源（河流断头、滞流、水生植物腐败分解、底泥污染等）和外源污染物入河共同作用形成。农村生活污水、农村厕所粪污、农村生活垃圾、畜禽养殖污染、水产养殖污染、种植业污染、工业废水等外源污染物入河都会对水体造成影响，这是城市环境里所不具有的。三是治理难度大，缺乏长效管护机制。相对于城市黑臭水体，农村黑臭水体分布较分散，难以从流域尺度进行总体协调，并且管网建设、设施设备维护难度更大。另外，农村黑臭水体治理牵涉面广，涉及生态环境、住建、水利、农业农村等多部门，相关部门间信息共享渠道和机制缺乏，治理项目统筹推进协调难度大，后期长效管护机制不健全。四是资金需求量大，地方财政压力大。农村黑臭水体治理是一项系统工程，要素多，涉及控源截污、清淤疏浚、生态修复等方面，治理及后期长效管护资金需求量大，地方财政保障困难，投入不足，难以充分发挥治理成效。

二、四川省农村黑臭水体污染现状

2020 年 4 月，四川省生态环境厅印发了《关于开展农村黑臭水体排查工作的通知》，组织全省市（州）、县（市、区）开展了农村黑臭水体初步排查工作，初步摸清了全省农村黑臭水体底数，共排查出农村黑臭水体 298 个，其中纳入国家监管 159 个，地方监管 139 个，形成《四川省农村黑臭水体清单》。开展治理试点示范，阆中市和苍溪县入选全国第一批农村黑臭水体整治试点示范市（县），积极探索了丘陵地区农村黑臭水体整治模式。

（一）农村生活污水是农村黑臭水体的主要污染来源

农村生活污水是四川省农村黑臭水体的主要污染源，占比达 58.39%，远高于排名第二的复合型污染（23.36%）和第三的畜禽养殖污染（8.03%），底泥污染物释放导致的内源污染（底泥淤积）在污染来源中占 7.30%，见图 1。复合型污染是指同时受农村生活污水、畜禽养殖、水产养殖、底泥淤积等多种来源影响的污染类型，在复合型污染源中，84.38%的农村黑臭水体又与农村生活污水有关，其次为底泥淤积影响。因此，有效治理农村生活污水是解决四川省农村黑臭水体污染问题的关键。

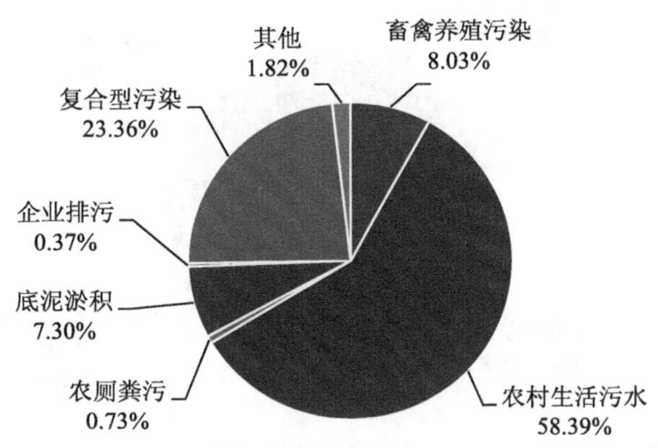

图 1　四川省农村黑臭水体污染来源分布（初步排查）

（二）沟渠是农村黑臭水体的主要表现形式

《四川省农村黑臭水体清单》显示，四川省农村黑臭水体大多位于居民区内或村头、农田附近，多数水体面积较小，水量少且基本为死水。图 2 显示了四川省农村黑臭水体主要表现形式为沟渠，沟渠黑臭水体占比 59.49%，其次为塘、河，占比分别为 24.45%、16.06%，这主要是因为农村排水系统不完善，沟渠、坑塘等低洼区域容易积水，水流不畅，水体自净能力差等。

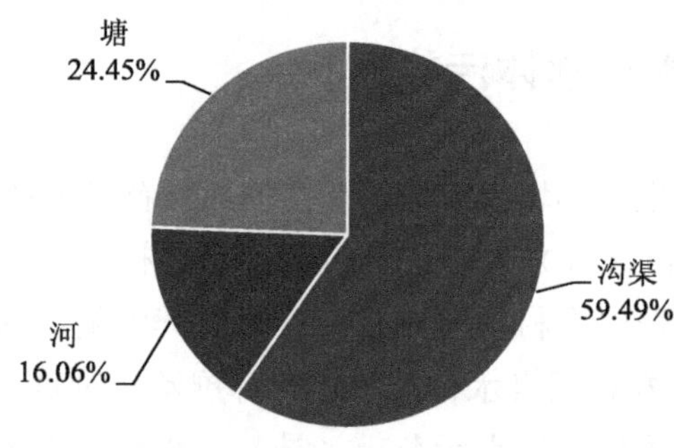

图 2　四川省农村黑臭水体表现形式分布（初步排查）

（三）小水域面积是农村黑臭水体的突出特点

《四川省农村黑臭水体清单》显示，四川省农村黑臭水体水域面积多数分布在 1 000～5 000 m^2，占比为 31.75%，其次为 500 m^2 以下，占比为 26.64%，见图 3。水域面积差异大，较大的有上万平方米，较小的仅约 10 m^2。水域面积不同，治理措施不尽相同。因此，要综合考虑水体类型、水域面积、周边污染源等因素，分析污染成因，分类开展治理。

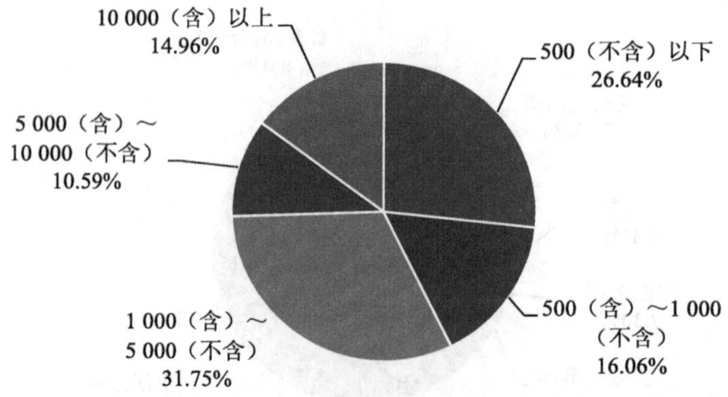

图 3　四川省农村黑臭水体水域面积分布（单位：m^2）（初步排查）

三、四川省农村黑臭水体污染主要成因

（一）外源污染物输入，治理能力不足

外源污染物输入是四川省农村水体黑臭的根本原因，农村生活污水的直接排放、农业面源污染物、生活垃圾沿河堆置、工业废水等导致好氧污染物进入水体，形成黑臭水体。

（1）农村生活污水治理能力不足，运行效率不高。当前，四川省农村生活污水处理设施覆盖率仍然较低，截至2020年年底，全省41.63%的行政村生活污水还未得到有效治理。对运行情况调研发现，农村生活污水资源化利用率不高，有相当一部分的已建设施缺乏有效管护，非正常运行问题突出，存在工艺、规模、标准等“水土不服”情况，难以保障稳定运行。

（2）农业面源污染复杂多样，治理仍需深入。截至2020年年底，全省畜禽粪污综合利用率 75%，畜禽养殖污染治理有待进一步深化。部分专业养殖户和散户养殖管理方式粗放，粪污治理工艺简单，处理效果差，大量小规模和散养的畜禽养殖场还缺少污染治理设施，畜禽粪尿直接排放，坑塘沟渠成为受纳场所，是黑臭水体治理的重点污染源之一。水产绿色养殖推广程度不够，池塘标准化改造不足。秸秆收储和机械还田仍需进一步规范，秸秆堆积在河道中，经降雨淋溶浸泡、腐烂，导致周边水体发黄、发黑。

（二）水体自净能力不足，内源污染物释放

农村河、沟渠、塘的水域面积小，流量小，水动力条件差，水体中溶解氧浓度较常规水体偏低，水体自我净化能力不足。另外，在水生植物腐败分解、淤泥中污染物释放的作用下，污染物进入水体，促使黑臭水体形成。

（三）治理专业性强，基层科技人才紧缺

农村黑臭水体治理需要实施控源截污（包括对农村生活污水、农村生活垃圾、畜禽养殖、水产养殖、种植业污染等进行治理）、水系连通、清淤疏浚、生态修复等工作，技术专业性强、形式多样、发展迅速，受地形条件、气候变化、农村污水成分及农业面源的多重影响，不同的农村黑臭水体需要采用不同的治理措施，基层专业人才缺乏，难以进行技术甄别。

（四）监管对象数量庞大，监管力量薄弱

与农村广袤的地域面积相比，基层环保队伍建设短板问题突出，大多数乡镇还没有建立环保办事机构，基本处于无经费、无人、无装备的状态，监管任务难以有效落实，部分乡镇即使设立环保办事机构，仅靠少数工作人员也难以开展监管工作。以广元市为

例，截至 2020 年年底，全市生态环境系统在职人员 108 人，监督执法相关部门不足百人，但全市农业农村生产生活污染源监管对象众多，仅靠生态环境部门难以做到监督全覆盖，平台之间信息共享机制不畅也给监管增加了难度。图 4 列举了四川省农村黑臭水体污染常见成因。

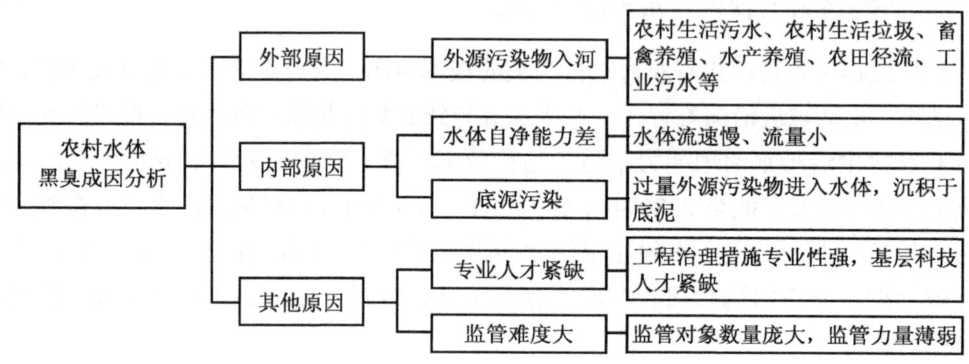

图 4　四川省农村黑臭水体污染成因树

四、“十四五”四川省农村黑臭水体治理对策建议

四川省农村黑臭水体点多面广，污染成因复杂，加之农村环保底子薄、基础差，开展农村黑臭水体治理要按照“问题识别、试点先行、统筹协同、分类推进、长治久清”的工作路线有序推进。在前期初步排查的基础上，全面开展排查识别，坚持因地制宜，统筹协调，遴选有基础、有条件，能够体现典型性、代表性的区域开展试点示范，形成一批可复制、可推广的治理模式和长效管护机制，杜绝黑臭水体“返臭”，到 2025 年，完成 159 个纳入国家监管的农村黑臭水体整治。

（一）摸清底数，全面识别问题

在前期初步排查基础上，以城乡接合部（不含已列入城市黑臭水体清单的水体）、工业园区、镇区（含镇村接合部）、村民居住区、村民反映强烈的黑臭水体为重点，以县级行政区为基本单元，全面开展农村黑臭水体排查，确定水体基本信息，开展溯源分析，识别存在的问题，全面掌握农村黑臭水体现状。

（二）试点先行，分类治理修复

分别在成都平原、川南、川东北地区遴选有基础、有条件，能够体现典型性、代表性的城市编制农村黑臭水体治理试点实施方案，积极争取试点示范名额，优先开展纳入国家监管清单，群众反映强烈且经核实为黑臭水体，环境敏感区域，国控、省控重要监测断面周边 1 km 范围内、水域面积≥1 000 m^2 的农村黑臭水体治理试点示范，开展效果评估，总结经验，推广带动全省农村黑臭水体治理。

（三）统筹协同，系统控源治污

坚持尊重习俗，利用优先，立足农业生产生活实际，优先考虑资源化利用，综合考虑地形条件、水质状况、污染形式、承载功能等因素，科学制定“一河一策”“一沟一策”“一塘一策”治理方案，因地制宜推进治理，对于单一污染来源引起的黑臭水体，开展针对性治理，对于复合型污染类的黑臭水体，系统考虑，协同推进农村黑臭水体治理与乡村振兴、农村人居环境综合整治工作，统筹推进黑臭水体、生活污水、生活垃圾、种植、养殖、工业等污染治理。具体治理方式见图 5。

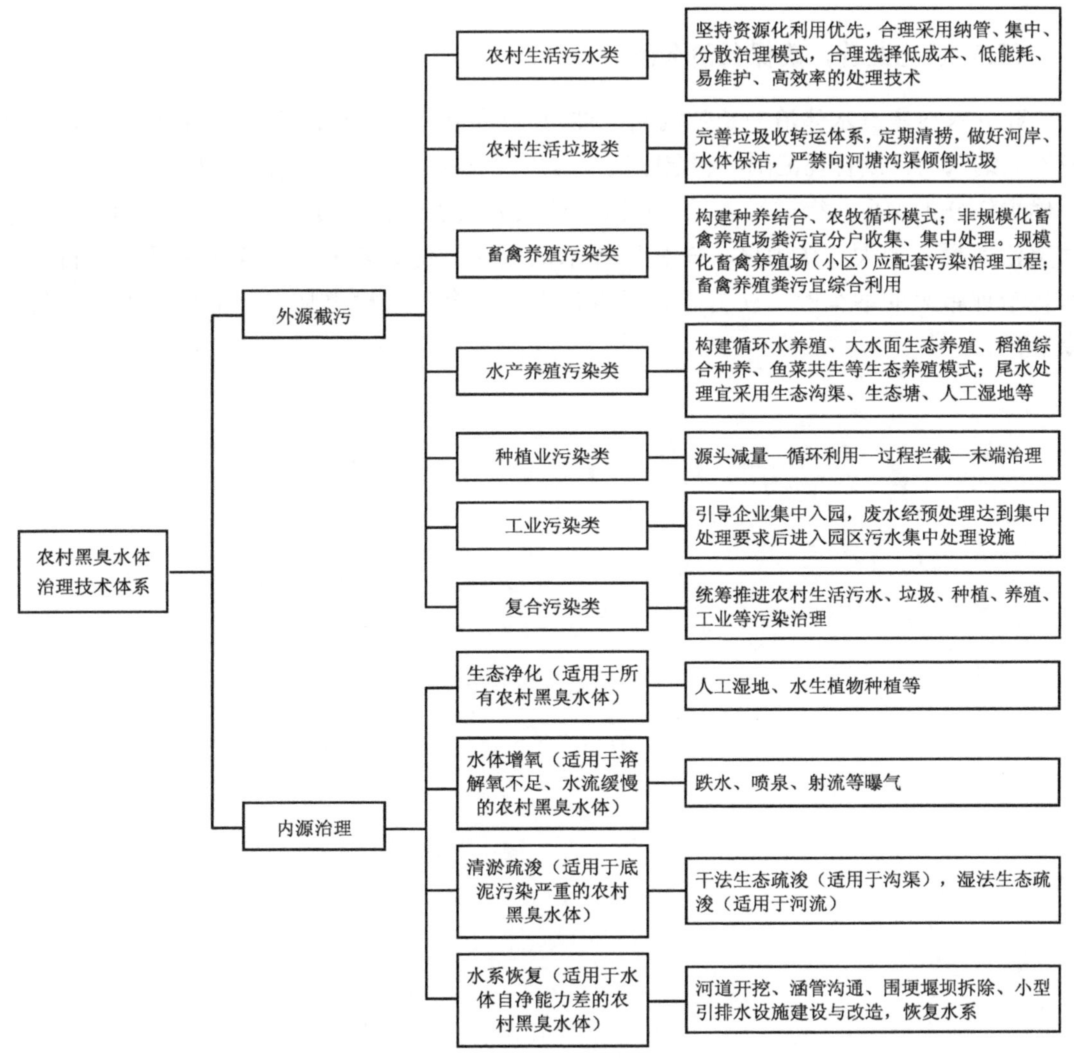

图 5　四川省农村黑臭水体治理技术体系

（四）保障资金，强化多元投入

资金短缺是制约农村黑臭水体治理的主要因素，在当前四川省农村经济薄弱的情况下，一是要加强资金整合，结合乡村振兴、农村人居环境整治等涉农资金，完善资金整合机制，创新整合方式，打好资金“组合拳”。二是拓宽资金渠道，积极探索建立县、乡财政补助，村集体补贴，农户适量付费相结合的资金保障制度，建立可持续保障机制。积极运用市场化方式，规范政府和社会资本合作模式，吸引社会资本参与治理，缓解地方财政压力。三是调动村民积极性，充分发挥农村劳动力相对富余优势，积极采用村民投工投劳等方式让广大村民参与到农村黑臭水体治理行动中，鼓励激励村民自觉清理维护房前屋后黑臭水体。

（五）强化监管，确保长治久清

建立农村黑臭水体治理长效机制，推动河长制体系向村级延伸，将农村河道、坑塘及沟渠纳入河长制管理范围，制定印发《四川省农村黑臭水体长效管控机制实施方案》，明确责任分工，乡（街道）、村（社区）河长要认真履行职责，主动作为，确保黑臭水体整治效果。加大宣传力度，充分发挥示范效应，使更多干部、群众感受到农村黑臭水体治理带来的幸福感、获得感，以点带面，为全省农村黑臭水体治理打下坚实的群众基础。

川渝跨界河流铜钵河阶段性治理成效评估

摘　要：铜钵河是长江四级支流，涉及川渝两省（市）河流左右岸的共界，是川渝两地联系最为紧密的河流之一，在川渝跨界小流域中具有典型性和代表性。2020 年 9 月，四川、重庆两省（市）联合召开川渝跨界河流联防联治会议，并签订了《铜钵河联防联治协议》，明确将铜钵河流域作为川渝跨界流域联动共治示范区进行打造。省政研规划院近年来对铜钵河流域治理工作提供了全过程政策技术支撑，编制了《铜钵河流域水生态环境保护川渝联防联治方案》（以下简称《方案》），并对治理工作成效进行了跟踪评估。本文对照《方案》提出的目标任务，评估了流域污染治理阶段性成效，剖析了铜钵河目前存在水还不够清、景还不够美、绿水青山向金山银山转换还不足的问题，并针对性提出了系统治理促“水清”、生态修复予“水润”、护岸增绿赋“水亲”的对策建议，推进铜钵河建成跨界河流美丽河湖样板，以点带面，形成示范引领效应，供决策参考。

关键词：跨界河流；污染治理；美丽河湖；铜钵河

一、概况

铜钵河发源于达州市大竹县观音镇月城寨，流经大竹县石桥铺镇、梁平区碧山镇虎城镇，汇集平滩河（大竹县观音镇、梁平区碧山镇）、袁驿镇袁驿河、虎城镇施家河后向北回流大竹县，由达川区汇入州河。铜钵河流域面积 916 km^2，其中四川境内 628 km^2，重庆境内 288 km^2。河口多年平均流量 11.9 m^3/s。发源地大竹县观音镇共和村至大竹县安吉乡为上游，安吉乡至达川区百节镇为中游，百节镇至入州河汇入口为下游（图 1）。流域涉及四川省达州市大竹县、达川区、高新区和重庆市梁平区 4 个县（区）。

流域共设有 8 个监测断面（表 1），其中干流 5 个，分别为牛角滩、碧山中学、上河坝、矮墩子、山溪口码头；支流 3 个，分别为施家河河口岩登坡桥、石桥河河口凌家桥、袁驿河河口速建桥。其中，牛角滩（川入渝）、上河坝（渝入川）2 个断面为“十四五”国考断面。

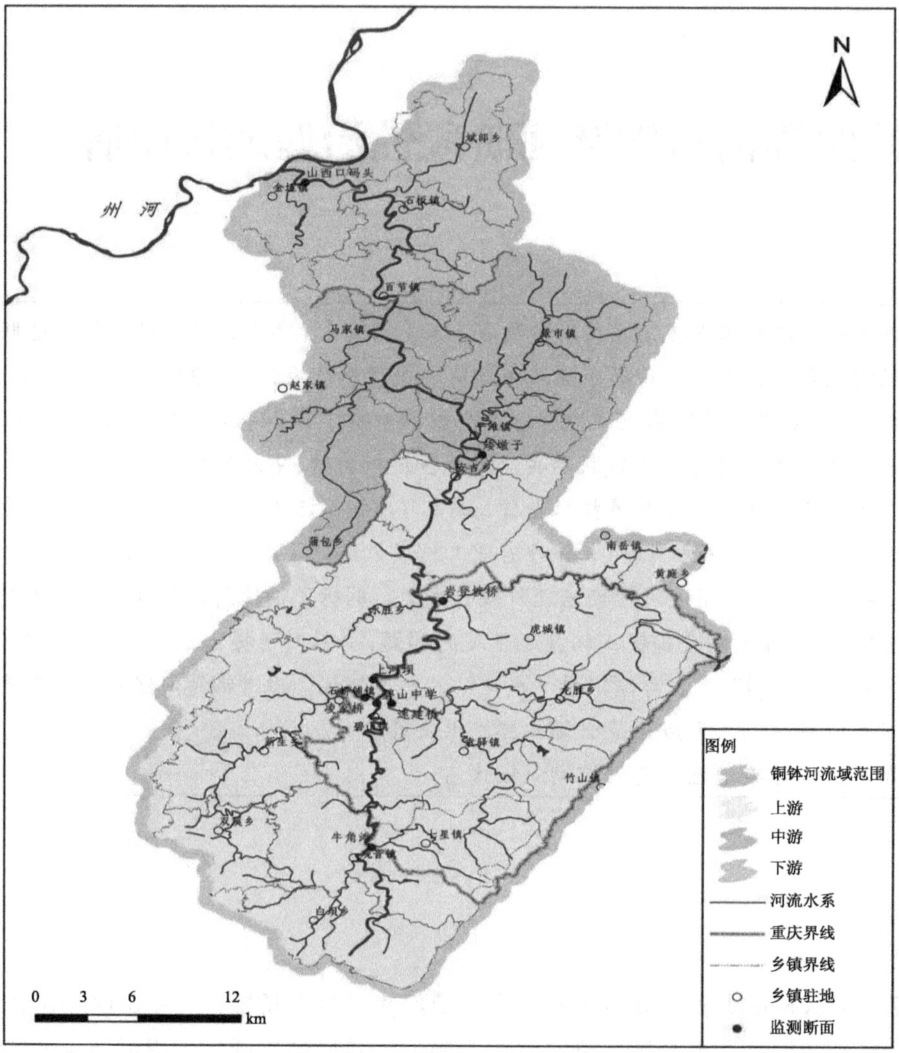

图 1　铜钵河流域水系

表 1　铜钵河流域监测断面分布

河流名称	序号	断面名称	级别	断面属性
铜钵河	1	牛角滩	国考	川入渝
	2	碧山中学	省考	控制断面
	3	上河坝	国考	渝入川
	4	矮墩子	市考	大竹入达川
	5	山溪口码头	省考	铜钵河河口
石桥河	6	凌家桥	省考	石桥河河口（四川）
袁驿河	7	速建桥	省考	袁驿河河口（重庆）
施家河	8	岩登坡桥	省考	施家河河口（重庆）

二、治理成效与效益分析

（一）目标任务要求

（1）在目标方面，《方案》提出了“到2021年，铜钵河流域水环境质量得到阶段性改善，牛角滩断面全面消除劣V类水体。铜钵河流域生活污水收集率大幅提升，建制镇生活污水处理率达80%，城镇污水管网收集率达85%以上，生活污水直排量明显减少，美丽河湖建设启动实施。到2023年，铜钵河流域水环境质量总体改善，牛角滩断面水质稳定达到Ⅲ类标准。流域污水处理设施稳定运行，基本消除生活污水直排入河现象，河流生态功能显著提升，力争基本实现铜钵河流域全域河畅、湖清、岸绿、景美的美丽河湖初步目标”。

（2）在任务方面，一是实施城镇污水处理设施提质增效和污水处理设施配套管网建设两手抓，统筹农村生活污水、农业农村面源污染协同治理，推进生活垃圾规范收集处理，多措并举控制污染物排放。二是实施河道清理工程，开展河道综合整治，推进河道清淤疏浚及水生生态系统恢复重建，开展内源污染及黑臭水体生态修复，多点发力修复流域生态环境。三是以保障生态基流为基础，以推进生态廊道建设为抓手，以塑造生态文化旅游地标为目标，多路齐开推进美丽河湖建设。四是完善水环境监测网络，加强环境信息化能力建设及重点污染源日常监管，提高监督执法能力，两地并重提升流域管理能力。

（3）在项目支撑方面，《方案》共规划城镇生活污水处理设施补短工程、农村生活污染治理工程、流域水生态修复工程和环境监管能力提升工程等四大类57个工程项目，投资概算约6.89亿元。其中，四川省工程项目12个，投资概算约5.41亿元；重庆市工程项目45个，投资概算约1.48亿元。

（二）成本效益分析

1．污染减排评估

《方案》实施以来，一系列污染减排工程措施大幅削减了污染物入河量，根据污染物入河负荷核算结果表明（表2），2020年牛角滩、上河坝断面汇水范围的COD、NH_3-N、TP年入河量分别为616.47 t、61.90 t、7.85 t和1 251.74 t、106.37 t、13.94 t，2021年牛角滩、上河坝断面汇水范围的污染物年入河量分别为563.83 t、57.67 t、6.92 t和1 199.59 t、100.90 t、12.79 t。各项工程实施后，2021年牛角滩断面、上河坝断面汇水范围COD、NH_3-N、TP入河负荷分别较2020年削减了8.5%、6.8%、11.7%和4.2%、5.1%、8.3%。此外，铜钵河上游平滩河河道清淤、九龙水库生态补水、袁驿河河道综合治理、竹丰水库至袁驿河河湖水系连通等工程项目的落地实施，也较大程度降低了河道的内源污染，保障了河道生态流量，预计到2023年《方案》各项工程措施全部实施后，两个国考断面汇水范围COD、NH_3-N、TP可分别削减18.9%、14.5%、22.4%和5.5%、7.1%、11.1%，流域水质将得到持续改善。

表 2　铜钵河国考断面汇水范围入河污染负荷削减量估算

区域	污染物	年份	类别									
			城镇生活污水污染负荷入河量/（t/a）	削减比例/%	农村生活污水污染负荷入河量/（t/a）	削减比例/%	畜禽养殖污染负荷入河量/（t/a）	削减比例/%	种植业污染负荷入河量/（t/a）	削减比例/%	合计入河量/（t/a）	合计削减比例/%
牛角滩断面汇水范围	COD	2020	135.23	—	234.01	—	116.80	—	130.43	—	616.47	—
		2021	128.67	4.9	228.44	2.4	77.86	33.3	128.85	1.2	563.83	8.5
		2023	123.97	8.3	210.33	10.1	38.26	67.2	127.28	2.4	499.85	18.9
	NH_3-N	2020	13.57	—	16.47	—	5.77	—	26.09	—	61.90	—
		2021	12.67	6.6	16.08	2.4	3.85	33.3	25.07	3.9	57.67	6.8
		2023	12.02	11.4	14.12	14.3	1.92	66.7	24.86	4.7	52.92	14.5
	TP	2020	1.73	—	1.75	—	1.20	—	3.17	—	7.85	—
		2021	1.60	7.6	1.70	2.4	0.80	33.3	2.82	11.0	6.92	11.7
		2023	1.51	12.8	1.50	14.3	0.40	66.7	2.68	15.3	6.09	22.4
上河坝断面汇水范围	COD	2020	216.20	—	527.44	—	251.29	—	256.81	—	1 251.74	—
		2021	199.59	7.7	505.68	4.1	240.33	4.4	253.98	1.1	1 199.59	4.2
		2023	198.59	8.1	498.57	5.5	234.03	6.9	251.90	1.9	1 183.09	5.5
	NH_3-N	2020	21.70	—	34.62	—	6.68	—	43.36	—	106.37	—
		2021	20.03	7.7	33.20	4.1	6.33	5.3	41.34	4.7	100.90	5.1
		2023	19.58	9.8	32.43	6.3	6.17	7.7	40.58	6.4	98.76	7.1
	TP	2020	2.77	—	4.28	—	1.20	—	5.70	—	13.94	—
		2021	2.56	7.7	4.10	4.2	1.12	6.5	5.01	12.2	12.79	8.3
		2023	2.52	9.1	4.02	6.1	1.09	9.3	4.77	16.3	12.40	11.1

注：2023 年为《方案》设计情景下的预测值。

2．污染负荷削减成本估算

《方案》实施以来，铜钵河流域累计投入资金 36 092 万元，其中，城镇生活污水治理、农村生活污水治理、畜禽养殖治理、种植污染源控制、河道清淤与生态修复分别投资 4 480 万元、5 160 万元、4 752 万元、2 200 万元、19 500 万元（表 3）。上述工程措施的实施（河道清淤、生态修复未纳入定量核算）使 COD、NH_3-N、TP 入河量分别削减 100.4 t/a、12.2 t/a、2.1 t/a。城镇生活污水治理、农村生活污水治理、畜禽养殖治理、种植污染源控制分别贡献 COD 削减量的 22.1%、26.1%、47.6%、4.2%，NH_3-N 削减量的 21.0%、15.4%、38.8%、24.9%，TP 削减量的 16.2%、11.4%、22.9%、49.5%。从投资效益来看，农村生活污水治理 COD、NH_3-N、TP 削减成本分别为 192.4 万元/t、1 743.2 万元/t、13 176.5 万元/t，城镇生活污水治理 COD、NH_3-N、TP 削减成本分别为 188.8 万元/t、2 744.7 万元/t、21 500 万元/t，畜禽养殖治理 COD、NH_3-N、TP 削减成本分别为 95.2 万元/t、1 002.5 万元/t、9 900 万元/t，种植污染源控制 COD、NH_3-N、TP 削减成本分别为 498.9 万元/t、723.7 万元/t、2 115.4 万元/t。总体来看，前期的污染治理工程在铜钵河治理过程中发挥了积极作用，减少了大量的入河污染负荷，促成了相关断面水质的大幅改善；河道清淤、生态修复等措施上在入河污染物负荷削减量作用相对较少，也难以定量核算，但其在河道水生态环境恢复方面发挥了积极和长远的效益。在铜钵河水质已经得到大幅改善的情况下，下一步铜钵河流域一方面需要进一步实施一些污染减排工程来巩固水质治理成果，另一方面还需要实施一批生态恢复项目，以此推动美丽河湖建设。

表 3　铜钵河国考断面汇水范围污染负荷削减成本估算

工程措施	牛角滩断面汇水范围				上河坝断面汇水范围			
	投资/万元	污染物类型	工程削减量/t	削减成本/（万元/t）	投资/万元	污染物类型	工程削减量/t	削减成本/（万元/t）
城镇生活污水治理	2 130	COD	6.57	324.3	2 350	COD	16.61	141.5
		NH_3-N	0.90	2 362.1		NH_3-N	1.67	1 409.8
		TP	0.13	16 298.6		TP	0.21	11 043.6
农村生活污水治理	2 600	COD	5.57	466.6	2 560	COD	21.76	117.6
		NH_3-N	0.46	5 624.8		NH_3-N	1.42	1 803.6
		TP	0.06	42 221.4		TP	0.18	14 407.5
畜禽养殖治理	3 236	COD	38.93	83.1	1 516	COD	10.96	138.4
		NH_3-N	1.92	1 681.2		NH_3-N	2.82	537.2
		TP	0.40	8 098.4		TP	0.08	19 294.4
种植污染源控制	1 000	COD	1.58	632.91	1 200	COD	2.83	655.73
		NH_3-N	1.02	980.39		NH_3-N	2.02	594.05
		TP	0.35	2 857.14		TP	0.69	1 739.13
河道清淤、生态修复等	8 500	—	—	—	11 000	—	—	—

（三）治理成效评估

1. 水质改善评估

从水质目标完成情况来看，2021 年牛角滩（川入渝）断面水质为Ⅳ类，完成了“到 2021 年，铜钵河流域水环境质量得到阶段性改善，牛角滩断面全面消除劣Ⅴ类水体”的水质目标（表 4）。2021 年 COD、NH_3-N、TP 年均值较 2020 年分别降低 1.0%、7.1%、12.5%。此外，上河坝（渝入川）断面 2021 年均水质达到Ⅲ类，达到水质目标。2021 年 COD、NH_3-N、TP 年均值较 2020 年分别降低 3.4%、15.6%、15.4%。

表 4 铜钵河国考断面水质目标完成情况评估

断面名称	年份	监测指标			水质目标	年均水质	单月水质	评估结果	2023 年目标可达性
		COD/（mg/L）	NH_3-N/（mg/L）	TP/（mg/L）					
牛角滩	2020	19.8	1.12	0.24	—	Ⅳ类	劣Ⅴ（2 次）、Ⅴ（1 次）、Ⅳ（5 次）、Ⅲ（3 次）	—	—
	2021	19.6	1.04	0.21	年均消除劣Ⅴ	Ⅳ类	劣Ⅴ（3 次）、Ⅴ（2 次）、Ⅳ（1 次）、Ⅲ（6 次）	完成	—
	2023	—	—	—	Ⅲ类	—	—	—	目标可达
上河坝	2020	14.6	0.45	0.13	—	Ⅲ类	Ⅳ（2 次）、Ⅲ（10 次）	—	—
	2021	14.1	0.38	0.11	Ⅲ类	Ⅲ类	Ⅳ（1 次）、Ⅲ（9 次）、Ⅱ（2 次）	完成	—
	2023	—	—	—	Ⅲ类	Ⅲ类	—	—	目标可达

2021 年下半年以来，牛角滩断面水质已能稳定达到Ⅲ类，在 2022 年断面上游大竹县观音镇污水处理厂二期及末端人工湿地建成投运后，断面水质还将持续改善，预计 2023 年可达成Ⅲ类水质目标。上河坝断面水质相对较好，近年来均稳定达标，个别月份水质可达到Ⅱ类。综上所述，流域重点考核断面达标率将显著上升，流域水环境质量持续向好。

2. 任务完成情况评估

《方案》任务指标完成情况较好，完成年限为 2021 年的“建制镇生活污水处理率”与“城镇污水管网收集率”2 项指标川渝两地均已完成。完成年限为 2022 年、2023 年的 5 项指标已达到序时进度（表 5）。

表 5 《方案》任务指标完成情况统计

序号	指标	目标	完成年限	2021 年四川省完成情况	2021 年重庆市完成情况	评估结果	2023 年目标可达性
1	建制镇生活污水处理率	80%	2021 年	85%	90%	已完成	—
2	城镇污水管网收集率	85%	2021 年	85%	90%	已完成	—
3	农村生活污水处理收集率	70%	2023 年	45%	80%	四川省完成 64.3%，重庆市已完成	目标可达
4	农村生活垃圾得到有效处理的行政村比例	95%	2022 年	95%	100%	已完成	—
5	规模养殖场粪污处理设施配套率	100%	2022 年	100%	100%	已完成	—
6	畜禽粪污综合利用率	95%	2022 年	90%	91%	四川省完成 94.7%，重庆市完成 95.8%	—
7	生态廊道建设	共计 50 km	2023 年	10 km	20 km	完成 60%	目标可达

3. 重点项目完成情况评估

四川省完成年限为 2021 年的重点项目共 7 个，截至 2021 年年底，已完成 6 个，完成率为 85.7%（表 6）。未完成的项目为“铜钵河湿地公园建设项目”，因高铁片区控制性详规尚未获批，故项目尚未启动。完成年限为 2022 年、2023 年的 5 个项目中，“大竹县农村生活污水治理项目”已完成，“铜钵河流域水环境监管能力建设项目”积极推进，预计可按期完成，其余 3 个项目还在前期阶段，预计目标完成难度较大。鉴于铜钵河流域重点考核断面水质已实现达标，建议后续优先实施美丽河湖建设及与水质提升密切相关的项目，计划投资约 1.74 亿元，项目完成后预计可实现减排 COD 34.53 t/a、NH_3-N 3.05 t/a、TP 0.47 t/a 的环境效益。此外，建议结合工作实际，动态调整工程治理项目，对因产业准入、投资条件、建设条件等发生变化，无法实施的项目，结合实际情况予以调整。

表 6 《方案》四川省重点项目完成情况统计

序号	项目	项目建设内容	完成年限	完成情况	评估结果	2023 年目标可达性
1	观音镇污水处理厂扩能项目	新建污水处理二期，增加处理规模 1 500 t/d，出水水质达一级 A 标准	2021	二期已建成投运	已完成	—

序号	项目	项目建设内容	完成年限	完成情况	评估结果	2023 年目标可达性
2	石桥铺镇、安吉乡等城镇污水处理厂配套管网建设	建设污水主管网约 48.81 km	2021	已完工	已完成	—
3	高新区斌郎生活污水处理设施升级改造项目	对斌郎镇污水处理厂现有污水处理工艺进行改造，优化处置单元	2021	已达一级 A 标准	已完成	—
4	平滩镇、石板街镇污水处理厂配套管支网建设项目	在平滩镇、石板街镇新建连接城镇污水处理厂主管网 5.6 km	2021	已完工	已完成	—
5	观音镇污水处理厂末端人工湿地建设项目	在观音镇污水处理厂出水口末端增加 18 亩①人工湿地净化系统	2021	已完工，正在通水调试	已完成	—
6	铜钵河观音段河道综合整治工程项目	清淤 3 km，建设生态护坡、河滨缓冲带 7 km	2021	已完工	已完成	—
7	铜钵河湿地公园建设项目	石板街镇石岩村至铜宝寺公园段湿地公园景观工程打造	2021	未立项	未完成	有难度
8	铜钵河流域水环境监管能力建设项目	监控管理信息平台、视频监控、网格化监管、微站建设等	2022	正在开展前期工作	推进中	目标可达
9	铜钵河流域美丽河湖建设项目	实施生态河滩工程 98 240 m^2，生态护岸工程 24.8 km，植被修复带工程 15.1 km，生态浮岛 24 860 m^2	2022	开展实施方案编制，未立项	推进中	有难度
10	大竹县农村生活污水治理项目	化粪池 392 座，庭院式污水处理系统 370 座，主管 4 100 m	2022	已完工	完成	—
11	达川区农村生活污水治理项目	一体化污水处理设施 20 处，新增庭院式污水处理设施 460 座，配套建设主管 5.2 km	2023	前期工作	推进中	有难度
12	高新区农村生活污水治理项目	一体化污水处理设施 15 处，新增庭院式污水处理设施 2 座，配套建设主管网 55 km	2023	前期工作	推进中	有难度

三、存在的问题与短板

（一）“水清”美丽河湖目标仍有差距

一是水环境质量还不稳定。铜钵河上游牛角滩国考断面水环境质量虽逐年改善，但

① 1 亩≈666.7 m^2。

2021 年枯水期仍有较多月份水质为劣Ⅴ类，氨氮、总磷等指标超标明显，中游省考断面墩子河 2021 年 2—5 月出现连续不达标情况，污染治理形势依然严峻。二是水环境承载力不足。铜钵河流域集雨面积小，流域水资源量不足，受季风气候影响，流域径流年内分配不均，部分水量主要集中在丰水期，枯水期生态流量不足，水资源供需矛盾大。同时，流域城镇人口沿河聚集、农业种植业发达，造成流域污染负荷大。三是污染治理设施效能欠佳。观音镇、石桥铺镇作为上游段主要乡镇，乡镇汇集人口超流域人口总数的 50%，部分地区污水处理设施建设进度滞后，尾水直排现象仍有发生，白坝片区、观音镇、石桥铺镇、蒲包片区、永胜镇、安吉乡等区域污水管网部分为临时截污管网（图 2）。

图 2　乡镇污水经沟壑直排入河

（二）“水润”美丽河湖观感仍然不佳

一是水利设施大量修建造成缺水断流问题突出。铜钵河流域上游段有水库 14 座，水电站 3 座、石河堰 22 座、山坪塘 736 口，长期的人类活动使流域生态体系发生较大变化，灌溉蓄水致使中游达川区平滩镇段缺水断流，存在 5 km 左右的脱水河道，河流连通性、水生生物栖息环境遭到明显破坏。二是面源污染负荷较大致使富营养化问题逐步凸显。全流域河道近岸苎麻种植、香椿种植等农业种植规模大，面源污染拦蓄沟渠建设不足，川渝两地畜禽粪污综合利用水平距《方案》目标仍有一定差距，两地对畜禽养殖禁养、限养区划定标准尚未统一，加之中、下游河段平均比降本身不高，又受上游河段缺水断流影响，水势较缓，致使季节性藻类活动活跃，中下游部分河段水体富营养化情况逐步凸显（图 3）。三是近岸护坡退化造成水土流失问题突出。大竹县安吉乡、平滩镇等部分乡镇近岸护坡由于长期的人类活动，设施建筑逐步侵占近岸空间，沿江硬质边坡的大量修建致使河道生态结构严重单一化，部分河段边坡退化严重，裹挟大量泥沙入河，水土流失现象严重，河段小生境遭到破坏。

图 3　河道断流及富营养化情况

（三）“水亲”美丽河湖绿水青山向金山银山转换不足

一是沿河近岸人居环境改善仍显不足。下游部分河段垃圾站沿江近岸修建，侵占岸线空间。农村公共厕所及部分污水管网、自来水供应等配套设施还不健全。乡镇污水处理设施成本高、运维难，闲置问题较为普遍。二是惠民亲水生态景观打造显著不够。例如，百节滩等具备水流、河床以及岸线等自然优势的天然景观较多，但美丽河湖打造及开发较少，下游河面开阔情况下沿河绿道、亭台楼榭、湿地浮岛等亲民近民景观建设显著不足，生态廊道建设、水生态修复工作较为滞后，对标“山水尽清晖”“桃花春水渌”的美丽河湖愿景仍差距明显。三是河湖与文化资源协同开发挖掘不深。铜宝寺、陈伯钧故居等文化地标沿江近岸分布，跨界特色明显，文化底色鲜明，但文化资源与河湖文化并未得到充分协调发展，河湖文化与地方文化未能有效融合，河湖文化与地方特色文化未能实现相辅相成（图 4）。

图 4　下游河段河湖景观

四、对策建议

（一）系统治理促“水清”

一是强化源头防治，深化面源污染控制。推进种植面源污染防治，以铜钵河牛角滩断面以上河段为重点，推进大竹县观音镇、白坝镇、石桥铺镇、永胜镇，梁平区袁驿镇、七星镇的铜钵河干、支流河段高标准农田建设，到 2025 年，建成高标准农田 5 km^2。推进畜禽养殖污染治理，加快编制大竹县、梁平区畜禽养殖污染防治规划，合理布局养殖业种类、规模。结合畜禽养殖产业特色，在满足铜钵河流域生态环境承载力的基础上，因地制宜推行“畜—沼—菜（果）”的生态循环种养模式，实施流域内规模化以下养殖场配套消纳农田/林地的补建工程。到 2025 年，畜禽粪污综合利用率达 100%。合理优化水产养殖空间布局，突出水产集中区域养殖退水处置。

二是补齐治污短板，保障已有设施稳定运行。补齐污水处理厂短板，加快推进大竹县观音镇污水处理厂一期提标项目，实施梁平区城镇污水处理厂尾水提标工程。推进大竹县农村生活污水治理工程，补齐配套管网短板，推动大竹县观音镇、石桥铺镇、安吉乡，梁平区袁驿镇、七星镇、虎城镇干、支管建设工作，逐户排查整改入户支管，开展大竹县永胜镇、梁平区龙胜镇管网雨污分流改造工程。到 2025 年，建制镇污水支线管网建设取得显著成效。

（二）生态修复予“水润”

一是推进河湖生态保护修复。整治内源污染，以铜钵河观音镇段、梁平区袁驿镇为重点，采取环保疏浚、原位修复等方法对河道内源实施整治。保障河湖生态用水，以铜钵河观音镇段至百节镇段为重点，推进河湖连通和生态流量保障工程，实施下泄生态流量改造，强化九龙、刘家坝水库和山坪塘、小水电站、石河堰水资源调度，保障河道生态流量充足。推进流域水土流失治理，以铜钵河、袁驿河交汇处为支点，推进牛角滩断面上游水土保持工程。到 2025 年，新增水土流失治理面积 5 km^2。建设生态绿地系统，推进大竹县观音镇雁尔水库区域水源涵养林建设，实施石桥河凌家桥断面上游生态清洁小流域建设。到 2023 年，建设生态绿地 2 万 m^2。

二是推进河湖生态廊道建设。以铜钵河观音镇段为重点，推进河道生态廊道建设。构建含湿生植物、灌木丛及林带立体的岸线结构，打造生态护坡防护带，提升雨水截留缓冲能力。落实《筑牢嘉陵江生态屏障总体规划》等相关文件要求，将造林绿化作为水系生态建设的优先举措，建设以铜钵河干流为骨架的水系绿色生态廊道。

三是实施沿岸综合整治。统筹山水林田湖草沙冰，推进水土流失、地质灾害隐患、湖泊消落带综合整治以及防洪减灾。实施石桥铺镇、观音镇城镇河段两侧生态河堤建设工程，推进牛角滩断面河道两侧占用河道、河滩地种植退出，腾退被挤占河湖空间。

（三）护岸增绿赋“水亲”

一是推进河湖“水文化+”体系建设。探索铜钵河流域“水文化+”产业体系的有效发展路径，开展民族民俗、风土人情、水文化和治水历史专项调查，挖掘陈伯钧故居等历史文化，将竹文化、农耕文化、苎麻文化融入美丽河湖建设中，将水生态环境与人文风情、水体景观、滨河经济、生态绿地有机融合，实现因水而美、因水而富的“水美经济”，推动铜钵河流域产业发展。

二是推进河湖沿岸惠民亲水设施建设。以铜钵河穿城过镇河段为重点，充分发掘河湖景观资源，突出生态观光，将河湖休闲娱乐、观赏游憩等功能结合起来，合理布设滨水滨岸慢行步道，建设滨水公园设施，在人流量集中的位置设置遮阳避雨、照明、公厕等公共基础设施，打造沿河沿湖岸线生态休闲亲水空间。

三是推进乡村河湖人居环境建设。依托乡村振兴，结合美丽乡村建设，推进铜钵河代家坝段、石板桥段退田还湖还湿工程，开展人水和谐的河湖渠系连通工程建设和沿岸绿化，推进农村人居环境“五大提升行动”，将改善院落环境和发展休闲旅游相结合，打造3～5个以绿水青山为形、农耕文化为魂、美丽田园为韵、生态农业为基的乡村旅游目的地，培育5～10个乡村旅游重点村镇。

关于进一步加强矿井水综合治理的思考与建议

摘 要：党的十九大把建设美丽中国作为全面建设社会主义现代化强国的目标，把生态文明建设提升到前所未有的战略高度。水为生态系统中重要的组成部分，对水资源的治理与保护是生态文明建设的关键问题。矿井水是采矿过程中产生的污水，也是一种宝贵的水资源，矿井水的综合治理，不仅能改善矿区及周边生态环境，更能缓解区域水资源供需矛盾。目前，我国矿井水综合治理仍然存在政策标准体系不够完善，处理成本高，利用率低等问题。四川省的广元、广安等地都曾出现过矿井水污染事件，引起了党和国家领导人的关注。为此，我们联合有关单位组成研究专班，建议加强矿井水综合治理，坚持“制度创新、科技引领；源头控制、综合治理；部门联管、长效运维”的基本原则，以提升矿井水综合治理水平为目标，以绿色矿山建设为抓手，以制度创新和技术创新为动力，完善政策法规与标准规范，强化科技支撑，加快推进绿色矿山建设，拓宽矿井水利用渠道，提高矿井水收集处理和利用水平。着力夯实各方责任，压实企业主体责任，强化属地监管责任。鼓励公众参与，提高公众对处理后矿井水利用的认知度和认可度，调动广大群众积极参与，推动多元共治。

关键词：水资源；矿井水；综合治理；绿色矿山；利用

矿井水是指在矿山建设和矿产开采过程中，由地下涌水、地表渗透水、生产排水汇集所产生的废水。矿井水水量水质与矿区所处区域水文地质条件、矿物成分、采矿工艺等多种因素有关，一般含有悬浮物、酸性物质、重金属及其他有毒有害物质等，直接外排会对环境造成污染影响，需要进行处理。矿井水是一种行业污水，也是一种宝贵的水资源。对矿井水采取处理后排放或利用的综合治理方式，是保护矿区生态环境、节约利用水资源的重要途径。

一、矿井水综合治理具有现实需求

（一）矿井水处理与利用政策

从国务院文件来看，2005 年 6 月印发的《国务院关于促进煤炭工业健康发展的若干意见》指出“按照高效、清洁、充分利用的原则，开展煤矸石、煤泥、煤层气、矿井排放水以及与煤共伴生资源的综合开发与利用”。2013 年 1 月，国务院发布的《循环经济发展战略及近期行动计划》提出“推动矿井水用于矿区补充水源和周边地区生产、生活、生态用水”。2013 年 11 月，国务院印发《全国资源型城市可持续发展规划（2013—2020 年）》，提出“提高工业用水效率，促进重点用水行业节水技术改造，加强矿井水循环利用，到 2020 年矿业用水复用率达到 90%以上”。2015 年 4 月，国务院印发《水污染防治行动计划》，提出“推进矿井水综合利用，煤炭矿区的补充用水、周边地区生产和生态用水应优先使用矿井水”。2020 年 12 月，国务院新闻办公室发布《新时代的中国能源发展》，提出“推进大型煤炭基地绿色化开采和改造，发展煤炭洗选加工，发展矿区循环经济，加强矿区生态环境治理，建成一批绿色矿山，资源综合利用水平全面提升”。

从部门规划、意见、通知来看，国家发展改革委、国家能源局分别于 2006 年和 2013 年出台了《矿井水利用专项规划》《矿井水利用发展规划》等文件，指出了我国矿井水资源化利用存在的问题并提出了发展目标，明确提出要逐步建立完善矿井水利用的法律法规体系、宏观管理政策和政策技术体系、创新技术和机制。2015 年 12 月，环境保护部（现生态环境部）印发了《现代煤化工建设项目环境准入条件（试行）》，文件要求“强化节水措施，减少新鲜水用水量。具备条件的地区优先使用再生水、矿井水作为生产用水”。2020 年 10 月，生态环境部会同国家发展改革委、国家能源局联合发布《关于进一步加强煤炭资源开发环境影响评价管理的通知》（以下简称《通知》），对今后一个时期我国矿井水处理与利用提出了具体要求。《通知》要求“矿井水应优先用于项目建设及生产，并鼓励多途径利用多余矿井水。可以利用的矿井水未得到合理、充分利用的，不得开采及使用其他地表水和地下水水源作为生产水源，并不得擅自外排”。2022 年 1 月，国家发展改革委、国家能源局印发的《关于完善能源绿色低碳转型体制机制和政策措施的意见》提出“完善煤矸石、矿井水、煤矿井下抽采瓦斯等资源综合利用及矿区生态治理与修复支持政策”，此外，涉及矿井水综合治理的一系列政策文件还有《关于促进煤炭工业科学发展的指导意见》《煤炭工业发展“十三五”规划》《“十四五”节水型社会建设规划》《工业水效提升行动计划》等。从部门规划、意见、通知的发布部门来看，矿井水相关政策文件主要由国家发展改革委、国家能源局发布，此外也涉及生态环境部、工业和信息化部、住房和城乡建设部、水利部、农业农村部等多部门。从内容来看，矿井水管理方法主要依据区域布局、矿区实际情况等进行分类，管理思路较为统一，均从目标指标、指导思想、主要任务、保障措施等方面推动矿井水综合治理。

从环境标准、技术指南、技术规范来看，《煤炭工业污染物排放标准》（GB 20426—2006）规定了煤炭工业废水有毒污染物排放限值，规定了采煤、选煤废水的污染物排放限值，还规定了煤炭开采水资源化利用指导性技术要求。此外，我国相继出台了《煤矿矿井水利用技术导则》（GB/T 31392—2022）、《高矿化度矿井水处理与回用技术导则》（GB/T 37758—2019）、《酸性矿井水处理与回用技术导则》（GB/T 37764—2019）、《矿井水综合利用技术导则》（GB/T 41019—2021）等技术指导文件，规定了矿井水综合利用的基本要求和技术要求，明确了矿井水作为工业用水、市政杂用水、生态用水、农田灌溉用水、生活用水等不同用途的综合利用要求，针对不同类型（酸性、高矿化度等）的矿井水，明确了处理工艺选择、排放与利用的技术依据等。

（二）矿井水处理与利用技术

矿井水处理与利用方法与矿井水水质特点有关。如图 1 所示，矿井水分为洁净矿井水、含悬浮物矿井水、高矿化度矿井水、酸性矿井水和含特殊污染物矿井水 5 类，不同类型的矿井水，处理与利用方法不同。洁净矿井水：未被污染的地下水，一般可直接作为工业用水，或经消毒后用于生活用水。含悬浮物的矿井水：水质呈中性，主要含有煤粉、岩粒等，粒径极为细小，自然沉淀去除困难，一般采用混凝、沉淀、过滤、消毒等工艺处理后用于生产和生活用水。高矿化度矿井水：含有 SO_4^{2-}、Cl^-、Ca^{2+}、K^+、Na^+、HCO_3^-等，水质多数呈中性和偏碱性，硬度较高，一般采用膜分离法（反渗透法、电渗析法）、热力法、离子交换法等方法，目前应用较多的是电渗析、反渗透。酸性矿井水：主要采用化学中和法，使用石灰石、石灰等处理后达标排放或用于对水质要求较低的工业用水。此外，生物化学法、人工湿地处理酸性矿井水也有应用。含特殊污染物矿井水：主要指含氟、微量有毒有害元素、放射性元素等物质的矿井水。含特殊污染物矿井水的处理相对较为复杂，实际应用中应根据矿井水所含物质类型采取不同的处理技术，综合考虑污染物类型、污染程度、区域水资源状况等因素，合理选择处理程度和利用途径。

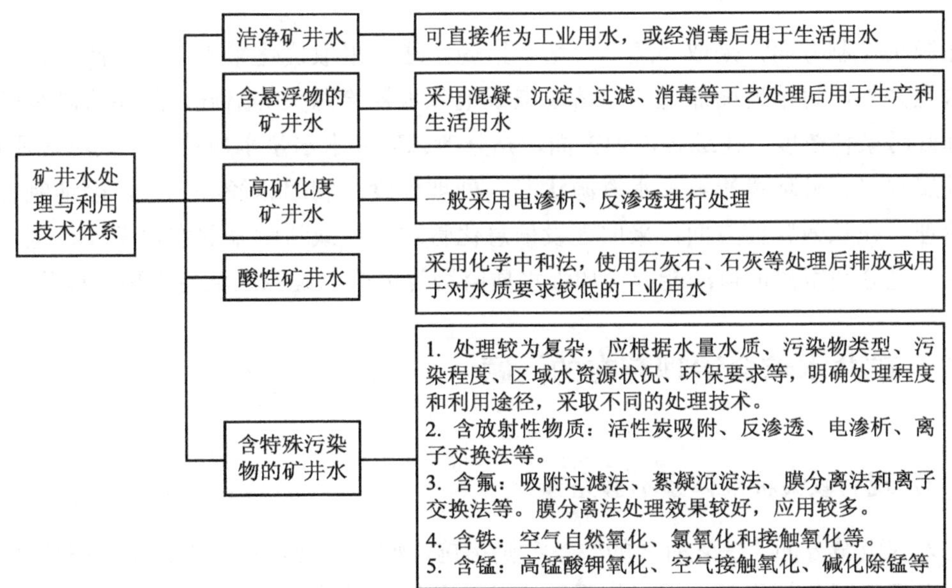

图 1　矿井水处理与利用技术体系

（三）可供借鉴的实践经验

为推动矿井水综合治理，促进矿山生态文明建设，多地探索出了“源头控制、综合治理、长效管控”的治理模式，并以“一矿一策”“一井一策”的方式推动矿井水综合治理工作，如表1所示。

表1　国内矿井水综合治理主要做法

区域	矿井名称	综合治理方式
宁夏银川市灵武市	枣泉煤矿	针对矿井水来源多、水质复杂、矿化度高等特征，建立了矿井顶板探放水、矿井各类排水等分源采集、分类净化系统，形成了“分源采集—分源净化—分质供水—梯级利用”的治理模式，实现了矿井水和生活污水100%达标处理及利用
宁夏银川市灵武市	梅花井煤矿	管理模式：建立了“四大系统”（矿井水监测监控系统、供排水施救系统、紧急避险系统和通信联络系统）；矿井水复用模式：构建了井下岩层顶板探放涌水+矿井各类排水分类分层次利用模式
陕西榆林市神木市	哈拉沟煤矿	采取源头清污分离管理、地下采空区水库自净、井下水复用、矿井水净化处理、生态治理等措施，构建了一套矿井水综合治理模式
河北邯郸市磁县	梧桐庄煤矿	探索出“矿井水控制、处理与利用、回灌、生态环境保护”四位一体的矿井水资源化和零排放治理模式
四川广元市青川县	青峰铝矿	在调查分析的基础上，坚持“一矿一策、分类实施”，采取“源控制、阻过程、末端治、长效管”的“疏堵治管”综合治理措施
四川广元市剑阁县	新五房沟和弘发煤矿	坚持“一井一策”，结合不同井口用水特征，按照“排”“堵”“截”“治”“管”的总体思路，分别采取不同管控或治理措施

在源头控制方面，采取“疏”“堵”措施，通常采取优化采矿工艺，清污分流，疏排涌水至井外，封堵地面通道、岩溶通道或地下水补给源头等措施，从源头减少矿井水量或降低污染物浓度。在综合治理方面，充分考虑矿井水水量水质特点、区域地理条件、经济发展水平、外环境影响、水资源状况、处理程度、利用途径等因素，因地制宜实施综合治理。在长效管控方面，采取建设信息化管理系统或科学采取农户搬迁、划定风险管控区、充分利用河道自净能力、加强水质监测等措施，确保区域生态环境风险可控。

二、矿井水综合治理存在的问题

（一）现有政策标准体系不够完善

在宏观政策方面，缺乏有效的政策激励措施，如对于处理后的矿井水。在利用方面，缺乏水资源税减免等优惠政策，加重了企业的负担，导致矿井水综合治理受到制约。在相关概念方面，目前仍然没有统一，主要体现在“矿井”“矿坑”“疏干水”“涌水量”

等概念，相关政策文件在制定执行过程中易产生概念混淆。如表 2 所示，在达标排放标准方面，现有矿井水排放水质标准在水质指标数量、指标浓度限值等方面均有不同。在资源化利用标准方面，现有矿井水利用水质要求主要参考地表水利用相关标准，利用途径主要有生活饮用水、农业灌溉、城市杂用水、生态补水等，但是地下水环境与地表水环境不同，是否存在用水安全风险应进一步研究。在标准适用范围方面，现有矿井水排放和利用标准更侧重于煤矿，非煤矿山是否适用也需要进一步研究。

表 2　矿井水排放相关水质标准汇总

标准名称	发布部门	指标数量
《地表水环境质量标准》（GB 3838—2002）	国家环境保护总局、国家质量监督检验检疫总局	24
《地下水质量标准》（GB/T 14848—2017）	国家质量监督检验检疫总局、国家标准化管理委员会	常规指标（39）/非常规指标（54）
《污水综合排放标准》（GB 8978—1996）	国家环境保护局	52
《煤炭工业污染物排放标准》（GB 20426—2006）	国家环境保护总局、国家质量监督检验检疫总局	16
《煤炭行业绿色矿山建设规范》（DZ/T 0315—2018）	自然资源部	16
《水功能区划分标准》（GB/T 50594—2010）	住房和城乡建设部、国家质量监督检验检疫总局	参照地表水、地下水环境质量标准

（二）处理技术有待进一步提高

一是矿井水处理工程投资大，现阶段矿井水处理技术大多采用化学法，药剂使用量大，如电渗析、反渗透等类型工艺运行成本高，尤其是对于已关闭或废弃矿山的矿井水处理，目前尚无经济、可持续的处理技术，后期运维成本高。二是矿井水处理设施设备的自动化运行程度不高，主要依赖人工操作，药剂投加不易控制，人员劳动强度大，管理风险高。

（三）利用水平有待进一步提升

矿山注重采矿而轻视矿井水利用的现象依然没有改变，对矿井水利用的重要性认识不到位，矿井水并未被看作重要的水资源。群众对矿井水利用认识不清，受矿山“脏乱差”环境意识影响，从心理上难以接受矿井水复用于生活用水。矿井水利用涉及矿产开采行业、水资源管理部门、市政供水部门等多个行业部门，目前尚未形成有效的协调联动机制，现阶段矿井水资源也暂未纳入地方供水计划，利用渠道不通畅。部分地区水利、水务等相关部门，尤其是水资源丰富地区，对矿井水外供利用支持力度不够，导致矿井水利用水平不高。

三、矿井水综合治理的建议

（一）指导思想

以习近平新时代中国特色社会主义思想为指导，深入贯彻习近平生态文明思想，全面贯彻党的十九大和十九届历次全会精神，积极践行绿水青山就是金山银山理念，以大幅度提升矿井水综合治理水平为目标，以绿色矿山建设为重要抓手，以制度创新和技术创新为动力，大力发展矿山循环经济，强化节水意识，完善政策标准体系，加强矿山、矿企全过程监管，推动矿井水综合治理产业化发展，缓解区域水资源短缺形势，促进区域经济社会可持续发展。

（二）主要目标

到2025年，矿井水综合治理法规标准和政策扶持体系基本建立，综合治理基础设施建设全面推进，监管能力进一步提升。

（三）基本原则

（1）制度创新、科技引领。建立健全政策标准体系，完善政策激励措施。完善市场机制，强化科技支撑，建立以企业为主体的技术创新体系，推动产学研联合，促进矿井水治理技术装备研发和产业化。

（2）源头控制、综合治理。以源头减量为主，综合考虑区域地理条件、经济发展水平、水资源状况以及矿井水水量水质特点、利用途径、产业链、环保要求等因素，坚持“一矿一策”“一井一策”，因地制宜开展综合治理。坚持利用优先，鼓励矿井水经处理后于井下复用和地面利用。

（3）部门联管、长效运维。强化部门协作配合，将矿井水资源纳入区域水资源系统进行统一配置，共同推进矿井水综合治理。强化资金投入保障，鼓励构建多元化投入机制，加强宣传引导，形成良好氛围。

（四）着力推进综合治理

（1）加快推进绿色矿山建设。科学编制绿色矿山建设规划，明确建设目标和实现路径。大力支持矿山企业实施清洁生产，淘汰落后工艺、设备和产能，鼓励引进探、采、选、冶、用等领域的先进技术、工艺和设备，提升矿山绿色开发水平。加强拟建、在建矿井配套建设井下清污分流设施及末端综合治理设施，减轻矿井水对生态环境的影响。缺水地区鼓励先抽水利用后开采，水资源丰富的地区，要在保护中开采。提高矿山企业在勘察、开采、运输、环保等方面的信息化管理水平。

（2）因地制宜开展综合治理。加强源头减量治理，具备疏排条件的矿井，采取井下清污分流措施，疏排涌水，加强水力循环，从源头减少矿井污水产生或降低污染物浓度。对于不具备疏排条件的矿井，采取封堵地面通道、地下岩溶通道、地下水补给通道等措施，实现井内控污。因地制宜开展末端治理，综合考虑区域地理条件、经济发展水平、矿井水水量水质特点、利用途径等因素，合理选择自然跌水曝气、化学中和、化学氧化、反渗透、电渗析等技术进行处理，积极推广应用低成本的新技术、新工艺、新设备，鼓励在治理中做减法，避免产生新的污染。

（3）加强矿井水输配设施建设。加强输配设施建设，扩大覆盖范围，科学选用输配设施材质，提高设施设备耐腐蚀性，充分利用自然地理条件，减少输配动力消耗。加强矿山企业内部配套管网建设，提高企业内部矿井水收集处理和利用水平。大力支持矿井水外供，推动工业园区、高耗水企业与矿山企业合作，针对不同用水需求，制定实施分质供水方案，加大矿区对外供水并网、入网和管网建设力度，建设“点对点”矿井水利用输配系统，提高输配能力。对于矿井水资源丰富的地区，新建城区、工业聚集区应配套建设矿井水输配设施，老城区应结合城区改造推进矿井水输配设施建设。

（4）拓宽矿井水利用渠道。在重点采矿行业、重点矿区，选择矿井水资源丰富的矿区，按照利用水质要求，统筹将矿井水用于居民生活、工业生产、农业灌溉、市政杂用、生态环境等领域。完善非常规水资源利用指标考核体系，提高矿井水利用指标考核权重，将矿井水利用项目纳入水污染物减排量认定范围。矿区、工业园区应优先将处理后的矿井水作为生产用水的重要水源，新建高耗水项目应尽可能选址在矿区周边，具备使用条件但未合理、充分利用的，严格控制新增取水许可。市政用水等应当优先使用处理后的矿井水，鼓励将处理后的矿井水用于居民生活、农业灌溉、河湖生态补水。

（5）实施矿井水综合治理示范工程。加大矿物开采、洗选加工等过程矿井水利用力度，推动将矿井水资源纳入区域水资源调度系统进行统一配置，大力支持矿井水井下复用、矿区和外供利用。支持工业、市政、生态环境、农业等领域利用矿井水，建设一批技术水平先进、产量规模大的矿井水利用示范重点工程，在矿区附近电力、化工、钢铁、石化和纺织等高耗水行业中示范建设一批矿井水综合治理企业、园区，在缺水矿区，建设一批公益性、社会性矿井水生活用水示范工程，在示范的基础上总结提高，形成具有各类矿井水特点的综合治理模式。

（五）着力提升治理能力

（1）完善政策法规。出台促进矿井水综合治理的管理条例，将矿井水治理纳入法治化轨道。加强顶层设计，研究制订“十四五”矿井水综合治理等相关规划、计划。川南宜宾、泸州，川东北广安、达州、广元以及攀西地区等重要矿区应编制矿井水综合治理专项方案。建立健全政策扶持体系，研究制定促进矿井水综合治理的产业政策、财税政策等，通过税收优惠、财政补贴等方式扶持产业发展，对矿井水再利用的企业给予水资源税减免，对矿井水综合治理工程在征地、用电价格上给予支持，增强矿井水治理内生动力，促进节水开源减排。支持上游治理企业与下游用水企业之间协商确定矿井水使用费。

（2）健全标准规范。系统总结矿井水综合治理技术，规范矿井水综合治理流程，筛选治理效果好、运维成本低的技术方案，建立矿井水综合治理技术体系。出台矿井水综合治理工程建设规范、设施设备质量标准等。加快构建矿井水利用风险评价体系，确保矿井水安全利用。适时修订用于不同用途的矿井水利用标准。加快出台矿井水排放标准，明确水质检测指标和排放限值，提出差异化的污染物排放要求，确保环境风险可控。研究制定运维管理规范，明确责任分工，促进管理水平提升。

（3）强化科技支撑。编制矿井水综合治理先进适用技术和典型案例，推广一批成熟的工艺、技术和装备。推动将矿井水综合治理关键技术攻关纳入国家中长期科技发展规划，支持相关重点专项开展矿井水综合治理技术创新。面向矿山企业技术需求，鼓励科研机构与地方政府或企业组织重大技术联合攻关，积极探索适用于水量小，但污染物浓度高、危害较大、污染范围广的矿井水综合治理技术，重点突破新型高效矿井水治理关键技术装备及自动控制系统研发与应用，促进矿井水综合治理科技成果产业化。

（六）着力夯实各方责任

（1）压实企业主体责任。严格落实企业主体责任，加强施工管理，合理选用设施设备，确保工程质量。加大资金投入，完善矿井水综合治理设施建设。严守质量底线，健全长效机制，强化日常维护管理，加强人员培训，提升运维人员管理水平。制定并严格落实巡查、维护、隐患排查制度和安全操作技术规程，定期开展隐患排查和整治，养护管网及治理设施，加强安全事故防范，防止安全事故。健全环境应急响应体系，完善应急队伍和物资储备，动态修编突发环境事件应急预案，定期开展环境应急演练，提升应急预警及响应能力。

（2）强化属地监管责任。加强监督执法，严格督查矿井水综合治理设施运行情况，督促矿山企业将污染信息、治理情况、自行监测数据公开。定期开展环境风险隐患排查，加强汛期环境风险管控。定期开展矿井水综合治理专项行动，及时开展评估，排查治理过程中存在的突出问题，建立问题清单，督促相关部门和企业按期整改到位，确保矿井水综合治理设施稳定、规范、高效运行，对存在的违法违规行为，及时进行查处。加强跟踪监测，定期开展水质监测，持续跟踪综合治理设施出水及周边水体水质变化情况，确保区域水环境安全。

（七）保障措施

（1）加强组织协调。强化组织保障，压实地方责任，明确目标任务，细化工作举措。加强政策法规、标准规范、配套输配设施、矿井水处理和利用设施、综合治理示范工程建设的统筹，严格落实项目建设安排和运行维护要求。加强部门协作，建立健全联席会议制度，推动发展改革、自然资源、生态环境、水利、住建、能源、财政等相关部门协调配合，形成工作合力，强化业务指导，统筹研究重要问题，确保组织、协调、督导、考核工作任务落实。

（2）加大资金投入。采取专项资金支持、政府统筹安排、业主落实解决的方式，强化资金保障，大力支持矿井水综合治理技术研发和工程项目建设，大力支持矿区对外供水并网、入网和管网投融资，强化运维资金保障。鼓励地方设计多元化的财政性资金投入保障机制，坚持政府引导，拓宽融资渠道，充分发挥市场机制作用，鼓励企业采用绿色债券、资产证券化等手段，引导社会资本参与建设及运营。

（3）鼓励公众参与。加大宣传力度，广泛利用电视、网络视频、社交平台等多种宣传方式，做好矿井水综合治理信息发布、宣传报道等工作，让公众充分认识矿井水的形成机理和影响，提高公众对处理后矿井水利用的认知度和认可度，引导各级领导及企业职工增强思想认识，增强行动自觉，形成良好氛围。注重发挥媒体和社会监督作用，调动广大群众积极参与，及时发现违法违规行为，推动多元共治。

统筹保护与发展，筑牢四川省重大水利工程绿色基底

摘　要：中国共产党四川省第十二次代表大会上明确提出四川省今后五年要“加快推进引大济岷、安宁河流域水资源配置、长征渠、毗河二期等重大水利工程，增强跨区域、跨流域水资源调配和供水保障能力”。重大水利工程在防洪安全、水资源合理利用、生态环境保护等方面具有积极作用，但同时也会带来环境污染及生态破坏问题。鉴于此，本文重点围绕以高水平生态环境保护推动四川省重大水利工程高质量发展展开论述，从科学规划省级水网建设、坚持预防为主、科学制定施工期和营运期的生态环境保护措施、做好重大工程前期全过程服务保障工作、强化生态赋能等方面提出思考和建议。

关键词：水利工程；高水平保护；高质量发展；思考建议

一、“十四五”期间，四川省拟建设重大水利工程总体情况

“十四五”期间，四川省深入贯彻习近平总书记关于保障国家水安全、推进南水北调后续工程高质量发展等重要讲话精神，以“一干多支、五区协同”发展战略布局为基础，结合自然地理、水资源分布及特点、水安全保障需求，构建出“一主四片”水生产力布局，并因地制宜地提出了一系列重大水利工程，形成了“系统完备、安全可靠，集约高效、绿色智能，循环通畅、调控有序”的水网体系。其中，盆地腹部区拟开工建设引大济岷、长征渠、毗河供水二期、向家坝灌区一期二步、三坝水库等工程，建成向家坝灌区一期一步、亭子口灌区一期、蓬溪船山灌区、李家岩水库等工程。川西南片拟开工建设安宁河流域水资源配置工程、米市水库、横山水库等工程，建成大桥水库灌区二期、龙塘水库及灌区、和平水库等工程。秦巴山片、乌蒙山片、川西北片拟开工建设永宁水库、斑竹沟水库、中阿坝水库等大中型水利工程，建成红鱼洞水库及灌区、观文水库、力曲河引水等大中型水利工程，见图 1。

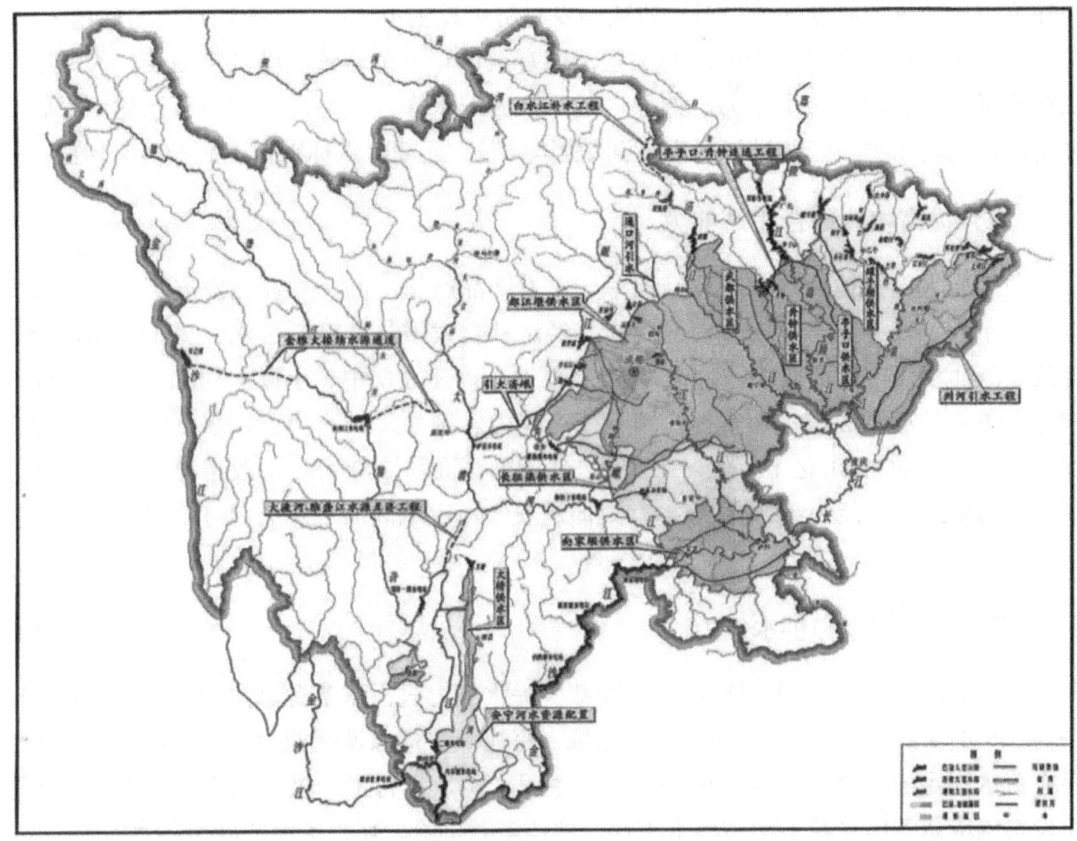

图 1　四川省重大水利工程布局

二、水利工程的利与弊

（一）促进水资源合理高效利用

水资源时空分布与经济社会发展布局严重不匹配，是四川省长期存在的问题。通过开展调水工程建设，为水资源匮乏区域分水、补水，能够优化配置和科学调度水资源，促进水资源合理高效利用。例如，引大济岷工程的实施，年均实现引水量 27 亿 m^3，受益灌面积 1 400 万亩，供水人口约 3 500 万，可保障成德眉资（成都、德阳、眉山、资阳）和绵阳、遂宁、内江 7 个市的 40 个县（市、区）供水，有效解决成都平原缺水问题，促进水资源合理高效利用。

（二）提升防洪排涝能力

目前四川省江河堤防建设和山洪沟治理滞后，渠江流域防洪控制性水库尚在建设中，沱江流域无防洪控制性水库，部分城镇和乡村防洪设施不达标，一些城市内涝问题突出。实施以防洪排涝为主导功能的水利工程，能有效保障下游城镇免受洪灾侵袭，大幅削减洪峰流量，减轻流域防洪压力。例如，达州市固军水库建成后，与江口等已建水库联合调度，可使达州主城区防洪能力提高到20年一遇，远期防洪标准提高到50年一遇。

（三）提高粮食综合生产能力

四川省大部分地区农业产业结构单一、农产品产量不高、规模化发展不足，“一方水土养不起、富不起一方人”问题突出，经济社会发展长期受制于水、受困于水，全省有效灌溉面积仅占耕地面积的 45%。向水要地，构建大、中、小微水利工程体系，能够增加农田有效灌溉面积，切实提升粮食生产能力。例如，安宁河流域水资源配置工程全部建成后，将增加 21 亿 m^3 的年引水量，新增灌溉面积 290 万亩，改善灌溉面积 160 万亩，新增粮食生产能力约 3 亿 kg，有效促进安宁河流域高质量发展，打造“天府第二粮仓”。

（四）增强调蓄和供水能力

截至 2020 年年底，四川省水利工程蓄引提水能力只占水资源总量的 13%，不到全国平均水平的 1/2，水网体系不完善，跨区域、跨流域水资源调配能力不强，局部地区仍然存在蓄水不足的问题，部分城市缺少应急备用水源，农村生活供水保障程度不高。通过建设实施应急备用水源工程和调水工程，构建多源供给、互为备用的城市供水水源格局，提高供水水源风险防范化解能力，保障人民群众用水安全。例如，“西水东引”重大调水引水工程毗河供水工程通水后，每年将为成都、遂宁、资阳 3 个市的 9 个县（市、区）供水 4.33 亿 m^3，解决 225 万城乡群众用水问题。

（五）推进河湖生态系统持续改善

水资源过度开发利用和水生态环境污染等会导致部分河流（湖库）的河湖生态系统稳定性遭到破坏和威胁。通过建设水生态保护修复工程，采取保障生态流量、水系连通、河道治理、截污治污、滨岸带及涉河建设项目生态修复等措施，能够促进河湖生态系统结构和功能的恢复。例如，20 世纪邛海由于无序发展，湖滨湿地遭到严重破坏，滩涂和原生湿地基本消失，水鸟和本土物种减少，生态功能日趋降低。近年来，通过开展各类水生态修复工程，邛海水质稳定达到Ⅱ类，35 km 湖滨带得到有效修复，环湖林草覆盖率达到 92%，生物多样性得到有效恢复，共有维管植物 498 种、鸟类 210 种，其中 2021 年新增鸟类 15 种。

（六）拉动投资，扩大内需

加快推进重大水利工程建设，对推动区域协调发展、拉动有效投资需求、促进经济稳定增长具有重要意义。水利工程建设对水泥、钢材、建材等原材料的需求，拉动水泥、钢铁、机械加工等行业发展与投资。工程建成后能够带动周边旅游观光及餐饮等服务行业的快速发展，带动区域产业升级和城市功能提升，促进休闲观光、文化旅游、健康康养等绿色产业，同时库区移民安置工程也将推进相关基础设施建设，推动周边地区乡村振兴发展步伐。据测算，重大水利工程每投资 1 000 亿元，可以带动 GDP 增长 0.15 个百分点，新增就业岗位 49 万。

（七）水利工程实施带来的不利环境影响

水利工程实施带来的不利环境影响主要反映在水库、取水设施、输水管道、灌渠等构筑物建设，以及拦蓄、引水、调水、供水、灌溉、移民安置等过程，包括施工期影响与运营期影响两部分。施工期影响主要体现在工程占地、土地开挖、建筑材料制备、主体工程施工、施工人员活动、移民安置等活动，对区域土地利用格局、区域自然生态系统、环境质量、水土流失、人群健康、文物、景观等的不利影响。运营期环境影响主要体现在拦蓄、淹没、引水、调水、灌溉等活动，对区域生物多样性、水文情势、水生生物物种多样性及资源量、水环境质量、周边地质结构、地貌、地下水位等的不利影响。

三、以高水平生态环境保护，推动四川省重大水利工程高质量发展的建议

（一）统筹保护与发展，科学规划省级水网建设

省级水行政主管部门要根据国家水网建设规划总体布局，围绕国家重大战略部署和区域发展需求，抓紧组织编制省级水网建设规划，并同步组织开展规划环境影响评价工作，将生态环境保护理念融入水网规划中。省级水网规划应统筹水灾害防治、水资源节约、水生态保护修复、水环境治理，根据省域自然河湖水系特点、沿线经济社会发展情况和水利基础设施网络布局，立足流域整体和水资源空间配置，以水资源承载力为刚性约束，以改善水环境质量为目标，综合考虑水资源多种功能属性，着眼提升生态系统质量和稳定性，统筹谋划省级水网“纲、目、结”，合理布局省级水网骨干工程。做好规划方案优化比选，避免盲目建设引调排水和水系连通工程，促进干支流、上下游科学有序开发、有效保护。

（二）坚持预防为主，优化重大水利工程建设方案

结合水网规划，在保证水网水旱灾害防御能力、水资源调配能力、城乡供水保障能力、河湖生态保护治理能力的基础上，以最小生态环境影响为原则，进一步优化工程选址、选线、设计等方案。前期选址阶段，充分结合国土空间规划和“三线一单”生态环

境分区管控要求，综合考虑自然本底因素，按照避让优先原则，优化选址选线，加强多方案比选论证，原则上不得占用生态敏感区，尽可能减少耕地占用数量、征地移民数量、土石方开挖数量等。工程设计阶段，对于以引调水工程为主的水利工程而言，坚持先节水后调水、先治污后通水、先环保后用水的原则，结合区域用水总量控制、用水效率控制、水（环境）功能区限制纳污控制等，充分考虑调出区、受水区长远期经济社会发展和生态环境用水需求，合理设计水资源的调度方案，有效保护河流自然生态系统功能，为区域社会经济高质量发展提供有效资源支撑。

（三）突出系统治理，科学制定生态环境措施

结合项目所处区域环境特征、运行方式，根据工程可能造成不利环境影响的对象、范围、时段、程度，因地制宜提出预防、减免、恢复、补偿、管理、监测等措施。针对湿地、陆生生态系统及珍稀保护陆生动植物的保护，主要采取优化工程设计、合理安排工期、建设或保留动物迁移通道、异地保护、就地保护、生态修复等措施。针对水生生态系统及鱼类的保护，主要采取优化工程设计及调度、分层取水、拦河闸坝建设过鱼设施、引水渠道设置拦鱼设施、栖息地保护修复、增殖放流等措施。针对上下游河道生态、生产及生活用水的保障，主要采取优化取水方案、调水总量和过程控制、输水线路或末端调蓄能力保障、泄放生态流量、实施在线监控等措施。组织开展重点河湖生态流量控制断面下泄流量、水量年度考核评价。针对地下水、土壤的保护，主要采取优化取（蓄）水方案及灌溉方式、渠道防渗、截水导排、农艺调控、种植结构优化、灌溉水源调整或休耕、生态修复或保障居民供水等措施。针对水环境保护，主要采取施工期生产、生活废水处理，水源区污染源治理、库底环境清理、控制农药与化肥施用种类及数量，以及建设生态沟渠、人工湿地、污水净化塘等措施。针对大气环境保护，主要采取对生产、生活设施、运输车辆等排放的废气、扬尘提出控制性要求，制订环境空气监测计划。针对声环境保护，采取施工机械设备隔声、减振、降噪，输运车辆禁鸣、限速，施工生活区、办公区合理布局，声环境敏感点合理设置声屏障等。针对固体废物，采取生活垃圾分类收集、委托处置，建筑垃圾合理堆存，加强回收利用，生产废料按照一般固体废物和危险废物分类妥善处置等。针对移民安置点，主要采取合理选址，加大清洁能源的利用，同步建设生活污水处理设施、垃圾转运设施等配套工程。

（四）强化服务保障，推进项目高标准落地见效

深入贯彻国家、四川省稳增长、促发展系列政策，深刻认识重大水利工程对稳经济、扩内需的重要意义，进一步提高政治站位，切实做好生态环境领域的保障服务。按照“三本台账”内容和格式，建立重大投资项目环评管理台账，开展“一张清单、一套专班”全程服务，清单化推进，对符合生态环境保护要求的水利工程项目实施即报即受理即转评估，在法定审批期限内进一步压缩审批时间。提前介入服务开展环评预审，指导建设

单位、环评单位结合“三线一单”生态环境分区管控成果，对照相关政策文件，做好项目前期方案论证，优化选址、选线，避免出现重大方向性问题。充分利用科研机构、高校和行业专家对建设单位、环评单位、基层环保部门进行政策解读、技术指导，进一步规范环评编制，提高环评审批质量和效率。结合四川省特点，加强水利工程对河流生态的影响研究，依托数字孪生流域、数字孪生水利工程的建设，研发高寒地区生态恢复、珍稀特有鱼类人工驯养繁殖、低碳水利工程建设、河流与水库生境修复等新型实用技术，为优化环境管理提供技术支撑。

（五）加强生态赋能，发挥重大水利工程综合效益

坚持绿水青山就是金山银山的理念，在水利工程建设实施过程中，通过对周边生态环境的高水平保护、资源的高效利用，拓宽生态价值实现路径，将生态优先转化为经济优势，实现水利工程综合效益最大化。围绕“美丽四川·宜居乡村”工作部署，推进灌区水系连通，实施以水造景，打造“水美乡村”，改善农村人居环境，拉动乡村旅游。依托水利工程与水利风景资源优势，通过改善生态环境质量，提升区域发展品质，建设一批能突出四川特色和优势的水利风景区（河湖公园），实现产业增值溢价。对于兼顾发电功能的库区，开展清洁能源的就地消纳，建立健全移民、库区区域、企业共享水电开发效益的长效机制，充分发挥水电开发的经济效益、社会效益和环境效益，增强库区发展动力。加快推动重大水利工程与抽水蓄能、新型储能的协同布局发展，促进水、风、光为主的可再生能源一体化发展，提升电力系统综合调节能力，实现水资源再利用和水价值再提升。依托库区特色资源优势，探索生态环境导向的开发（EOD）模式，通过实施区域生态环境综合治理，提高库区生态环境水平以及生态服务功能，培育形成生态旅游、生态鱼类、生态农业等特色产业，带动区域价值提升。以资源环境承载能力为基础，依托区域优势资源，科学实施移民安置，着力提升安置点及周边环境品质，在吸引外来资金的同时挖掘移民创业能手，做大、做强特色产业，带动库区移民增收致富。

关于加快推动生态产品价值实现的意见建议

摘　要：生态产品价值实现是实现高质量发展的创新路径，是四川省踏上社会主义现代化建设新征程的必然选择。本文全面梳理了生态产品价值实现的政策脉络、实践进展，总结出生态产品价值实现有市场路径、政府路径、政府与市场混合型路径 3 类实现路径，以及生态资源指标及产权交易、生态治理及价值提升、生态产业化经营、生态补偿 4 类实践模式，并建议从加强生态产品价值转化探索与实践、加强调查监测、创新价值核算、严格分区管控、健全补偿制度、强化政策引导等方面推进四川省生态产品价值实现。

关键词：生态产品；价值实现；实现路径；实践模式

一、生态产品价值实现的政策脉络

（一）国家层面的政策文件

2010 年 12 月，国务院发布的《全国主体功能区规划》首次在政府文件中提出了生态产品概念，生态产品作为国土空间优化的一种主体功能，突出强调了生态系统所提供的生态产品的价值及其重要性。2012 年 11 月，党的十八大将生态文明建设提到前所未有的战略高度，并提出“增强生态产品生产能力”，随着我国生态文明建设的深入，生态产品及其价值实现理念逐渐深化和升华（表 1）。随着绿水青山就是金山银山理念的逐步完善，生态产品价值实现作为践行绿水青山就是金山银山理念的具体路径，逐渐从一个抽象的概念词汇转变为切实有效的具体实践。2017 年 8 月，中共中央、国务院印发《关于完善主体功能区战略和制度的若干意见》，将贵州等 4 个省份列为国家生态产品价值实现机制试点，标志着我国生态产品价值实现路径探索的开启。2021 年 4 月，中共中央办公厅、国务院办公厅印发了《关于建立健全生态产品价值实现机制的意见》，初步构建了促进生态产品价值实现的“1+6”体制机制。我国针对生态产品价值实现作出的系列部署见表 1。

表 1　生态产品价值实现相关国家部署一览表

时间	来源	内容
2016 年 5 月	国务院办公厅《关于健全生态保护补偿机制的意见》	分区域量化生态产品生产能力，明确生态产品有价并尝试建立生态产品市场交易体制
2016 年 8 月	中共中央办公厅、国务院办公厅《关于设立统一规范的国家生态文明试验区的意见》	探索建立不同发展阶段环境外部成本内部化的绿色发展机制；为企业、群众提供更多更好的生态产品、绿色产品的制度
2017 年 8 月	中共中央、国务院《关于完善主体功能区战略和制度的若干意见》	科学评估生态产品价值、培养生态产品交易市场
	中共中央、国务院《关于完善主体功能区战略和制度的若干意见》	要建立健全生态产品价值实现机制，挖掘生态产品市场价值
2018 年 4 月	习近平在深入推动长江经济带发展座谈会上的重要讲话	要积极探索推广绿水青山转化为金山银山的路径，选择具备条件的地区开展生态产品价值实现机制试点，探索政府主导、企业和社会各界参与、市场化运作、可持续的生态产品价值实现路径
2019 年 4 月	中共中央、国务院《关于建立健全城乡融合发展体制机制和政策体系的意见》	探索生态产品价值实现机制
2019 年 6 月	中共中央办公厅、国务院办公厅《关于建立以国家公园为主体的自然保护地体系的指导意见》	提升生态产品供给能力，维护国家生态安全，为建设美丽中国、实现中华民族永续发展提供生态支撑
2020 年 11 月	习近平在全面推动长江经济带发展座谈会上的重要讲话	要加快建立生态产品价值实现机制，让保护修复生态环境获得合理回报，让破坏生态环境付出相应代价
2021 年 3 月	《中华人民共和国国民经济和社会发展第十四个五年规划和 2035 年远景目标纲要》	支持生态功能区把发展重点放到保护生态环境、提供生态产品上；建立生态产品价值实现机制，在长江流域和三江源国家公园等开展试点
2021 年 4 月	中共中央办公厅、国务院办公厅《关于建立健全生态产品价值实现机制的意见》	到 2025 年，生态产品价值实现的制度框架初步形成；到 2035 年，完善的生态产品价值实现机制全面建立
2021 年 10 月	《黄河流域生态保护和高质量发展规划纲要》	建立纵向与横向、补偿与赔偿、政府与市场有机结合的黄河流域生态产品价值实现机制
2022 年 4 月	中共中央、国务院《关于加快建设全国统一大市场的意见》	培育发展全国统一的生态环境市场

（二）生态产品价值实现机制相关政策进展

2021 年 6 月，江西省率先在全国印发《关于建立健全生态产品价值实现机制的实施方案》。截至 2022 年，海南、天津、福建、江苏、浙江、吉林、广西和新疆等 8 个省（区、市）已经完成实施方案编制并印发，生态产品价值实现地方实践探索全面展开。

1．生态产品调查监测机制

生态产品调查监测机制主要包括自然资源确权登记和生态产品信息普查两方面。在自然资源确权登记方面，我国已出台自然资源统一确权登记暂行办法，山东、山西、青海、新疆等多地出台了配套的推进自然资源资产产权制度改革的实施意见，我国已初步建立起自然资源有偿使用制度。目前，济南市正在探索开展济南市生态产品目录清单编制工作，我国林草湿调查监测工作也将对林草湿资源现状及动态变化数据进行监测。我国针对生态产品调查监测机制作出的相关政策部署见表 2。

表 2　生态产品调查监测机制相关政策部署一览表

时间	来源	内容
2019 年 7 月	自然资源部、财政部、生态环境部、水利部、国家林业和草原局《自然资源统一确权登记暂行办法》	推进自然资源确权登记法治化，推动建立归属清晰、权责明确、保护严格、流转顺畅、监管有效的自然资源资产产权制度，实现山水林田湖草整体保护、系统修复、综合治理
2022 年 3 月	自然资源部、国家林业和草原局《关于开展 2022 年全国森林、草原、湿地调查监测工作的通知》	开展 2022 年全国林草湿调查监测工作，掌握全国及各省（区、市）森林、草原、湿地资源现状和变化情况，科学评价其质量和生态状况

2．生态产品价值评价机制

自 2015 年我国开展自然资源资产负债表试点以来，福建、海南、江西等多地制定了“自然资源资产负债表编制制度（试行）”，建立了常态化编制自然资源资产负债表的制度，为生态产品价值核算奠定了良好的工作基础。自 2004 年开始，国家林业局（现国家林业和草原局）、国家统计局已开展了 3 期中国森林资源价值核算，2022 年下发通知决定在内蒙古、福建、河南、海南、青海五省（区）开展森林资源价值核算试点。当前，生态产品价值核算尚无全国统一的规范，国家发展改革委正在加快制定完善《生态产品价值核算规范（试行）》。辽宁省、浙江省、黄山市等地，探索出台了地方标准，包括生态产品价值核算地方标准和生态系统生产总值（GEP）核算技术规范等。在核算结果应用方面，深圳市盐田区将生态产品总值纳入政府部门的生态文明考核评价体系，海南省探索将热带雨林国家公园生态系统生产总值核算成果应用于生态系统保护修复方案以及环境治理评估报告中。我国针对生态产品价值评价机制作出的相关政策部署见表 3。

表 3 生态产品价值评价机制相关政策部署一览表

时间	来源	内容
2015 年 11 月	国务院办公厅《编制自然资源资产负债表试点方案》	在内蒙古自治区呼伦贝尔市、浙江省湖州市、湖南省娄底市、贵州省赤水市、陕西省延安市开展编制自然资源资产负债表试点工作
2017 年 6 月	中央全面深化改革领导小组第三十六次会议审议通过《地区生产总值统一核算改革方案》	决定实施地区生产总值统一核算改革，通过改革核算主体，改革核算方法，改革工作机制，提高核算数据质量，准确反映地区经济增长的规模、结构、速度
2020 年 10 月	中共中央办公厅、国务院办公厅《深圳建设中国特色社会主义先行示范区综合改革试点实施方案（2020—2025 年）》	开展重要生态空间自然资源确权登记，扩大生态系统服务价值核算范围

3. 生态产品经营开发机制

在拓展生态产品价值实现模式方面，林权流转和抵押贷款制度不断健全，浙江省、江西省、广西壮族自治区等多地出台了公益林补偿收益权质押贷款暂行办法。不同部门积极创新生态产品经营开发机制，自然资源部鼓励支持以市场化手段推动矿山修复，农业农村部积极推动农业品牌建设。在生态资源权益交易方面，我国碳排放交易市场取得突破性成效，自 2011 年成立 7 个碳排放权交易试点以来，2021 年 7 月全国碳排放权交易市场正式上线，目前生态环境部配合司法部积极推动出台《碳排放权交易管理暂行条例》，碳排放权交易将进一步规范。排污权交易和水权交易已经取得阶段性成果，已有 28 个省（区、市）开展了排污权试点，水权制度框架已基本完善，自 2016 年 6 月中国水权交易所揭牌开业以来，水权交易量逐年上升，已形成多种水权交易模式。我国用能权交易还处于试点探索阶段，尚未形成统一的交易规范。我国针对生态产品经营开发机制作出的相关政策部署见表 4。

表 4 生态产品经营开发机制相关政策部署一览表

时间	来源	内容
2011 年 10 月	国家发展改革委办公厅《关于开展碳排放权交易试点工作的通知》	同意北京市、天津市、上海市、重庆市、湖北省、广东省及深圳市开展碳排放权交易试点
2014 年 8 月	国务院办公厅《关于进一步推进排污权有偿使用和交易试点工作的指导意见》	建立排污权有偿使用制度、加快推进排污权交易
2016 年 1 月	国务院办公厅《关于推进农业水价综合改革的意见》	建立农业水权制度
2016 年 4 月	水利部《水权交易管理暂行办法》	鼓励开展多种形式的水权交易，包括区域水权交易、取水权交易、灌溉用水户水权交易等

时间	来源	内容
2016 年 7 月	国家发展改革委《用能权有偿使用和交易制度试点方案》	在浙江省、福建省、河南省、四川省开展用能权有偿使用和交易试点
2016 年 11 月	国务院办公厅《关于完善集体林权制度的意见》	到 2020 年，集体林业良性发展机制基本形成，产权保护更加有力，承包权更加稳定，经营权更加灵活，林权流转和抵押贷款制度更加健全，管理服务体系更加完善，实现集体林区森林资源持续增长、农民林业收入显著增加、国家生态安全得到保障的目标
2017 年 1 月	国务院《关于全民所有自然资源资产有偿使用制度改革的指导意见》	到 2020 年，基本建立产权明晰、权能丰富、规则完善、监管有效、权益落实的全民所有自然资源资产有偿使用制度
2017 年 11 月	国家发展改革委《关于全面深化价格机制改革的意见》	完善生态补偿价格和收费机制。积极推动可再生能源绿色证书、排污权、碳排放权、用能权、水权等市场交易，更好发挥市场价格对生态保护和资源节约的引导作用
2017 年 12 月	国家发展改革委《全国碳排放权交易市场建设方案（电力行业）》	确保 2017 年顺利启动全国碳排放交易体系
2021 年 3 月	农业农村部办公厅《农业生产“三品一标”提升行动实施方案》	加快推进农业品牌建设。培育知名品牌，建立农业品牌标准，鼓励地方政府、行业协会等，打造一批地域特色突出、产品特性鲜明的区域公用品牌
2021 年 3 月	自然资源部《关于探索利用市场化方式推进矿山生态修复的意见》	坚持“谁破坏，谁治理”“谁修复，谁受益”原则，通过政策激励，吸引各方投入，推行市场化运作、科学化治理的模式，加快推进矿山生态修复
2021 年 3 月	国务院办公厅《关于加强草原保护修复的若干意见》	稳妥推进国有草原资源有偿使用制度改革；探索创新国有草原所有者权益的有效实现形式；科学推进草原资源多功能利用，加快发展绿色低碳产业，努力拓宽农牧民增收渠道
2021 年 11 月	国务院办公厅《关于鼓励和支持社会资本参与生态保护修复的意见》	从规划管控、产权激励、资源利用、财税支持、金融扶持等方面，向社会资本参与生态保护修复释放出政策红利

4．生态产品保护补偿机制

在纵向生态保护补偿制度方面，自 2009 年启动专项转移支付以来，已经覆盖了森林、草原、流域、海洋、耕地和湿地等各类生态要素，但从补偿规模来看，重点生态功能区、森林和草原的生态补偿力度较大，到 2021 年重点生态功能区转移支付政策已经覆盖全国 31 个省（区、市）800 余个县域，累计投入超过 6 000 亿元。其中，国家级生态公益林实现森林生态效益补偿全覆盖，草原生态保护补助奖励政策覆盖全国 80%以上的草原面积。在横向生态保护补偿机制方面，主要以跨流域横向生态保护补偿为主，目前我国已在安徽、浙江、广东、福建、广西、江西、河北、天津、云南、贵州、四川、北京、湖南、重庆、江苏等 15 个省（区、市）10 个流域探索开展跨省流域上下游横向生态保护补偿。

在生态损害赔偿制度建设方面，自2015年开展试点以来，生态环境部会同各有关部门积极推进，生态损害赔偿制度逐步全面试行，在全国范围内初步构建了责任明确、途径畅通、技术规范、保障有力、赔偿到位、修复有效的生态环境损害赔偿制度，《生态环境损害赔偿管理规定》的印发进一步巩固改革成果，推动生态环境损害赔偿制度在法治轨道上的常态化、规范化、科学化运行。我国针对生态产品保护补偿机制作出的相关政策部署见表5。

表5 生态产品保护补偿机制相关政策部署一览表

时间	来源	内容
2007年8月	国家环境保护总局《关于开展生态补偿试点工作的指导意见》	建立自然保护区、重要生态功能区、矿产资源开发和流域水环境保护等重点领域生态补偿标准体系；落实补偿各利益相关方责任，探索多样化的生态补偿方法、模式
2016年5月	国务院办公厅《关于健全生态保护补偿机制的意见》	不断完善转移支付制度，探索建立多元化生态保护补偿机制，逐步扩大补偿范围。在江河源头区、集中式饮用水水源地、重要河流敏感河段和水生态修复治理区、水产种质资源保护区、水土流失重点预防区和重点治理区、大江大河重要蓄滞洪区以及具有重要饮用水水源或重要生态功能的湖泊，全面开展生态保护补偿，适当提高补偿标准。加大水土保持生态效益补偿资金筹集力度
2016年12月	财政部、环境保护部、国家发展改革委、水利部《关于加快建立流域上下游横向生态保护补偿机制的指导意见》	开展横向生态保护补偿，是调动流域上下游地区积极性，共同推进生态环境保护和治理的重要手段，是健全生态保护补偿机制的重要内容
2017年12月	中共中央办公厅、国务院办公厅《生态环境损害赔偿制度改革方案》	自2018年1月1日起，在全国试行生态环境损害赔偿制度。到2020年，力争在全国范围内初步构建责任明确、途径畅通、技术规范、保障有力、赔偿到位、修复有效的生态环境损害赔偿制度
2018年2月	财政部《关于建立健全长江经济带生态补偿与保护长效机制的指导意见》	通过统筹一般性转移支付和相关专项转移支付资金，建立激励引导机制。鼓励相关省（市）建立省内流域上下游之间、不同主体功能区之间的生态补偿机制，在有条件的地区推动开展省（市）之间流域上下游生态补偿试点。建立相邻省份及省内长江流域生态补偿与保护的长效机制
2018年12月	国家发展改革委、财政部、自然资源部、生态环境部、水利部、农业农村部、中国人民银行、国家市场监管总局、国家林业和草原局《建立市场化、多元化生态保护补偿机制行动计划》	提出健全资源开发补偿制度、优化排污权配置、完善水权配置、健全碳排放权抵消机制、发展生态产业、完善绿色标识、推广绿色采购、发展绿色金融、建立绿色利益分享机制等9方面重点任务。从操作层面进一步推进生态补偿机制

时间	来源	内容
2020 年 4 月	财政部、生态环境部、水利部、国家林业和草原局《支持引导黄河全流域建立横向生态补偿机制试点实施方案》	2020—2022 年开展试点，探索建立流域生态补偿标准核算体系，完善目标考核体系、改进补偿资金分配办法，规范补偿资金使用
2021 年 9 月	中共中央办公厅、国务院办公厅《关于深化生态保护补偿制度改革的意见》	到 2025 年，与经济社会发展状况相适应的生态保护补偿制度基本完备。到 2035 年，适应新时代生态文明建设要求的生态保护补偿制度基本定型
2022 年 4 月	财政部《中央对地方重点生态功能区转移支付办法》	对向国家重点生态功能区财政转移支付的对象、测算办法、管理流程等进行了规范
2022 年 4 月	生态环境部、最高法、最高检、科技部、公安部等 11 个相关部门《生态环境损害赔偿管理规定》	明确生态环境损害赔偿范围包括 5 个方面：清污费用，修复费用、生态环境修复期间服务功能损失，生态环境功能永久性损害，调查、鉴定评估等合理费用。强化了地方党政责任的落实，明确了牵头部门和工作联动，统一规范了赔偿工作程序

5. 生态产品价值实现保障机制

在建立生态环境保护利益导向机制方面，我国环境信用评价工作在各地进展不一，已有 17 个省级行政区在全域或域内部分区域开展，存在评价体系差异大的问题。地方各级生态环境部门主要针对重点排污单位、部分环境服务机构，综合评价其遵守生态环境法规、主动提升环境管理绩效等情况。在加大绿色金融支持方面，2015 年我国第一只绿色债券在香港联交所成功发行后，随着国家相关政策出台，我国绿色债券市场正式启动。截至 2020 年年底，全国累计发行绿色债券约 1.2 万亿元，规模仅次于美国，位居世界第二。我国针对生态产品价值实现保障机制作出的相关政策部署见表 6。

表 6　生态产品价值实现保障机制相关政策部署一览表

时间	来源	内容
2013 年 12 月	环境保护部、国家发展改革委、中国人民银行、中国银监会《企业环境信用评价办法（试行）》	明确了企业环境信用评价的信息来源、评价范围、分级管理方式、评价方式以及结果应用等
2015 年 11 月	环境保护部、国家发展改革委《关于加强企业环境信用体系建设的指导意见》	明确了记入企业环境信用记录的信息范围，建立和完善企业环境信用记录；完善企业环境信用信息公开制度；完善企业环境信用评价制度；探索企业环境信用承诺制度；加强企业环境信用信息系统建设；推动建立环保守信激励和失信惩戒机制；开展环境服务机构及其从业人员环境信用建设等任务部署
2015 年 12 月	中国人民银行《关于发行绿色金融债券有关事宜的公告》	公告采用了政府引导和市场化约束相结合的方式，对绿色金融债券从绿色产业项目界定、募集资金投向、存续期间资金管理、信息披露和独立机构评估或认证等方面进行了引导和规范

时间	来源	内容
2015 年 12 月	国家发展改革委《绿色债券发行指引》	明确了绿色债券的适用范围、支持重点、审核要求，以及其他相关政策支持
2016 年 8 月	中国人民银行、财政部、国家发展改革委、环境保护部、银监会、证监会、保监会《关于构建绿色金融体系的指导意见》	提出包括了通过贴息、担保、再贷款、宏观审慎评估、简化审批、PPP 模式等对绿色金融的具体激励措施，首次提出了建立国家级的绿色发展基金
2017 年 3 月	中国证监会《关于支持绿色债券发展的指导意见》	对绿色公司债券的发行主体、资金投向、信息披露，以及相关管理规定和配套措施作出了原则性的规定
2021 年 4 月	中国人民银行、国家发展改革委、证监会联合发布《绿色债券支持项目目录（2021 年版）》	统一绿色债券界定标准，是界定和遴选符合各类绿色债券支持和适用范围的绿色项目和绿色领域的专业性目录清单。进一步规范国内绿色债券市场，引导更多资金支持绿色产业和绿色项目、实现国内绿色债券支持范围与国际市场相关标准趋同

二、生态产品价值实现的实践进展

推动生态产品价值实现从无到有，需要因地制宜地进行技术创新、机制创新和模式创新。浙江、福建、江苏等省份已相继开展了生动实践，为四川省生态产品价值实现提供诸多启示。从 2020 年 4 月起，自然资源部先后印发了 3 批共计 32 个生态产品价值实现典型案例，总结出生态产品价值实现的 3 类路径：市场路径、政府路径、政府与市场混合型路径。生态产品的价值实现模式主要有 4 类：生态资源指标及产权交易、生态治理及价值提升、生态产业化经营、生态补偿。

（一）加快技术创新，推进生态产品价值实现标准化进程

实现公共性和准公共性生态产品价值的路径主要有生态资源指标及产权交易和生态补偿 2 种。其主要难点在于，尚未形成统一科学的方法量化公共性和准公共性生态产品的价值，且此类生态产品的产权不明确，没有稳定的市场进行直接交易。应加快创新完善包括自然资源确权登记、生态产品信息普查和生态产品价值核算等环节的技术方法和标准，为全面推进生态产品价值实现工作提供技术保障。生态产品价值实现标准化机制案例见案例一。

案例一　生态产品价值实现标准化机制案例

水流确权案例。2016年徐州市编制《徐州市水流产权确权试点实施方案》，并配套制定3套规定技术支撑：①《江苏省河湖和水利工程管理范围划定技术规定》为河湖管理范围划定工作提供了技术支撑；②《徐州市自然资源类型分类标准》和《徐州市自然资源登记单元划分及编码规则》，将多部门自然资源空间底图多图叠加，形成水生态空间确权"一张图"，为全国水流产权确权打造了可复制、可推广的徐州模式。

生态产品价值核算案例。陕西商洛市制定生态产品价值评估的地方标准《生态产品价值评估指南》，形成生态产品目录清单，设立生态产品价值核算方法体系，规范核算数据来源、调查频率及报送要求，确保核算数据和结果的稳定性和准确性。按照简单易行、方便操作、可与统计数据对接的原则，打造报表系统，实现生态产品价值一键核算结果，为打通生态产品价值实现第一关提供实践经验。

（二）注重机制创新，激发生态产品价值实现实践动力

生态产品不同于一般市场交易产品，生态产品给人类生活带来的福祉和惠益是无形的、易被忽略的，且生态产品的消费长期存在"搭便车"的现象，导致公众、企业乃至地方对生态产品的价值普遍认知不足，尚未形成明确的生态产品消费意识。在生态资源指标及产权交易和生态补偿类生态产品价值实现模式中，应加强机制创新，通过设置考核指标、建立补偿机制等方式，创造生态产品交易需求，推进公共类和准公共类生态产品价值实现。生态产品价值实现机制创新典型案例见案例二。

案例二　生态产品价值实现机制创新案例

指标交易机制案例。重庆市印发《重庆市实施横向生态补偿提高森林覆盖率工作方案（试行）》，提出到2022年森林覆盖率提升到55%左右的约束性指标要求，以森林覆盖率考核指标为约束，探索建立基于森林覆盖率指标交易的生态产品价值实现机制，即对于完成森林覆盖率尽责目标值确有困难的区（县），允许其向森林覆盖率高出目标值的区（县）购买森林面积指标，用于本地区森林覆盖率尽责目标值的计算，搭建起了生态优势向经济优势转化的生态产品价值实现机制。

流域横向生态补偿制度。福建省和广东省通过协商谈判的方式，采用双指标考核（包括污染物浓度和水质达标率），以双方确定的水质监测数据作为考核依据，实行"双向补偿"。即当上游来水水质稳定达标或改善时，由下游拨付资金补偿上游；若上游水质恶化，则由上游赔偿下游，有效建立起以健康水质为主的上下游生态产品价值实现机制。

企业碳账户机制。2022年广州市正式上线了企业碳账户，并发布了国内首份标准化碳信用报告。企业碳账户按照国家和省二氧化碳排放核算指南，对企业碳排放情况进行全面记录，包含数据采集、核算、评价贴标、产融对接等环节，并应用区块链技术实现可信数据管理。由广州赛宝认证中心研发了企业碳排放评价指南，对比企业所在行业基准值将企业评价贴标为A、B、C、D、E 5个等级，衡量企业碳排放表现。中国人民银行广州分行、广州市金融监管局和花都区深化碳评价结果运用，实现与“粤信融”平台数据对接，引入征信机构创新编制全国首份标准化碳信用报告，并成功在花都区实现业务落地试点。目前，花都区已为超500家企业试点开通碳账户，约170家企业完成近两年碳排放情况评级贴标，6家银行机构在“穗碳”平台绿色金融专区上线绿色金融产品，共为相关企业授信约15亿元，为绿色金融服务“双碳”目标探索出一条有效路径。

（三）加强模式创新，提升生态产品价值实现转化效率

生态产品价值实现不仅要注重“量”更要强调“质”，其关键在于提高生态产品的附加值，注重人力和资本的投入，将自然资源这块“璞玉”，雕琢成价值更高的工艺品。由于生态产品在地域间具有较大的差异，且生态产品的开发保护需要大规模的投入，使得市场化的运营管理成为生态产品价值实现的重要方向。因此要加强市场化运营管理和交易模式的创新，将生态产品的更多价值转化为地方经济发展优势。生态产品价值实现模式创新典型案例见案例三。

案例三　生态产品价值实现模式创新案例

生态产品市场化交易案例。2020年5月，浙江省丽水市创新形成“1+2”生态产品市场化交易新模式，有效推动重大项目和重点企业主动参与生态产品价值实现。2020年在缙云县大洋镇签约的“农光互补”项目，探索出企业购买生态产品的新模式，即以土地权属为载体，通过集体土地统一流转，实现土地生态产品价值的全新使用和增值，企业购买的生态产品价值主要包括区域生态系统产品价值（GEP）和项目生态溢价价值2部分。采购资金由大洋镇生态强村公司统一管理使用，主要用于开展生态资源资产保护与修复、生态资源资产整合与转化、生态产业化培育与品牌经营等，且实行生态红利分配与农户、村集体生态资源资产相挂钩。

资源集中利用平台案例。2020年浙江省开化县启动“两山银行”改革试点，最近发布了浙江省首个《“两山银行”建设与运行管理指南》市级地方标准，建立起“以政府为主导、以国企为主体、以整合为基础、以占补为特色、以资本为支撑”的“两山银行”运行机制。一是在高田坑自然村，依托“两山银行”将村民闲置的44栋老宅存入其生态账户，通过项目招引，引进锦上云宿、过云山居和未迟3家国内知名民宿品牌进驻运营，并与村

民实现项目运营分红。二是依托“两山银行”，流转收储音坑乡 340 余亩闲置农用土地，通过招商引资建设钱江源未来农业示范园，开展菠萝、草莓、火龙果、多色玫瑰等农作物种植、加工及销售，直接带动村集体经济每年增收 180 万元。

生态产品品牌打造案例。丽水出台《“丽水山耕”品牌建设实施方案（2016—2020 年）》，按照“母子品牌”运行模式，创立“丽水山耕”品牌，成为全国首个覆盖全品类、全区域、全产业链的地市级农业区域公共品牌。“丽水山耕”品牌所有者为丽水市生态农业协会，实际运营和推广由丽水市农业投资发展有限公司（正处级国企）负责，通过品牌标准认证和全程溯源监管，对产品质量进行严格的检测把关，保障“丽水山耕”品牌质量。截至 2018 年 6 月底，全市加入省市两个平台追溯体系的企业达 1 419 家，“丽水山耕”产品平均溢价率超 30%。

生态产品权属交易案例。三明市在林业碳票开发对象、计量方法、适用市场等方面大胆创新，采用森林年净固碳量方法计算森林碳汇，制定《三明林业碳票（SMCER）碳减排量计量方法》，探索构建林业“碳票”制度。突出碳票可流转、可收储、可授信、可质押、可保险的功能特点，采取协议转让、单向竞价或者其他符合国家规定的交易方式流转碳票，鼓励碳服务机构或国有企事业单位采取保底收购、溢价分成的办法收储林业碳票，推进生态产品价值实现。同时，鼓励保险机构积极开发碳资产类的保险、再保险业务，实现碳票的保值增值。

三、总体要求

（一）指导思想

以习近平新时代中国特色社会主义思想为指导，全面贯彻党的十九大和十九届历次全会精神，深入贯彻习近平生态文明思想和习近平总书记对四川工作系列重要指示精神，按照党中央、国务院决策部署，立足新发展阶段、深入贯彻新发展理念、主动融入新发展格局，坚持绿水青山就是金山银山理念，落实四川省“一干多支、五区协同”发展战略，把握生态保护和环境治理工作与生态产品价值实现工作的高度协同性，做好一体化谋划和部署，以体制机制改革创新为核心，推进生态产业化和产业生态化，加快完善政府主导、企业和社会各界参与、市场化运作、可持续的生态产品价值实现路径，形成具有四川特色的绿水青山向金山银山转化新模式，以生态产品价值实现为新增长点推动四川省由经济大省向经济强省跨越。

（二）基本原则

生态优先，绿色发展。尊重自然、顺应自然、保护自然，守住自然生态安全边界，在厚植自然资本的基础上，认真践行绿水青山就是金山银山的理念，以生态环境友好和资源永续利用为导向，推动形成产业生态化和生态产业化的绿色发展模式，提高可持续发展能力。

政府主导，市场运作。充分考虑不同生态产品价值实现路径，注重发挥政府在制度设计、经济补偿、绩效考核和营造社会氛围等方面的主导作用，充分发挥市场在资源配置中的决定性作用，推动生态产品价值有效转化。

因地制宜、循序渐进。科学把握生态产品的多样性、差异性和区域性特征，坚持系统观念，搞好顶层设计，先建立机制，再试点推开，根据各种生态产品价值实现的难易程度，分类施策、因地制宜、循序渐进推进各项工作。

（三）发展目标

到 2025 年，各类生态产品调查监测机制实现全覆盖，生态产品价值评价体系基本健全，生态保护补偿、生态资源权属交易、生态产品价值增值、绿色金融和生态损害赔偿制度等生态产品价值实现路径均形成四川典型模式，累计创建国家生态文明建设示范市县和“绿水青山就是金山银山”实践创新基地 50 个以上，省级生态文明建设示范市县 60 个以上，基本建立四川省生态产品价值实现制度体系。

四、重点任务

（一）注重点面结合，开展生态产品价值转化探索与实践

注重发挥规划引领作用。围绕增值自然资本，厚植生态产品价值，结合“美丽四川”建设规划纲要、成渝地区双城经济圈建设生态环境保护规划、四川省“十四五”生态环境保护规划、应对气候变化规划以及长江流域、黄河流域水生态环境保护规划等全省“1+6”生态环境保护规划体系，将生态环境保护与生态产品价值实现相融合作为规划编制的重要原则，助力实现生态产业化和产业生态化，打造人与自然和谐共生新方案。

支持试验探索转化路径。鼓励各地积极开展“绿水青山就是金山银山”实践创新基地、国家级和省级生态文明建设示范区创建，在示范创建实践中探索转化路径。推进洪雅县、宝兴县、邛崃市等地，开展生态文明示范创建与生态产品价值实现机制示范基地建设的融合，将探索绿水青山向金山银山转化的有效途径、提升生态产品供给水平和保障能力、创新生态价值实现的体制机制、打造绿色惠民绿色共享品牌作为示范建设的重要内容。

（二）加强调查监测，摸清生态产品质量底数

建立健全生态产品环境监测网络。完善全省生态环境监测大数据平台建设，支持开

放共享的生态产品信息云平台建设，提升生态产品环境监测的支撑能力。建立动态监测制度，及时跟踪掌握环境质量等级、生态环境状况、生态系统服务功能等信息。依托现有生态环境监测网络，统筹优化生态监测站点布设，推动黄河流域环境监测站点向生态环境综合监测站点改造，在青川、宝兴、通江、南江、泸定、理塘、松潘、若尔盖等地建设一批生态环境综合监测站点。

建立生态产品环境统计调查体系。在环境统计工作中逐步开展生态产品环境本底调查，将生物多样性等有关管理指标纳入生态环境管理统计调查内容，支持广元市、巴中市等生态产品价值实现机制试点区编制生态产品目录清单，探索建立生态产品环境统计调查报表制度。

（三）探索价值核算，量化生态产品经济效益

探索制定生态产品价值核算规范。建立突出四川特色的生态价值核算体系，依托“绿水青山就是金山银山”实践创新基地的“两山指数”评估，探索建立生态系统生产总值（GEP）核算体系，鼓励成都市、广元市、阿坝州以及崇州等有条件的地区，在 GEP 核算成果的基础上，形成不同类型地区核算技术办法。在总结各地实践基础上，推进核算标准化，明确核算指标体系、具体算法、数据来源和统计口径等，制定《四川省 GEP 核算技术指南》，适时启动全省 GEP 核算，为国家生态价值核算体系建设提供参考。

推动生产总值核算结果应用。探索将 GEP 评价纳入环境影响评价体系，重点推动在规划环评和生态影响类项目环评中的应用，预防对环境的不良影响。探索将核算结果应用于生态文明建设目标评价考核、生态保护补偿和生态环境损害赔偿。以九寨沟县、恩阳区、稻城县等“绿水青山就是金山银山”实践创新基地为重点，探索开展基于 GEP 核算的“绿水青山就是金山银山”成效评估，梳理总结绿水青山向金山银山转化有效路径和模式。整合在川科研单位、大专院校等资源，联合建设集“信息调查、核算体检、转化路径、权益交易、案例模式”为一体的绿水青山向金山银山转化综合分析平台，助力绿水青山向金山银山转化。

（四）严格分区管控，支持生态产品经营开发

严格落实“三线一单”。强化生态环境分区管控，引导生态产品优化布局，按照生态产品不同属性和功能，对照产业准入负面清单，严格限制川滇森林及生物多样性功能区、若尔盖草原湿地生态功能区、大小凉山水土保持生态功能区、秦巴生物多样性生态功能区 4 个国家重点生态功能区内的开发性、生产性建设活动。功能受损的优先保护单元优先开展生态保护修复活动，恢复生态产品供给功能。充分发挥“三线一单”成果在规范生态产业开发建设等方面的作用，为生态产品开发营造稳定良好的生态环境。

支持生态产业发展。将生态产品经营开发项目纳入环评审批正面清单，对满足生态环境保护要求的环境敏感型产业及生态农业、生态旅游业等生态产品经营开发项目开辟

“绿色通道”，简化环评审批程序。支持西充县、蒲江县、南江县等国家有机食品生产基地和国家有机食品生产基地建设示范县开展生态产品相关项目建设。将生态产品经营开发项目纳入生态环境监督执法正面清单，推动差异化执法监管。以峨眉山市生态环境质量提升与绿色产业融合发展项目和嘉陵江（顺庆段）流域综合治理生态环境导向的开发项目为引领，鼓励采用生态环境导向开发（EOD）模式，将生态环境保护修复与生态产品经营开发权益挂钩，支持生态环境治理项目与生态旅游、城镇开发等产业融合发展。

（五）健全补偿制度，完善生态产品利益分配机制

完善生态保护补偿机制。开展生态保护补偿依据研究，参照 GEP 核算结果、生态保护红线面积等因素，完善重点生态功能区转移支付资金分配机制。研究建立横向补偿机制，加快推动四川省与重庆市开展长江流域跨省横向生态保护补偿，共同争取中央资金支持。进一步完善与贵州、云南、甘肃等省份的流域上下游横向水环境生态补偿机制，支持在符合条件的重点流域依据出入境断面水量和水质监测结果等开展横向生态补偿，加大若尔盖等大江大河源头地区良好水体生态补偿监测断面的覆盖率，尽快将水质良好的地区纳入生态补偿范围。探索开展流域异地开发生态补偿和空气质量生态补偿研究，出台具有四川特色的生态补偿政策。

探索创新生态补偿模式。探索建立四川省生态补偿基金，发挥财政投资引导带动和杠杆效应，通过收益优先保障机制吸引金融机构以及社会资本投入，采用股权投资方式重点支持以 PPP 模式和第三方治理模式实施绿色生态环境项目。制定生态产品政府采购目录，探索政府采购生态产品试点。

健全生态环境损害赔偿制度。研究制定生态环境损害赔偿执行和监督机制，适当将生态产品价值纳入赔偿适用范围，推进生态环境损害成本内部化，强化行政执法与刑事司法衔接机制。建立典型案例收集和解析机制，加强案例汇编和扩展应用，开展“以案释法”和交流借鉴。积极推进生态环境污染责任保险，探索符合四川特点的生态环境污染强制责任保险制度。

（六）强化政策引导，助力生态产品价值实现

推动落实生态产品价值考核。探索将 GEP、环境质量提升、生态保护成效等方面指标纳入环境保护党政同责目标绩效管理指标体系，强化差异化考核。推进川西北生态示范区建设水平评价考核，强化考评结果运用。推动落实在以提供生态产品为主的重点生态功能区重点考核生态产品供给能力、环境质量提升、生态保护成效等方面指标；支持成都平原、川南、川东北、攀西地区探索实行经济发展和生态产品价值“双考核”。

健全经济政策体系。严格执行《中华人民共和国环境保护税法》，探索将温室气体纳入环境税范畴。完善绿色信贷制度，重点扶持有利于推进生态产品价值实现的各类项目。探索将企业生态产品价值实现能力纳入环保“领跑者”制度，建立“领跑者”企业

财政补贴、金融信贷支持等政策。严格落实排污许可制度，依托四川联合环境交易所，推动排污权、碳排放权市场化交易。积极构建“碳惠天府”“绿芽积分”等区域碳普惠机制。

建立引导激励机制。依托“早点星球”和“信用中国（四川）”等平台，探索构建覆盖企业、社会组织和个人的生态积分体系，依据生态环境保护贡献赋予相应积分，建立生态积分兑换场景和机制。加强生态环境领域信用体系建设，完善综合信用评价体系，将破坏生态环境违法行为纳入失信记录，依据评价结果实施分级分类监管，将信用评价与招标投标、金融信贷等相结合，依法依规实施守信激励和失信惩戒。探索在国家生态文明建设示范区、“绿水青山就是金山银山”实践创新基地和省级生态县等示范创建的考核评估体系中，增加对建立生态产品价值实现机制和开展模式创新的相关考核要求，引导试点地区加强实践探索。

（七）保障措施

加强组织领导。各级生态环境部门要高度重视、周密部署，切实把生态产品价值实现与生态环境保护工作的各方面和全过程有机融合，确保落地见效。

加强资金支持。优化环保财政支出结构，重点向国家有机食品生产基地建设、EOD模式等推动生态产品价值实现的项目倾斜。优化环境补贴政策制度，用以奖代补方式鼓励生态产品价值实现类企业良性发展。

强化智力支撑。充分发挥四川省环科院、四川省监测总站、四川省规划院等直属单位智力资源优势，加强对生态产品价值核算、保护补偿、成效评估等方面的研究，强化相关专业建设和人才培养，提升决策支撑能力。

加强宣传推广。鼓励各地及时总结生态产品价值实现经验做法，通过召开现场会、制作宣传片等方式，开展多层次、多形式的宣传推广工作。

加强生态环境分区管控，
完善生态环境精细化治理体系

摘　要：“三线一单”（生态保护红线、环境质量底线、资源利用上线和生态环境准入清单）生态环境分区管控是贯彻落实习近平生态文明思想的重要实践，是党中央、国务院的重要决策部署，是实现生态环境精细化管理的重要途径。作为“三线一单”编制先导省份，四川省不仅在编制过程中发挥积极示范作用，在落地应用中同样做到全面推进、探索创新，奋力书写生态环境分区管控“后半篇”文章。深入推进生态环境分区管控要做到坚持绿色发展、坚持问题导向、坚持突出重点、坚持依法管控、坚持协同管控，做到持续用力，推动健全现代化生态环境治理体系。

关键词：生态环境分区管控；精细化；治理体系

一、准确把握生态环境分区管控的重要意义和制度内涵

实施生态环境分区管控，是新时代贯彻落实习近平生态文明思想的重要实践。习近平总书记在十八届中央政治局第四十一次集体学习时明确提出，把推动形成绿色发展方式和生活方式摆在更加突出的位置，加快构建生态功能保障基线、环境质量安全底线、自然资源利用上线三大红线，全方位、全地域、全过程开展生态环境保护建设。以习近平生态文明思想为指引，加快实施生态环境分区管控，立足资源环境承载力、环境风险安全底线，用绿色“倒逼”发展方式和生活方式转型，加快构建科学适度有序的国土空间布局体系、绿色循环低碳发展的产业体系，实现经济社会发展与生态环境保护长期、正向协同共进。

实施生态环境分区管控，是对党中央、国务院重要决策部署的有力执行。《中共中央　国务院关于全面加强生态环境保护　坚决打好污染防治攻坚战的意见》将“落实生态保护红线、环境质量底线、资源利用上线硬约束，深化供给侧结构性改革，推动形成绿色发展方式和生活方式”作为基本原则第一条。“各地完成生态保护红线、环境质量底线、资源利用上线、环境准入清单编制工作，明确禁止和限制发展的行业、生产工艺和产业目录”明确写入国务院《打赢蓝天保卫战三年行动计划》。实施生态环境分区管控，是以严格的生态环境准入清单推进构建以产业生态化和生态产业化为主体的生态经

济体系，促进形成节约资源和保护环境的空间格局、产业结构、生产方式、生活方式。

实施生态环境分区管控，是落实法律法规制度的必然要求。《中华人民共和国长江保护法》明确长江流域省级人民政府根据本行政区域的生态环境和资源利用状况，制定生态环境分区管控方案和生态环境准入清单，在国家层面确立了生态环境分区管控的法律地位。《四川省〈中华人民共和国环境影响评价法〉实施办法》第六条“县级以上地方各级人民政府及其有关部门在政策制定、规划编制、执法监管中应当严格落实生态保护红线、环境质量底线、资源利用上线和生态环境准入清单管控要求”，在省级层面为生态环境分区管控实施提供了制度保障。实施生态环境分区管控，是严格落实法律法规要求，促进生态环境保护修复、资源合理高效利用，保障区域生态安全。

生态环境分区管控制度的核心是基于“三生”空间理念①的生态环境精细化管理制度要求。生态环境分区管控体系包括生态环境管控分区、针对管控分区的生态环境准入清单和覆盖全域、属性完备的区域空间环境基础底图，以及面对不同对象的成果数据共享平台。分区管控的特点是基于各管控单元生态功能定位，聚焦各管控单元突出生态环境问题，提出有针对性、差异化的生态环境管控要求，其核心内涵是将生态保护红线、环境质量底线、资源利用上线的硬约束落实到环境管控单元，是生态环境质量分区管理，是推进生态环境治理体系和治理能力现代化的必然要求。

二、发挥先行示范作用，探索落地应用新思路

四川省作为“三线一单”编制先导省份，始终坚持先行先试、试点探路，高度重视“三线一单”编制及成果应用。省级编制成果于2019年10月率先通过生态环境部审核，获得了领导及专家的充分肯定。随后，四川省生态环境厅按照生态环境部和省政府工作要求，积极推动市（州）“三线一单”成果优化完善和发布应用，2021年上半年，全省各市（州）“三线一单”优化完善工作已全部完成并由市（州）人民政府发布实施。

21市（州）奋力推进“三线一单”落地应用，书写高质量发展的绿色答卷。在省级“三线一单”生态环境分区管控成果基础上，各市（州）加强“三线一单”成果优化完善，创新落地工作举措，推动成果运用，书写高质量发展的绿色答卷。一是坚持生态优先，用好绿色发展“标尺”。在发现园区规划与生态空间有冲突时，泸州市、南充市把“三线一单”作为科学衡量绿色发展的“标尺”，及时组织开展调整，实现园区为生态空间“让路”。在路网规划中，阿坝州充分结合“三线一单”生态环境分区管控，优化选址选线，维护区域生态系统服务功能稳定性及结构完整性。二是坚持衔接协同，绘就空间管控“新篇”。成都市、德阳市、宜宾市、甘孜州将“三线一单”矢量数据纳入市国土空间规划“一张图”信息系统，确保与国土空间规划有效衔接。自贡市出台《自贡市强化

① “三生”空间理念即“生产、生活、生态”空间协调理念。

生态建设和优化国土空间布局打造践行生态文明理念示范城市行动方案》，明确用“三线一单”成果优化城市功能布局，加强生态空间共保，推进环境协同治理。三是坚持精准施策，实现生态环境“提质”。各市（州）结合“三线一单”成果分析得到的区域主要环境问题、污染源分布和划定的环境分区管控单元开展精准施策，成都市、绵阳市等严格落实“三线一单”成果提出禁煤、减排及其他管控要求。达州市根据“三线一单”生态环境分区管控要求，在东柳河水质达到Ⅲ类标准以前，大竹经开区限制引进苎麻脱胶企业。四是坚持科学决策，推动产业布局“优化”。攀枝花市根据“三线一单”管控分区及准入清单要求，避开优先保护区、大气布局敏感区、弱扩散区等区域，引导氢能产业合理布局。乐山市依托“三线一单”成果，全力推进“一总部五基地”建设，以及五通化工园区“退岸入园”工作，全力纾解沿江、沿河化工园区的环境风险。五是坚持绿色低碳，共谋产业发展“新路”。针对“三线一单”提出的产业结构布局不合理、化石能源消费强度高、大气环境质量改善形势严峻等资源环境问题，乐山市委明确提出“推动以晶硅光伏产业为重点的绿色低碳优势产业高质量发展，加快建设‘中国绿色硅谷’，重塑乐山工业版图”的发展思路。眉山市严守资源利用上线，强化降碳示范引领，深入挖掘工业企业在余热综合利用、工业过程碳排放就地转化、减污降碳协同治理方面的潜力，推进资源综合利用和示范成果转化。六是坚持源头预防，提升服务发展“质效”。各市（州）均将“三线一单”作为项目环评行业准入和区域准入的重要依据，积极主动服务“六稳”“六保”工作。成都市、自贡市、绵阳市建立重大招商引资项目预审制度，通过“三线一单”成果数据应用平台，提前研判项目与“三线一单”管控要求的符合性，合理优化重大项目选址，助力项目快速精准落地。

三、加强生态环境分区管控，完善生态环境精细化治理制度体系

一是坚持系统保护、绿色发展，为构建新发展格局守牢底线。强化决策源头预防，重点发挥“三线一单”优布局、控强度的作用，加强“三线一单”在城市开发建设、产业布局优化、重大项目选址优化以及各类规划编制、政策制定等方面的应用，从源头上保护生态环境，减缓生态破坏与环境污染，降低环境风险，统筹推进区域绿色发展。加快推进“三线一单”成果在“两高”行业产业布局和结构调整、重大项目选址中的应用，深化对“两高”项目的环境准入及管控要求，通过能源消耗上线管控推动区域提高能源利用效率、控制化石能源消耗强度，落实煤炭消费削减替代、温室气体排放控制等政策要求，有力、有序推进碳达峰碳中和，构建国土空间开发保护新格局。

二是坚持问题导向、精准管控，建立从问题分析到问题治理的针对性分区管控策略。“三线一单”的目的是解决突出生态环境问题、改善生态环境质量，解决发展不平衡、不充分的问题、推动高质量发展。针对环境质量优劣不一、发展问题各异的现状，紧密结合区域发展定位、环境特点、资源禀赋、优势产业等情况，因时、因地、因事采

取适宜的策略和方法。对环境质量较差的区域，找准“病灶”、对症下药，以改善环境质量为目标，科学严谨地制定严格的生态环境准入门槛；对环境质量较好、有环境容量的区域，在不突破环境质量底线的前提下，制定适度适用的分区管控要求。对经济社会发展水平较高的地区，通过适度提高准入门槛，进一步提升资源环境绩效水平，降低单位GDP污染物排放强度和资源消耗；对经济社会发展水平暂时靠后的地区，结合区域发展战略，对于不符合生态环境功能定位的产业，提出禁止或限制性要求，体现差异化，杜绝“一刀切”。

三是坚持突出重点、科学管控，为推进深入打好污染防治攻坚战提供科学支撑。“三线一单”的核心任务之一是严守环境质量底线，根据区域环境质量现状和环境功能要求，按照环境质量不断优化的原则，科学合理确定各区域各要素环境质量底线目标，以及在底线目标约束下的区域污染物允许排放量。强化“三线一单”生态环境分区管控成果在水、大气、生态、土壤、固体废物等要素领域环境管理中的应用，利用“三线一单”精细化要素目标和现状数据，以及对于不同的管控单元提出具有针对性的要素管控要求，推进“三线一单”与排污许可、环境监测、环境执法等方面的相互融合，充分发挥协同管理效应，推动环境污染治理、环境风险防控工作精准施策，以科学化、系统化手段提升生态环境治理效能，助力深入打好蓝天、碧水、净土保卫战。

四是坚持依法管控、守牢底线，落实好生态环境各领域法律法规和管理制度中的共同要求。衔接现行的生态环境法规政策、各类保护区法规政策等，全面贯彻《中华人民共和国环境影响评价法》《中华人民共和国长江保护法》《四川省沱江流域水环境保护条例》等法律法规，切实推动“三线一单”落实落地发挥作用，做到依法依规科学管控。加快推进“三线一单”成果在生态环境执法监管等方面的应用，发挥生态环境保护的职能作用，“倒逼”高耗能、高排放产能有序退出，为绿色低碳环保等战略性新兴产业腾出市场空间。不断强化顶层设计，优化环评预防体系，做好“三线一单”、规划环评、项目环评的制度衔接，依法推进生态环境领域“放管服”改革。积极探索开展地方性“三线一单”立法探索，建立具有地方特色、符合地方实际、协调发展和保护的地方法律体系。

五是坚持协同管控、部门联动，推动形成各层级多部门同步推进、协同治理的良好格局。遵循共建共享原则，主动与发展改革、经信、自然资源、水利、交通运输等部门沟通对接，协调好资源环境保护与开发利用间的矛盾，探索建立以“三线一单”为联结点、以实现联合决策为目的的多部门协调管理机制。进一步衔接国土空间规划，探索将“三线一单”纳入国土空间规划“一张图”，逐步打通“三线一单”与“多规合一”业务协同平台的接口，实现“国土空间规划定用途，‘三线一单’管环境质量”的机制融合。进一步加强与水利部门协调，深入研究水资源利用与水生态保护、水环境改善之间的联动关系。进一步加强与发展改革、经信、交通运输部门合作，推动工业、交通等各重点领域减污降碳协同增效。

六是坚持持续用力、完善制度，推进建立生态环境分区管控的责任体系、应用体系、监管体系和保障体系。助力建立健全现代化环境治理体系，结合《中共中央　国务院关于深入打好污染防治攻坚战的意见》《生态环境部关于实施“三线一单”生态环境分区管控的指导意见》，及时研究出台四川省“三线一单”生态环境分区管控的具体实施意见，进一步明确“三线一单”生态环境分区管控落地应用的工作要求、工作任务，确保职责分工明晰。建立完善更新调整、跟踪评估机制，细化跟踪评估指标体系，开展年度自查评估和五年跟踪评估工作。重点评估区域空间布局、污染物排放、环境风险防控、资源利用效率等管控要求落实情况，并利用跟踪评估结果，探索建立奖惩机制，落实领导干部任期生态文明建设责任制，实行自然资源资产离任审计。加强“三线一单”技术队伍建设，强化专业人员培训培养，推动将“三线一单”工作经费纳入地方财政支出。

四川省 2022 年上半年环境经济形势及下半年环境经济形势预测分析

摘　要：开展环境经济形势分析工作是生态环境部门的一项基本职责。本文依据 2022 年上半年环境经济运行有关数据，对四川省 2022 年下半年环境经济形势进行了分析预判。结果表明：①2022 年上半年四川省经济基本面保持稳定，政策对冲效应显现，发展韧性不断增强。受疫情叠加地缘政治冲突等影响，二季度经济增速有所回落，工业生产受到冲击影响，全省经济承压前行，上半年全省地区生产总值（GDP）2.62 万亿元，同比增长 2.8%，高于全国 0.3 个百分点。②全省污染治理工作持续推进，上半年全省水污染物排放量同比下降，大气污染物排放量除 VOCs 外其余均同比下降，二氧化碳排放强度同比下降 3.9%左右。③受国际环境复杂严峻和国内疫情冲击等不稳定因素影响，经济运行仍面临较多困难挑战，预计三季度经济增速将达 2022 年高点，四季度经济有望继续回升、运行在合理区间，预计全年 GDP 达到 5.7 万亿元左右。④预计 2022 年下半年 SO_2、NO_x、颗粒物排放量同比下降、VOCs 排放量同比小幅上升，水污染物排放量同比下降，节能减碳形势严峻。大气环境质量达预定目标有一定压力，水环境达预定目标压力不大。
关键词：环境经济；形势分析；四川省

一、上半年环境经济形势分析

（一）受疫情叠加地缘政治冲突等影响，二季度经济增速有所回落，工业生产受到冲击影响，全省经济承压前行，上半年全省 GDP 2.62 万亿元，同比增长 2.8%

上半年全省经济承压前行、爬坡过坎，加大政策对冲力度。上半年，四川省 GDP 增速为 2.8%，高于全国仅 0.3 个百分点，其中，第二产业增速低于全国 0.6 个百分点，第三产业增速比全国高 0.7 个百分点。规模以上工业增加值同比增长 3.6%，高出全国 0.2 个百分点。另外，二季度主要经济指标表现方面，4 月出现深度下跌，5 月降幅收窄，6 月企稳回升，积极变化增多。市场信心方面，制造业生产经营活动出现波动，景气水平先降后升，继 2 月（50.2）、3 月（49.5）、4 月（47.4）持续回落至阶段性低点后，5 月（49.6）、6 月（50.2）逐步回升，重回临界点以上，制造业恢复性扩张。分市州来看，上半年增长最快的为凉山州、甘孜州、雅安市，分别增长 6.0%、4.6%、4.3%，增长最慢的为德阳市、巴中市、广安市，分别增长 1.7%、2.2%、2.2%。

社会活动方面：受国际环境复杂演变、国内疫情冲击等超预期因素影响，主要社会活动持续恢复态势趋缓。上半年，人口增长率、城镇化率、新能源机动车比重增加率、耕地面积、货运周转量、生猪出栏量、社会用电量、食用油使用量等同比保持增长，其中公路货运周转量、生猪出栏量增幅同比明显收窄，飞机起降次数、商品房施工面积出现下降。工业生产方面：上半年，工业生产受到短暂冲击，6 月主要指标边际改善，回落态势趋缓，幅度收窄。上半年，汽油、焦炭、生铁、粗钢、成品钢材、初级塑料制品、水泥、集成电路、化学纤维、白酒、饮料等产品同比分别下降 13.4%、3.9%、3.5%、16.3%、7.1%、12.8%、14.0%、15.5%、8.3%、3.1%、13.2%。汽车、发电量、风力发电量、水力发电量、农用化肥等产品产量同比增长较快，分别增长 11.6%、21.0%、23.0%、25.1%、7.1%。电子计算机整机、火力发电量、啤酒、天然气等产品增幅收窄，同比分别增长 9.2%、8.4%、6.3%、4.6%。能源消费方面：1—5 月，全省全社会用电量和规上工业综合能耗同比增长，增速持续回落。全社会用电量 1 336.2 亿 kW·h，同比增长 7.6%，较去年同期增速回落 12.3 个百分点。工业用电量同比增长 8.0%，增速较一季度加快 1.2 个百分点，同比回落 13.5 个百分点。但晶硅光伏产业发力明显，拉动电气机械和器材制造业用电量同比增长 107.3%，计算机制造用电量同比增长 155.8%。1—5 月，全省规模以上工业综合能耗同比增长 1.6%，其中，化学原料和化学制品制造业，电力、热力生产和供应业分别增长 4.5%、7.1%，是拉动全省能耗提高的主要因素。五大经济区能耗“二升三降”，成都平原经济区、攀西经济区分别同比增加 5.3%、2.2%，川西北生态经济区同比降幅最大，达 10.9%。

（二）大气污染物 SO_2、NO_x、VOCs 产生量同比有增加，颗粒物产生量下降

根据上半年社会经济活动、工业生产活动指标，经 SMEI 模型计算，2022 年上半年，大气污染物 SO_2、NO_x、VOCs 产生量同比上升，增幅分别为 5.2%、2.2%、2.5%，颗粒物产生量同比下降 7.4%。水污染物产生量总体有所增加，COD、氨氮、总磷分别同比增加 3.5%、2.3%、2.4%，主要来源于畜禽养殖业和城镇生活源，其中，畜禽养殖业产生的水污染物 COD 同比增长 5.3%，城镇生活源产生的水污染物 COD 同比增长 1.9%。

（三）污染治理工作持续推进，其中农村生活污水有效治理率、水泥企业深度治理率、钢铁企业超低排放改造完成率提升明显

水污染治理工作成效显著。城镇生活污水处理率稳步提升，城市、县城、建制镇污水处理率分别为 97.2%、92.0%、53.5%，同比分别提高 0.7 个百分点、0.6 个百分点、1.7 个百分点。工业园区废水收集率为 93.9%，同比提高 0.7 个百分点。农村生活污水有效治理率达 64.5%（截至 5 月底），同比提高 4.5 个百分点。畜禽养殖规模化养殖场粪污

处理设施配套率达 94%，较上年同比提升 2.5 个百分点。大气污染减排工作稳步推进。稳步推进挥发性有机物突出问题整治，清理整治简易低效 VOCs 治理设施企业 34 家，新增高效治理设施 35 台，全省累计安装高效治理设施 584 台。持续推进低（无）VOCs 原辅材料替代，全省累计 378 家企业已完成替代工作。继续开展钢铁、平板玻璃、水泥、焦化等重点行业深度治理工作。全省钢铁超低排放改造计划完成度超 45%，较去年同期提升 30 个百分点以上，上半年新增完成四川眉雅钢铁有限公司甘眉基地、四川德润钢铁集团遂宁基地、泸州鑫阳钢铁有限公司有组织排放源超低改造，攀钢集团有限公司、川威集团成渝钒钛科技有限公司、四川德胜集团钒钛有限公司等长流程钢铁企业超低排放改造工作有序推进。全省 11 家焦化企业有 6 家完成深度治理，其中 4 家达到超低排放标准，NO_x 排放浓度稳定在 150 mg/m^3 以下。水泥企业深度治理实施进度达 85%以上，新增完成水泥企业深度治理 940 万 t/a，累计完成 10 090 万 t/a，同比提高 25 个百分点，其中达州海螺水泥完成超低排放改造，NO_x 排放浓度稳定在 50 mg/m^3 以下。全省火电机组超低排放改造已基本完成，共完成 930 万 kW 机组超低排放改造，占火电总装机容量的 88%，同比提高 17 个百分点。陶瓷企业深度治理、燃煤锅炉超低排放改造、燃气锅炉低氮燃烧改造持续推进。大力推进老旧车淘汰和新能源车应用，上半年全省共淘汰老旧车辆约 13 万辆，新增新能源汽车约 9.4 万辆。

（四）上半年水污染物排放量均同比下降，大气污染物除 VOCs 排放量略有上升外，其余均同比下降，二氧化碳排放强度同比下降 3.9%，1—5 月规模以上工业单位工业增加值能耗同比下降 1.93%

综合主要社会经济活动、工业产品产量及污染治理工作推动情况，经 SMEI 模型计算得到：2022 年上半年，大气污染物 SO_2、NO_x、颗粒物排放量同比下降 7.5%、6.7%、7.2%，VOCs 同比上升 1.7%。水污染物 COD、氨氮、总磷排放量分别同比下降 2.3%、3.2%、0.5%。

上半年名义二氧化碳排放总量较上年同期基本持平，碳排放强度预计同比下降 3.9%左右。其中，本地电力、农业、服务业及城乡居民生活领域碳排放量同比增加，增幅为 6.6%～9.6%。工业及建筑业碳排放量同比下降 2.3%，外购电力降幅明显，达 36.2%。1—5 月，全省规模以上工业单位工业增加值能耗下降 1.93%，降幅较 1—4 月收窄。

根据计算分析，上半年，大气污染物中颗粒物排放主要来源于施工扬尘，占 47.1%；NO_x 排放主要来自工业源，占 51.2%，其次为移动源，占 45.4%；SO_2 排放主要来自工业源，占 83.7%，主要来自电力、热力生产和供应业和非金属矿物制品业等；VOCs 排放主要来自工业源，占 63.1%，主要为化学原料及化学制品制造业、汽车制造业等。水污染物中 COD 排放主要来源于城镇生活源，占 48.1%；氨氮排放主要来自农村生活源，占 37.2%；总磷排放主要来自种植业，占 84.8%。

受社会经济活动、污染物治理进度的影响，大气污染物排放同比变化量中，非金属矿物制品业生产污染物排放量因深度治理持续推进叠加产量下降因素持续下降，对 SO_2、NO_x、颗粒物减排量贡献分别为 42.0%、57.6%、21.6%；因火力发电量大幅提升，电力、热力生产和供应业对大气污染物增量贡献显著，SO_2、NO_x、颗粒物增量贡献分别为 23.3%、11.3%、9.3%。电气机械和器材制造、汽车制造以及化学原料和化学制品制造行业增长对 VOCs 增量贡献较大。水污染物排放同比变化量中，农村污水由于有效治理的大幅提高，对 COD、氨氮的减排贡献度最大，分别为 54.6%、54.9%；城镇生活污水对总磷的减排贡献度最大，为 65.6%。另外，氨氮排放量有少量增加，来自畜禽养殖废水贡献。

（五）污染物空间分布与区域经济社会活动情况、污染治理工作成效相关性较强

上半年，全省主要城市中，成都 COD、氨氮、总磷排放量分别为 3.8 万 t、0.4 万 t、0.14 万 t，占全省 16.9%、13.3%、10.6%，位居全省之首；其次是南充市、宜宾市、绵阳市等。废气排放方面，成都大气污染物排放量位居全省之首，其中 NO_x、颗粒物同比减少 7.8%、9.3%，VOCs 同比增加 2.6%；其次是乐山市、绵阳市、宜宾市等。

主要流域中，上半年沱江流域水污染物排放总量最高，COD、氨氮、总磷排放量分别占全省的 19.2%、19.5%、18.6%；其次是长江（金沙江）流域，COD、氨氮、总磷排放量分别占全省的 19.2%、19.5%、18.6%。同比变化情况，沱江流域 COD 排放总量同比下降最多，下降 2.5%；安宁河流域氨氮、总磷排放总量同比下降最多，分别下降 3.9%、2.6%。

（六）2022 年上半年污染气象条件同比较差，大气污染物浓度同比下降，水环境质量同比改善

2022 年上半年平均气温 13.9℃，较常年偏高 0.5℃，同比偏低 0.5℃；上半年降水量 440.9 mm，较常年偏多 22.1%，同比偏多 36.7%。总体来说，一季度污染气象条件同比相对略有利，二季度污染气象条件同比相对变差，总体基本相当。

2022 年上半年，全省空气质量优良天数率 89.9%，同比上升 2.6 个百分点，较三年同期平均值（以下简称三年均值）上升 3.5 个百分点；重点城市优良天数率 86.6%，同比上升 3.2 个百分点，较三年均值上升 4.8 个百分点。其中，成都平原地区优良天数率为 85.5%，同比上升 0.9 个百分点，较三年均值上升 3.0 个百分点，川南地区优良天数率为 84.0%，同比上升 5.7 个百分点，较三年均值上升 5.8 个百分点，川东北地区优良天数率为 94.6%，同比上升 5.0 个百分点，较三年均值上升 5.8 个百分点。全省共出现 3 个重污染天，同比减少 7 天。上半年全省 $PM_{2.5}$ 平均浓度为 33.2 $\mu g/m^3$，同比下降 10.5%，较三年均值下降 10.3%；重点城市 $PM_{2.5}$ 平均浓度为 37.8 $\mu g/m^3$，同比下降 10.6%，较三年均值下降 12.9%。其中，成都平原地区同比下降 2.3%，较三年均值下降 6.8%，川南地区同比下降 19.0%，较三年均值下降 17.9%，川东北地区同比下降 13.9%，较三年均值下降 17.6%。

二、下半年环境经济形势预判

（一）经济运行面临积极因素，经济下行压力将进一步释放，下半年经济有望继续回升、运行在合理区间

受到国际环境复杂严峻和国内疫情冲击等超预期因素影响，下半年经济运行仍面临较多困难挑战，但我国经济长期向好基本面没有改变，经济韧性足、潜力大、空间广的特点明显，随着《中共中央　国务院关于加快建设全国统一大市场的意见》《关于进一步释放消费潜力促进消费持续恢复的意见》《扎实稳住经济的一揽子政策措施》等系列稳增长政策措施落地见效，2022 年下半年经济有望逐步恢复，保持平稳增长。在四川层面，四川省经济运行面临积极因素，伴随“一揽子”增长措施的集中显效、疫情对经济冲击逐步削减、重点项目产能释放，特别是成渝地区双城经济圈建设加快推进，将带来大量投资和政策红利，经济下行压力将进一步释放，回升惯性将进一步增强，市场信心将进一步改善，预计三季度和四季度经济有望继续回升、运行在合理区间，预计全年 GDP 达到 5.7 万亿元左右。

（二）社会活动持续弱恢复态势，工业生产稳定有序回升

预计 2022 年下半年，社会用电量、飞机起降次数、食用油使用量、生猪出栏量、新能源机动车比重增加率、货运量周转量、城镇化率等社会活动指标将继续保持同比增长态势，其中，社会用电量、新能源机动车比重增加率增幅有所扩大，生猪出栏量增幅收窄；焦炭、粗钢、初级塑料制品、化学纤维等产品产量同比持续下降，但降幅收窄；施工面积、水泥、生铁、农用化肥、硫酸、机制纸板、饮料等产品产量同比变化由降转增；电子计算机、汽车制造、晶硅光伏、动力电池将继续保持稳定增长态势，而煤炭、电力、天然气等供应保障将进一步加强。

（三）在不考虑末端污染治理的情景下，大气污染物均同比上升，水污染物产生量均同比下降

根据下半年社会经济活动、工业生产活动指标的预测结果，在不考虑末端污染治理的情景下，经 SMEI 模型计算，预计 2022 年下半年，大气污染物 SO_2、NO_x、颗粒物、VOCs 产生量同比上升，增幅分别为 9.0%、6.7%、3.9%、3.7%。水污染物 COD、氨氮、总磷产生量分别同比下降 0.1%、0.2%、0.04%。大气污染物主要来源为工业源，其中，非金属矿物制品业对颗粒物贡献最大，电力、热力生产和供应业对二氧化硫和氮氧化物贡献最大，汽车制造业、化学原料和化学制品制造业 VOCs 贡献最大。水污染物主要来源为畜禽养殖业和城镇生活源。

（四）SO_2、NO_x、颗粒物排放量同比下降，VOCs 排放量同比小幅上升；水污染物排放量同比下降；二氧化碳排放强度、规模以上工业单位工业增加值能耗下降幅度不及预期，节能减碳形势严峻

根据2022年下半年社会经济活动、工业产品产量预测指标及污染治理工作预计进度，经 SMEI 模型计算，预计 2022 年下半年，大气污染物 SO_2、NO_x、颗粒物排放量同比分别下降 2.6%、3.5%、0.2%，VOCs 同比增加 1.2%；水污染物 COD、氨氮、总磷排放量均呈下降趋势，同比分别下降 2.8%、3.5%、0.8%。

大气污染物中，一次颗粒物的首要排放源为施工扬尘，占 49.8%；NO_x 的首要排放源为移动源，占 49.5%，其次为工业源，占 46.8%；SO_2 排放量中 80.8%来自工业领域，其中电力、热力生产和供应业、非金属矿物制品业贡献最大；VOCs 主要来源于工业源，占 63.3%。水污染物中 COD、氨氮排放贡献最大的是城镇生活源，分别占 47%、37.9%；总磷贡献最大的为农业面源，占 82.4%。

2022 年下半年名义二氧化碳排放总量预计同比增长约 6.3%，其中，本地电力、工业及建筑业碳排放量增幅预计分别为 18%、3.3%，是带动排放总量上升的重要因素，交通、农业、服务业及城乡居民生活领域碳排放量有不同幅度上涨，涨幅为 2.6%～7.2%。碳排放强度预计同比下降 0.8%左右，全省规模以上工业单位工业增加值能耗预计降幅为 2%，节能减碳形势严峻。

（五）成都市水污染物排放量减幅最大，沱江流域水污染物排放量占比最大；自贡、南充、广元 VOCs 排放量同比下降，其余城市 VOCs 同比小幅上升；氮氧化物和颗粒物除绵阳、乐山同比有上升风险外，其余城市普遍呈下降趋势

经 SMEI 估算，2022 年下半年全省大部分城市水污染物排放量持续同比减少，其中成都由于水污染物基数大、处理设施建设持续推进，水污染物减排最多，COD、氨氮、总磷排放量分别减排 1 593 t、323 t、93 t，其次是宜宾、德阳、绵阳、南充。但受城乡产业空间分布影响，局部河段污染物排放量会出现区域性增加的风险，预计 2022 年下半年，坛罐窑河（遂宁）、芝溪河（遂宁）、姚市河（资阳）、小濛溪河（资阳）、小阳化河（资阳）、釜溪河（自贡）、旭水河（自贡）、蒲江河（雅安）、隆昌河（内江）、流江河（南充）、大陆溪（泸州）等将继续承压；阳化河、平滩河、体泉河、明月江、新宁河、索溪河、越溪河、龙台河、茫溪河、长滩寺河、西溪河等承压有所减缓。

就重点流域而言，预计 2022 年下半年，沱江流域水污染物排放总量最高，COD、氨氮、总磷排放量分别占全省的 19.2%、19.5%、18.6%，其次为长江流域，COD、氨氮、总磷排放量分别占全省的 16.2%、16.6%、16.7%，岷江流域、渠江流域紧随其后。2022 年下半年，沱江、涪江流域应重点关注化学需氧量污染，岷江流域重点关注总磷污染，渠江流域重点关注生化需氧量污染。

大气污染物排放方面，预计 2022 年下半年全省主要城市中，氮氧化物和颗粒物除绵阳、乐山同比有上升风险外，其余城市普遍呈下降趋势。VOCs 除自贡、南充、广元同比略有下降外，其他城市均同比增加，其中宜宾、雅安、眉山增幅较大，臭氧防治压力进一步凸显。

（六）污染气象条件同比明显较差、水文条件同比变差

据中长期气象形势预判，第三季度，全省日均气温同比偏高 1℃左右，辐射强度同比偏强 20%～30%，降水量同比偏少 20%～30%，降水频次偏少 10%～20%，华西秋雨不盛，可能出现“秋老虎”。气温、辐射和降水等气象条件均有利于臭氧的生成，主要污染时间段集中在 7 月上下旬、8 月中下旬和 9 月中下旬。第四季度气温将持续偏高，10 月上中旬可能出现臭氧污染，11—12 月冷空气活动弱、影响小，$PM_{2.5}$ 污染过程主要出现在 11 月下旬和 12 月上中旬。受降水偏少影响，水文条件同比变差。

（七）优良天数率同比下降、水环境质量提升较明显

综合考虑污染气象条件、污染水文条件，经 SMEI 模型预测，2022 年环境空气 $PM_{2.5}$ 浓度同比持续下降（降低 2.8 μg/m^3 左右），优良天数率受第二季度、第三季度高温强辐射天气影响，较上年同比下降（减少 0.5 个百分点左右），水环境质量将持续改善，国考、省考断面优良率均同比上升（分别提高 2.4 个百分点、5 个百分点），但部分省考断面治理成效尚不稳固，水质易出现反复，应予持续关注。

三、政策建议

（一）总体工作方案

按照《四川省“十四五”生态环境保护规划》确定的减排目标、“环境质量持续改善”等要求，通过 SMEI 模型测算，2022 年下半年污染物排放量应控制在 SO_2 7.4 万 t、NO_x 18.3 万 t、颗粒物 6.6 万 t、VOCs 24.6 万 t、COD 22.9 万 t，同比分别削减 1.6%、1.4%、0.1%、3.6%、2.8%。在环境治理力度正常推进的情况下，大气污染物中 SO_2、NO_x、颗粒物、水污染物排放量控制目标达成难度不大，VOCs 尚需在此基础上进一步削减 1.2 万 t，VOCs 治理力度需在原有工作计划上进一步提升。预计全年规模以上工业单位增加值能耗强度降幅在 2%左右，碳排放强度降幅 2.5%。节能减碳形势严峻，重点行业工业能效水平需进一步提升。根据上述目标值，并根据污染物贡献预测分析结果，逆向带入 SMEI 模型，测算出其对应的污染治理措施需达进度以及预计的环境质量。

（二）聚焦重点污染物，突出臭氧与颗粒物协同防控

2022 年下半年大气污染防控工作要做好臭氧与颗粒物协同防控，三季度聚焦臭氧污染，重点控制 NO_x 和 VOCs 排放，加大 VOCs 减排力度，四季度受气象条件不利影响，以降低细颗粒物浓度为重点，加强预警预报、做好联防联控。

一是强化工业源治理。继续强化 VOCs 专项整治，全力推进工业企业挥发性有机物源头管控，持续推进 3 834 家整车制造、家具制造、包装印刷等重点行业企业实施低（无）VOCs 原辅材料替代。持续提升重点行业挥发性有机物废气收集率、治理设施同步运行率和去除率，推动 VOCs 治理设施更新升级，力争下半年新增高效治理设施 40 台左右，全省累计达到 620 台。推进涉 VOCs 集群综合治理，实施“一园一策”整治，继续推动沿滩高新区、广安经开区等地集中喷涂中心建设。以石化、化工、制药等重点行业为主，开展新一轮挥发性有机物突出问题排查，以及全省重点排污单位自动监测设备安装运行情况检查，持续开展“千名专家进万企”活动。重点区域推行涉 VOCs 企业实施错时生产管控，引导石化、化工、包装印刷、工业涂装等企业合理安排检维修计划，避免在高温天气条件下实施开停机。加快工业源氮氧化物减排，持续推进钢铁超低排放改造，加快四川德润钢铁集团遂宁基地、泸州鑫阳钢铁有限公司有组织排放源超低改造验收工作，力争完成四川德润钢铁集团达州基地、攀钢集团西昌钢钒公司超低排放改造工作，及成都冶金实验厂有限公司整合重组改造、成都市长峰钢铁集团有限公司搬迁重组项目。强化水泥行业企业深度治理，新建水泥企业执行《四川省水泥工业大气污染物排放标准》要求，现有生产线力争今年基本完成深度治理。持续开展陶瓷、平板玻璃、砖瓦及垃圾发电等行业企业深度治理，控制工业炉窑氮氧化物浓度。二是加强面源治理。预计三季度基础设施建设将达到高点，应会同住建、交通运输等部门加强扬尘源专项整治，强化施工工地管理，加快制定建筑工地扬尘专项整治工作方案，力争单位施工面积扬尘排放量同比削减 5%。成都平原、川南和川东北地区三大重点区域，除特殊情况外，室内地坪施工、室外构筑物防护和道路交通标志全面使用低挥发性有机物含量涂料。成都市继续推行绿色标杆工地、绿色标杆加油站、绿色钣喷企业等“绿色”系列打造，四环路（绕城高速）内新建涉钣喷汽修企业应达到绿色钣喷企业要求，力争 2022 年年底绿色标杆工地占比提升至 35%以上。持续提升成都市餐饮企业油烟治理去除率，推进高效油烟净化设施安装率，力争 2022 年年底大中型餐饮企业安装高效油烟净化设施的比重达到 80%以上。

（三）持续推进结构优化调整，实现减污降碳协同增效

一是深化产业结构调整。严格控制“两高”项目盲目“上马”，新建、扩建钢铁、水泥、平板玻璃、电解铝等项目坚决执行产能等量或减量置换政策。大力发展晶硅光伏、动力电池、新能源汽车、大数据等绿色低碳优势产业。2022 年下半年，全省粗钢总产量控制在 1 200 万 t，其中成都平原经济区产量控制在 400 万 t。全省水泥熟料产

量控制在 5 500 万 t 以内，平板玻璃产量控制在 3 200 万重量箱以内，成都市产量分别控制在 1 400 万 t、1 900 万 t。二是强化能源结构调整。推进天然气稳产、增产，大力发展新能源、新型储能产业，优先支持具有季调节能力水电站建设，实施流域水电站群联合智能调度，力争 2022 年下半年全省非电行业煤炭消费总量同比下降 5%左右，至年底非化石能源占能源消费总量的 40%。提升火电机组能效水平，在保障能源安全的前提下，全省电煤涨幅控制在 20%以内。加快工业企业节能提效降耗改造，重点控制成都、乐山、泸州的规模以上工业综合能耗，力争下半年规模以上工业单位工业增加值能耗和碳排放强度均同比下降 3.0%以上。推进新型基础设施能效提升，加快绿色数据中心建设。三是推进交通结构调整。持续推动“公转铁”“公转水”，稳步提升钢铁、水泥、煤炭、矿山等行业大宗货物铁路、水路、封闭式皮带廊道运输比例，铁路、水运货物周转量比重分别同比提升 1 个百分点、0.6 个百分点，力争至 2022 年年底，铁路、水运合计货物周转量占比达 48%以上，集装箱铁水联运量同比增长 10%，轨道交通在客、货运量中的占比分别达到 20%、6.0%左右。持续推进老旧车淘汰和新能源汽车应用，推动淘汰国四排放标准柴油货车，力争下半年全省新增新能源汽车 9.5 万辆以上，到 2022 年年底全省新能源汽车保有量近 50 万辆。加快推进公交车、出租汽车（含网约车）、城市物流配送车、环卫车、运渣车、商砼车等新能源化。到 2022 年年底，成都市新增注册登记新能源汽车 8 万辆以上，力争达到 10 万辆，公交车（除预留应急运力）、巡游出租车全面实现新能源化。

（四）着眼重点流域及断面，强化水环境系统治理

2022 年下半年水环境质量总体呈改善态势，污染防控工作重点关注水质不稳定的流域和断面，强化措施针对性和持续性。

一是着眼重点断面。重点聚焦流域水污染物存在增加风险的旭水河叶家滩、蒲江河两合水、釜溪河宋渡大桥等断面，强化断面污染贡献分析，对重点断面实行“一断面一方案”，有针对性地开展达标攻坚。同时，汛期需重点关注大陆溪四明水厂、索溪河谢家桥、龙台河两河等断面，采取增设调蓄设施、快速净化设施等措施，降低合流制管网雨季溢流污染，减少雨季污染物入河湖量。二是加强城镇污水综合治理。以芝溪河、姚市河、小阳化河、釜溪河、蒲江河、旭水河、隆昌河等为重点，加快城镇污水管网及处理设施建设，以及现有污水处理设施提标升级改造的进度，2022 年下半年，流域城市、县城、建制镇污水处理率力争达到 97.5%、92.3%、52.5%（三州地区 40%），城市生活污水集中收集率提高至 51%。三是加强农村污水收集与治理。以蒲江河、流江河、小濛溪河、坛罐窑河、旭水河、隆昌河、大陆溪等为重点，加快区域农村生活污水收集与治理，2022 年下半年，全省力争 65%以上的行政村农村生活污水得到有效治理。四是加强农业面源污染防治。强化畜禽养殖废水治理，加强新建规模化畜禽养殖企业监督管理，2022 年下半年，南充、宜宾、绵阳等地现有及新增规模化畜禽养殖企业有序推进配套处

理设施建设。强化种植业污染防治工作，以成都、眉山、乐山、泸州，以及安宁河谷地区为重点，持续开展化肥、农药减量行动，加强农田尾水生态化循环利用、农田氮、磷生态拦截沟渠建设。五是实施节水行动计划。推进农业节水增效，加大高标准农田建设投入力度，推进一批大中型灌区节水改造，加强农业用水管理。实施城镇节水降损，加快制定和实施供水管网改造实施方案，深入开展公共领域节水。强化工业节水减排，实施企业节水改造，推动印染、造纸、食品等高耗水行业在工业园区集聚发展。到 2022 年年底，力争万元国内生产总值用水量同比下降 3.2%以上，农田灌溉水有效利用系数提高到 0.492 以上，全省用水总量控制在 251 亿 m^3 以内，成都、攀枝花、德阳、绵阳、内江、乐山、眉山、宜宾、广安、雅安等市至少 45%的县（市、区）建成节水型社会达标县。

（五）针对重点工作强化保障机制

强化政策支撑。在省级层面，一是加快出台四川省《关于深入打好污染防治攻坚战的实施意见》及重点流域限期达标攻坚战、“三磷”污染整治攻坚战、农业农村污染治理攻坚战等九大实施方案，进一步提升和改善环境质量。二是建议联合发展改革、经信等部门，推动制定六大高耗能行业节能降碳三年行动方案、“‘两高’项目管理名录”等政策文件，控制工业企业综合能耗，全力追赶节能降碳目标进度。加快出台《四川省减污降碳协同增效行动方案》，聚焦“减污降碳”总要求，突出生态环境领域减污与降碳统筹融合。推进成都、绵阳、宜宾、遂宁、巴中、达州、乐山温室气体自动站建设，增加“双碳”科技战力。三是进一步完善污染物排放地方标准体系，出台《四川省水产养殖业水污染物排放标准》，加快推进《四川省玻璃工业大气污染物排放标准》《四川省陶瓷工业大气污染物排放标准》制定，以及《四川省水污染物排放标准》（DB 51/190—93）替代工作。四是建议响应中央财经委员会第十一次会议要求，组织编制出台《四川省“十四五”生态环境基础设施建设规划》，在全省层面对生态环境基础设施建设进行系统谋划部署，进一步强化源头治理，有力支撑深入打好污染防治攻坚战、推动减污降碳协同增效。

在市州层面，一是针对成都、德阳、眉山、自贡等臭氧防控压力持续不减，以及达州、雅安、南充等臭氧浓度反弹明显的城市，加强加密 VOCs 走航监测，结合走航结果及区域大气污染排放源清单，出台地区“臭氧污染防治方案”“大气综合治理实施方案”等文件，科学精准有效指导臭氧防治工作；成都市重点推动家具生产、制鞋、工业涂装等园区、企业“一园一策”“一厂一方案”，建议对中小企业实施低（无）挥发性有机物原辅材料替代给予一定政策扶持。二是针对自贡、资阳、雅安、内江、泸州等上半年国考断面水质优良率较低的城市，实施限期达标攻坚，强化精准管控，因河施策提升流域水质。7—8 月，德阳、资阳、自贡、广安等市（州）针对重点关注断面，做好汛期污染物防治工作，会同气象、水利等部门，提前预警、合理应对，有效削减面源污染物入河量，确保断面汛期水质稳定改善，特别要强化重点环境风险源管控，防止出现突发水环境事件。

强化保障措施。依托“西部大开发”“长江经济带”“成渝地区双城经济圈”等国家、省级重大战略，积极谋划一批重大项目，做好项目包装。鼓励地区开展生态环境导向的开发（EOD）模式，精心谋划生态环境治理和关联产业项目，建立组织领导和推进机制。推动地方政府专项债券加快发行使用，督促各地方加大生态环境项目建设推进力度，切实加快专项债券项目建设和资金使用进度。发挥政府投资引导撬动作用，充分调动社会投资积极性，带动社会投资增长。做好国家重大项目用地保障工作、环评审批、能评等工作，并对符合条件的重大项目有序实施能耗单列。

建设“美丽四川·宜居乡村”，统筹推进农业农村面源污染防治

摘　要：党的十九大将农业农村面源污染防治提高到国家战略。农业农村面源污染防治事关国家粮食安全和农业绿色发展，是四川省推进新时代“治蜀兴川”、打造更高水平“天府粮仓”的重要工作之一，与筑牢长江黄河上游生态安全屏障、深入打好污染防治攻坚战紧密连接，更关系到“美丽四川·宜居乡村”目标是否能够顺利实现。针对日渐凸显的农业农村面源污染问题，本文通过梳理国家、省、市农业农村面源污染相关的政策文件，分析四川省农业农村面源污染情况、治理成效以及面临的问题，提出具有针对性的政策建议。

关键词：农业农村面源；宜居乡村；污染防治

一、统筹推进农业农村面源污染防治的重要意义

加强面源污染防治是推进新时代“治蜀兴川”，打造更高水平“天府粮仓”的重要工作之一。习近平总书记来川视察时强调，要完整、准确、全面贯彻新发展理念，主动服务和融入新发展格局，推动新时代治蜀兴川再上新台阶。习近平总书记指出，成都平原自古有“天府之国”的美称，要严守耕地红线，保护好这片产粮宝地，把粮食生产抓紧抓牢，积极发展绿色农业、生态农业、高效农业，在新时代打造更高水平的“天府粮仓”。中国共产党四川省第十二次代表大会中，王晓晖书记提出，要统筹推进乡村振兴，加快农业农村现代化步伐，做大做强“川字号”农业特色产业，推进农业绿色发展。要推进“治蜀兴川”，实现乡村生态振兴，只有通过保护农村水域、耕地等生态系统，改善农村生态环境；通过减少化肥、农药用量，合理利用农业废弃物资源，构建绿色的农业生产方式和产业结构，提升农业生产环境；通过治理农村生活污水、垃圾，构建绿色的农村生活方式与人居空间，提升农村人居环境。

突破面源污染防治“瓶颈”是筑牢长江黄河上游生态安全屏障、深入打好污染防治攻坚战的必要手段。随着点源污染治理不断完善，农业农村面源污染问题进一步凸显，旱季“藏污纳垢”、雨季“零存整取”现象较为普遍。生态环境部部长黄润秋指出，农业农村面源污染正在上升为制约我国流域水生态环境持续改善的主要矛盾之一。“十四五”期间，突破面源污染防治瓶颈是有针对性地改善流域水生态环境，是实现“人水和

谐”有力突破，是能否打好农业农村污染防治攻坚战的决定性因素。

统筹开展面源污染防治是建设“美丽四川·宜居乡村”的重要组成部分。党的十九大将“美丽”写入社会主义现代化强国目标，提出到2035年美丽中国目标基本实现。《四川省国民经济和社会发展第十四个五年规划和二〇三五年远景目标纲要》中明确提出2035年美丽四川建设目标基本实现，谱写美丽中国的四川篇章。“美丽四川·宜居乡村”行动方案明确提出，农村人居环境整治“五大提升行动”，农村基础设施“五网共建共享”中农村水利基础设施网络建设，山水林田湖“五项系统治理”中生态保护修复、绿化全川行动和建设水美新村，农村“五大建设”中建设“三农”大数据信息平台和布局“天空地”一体化农业生产物联网监测系统等内容，这些要求与统筹开展面源污染防治息息相关。

二、四川省农业农村面源污染防治基本情况

（一）“十三五”治理成效初显

农村人居环境改善明显，污水处理能力提升显著。编制县域农村生活污水治理专项规划，提出“就近纳管、集中收治、散户利用”等治理模式，积极推进农村生活污水治理，充分结合“厕所革命”“千村示范”等工程，严格农村生活污水处理设施运行维护与排放标准。2020年，行政村生活污水得到有效治理比例达61%，农村卫生厕所普及率达87%。有序推进全国农村黑臭水体综合治理试点工作，建立了《四川省农村黑臭水体清单》，分类管理排查出298条农村黑臭水体。

畜禽养殖业废弃物回收资源化利用能力进一步提升。强化农业废弃物回收处置，已建农药包装废弃物回收点5万余个。强化畜禽粪污综合利用，85个县统筹推进畜禽粪污资源化利用，探索开展“异位发酵床”“粪污全量收集处理”“集中转运、田间储备处理”等新模式的应用。推进秸秆综合利用，建立健全政府引导、市场推动、企业主体长效机制，70个重点县实施秸秆综合利用项目，初步形成“农用为主、多元利用、产业增效”的秸秆收储运和还田离田利用新格局。2020年，废弃农膜回收率达80.2%；畜禽粪污综合利用率达75%以上，规模养殖场粪污处理设施装备配套率提高至98%；秸秆综合利用率达92.2%。

种植业化肥农药“负增长”，产量品质“双提升”。“十三五”期间，全省90个县开展了化肥减量增效示范、有机肥替代化肥试点，集成推广测土配方施肥、水肥一体等环境友好型技术；116个县开展了病虫监测预报精准化、绿色化和统防统治专业化等农药减量工作，大力推广低毒农药和生物防治虫害技术。“十三五”期间，化肥、农药使用量连续5年实现负增长。2020年，全省测土配方施肥技术覆盖率达90%以上，相较2015年施用量降低了16.4%，水稻、小麦、玉米三大粮食作物化肥利用率达40.1%，农

药利用率达 40.6%，农作物绿色防控覆盖率达 38.6%。

（二）“十四五”农业农村面源污染防治任重道远

总体形势依旧不容乐观。四川是农业大省、人口大省，人均耕地少（低于全国平均水平 26.7%），区域性缺水和季节性缺水问题较为明显，化肥、农药、农膜等投入过度依赖和不合理使用等多种因素的叠加，导致农业农村面源负荷对全省污染贡献比例依旧很高。四川省第二次污染源普查显示：2017 年全省水污染排放中，TP 农业源贡献 58.4%，TN 农业源贡献 40.19%，COD 农业源贡献 37%。一是汛期污染强度[①]高，渠江码头、御临河幺滩断面在 2021 年全国汛期污染强度排名居全国前 50，汛期 153 天中渠江码头断面总磷超标天数达 79 天，占比高达 51.63%。二是小流域抗冲击能力弱，超标风险高，如广安与重庆毗邻的兴隆河（南溪河）多年平均流量仅为 0.5 m^3/s 左右，枯水期水环境容量小，农村生活污水影响更为突出，丰水期由于农业农村面源“零存整取”，呈现出较高的超标风险。

传统农耕模式粗放，化肥、农药用量大利用效率低。粗放型的耕种方式仍未改变，化肥施用量高、利用率低、流失量大等特征依旧存在，与发达国家 50%～60%的化肥、农药利用率相比，仍有较大差距。2020 年统计年鉴显示：化肥施用量较高的地区集中在川东北的南充、达州等地，如图 1 所示。

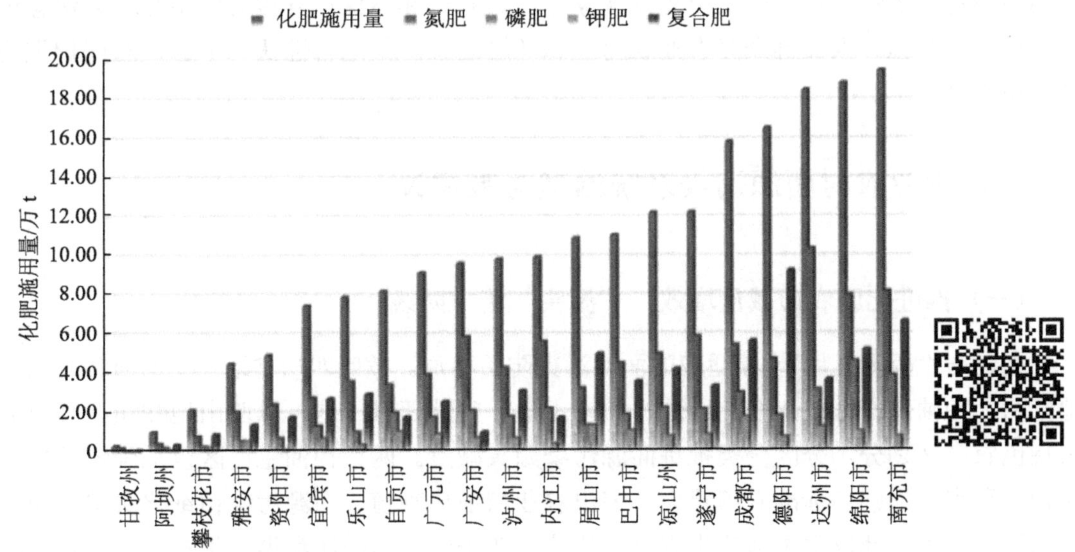

图 1　2020 年四川省各市（州）化肥施用量

数据来源：四川省统计年鉴数据。

---

① 汛期污染强度：某断面汛期首要污染物浓度与该断面该项指标考核目标浓度限值的比值。

种养循环不平衡，资源化利用率低。虽然规模养殖场基本配备粪污处理设施，规模化养殖场畜禽粪污得到有效利用，但是从政策体系到技术应用依旧暴露出一些问题。一是规划滞后，畜禽养殖业和种植业并未有效融合，多地仍然存在畜禽粪污和可消纳土地匹配矛盾。二是政策和市场结合不紧密，未大量培育出专业化处理机构，“收集—转运—存储—处理—回用”产业链条仍未打通。三是中小养殖场粪污处理设施短板突出，中小养殖场粪污处理设施简单，污水收集不足、贮粪场“三防”不达标等，甚至粪污露天存放。四是粪污还田“最后一公里”缺乏科学指导，未考虑土地能否消纳，随意施肥导致二次污染情况依旧普遍。

新型污染物问题逐步显现，生态环境风险增加。水产、畜禽养殖、农药施用带来的抗生素、内分泌干扰物等新型污染问题逐步显现。当前，针对新型污染物分析方法、治理手段、监管措施方面还存在很大差距。四川省畜禽、水产养殖量大，2020 年，四川畜牧养殖总产值居全国第 1，39 个淡水养殖品种中有 11 个品种养殖产量居全国前 5。相关研究表明，黑龙滩水库水样四环素、土霉素等残留抗生素浓度较高；沱江干流冬季的磺胺类、喹诺酮类和四环素类抗生素具有较高的环境风险。

农村生态环境多头管理，治理体制机制不健全。农业农村面源污染监测体系尚未形成，相关监督指导、质量考核等管理办法尚不明确。部门协调难度大，农业农村生态环境保护涉及部门多，当前缺少跨部门协调机构，容易出现“九龙治水”的局面。基层保障能力不足，乡镇专业专职人员短缺现象明显。农村环境保护宣传力度不足，环保意识有待进一步加强，人民群众对农业农村生态环境面源污染危害性认识不够，对保护重要性认识不足。

三、农业农村面源污染系统治理对策建议

（一）推进化肥农药减量增效，“源头”筑牢防线

构建与“两区五片”①相适应的面源污染防治格局。按照四川盆地、安宁河谷及周边地区两大粮油主产区，川东北山地、川南山地、盆地西缘山地、攀西山地和川西高原五大特色农产区划分，分区分类推进面源污染源头减量。两大粮油主产区以加强耕地质量保护为重点，加强高标准农田建设，突出农业精细化种植、面源污染精细化防治。川东北山地和川南山地以生态涵养为重点，构建长江干流、嘉陵江和渠江生态缓冲带，削减面源迁移和汛期突发影响。盆地西缘山地和攀西山地以生态退耕和农业生态修复为主，降低耕地破碎化和水土流失，进一步缓解面源污染。川西高原以发展农牧业生态循环新

① “两区五片”：四川盆地、安宁河谷及周边地区两大粮油主产区，川东北山地、川南山地、盆地西缘山地、攀西山地和川西高原五大特色农产区。资料来源：《四川省国土空间规划（2020—2035 年）》。

模式为重点，协同开展分散式农村生活污水治理，推进资源化利用。

推进化肥减量增效。紧紧围绕全省现代农业“10+3”产业体系、现代农业园区、成渝现代高效特色农业带建设，进一步推进化肥减量增效。推进测土配方施肥技术应用，强化采样、实验、配方以及数据发布等基础工作。扩大有机肥替代，在节肥潜力大的园艺作物和优质大田作物中进一步拓展有机肥替代化肥，探索完善有机肥替代化肥技术模式和社会化运行机制。强化科学施肥，推广水肥一体化、机械深施、种肥同播、水稻侧深施肥等施肥方式，加强智能化设施设备和现代信息技术在肥料生产使用领域的应用。

推进农药减量增效。认真践行绿色发展理念，保障农产品质量、农村生态环境安全，大力推广农药减量增效。提高科学安全用药水平，全面实施“百县千乡万户”农药科学安全使用培训行动，强化精准科学施药、对症用药、配方选药。推进绿色农药、高效低风险农药的应用，优先使用生物农药替代，系统开展农业病虫害治理，在水稻、芒果、柑橘等作物上推进绿色农药示范。稳步提高农药利用效率，规模企业推进现代植保机械应用，鼓励小农户使用电动喷雾器、静电喷雾器等设备，降低“跑冒滴漏”风险，减少农药流失和浪费。

（二）加强农村“三水”治理，“过程”做好削减

加强农村生活污水治理。强化农村生活污水处理设施运维，稳步推进《四川省农村生活污水处理设施运行维护管理办法（试行）》，落实相关部门职责，明确设施运维管理主体责任，强化排放水质达标情况监督管理，屠宰、养殖、酿酒、泡菜、豆制品等行业和中型及以上规模餐馆产生的废水不得进入农村生活污水处理设施。推进小型人工湿地建设，因地制宜在农业种植区退水口、农村污水处理厂设施尾水末端、小支流汇入干流河口等关键节点建设人工湿地，净化水质，提高水环境承载力。

加强水产养殖废水治理。生态环境部门会同农业农村等部门，制定符合四川实际情况的水产养殖废水排放标准，规范养殖尾水排放要求、检测方法和结果监督，“倒逼”水产养殖向生态化转型升级。推进水产养殖尾水检测和抽查核实，公开检测数据，根据检测数据加强重点养殖户管控，鼓励建设实施监测系统。强化水产养殖废水治理，养殖户承担尾水治理主体责任，因地制宜推进人工湿地、沉淀池+过滤坝+曝气池+过滤坝+生物净化池“三池两坝”建设，探索池塘“零排放”圈养、鱼稻共生等模式。

加强农田尾水治理。推进高标准农田建设，加强管灌、喷灌、滴灌等农业节水工程建设，推进从水源、输水、配水、灌水全过程的生态化灌排系统建设，有效减少尾水污染。以减弱面源迁移过程为重点，按照生态优先、自然修复为主原则对河湖缓冲带进行保护和修复，加强生态缓冲带拦截污染、净化水体、提升生态系统完整性等功能。推进农田尾水循环利用和农村河湖“清四乱”，营造复合型、生态型农田林网，连通农村河湖水系，在关键节点建设闸坝、泵站，实现尾水自然回用。

（三）强化农废资源转换，“末端”突出利用

强化畜禽粪污资源化利用。按照“以地定畜、种养平衡”原则，科学估算畜禽养殖环境容量，合理确定养殖规模和空间布局，科学编制畜禽养殖污染防治规划。加强规模养殖场粪污处理设施建设与运维管理，稳步推进粪肥还田利用、固体粪便肥料化利用，建立完善粪便储存、回收和利用体系。鼓励在畜禽养殖集中区配套建设种植消纳区、有机肥生产设施，力争在畜禽养殖区能形成“种植—养殖—有机肥—种植”的生态回用模式。以成都大邑、德阳绵竹、眉山洪雅等畜禽养殖大县为重点，综合考虑畜禽粪污综合利用，合理推进农村沼气清洁利用和发展。

强化秸秆资源化利用。全面实施秸秆综合利用行动，推进秸秆肥料化、饲料化、原料化、基料化、燃料化“五料化”利用。增强秸秆综合利用资金支持力度，扶持秸秆饲料生产、加工的规模企业，健全秸秆收—储—运体系，提升秸秆能源化、饲料化利用能力，形成“政府推动、市场驱动、主体带动”的长效机制。以绵阳安州、成都邛崃、眉山东坡等盆地规模种植区为重点，鼓励开展国资平台引领、龙头企业带动、地方财政支持的示范模式，培养有实力的经营主体。

强化农业固体废物资源化利用。完善“户分类、村收集、乡（镇）运输、县处理”垃圾收—运—处置体系，鼓励农村生活垃圾分类收集，对金属、玻璃、塑料等有用垃圾进行回收利用。对无法纳入城镇垃圾处理系统的农村生活垃圾，应选择经济、适用、安全的处理处置技术。严禁使用超薄地膜，普及标准地膜，推广可降解农膜，开展液体地膜、新型可降解地膜试点应用。加强农药包装废弃物回收处置，建立健全农药包装废弃物回收、贮存、运输、处置活动的监督管理，统筹推进农药包装废弃物回收处理等设施建设。加强政府与企业合作，鼓励农户自发回收，力争构建起“市场主体回收、专业机构处置、公共财政扶持”的回收处置模式。

（四）深化面源污染监管，“全程”形成体系

细化面源调查监测。推进农业农村面源污染基础数据调查，加强化肥、农药核查，整合农业农村、生态环境、水利、住建等部门的基础数据，搭建农业农村面源基础数据库。加强化肥、农药施用的调查监测，建设化肥减量增效定位监测点和肥料施用量调查点，开展“减量效果—种植户使用—门店销售”全链条监测。优先在嘉陵江流域开展长期农业农村面源监测和定量分析，逐步在成都平原、川东北、川南的重点小流域完善农业农村面源监测点位、指标、频次等，在重点区域探索开展新型污染物监测，逐步构建全省农业农村面源污染环境监测网。

完善系统评估和分区体系。在调查和监测的基础上，建立科学评估体系，开展农业农村面源负荷以及秸秆、化肥农药、畜禽粪污等各类污染源的污染状况评估。优先在升钟湖、泸沽湖探索构建湖库农业农村面源风险评估模型，识别农业农村面源污染物流失

风险关键源区，为分区、分重点治理提供依据。

突出科学试点和推广应用。根据区域特点、产业分布、污染防治工作基础以及系统评估的相关成果，探索开展治理试点。推进农业农村面源污染治理方案编制，并将典型模式进行推广应用。以嘉陵江流域重点，建立农业农村面源污染防治基地，探索简单、实用、高效的农业农村面源污染防治政策技术，形成一批可推广、可复制的面源污染防治政策体系、技术与模式。

强化新型污染物管控。研究抗菌药物环境危害性评估制度，在兽用抗菌药注册登记环节对新品种开展抗菌药物环境危害性评估。加强兽用抗菌药物监督管理，严格规范兽药抗菌药物的生产和使用。开展兽用抗菌药治理，完善兽药分类管理制度，推行凭兽医处方销售使用兽用抗菌药物。积极推进兽用抗菌药使用减量化行动，禁止人用重要抗菌药物在养殖业中应用。严格管控具有环境持久性、生物累积性等特性的高毒、高风险农药及助剂。

（五）建立健全法规标准，“全面”落实保障

强化协作与引导。推进农业农村面源污染防治与农业绿色发展、生态环境保护、农村水利等多项政策、规划、标准衔接。强化部门协作，根据县级各部门和街道、乡镇工作职责，落实具体任务和分工，建立各级别会商制度，研究重点问题和解决方案。推进问题线索和数据信息共享，形成齐抓共管的工作格局。向地方企业、农资经销商、农村合作社等机构组织进行推广宣传，引导农户施用绿色高效的肥料农药，推广“政府+协会+农户”“龙头企业+协会+农户”等模式，形成“政府—市场—农户”多元共管共治体系。

完善标准体系建设。完善农业农村面源污染防治监督、管理、监测以及评价相关标准。落实监管依据，推进种植业污染治理、水产养殖尾水排放等标准规范。以促进畜禽粪污资源化利用为导向，健全畜禽养殖污染治理标准体系。农田灌溉用水、水产养殖用水、畜禽粪污肥料化利用应执行相应标准，防止污染土壤、地下水和农产品。逐步完善新型污染物的分析方法、治理手段以及监督管理相关标准。

强化优惠政策保障。强化农业农村面源污染防治相关企业用地、用电、用水等方面的优惠，完善对有机肥生产销售、农药替代等措施税收减免和补贴政策。加大对畜禽粪污的存储、运输、处理以及施用的社会化服务组织和企业的支持力度。对秸秆处理、农膜回收、水产养殖废水处理等相关的农业废弃物处理设备、资源化利用设备等农业绿色发展的机械设备，优先纳入农机购置补贴目录。

加强资金引导。加大财政投入，拓展投融资渠道，推动绿色金融债券扩面增量，积极吸引社会资本投入农村生态环境领域，发挥财政投入引导和撬动作用。推进实施财政贴息政策，鼓励各金融机构加大对治理需求迫切、资金投入大、回报低的农村污水治理等领域的支持。针对性将农业农村面源污染防治项目纳入生态环境导向的开发（EOD）模式创新试点，积极引导金融资金对农业农村面源污染防治项目的精准支持。

协同推动川西北生态示范区产出更多优质生态产品

摘　要：川西北生态示范区地处四川盆地与青藏高原连接地带，位于川滇青甘藏五省（区）接合部，是长江、黄河、澜沧江上游及源头和重要的水源涵养地，生态地位重要、生态功能突出，是四川省五大经济片区中唯一没有 GDP 考核的区域，重点发展生态经济、全域旅游、特色农牧业等绿色产业。中国共产党四川省第十二次代表大会明确指出，“支持川西北生态示范区加强生态环境保护，创造更多生态产品，发展高原特色产业，实现优势区域更好发展、生态功能区更好保护。”本研究用川西北生态示范区自然生态资源赋能，特色优势资源蓄势，回答“什么是生态产品、怎么创造生态产品、创造什么样的生态产品”，以期为内外力量找准发展方向，高质量贯彻省委“一干多支、五区协同”发展战略，实现川西北生态示范区生态环境保护和经济社会发展的有机统一提供参考。

关键词：生态产品；川西北生态示范区；物质供给；文化服务；调节服务

一、区域概况

川西北生态示范区是国家重要生态安全屏障、维护涉藏州县和谐稳定的重要阵地、传承弘扬藏羌文化和长征文化重要承载区，由阿坝州和甘孜州组成，全域 31 个县（市）均为国家重点生态功能区，是国家和省级主体功能区划明确的水源涵养、生物多样性维护和水土保持区域，是青藏高原生态屏障、黄土高原—川滇生态屏障的重要组成部分，肩负着建设长江黄河上游生态屏障、维护川滇森林及生物多样性和维护国家生态安全的重大使命。

（一）生态环境状况

1. 自然生态

川西北生态示范区森林、草原、湿地资源丰富，是四川省最主要的天然林分布区，森林面积 1.16 亿亩（甘孜州 473.34 万 hm^2、阿坝州 218.98 万 hm^2），占全省的 50%；草原综合植被盖度达 85.8%，其中具备固碳能力的草原 3 亿亩，占全省的 90%；湿地类型多样、分布广泛，若尔盖湿地是世界上面积最大的高原湿地。建有自然保护区 69 个，是世界十大生物多样性中心之一的青藏高原的一部分，也是世界高山带物种最丰富的地区之一，有“珍贵生物基因宝库”之称。丰富多样的自然生态为其创造更多优质的生态产品提供了良好的先天条件。

2．环境质量

“十三五”以来，川西北生态示范区全域空气质量保持优水平，优良天数比例提高并稳定为 100%，$PM_{2.5}$年均浓度低于 20 μg/m^3，长期保持全省前列、全国领先。31 个县（市）城市生活污水处理设施实现全覆盖，集中式饮用水水源地水质达标率 100%，江河出境断面水质常年达到Ⅲ类以上标准，一江清水持续东流。土壤环境质量总体保持稳定，污染物浓度低于环境风险管控值。持续改善的环境质量为其创造更多优质的生态产品奠定了坚实的环境基础。

（二）经济社会发展

川西北生态示范区总面积 23.26 万 km^2，占四川省总面积的 47.90%，是五大经济区中面积最大的一个。辖区内常住人口 193 万人，城镇化率为 36.6%。辖区内大部分县属于生态环境脆弱的贫困山区，生产方式原始粗放，以旅游、种植、畜牧、资源开发为主，社会经济发展相对落后且不可持续。2020 年，地区生产总值为 822.4 亿元，占比不足全省的 2%；一般性公共预算支出约是一般性公共预算收入的 1 240 倍；第三产业值大于第一、二产业总值，其中旅游总收入达 637 亿元；区域人均 GDP 为 41 637.8 元，不到全省平均水平的 3/4。人民日益增长的美好生活需要和不平衡、不充分的发展成为其加快产出更多优质生态产品的强大动力。

（三）特色优势资源

1．旅游资源

川西北生态示范区是四川省全域旅游示范区，境内有草原湿地、雪山冰川、河流湖泊、干旱河谷等雄奇俊秀的高原自然风光，旅游资源禀赋好、品质高、数量多，世界级、国家级旅游资源占全省 50%以上。境内有以贡嘎山为核心的极高山群、以九寨黄龙为核心的地质景观群、以稻城亚丁为核心的自然生态旅游区，还有“东方阿尔卑斯”四姑娘山、低海拔现代冰川海螺沟、“若诗若画”若尔盖草原、“最后的香格里拉”稻城亚丁等一大批旅游资源享誉世界。成功创建国家 5A 级旅游景区 5 个、4A 级旅游景区 44 个，有世界遗产地 3 处，风景名胜区、湿地公园、地质公园等各级各类旅游资源远超全省平均水平。川西北生态示范区重要旅游资源见表 1。

表 1 川西北生态示范区重要旅游资源名录

类型	序号	名称	所在地
风景名胜区	1	四姑娘山国家级风景名胜区	小金县
	2	黄龙国家级风景名胜区	松潘县
	3	九寨沟国家级风景名胜区	九寨沟县
	4	贡嘎山国家级风景名胜区	康定市、泸定县、九龙县
	5	亚丁省级风景名胜区	稻城县
	6	九鼎山—文镇沟大峡谷省级风景名胜区	茂县
	7	叠溪—松坪沟省级风景名胜区	茂县
	8	卡龙沟—达古冰山省级风景名胜区	黑水县
	9	米亚罗省级风景名胜区	理县
	10	三江省级风景名胜区	汶川县
	11	太阳谷省级风景名胜区	得荣县
湿地公园	12	四川若尔盖国家湿地公园	若尔盖县
	13	四川莲宝叶则省级湿地公园	阿坝县
	14	四川雅江那溪措省级湿地公园	雅江县
	15	四川稻城金珠省级湿地公园	稻城县
	16	四川德格珠姆省级湿地公园	德格县
	17	四川德格玉隆省级湿地公园	德格县
	18	四川色达果根塘省级湿地公园	色达县
	19	四川九龙溪古省级湿地公园	九龙县
	20	四川新龙拉日马省级湿地公园	新龙县
	21	四川石渠邓玛省级湿地公园	石渠县
	22	四川石渠色须省级湿地公园	石渠县
	23	四川石渠扎曲省级湿地公园	石渠县
	24	四川石渠普公坝省级湿地公园	石渠县
	25	四川甘孜雅砻林卡省级湿地公园	甘孜县
	26	四川金川措朗沟省级湿地公园	金川县
地质公园	27	四川海螺沟国家地质公园	泸定县
	28	四川九寨沟国家地质公园	九寨沟县
	29	四川黄龙国家地质公园	松潘县
	30	四姑娘山国家地质公园	小金县
	31	四川达古冰川国家级地质公园	黑水县
	32	乡城乡巴拉七湖省级地质公园	乡城县
	33	四川稻城亚丁省级地质公园	稻城县
	34	四川松坪沟省级地质公园	茂县
自然遗产地	35	九寨沟自然遗产地	九寨沟县
	36	黄龙自然遗产地	松潘县
	37	大熊猫自然遗产地	汶川县、小金县、理县、泸定县、康定市

2. 文化资源

川西北生态示范区是全国第二大藏族聚居区和主要的羌族聚居区，是三大藏文化之一——康巴文化的发祥地，是红军走过的“雪山草地”，一系列少数民族文化、宗教文化、红色文化等相互交融，遗留下“千碉之国”丹巴、桃坪羌寨、格萨尔王城、“雪域文化宝库”德格印经院、色达五明佛学院、“飞夺泸定桥”、雪山草地等一大批文化遗址，孕育出藏族唐卡（噶玛嘎孜画派）、《康定情歌》、“世界最长史诗”《岭·格萨尔王》、长征精神等世代流传的文化遗产。全域列入联合国教科文组织非物质文化遗产名录项目 5 项、国家非物质文化遗产名录项目 46 项、省级非物质文化遗产名录项目 185 项。

3. 清洁能源资源

川西北生态示范区江河湖泊众多，水系发达、水资源丰沛，有金沙江、雅砻江、岷江、大渡河等四大主要河流，2020 年水资源总量为 1 347.91 亿 m^3，地区水能资源理论蕴藏量超 6 900 万 kW，可开发量达 5 500 万 kW，约占全省容量的 41%。同时还是四川省太阳能、风能最丰富的地区之一，太阳能理论蕴藏量超 1.3 亿 kW，风能资源理论蕴藏量超 2 200 万 kW。甘孜州甲基卡锂辉石矿区还是国内现有探明储量最大的伟晶岩型锂辉石矿区。

4. 农林畜牧资源

川西北生态示范区是生态特色农牧业发展地区，农作物、畜禽等种质资源丰富，围绕青稞、绿色蔬菜、特色水果、生态食用菌、道地中药材、牦牛、藏羊、藏猪等高原特色农产品，打造出 “羌脆李”“色达酸奶”“红原牦牛奶粉”“高原葡萄酒”等特色农产品品牌以及“净土阿坝”“圣洁甘孜”区域公用品牌。川贝、冬虫夏草、川黄芪、高原红景天等药草品种多样，药材种植面积高达 26.88 万亩，有“天然药库”之称。建成各级现代农业园区 62 个（其中省级 8 个），累计登记认证“三品一标”农产品 405 个，建设标准化养殖场和集体牧场 304 个。

二、生态产品

生态产品是指生态系统产生的物质产品和服务的总称，包括物质供给类、文化服务类、调节服务类 3 种类型。为了实现多样化的生态产品，需要将自然生态资源与优势资源有效融合，因地制宜建立不同的发展模式和实施路径，充分转化生态服务价值，真正推动解决川西北生态示范区经济高质量发展和生态环境高水平保护“双赢”难题。

（一）生态物质供给产品

1. 以增加农林畜牧产品附加值为典型的“品牌赋能型”

生态赋能：以农林畜牧为主导功能或具有特色农林畜牧的地区，按照借力生态、品牌赋能的思路，擦亮“三品一标”金字招牌，注重提高产品附加值，构建产品精深加工体系，为农林畜牧注入更多新鲜元素，实现生态与发展协同互促。

实施路径：北部高原地区依托牦牛、藏羊、藏猪等优势畜牧业和中藏药材，金沙江流域依托特色水果、错季蔬菜、酿酒葡萄、中藏药材，雅砻江流域依托青稞、花椒、春油菜和中藏药材等，岷江和大渡河流域依托甜樱桃、酿酒葡萄、食用菌、茶叶、花椒、核桃等，大力发展“三品一标”生态产品，争创一批国家级、省级现代农业园区。加快高标准农田建设，推进“生产+加工+科技”一体化发展，发挥和利用“圣洁甘孜”和“净土阿坝”区域公用品牌，打造优势特色产业集聚，拓展发展科研教学、田园养生、农牧体验、休闲观光、演艺娱乐、影视制作、广告创意设计等生态产品。

适用范围：全域。

参考案例：近年来，沐川县以生态优势为契机，以突出产业特色为重点，高标准建设魔芋产业基地与“沐川魔芋”国家地理标志，打造“森态源牌”魔芋制品。通过与科研院校开展合作，组建专家技术团队，建设起集品种展示、魔芋种植和科技示范为一体的魔芋科技示范园，成立成渝双城经济圈魔芋研发中心、魔芋专家工作站，打造出全国魔芋行业唯一的国家高新技术企业、国家农业产业化重点龙头企业。

2. 以应对气候变化为目标的“清洁能源溢价型”

生态赋能：在清洁能源富集地，以实际需求为导向，结合新能源特性，因地制宜开发太阳能、风能、水能、地热能、生物质能等，为实现碳达峰、碳中和目标作出贡献。

实施路径：依托雅砻江、金沙江、大渡河等流域水资源及太阳能、风能、锂矿等清洁能源资源，发展水电、光伏、风电、锂电等清洁能源产业，继续推进水电基地建设，推进整县（区）屋顶分布式光伏开发，加快高原风电试点示范建设，推动水风光多能互补的综合能源基地建设；因地制宜发展生物质能、地热能等新能源，在高温地热资源丰富地区规划建设地热能利用示范项目，推动能源科技领域产学研用融合发展，拓展发展观光体验、科普教育、影视制作等生态产品。

适用范围：全域。

参考案例：南澳风力发电场游览区位于汕头市南澳县南澳岛火烧岭附近，是亚洲第一大海岛风电场。早在 20 世纪 80 年代，南澳便利用海岛山地多风特点，致力开发风电资源，有“风县”之称。同时，南澳县抓住海岛旅游业迅速崛起的有利时机，发展风电生态游览项目，建设观光型风电景观园、风能花园景点等。游览区内还设有高倍天文望远镜，白天可观光赏景，加专用的中性滤光片可观看太阳黑子，晚上可巡天寻星，观赏月球环形山、土星光环和难得一见的彗星、流星等天象奇观，并有风力发电展示廊，主要展示的是南澳风力资源利用情况和推进风力机国产化的过程，还有风电机发电原理和意义，是一处集观光、游览、科教于一体的高科技环保生态型旅游景点。

3. 厚植生态本底带动土地增值的“逆向飞地型”

生态赋能：在生态资源富集且经济欠发达地区，打破行政区划限制，跨空间在另一个相对发达的行政地区进行行政管理和经济开发，实现“研发在外，生产在内”，创造一条区别于依靠低价劳动力、土地、能源来承接发达地区产业转移的道路，对于因承担生态保护责任而造成的“福利净受损”的地区具有重大意义。

实施路径：依托资金、土地、税收、留存电量等优惠政策，与省内、省外经济发达地区合作探索“飞地”经济，建立异地产业园，转移产业发展，建立精简、统一、便捷的跨区域协调管理机构，发展农牧产品精深加工、清洁能源产业、绿色矿产等生态产品，实现资源共用、优势互补、利益共享。

适用范围：全域。

参考案例：甘眉工业园区位于四川省眉山市东坡区，是眉山市、甘孜州为深入贯彻落实省委、省政府“推进省内区域合作发展，支持发展飞地园区”精神，在原眉山铝硅产业园区的基础上，于2012年5月组建的涉藏地区飞地产业园区。园区以眉山的区位、产业优势为依托，以甘孜州丰富的清洁能源为支撑，成功引进宁德时代、四川锦源晟、天华时代等高端优质项目，聚焦锂电、光伏等新能源新材料领域快速发展，是目前四川省涉藏地区飞地园区中经济总量最大的园区。

（二）生态文化服务产品

1. 以靠山吃山、靠水吃水为主导的“山歌水经型”

生态赋能：生态环境资源特色突出的地区，围绕自身生态环境特点和生态资源优势，因地制宜发展特色产业、生态旅游，探索生态优势向发展优势转变的路径，生动践行习近平总书记提出的“靠山吃山唱山歌，靠海吃海念海经”理念。

实施路径：依托九寨沟、黄龙、稻城亚丁、海螺沟、四姑娘山、木格措、泸定桥、贡嘎西坡等旅游资源，发挥核心景区辐射带动作用，打造大九寨国际旅游区、环贡嘎山生态旅游区、香格里拉核心旅游区、大熊猫及羌文化旅游区、大草原湿地旅游区等旅游精品区。构建“全域、全时、立体、多元”旅游产品体系，开发季节互补旅游产品，引进培育一批知名旅游企业集团，推动单一性景点观光到全域化深度体验建设，发展旅游休闲、体育赛事、演艺娱乐、影视制作、广告创意设计等生态产品。

适用范围：全域。

参考案例：九寨沟县立足“九寨沟不只有九寨沟”的全域旅游发展理念，以生态旅游项目建设为抓手，推进“旅游+农业”“旅游+工业”“旅游+文体”融合，推出7条“七日不重样”精品旅游线，打造5个现代农业产业融合示范园区，培育16个无公害农产品和5个地理标志农产品，打造生态旅游商品研发基地，创新生态旅游产品订单式加工模式，培育体验式旅游业态，九寨美食节、涂墨狂欢节等节庆品牌享誉海内外。

2. 以彰显特色生态文化为引领的“文化铸魂型”

生态赋能：具有历史文化底蕴的地区，可依托生态资源禀赋条件，充分梳理当地文化脉络，挖掘红色文化、诗词文化、民俗文化、三国文化等文化资源，让绿水青山焕发人文的生命力与活力，创造人在精神享受、知识获取、休闲娱乐和美学体验等方面的综合惠宜。

实施路径：依托“千碉之国”丹巴、桃坪羌寨、格萨尔王城、“雪域文化宝库”德格印经院、色达五明佛学院、泸定桥、雪山草地等文化资源，发挥好康定情歌国际音乐节、牦牛文化节、藏羌彝原创音乐盛典、中国藏族山歌传承大赛等赛事宣传影响作用，打造区域代表性文化品牌，推动藏羌彝文化产业走廊建设，建设一批特色文化体验基地，发展文化体验、演艺娱乐、党建培育、影视制作、图书出版、文博展览、民族工艺品等生态产品。

适用范围：丹巴、茂县、甘孜、德格、色达、泸定等具有历史文化底蕴的区域。

参考案例：成都市蒲江明月村围绕“以陶艺手工艺为主的文化创意聚落与文化创客集群”发展定位，引进 100 余名艺术家和文化创客成为新村民，吸引本村人返乡就业、创业。孵化培育明月古琴社、明月诗社、守望者乐队等特色文艺队伍，打造《明月甘溪》原创歌曲，出版发行《明月集》。引进蜀山窑陶瓷艺术博物馆等文创项目 51 个，引导文创项目聚落和文化创客集群助推农商文创融合发展。以节会为载体，组织开展陶艺节、端午古琴诗会等特色文旅活动。定期举办推出农事体验、自然教育、制陶和草木染体验等项目。打造“明月村”文化品牌，连续举办 9 届春笋艺术节、5 届“月是故乡明”中秋诗歌音乐会等特色文化活动。

（三）生态调节服务产品

1. 以实现保护者受益为根本的“生态补偿型”

生态赋能：生态功能极为重要、生态环境敏感脆弱的地区，借助国家重点生态功能区转移支付等各级财政资金，以及流域上下游横向生态补偿、省（市）内部生态补偿机制等多种生态补偿政策，更好地提供具有公共产品属性的生态产品。

实施路径：深入打好污染防治攻坚战，加快实施生态保护修复重点工程，持续推进建设国家生态文明建设示范区，提高生态环境质量和生态系统稳定性。依托重点生态功能区转移支付及森林、草原、湿地、荒漠、水流、耕地等类型的生态补偿政策，引导利益相关方对生态产品进行交易，发展供给服务、调节服务、支持服务、文化服务等生态产品，实现资源和资金互补。

适用范围：汶川县、若尔盖县、红原县、白玉县、色达县等 5 个全国生态综合补偿试点县。

参考案例：湖北省鄂州市制定《关于建立健全生态保护补偿机制的实施意见》等制度，在 3 个市辖区（鄂城区、华容区、梁子湖区）开展生态补偿探索。在实际测算的生态服务价值基础上，先期按照 20%的权重进行三区之间的横向生态补偿，逐年增大权重比例，直至体现全部生态服务价值。对需要补偿的生态价值部分，试行阶段先由鄂州市财政给予 70%的补贴，剩余的 30%由接受生态服务的区向供给区支付，再逐年降低市级补贴比例，直至完全退出。2017—2019 年，提供生态服务的梁子湖区分别获得生态补偿 5 031 万元、8 286 万元和 10 531 万元，由鄂州市财政、鄂城区和华容区共同支付。

2．以碳达峰、碳中和目标愿景为引领的“碳汇交易型”

生态赋能：在山林草资源丰富地区，坚持贯彻山水林田湖草沙冰生命共同体理念，应用基于自然的解决方案保护修复生态系统，深度结合乡村振兴、旅游开发、生态建设等项目，开发一批具有生态、社会等多种效益的林草碳汇项目，促进碳汇资源在国际碳交易、全国碳市场、区域碳普惠机制下消纳，实现碳汇经济社会价值。

实施路径：马尔康市、九寨沟县、甘孜县、泸定县等森林面积、森林蓄积量靠前的区域，以及红原县、若尔盖县、石渠县、色达县等草地、湿地资源丰富区域，可借助全省碳普惠机制建设，争取成为碳汇项目试点地区。其他区域林草碳汇项目的实施，可利用现有林业碳汇计量技术，核算其直接经济价值和生态服务功能价值，优选项目地块，积极储备林草碳汇项目，发展林草碳汇、生物天然气等生态产品，推进生态效益的经济转化。

适用范围：全域。

参考案例：宝兴县利用得天独厚的森林资源优势，借鉴先进地区发展经验、掌握碳汇市场行情，谋划、储备、包装、实施一批碳资产项目，采取技术合作开发、利益分成的方式，成功引进北京仟亿达集团股份有限公司，签订《宝兴县碳资产项目开发合同》《宝兴县节能减排项目开发框架协议》，并与国际顶级能源荷兰皇家壳牌集团达成一次性购买 10 年期的碳减排量购买协议意向。

3．以推动可持续发展为前提的“生物多样性友好型”

生态赋能：在生物多样性丰富的地区，规范生物多样性友好型经营活动，科学合理利用不同的生态系统类型、独有的景观、特有的物种与遗传资源，构建高品质、多样化生态产品体系，实现生物多样性可持续利用。

实施路径：依托红豆杉、白皮云杉、五小叶槭、川贝母、红景天等植物资源，以及阿坝大熊猫、若尔盖黑颈鹤、川金丝猴等动物资源，发展野生生物资源人工繁育培育利用、生物质转化利用、农作物和森林草原病虫害绿色防控等绿色产业。加强生物多样性保护与乡村振兴协同，鼓励原住居民参与特许经营活动，发展自然教育、观光赛事、宣传普法、影视制作、文创产品、研学产品等生态产品。

适用范围：九龙县、雅江县、理塘县、巴塘县、乡城县、稻城县、得荣县等横断山南段生物多样性保护优先区域，汶川县、理县、茂县、松潘县、九寨沟县、小金县、若尔盖县、红原县、康定市、泸定县、丹巴县等 11 个岷山—横断山北段生物多样性保护优先区域，壤塘县、阿坝县、甘孜县、德格县、石渠县、色达县等 6 个羌塘—三江源生物多样性保护优先区域。

参考案例：浙江省住龙镇积极探索生物多样性“1+3+6”基地模式，推动生物多样性保护与生态旅游、自然教育等深度融合，提高区域公众生物多样性保护意识，促进生物多样性保护与可持续利用。“1”是指生物多样性综合展馆。展馆立足全面呈现全镇域生物多样性调查成果，分为中大型哺乳动物类、鸟类、两栖爬行类等六大板块，是基地的主窗口。“3”是构建三大特色应用场景，即科学研究站点、户外体验线路和生物经济业态孵化。“6”是指逐步创建和完善覆盖幼儿、小学、初中、高中、大学以及成人等六大年龄段的研学课程体系，使其成为推动生物多样性知识普及和素养提升的重要载体。

关于四川省长江入河排污口排查整治工作阶段性成果的思考与建议

摘　要：水污染问题表象在水里、根子在岸上，入河排污口是连接岸上和水里的关键节点[1]。截至2022年6月，四川省13个市（州）顺利推进长江入河排污口排查整治工作，取得较好成效，包括全面完成排查、溯源工作，其中分类命名编码、责任主体追溯完成率分别为99.4%、97.7%；基本完成河长信息填报、整治方案编制，完成率分别为80.6%、80.1%。同时，工作难点和问题也较为突出，包括采样监测尚未全面覆盖雨洪排口等间歇性排水口，存在排污口漏查风险；部分整治方案未包含无问题排口，个别整治方案未针对排口问题提出实质性整改措施。

关键词：入河排污口；采样监测；排查溯源；整治方案

一、长江入河排污口排查整治阶段性成果

（一）全力推进长江入河排污口排查整治

2018年入河排污口设置管理职责划转至生态环境部以来，生态环境部持续强化入河排污口排查整治，有效管控入河污染物排放，不断提升流域水环境治理能力。2019年2月，生态环境部启动长江入河排污口排查整治专项行动，对长江经济带沿江11省（市）入河排污口开展全面排查。2020年12月，生态环境部向四川省生态环境厅交办了四川长江入河排污口排查结果清单，涉及长江干流（四川段）和主要支流（岷江、沱江、嘉陵江、赤水河）沿江13个地级市（州），含各类排口8 879个。生态环境部要求高度重视入河排污口排查整治工作，有效落实各方责任，明确整治工作基本要求，有序推进重点任务[2]。

（二）基本完成长江入河排污口交办任务

四川省生态环境厅于2019—2022年先后发布了《四川省长江入河排污口排查整治专项行动方案》《关于做好长江入河排污口排查整治系统信息审核工作的通知》《关于加快推进长江入河排污口“一口一策”整治方案编制的通知》《四川省入河排污口排查整

治工作方案》等文件，并组织专业团队指导及督促13个市（州）深入落实生态环境部交办任务及工作要求。截至2022年6月，市（州）阶段性完成长江入河排污口排查整治及系统信息填报工作。一是系统建立入河排污口台账，排查核实排口8 242个，完成8 162个排口分类命名编码，填报6 642个排口河长制信息，系统实施分类登记、建档立卡和动态更新。二是持续开展水质监测，完成4 094个排口水样采集和常规污染物指标监测。三是全面实施污水溯源，完成8 055个排口责任主体、污水来源、排污特点等信息收集汇总，为精准整治打下基础。四是系统推进排口整治，完成 6 600 个排口整治方案编制，推进2 800个排口整治方案实施，竖立标志牌1 133个。工作整体进度较快、质量较好，但分项任务完成情况、各市（州）完成情况呈现差异，如图1～图4所示①。

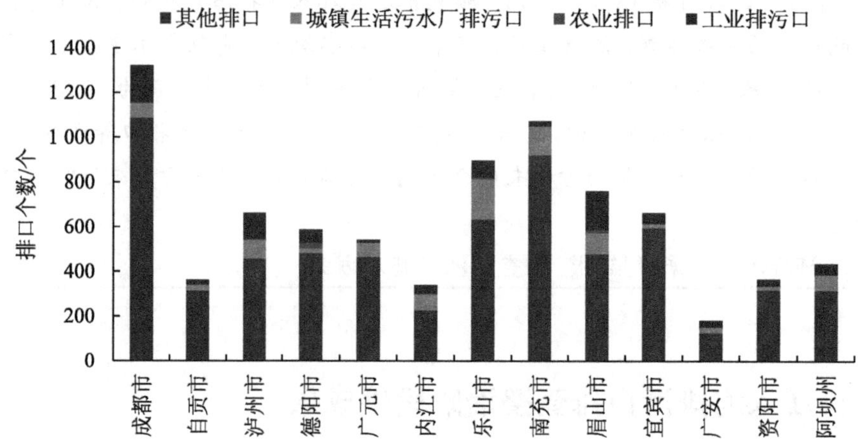

图1　四川省长江入河排污口排查整治专项行动排口类型及市（州）分布

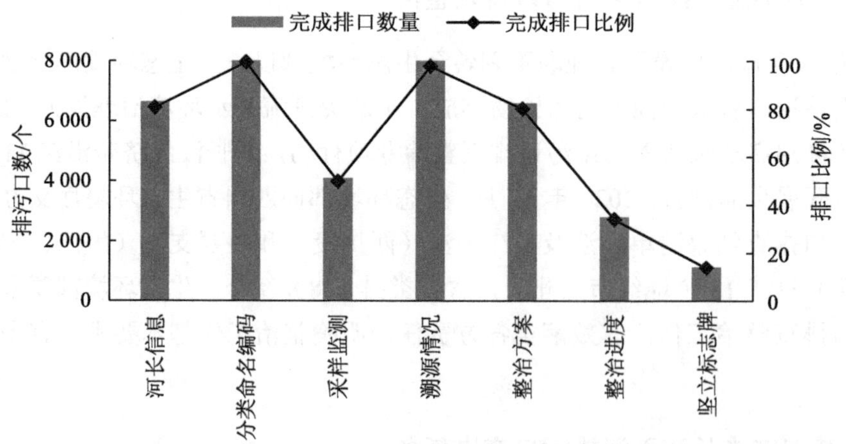

图2　四川省长江入河排污口排查整治专项行动分项任务进度

① 图1采用《入河（海）排污口命名与编码规则》（HJ 1235—2021），其中“其他排口”含农村生活污水、城镇雨洪等不属于前3种类型的所有排口。

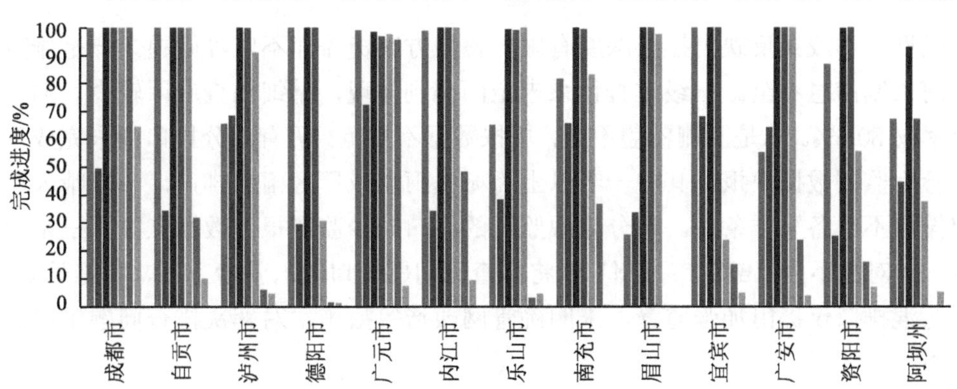

图 3 四川省长江入河排污口排查整治专项行动完成进度

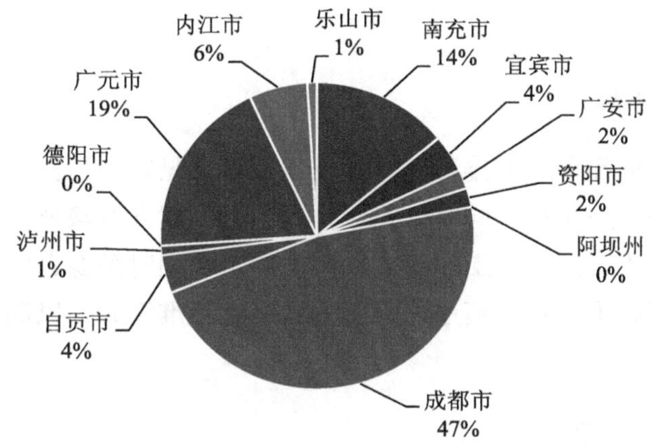

（a）市（州）完成整治方案排口比例

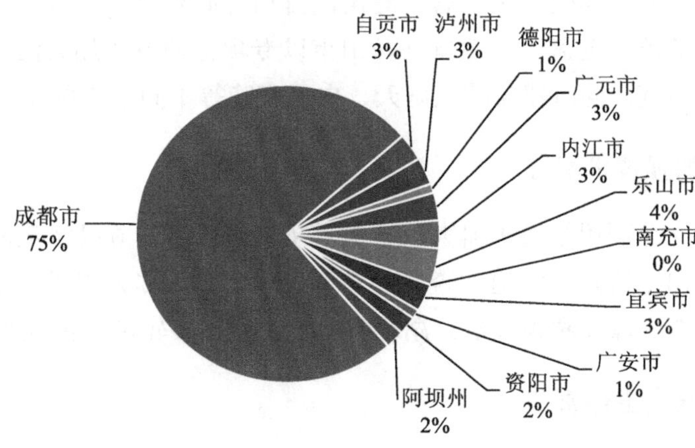

（b）市（州）竖立标志牌排口比例

图 4 四川省长江入河排污口排查整治专项行动整治工作进度

（三）排查整治深度广度仍有待提升

阶段性工作成果反映出排查深度有限、整治方案覆盖面不广等问题。一是排查深度不足，河长制信息不全。三级排查体系未全面得到体现，精细核查应用较少。河长制信息填报率仅 80.6%。二是监测覆盖不全，填报数据不规范。仍有部分排口尚未完成现场采样和实验室监测数据填报，其中一半以上为城镇雨洪或厂区雨水排口，多以晴天无水为由认定排口不具备采样条件。部分完成监测的排口缺少监测报告数据支撑。三是整治覆盖不全，针对性不强。部分市（州）未将排查无问题排口纳入整治方案、实施长效监管。部分雨污混排口仅提出加强监管、未明确管网改造等措施，对解决排查问题难以起到实质性作用。

二、入河排污口排查整治经验借鉴

（一）强化技术规范

成都市印发《成都市入河排污口排查技术指导意见》，为县（区）提供明确的工作目标、技术标准和实施路径。同时以三级排查为基础建立两级质控机制，全面保障工作质量。眉山市采用“三同时”工作模式，同时监测、同时溯源、同时整治，高效推进排查整治。通过特征因子比对、痕迹追踪等方法强化精准溯源，以溯源结果支撑整治方案编制和实施。

（二）扩大采样范围

成都市有效调动基层力量，进一步扩大一线监测人员能够覆盖的排口类型和时间窗口。山东省济南市强化人员部署，对雨洪排口等间歇排水口开展跟踪监测，实现间歇排水排口水质监测全覆盖。安徽省马鞍山市以专项行动方式加大溢流口、雨洪排口等间歇性排口监测力度，同时覆盖晴天雨天、白天夜晚等不同采样条件。

（三）加强技术溯源

重庆市充分利用管道机器人、管道潜望镜等设备实施技术溯源。眉山市以排口附属设施情况、出水流量、河道调查、内涝调查等调查工作为抓手，重点突破、交叉印证，实现深度追溯，保障溯源质量。湖北省咸宁市采用多轮溯源模式强化工作质量保障。

（四）压实主体责任

眉山市履行政府责任，针对不同遗留问题开展分类治理，实施通惠河城区段截污工程，有效解决污水直排、管网病害等问题。湖北省孝感市压实企业主体责任，实时掌握企业在线监测数据，引导污水处理工艺提档升级。宜昌市加强与三峡集团等大型企业联动合作，将排口整治纳入河道环境综合整治项目，强化资金保障。咸宁市向种植、养殖户推广水产健康养殖技术，发放测土配方应用手册，签订绿色种植、养殖承诺书，有效遏止农业面源污染入河现象。

（五）推进信息化建设

成都市充分利用“锦江流域入河排口智能监管系统”对锦江干流 1 204 个入河排口实施实时监控，对雨洪排口“晴天有水”等异常情况进行即时告警。通过环境信息调度平台、排口智能监管系统等信息化手段，实现问题排口快速精准定位。

三、地方推动入河排污口排查整治工作建议

（一）突出“统”的组织性

一是加强全局把握，扎实有序推进。合理利用黑臭水体整治、小流域治理等项目协同实施入河排污口排查整治。结合地方实际编制工作方案，可制定“先新城后老城”“先重点后一般”等符合地方特色的工作推进时序。二是强化调度协同，压实各方责任。市（州）党委、政府应以常务会、工作推进会等方式强化相关部门、县（区）统筹协调力度。同时科学制定整治工作责任清单，加强定期调度，对进度滞后的予以通报、约谈。三是强化资金保障，提升技术应用。加强各级财政保障和专项资金安排，推动雨污分流、管网改造工程等项目包装，通过政府专项债、政府与社会资本合作等方式拓宽融资渠道。因地制宜开展无人机、无人船、热成像仪、激光测距仪等技术溯源应用。

（二）提升“查”的规范性

一是制定地方规范，加强技术应用。市（州）以排查指南为基础结合实际制定地方工作规范，加强现场排查和平台调度信息技术应用，强化“有口皆查、应查尽查”。充分利用无人机、无人船等设备对植被遮盖、桥下水下等隐蔽排口进行搜索排查，对交办清单外的排口实施全面登记，作为新增排口。二是加强排口类型判断。综合分析口门特征、排水特征、入河方式，充分利用排查 App 等信息技术加强现场信息与后台数据比对核验。生态环境部交办清单的排口，核实为过水涵洞、地表冲沟、闸坝、取水管道等不属于入河排污口的口门，应及时申诉为非排口。三是强化信息填报规范。进一步强化现场照片、视频的真实性、准确性，妥善保存影像资料和记录排查过程信息，进一步规范信息系统填报。

（三）强化“测”的科学性

一是科学实施间歇排水口水质监测。建议市（州）有效调度企事业单位、乡镇干部等各方力量，加大城镇雨洪排口、工业园区及工矿企业雨水排口等间歇排水口采样力度。通过定期回访、跟踪监测等进行查缺补漏，提高排口监测完成率。二是因地制宜加快完成监测工作。强化入河排污口排查和排水水质检测同步实施，结合排污许可相关要求，督促指导排污单位、责任主体开展自行监测，相关有效数据可直接录为监测数据。三是实施科学采样监测。未设置采样点的暗管、暗渠排口，通过无人机、无人船抵近采样，保证采样点准确性。排口监测数据需由符合资质要求的检测单位出具检测报告佐证，监测数据异常点位应开展加密监测。

（四）提高“溯”的准确性

一是加强组织保障，加大溯源力度。市（州）党委、政府应压实相关部门、县（区）责任，强化溯源工作组织保障。实施溯源攻坚，组织人员或委托第三方技术单位加强资料研究、人工排查、技术溯源，完善溯源结果。二是加强技术支撑。在目视排查方法无法满足精准溯源要求情况下，应加强管道机器人管道检测、无人机补充航测等技术应用。进一步加强溯源结果合理性校核，按需开展补充监测、深度溯源。三是完善溯源结果。对工业企业、城镇污水厂、港口码头等企事业单位为责任主体的排口溯源结果进行复查，排除误溯。对沟渠、排干等有可能追溯到企业事业单位污染源的排口，加大溯源力度和深度，杜绝漏溯。对大中型灌区排口、水产养殖和畜禽养殖排污口，进一步追溯集体经济组织、承包公司法人等责任主体，加强补溯。对雨洪排口等政府兜底的排口，深入开展管网雨污分流检查，细化追溯。

（五）加强“治”的实效性

一是提升整治工作针对性和覆盖面。分流制城镇雨洪排口混入污水的，不能仅建立监管机制，需实施雨污分流改造。岷江、沱江、嘉陵江等长江重要支流需加强沿江化工园区排污口整治和长效监管。各市（州）无问题排口也应纳入整治方案。二是加强整治方案与相关工作衔接。加强“一口一策”整治方案与地方工业结构调整、城镇基础设施补短板等工作有机衔接。将确需保留的排污口与污染物允许排放量管控要求衔接，将监测异常的排污口与水污染防治攻坚战结合。三是督促各方责任落实，加强规范化建设。强化政府主导和兜底，督促企事业单位等责任主体履行整治责任，减轻财政负担。督促责任主体加快解决历史遗留问题，引导既有和新建入河排污口实施设置合法性、建设规范性和排污合理性论证。市（州）应加快入河排污口规范化建设，尽快完善标志牌竖立、监测点设置等工作。

（六）保障“管”的长效性

一是推进信息化建设。加强岷江、沱江等重要河流入河排污口信息化平台及感知端建设，推进四川省信息化平台开发运行。建立排污单位、排污通道、入河排污口、受纳水体等信息资源共享机制，进一步推进“三线一单”、环境影响评价审批、水功能区划等业务数据共享共用。二是加强规划引领。充分发挥市（州）生态环境保护、水资源保护等规划成果在入河排污口长效监管措施中的引领作用，严格落实水环境分区管控、水功能区纳污能力及限排总量管控及入河排污口布局要求。建议规划环境影响评价将入河排污口设置规定落实情况作为重要内容，从源头防止无序设置。将总磷污染控制与入河排污口监督管理进行全面结合，强化涉磷排放重点企业及工业园区入河排污口监督监测，敏感区域适当加大监测频次。将农业排口总磷监管与农业面源污染防治相结合，切实减少总磷污染影响。

参考资料

[1] 徐翀. 立足职责　提升效能　谱写流域入河排污口监管新篇章. 生态环境部《国务院办公厅关于加强入河入海排污口监督管理工作的实施意见》专家解读系列，2022.

[2] 关于交办长江入河排污口清单的函，生态环境部办公厅，2020 年 12 月 20 日.

赤水河流域（四川段）水生态保护修复对策研究

摘　要：为查清赤水河流域水生生物多样性情况和资源环境现状并掌握其变化趋势，针对性提出措施，切实满足水生态环境评价保护管理需求，生态环境部长江流域生态环境监督管理局生态环境监测与科学研究中心与省政研规划院于2021年11月开展赤水河干流四川段生态调查研究，调查表明：赤水河干流四川段流域水体存在轻微污染，流域下游可能存在面源污染；流域干流生境情况总体较好，部分点位生境遭到一定程度的破坏；部分河段底栖生物群落结构受人类干扰较大；流域珍稀鱼类种群数量明显增加，种群结构不断优化，存在罗非鱼等外来生物入侵风险。建议优化生态空间格局，突出赤水河流域水系特点，综合协调水生态环境保护定位、社会经济发展布局，构建“源头防护、入河治理、沿河修复”的保护格局；维护水生态系统健康，加强珍稀鱼类保护，提升水生生物多样性，大力恢复水生植被，构建“水下森林”；巩固水环境保护，加强主要污染物质管控和治理，降低汛期污染强度负荷，系统提升水体透明度。强化实施保障，夯实水生态保护基础，试点开展水生态考核工作，强化流域水生态保护修复协同推进，建立健全多元资金保障等措施。

关键词：赤水河；水生态保护；水生态调查；对策建议

一、水生态保护修复重要性

水生态保护修复以生态为核心，是治水理念转变的必然选择。《中共中央　国务院关于深入打好污染防治攻坚战的意见》中明确要求各省建立健全长江流域水生态环境考核评价制度并抓好组织实施。2022 年全国生态环境保护工作会议上，生态环境部部长黄润秋强调，要更多地考虑“三水”统筹，不一味追求水环境质量提升，而是把水生态修复作为重要任务，不仅要“清澈见底”，更要“鱼翔浅底”。2022 年 1 月，生态环境部总工程师、水生态环境司司长张波在新闻例行发布会上表示，“十四五”期间将以长江流域为重点探索开展水生态考核试点，重点出台长江流域水生态考核办法及其实施细则。根据《四川省长江流域水生态环境保护规划（2021—2025 年）》，四川省也将陆续在宜宾市长江干流、甘孜州金沙江流域开展水生态调查工作，拟查清长江流域水生生物多样性情况和资源环境现状并掌握其变化趋势，切实满足水生态环境保护管理需求。

水生态保护修复以问题为导向，是实现精准治理的必经途径。党的十八大以来，我国水生态环境治理成效显著，以水环境理化指标为代表的优良水体比例得到显著提升，但水生态系统失衡、水生生物多样性减少问题逐渐显现，如长江上游部分地区河流受梯级电站影响，“人鱼争江”问题凸显，鱼类栖息生境受到威胁，物种濒危程度加剧；中下游地区自然岸线和水生生物栖息地受损严重，水生生态系统失衡，底栖动物、浮游动物等关键种群退化；河湖周边开发强度大，自然岸线保有率低，水生植被退化严重，湖泊富营养化严重，蓝藻水华居高不下。“水生态问题”正上升为水生态环境保护的主要矛盾，推进水生态保护修复是实现水生态环境精准治理的必经途径。

水生态保护修复放大看水视野，是美丽河湖保护与建设的必修功课。美丽河湖中“美丽”已经超越了水环境质量的单项审视，不仅要解决“水少、水死、水脏”的水资源、水环境问题，还要化解“水丑、水单一、人水隔阂”等“人水关系”问题。水生态保护修复统筹了“水里、水边、水外”的水生境、水岸线和水源涵养，不仅包含水里的微生物、底栖生物、浮游生物、鱼类和沉水、挺水、浮水植物，还关注了水土保持、自然岸线情况等生物栖息生境和水源涵养的保护，其工作范围超出了以往单一的水环境保护范围，放大到包含动植物点状要素、水体河床等线状要素以及流域、湖泊、湿地等面状要素的河流生态系统。水生态保护修复目的与美丽河湖保护与建设目标高度一致，是开展美丽河湖保护与建设工作的重要内容。

二、赤水河（四川段）水生态现状

赤水河属于长江重要支流，发源于云南省镇雄县赤水源镇，流域主要涉及云贵川 3 个省 13 个县（区、市），干流全长 436.5 km，其中四川境内河长 229 km，流域面积 6 101 km^2（约占全流域的 30%），多年入长江平均流量 260 m^3/s。2005 年 4 月，经国务院办公厅批准《关于调整内蒙古锡林郭勒草原等国家级自然保护区的通知》（国办函〔2005〕29 号），将赤水河干流及部分支流河段纳入长江上游珍稀特有鱼类国家级自然保护区，主要保护白鲟、达氏鲟、胭脂鱼等长江上游珍稀特有鱼类及其栖息生境。“十四五”以来，四川省委、省人大、省政府高度重视赤水河生态环境保护工作，出台了《关于加强赤水河流域共同保护的决定》《四川省赤水河流域保护条例》《赤水河流域（四川段）生态环境保护规划（2021—2025 年）》等一系列文件，并取得明显成效。赤水河是长江上游唯一干流未建水电大坝的一级支流，流域保持了相对完整的自然生态系统，受人类活动影响相对较少，水质总体优良，在赤水河流域开展水生态保护修复对四川省指导其他重点流域开展水生态保护修复，应对水生态考核工作新要求，解决长江上游水生态系统失衡、水生生物多样性减少等突出问题，压实水生态保护修复责任有重要借鉴意义。

为切实提高赤水河水生态保护与修复措施的可行性、精准性，亟须查清赤水河流域水生生物多样性情况和资源环境现状并掌握其变化趋势。生态环境部长江流域生态环境监督管理局生态环境监测与科学研究中心与省政研规划院于 2021 年 11 月开展赤水河（四川段）水生态调查研究，样点布设如图 1 所示。根据为期 7 天的水生生物及其栖息生境现场调查结果，通过对浮游植物、着生藻类、浮游生物、底栖动物、鱼类调查结果开展优势度、多样性分析及生境调查评估分析。

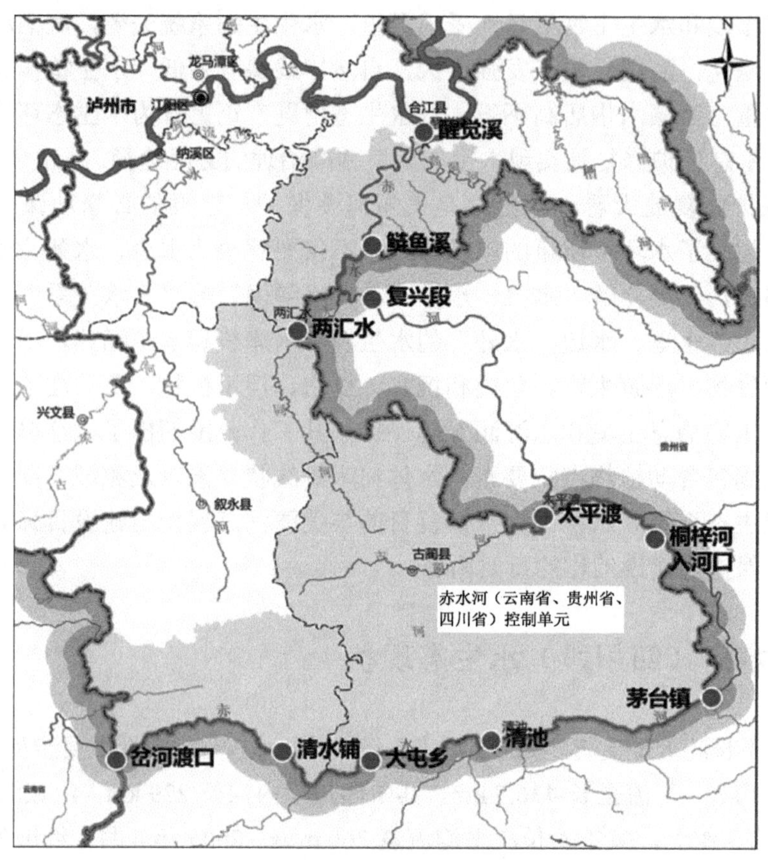

图 1　赤水河四川段水生态调查研究范围示意图

（一）流域浮游植物以硅藻门为主，仅有鲢鱼溪点位以蓝藻门为主

基于浮游植物优势度分析及多样性生态评价结果，赤水河干流中浮游植物优势种多为硅藻门，浮游植物种类及优势种组成中蓝藻、绿藻等具有富营养化特征的藻类较少；下游调查点位浮游植物多样性指数大于或接近 3，中、上游调查点位浮游植物多样性指数均为 2.4～2.9（图 2）。综合两者结果分析，流域水质有一定污染影响，中游部分点位营养盐含量相对较高且适宜浮游植物生长，但营养盐水平还未达到水华现象发生条件。

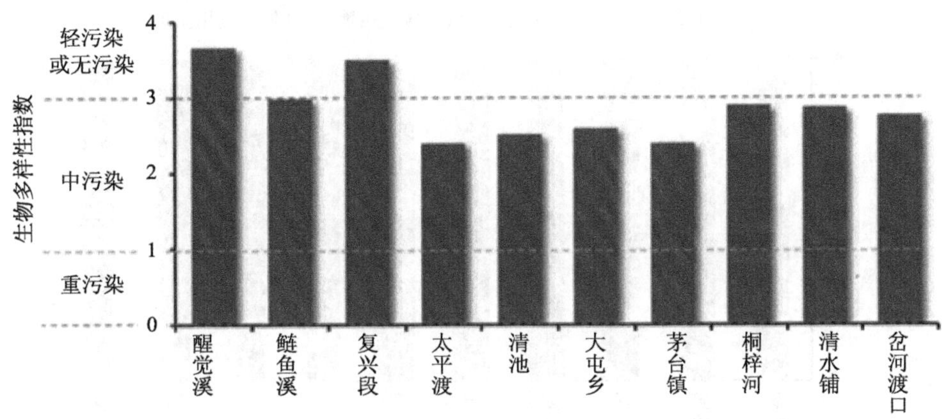

图 2　浮游植物多样性指数

（二）流域着生藻类种群结构整体较好，但鲢鱼溪点位着生藻种群结构单一

基于赤水河干流四川段着生藻类调查结果，除鲢鱼溪调查点位着生藻类密度最高且蓝藻占绝对优势外，各点位着生藻中硅藻门占比最大；各调查点位中鲢鱼溪的着生藻类多样性指数最低，为 0.72，其余点位的着生藻类多样性指数为 1.68～3.27（图 3）。根据鲢鱼溪段土地利用情况（图 4），可能存在面源污染和城镇生活污染影响，给该河段着生藻类提供较高的营养盐水平，使得鲢鱼溪点位的着生藻类密度最高、多样性指数最低，种群结构单一。

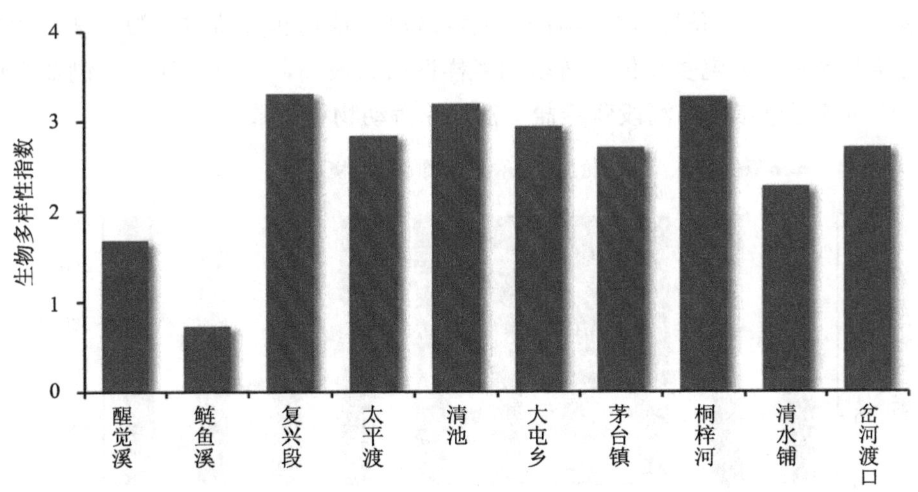

图 3　着生藻类多样性指数

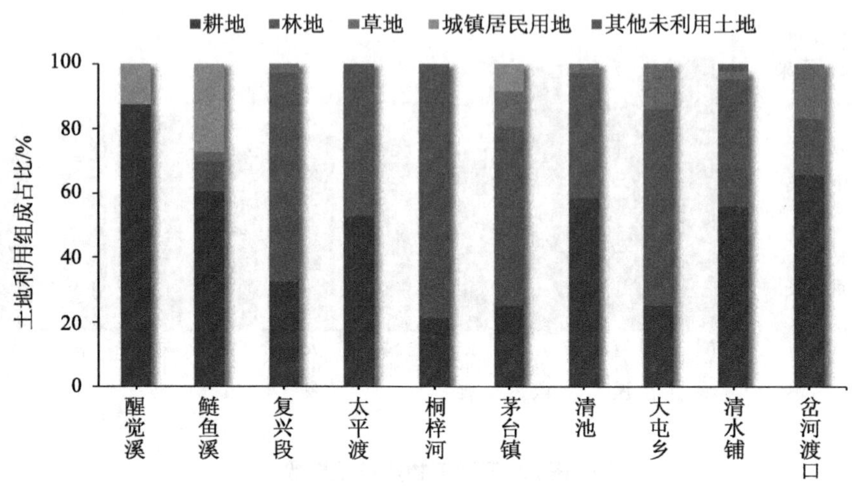

图 4　赤水河干流断面上游土地利用组成占比

（三）流域浮游动物种群以原生动物为主，仅岔河渡口轮虫占绝对优势

基于赤水河干流四川段浮游动物调查结果，清水浦点位浮游动物密度最高，为420.38 个/L；岔河渡口点位浮游动物密度最低（图 5），为 108.28 个/L。大屯乡点位浮游动物多样性指数最高，为 2.76；复兴段的浮游动物多样性指数最低，为 0.93（图 6）。流域内浮游动物种群分布差异较大可能是由水量、生态环境、营养盐等多种因素造成，岔河渡口点位浮游动物密度小且全部为轮虫，可能是由于该河段水量最大，体型较小的原生动物被冲刷，轮虫成为优势种群；清水铺点位浮游动物密度最高可能由于受局域生境条件的影响较大，该段河段两岸的河漫滩淹没区沉水植物和腐殖质较为丰富，适合浮游动物的生存和繁殖；大屯乡点位浮游动物多样性指数最高，可能是河岸两侧多为耕作土壤，受农业面源污染影响，河段营养盐丰富，浮游动物种类数较多。

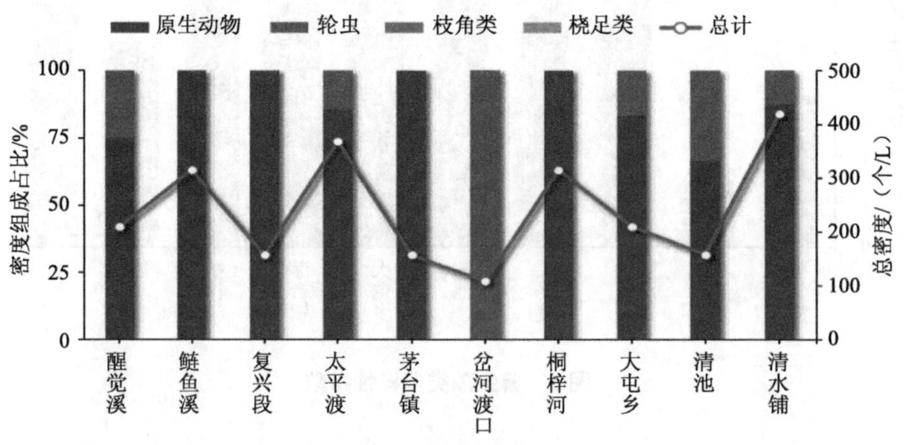

图 5　浮游动物密度

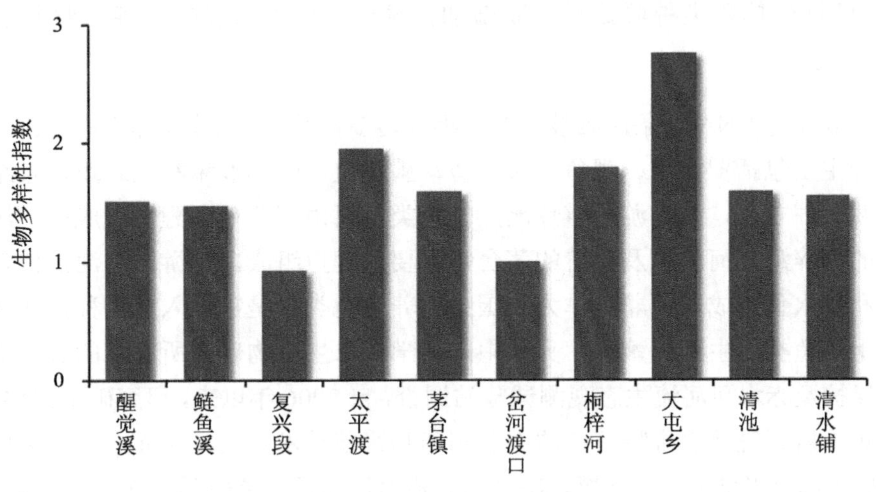

图 6　浮游动物多样性指数

（四）流域底栖动物种群结构整体较好，清池点位底栖动物多样性指数最高，茅台镇点位底栖动物生物量和多样性指数均最低

基于赤水河干流四川段底栖动物调查评价结果，流域内清池点位底栖动物多样性指数最高，为 3.011；茅台镇点位底栖动物多样性指数最低，为 0.669（图 7）。可能是由于清池点位附近河段岸边带土地利用多为林地，无城镇居民用地，受到人类活动影响较小，而茅台镇断面附近河段受茅台镇及其邻近地区等人类活动影响，导致茅台镇点位附近河段底栖生物群落结构趋于单一化，稳定性趋差。

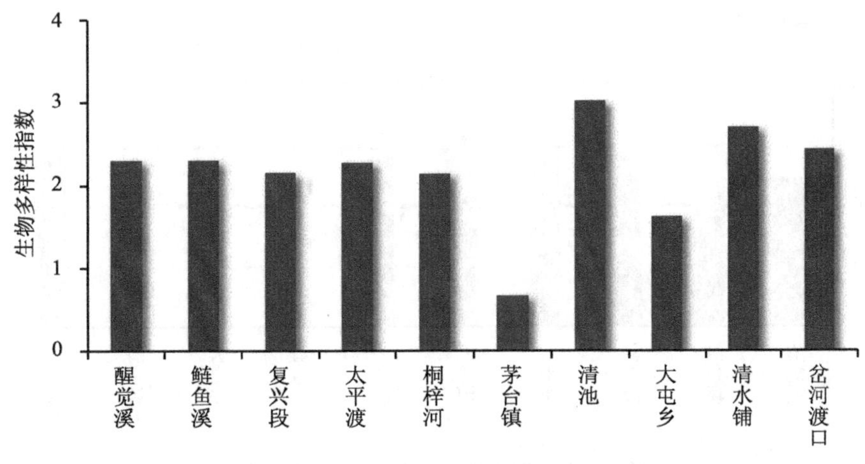

图 7　底栖动物多样性指数

（五）流域珍稀鱼类种群数量明显增加，种群结构不断优化，存在罗非鱼等外来生物入侵风险

基于采取环境 DNA 宏条形码技术的鱼类群落多样性调查结果，赤水河干流相对丰度较大的物种主要包括罗非鱼、鲤鱼、泉水鱼、墨头鱼、中华沙鳅和光唇鱼，且绝大多数调查点均发现罗非鱼，如下游的鲢鱼溪点位鱼类主要由罗非鱼和鲤鱼组成；下游的复兴段、中游的桐梓河入河口以及中游的茅台镇主要由鲤鱼组成，中游的清池点位鱼类主要由罗非鱼和泉水鱼组成。罗非鱼作为我国主要养殖鱼类，是常见入侵物种，适应能力极强，影响土著鱼类的生存和繁殖。另据中国科学院水生生物研究所设立的长江上游珍稀特有鱼类保护及赤水河河流生态观测试验站调查，自 2006 年以来，已突破了黑尾近红鲌、中华倒刺鲃、岩原鲤等珍稀特有鱼的人工驯养和繁殖技术难关，为赤水河流域珍稀特有鱼类的保护和修复提供了重要支撑。16 年来，赤水河珍稀鱼类种群数量明显增加，种群结构不断优化。其中，珍稀鱼类长江鲟的监测数量由 2017 年前的 0.1 尾/a 上升至 72.3 尾/a，胭脂鱼由 3.4 尾/a 上升至 8.3 尾/a。白甲鱼和中华倒刺鲃等大中型鱼类的繁殖规模明显增加。鳗鲡、异鳔鳅鮀和红唇薄鳅等消失多年的土著鱼类重现赤水河。

（六）流域干流生境情况总体较好，部分点位生境遭到一定程度的破坏

基于生境监测结果分析和土地利用分析，除桐梓河点位综合生境评价结果为好外，其余点位均为较好（图 8）。主要是由于赤水河干流水量较大，岸带坡度较大，陆生植被种类多覆盖度高，生境状况整体较好，但赤水河干流部分河岸两侧耕作土壤或为交通必经之路，大量机动车通过，如清水铺点位位于各种人类活动干扰的集中区域，由于流域酿酒业等工业生产、道路建设、码头运输和农业种植等人类活动干扰，使得这些河段生境遭到一定程度影响。

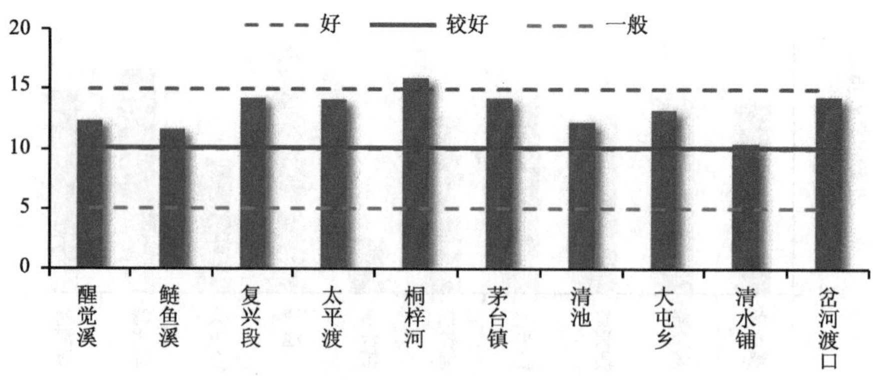

图 8　赤水河干流（四川段）生境评价

三、赤水河水生态保护修复建议

（一）指导思想

以习近平新时代中国特色社会主义思想为指导，深入贯彻习近平生态文明思想和习近平总书记关于赤水河流域保护的重要批示精神，按照省委、省政府工作部署，坚决摒弃损害甚至破坏生态环境的发展模式，以保护赤水河水生生物资源、提升水生生物多样性为核心，统筹山水林田湖草系统治理，优化河湖生态空间格局，坚持水里、水边、水外相统一，落实保护措施，修复水生生物受损生境，维护水生生态系统的完整性和自然性，逐步完善赤水河流域水生态保护修复体系，促进人与自然和谐发展，用优良的水生态环境支撑美丽赤水建设，打造筑牢长江上游生态屏障的赤水样板。

（二）基本原则

尊重自然、保护优先。坚持把水生态保护放在重要位置，尊重自然、顺应自然、保护自然。坚持山水林田湖草系统治理观念，按照生态系统内在规律，推进水生态系统保护修复。

突出重点、分类施策。在识别水生生物及其生境的重要性和受威胁程度的基础上，确定保护重点。按照河湖水域湿地类型，结合自然禀赋和水生生物现状，分类施策，因地制宜采取不同的保护与恢复措施。

创新机制，科技支撑。发挥政府在水生生物多样性保护中的主导作用，强化制度建设，创新流域管理、投融资、考核奖惩等机制，探索建立新形势下以生物多样性保护为导向的长效管理机制。

（三）目标

到 2025 年，赤水河流域水生态保护修复能力进一步加强，规范化程度明显提升；水源涵养区、河湖生态缓冲带等水生态空间保护修复初见成效；水生生物栖息生境得到有效保护，水生生物资源实现恢复性增长，水生生物多样性保护综合管理机制基本建立，基本建成长江一级支流的美丽河湖典范。

到 2035 年，赤水河流域形成完善的生物多样性保护体系，重要水生生物保护物种得到有效保护，水生生物多样性水平总体持续向好，河湖及近岸水域生态环境明显改善并保持稳定，水生态系统完整性提升、生态功能得到恢复，美丽赤水目标基本实现。

（四）重点任务

筑牢生态保护空间格局。突出赤水河流域水系特点，综合协调水生态环境保护定位、社会经济发展布局，构建“源头防护、入河治理、沿河修复”的保护格局。上游以风险防控和水源涵养为主，加强水源涵养与水土保持，加大叙永县、古蔺县石漠化综合治理力度，依托黄荆省级自然保护区、画稿溪国家自然保护区、长江上游珍稀特有鱼类国家级自然保护区建设，构建生态涵养区。中部河段以水生生境修复为主，加强岸线生态化改造与生态缓冲带修复为主，建设赤水河支流古蔺河、大同河河岸生态缓冲带，削减入河污染负荷，打造生态廊道。下游河段以小流域综合生态修复治理为主，实施重点小流域治理，推进倒流水、习水河等小流域水生态保护修复，在沙溪河支流九支镇段开展流域环境综合整治，修复水生生物空间，提升水体自然恢复能力，构建绿色河网。

维护水生态系统健康。强化各类水生生物保护，结合自然禀赋和水生生物现状，采取针对性保护和恢复措施，提升水生态系统完整性。加强珍稀鱼类保护。严格落实“十年禁渔”要求，加大对破坏赤水河渔业资源和渔业水域生态环境行为的查处力度。推进长江上游珍稀特有鱼类国家级自然保护区达标建设，加快叙永、古蔺、合江等县建设生态观测试验站和实验室，开展珍稀特有鱼类人工繁殖技术研究，促进黑尾近红鲌、中华倒刺鲃、岩原鲤等珍稀特有鱼类物种的保护和重建。提升水生生物多样性。优化增殖放流方式，逐步提高具有较高生态价值的土著物种的增殖放流比例；扩展增殖放流对象，将浮游动物、大型底栖动物等水生生物纳入增殖保育计划，促进水生态系统的结构性改善。加强增殖放流活动的科学引导和规范管理，禁止向天然开放水域放流外来物种、人工杂交、有转基因成分的物种以及其他不符合生态要求的水生生物物种，推进罗非鱼、水葫芦、福寿螺等外来入侵物种综合治理。大力恢复水生植被。科学构建赤水河干支流水下植物群落，开展重点水系等水生植被修复，因地制宜培育与恢复河湖沉水植物、挺水植物、浮水植物，着力提升马来眼子菜、金鱼藻等土著水生植物数量，恢复性建设岸边“水下森林”，提升水生植物数量、覆盖度和多样性。

加强水生境保护。在识别水生生境现状的基础上，按照河湖岸线现状及周边滨水空间类型，分类施策，因地制宜采取不同的保护与恢复措施。强化岸线管理与保护。按照宜宽则宽、宜弯则弯的原则，恢复性重塑健康自然的河湖岸线，在确保防洪安全的前提下，改造硬质护岸，建设生态岸线。逐步清理、调整不合理占用岸线项目，确保自然岸线保有率不降低。推动改善河湖水系连通性。逐步完善赤水河流域相济、多线连通、多层循环、生态健康的水网体系。在桐梓河和习水河实施重大生态修复工程，合理拆除电站大坝和引水式电站的壅水堰和引水管道等设施，提升河流纵向连通性。因地制宜布设动物迁徙、饮水、捕食通道，提升河流横向连通性。推进生态流量管理全覆盖。制定并落实河湖生态流量保障方案，明确河湖生态流量目标、责任主体和主要任务、保障措施。加快建设生态流量控制断面的监测设施，提高重要水文断面生态流量在线监测设施覆盖率。加强水源涵养区管护。以画稿溪国家自然保护区、黄荆省级自然保护区等水源涵养极重要区为重点，科学开展水源涵养林建设。对沿河植被带缺失地段进行补足，对植被群落单一地段重新进行合理植物种类配置，提高植被覆盖率和多样性。加大叙永县、古蔺县石漠化综合治理力度，推进赤水河干流及主要支流两岸水土流失严重的废弃露天矿山生态修复。提升水生生物栖息地环境质量。考虑山区、平原、城镇以及水域、河滨带等不同区位生态特征，实施生境分区保护修复，恢复河滩、洼塘、溪流、河滨带等多样化生境空间，保障水生生物栖息环境质量。控制保护地内人类活动影响。严格落实涉水保护地主体功能和空间布局要求，在科学论证和依法审批的基础上，合理规范涉水保护地人类活动。

巩固水环境保护。不断巩固水环境治理成果，深化水环境污染防治，紧盯汛期开展分析研判和首要污染物治理，切实加强水环境监管，助推水生态质量持续向好。加强主要污染物管控和治理。加强总磷、氨氮、高锰酸盐等治理，针对水污染重点企业，加快产业调整与升级，落实总磷限排、废水资源化、工业园区管网建设改造等综合治理手段；推进面源污染协同治理，改良和推进农药、化肥减量增效，优化畜禽水产养殖布局；强化城市面源污染治理，完善雨污分流和初期雨水管控；在重点支流开展河湖生态清淤等工作，削减内源污染。降低汛期污染强度负荷。对赤水河干流及主要支流重点加强对农业面源、城镇生活源、重点工业源等入河污染源排查整治，严厉打击涉水排污单位偷排、超排等违法行为。因地制宜采取生态拦截措施，在城镇段结合两岸滨河道路，合理设置雨水花园、透水铺装、生态停车场等绿色基础设施；在农田段适当构建河滩林地，完善河流廊道植被群落，过滤农田面源污染；在规模化养殖场、连片养殖塘的清洗或换水时段，对清洗污水和鱼塘换水的汇水区域实施管控，从源头降低汛期污染强度负荷。强化流域船舶污染物防治监督工作，排查整治航道沿线临时堆场、散货码头、砂石码头等雨污分流情况，构建生态拦截沟和导流渠，扩大雨水收集池容积，就地收集处理汛期含泥雨水，系统提升水体透明度。

强化实施保障。创新流域管理、资金投入、考核奖惩等机制，加强科技支撑，探索建立新形势下生物多样性保护长效管理机制。夯实水生态保护基础。完善水生态监测网络建设，将水生态监测纳入日常监测范畴，建立针对大型底栖动物的野外监测装置，逐步实现水质监测向水生态协同监测的系统转变，提升水生生物监测支撑能力及环境监管能力。加快遥感监测、图形分析、光谱分析、物联网等新技术在流域水生态监测的应用，探索信息化监测的水生态智能采样、快速大批量的水样微浓缩技术研究，以不断提高水生态监测的时效性。结合无人机高精度航测手段，对河段生态缓冲带、岸线等生态压力状况进行“天地一体化”调查，系统摸清河流水生态基础底数和短板弱项。试点开展水生态考核工作。落实《深入打好长江保护修复攻坚战行动方案》中关于“‘十四五’期间建立健全长江流域水生态考核机制”的要求，依照水质、生境、水生生物完整性等考核要求，在赤水河干流及赤水河干支流珍稀濒危及特有鱼类资源产卵场、索饵场、越冬场和洄游通道等关键生境为试点，分阶段有序推进河流水生态考核。强化流域水生态保护修复协同推进。建立多部门、跨区域协调联动的水生生物资源保护机制，实现数据共享，构建生物多样性监测、评估和决策支持系统，协同建立赤水河（四川段）流域浮游植物、浮游动物、底栖动物及鱼类的基础数据库，从水生生物种群数量、群落结构与功能、栖息生境等方面掌握流域水生态环境及水生生物多样性状况。协同建立赤水河流域市生态区域合作省际协商机制，推动地方建立政府联席会议和会商机制。建立健全多元资金保障措施。加大财政资金投入，推动水生态环境治理领域相关财政资金向水生态保护修复倾斜。继续实施赤水河流域横向生态补偿机制，推动第二轮赤水河流域横向生态补偿协议签订，进一步创新补偿模式、延长补偿期限、适当扩大补偿资金规模，探索实施“资金+产业链共建”的多元化补偿方式。强化绿色金融支持，鼓励金融机构发展绿色信贷、绿色债券、绿色保险等金融产品，为赤水河流域水生态环境保护提供金融支持。

四川省生态文明建设十年成效研究

摘　要：在习近平生态文明思想科学指引下，四川大力建设人与自然和谐共生的现代化，生态文明建设取得了具有里程碑意义的重大成就。本文系统梳理四川省生态文明建设工作十年来取得的成绩，总结存在的不足，以期为高水平保护推动高质量发展、创造高品质生活，努力建设人与自然和谐共生的美丽四川总结经验。

关键词：十年；生态文明体制；绿色低碳转型；生态环境保护；治理能力

从党的十八大到党的二十大，面对多重困难叠加的严峻复杂环境和艰巨繁重的改革发展稳定任务，四川全省各族人民攻坚克难、砥砺奋进、拼搏实干、稳中求进，全省经济社会发展取得新的历史性成就，实现新的历史性跨越。十年来，全省以习近平新时代中国特色社会主义思想为指导，统筹推进“五位一体”总体布局、协调推进“四个全面”战略布局，发挥四川独特优势，服务国家发展全局，在全面建设社会主义现代化国家新征程上奋力谱写四川发展新篇章。

回首十年漫漫征程，四川始终牢记生态文明建设和生态环境保护工作“国之大者”，牢固树立上游意识，坚决扛起上游责任，努力达成上游水平，坚持生态优先、绿色发展，奋力打好蓝天、碧水、净土三大“保卫战”，筑牢长江黄河上游生态屏障，守护我们的蓝天白云、绿水青山、美丽家园。十年风雨多经志弥坚，四川环保铁军怀揣崇高的使命感和强烈的责任感，通过不懈努力，正徐徐展开一幅人与自然和谐共生的美丽四川画卷。

一、生态文明体制改革深入推进

坚持生态兴则文明兴。习近平总书记强调：“生态环境是人类生存和发展的根基，生态环境变化直接影响文明兴衰演替。”生态文明体制改革是全面深化改革的应有之义。党的十八大以来，以习近平同志为核心的党中央站在全局和战略的高度，对生态文明建设提出一系列新思想、新战略、新要求。四川省坚持以习近平新时代中国特色社会主义思想为指导，深入学习贯彻习近平生态文明思想和习近平总书记来川重要讲话精神，全面加强组织领导，出台《四川省生态文明体制改革方案》，把生态文明建设作为统筹推进四川省各项重大战略的重要内容，习近平生态文明思想在巴蜀大地上落地生根，美丽四川在习近平生态文明思想的滋养下茁壮成长。

过去十年，生态环境保护大格局逐步形成。省委、省政府高度重视，始终把生态文明建设和生态环境保护摆在全局工作中突出位置，于 2020 年成立由省委、省政府主要负责同志担任双主任的省生态环境保护委员会。顶层设计不断完善，出台《美丽四川建设战略规划纲要》《关于深入打好污染防治攻坚战的实施意见》等，全方位推进生态文明建设。“党政同责、一岗双责” 不断强化，推动出台省、市生态环境保护职责清单，严格落实环境保护目标责任制和考核评价制度，将环境保护目标完成情况纳入各级各部门考核内容。印发《关于构建现代环境治理体系的实施意见》，不断健全完善环境治理的领导责任体系、企业责任体系、全民行动体系、监管体系、市场体系、信用体系、法规政策体系、风险防控体系。全社会参与生态文明建设更加广泛，“美丽中国，我是行动者”活动不断深入，生态文明宣传教育不断加强，市民群众、新闻媒体关心、关注、参与生态环境意识明显提高，“美丽四川”“雪山指数”“环保督察”等成为热门新闻话题。

过去十年，生态环境法律法规逐步完善。生态环境法规制度体系不断完善，先后制定、修订了《四川省环境保护条例》《四川省沱江流域水环境保护条例》《四川省固体废物污染环境防治条例》等 10 余部地方性法规。区域立法协同推进，以“四川条例”+“重庆决定”的形式，开展川渝协同立法，出台《四川省嘉陵江流域生态环境保护条例》，协同保护嘉陵江流域生态环境。地方生态环境标准体系不断完善，围绕四川省环境污染特点，2012 年以来出台《四川省岷江、沱江流域水污染物排放标准》《四川省水泥工业大气污染物排放标准》等地方标准 9 项，有效控制了环境污染。印发《四川省生态环境损害赔偿制度改革实施方案》，启动生态环境损害赔偿制度改革工作，探索建立完善生态环境损害担责、追责体制机制。

过去十年，生态环境保护督察整改扎实推进。狠抓中央生态环境保护督察问题整改，自中央生态环境保护督察制度实施以来，四川省先后接受了两轮督察和一轮“回头看”，对照中央生态环境保护督察指出的问题，高标准制定整改方案和任务清单，逐一明确整改目标、责任、时限和措施，拉条挂账、持续推动落实。截至 2022 年 8 月底，第一轮中央生态环境保护督察及“回头看”155 项整改任务已完成 148 项、12 735 个信访问题已办结 12 719 个，第二轮中央生态环境保护督察 69 项整改任务已完成 24 项、6 532 个信访问题已办结 6 064 个。推进省级督察走深走实，建立实施省级生态环境保护督察制度，出台《关于贯彻落实〈中央生态环境保护督察工作规定〉规范开展省级生态环境保护督察的通知》，在全国范围内率先实现两轮省级督察全覆盖，截至 2022 年 8 月底，第一轮省级督察 8 924 个问题已完成 8 919 个，第二轮省级督察 689 项整改任务已完成 611 项、5 038 个信访问题已办结 4 899 个。

过去十年，环评与排污许可改革取得新进展。“三线一单”生态环境分区管控体系不断完善，印发《四川省人民政府关于落实生态保护红线、环境质量底线、资源利用上线制定生态环境准入清单实施生态环境分区管控的通知》，并在 2021 年 6 月前基本完成 21 个市（州）“三线一单”优化完善工作。环评领域“放管服”改革不断深化，自 2012 年共 6 次以不同方式下放建设项目环评审批权限，不断加大对基层环评审批部门培训和监管力度；统筹疫情防控和经济社会发展，实行“三个一批”环评审批正面清单管理，全面推行重大规划和重大项目环评预审服务。以排污许可为核心的固定污染源监管制度体系逐渐构建，推进固定污染源排污许可全覆盖，截至 2021 年，已将 129 491 家企业纳入排污管理，其中重点管理 4 461 家；健全排污许可证质量保障机制，2018 年以来，累计完成约 2 000 张排污许可证，400 份排污许可执行报告进行了质量抽查。

过去十年，生态环境市场体系逐步构建。生态补偿机制逐步建立健全，出台《四川省人民政府办公厅关于健全生态保护补偿机制的实施意见》《四川省流域横向生态保护补偿奖励政策实施方案》等政策文件，推动沱江全流域 10 市签订《沱江流域横向生态保护补偿协议》，2021 年共计安排四川省嘉陵江、沱江流域生态保护补偿奖励资金 6.4 亿元。财税金融支持力度不断加大，2020 年以来，通过财政贴息 2.5 亿元，发行政府债券 193 亿元、绿色金融债券 100 亿元，发放专项贷款 1 051 亿元。积极推进重大工程项目谋划和储备，出台省级生态环境资金项目储备库入库指南，其中中央生态环保专项资金由 2016 年的 16.66 亿元增至 2022 年的 22.42 亿元（未含尚未下达的中央农村资金），省级生态环保专项资金由 2016 年的 9.33 亿元增至 2022 年的 29.82 亿元。积极探索推进环保政府和社会资本合作（PPP）、环境污染第三方治理、生态环境治理导向的城市开发（EOD）等市场治理模式，其中 EOD 模式于 2021 年启动，经过两轮试点，目前已有涪江遂宁主城区段环境综合整治与城乡一体化融合开发项目等 5 个项目入库中央名单。

二、绿色低碳转型发展加快推进

坚持绿色发展是发展观的深刻革命。习近平总书记强调：“绿色发展是生态文明建设的必然要求。”绿色低碳转型发展改善生态环境质量的内生动力，是推动高质量发展、满足人民日益增长的优美生态环境需要、全面建设社会主义现代化国家的实践路径。党的十八大以来，四川经济发展从高速增长阶段转向高质量发展阶段，在省委、省政府领导下坚定不移走人与自然和谐共生的现代化建设道路，用好绿色指挥棒，用生态环境“含绿量”提升产业“含金量”，坚决不走“先污染后治理”的老路，美丽四川在绿色发展中行稳致远。

过去十年，产业结构不断优化升级。三次产业结构不断优化，由 2012 年的 13.8∶52.8∶33.4 调整为 2021 年的 10.5∶37.0∶52.5。落后产能快速退出，累计淘汰退出企业落后产能超 3 000 家，压减粗钢产能约 1 000 万 t、炼铁产能近 600 万 t，淘汰水泥、平板玻璃约 4 500 万 t、1 400 万重量箱，累计淘汰燃煤小锅炉 4 000 余台，关停煤电机组 300 万 kW。战略性新兴产业加快发展，2021 年全省绿色低碳优势产业实现营业收入 11 682.7 亿元，较 2020 年增加 20.2%。绿色低碳产业迅速发展，太阳能电池 2 469.6 万 kW，较上年增长 70.3%；多晶硅 6 761.4 万 kg，较上年增长 30.4%，新能源汽车产量为 6.4 万辆，较上年增长 1.1 倍。节能环保产业快速发展，稳定保持 10%以上的年均增速，2021 年全省生态环保产业实现产值 4 500 亿元左右，是 2012 年的近 9 倍。重点产业绿色转型加快，钢铁、水泥、造纸等传统行业绿色改造进度加快，2021 年万元工业增加值用水量为 14 m^3，较 2012 年累计下降 78%，单位工业增加值能耗由 2012 年的 1.615 t 标准煤降到 2020 年的 0.96 t 标准煤，累计下降幅度达 40.6%。

过去十年，能源生产更加清洁低碳。积极发展清洁能源，2021 年年末，清洁能源装机容量达到 9 670.2 万 kW，稳居全国首位，其中水力发电装机容量达到 8 947 万 kW，较 2012 年增长 1.5 倍以上，在总发电量中占比由 11.1%提高至 81.6%；风电装机达到 527.3 万 kW，较 2012 年年末增长 66 倍，占总装机量的 4.6%；光伏装机达 195.9 万 kW，是 2014 年年末的 32.65 倍。大力发展化石能源，2021 年规模以上企业天然气产量达到 522.2 亿 m^3，较 2012 年增长 215%，占一次能源 32.1%，提高 13.2 个百分点。推进化石能源压减，规模以上企业原煤产量从 2012 年的 11 328.9 万 t 下降至 2021 年的 1 907.2 万 t，降幅高达 83%，在一次能源中占比为 6.8%，累计下降 38.8 个百分点。

过去十年，能源消费日益清洁高效。用能方式加快转变，扎实开展重点地区煤炭消费减量替代工作，加快推进天然气在城镇燃气、工业燃料、燃气发电、交通运输等领域的大规模高效科学利用，2021 年全省非化石能源消费量增长近 40%，占比达 39.5%，超全国 20 个百分点以上，天然气消费量占比由 2012 年的 9.9%提升至 16.7%。持续扩大电能替代规模，电网主网结构不断优化，电网线路总长度超过 10 万 km，工业生产、交通运输、农业生产、家居家电等领域电能替代不断扩大，终端电气化水平大幅提高，2021 年一次电力及其他能源消费占能源消费总量 40.4%，较 2012 年提高 8.1 个百分点。能效水平稳步提升，节能降耗成效显著，2021 年，全省能源消费总量达 2.3 亿 t 标准煤，单位 GDP 能耗由 2012 年的 1.133 t 标准煤降到 2021 年的 0.43 t 标准煤左右，累计下降幅度 62.3%。“十三五”期间，单位 GDP 二氧化碳排放强度降低 29.9%。

过去十年，绿色交通体系有序建设。交通运输结构不断优化，大力推进以高铁为重点的轨道交通建设，实现四川高铁从无到有，2021 年高铁运营里程达 1 390 km，城市轨道交通运营里程达 558 km，2020 年铁路客运量达到 11 210 万人，在总客运量的占比较 2012 年提高了 15.3 个百分点。持续推进大宗货物运输“公转铁”“公转水”多式联运发展，大力推进长江干流、岷江航道建设，2021 年水运货物周转量较 2012 年增长 283%，水运占总货运周转量比例提升了 6.2 个百分点。绿色出行水平不断提高，初步建成布局合理、生态友好、清洁低碳、集约高效的绿色出行服务体系，2021 年，全省城市公共交通覆盖率达 99%，累计建成各级绿道超 8 000 km。新能源车船使用比例不断提高，大力发展新能源汽车，推动新能源车船在城市公交、出租汽车、城市配送、邮政快递、机场、铁路货场、重点区域港口等领域应用。2021 年年末，全省新能源汽车保有量约 32 万辆，占比为 2.3%，公交出租清洁能源车辆占比超过 88%。

三、生态环境改善成效显著

坚持良好生态环境是最普惠的民生福祉。习近平总书记指出：“良好生态环境是最公平的公共产品，是最普惠的民生福祉。”良好生态环境是我国生态文明建设的宗旨要求。党的十八大以来，四川省以满足人民日益增长的对优美生态环境的需要为根本目的，以改善生态环境质量为核心，坚持系统治理、源头治理、综合治理，突出精准治污、科学治污、依法治污，深入打好蓝天、碧水、净土保卫战，人民群众身边的蓝天白云、清水绿岸明显增多，环境“颜值”普遍提升，美丽四川建设迈出坚实步伐。

过去十年，大气环境质量明显改善。2021 年，全省优良天数率 89.5%，较 2015 年（新标准执行首年）提高 9 个百分点；$PM_{2.5}$ 平均浓度 32 μg/m^3，较 2012 年下降约 40%（推算值）；重度及以上污染天数较 2015 年的 2.5%下降 2.3 个百分点，人民群众蓝天幸福感、获得感大幅提升。工业源污染防治不断深化，先后制定固定源 VOCs、水泥工业等地方大气污染物排放标准，大力推进重点行业环保设施升级改造，超四成钢铁产能完成超低排放改造，燃煤机组超低排放改造完成率达 88%，近 80%水泥熟料生产线完成深度治理。指导企业制定挥发性有机物“一企一策”治理方案，加强重点行业挥发性有机物治理。面源精细化管理水平持续提升，制定《四川省施工场地扬尘排放标准》等标准，全面落实施工扬尘“六个百分百”，实施施工场地扬尘在线监测，不断提升绿色施工水平，强化道路扬尘综合治理，道路机械化清扫率由 2012 年的 60%提升至 2021 年的 90%左右。移动源污染管控不断强化，出台《四川省机动车和非道路移动机械排气污染防治办法》，实施新车国六排放标准，持续优化机动车排放结构，全面推广新能源汽车，国三及以下排放标准汽车拥有量（万辆）由 2012 年的近 500 万辆下降至 2012 年的 160 万辆。

过去十年，水环境质量大幅提升。2021 年，全省地表水国省考断面Ⅰ～Ⅲ类水质断面比例为 94.8%，较 2012 年提高了 22.9 个百分点，其中岷江、沱江水系Ⅰ～Ⅲ类水质断面比例由 2012 年的 55%、50%均提升至 100%，长江、黄河干流水质稳定达到Ⅱ类，Ⅴ类、劣Ⅴ类水质断面全部消除，“清澈见底、鱼翔浅底”成为常态。水生态环境治理体系不断完善，全面落实河（湖）长制，推动流域综合整治，深入实施重点小流域挂牌督办、消除劣Ⅴ类断面、黑臭水体治理、三磷污染防治攻坚等专项行动。城镇污水处理水平不断提升，城镇污水处理能力由 2012 年 507 万 t/d 提升至 1 028 万 t/d，处理率由 83.63%提升至 96.2%。截至 2021 年年底，累计建成城市（县城）生活污水处理厂 274 座、建制镇生活污水处理设施 1 794 个，新（改）建设市城市污水管网 3 529 km。工业污染治理不断深化，134 个省级及以上开发区建成污水集中处理设施，重点行业工业污水得到有效治理，工业用水重复利用率提升至 90%以上。农村生活污水治理不断强化，全省 63.6%的行政村生活污水得到治理。饮用水水源地保护不断加强，县级及以上饮用水水源地水质达标率为 100%，农村集中式饮用水水源地水质达标率达到 90%以上。

过去十年，土壤环境质量总体保持稳定。2021 年，全省受污染耕地安全利用率达 91.99%，重点建设用地安全利用率达 100%。土壤环境底数逐步摸清，全面完成农用地土壤污染状况详查和重点行业企业用地调查，基本查明土壤主要污染物及分布情况。源头预防不断强化，开展土壤污染隐患排查、自行监测等工作，排查全口径涉重金属重点企业 476 家，重金属污染物排放量较 2013 年削减 17.35%。土壤环境污染风险管控扎实推进，完成全省耕地土壤环境质量类别划分，完成国家下达受污染耕地安全利用和严格管控目标任务，实施受污染耕地安全利用示范 6 万余亩、生产障碍修复利用 12 万亩，发布并动态更新建设用地土壤污染风险管控和修复名录。土壤环境污染管理体系日益完善，制订出台土壤污染防治行动计划四川工作方案等系列政策文件，建立厅际联席会议制度。土壤污染防治试点示范积极推进，设立德阳市、泸州市、凉山州 3 个省级土壤环境风险管控试点区和崇州市、绵竹市、古蔺县等 8 个土壤污染综合防治先行区，完成叙永县、古蔺县、绵竹市等 6 个国家土壤污染治理修复技术应用试点项目。

过去十年，固体废物污染防治不断深化。生活垃圾治理水平不断提升，深入实施生活垃圾分类，开展有害垃圾分类投放试点，截至 2021 年年底，累计建成城市生活垃圾无害化处理厂（场）150 座、处理能力 5.98 万 t/d，生活垃圾无害化处理率由 2012 年的 88.3%提升至 2021 年的 100%；农村生活垃圾收运处置体系覆盖全省 96%的行政村，全省农村生活垃圾分类及资源化利用示范县达到 9 个。农业面源污染防治不断深化，深入开展化肥施用零增长、农药减量控害、畜禽粪污资源化利用、秸秆资源化利用等行动，2021 年，全省畜禽粪污综合利用率达 76%以上、规模养殖场设施配套率达 99%，农膜回收率突破 80%，农药包装废弃物回收利用率达 74%以上，其中秸秆综合率由 2017 年的 86.9%提升至 2021 年的 92%以上。固体废物处置能力逐步提升，工业固体废物综合利用率不断提高，截至 2021 年年底，危险废物利用处置能力达到 375.8 万 t/a，医疗废物集中处置能力达到 13.2 万 t/a，其中全省危险废物利用处置率由 2012 年的 57.1%提升至 2021 年的 90%以上，磷石膏综合利用率达 100.2%，实现“产消平衡”。“无废城市”建设取得积极进展，与重庆签订《成渝地区双城经济圈“无废城市”共建合作协议》，成都、德阳、眉山等 8 个市启动“无废城市”创建。

过去十年，环境风险得到有效管控。应急管理不断规范，修订《四川省突发生态环境事件应急预案》，印发《四川省环境污染事件应急响应工作手册》，制定《川陕甘跨省突发环境事件联合应急监测预案》等系统政策文件。环境应急联动机制不断健全，与周边 7 个省（区、市）建立联防联控机制，联合重庆开展隐患排查和应急演练，共建环境应急物资库。环境风险防线不断筑牢，整治涉铊风险企业、饮用水水源地等重点行业和敏感目标风险隐患，推进“以案促建 提升环境应急能力”专项活动。处理突发环境事件能力不断提升，省级环境应急物资储备逐年充实，持续开展“天府卫士——突发环境事件应急演练”，2012 年以来全省突发环境事件数量不断下降，“十三五”以来全省没有发生特别重大突发环境事件，其中，2021 年共参与处置突发环境事件 9 起、同比下降 40%。核与辐射安全及放射性污染防治成效明显，建立省级核安全工作协调机制，出台《四川省辐射污染防治条例》，布设辐射监测点位 382 个，覆盖各市（州）、主要水系和重点风险源；全省放射源和射线装置 100%纳入许可证管理，报废放射源得到 100%安全收贮。“十三五”期间未发生核与辐射事故，核与辐射安全业绩保持良好。

四、长江黄河上游生态屏障建设取得积极进展

坚持人与自然和谐共生。习近平总书记指出：“自然是生命之母，人与自然是生命共同体。”构筑长江黄河上游生态屏障是维护国家生态安全的战略要求。党的十八大以来，全省围绕建设长江黄河上游生态屏障和美丽四川的奋斗目标，坚持山水林田湖草沙一体化保护和修复，科学推进大规模绿化全川行动，生态廊道和生物多样性保护网络不断完善，生态服务功能逐步增强，长江黄河上游美丽四川建设的生态安全屏障加快构筑。

过去十年，科学推进大规模绿化全川行动。林业生态保护与建设成效突出，全省累计造林 5 200 万亩，森林覆盖率和森林蓄积量连续多年保持“双增长”，形成较完整的森林群落结构，2021 年森林覆盖率达 40.23%，较 2012 年提升 4.93 个百分点，森林蓄积量达 19.34 亿 m^3，较 2010 年末增加 2 亿 m^3，其中天然林占比达 80%以上。系统开展矿山生态修复，全力推进长江干支流沿岸 10 km 及黄河流域历史遗留废弃矿山生态修复，修复矿山 800 余个，累计修复面积达 7.5 万余亩。城市绿意不断变浓，2021 年城市建成区绿化面积达 13.4 万 hm^2，较 2012 年增长 183%，覆盖率达 42.51%，提高了 3.82 个百分点。城市人均公园绿地面积达 14.44 m^2，是 2012 年的近 2 倍。到 2021 年，累计成功创建国家和省级森林城市 10 个、全国及省级绿化模范县 14 个、国家森林乡村 445 个、省级森林小镇 150 个，美丽四川城市绿色本底不断夯实。

过去十年，生态保护修复工程有序推进。加强草原生态系统保护，持续推进高原牧区减畜计划和退化草原生态保护修复，提升草地生态功能，到 2021 年全省草地面积约 9.7 万 km^2，草原综合植被盖度达 85.9%，较 2015 年提升 1.4 个百分点。加强湿地生态系统保护，实施退耕还湿、退养还滩和湿地修复，设立湿地保护区 52 个，湿地保护率达 56%。推进岩溶地区石漠化治理工程、川西北沙化土地治理工程，有效提升林草植被覆盖度，遏制石漠化蔓延，逐步恢复沙化土地植被。2012 年以来累计治理石漠化、干旱河谷、岩溶土地等脆弱生态面积 310 余万亩，实施沙化土地治理和成果巩固 240 万亩。加强水土流失治理，金沙江流域、岷江流域、嘉陵江流域等水土流失最严重区域的水土流失得到持续改善，2021 年全省完成水土流失综合治理面积 5 273 km^2。

过去十年，新型自然保护地体系初步建成。积极开展自然保护地建设，加快构建以国家公园为主体、自然保护区为基础、各类自然公园为补充的自然保护地体系，大熊猫国家公园入选首批设立的国家公园，若尔盖国家公园创建全面启动，南莫且、白河国家

级自然保护区成功创建。划定重点生态功能区 31.8 万 km^2，并以其为主体，划定生态保护红线 14.92 万 km^2，占全省辖区面积的 30.7%，全面覆盖国家公园、90 多个国省级自然保护区及生态功能极重要区和生态极脆弱区等。完成自然保护地优化调整，建立各级各类自然保护地共 525 处，总面积约 13.1 万 km^2。连续 5 年开展“绿盾行动”，对 32 个国家级自然保护区存在的采石、挖砂等 8 类问题进行重点清理督办，出台大熊猫国家公园小水电清理退出方案和生态保护红线内矿业权退出办法，关停矿业权 200 宗、清理退出小水电 97 座。

过去十年，全力守护“生物多样性宝库”。生物多样性基础研究不断加强，持续开展重点区域生物多样性本底调查，在大熊猫国家公园等自然保护地设置生物多样性监测样地，获取了大量珍贵影像资料和科学数据。物种保护成效显著，大熊猫、雪豹、川金丝猴等陆生重点保护野生动物种群数量有效恢复。2021 年年底，野生大熊猫数量已增至 1 387 只，增幅超过 50%，受威胁程度等级已从“濒危”降为“易危”；渔业资源得到有效保护，长江流域重点水域禁捕退捕持续推进，累计向天然水域放流各类珍稀濒危物种（长江鲟、胭脂鱼、岩原鲤、大鲵等）825.7 万尾；植物保护取得积极进展，消失百余年的四川特有极度濒危植物尖齿卫矛在贡嘎山重新出现，峨眉拟单性木兰和距瓣尾囊草实现野外回归，建立起新的野外种群，五小叶槭、圆叶玉兰、崖柏的人工育苗取得突破。保护能力进一步提升，在全省划定了 13 个生物多样性保护优先区域，发布《关于加强大熊猫国家公园四川片区建设的意见》，成立了“中国—克罗地亚生态保护国际联合研究中心”国家级国际合作基地。

过去十年，绿水青山就是金山银山理念日益深入人心。积极支持生态文明示范建设，将生态文明示范创建纳入生态环境保护党政同责年度目标考核加分事项，建立示范创建激励机制，调动各方参与、推动生态文明建设的积极性，创新制定川西北生态示范区建设水平评价指标体系和考核办法，到 2021 年，全省累计创建国家生态文明建设示范县 22 个、“绿水青山就是金山银山”实践创新基地 6 个，建成首批 14 个省级生态县。探索开展生态产品价值实现实践，充分践行绿水青山就是金山银山的理念，启动 14 个地区生态产品价值实现机制试点工作，开展生态产品价值实现路径研究，汇编形成了《四川省“绿水青山就是金山银山”实践模式与典型案例（第一批）》，多维度、多场景探索出“山歌水经型”“腾笼换鸟型”“循环集约型”“生态补偿型”等十大绿水青山向金山银山转化典型模式。

五、生态环境治理能力水平快速提升

坚持把建设美丽中国转化为全体人民自觉行动。习近平总书记指出：“生态文明是人民群众共同参与共同建设共同享有的事业。”生态环境治理能力现代化是深入打好污染防治攻坚战的重要支撑。党的十八大以来，坚持顶层设计、统筹谋划，持续加大生态环境保护投入，强化制度保障，畅通市场参与渠道，有力、有效推进了生态环境治理能力现代化向纵深发展，为深入打好污染防治攻坚战、持续推动生态环境质量改善作出了贡献。

过去十年，生态环境监测能力不断提升。环境监测机构体制改革初步完成，明确调整市、县两级生态环境监测机构管理体制，出台配套文件。环境监测网络更加完善，按照“一网两体系”架构，2021 年全省共建成生态环境监测点位 2.8 万余个，较 2015 年增加了 30%，其中环境质量监测点位近 2.5 万个，生态质量监测点位 100 余个，污染源监测点位 3 000 余个，实现全省基本覆盖，要素基本完整。夯实全省环境监测信息化基础支撑能力，建成生态环境监测大数据中心。环境监测能力水平大幅提升，2021 年，全省共有生态环境监测管理与技术机构 163 个，其中省、市、县各级监测机构数量分别为 2 个、27 个和 134 个，监测用房面积达 34.2 万 m^2，其中，实验室面积 23.6 万 m^2，监测人员约 4 600 人；另有各行业及社会监测机构约 300 家。环境监测数据质量明显提高，各市、县党委、党政府初步建立防范和惩治环境监测数据弄虚作假的责任体系和工作机制，强化环境监测数据质量监管，开展生态环境监测质量监督检查三年行动，打击环境监测数据弄虚作假行为。

过去十年，生态环境执法能力不断提升。执法力度持续加大，充分发挥、运用查封扣押、按日计罚等一系列新制度、新手段效力，不断完善环境行政执法与刑事司法衔接机制，“十三五”期间，全省共办理环境违法案件 30 484 件，累计处罚金额 20.8 亿元。执法效能不断提升，完善“双随机、一公开”制度，全面推进执法队伍标准化建设，推动非现场监管常态化，加快视频监控、用电用能监控、无人机、卫星遥感、走航车等“海陆空”“天地人”的模式的运用。执法方式不断优化，加强帮扶指导，推进执法理念向“执法+服务”转变，建立“执法正面清单”制度，截至 2022 年上半年，全省纳入正面清单企业 1 283 家。印发《四川省生态环境行政处罚裁量标准》，进一步规范生态环境行政处罚裁量权的行使，杜绝行政处罚“一刀切”。

过去十年，生态环境科技支撑能力逐步提升。科技支撑保障力度不断加大，部署和实施了一系列生态环境科技项目与工程，建设省级环境保护重点实验室 14 个、工程技术中心 11 个，建成国家生态环保科普基地 11 家。基础性科技创新不断强化，建成国家烟气脱硫工程技术研究中心等 20 余家国家级和省级创新平台，成立了由 71 名院士、知名专家组成的大气环境保护专家顾问团。技术成果转化成效不断提升，积极组织科研课题研究，“十三五”以来承担国、省科技计划项目 90 余项，与北京大学联合开展“四川盆地城市群灰霾污染防控研究”，完成国家重点研发计划成渝地区大气污染联防联控技术与集成示范项目相关课题，开发“沱江流域水环境管理综合决策体系”，推进“数字沱江”建设。环境数据支撑体系不断强化，2017 年年底，启动第二次全国污染源普查工作，3 年来成立普查机构 723 个，近 3 万人参与，摸清 13.8 万个（移动源不计入）污染源基本情况，高质量完成污染源普查数据核算工作。

过去十年，生态环境区域协同机制逐步健全。开展区域大气联防联控，建立成都平原、川南、川东北三大区域大气联防联控机制，强化区域协同，统筹落实重污染天气应对措施。与重庆市生态环境局签订《深化川渝两地大气污染联合防治协议》，建立联席会议、空气质量会商、信息通报共享、预警应急联动、交叉检查执法等工作机制。推进流域协同治理，与重庆建立健全川渝跨界河流联防联控联治机制，深化联合治理、开展专项整治；与贵州、云南共同开展赤水河流域水生态环境保护，印发出台《关于加强赤水河流域共同保护的决定》。实施危险废物联防联控，与重庆签订《危险废物跨省市转移"白名单"合作机制》，建立跨省、市转移"白名单"，简化跨省、市转移审批手续。构建流域应急联防联控，省内 11 条重点流域所涉市（州）建立联动协同机制，与甘陕云贵渝青藏等周边 7 个省（区、市）签订环境应急联防联控合作协议。

过去十年，生态环境保护铁军风采逐步展现。人才队伍规模持续扩大，截至 2021 年，生态环境系统人才规模约 1.2 万人，较 2016 年增加约 10%。理论学习不断深入，坚持用习近平新时代中国特色社会主义思想武装头脑，持续开展业务能力建设，厅领导带头学习习近平总书记关于生态环境保护最新重要论述和各类文献。纪律作风更加严明，坚持用制度管人管事，紧盯行政审批、环境执法、督察整改、项目申报等关键环节，全面细致排查廉政风险点，完善防控廉政风险制度，深化廉政警示教育。服务意识不断增强，把生态环保工作融入经济社会发展大局，深入开展监督帮扶、优化环评服务，主动为企业办实事、做好事、解难事，印发《进一步提升生态环境社会满意度若干措施的通知》《关于做好生态环境领域稳增长服务保障有关工作的通知》等文件。业务素质持续提升，开展两届生态环境监测专业技术人员大比武，开展执法类业务标兵和岗位能手竞赛，制定印发四川省生态环境保护执法大练兵方案。

六、站在新起点，迎接新挑战

十年不是终点，只是新的起点，四川肩负着更多的责任、承担着更大的使命。综合研判，当前和今后一定时期，四川省生态环境保护仍处于压力叠加、负重前行的"关键期"，为人民提供更多优质生态产品和优美生态环境的"攻坚期"，解决生态环境突出问题的"窗口期"。主要表现在：生态环境结构性矛盾依然突出，全省产业结构不优，六大高耗能行业综合能耗占规上工业能耗八成，与沿海发达省份相比尚有一定差距；交通运输结构不优，公路货运占比高，水运占交通货运量比例仅为 3%。生态环境质量改善成效尚不稳固，从量变到质变的拐点尚未到来，全省仍有 1/3 市（州）和近一半县（市、区）空气质量不达标，臭氧污染日益突出，部分支流水质难以稳定达到水域功能要求，农村人居环境未得到根本改善，局部地区农用地土壤依然存在超标现象。生态环境治理体系和治理能力亟须增强，生态环境保护相关的地方性法规标准仍不完善，投融资体系、市场交易体系、生态补偿体系等市场化政策机制还不健全，基层和农村的生态环境监管能力亟待提升，生态环境科技支撑能力和环境信息化建设仍滞后于生态环境管理工作需要。

前方纵有坎坷险滩，在新征程上，我们将始终坚持贯彻落实习近平生态文明思想，协同高质量发展与高水平保护，携手同心、不懈奋斗，定能一步一个脚印把习近平总书记为四川擘画的美丽四川宏伟蓝图变为美好现实，定能绘就出人与自然和谐共生的美丽四川新篇章。未来的天府之国必定更加富足安宁，巴山蜀水必定更加秀美安澜，巴蜀儿女生活必定更加幸福安逸！

四川省碳普惠体系建设路径及对策

摘　要：《巴黎协定》引领下的碳定价时代，碳市场发展和碳资产开发迎来了新机遇。碳普惠是一种新型的碳减排市场化机制，其实质是核算碳减排量，通过积分挂钩、运用积分兑换、交易赋值等激励方式，充分调动以社会公众、社区家庭、小微企业为重点的市场主体积极、自觉参与碳减排行动。碳普惠机制是我国生态文明体制改革的重要创新成果，既能为生态产品价值实现和绿色低碳生活激励提供市场化工具和手段，又可广泛调动各类市场主体降碳积极性，是低碳惠民的重要趋势。四川省级层面碳普惠机制酝酿最早可追溯到2016年，并率先在成都、泸州取得突破。我国“双碳”目标愿景提出后，省委、省政府立足禀赋优势和转型需要，将建立健全生态产品价值实现机制、推动绿色低碳全民行动作为重要内容纳入工作布局，《中共四川省委　四川省人民政府关于完整准确全面贯彻新发展理念做好碳达峰碳中和工作的实施意见》《成渝地区双城经济圈生态环境保护规划》等生态文明建设重要支撑性文件均对碳普惠机制建设作出明确要求，标志着四川省级碳普惠建设已从社会呼吁、城市实践上升成为四川省、成渝地区双城经济圈建设生态环境保护和碳达峰碳中和工作布局。

关键词：碳普惠；碳排放权交易

碳普惠是指对小微企业（如餐饮、商超、景区、酒店等）、社区家庭和个人绿色低碳行为（如节约能源、节约资源、低碳出行、低碳消费、植树增汇等）进行碳减排或碳增汇的具体量化并赋予一定经济价值，并建立起以核证减排量（含核算增汇量，下同）和商业激励交易相结合的一种政策鼓励、市场运作型正向引导机制，是碳市场机制中应用范围最广泛、应用场景最丰富和应用手段最多样的一种机制。碳普惠机制是生态文明体制改革的重要创新成果，既能为生态产品价值实现和绿色低碳生产生活方式转型提供市场化工具和手段，又可广泛调动各类市场主体降碳积极性，是低碳惠民的重要趋势。

一、碳普惠的提出和内涵

（一）碳普惠的提出背景

碳普惠是绿色低碳转型、环保意识提升、市场经济发展、数字技术普及、气候治理深化共同作用的产物。近年来，我国不断完善社会主义市场经济体制，大力推动民生等领域信息化和数字经济发展，全面深化生态文明体制改革，贯彻实施积极应对气候变化战略，广泛开展绿色低碳转型试点示范，推动全国碳排放权、区域碳排放权和温室气体自愿减排交易市场建设，为碳普惠从概念酝酿到实践落地奠定了基础。2015 年，改革开放排头兵广东省率先提出碳普惠理念，启动碳普惠试点，拉开了碳普惠序幕。

（二）碳普惠的内涵要义

从字面看，“碳”为二氧化碳等温室气体，在“碳普惠”中可衍生为碳减排、低碳等含义；“普惠”在贸易、金融等领域均有应用，有普遍性、优惠性、公平性等含义。从词组看，碳普惠虽尚无全国统一的定义，但广东、深圳、成都等地在碳普惠顶层设计政策文件中尝试予以明确，深圳甚至纳入地方性条例（表 1）。课题组认为，碳普惠是一种新型的碳减排市场化机制，其实质是核算碳减排量、通过积分挂钩、运用积分兑换、交易赋值等激励方式，充分调动以社会公众、社区家庭、小微企业为重点的市场主体积极、自觉参与碳减排行动。

表 1　碳普惠定义

序号	文件	表述
1	《广东省碳普惠交易管理办法》（粤环发〔2022〕4 号）	运用相关商业激励、政策鼓励和交易机制，带动社会广泛参与碳减排工作，促使控制温室气体排放及增加碳汇的行为
2	《深圳市碳普惠管理办法》（深环规〔2022〕5 号）	为小微企业、社区家庭和个人等的减碳行为进行具体量化和赋予一定价值，并建立起以商业激励、政策鼓励和核证减排量交易相结合的正向引导机制
3	《成都市人民政府关于构建“碳惠天府”机制的实施意见》（成府发〔2020〕4 号）	为小微企业、社区、家庭和个人的节能减碳行为进行具体量化和赋予一定价值，并建立以政策鼓励、商业激励和碳减排量交易相结合的正向引导机制

（三）碳普惠的基本特征

当前，不同地区和领域碳普惠体系路径、类型、形式等较为多样。但总体上看，碳普惠一般具有以下 5 个特征：

一是低碳性。碳普惠机制是以低碳、降碳或碳增汇为突出导向，通过统一可比的方法学量化碳减排或碳增汇的行为、措施、工程为碳积分或核证减排量，碳积分侧重于在消费侧激励绿色低碳行为，核证减排量侧重于社区、学校、小微企业等碳减排或碳增汇工程项目中应用，促进公众低碳场景打造。

二是普惠性。与碳排放权、排污权、用能权等环境权益交易具有强制性且主要参与主体为重点排放（用能）单位不同，碳普惠机制重点面向自愿开展碳减排的社会公众、社区村庄、小微企业等主体，激励的主要受益方为社会公众、社区村庄、小微企业等非强制碳减排责任的市场主体。

三是效益性。经济效益，小微企业、社区家庭和个人实施绿色低碳行为后可以选择通过碳积分兑换商品、优惠券等或与有控排需求的企业进行碳减排量交易而获得一定的经济价值，同时企业为拥有碳积分的顾客提供折扣也会带来销量和商业利润增加；社会效益，碳普惠机制建设过程中会形成相关产业链，将吸纳一定劳动力以及相关产品、服务提供者；环境效益，通过引导公众参与碳减排或碳增汇行为，将减少资源消耗、温室气体排放，促进环境质量改善，增强公众低碳意识，营造城市绿色氛围。

四是激励性。政策鼓励、商业激励、交易赋值是碳普惠机制可持续闭环运转的关键环节。市场化条件下，碳普惠主要存在碳积分激励、核证减排量交易两种价值实现和行为激励方式。前者侧重于基于互联网的交互式体验感和轻价值非货币激励，后者侧重于通过公开市场交易，实现碳减排赋值定价和激励补偿。

五是市场化。碳普惠机制是有为政府和有效市场的结合，政府承担的是市场、公众协同工作，由政府提供碳普惠顶层制度、法律机制等权威性政策，搭建实现碳减排和碳增汇行为认定、数据获取、价值量化、激励补偿等的平台。同时，采用市场化的运作手段，强化资源等配置与流动，打通碳积分、核证减排量供需对接机制，撬动各方参与，促进机制可持续运转。

（四）与碳排放权交易制度的联系与区别

碳交易市场由碳排放权交易市场、温室气体自愿减排交易、碳普惠机制和碳税机制4个部分组成。碳排放权交易是碳交易市场的主体，而其他3个部分则是对主体碳交易市场的补充和完善。其中，碳排放权交易、温室气体自愿减排交易制度和碳普惠机制均是政策驱动与市场运作协同互补，但在理论基础、实施对象、实施侧重点与激励约束机制等方面存在显著差异（表2）。

表2 碳普惠机制与碳排放权交易制度的主要区别

类别	碳普惠机制	碳排放权交易制度	温室气体自愿减排交易制度
理论基础	环境行为与激励理论	科斯定理	清洁发展机制
实施对象	社会公众为主	工业企业为主	非重点排放企业为主
实施侧重点	促进消费端低碳生活方式形成	促进生产端绿色生产方式形成	促进强制控排边界外温室气体减排项目开发
激励约束机制	自愿+激励	强制+自愿	自愿+激励

从理论基础看，碳排放权交易制度是以科斯定理为理论依据，在确定总量控制目标的前提下，通过对温室气体排放权益进行产权界定，使其能够在不同主体间进行交易的市场化温室气体减排机制。温室气体自愿减排交易制度则是在国际清洁发展机制基础上

本地化的温室气体排放抵消机制。而碳普惠机制本质上是一种对低碳行为进行正向激励引导和行为改造的机制。

从实施对象看，碳排放权交易制度主要作用于温室气体重点排放单位，主要参与主体为强制性纳入。温室气体自愿减排交易制度则主要作用于重点排放企业边界外的非控排单位或区域。而碳普惠机制的实施对象主要为社会公众、村庄社区、小微企业等，一般为自愿参与。

从实施侧重点看，作为管控生产端碳排放的碳排放权交易制度主要应用于能源、工业生产领域，管控特征更为突出。温室气体自愿减排交易制度侧重于区域可再生能源、林业碳汇、甲烷利用等具有温室气体减排效果的大型项目开发。而碳普惠机制的实施主要集中于绿色低碳生活消费领域，普惠性较强。

从驱动机制看，碳排放权交易制度以侧重约束为导向，温室气体自愿减排交易制度则以基于项目开发收益回报为导向，而碳普惠机制以正向激励机制为导向，更具公益性。

二、国内碳普惠典型模式

（一）“碳积分”模式

“碳积分”模式是中小城市和绿色出行、绿色消费等领域推广较为广泛的碳普惠模式，如浙江碳普惠、武汉“碳宝包”、西宁碳积分、泸州绿芽积分等。碳积分模式依托民生领域良好数字经济基础，通过应用端汇聚绿色生活数据、核算展示碳积分、兑换实现碳权益。

2022 年 3 月，浙江省发展改革委建设的全国首个省级碳普惠应用平台——“浙江碳普惠”正式上线，并实现与支付宝蚂蚁森林、虎哥回收等平台数据贯通，完成 17 个应用场景数据接入建设。依托碳普惠应用，建立浙江省碳普惠核算标准体系和碳普惠技术体系，实现公众低碳行为的量化和全省标准的统一，为市民和小微企业的碳减排行为赋予价值并建立激励机制。通过碳普惠应用，居民在衣、食、住、行领域的低碳生活都累积转换成碳积分，并可兑换各类权益，首批权益包括环保商品、计量仪器校准服务、机场贵宾间休息服务、云闪付红包、自然保护地和耀眼明珠景区景点门票等，后续还将推动各类特色权益上架，扩大积分兑换使用范围，加大碳减排行为对居民的吸引力。

衢州市个人碳账户试点始于 2018 年，依托银行账户采集个人碳减排行为数据，建立银行个人碳账户，并按照统一的减排量赋值规则将碳减排行为折算成碳积分或碳信用。碳积分或碳信用进行权益转化后，可用于指定的政府公用事业激励、公益事业、商业应用或其他用途。衢州个人碳账户试点主要由中国人民银行衢州市中心支行主导，借助衢州市绿色金融服务信用信息平台（衢融通）搭建银行个人碳账户管理系统，并对环境效益折算、碳账户权益及其转化进行明确。该试点最明显的特征是依托商业银行个人银行账户建立个人碳账户，并通过此账户开展低碳行为数据采集、环境效益折算、碳信用运用激励，以较小的成本实现将绿色金融产品与服务和个人碳账户密切挂钩。

（二）“自愿减排交易”模式

碳普惠“自愿减排交易”模式是国家温室气体自愿减排交易机制的“微缩版”“地方版”，开发项目及其减排量可实现与国家温室气体自愿减排交易机制错位和互补。该模式体系性较强，适用于空间范围较广、发展差异较大的地区，主要应用于省级行政区，如广东碳普惠。

广东省作为我国率先试点实施碳普惠制的省份，陆续发布和修订碳普惠试点实施方案、暂行办法、建设指南、交易办法等制度文件，发布林业碳汇、小型分布式光伏发电、共享单车、废弃衣物再利用等 6 个省级碳普惠方法学。低碳行为经核算减碳量后以“碳币”形式进行赋值，可兑换政策指标、商业产品或者服务优惠等。符合条件的低碳行为减碳量经核证后可作为碳普惠自愿减排量（PHCER）抵消控排企业配额，利用市场配置作用动员公众积极参与节能减排。初步探索出以政策鼓励、商业激励和自愿减排量交易为导向的碳普惠机制。

（三）“碳积分+交易”双路径模式

“碳积分+交易”双路径模式是指一个地区同时并行“碳积分”“自愿减排交易”两种模式，一般在超大城市推广，如深圳碳普惠、成都“碳惠天府”。

2020 年 3 月，成都市政府出台《关于构建“碳惠天府”机制的实施意见》，在国内首创提出构建以“碳惠天府”为品牌、以“公众碳减排积分奖励、项目碳减排量开发运营”为双路径的碳普惠机制（图 1）。在公众路径方面，对市民绿色出行、参与低碳环保活动等行为，以及在通过低碳评价的餐饮、商超等场景的消费行为发放碳积分，通过积分可兑换商品或服务，调动公众践行绿色低碳生活方式的积极性。已上线燃油车自愿停驶、新能源车使用、共享单车、步行、低碳消费场景打卡、光盘行动打卡、环保随手拍、绿色医疗共 8 个低碳环保行为场景。在项目路径方面，鼓励大型活动碳中和，引导企事业单位实施节能改造、低碳管理、生态保护后开发碳减排量，并号召重点排放企业、国有单位、上市公司等积极践行社会责任，作为买方参与碳中和公益行动，以抵消生产经营、生活消费过程中产生的碳排放量。已开发清洁能源替代、节能改造、造林管护、天府绿道等减排项目 40 个，审核登记“碳惠天府”机制碳减排量 7.5 万 t，通威太阳能、一汽丰田、兴业银行等 15 家企事业单位参与 2021 年碳中和公益行动，累计认购碳减排量约 2 万 t，认购金额超过 23.65 万元，使生态建设、企事业单位节能降碳产生的环境气候效益呈现经济价值。

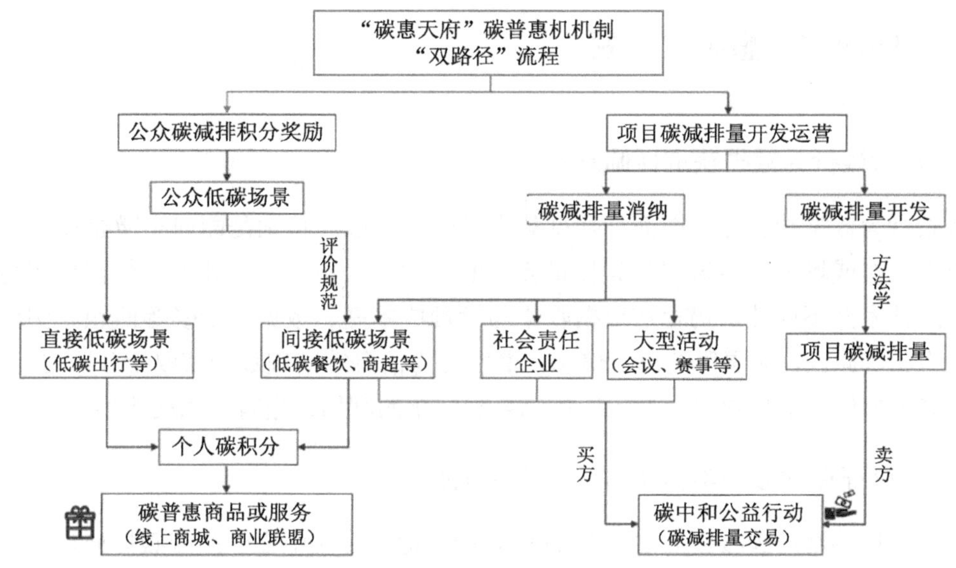

图 1 "碳惠天府"碳普惠机制"双路径"流程

(四)"碳积分-交易"单路径模式

"碳积分-交易"单路径模式由"碳积分"和"自愿减排交易"两种方式串联而成，在前端参照"碳积分"模式建设核算碳积分，后端则将积分按照碳普惠方法学转化为核证减排量纳入地方自愿减排交易和碳排放权抵销机制，探索实践相对较少，如北京 MaaS、上海碳普惠。

北京市交通委 2019 年联合高德地图推出国内首个绿色出行一体化服务平台——MaaS 平台，整合地铁、地面公交、步行、骑行、自驾、网约车等出行方式，向公众提供全流程、一站式出行服务。2020 年，创新提出基于 MaaS 的绿色出行碳普惠机制，上线"MaaS 出行　绿动全城"碳普惠激励行动，鼓励市民通过高德地图应用程序在绿色出行专区注册创建个人碳能量账户，选择骑行导航、步行导航或公交乘车、轨道乘车等方式出行，获得相应碳减排能量，并用于公益性活动或兑换公共交通优惠券、购物代金券、视频会员等生活礼品。此外，平台还打通用户个人碳减排与碳交易市场，由碳市场对个人碳减排行为"买单"。2021 年，高德地图 MaaS 平台上 2.45 万 t 碳减排量达成交易，成为全球首笔绿色出行碳普惠交易，实现绿色出行碳普惠激励机制闭环。为拓展碳普惠交通出行场景，北京将出台《北京 MaaS2.0 工作方案》，聚焦服务场景功能拓展、互利共赢生态圈构建、多场景无感式碳赋能、品牌标杆打造等方面，优化以"轨道+"为核心的城市出行、跨区域出行以及"交通+生活"等场景出行服务，将小汽车停驶、合乘等低碳出行情景纳入碳普惠激励范围。

三、国内碳普惠突出问题

（一）低碳行为数据获取面临难题

低碳行为数据涉及方方面面，数据量大且较为分散。特别是面向小微企业、社区家庭和个人减排或增汇行为数据的具体量化方面，数据采集、数据处理、数据反馈与应用等方面的技术并不成熟，仍存在数据收集与管理成本高、数据不准确等问题。例如，由于个人隐私等原因，对居民的出行信息、消费行为信息等基础数据获取十分困难。另外，要整合庞大的用户信息数据，并保证信息合理安全的利用，也有很大的难度。

（二）核证量化方法学构建与统一有待加强

我国累计备案的碳减排方法学有 200 多种，但主要集中在生产端碳排放计算，且大部分方法学核算过程复杂、核算成本高昂，并不适用于量少、规模小、来源广的面向小微企业、社区家庭和个人绿色低碳行为的减碳量和增汇量计算。目前，我国碳普惠还处于初期试点探索阶段，低碳行为量化方法学核算范围更具本地性，并不能完全覆盖其他地区的低碳行为，且大多数仅通过积分模式开展，而各地积分规则和兑换规则也不尽相同，因此难以实现跨区域流通。此外，同一低碳行为在不同区域的碳普惠方法学之间不具兼容性，也无法横向对比，难以形成普遍认可的碳减排量。

（三）市场化激励机制和渠道相对单一

虽然国内试点已经影响并鼓励很多居民积极参与，但制度设计和参与主体主要依赖碳普惠机制中的“碳积分”模式，希望通过积分兑换实现碳权益。积分可兑换场景普遍集中在优惠券、礼品等非刚需产品，且兑换条件较为苛刻，导致公众参与热情不可持续。相对单一的激励机制，使得我国碳普惠机制仅在试点区域“自娱自乐”，难以形成规模效益。

（四）减排量消纳场景无法持续

目前，各地碳普惠机制基本存在政策不完善、覆盖人群少、资金投入不可持续、闭环机制不畅通、供需不平衡等问题，市场运转不持续。我国碳普惠机制普遍处在试点发展阶段，机制运转经费初期大都依赖政府补贴、公益赞助等，且碳积分对社会资本吸引力不足，现有的通过政府财政投入和部分商户让利的运营模式不足以支撑可持续的商业化运营，可持续的市场化机制一直未形成，加之减排量消纳场景少，而开发新的减排量消纳场景又普遍存在政策、资金和技术障碍，进一步增加了碳普惠机制维持长期吸引力的难度。

四、四川碳普惠基本架构设想

（一）依据和基础

四川省级层面酝酿碳普惠机制较早，在2016年印发的《四川省碳排放权交易管理暂行办法》就提出，省碳交易主管部门应会同有关部门开展碳普惠制度研究和设计，但实际率先在成都、泸州取得突破（表3）。我国“双碳”目标愿景提出后，省级层面开始意识到建立省级碳普惠机制的必要性和紧迫性，《中共四川省委　四川省人民政府关于完整准确全面贯彻新发展理念做好碳达峰碳中和工作的实施意见》《成渝地区双城经济圈生态环境保护规划》《成渝地区双城经济圈碳达峰碳中和联合行动方案》等重要文件均对碳普惠机制建设作出明确要求，标志着四川省级碳普惠建设已从社会呼吁、城市实践上升成为四川省、成渝地区双城经济圈建设生态环境保护和碳达峰碳中和工作布局。

表3　四川省碳普惠相关政策文件

序号	时间	文件	内容或表述
1	2021年	四川省生态环境厅、四川省文化和旅游厅、四川省体育局、四川省机关事务管理局、四川省林业和草原局《关于印发〈四川省积极有序推广和规范碳中和方案〉的通知》	加快建立包括“碳惠天府”在内的区域碳减排机制，重点围绕公众行为减排、林草碳汇提升、城乡环境整治、节能低碳改造，创新开发区域核证碳减排量，畅通低碳价值转化路径。探索将碳中和与生态扶贫有机结合，鼓励采用来自贫困地区的碳信用或新建林草碳汇项目产生的减排量
2	2022年	《四川省人民政府关于印发〈四川省“十四五”生态环境保护规划〉的通知》（川府发〔2022〕2号）	探索创新良性循环的碳普惠机制，强化碳普惠支撑体系建设，加快构建人人参与、全民共享的低碳生活圈。 “应对气候变化重大工程”：围绕公众行为减排、林草碳汇提升、城乡环境整治等研发一批碳普惠方法学，构建区域特色碳普惠机制
3	2022年	生态环境部、国家发展改革委、重庆市人民政府、四川省人民政府《关于印发〈成渝地区双城经济圈生态环境保护规划〉的通知》（环综合〔2022〕12号）	加强“碳惠通”“碳惠天府”等碳普惠制的推广应用，推动实现成渝碳普惠互认和对接
4	2022年	《重庆市人民政府办公厅　四川省人民政府办公厅关于印发成渝地区双城经济圈碳达峰碳中和联合行动方案的通知》（渝府办发〔2022〕22号）	有序推动川渝碳普惠机制建设和互认对接，探索相互认可的核证减排量，加强“碳惠天府”“碳惠通”等平台的推广应用

序号	时间	文件	内容或表述
5	2022 年	《中共四川省委　四川省人民政府关于完整准确全面贯彻新发展理念做好碳达峰碳中和工作的实施意见》	探索建立区域碳普惠机制
6	2022 年	《四川省生态环境厅办公室关于统筹做好应对气候变化工作的通知》（川环办函〔2022〕92 号）	支持成都市“碳惠天府”、泸州市“绿芽积分”机制发展，开展省级碳普惠机制研究
7	2022 年	《四川省林业和草原局关于印发〈四川省林草碳汇发展推进方案（2022—2025 年）〉的通知》（川林发〔2022〕18 号）	构建林草碳普惠机制。参与建立四川区域碳普惠机制，会同相关部门制定出台四川省林草碳普惠实施方案，加强区域性林草碳普惠方法学地方标准研究制定，构建满足需求、具有特点的区域林草碳普惠方法学体系，丰富碳减排信用产品类型。以大型活动碳中和为引领，以生态景区、工业园区、生活场景及个人生活碳中和为重点，实施林草碳普惠示范项目，拓展林草碳汇消纳渠道。开展碳中和公益行动，鼓励、引导单位和个人通过认购碳普惠机制下的林草碳汇产品，打造碳中和活动、碳中和会展、碳中和赛事、碳中和机关、碳中和商品，逐步建立区域碳中和推广机制。探索单位和个人购买林草碳普惠碳汇量履行植树义务机制。加强与金融机构合作，开发基于碳普惠碳汇量的各类质押、资产证券化等金融服务
8	2022 年	四川省碳达峰碳中和工作委员会办公室《关于印发〈四川省碳达峰碳中和 2022 年工作要点〉的通知》	推动已立项的《四川省森林经营碳普惠方法学》《四川省竹林经营碳普惠方法学》等尽快发布实施
9	2022 年	《四川省节能减排及应对气候变化工作领导小组办公室关于印发〈四川省 2022 年应对气候变化行动计划〉的通知》	加快制定碳普惠机制建设工作方案和管理办法，促进“碳惠天府”等碳普惠机制发展

（二）定位和愿景

紧扣高水平保护、高质量发展和高品质宜居地建设，以碳达峰碳中和目标愿景为引领，以减污降碳协同增效为总抓手，坚持集约化、市场化、普惠性方向，推动制度创新、场景营造、项目示范、平台建设、能力提升，分阶段、分层级构建碳普惠体系，将碳普惠打造成为四川生态产品价值实现、绿色低碳生活激励的重要机制。

到 2025 年，碳普惠制度规范体系基本形成，碳普惠激励机制初步建立，碳普惠服务体系有效构建，碳普惠项目开发初具规模，碳普惠核证减排量上线交易，重点城市碳普惠发展实现新突破。到 2027 年，政策性引领、市场化创新、普惠性运作、场景化丰富、可持续发展的碳普惠机制基本建立，碳中和公益行动广泛开展，为实现碳达峰目标及减污降碳协同增效作出重要贡献，助推美丽四川建设实现新进步。

（三）基本思路

一是坚持系统谋划，分步实施。同步开展“公众碳减排积分奖励、项目碳减排量开发运营”双路径碳普惠建设，考虑不同地区发展差异和需求，加强碳普惠体系顶层设计，统筹建设省级以统一方法学项目减排量为主、分阶段建设城市以个人碳积分为主并逐步向城市群、省级扩大的碳普惠机制，促进机制衔接，避免重复建设。

二是坚持政府引导，市场驱动。秉持市场化思维，完善碳普惠全过程、各要素政策规范，健全碳普惠激励机制，加强碳普惠监督管理，调动地方和各类市场主体积极性，防范潜在的风险。

三是坚持数字赋能，创新发展。加强碳普惠信息化平台建设，探索运用大数据、区块链等数字技术，分类开展试点示范，推动项目化开发、市场化交易、多样化消纳和城市积分激励等场景。

五、四川碳普惠建设对策建议

（一）建立碳普惠政策机制

一是识别四川特色，围绕碳普惠机制建设关键要素和环节，制定出台《四川省碳普惠体系建设工作方案》，明确全省碳普惠体系建设基本思路、主要目标、重点任务、实施步骤和保障措施等，为省级碳普惠核证减排量交易机制、重点城市和领域碳积分机制创新提供政策框架。二是面向省级碳普惠核证减排量交易机制，出台《四川省碳普惠交易管理办法》，明确碳普惠管理职责、运行规则和流程，方法学研发与备案、项目开发与审定、碳普惠核证减排量核证与备案，参与主体责任和义务，以及交易消纳等规则，有效防范潜在风险。

（二）打造碳普惠管理体系

一是建立由生态环境部门牵头、相关部门参与的省级碳普惠工作机制，有效统筹、整合各部门各领域碳普惠需求，加强碳普惠集成。二是依托省政研规划院等相关机构，组建四川省碳普惠运营中心和专家委员会，为碳普惠制度设计、运营管理、技术评估等提供专业支持。三是面向大中城市或特定行业领域，建设四川省碳积分应用端和系统平台，完善数据收集与边界，打通各部门的数据壁垒，实现数据的互联共享，建立数据治理规则，强化数据隐私保护，满足低碳行为数据记录与汇聚、碳积分核算与展示、激励途径选择和实施、碳积分宣传推广等功能。

（三）构建城市和行业碳积分体系

一是鼓励常住人口规模较大、数字经济基础良好的城市，以公众绿色生活、绿色出行、绿色消费、植树造林等领域为重点，以互联网思维构建城市碳积分机制，增强市民低碳参与感和获得感。二是支持铁路（轨道）交通、公共交通、货物运输等领域行业组织或企业集团，利用数据资源优势，打通跨区域出行、运输数据壁垒，先期在成渝地区双城经济圈、成都都市圈、省域经济副中心等探索构建特定领域跨区域碳积分机制，通过电能替代、智能调峰、减少空载等手段优化传统出行方式，通过跟踪货物与司机挂钩的个人碳账户推动运输结构调整与运输效率提升进而提升产品“绿色度”。三是拓展碳积分激励途径，组建碳积分商业联盟，引导和推动以日用品、纪念品、公交出行、景区门票等折扣、免费、赠送方式兑换公众碳积分，探索低碳达人评选、荣誉证书证明等精神激励方式，不断丰富碳积分兑换场景和产品。四是引导有条件的城市和领域建立碳基金，吸纳政府资金、社会捐赠、售卖基于碳积分的核证减排量所获资金，增强闭环激励可持续性。

（四）推动项目开发和价值转化

一是坚持普惠性、额外性和可测量要求，优先推动林草碳汇、建筑光伏、城市地热、农村沼气、再生资源回收等领域碳普惠方法学研发和备案。二是建立项目审定、减排量核证及备案机制，严格项目管理，规范核查技术服务机构项目审定和减排量核证行为。三是建设碳普惠核证减排量注册登记系统、交易系统并实现二者数据连接，建立健全权益注册登记和交易制度。四是在没有地方碳排放权抵销机制前提下，探索通过低碳场景打造、公益自愿注销消纳碳普惠核证减排量，实施碳中和公益行动，推动会展、赛事等大型活动碳中和，鼓励企业、机构、企业实施碳中和或碳抵消。

（五）创新低碳运营模式

一是探索公共机构和大型活动碳中和行为以及近零碳示范工程创建等消纳场景。二是引入市场机制，创新碳普惠绿色低碳消费闭环，建立政府部门、公共组织、商业组织、实体获益相结合的良性可持续化普惠运营模式，打通碳普惠生态产业链。三是创新碳积分新模式，引入创意公司有效创意，针对不同年龄层人群，探讨建立相应碳积分系列、IP等获得模式，提升各类人群参与感和获惠感，促进碳普惠机制全面铺开、良性发展。四是建立碳普惠补贴与退出机制，在碳普惠机制运行初期，需要建立碳普惠补贴机制，为碳普惠机制平稳运行提供资金保障，同时应明确碳普惠补贴退出机制，给予市场参与主体明确的补贴退出预期。

（六）加强政策协同和区域协作

一是加强碳普惠与乡村振兴政策的衔接，优先推动高原山区、民族地区、革命老区等重点区域林草碳汇、建筑光伏、农村沼气等涉农碳普惠项目核证减排量开发。二是推动碳普惠与重点领域碳积分衔接，以绿色出行、再生资源回收等数据基础好、普惠性较强的领域为重点，推动基于碳积分的碳普惠方法学开发。三是支持作为省级碳普惠探索初期成果的“碳惠天府”创新发展，适时向成都都市圈推广拓展，条件成熟时吸收更多西南地区毗邻城市加入，营造都市圈、城市群、跨省级绿色低碳生活生态圈。四是加强成渝地区双城经济圈碳普惠机制衔接，支持广安融入重庆都市圈碳普惠机制，稳步推动川渝双方有共识的领域碳普惠项目及其核证减排量开发，支持彼此核证减排量跨区域消纳。

（七）加强碳普惠基础能力建设

一是利用全国低碳日等重要节点，广泛开展形式多样的碳普惠主题宣传活动，加大碳普惠政策解读和宣传推广，加强绿色低碳场景宣传推介，提升四川碳普惠品牌显示度和影响力。二是加强财政资金对基础研究、平台建设、能力提升等的支持，积极申报中国清洁发展机制基金赠款项目，积极吸引社会资本参与，建立健全碳普惠相关金融支持政策，鼓励金融机构开发基于碳普惠的金融产品和服务。三是围绕碳普惠项目开发方、消纳方、核查机构、交易机构、运营机构、各级主管部门等开展碳普惠能力建设活动，定期举办碳普惠研讨会，加强重点领域碳普惠专家队伍培育，建立碳普惠专业支撑机构。

推动重点企业有计划分步骤实施碳达峰行动的对策建议

摘　要：企业是温室气体排放的主要来源，也是推动碳达峰行动的责任主体，当前，企业实施碳达峰行动方案面临底数不清、盲目追风、等待观望、“一刀切”等突出问题，为稳妥有序推动企业特别是重点企业有计划、分步骤实施碳达峰行动，研究指出准确认识和把握碳达峰与碳中和、降碳减排与产业发展、早降与缓降、自身减排与供应链降碳、企业减排与区域降碳、碳减排与碳补偿六对关系，建议重点企业以高质量发展为引领，以能源绿色低碳转型为核心，以结构、工程、技术、管理降碳为路径，摸清底数、对标要求、明确路径、强化保障，有计划、分步骤实施碳达峰行动。

关键词：重点企业；碳达峰行动；对策建议

一、政策要求和探索实践

（一）国家政策导向

我国碳达峰碳中和顶层政策设计将重点企业降碳行动摆在重要位置。《中华人民共和国国民经济和社会发展第十四个五年规划和2035年远景目标纲要》提出，支持有条件的重点企业率先达到碳排放峰值。中共中央、国务院《关于完整准确全面贯彻新发展理念做好碳达峰碳中和工作的意见》明确，支持有条件的重点企业率先实现碳达峰，组织开展碳达峰碳中和先行示范，探索有效模式和有益经验。国务院《2030年前碳达峰行动方案》将“引导企业履行社会责任”作为“碳达峰十大行动”的重要任务，要求重点领域国有企业特别是中央企业要制定实施企业碳达峰行动方案，发挥示范引领作用；强调重点用能单位要梳理核算自身碳排放情况，深入研究碳减排路径，“一企一策”制定专项工作方案，推进节能降碳。国务院国有资产监督管理委员会《关于推进中央企业高质量发展做好碳达峰碳中和工作的指导意见》提出，中央企业根据自身情况制定碳达峰行动方案，提出符合实际、切实可行的碳达峰时间表、路线图、施工图，积极开展碳中和实施路径研究，发挥示范引领作用。全国工商联《关于引导服务民营企业做好碳达峰碳中和工作的意见》提出，按照企业实际，结合产能替换、节能技术改造、设备更新、能源低碳化、资源循环利用、固碳、数字化改造等方式，深入研究确定碳减排路径，制定工作方案，明确实现碳达峰碳中和的时间表和路线图。国务院国有资产监督管理委员会《中央企业节约能源与生态环境保护监督管理办法》提出中央企业应积极稳妥推进碳达峰碳中和工作，科学合理制定实施碳达峰碳中和规划和行动方案，建立完善二氧化碳排放统计核算、信息披露体系，采取有力措施控制碳排放。生态环境部持续推动将重点地区、重点行业、重点企业碳达峰行动进展情况纳入中央生态环境保护督察。

（二）四川政策要求

四川也强调碳排放重点企业在碳达峰进程的独特作用。省委、省政府《关于完整准确全面贯彻新发展理念做好碳达峰碳中和工作的实施意见》要求，发挥国有企业示范引领作用。《四川省巩固污染防治攻坚战成果提升生态环境治理体系和治理能力现代化水平行动计划（2022—2023 年）》提出，有序推动年碳排放 50 万 t（或综合能源消费 50 万 t 标准煤）及以上的企业切实降低碳排放强度。《四川省“十四五”生态环境保护规划》明确，引导国有企业发挥带头示范作用，研究制定专项行动方案，优化投资结构和产业布局，逐步降低单位产品二氧化碳排放量。《关于省属企业碳达峰碳中和的指导意见》要求，科学编制行动方案，深入开展企业碳排放摸底调研，结合行业发展方向和企业发展规划，研究制定碳达峰工作路径、重点任务、重点措施，明确时间表、路线图、施工图。

（三）重点企业行动

近年来，国内外一些聚焦碳减排的企业组织相继诞生。例如，450 多家、代表 130 万亿美元资产的金融机构已加入的“格拉斯哥净零排放金融联盟”（入盟企业最迟不晚于 2050 年实现碳中和），成员企业营收已超 2.4 万亿美元的“首席执行官气候领袖联盟”，以及“油气行业气候倡议组织”等。在国内，中国石油、中国石化、中国海油、国家石油天然气管网集团等成立“中国油气企业甲烷控排联盟”，上海环境能源交易所等发起成立“碳中和行动联盟”。2021 年以来，越来越多国有企业和民营企业积极响应国家号召，编制发布碳达峰碳中和行动方案、行动纲要和指导意见，但不同行业领域、排放规模、发展阶段的企业降碳时间表和实施路径存在较大差异。其中，国家电网公司在央企中率先发布碳达峰碳中和行动方案[1,2]，全球最大钢铁集团——中国宝武发布碳中和冶金技术路线图，蚂蚁、腾讯等互联网企业发布碳中和路线图，国家开发银行、上海证券交易所等金融机构出台支持碳达峰碳中和的行动方案。此外，南方航空、攀钢集团、三峡能源、山东能源、晋能电力、浙江海港、皖北煤电、六安钢铁等[3-7]企业也在推动降碳专项方案研究编制。见图 1 和表 1。

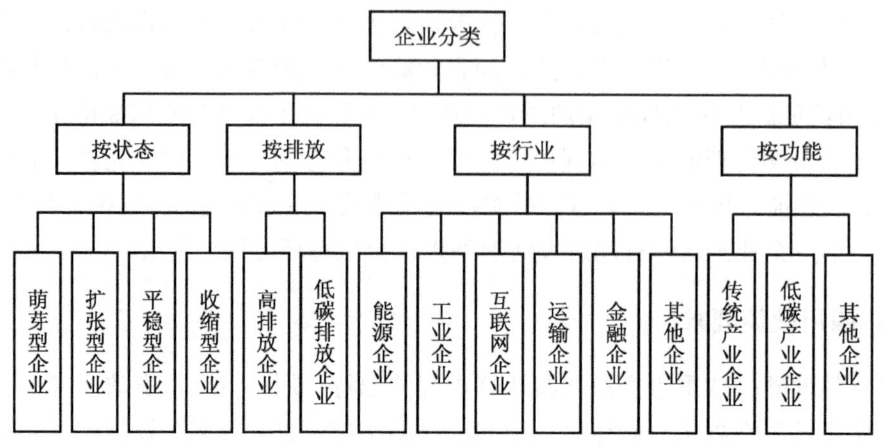

图 1　企业分类

表 1　部分公开的企业碳达峰碳中和行动方案

序号	行动方案	主要目标	实施路径
一、能源企业			
1	国家电网公司“碳达峰、碳中和”行动方案（2021 年 3 月 1 日）	当好“引领者”，推进能源电力行业尽早以较低峰值达峰。当好“推动者”，推动全社会尽快实现“碳中和”。当好“先行者”，实现企业碳排放率先达峰	推动电网向能源互联网升级，着力打造清洁能源优化配置平台；推动网源协调发展和调度交易机制优化，着力做好清洁能源并网消纳；推动全社会节能提效，着力提高终端消费电气化水平；推动公司节能减排加快实施，着力降低自身碳排放水平；推动能源电力技术创新，着力提升运行安全和效率水平；推动深化国际交流合作，着力集聚能源绿色转型最大合力
2	华电集团碳达峰行动方案（2022 年 6 月 18 日）	力争在 2025 年实现碳达峰，新增新能源装机 7 500 万 kW，非化石能源装机占比达到 50%以上，全口径碳排放强度较“十三五”期末下降 17%；力争到 2030 年，碳排放总量较 2025 年下降 5%，非化石能源装机占比达到 65%，全口径碳排放强度较“十三五”期末下降 37%	按照“优化发电结构、深挖煤炭潜力、加快科技攻关、创新金融服务、聚合内外力量”五大实施路径，重点开展“可再生能源发展、火电转型升级、煤矿绿色转型、低碳技术攻关、数字化智能化、绿色金融支持、深化国际合作、管理能力提升”八大专项行动
3	中国大唐集团有限公司碳达峰碳中和行动纲要（2021 年 6 月 22 日）	着力打造“绿色低碳、多能互补、高效协同、数字智慧”的世界一流能源供应商	聚焦三大主要路径，扎实推进十项重点举措，确保如期实现碳达峰碳中和目标

序号	行动方案	主要目标	实施路径
4	中核集团完整准确全面贯彻新发展理念做好碳达峰碳中和工作行动纲要（2022年1月）	明确中核集团等效减排二氧化碳量、万元产值综合能耗、万元产值二氧化碳排放等主要目标	安全有序发展核能产业；加强低碳零碳技术创新，拓展新能源产业，持续优化产业结构，积极探索碳资产经营，努力推动节能降碳，倡导绿色低碳发展的文化理念
5	国网管网LNG管理公司碳达峰实施方案（2022年4月2日）	降碳达峰阶段（2021—2030年）：以控碳为核心，到2025年单位产值能耗和单位产值二氧化碳排放量较2020年分别下降8.7%、8%，2028年实现碳达峰，二氧化碳排放总量控制在84万t以内。融合转型阶段（2031—2040年）以减碳为抓手，碳排放总量和强度逐步降低。绿色中和阶段（2041—2060年）：以碳中和为目标，综合利用自然碳汇、碳交易、碳捕集等措施，逐步实现净零碳排放，力争2050年实现碳中和	重点实施六大行动：加快LNG接收站建设行动，接收站运行提效行动，节能提效减排行动，冷能利用助力降碳行动，科技创新支撑行动，绿色发展转型行动
二、工业企业			
6	中国石化川维化工公司碳达峰碳中和行动方案（2021年8月）	到2025年，与2020年相比，万元产值温室气体排放量和万元产值综合能耗各下降5%	秉承“坚持因地制宜与分类施策相结合，坚持低碳发展与能源安全相促进，坚持产业发展与科技创新相协同，坚持整体推进与示范引领相衔接”原则，制定八大类26条行动任务，涵盖资源能源、发展规划、技术研发、工艺生产、安全环保等公司日常运行的所有领域
7	哈电集团应对“碳达峰碳中和”专项行动方案（2021年9月29日）	全力打造“绿色哈电”，到2025年实现集团发电装备板块中清洁能源产品营业收入占比达到70%以上，力争2030年实现自身碳排放达到峰值	积极构建清洁低碳安全高效的绿色产业体系，重点推进水电、风电、核电等清洁能源发电装备产业发展，同时做好储能、煤电、气电的调峰和服务业务。围绕加快实现科技创新自立自强，推动我国电力装备产品技术向清洁化、绿色化、智能化发展。围绕“绿色管理体系”“绿色工厂”“绿色供应链”3个方面打造集团制造企业的绿色制造体系
8	旭阳集团碳达峰碳中和行动方案（2021年9月）	争做焦化及化工行业碳中和先行者	广泛开展绿色低碳生产工艺。积极开展碳捕集、碳利用、碳封存工作。加快产业转型升级。完善绿色供应链体系。产业链上下游协同减碳。大力发展氢能源。提高电气化率及清洁能源占比。全面平台化、数字化、智能化发展。建设公益林，发展林业碳汇。倡导绿色办公、绿色生活。启动海外布局发展

序号	行动方案	主要目标	实施路径
9	中国宝武碳中和冶金技术路线图（2021年11月18日）	2025 年具备减碳 30%工艺技术能力，2035 年力争减碳 30%，2050 年力争实现碳中和	以富氢碳循环高炉为核心的高炉—转炉工艺路径，形成完整的高炉转炉碳中和绿色产线。以氢基竖炉为核心的氢冶金工艺路径，形成氢冶金碳中和路径。两条工艺路径加上碳资源综合利用、电加热等技术，形成碳中和冶金技术路线图
10	韶钢碳达峰碳中和路径方案（2022 年 1 月 13 日）	2023 年年底前完成环境绩效 A 级企业创建，如期实现“2023 年碳达峰、2050 年碳中和”目标	韶钢碳中和主要路径为规划降碳、效率降碳、工艺降碳、技术降碳、绿色降碳、链圈降碳。 分 3 个阶段推进：近期（2021—2025 年）以效率降碳、绿色降碳与工艺降碳为主；中期（2026—2035 年）以效率降碳、绿色降碳、工艺降碳与技术降碳为主；远期（2036—2050 年）以技术降碳、链圈降碳为主
三、数字经济企业			
11	C^2三能——中国移动碳达峰碳中和行动计划（2021 年 7 月 15 日）	到“十四五”期末，碳排放总量控制在 5 600 万 t 以内，单位电信业务总量综合能耗、单位电信业务总量碳排放降幅超过 20%，企业自身节电量超过 400 亿 kW·h	“三能六绿”新模式。“三能”代表“节能、洁能、赋能”3 条行动主线，节能即千方百计节约企业自身能耗，洁能即提升清洁能源使用比例，赋能即充分发挥信息化技术助力社会减排降碳杠杆作用。“六绿”是指 6 条实现路径，以绿色架构、节能技术为驱动打造绿色网络，以能源消费电气化、绿电应用规模化为目标推进绿色用能，以科学制定设备节能技术规范、完善绿色采购制度为保障建设绿色供应链，以线上化、低碳化为方向倡导绿色办公，以拓展信息服务应用、推广“智慧环保”解决方案为依托深化绿色赋能，以加强宣贯教育、弘扬绿色低碳理念为抓手创建绿色文化
12	蚂蚁集团碳中和路线图（2021 年 3 月 12 日）	2021 年起，实现运营排放的碳中和（范围一、范围二），2030 年实现净零排放（范围一、范围二、范围三）	积极推进绿色办公园区建设，降低建筑、运输等的排放，提升员工碳中和意识，鼓励员工积极参与；持续推动数据中心节能，推动其他供应环节减排；推进绿色投资引导资本向低碳领域流动；加强温室气体排放科学管理，持续提升碳中和信息透明度；审慎评估和使用碳抵消方案

序号	行动方案	主要目标	实施路径
13	节能降碳 绿色发展——中国电信碳达峰、碳中和行动计划（2021 年 8 月 25 日）	到“十四五”期末，实现单位电信业务总量综合能耗和单位电信业务总量碳排放下降 23%以上；实现 4G/5G 网络共建共享节电量超过 450 亿 kW·h，新建 5G 基站节电比例不低于 20%；大型、超大型绿色数据中心占比超过 80%，新建数据中心 PUE 低于 1.3	对内强化技术创新和管理升级，推动企业碳排放强度持续下降；对外优化产品供给和服务质量，以数字技术赋能全社会绿色低碳发展。实施六大绿色行动，即建设绿色新云网、打造绿色新运营、构建绿色新生态、赋能绿色新发展、催生绿色新科技、筑牢绿色新支撑
14	腾讯碳中和目标及行动路线报告（2022 年 2 月 24 日）	不晚于 2030 年，实现自身运营及供应链的全面碳中和；不晚于 2030 年，实现 100%绿色电力	遵循“减排和绿色电力优先、抵消为辅”原则，从节能管理、创新节能技术、提升可再生能源利用比例、推进可再生能源采购和探索碳汇领域的新方法等方面实现降碳
四、金融机构			
15	国家开发银行实施绿色低碳金融战略支持碳达峰碳中和行动方案（2021 年 12 月）	到 2025 年绿色贷款占信贷资产比重较 2020 年年底提高 5 个百分点以上，到 2030 年绿色贷款占信贷资产比重达到 30%左右，2030 年前实现集团投融资与自身运营碳排放“双达峰”；2060 年前实现集团投融资与自身运营碳排放“双中和”	建立服务碳达峰碳中和十大行动体系，包括行动方案体系、组织推进体系、信贷政策体系、碳核算体系、创新产品体系、风险管控体系、考核评价体系、人才队伍建设体系、外部合作体系、绿色运营体系
16	上海证券交易所“十四五”期间碳达峰碳中和行动方案（2022 年 3 月 7 日）	力争将上海证券交易所建设成为在绿色金融领域有国际影响力的证券交易所。交易所自身碳排放、碳效益测算框架及方法基本形成，单位能耗及碳排有所下降	优化股权融资服务，推动企业低碳发展；加快绿色债券发展，助力企业低碳融资；深化绿色金融国际合作，推进市场对外开放；加强绿色金融宣传研究，引导培育专业投资者；推进所内节能减排，推进绿色低碳交易所建设
17	中国邮政储蓄银行落实碳达峰碳中和行动方案（2022 年 3 月）	到 2025 年前，努力建设国内一流的绿色普惠银行、气候友好型银行和生态友好型银行；到 2030 年前，建成“碳达峰”银行，实现自身运营与投融资“碳达峰”，建成国内一流的绿色普惠银行、气候友好型银行和生态友好型银行；到 2060 年前，建成“碳中和”银行，实现自身运营和投融资“碳中和”，建成国际一流的绿色普惠银行、气候友好型银行和生态友好型银行	实施组织管理行动、政策制度行动、金融创新行动、激励约束行动、风险管控行动、碳核算行动、绿色运营行动、外部合作行动、能力提升行动、绿色公益行动等十大行动

序号	行动方案	主要目标	实施路径
五、其他企业			
18	中国节能碳达峰碳中和行动方案（2021年10月20日）	第一步：力争到2028年实现二氧化碳排放达峰。到2030年，“成为世界一流的碳达峰碳中和解决方案服务商”的目标基本实现，服务对象从传统领域扩展到新基建等新兴领域，旗下绿色产业服务社会减碳的贡献在“十三五”的基础上翻两番。第二步：努力争取到2040年左右实现运营碳中和。力争在重点细分领域掌握1～2项世界领跑、世界并跑的低碳零碳负碳技术。第三步：力争到2050年实现供应链碳中和，力争到2060年消除历史化石燃料碳排放	围绕产业发展、技术创新和自身减排三大角度，创新驱动打造新型综合能源服务、强化优势促进减污降碳协同增效、深化研究加强“双碳”智力标准供给、示范先行培育中国节能碳中和品牌、深挖低碳创新型技术、强化零碳先进型技术、布局负碳前瞻型技术、建设数字化智慧化碳管理体系、推进运营低碳改造与零碳负碳示范、加强绿色低碳供应链管理、引导员工积极践行绿色低碳

二、企业实施碳达峰行动存在的突出问题

（一）底数不清，降碳工作无从下手

一些企业能源和碳排放管理偏松偏软，能耗计量和监测设施设备或缺或旧，碳排放统计核算基础数据薄弱，尚未建立碳排放核算管理制度和质量保障体系，不能准确摸清碳排放底数，未掌握企业碳排放绩效水平、来源结构、变化趋势等，也不能结合碳排放特点针对性提出降碳路径和具体措施，降碳工作找不到抓手与着力点。

（二）盲目追风，目标路径不切实际

部分企业“追热点、炒概念、抢头条、唱高调”，未充分考虑发展阶段、排放特点和减排潜力，未经过详细摸底、系统研究和充分论证，武断提出“2025年碳达峰”目标甚至更激进的目标，盲目追求“当先锋”“争引领”。部分企业不注重实际减排，不从根本上提升能效、碳效水平，反而舍本逐末、走捷径购买碳信用“一销了之”。相关做法不能激发自身节能降碳技术创新，不能真正实现降碳目标。

（三）理解不深，盲目投资高碳项目

有的企业对碳达峰认识不深不透，理解和把握不准确、不系统、不全面，没有认识到降碳的科学性、必要性和紧迫性，片面认为碳减排是发达国家限制我国企业发展的“阴谋”“陷阱”，简单将发展与减排对立，认为降碳就是阻碍生产、限制发展，消极应对，造成被动局面。有的企业将碳达峰理解为是“冲高峰”“造高峰”的“窗口期”，对高

碳项目依然准备“大干快上”，完全不顾未来碳约束、碳定价和资产搁置风险。

（四）把握不准，简单粗暴“一刀切”

一些地区主管部门在推动企业降碳工作时，没有把握好企业降碳与本地区碳排放总量和强度“双控”的关系，数据不掌握、政策没吃准，缺乏对企业的引导和指导，导致一些企业碳排放总量目标设定“宽、松、软”，汇总加和之后远超本地区阶段性总量目标，不能确保实现碳排放强度降低目标；或不顾企业发展阶段、排放贡献、减排成本，目标设定“一刀切”、达峰时间“齐步走”，影响企业可持续发展和区域营商环境。

三、准确认识和把握六对关系

（一）碳达峰与碳中和的关系

碳达峰、碳中和的边界不同，碳达峰是指二氧化碳排放达到峰值，碳中和则是要实现包括二氧化碳在内的所有温室气体的净零排放。碳达峰、碳中和相互关联，碳达峰是碳中和的前提和基础，碳中和是碳达峰的紧约束，碳达峰时间的早晚、峰值的高低决定了碳中和的难易和成本。碳达峰既不能激进减排，也不能盲目“冲高峰”。企业当务之急是实现碳达峰，有条件的企业应力争提前达峰。

（二）产业发展与降碳减排的关系

绿色低碳是新一轮技术革命、产业变革、能源转型的鲜明导向，也是企业实现高质量发展的内在要求。降碳减排不是不生产、不发展，而是推动生产方式、发展方式的绿色低碳转型。一方面，先立后破做优“加法”，推动企业优化结构、调整布局、提升效率，同时培育壮大绿色低碳业务板块，为加大降碳投入和深度脱碳积累经济基础和创造技术条件；另一方面，优存量做好“减法”，降低单位产值、产品、服务的“碳足迹”，推动企业在有限的碳排放空间里实现更大的产出、更多的效益。

（三）早降与缓降的关系

“力争 2030 年前实现碳达峰”是全国总目标，不同地区、不同领域、不同企业甚至同一行业的不同企业因发展阶段、产业定位、排放水平、减排潜力等的异质性，以及所在地区能源资源禀赋不同，降碳节奏存在差异，重点企业应按照有序、安全降碳要求，因地制宜实事求是提出不同建设阶段降碳目标，不搞运动式“减碳”。优先推动用能结构偏煤、产业结构偏重的长流程钢铁、水泥熟料等传统“两高”行业重点企业率先实施碳达峰行动，为全社会实现碳达峰目标作出贡献；对于污水处理等传统产业的大型企业应高度重视碳达峰行动，通过尽早实施实现新一轮技术革新，在行业中占得发展先机；对于事关能源安全保障、国计民生的电力行业等重点企业，以及虽能耗高但从全生命周期而言经济产出效益好、碳排放强度低的晶硅光伏、动力电池等产业上游企业可适当放缓碳达峰进程。

（四）自身减排与供应链降碳的关系

国际上，企业碳排放包括 3 个范围，范围一是指企业使用化石能源和生产过程中产生的直接碳排放，范围二是指企业购入电力和热力蕴含的间接碳排放，范围三是指企业供应链和产品全生命周期产生的其他碳排放。不同企业 3 个范围的碳排放量及占比存在较大差异，企业一般应优先推动可控性较强的范围一、范围二降碳，在此基础上有序拓展至范围三降碳。范围一和范围二碳排放少且占比低、但范围三排放量大且占比大的企业应突出供应链和产品全生命周期降碳，实现全社会降碳效益最大化。

（五）企业减排与区域降碳的关系

区域是贯彻落实推动降碳的重要空间单元，企业是区域降碳的重要参与方和责任主体。企业降碳既关系自身落实公共政策和履行社会责任，也关系区域碳排放总量和强度“双控”目标能否完成。企业降碳工作特别是阶段性碳排放增量、达峰时间设定要充分衔接区域碳排放“双控”目标，以免造成因少数企业盲目“上马”“两高”、扩张高碳产能导致恶化区域降碳形势的局面。

（六）碳减排与碳补偿的关系

碳补偿（碳抵消）是企业以较短时间、较低成本实现碳中和的重要途径，已成为一些企业特别是跨国企业实施碳达峰碳中和的路径选择之一。碳减排是降碳的“本”和“牛鼻子”，碳抵消是降碳的有益补充。企业应将自身的节能降碳减排放在优先位置，从根本上推动碳减排，在此基础上审慎采用碳补偿，不应本末倒置。

四、重点企业有计划分步骤实施碳达峰行动的对策建议

（一）明确范围，系统摸清碳排放家底

对标行业碳排放核算与报告指标，加强碳排放监测与核算，摸清碳排放基本特征。一是构建数据管理体系。加强生产、能耗等碳排放核算基础数据监测与获取，按年度开展碳排放核算、报告与信息披露。具备条件的企业，可为委托专业技术服务机构开展碳盘查，确保数据真实、准确、完整。二是规范测算历史排放。以法人为边界，以范围一、范围二为重点，按照统一标准规范，核算历史时期（一般是 5～15 年）企业碳排放数据，建立长序列碳排放数据库（集），分析企业碳排放总量、变化趋势等基本特征，识别碳排放来源结构、增减贡献。三是分析评估历史降碳成效。评估并量化企业已采取的余热回收、电能替代、能源管理等节能低碳行动实际效果，科学研判未来碳排放总量变化。

（二）研判形势，分阶段设定碳控排目标

深入研究企业发展阶段、排放特征、市场行情、政策环境等因素，分阶段确定以碳排放“双控”指标为核心的降碳目标。一是分阶段设置目标。综合研判企业未来产业结构、用能需求和碳排放态势，科学设定分阶段目标。优先设定和量化“十四五”碳排放控制目标，目标应突出控制碳排放强度，减缓碳排放总量增长速度，推动碳排放尽快进入平台期。其次应设定碳达峰目标，确定碳排放总量以及降碳的主要路径，并研究提出达峰后推动持续降碳的主要方向与潜力。二是突出碳排放“双控”。紧扣推动能耗“双控”向碳排放总量和强度“双控”转变的政策导向，“十四五”以强度降低目标为主、总量目标为辅，并将强度作为约束性指标。进入达峰攻坚期时以总量目标为主。三是加强区域降碳目标衔接。企业阶段性碳排放总量（增量）目标、碳达峰峰值按照区域“一盘棋”要求，充分对接各区域碳达峰实施方案和碳排放“双控”目标，实现统筹衔接。

（三）分类施策，差异化推进降碳减排

深入分析不同企业行业分类、经济体量、发展阶段、用能结构、降碳潜力等因素，针对性提出不同类型企业碳达峰行动实施方案。一是优先推动高载能高排放的煤电、长流程钢铁、水泥熟料等传统行业企业实施碳达峰行动，采取产能控制、清洁能源替代、能效提升、余热回用等节能改造措施降碳。二是鼓励绿色低碳产业、高新技术产业、服务业等重点企业持续优化碳排放管理体系，促进全产业链全生命周期绿色低碳发展，持续降低排放强度。三是针对正在发展中的萌芽型、扩张性企业，采用清洁能源、实施综合能源管理，保持较高的能效碳效水平。

（四）明确路径，丰富完善碳减排措施

坚持因企制宜，加强基础研究和论证，科学确定不同阶段碳技术路径，近期以结构优化和效率提升为主，中期以技术突破和工艺重塑为主，重点突出中短期路径和措施。一是突出结构降碳。大企业大集团要优化产业结构和投资布局，逐步提升高技术产业、战略性新兴产业、绿色低碳产业和现代服务业占比，严控高碳投资。能源企业加快能源生产结构调整，布局可再生能源，提升绿色低碳能源占比。工业企业要加快转型升级，优化产品结构和用能结构，严控高碳产能和项目，降低高碳排放、低附加值产品占比，控制和减少化石能源，扩大可再生能源电力消费。二是实施工程降碳。结合企业实际实施工艺更新重塑和节能降碳改造，实施废物资源再利用、余热余压余能利用、分布式能源等降碳减排项目，提升工艺生产电气化、智能化、清洁化水平。三是强化技术降碳。推广先进适用生产技术和节能降碳技术。具备条件的企业，要加快布局低碳低污染原（燃）料、绿色氢能、碳捕集利用与封存等前沿技术研发和应用示范。四是加强管理降碳。健全企业节能降碳责任制，完善节能降碳激励机制。将碳排放管理纳入企业数字化管理平

台，实施用能数字化调控和提效。推广绿色建筑，鼓励绿色办公、绿色出行，实施绿色采购。提高绿电和其他零碳电力、新能源交通物流车采购比例，购买核证碳减排量实施一定比例碳补偿。

（五）强化保障，全面加强碳资产管理

结合企业性质和实际需要，建立健全企业碳排放管理体系，加强人才、资金、项目等要素配置。一是建立工作机制。碳排放量较大的企业，可统筹设立碳达峰行动工作机构，成立碳资产管理部门，加强组织领导和日常管理。碳排放较少的企业，应明确节能降碳职能部门，确保降碳工作落实。二是完善投入机制。突出低碳引领，调整优化企业经营战略，加大对低碳技术、降碳项目、低碳产业的投资，分阶段滚动储备节能降碳工程项目。三是配备专业人才。企业应加强碳排放管理培训。具备条件的企业，可引进和规范培养“碳排放管理员”，培育一批达到职业技术标准要求的人员。四是管好能碳资产。有条件的企业应推动核证碳减排项目指标规范开发和交易，积极参与碳排放权交易，盘活碳资产，实现保值增值。具备条件的企业，可开展碳排放绩效国际对标，推动低碳产品和碳足迹认证，提升行业影响力。

（六）动态评估，有效确保碳减排效果

把握好碳达峰行动的艰巨性、复杂性，建立动态评估和行动强化机制。一是开展绩效评估。以五年为周期，以碳排放“双控”目标为重点，定期开展碳达峰进展成效分析，评价“投入—产出”情况，分析存在的差异和突出问题。二是更新调整方案。根据动态评估结果，调整更新碳达峰行动方案，细化降碳阶段性目标任务，进一步明确降碳技术路径和具体行动，增强时效性和可操作性。三是制定配套方案。结合技术进步、发展需要、降碳约束等条件，制定节能、绿色产业发展、绿色化改造、产能等减量替代等配套实施方案，推动降碳行动落地落实。

参考文献

[1] 朱怡，王旭辉. 国网公司发布“碳达峰、碳中和”行动方案[J]. 班组天地，2021（3）：82-83.
[2] 国家电网公司发布“碳达峰、碳中和”行动方案[N]. 国家电网报，2021-03-02（1）.
[3] 许盼. 华电集团发布碳达峰行动方案[N]. 中国电力报，2021-06-23（1）.
[4] 张文思. 国开行发布支持“双碳”路线图[N]. 中国银行保险报，2021-12-15（3）.
[5] 潘晓娟，张千千，王希. 中国节能发布碳达峰碳中和行动方案[J]. 班组天地，2021（11）：84-85.
[6] 刘艳. 中国电信启动“双碳”行动计划[N]. 科技日报，2021-09-03（3）.
[7] 高志星. 碳中和下的首个央企行动方案[J]. 现代国企研究，2021（7）：74-79.

以数字化赋能市（州）生态环境治理现代化

摘　要：生态环境保护作为一个系统性工程，其涉及的领域多、数据量大，亟须引入现代化的治理手段和工具保障各项工作顺利展开。生态环境信息化建设作为环境治理能力现代化的新引擎，历来受到党中央、国务院以及生态环境部的高度重视。四川省为序时完成美丽四川建设、深入打好污染防治攻坚战以及“十四五”生态环境保护各项目标任务，积极推进生态环境信息化建设，省厅及各市（州）生态环境局信息化建设成效显著。但相较于信息化建设水平较高的省（区），整体上依然存在顶层设计不足、区域信息化发展不平衡、基础设施建设存在短板、数据挖掘和决策支撑能力不够，以及数据、系统的互联互通、共建共享程度不高等问题。通过学习省内外的环境信息化建设优秀案例，针对四川省当前环境信息化建设面临的问题，提出深化优势特色亮点、强化区域流域合作、大力补齐设施短板、强化能力建设等建议。

关键词：生态环境信息化；数字化；监测；基础设施

生态环境信息化是国家网络安全和信息化建设的有机组成，是生态环境保护工作的重要内容和支撑保障，直接关系生态环境部门的履职能力。2022 年 6 月，国务院印发《关于加强数字政府建设的指导意见》，明确要全面推动生态环境保护数字化转型，建立一体化生态环境智能感知体系，打造生态环境综合管理信息化平台，强化大气、水、土壤、自然生态、核与辐射、气候变化等数据资源综合开发利用。

《四川省“十四五”生态环境保护规划》明确提出要加快生态环境监管数字化、智能化步伐，显著提升生态环境治理效能，使环境治理体系与治理能力现代化水平再上新台阶。《四川省巩固污染防治攻坚战成果提升生态环境治理体系和治理能力现代化水平行动计划（2022—2023 年）》对提升生态环境治理能力现代化水平作出更具体的部署，包括建设生态环境要素感知监测网络，补充完善监测分析要素，实现环境质量、污染源、生态状况感知全覆盖。为按期达成目标，省厅及各市（州）生态环境局充分利用现代信息技术加快补齐基础建设短板，助力生态环境精准治理和环境质量持续改善。

一、全省生态环境的信息化支撑能力显著提升

（一）省厅推进生态环境数字化成效显著

为显著提升生态环境管理能力，实现全省生态环境系统业务工作“统一指挥、协同管理、上下贯通、一体监管”，省厅设计并搭建了生态环境一体化业务应用大系统，包括集数据查询、实时调度、线索聚焦、比对分析等功能于一体的“天府云督察”系统；集成信息填报、实时监控、预警提醒和统计分析、信息共享等功能的四川省固体废物监管平台；以及包括基础数据库、物资信息库、应急预案、指挥“一张图”和预警与警情管理等六大模块的四川省环境应急管理指挥系统等。

（二）市（州）生态环境信息化建设亮点纷呈

成都市已基本完成数据中台、技术中台和生态环境“一张图”框架体系建设，正积极推进智慧生态环境二期建设。绵阳市正以已建成使用的大气污染防治快速反应信息化协同处置平台为底座，推进水污染防治快速反应子系统建设。德阳市建成预防人为干扰自动监测智慧监管系统，显著提升在线自动监测站监测数据的真实性和准确性。宜宾市持续推进环境监测中心站实验室信息管理系统（LIMS），夯实生态环境监测基础能力。乐山、泸州、南充、攀枝花等地大力强化监测监控基础设施建设，提升监控预警与精准治污能力。

二、市（州）生态环境信息化亟须解决的主要问题

（一）统筹规划与顶层设计有待加强

现有生态环境业务系统由于建设主体不同且多为分批分期建设，缺乏顶层设计和系统谋划，在数据整合、功能设计及运行环境、UI 界面等方面均存在不利于后续优化整合的弊端，不同的系统平台，开发语言技术不同、数据标准不统一、系统间互联互通阻隔，致使环境信息化工作部门化、局部化现象严重。统筹规划的缺少也容易导致出现系统重复构建、功能重复开发等问题。

（二）区域信息化建设水平参差不齐

由于经济发展水平、人力资源素质以及对环境信息化建设的重视程度存在差异，各地区信息化建设层次较不均衡。成都凭借良好的经济条件和人才资源，信息化建设一直走在全省前列，乃至在全国也有较大影响；绵阳、德阳、宜宾等地仅针对某些特定业务

领域或监管场景实现初步的数据集成和应用系统建设，但对标省内外先进地市在全面智能化方面还有较大差距；乐山、泸州、攀枝花等地，虽然已基本构建起完备的信息采集、网络传输、数据存储、高速计算等基础设施体系，但在业务的数字平台建设上稍有滞后；甘孜州、阿坝州、凉山州等地，更是由于起步较晚，生态环境监测、监管“智慧化”能力尚不能满足现阶段业务需求。

（三）应用差异化和特色化考虑不足

大部分地市的信息化建设一般针对水、大气等传统要素，应用系统的功能则主要聚焦对污染排放和环境质量的实时跟踪监控，重在展示而统计分析功能较弱。同时，各地的生态环境信息化同质问题较为突出，没有针对区域特点和生态环境保护工作的重点进行定制化的信息建设，且不同程度存在灵活性、可扩展性较差的问题。

（四）信息化基础设施建设存在短板

现有的信息化基础设施存在设备老旧、覆盖范围不广、涉及领域较少等问题，难以满足全面监测、精准治污的需求和生态环境业务信息化发展的要求。大部分市（州）主要聚焦于传统的大气及水质方面的自动监测，几乎不涉及生态系统、应对气候变化等综合观测及行业碳排放统计监测，与建成“天空地”一体化生态环境监控体系和生态环境监测大数据平台的目标仍存在较大差距。

（五）数据挖掘和决策支撑应用不够

相较于信息化建设较为发达的省（区），四川省的整体信息化程度还存在一定差距，尤其是数据挖掘利用方面。当前大部分市（州）在数据采集、监控和传输等方面已有一定基础，正逐步补充完善监控范围和领域。然而，在数据的处理及分析方面仍有较大进步空间，大量数据止步于查询检索和基本统计，未进行数据的深入挖掘，缺少形势研判、污染溯源等关联性分析，数据应用深度不够。

（六）互联互通与共建共享程度不高

生态环境信息化建设涉及自然资源、农业农村、水利、住建、交通运输等多个业务部门，然而当前市（州）内跨部门及市（州）间横向交互的生态环境信息资源共享机制尚未完全建立，数据共享程度不高，“孤岛”问题依然存在。为获得数据开展重复监测采集的症结尚未彻底根除，站点建设和监测内容交叉重叠，不仅易造成数据来源多头、“数据打架”问题，也造成重复投资和资源浪费。

三、助推市（州）生态环境信息化建设的思考与建议

（一）深化优势特色亮点，鼓励探索创新实践

尽管四川省的生态环境整体信息化程度相较于发达省（区）尚有差距，但部分市（州）因为起步早、投入大，在部分业务领域作出了自己的特色，形成了一定的先发优势。同时，部分市（州）虽然在信息化建设现状上稍有落后，但也具有丰富应用场景的优势。

一是有先发优势。“十四五”期间，可围绕成渝地区双城经济圈建设、美丽四川、公园城市示范区、成德眉资同城化等战略布局，聚焦解决高关注度环境问题，以数字化赋能生态环境治理为抓手，制定细则，遴选一批类似成都“数智环境”、绵阳“快反平台”、德阳“防扰监测系统”等，建设成熟、运行良好、应用广泛的业务应用系统。同时在现有基础上持续开展“二期”“三期”建设，深度融合大数据、区块链、人工智能、机器学习等现代信息技术，推进生态产品价值评价、规划（计划）任务多目标决策优选、政策实施的生态效益和社会效益评估分析等应用探索，持续拓展应用场景，推动管理和信息化深度融合，打造四川省市域生态环境治理信息化“金名片”，并根据应用成效由点及面逐步推广至相关市（州），甚至更进一步上升为全省一体化业务应用大系统的组成部分。

二是有场景优势。鼓励各市（州）立足自身解决突出生态环境问题、防范化解生态环境风险等需求出发，积极推进智慧化创新试点，更好地推动全省生态环境信息化多领域同步推进。如宜宾、眉山等空气质量改善任务重的地市，可探索建立涵盖大气污染防治、监督管理、支撑保障、低碳发展等业务于一体的智能化大气信息系统，助力减污降碳协同增效，重点推进消除重污染天气、环境空气质量持续改善和碳达峰。宜宾、泸州等有临江化工园区的地市，则可充分运用遥感技术（RS）、地理信息系统（GIS）、5G、物联网等多种技术，加强“天空地”一体化应急监测能力，并建立包含环境风险源管理、应急预案管理、环境应急监测管理、调度指挥现场处置等功能模块的环境应急指挥平台，提升环境风险应急管理能力。攀枝花市、凉山州等有大排放、高能耗行业企业的地市，则可探索构建大气污染和碳排放协同控制系统，在常规的大气污染源在线监测、无人机监测等基础上，集成碳通量监测、卫星遥感监测、激光雷达监测、传感器监测等，进行全面的数据汇集整合，并运用大数据、云计算等技术，在深化大气复合污染特征分析、碳排放态势分析，实现污染精准溯源、精准监督执法的同时，优化重点行业用能结构和生产工艺流程，助力降低行业企业能耗和 VOCs 无组织排放等。

（二）强化区域流域合作，共谋、共建、共治、共享

生态环境自身在空间上的关联性、流动性和不可分割性，以及环境污染在时间上的

连续性，决定了生态环境协同治理的系统性，强化多污染物区域协同治理是顺应新发展阶段生态环境治理的关键一环。

一是具有空间连续性。例如，流域治理，只有立足于流域的系统性、水流的规律性，坚持以系统思维统筹干支流、上下游关系，才能有效保障水生态环境质量的持续改善。因此，可统筹推动阿坝州、甘孜州、雅安市、成都市、眉山市、乐山市、宜宾共建岷江流域综合管理平台，推动广元市、南充市、巴中市、达州市、广安市联动建设嘉陵江—渠江流域综合管理平台等，以流域为单元，构建耦合气象、水质、水文、水动力学的网格化、分布式、精细化的流域模型，充分利用模型模拟可重复性、可逆性、结果可控性等特点，提高对流域水质分析、问题识别与成因判断、水质变化趋势研判、污染防治成效评估、年度考核目标任务完成情况预判等多种形势分析的精度。并可进一步与水利部门的数字孪生流域等信息平台进行联通，整合水雨情等实时信息，提高预测预警预报响应速度。

二是具有要素相似性。例如，川西北生态示范区的阿坝州、甘孜州两地，则可以国家、省统筹推动实施青藏高原生态屏障区生态保护和修复、长江黄河上游重点生态区（含川滇生态屏障）生态保护和修复、自然保护地建设等重大生态工程为契机，把握大熊猫国家公园、若尔盖国家公园建设的重大机遇，以生物多样性保护为重点，联合打造川西北生态大数据中心。在原有生态环境监测网络的基础上，补充完善监测内容和指标体系，充分利用红外相机、无线电追踪、DNA 条码等技术，加强对野生动物从个体到种群、群落、生态系统等多尺度观测，运用卫星遥感技术实现对川西北植被全覆盖时空动态监测，构建山水林田湖草沙冰一体化保护的监测网体系。进一步对各类感知设备的信息进行系统整合，运用数据挖掘和模型模拟，构建集野生动植物调查分布展示、植被覆盖及生物多样性指数模型计算等功能于一体的智能化分析评估和可视化展示中心，助力川西北生态示范区建设。

三是有必要下好先手棋。几年来，川渝跨界河流联防联治联席会议、跨省联合执法机制，云贵川三省赤水河流域跨省横向生态补偿机制不断健全完善，成渝地区双城经济圈、赤水河流域生态环境保护联建联治不断取得新进展，但在信息化一体建设方面还有所滞后。建议可统筹推动在泸州率先启动赤水河流域综合管理平台建设，在南充率先启动嘉陵江流域生态环境管理平台建设，先期以搭建省内统一的大数据中台为主，全面推进省内相关市县的断面水质、河道岸线、污染点源、排污口设置等信息的整合汇集与互通共享。下一步集成机理模型和大数据方法，全面实现流域环境数据分析、污染溯源、应急预警、督察执法、指挥调度、资源配置的一体联动，不断提升流域治理的网络化、数字化、智能化能力。

（三）分级分类分步实施，大力补齐设施短板

生态环境信息化建设本身是一项长期任务，任重而道远，不可能一蹴而就，同时，

各地区信息化现状水平也极不均衡，因此，在推进信息化建设过程中应充分考虑区域能力差异、业务轻重缓急等因素，分级、分类、分步实施相关的能力建设工程。

一是整体走在前列。以成都为代表，信息化建设一直走在全省前列，乃至在全国也有较大影响，建议在现有基础上加强政产学研用协同攻关，加大科研和技术创新应用力度，按照构建大生态大环保格局，信息汇集、系统整合、管控联动的目标要求，不断推进数据整合、应用整合、场景整合。优化数据资源目录，健全数据治理长效机制，形成涵盖自然资源、水文气象等要素，“一库整合”的生态环境大数据中台；贯通目标管控、督察执法、风险防控等业务链条，搭建“一网联动”的业务协同平台；推动环境管理、信息公开、企业办事一站式集成，打造环境管理“一门服务”便捷使用场景。为全省贡献数据体系、应用标准、安全规范、保障机制等智慧成果。

二是局部特色创新。以绵阳、德阳、泸州等为代表，可充分利用模型模拟、机器学习、人工智能等技术手段，进一步发挥数据资源的潜在价值，开发数据综合分析工具与多维可视化表达工具，打造多层次、多维度、多类型的数据产品，实现环境质量因素动态跟踪、关联分析、态势研判、风险预警、追踪溯源、输入响应等功能模块集成联动，提高辅助决策能力，提升精准科学依法治污、执法水平。

三是具备设施基础。以乐山、南充、达州等为代表，可一方面进行统一规划，淘汰老旧监测设备，持续完善覆盖天空地全域的具有较高自动化、智能化水平的监测设施，初步形成布局合理、功能完善、统一规范、数据互补、科学高效的生态环境监测网络体系。另一方面，基于监测网络体系，搭建全域生态环境数据中台，实现生态环境数据资源全域联网、全面集成、规范整合、纵向流通、横向贯通、高效共享。

四是发展稍有滞后。以甘孜州、阿坝州、凉山州等地为代表，由于信息化建设起步较晚，同时缺少信息化专业技术人才，相较于其他地市生态环境整体信息化水平较低。因此，一方面应加强自身在网络资源、计算资源、存储资源、基础软件、安全设备等方面的投入，加快建成较为完善的信息化基础设施体系。另一方面，省厅在统一规划和部署全省生态环境信息化建设重大工程项目时，适当加强对上述地区的政策、人才等资源倾斜以及指导帮扶，不断缩小与其他地市的总体差距，推动全省生态环境信息化整体能力水平不断提高。

（四）持续强化能力建设，不断筑牢发展根基

生态环境信息化建设是一项复杂的系统工程，要实现生态环境信息化的高质量发展，不仅要有科学有效的统筹规划与顶层设计、有前瞻性的信息化总体框架、有绿色新型的监测监控与网络和计算基础设施，也要有统一高效的标准规范、全面集成的数据资源、稳定可靠的安全保障、高素质专业化的人才队伍。

一是标准规范体系。遵循标准先行的原则，在梳理整合生态环境、自然资源、水利、气象等各领域已有的各类大数据建设标准规范体系基础上，参考国家大数据标准化工作

组大数据参考架构等成果，面向生态环境数字化、智慧化要求，从指标分类编码、数据存储和传输交换、图示表达、产品服务、运行维护等全过程、多维度，研制贯穿生态环境管理决策和社会化服务始终的标准规范体系。以统一的标准来约束和规范各市（州）数据中台（平台）、业务中台（平台）建设，确保数据规范一致、顺畅共享，应用互联互通、全景呈现。

二是数据资源体系。一方面是着重构建生态环境“一套数”，按照统一标准和分类体系，根据数据类别、层次和关联关系，建立健全“全省统一、动态更新、共享校核”的数据资源目录，形成全省生态环境数据共建、共享、共用的统一索引。市级（含）以下生态环境部门在相应分类层次下补充扩展本地其他数据目录，并更新到全省生态环境数据资源目录。全面建立横向跨部门、跨行业协同、纵向省、市、县三级联动的生态环境数据资源目录和数据更新维护机制。另一方面是大力推进数据资源交互共享，明确各部门数据治理的范围边界和权责，按照全省、全市“一张网”“重点突破、循序渐进”的原则，不断拓展数据自动采集范围，并建设生态环境数据资源中心，推动数据资源全面覆盖、自动汇集、动态更新、规范整合。实现数据在国发系统和省、市、县系统共四级平台间纵向的科学归集与回流，在生态环境部门与各委办局之间横向的联通共用，并预留跨地区统一的数据传输交换和共享服务。

三是安全保障体系。管理制度体系方面，建立生态环境数据汇集管理和共享服务相关制度，明确数据采集、传输、存储、使用、开放等各环节保障信息安全的范围边界、责任主体和具体要求，确保“一数一源”、数据的准确性和及时性的同时，健全完善数据注册、数据授权、数据使用、数据保密等制度。运维防护体系方面，建设管理和技术并举的生态环境系统网络安全防护体系，推进信息系统建设全生命周期各阶段的安全管控，开展常态化网络安全检查工作，建立健全网络安全监测预警机制、联防联动机制和应急响应机制，增强监测预警、攻击溯源和应急处置能力。

四是专精人才队伍。一方面强化干部队伍建设，实施全方位、多层次的信息化人才招引战略，拓宽引才渠道，加大引才力度，充实壮大省、市、县各级生态环境信息化队伍规模。创新人才培养使用机制，注重培养既了解生态环境业务又熟悉信息化、大数据技术的业务精、专业化复合型人才。另一方面优化生态环境信息化借智借力的制度环境，激发大型信息化类高新技术企业助力生态环境的积极性，充分发挥社会力量的专业技术和资金优势，建立与新技术、新业态相适应的建设和运行管理新机制、新模式。引导生态环境信息化建设社会化发展，鼓励采用以租代建、服务外包等新模式，促进信息化建设主体和服务方式多元化。

关于健全环境要素市场化配置体系的初步思考

摘　要： 健全环境要素市场化配置体系，对推动高质量发展与生态文明建设而言，是一项重大的、基础性机制创新，是充分发挥市场在环境要素配置中决定性作用的一项重要制度改革，对于提升环境要素优化配置和节约集约安全利用水平具有重要作用。本文就健全环境要素市场化配置体系，试作如下思考建议：提升要素质量，丰富要素形态；建立产权制度，推动要素确权；完善市场机制，畅通要素交易；壮大交易主体，改善发展条件；优化收益分配，统筹效率公平；强化市场监管，实现精准管控。

关键词： 环境要素；市场化配置；思考建议

一、健全环境要素市场化配置体系的基本背景

党的十八大以来，以习近平同志为核心的党中央以前所未有的力度抓生态文明建设，并就把市场化手段引入生态文明建设领域多次作出重要部署。在2018年5月召开的全国生态环境保护大会上，习近平总书记强调，要探索政府主导、企业和社会各界参与、市场化运作、可持续的生态产品价值实现路径，要充分运用市场化手段，推进生态环境保护市场化进程。在 2021年5月十九届中央政治局第二十九次集体学习时，习近平总书记强调，要推进排污权、用能权、用水权、碳排放权市场化交易[1]。与此同时，中央先后印发了关于构建更加完善的要素市场化配置体制机制的意见、要素市场化配置综合改革试点总体方案等重要政策文件，为深化要素市场化配置改革，促进要素自主有序流动，提高要素配置效率谋划了蓝图，并专门为积极稳妥开展环境要素市场化配置综合改革试点指明了方向。聚焦生态文明建设视域下的环境要素市场化配置体系，其主要是指生态产品价值实现，生态系统生产总值（GEP）核算，生态环境权益融资，排污权、用能权、用水权、碳排放权市场化交易等相关经济行为，所依托的一整套制度与政策体系。

近年来，我国环境要素市场化建设取得阶段性成果，为进一步健全环境要素市场化配置体系打下了良好基础。在GEP核算方面，截至2020年全国县域和市辖区GEP共计约63万亿元（港澳台，广东东莞、广东中山、海南儋州、甘肃嘉峪关等“直筒子市”暂未纳入统计）。在排污权方面，全国已有28个省（区、市）开展了试点，截至2021年12月，全国排污权有偿使用和交易总金额达到 245亿元［一级市场（含排污权有偿使用

费）金额约176亿元，占比72%；二级市场（企业间）交易约69亿元，占比28%］。在碳排放权方面，全国碳市场自2021年7月上线以来，纳入重点排放单位2 162家（发电行业），年覆盖约45亿t二氧化碳排放量，交易价格稳中有升，累计参与交易的企业数量超过重点排放单位总数的一半，市场配额履约率达99.5%以上，成为全球覆盖排放量规模最大的碳市场。在用水权方面，2016年设立了中国水权交易所，到2021年年底累计完成用水权交易超2 100单、交易水量近35亿m^3。在用能权方面，目前我国在浙江、福建、河南、四川开展用能权交易试点，履约行业主要包括钢铁、化工、有色等高耗能行业。与2012年相比，2021年我国单位国内生产总值能耗、二氧化碳排放、水耗分别下降26%、34%、45%，主要资源产出率累计提高了约58%，碳市场覆盖范围内碳排放总量和强度保持双降趋势。上述阶段性成效的取得，与相关环境要素市场化交易制度的建立与发展密不可分[2]。

二、健全环境要素市场化配置体系的重要意义

（一）环境要素市场化配置具有突出的优势特点

一是市场决定、有序流动。在充分发挥市场功能基础上，环境要素市场化配置能够依据市场规则实现交易效益最大化和效率最优化，能够畅通要素流动渠道，促进不同市场主体高效、经济获取相应要素积极效用。二是高效调控、因势利导。我国环境要素市场化配置将更好发挥政府的作用，这有利于健全环境要素市场运行与交易机制，完善政府调节与监管，实现放活与管优相结合；也将根据环境要素属性、市场化程度差异，针对性完善有关市场机制，引导要素向生态文明建设重难点、关键领域、迫切需求聚集。三是统筹兼顾、动态完善。在推动环境要素市场化配置体系建设过程中，将同时遵循经济发展与生态文明建设的规律，统筹推动生态环境保护与高质量发展，坚持夯实、提高环境要素质量，不断挖掘、培育和发展环境要素新形态、新功能。

（二）健全环境要素市场化配置体系具有紧迫性

目前，我国生态环境资源化市场化水平还偏低，主要环境要素的承载能力、现实功能等在区域、时空上分布不均，水资源严重短缺，能源对外依存度高。市场化交易可以推动环境要素价格显性化、成本收益内部化等的实现，这将产生多重积极影响：一是有助于在全社会树立“生态环境有价”“保护生态环境就是保护生产力”“改善生态环境就是发展生产力”等理念，增强“减排有激励、乱排有惩戒”“排碳有成本、减碳有收益”等高质量发展的意识。二是有助于推动减污降碳节能增效相关领域中技术、管理与机制创新，引导相关市场主体根据自身节能降碳边际成本，以环境要素价格为“信号”，自主改进生产方式、优化生产规模、调整产品形态。三是相较于目标完成导向、行政分

解导向、命令控制导向的环境要素管理模式，合理的市场手段更为“灵活”、更富“弹性”，可以提高环境要素及其权益在不同部门、行业和地区间的配置效率，将有限的指标动态配置给使用效率更高、创造效用更大的市场主体，有利于降低全社会减污降碳节能增效的成本[3]。

（三）环境要素市场化配置具有积极的经济功能

完善各类要素市场化配置是建设统一开放、竞争有序市场体系的内在要求，是坚持和完善社会主义基本经济制度、加快完善社会主义市场经济体制的重要内容。一是环境要素市场化配置有助于通过价格调节、竞争选优、博弈均衡、信息交互等机制，实现环境要素在市场流向、价值实现、布局分配和公共效益等方面的最优化、最大化。二是健全环境要素市场化配置体系，有助于形成各类市场主体内在激励和约束机制，对于改善环境质量、节约利用资源、推动技术进步、促进制度创新具有突出的“杠杆效应”。三是构建更加完善的环境要素市场化配置体系，有助于促进环境要素在规范条件下，主动择机、科学博弈、有序流动，对实现高效精准要素配置，进一步激发要素创造力与市场活力。

三、健全环境要素市场化配置体系的初步建议

（一）提升要素质量，丰富市场形态

一是筑牢生态环境要素质量本底。聚焦改善生态环境质量，深化细化污染防治；着力推动生态系统良性循环和环境风险防控，加快建立生态安全体系；加大自然生态系统保护修复，提升生态产品保障和供给能力，持续发力保护好、形成好、维护好一批底子硬、功能强、覆盖广且可供市场化交易配置的生态环境本底与指标存量。二是明确参与交易要素内涵外延。划分如水资源与湿地资源、地表水与地下水等交叉要素的边界与交易权限。适时出台地方性、行业性环境要素底数调查办法，强化数据统计、评价测算，把各类要素的位置、质量与数量等摸清查明。联合地方、有关部门、典型企业等方面联合研究划定各类环境要素的市场划分、交易功能等。三是开发培育新型市场形态。聚焦种类新、旧转新、功能新等方面，深挖环境要素及其对应市场形态、经济形态，条件允许时鼓励采取一质（要素）多态、多质（要素）一态、组合多态等符合形式。合理赋予环境要素金融属性，支持商业银行采用环境要素产权质押、预期收益质押等融资方式，为促进环境要素市场化交易提供更多金融产品及其衍生服务形态；合理实现环境要素与资本要素融合发展，提升对环境要素通过各类型交易进行转化的金融支持力度；支持与保险业务结合，合规开发环境要素责任险、环境要素市场新形态转化险等产品。

（二）建立产权制度，推动要素确权

一是细化开展要素确权。在环境要素摸底调查基础上细致开展要素确权，对环境要素得以发挥其经济功能的主体权利、交易类型、权益关系等进行确定。根据环境要素内涵特征及其所涉法律法规等，科学确定各要素确权工作的组织模式、技术方法和制度规范。结合第二次全国污染源普查、各级各地年度环境统计环境监测等工作基础，对各类环境要素进行统筹摸底、精确掌握。二是明确要素权利主体。在涉及物权、民商事行为等法律法规基础上，明确不同环境要素归属权，处理好全民所有与集体所有、行业所管与地方所辖、企业所需与市场所值等关系，明确不同要素主体在法律地位、经济地位等方面的具体属性，厘清环境要素在个人、单位、行业、集体、全民等方面的权益关系。保护各类主体合法持有、使用、获取环境要素收益的权益，确保其投入各类要素贡献获得合理回报。三是探索产权结构分置及应用。探索构建环境要素所有权、使用权、经营权等分置的产权运行机制，构建全民、集体、地方、行业、企业等环境要素分类分级确权授权制度。结合环境要素本底质量、产权归属、管理权限、属地来源和内涵特征等，依规、科学界定各类环境要素交易属性及其形成、流通、使用等过程中，各参与方享有的合法权利。四是完善相关产权权能。例如，在土壤要素上，可尝试推动其作为城市土地市场科学化、民生化发展和农村土地市场高效、安全、放活的重要参考；在水环境要素上，应重点探索推进区域间、流域间、流域上下游间、行业间、用水户间等多种形式的水环境权益交易；在森林资源上，需明晰各类实施主体及权利边界，规范集体所有权实现形式，健全林地承包经营权的变动方式，强化林地地役权的生态功能，丰富担保物权的抵押形式等；在湿地资源上，要推动相关法律法规出台，探索湿地特许经营权及其权责范围。

（三）完善市场机制，畅通要素交易

一是完善交易价格调控机制。规范构建有效反映环境资源资产实际价值、稀缺程度、损害成本等的价格形成机制，确保交易过程合法、高效。加强环境要素价格管理和监督，引导相关主体依规开展要素定价，推动政府定价由具体管制向制定规则，促进价值规律、竞争选优和供求博弈等机制在环境要素市场化配置中发挥决定作用。例如，进一步完善横向生态补偿价格议定模式、城乡一体化排污权交易格局、用水权基准价格确定办法、湿地权益交易价格体系等。二是构建规范有效交易场所。统筹环境交易场所规划布局，科学设计环境交易（线上线下）场所结构，建立健全环境交易场所管理规则，重在降低交易成本、提升交易效率。引导多种类型环境交易场所共同发展，促进区域性、行业性平台与国家级平台互联互通，构建完善多层次交易体系。三是完善合规有序跨境交易机制。在现实需要且条件允许前提下，适时探索环境要素信息交互、业务互通、监管互认等国际合作，推进跨境环境要素贸易，积极参与环境要素有偿流动、环境安全、认证评

估等国际规则和标准制定。推动环境要素跨境双向有序交易，鼓励国内外合规企业及组织开展、参与环境要素国际贸易。统筹环境要素国际贸易和国内环境信息安全保护，探索建立安全性强、便利化程度高的跨境交易分类分级管理与监管机制。

（四）壮大交易主体，改善发展条件

一是积极培育专业的交易企业。为环境企业，特别是环境要素交易主体，提供更多交易机会与更广市场空间，扩大环境要素有偿使用范围，探索合理的有偿使用权、特许经营权、合格租赁权等新型交易形式。引导中小环境企业聚焦主业增强竞争力，支持优质环境企业上市或挂牌融资，营造多种所有制环境要素交易主体共同发展、平等竞争的良好市场氛围。二是鼓励企业创新交易形式。支持环境相关行业领军企业为创新交易方式、交易品种等，提供应用场景、适用环境与探索空间。鼓励企业探索环境要素授权使用新模式，发挥国有、行业龙头企业带头作用，促进向中小微企业公平授权、创新赋能，促进各类型企业合理使用环境要素，积极参与市场化交易。三是培育服务流通的第三方力量。围绕服务环境要素合规高效、安全有序流通与交易，探索培育一批第三方专业机构，有序发展要素经纪、合规认证、安全审计、环境托管、资产评估、争议仲裁、风险管控等组织机构。雇佣具备相应资质的第三方机构，为环境交易双方提供产品开发、发布和承销等环节，提供环境资产合规化、标准化、增值化服务。在智能制造、节能降碳、绿色建造、新能源、智慧城市等领域，大力培育贴近业务需求的环境交易第三方主体。四是支持社会各方依规参与交易。鼓励行政机关、企事业单位、人民团体、基层自治组织等各方力量，开展合同能源管理、合同节水管理、环境污染第三方治理以及环境治理效果为导向的环境托管服务等业务，逐步扩大环境要素市场覆盖范围，促进各环境交易主体供给与需求高效对接。支持第三方机构、中介服务组织、环保社会组织等加强环境要素质量评估，推动环境产品标准化，发展环境要素质量分析、数据服务、统计摸底等业务。

（五）优化收益分配，统筹效率公平

一是健全由市场评价贡献、按贡献决定报酬机制。构建并优化公平与高效、激励与规范相结合的环境价值分配机制。按照“谁投入、谁起效、谁受益”原则，保护好环境要素市场化过程中各主体的投入产出收益，探索不同主体合理分享收益的模式。合理推动环境要素收益分配向本底价值和环境治理倾斜。二是完善个人分配机制。在环境要素市场化配置获得收益中，系统构建充分体现知识技术、管理创新等新型价值收益的分配机制。合理分配环境要素经营性收益、环境权益入市增值收益等，兼顾国家、集体、企业组织和公民不同权益，鼓励和引导环境要素收益现金分红，完善不同市场主体环境要素权益保护制度。三是更好发挥政府在收益分配中的功能。加大政府引导调节力度，树立环境要素收益公平分配导向。依法预防、规制资本在环境要素领域可能存在的无序扩张等问题。推动大型环保企业积极承担社会和市场责任，鼓励各类市场主体依法依规提供公益服务。

（六）强化市场监管，突出精准有效

一是保护各方合法权益。保障环境要素所有者依法享有获取或转移相关权益的权利，保护环境管理方对依法依规持有的环境要素进行自主管控的权益。在保护公共利益、环境安全、环境要素所有者合法权益前提下，尊重环境要素有关权益形成过程中其他要素的贡献。保护环境要素衍生产品经营权，依法规范环境要素所有者许可他人使用环境或环境要素衍生产品的权利，保障环境要素流通依规复用。二是完善全流程监管。建立环境要素流通准入标准规则，强化全流程合规治理，确保流通要素质量过硬、来源合法、流通交易规范。结合环境要素在流通、影响和风险等方面的具体特征，分场景、分用途和分用量等探索开展环境要素市场交易质量标准化体系建设。严厉打击黑市交易，取缔环境要素非法流通相关产业。开展环境要素安全管理认证，提升环境要素安全管理水平。三是夯实要素质量监管。对可供市场交易的环境要素质量开展统一的监测、管护治理，构建全国统一的环境要素质量监测监管平台，挖掘、采用大数据分析、应急预警、全流程管理等功能，精细化提升环境要素监管水平和效率。建立健全环境要素协同监管体系，推动实现跨部门、跨区域、跨主体的信息共享与监管同步，构建“横纵”联通的监管格局。

参考文献

[1] 习近平. 习近平谈治国理政：第三卷[M]. 北京：外文出版社，2020.

[2] 如何理解健全资源环境要素市场化配置体系？[N]. 人民铁道，2023-07-27（2）.

决策咨询篇

加快构建碳排放总量和强度"双控"机制的建议

摘　要：生态文明建设已进入以降碳为重点战略方向的新时期，亟须把握好降碳节奏力度，创造条件尽早实现能耗"双控"向碳排放"双控"转变。加快构建碳排放"双控"机制，推动从"能控"为主向"碳控"为主转变，有利于科学确定基于不同需求的差异化低碳转型的合理预期，激发绿色低碳优势产业发展潜力，获得更大的清洁用能增量，放大清洁能源优势，避免碳排放"攀高峰"和运动式"减碳"，实现与产业发展、民生改善、环境治理协同多赢的目标。

关键词：碳排放；减碳；"双控"机制

2021年3月，《中华人民共和国国民经济和社会发展第十四个五年规划和2035年远景目标纲要》提出，"十四五"时期单位国内生产总值能源消耗和二氧化碳排放分别降低13.5%、18%，完善能源消费总量和强度双控制度，重点控制化石能源消费，实施以碳强度控制为主、碳排放总量控制为辅的制度。2021年10月，中共中央、国务院《关于完整准确全面贯彻新发展理念做好碳达峰碳中和工作的意见》发布，要求严格控制能耗和二氧化碳排放强度，合理控制能源消费总量，统筹建立二氧化碳排放总量控制制度。2021年12月，中央经济工作会议明确指出，新增可再生能源和原料用能不纳入能源消费总量控制，创造条件尽早实现能耗"双控"向碳排放总量和强度"双控"转变。2022年1月24日，中共中央政治局就努力实现碳达峰碳中和目标进行第三十六次集体学习，强调要健全"双碳"标准，构建统一规范的碳排放统计核算体系，推动能源"双控"向碳排放总量和强度"双控"转变。2022年3月22日，国家发展改革委、国家能源局印发《"十四五"现代能源体系规划》，要求更大力度强化节能降碳，完善能耗"双控"与碳排放控制制度，坚决遏制高耗能高排放低水平项目盲目发展，推动能耗"双控"向碳排放总量和强度"双控"转变。做好降碳工作，亟须构建碳排放总量和强度"双控"机制。

一、构建碳排放"双控"机制的重大意义

碳排放"双控"是碳达峰、碳中和目标愿景的核心要求，是对包括能源在内的经济社会发展质和量的全面考核，是能耗"双控"的延伸和发展。碳排放"双控"需要能源

消费总量控制和能源结构优化协同推进。相较于能源消费总量和强度“双控”，碳排放“双控”更具鲜明的控碳、降碳、减碳导向，且不会约束经济增长对用能的需求，有利于“十四五”时期扩大可再生能源利用规模。为尽早实现能耗“双控”向碳排放“双控”转变，需要构建以控制碳排放总量和强度为主导的低碳机制，解决碳排放总量和强度指标如何确定、如何分配、如何考核等 3 个核心问题。

（一）把握节奏，避免“攀高峰”和运动式“减碳”

碳达峰碳中和目标意味着我国将完成全球最高碳排放强度降幅，用全球历史上最短的时间（约 30 年）实现从碳达峰到碳中和。研究显示，我国将在未来 40 年经历碳达峰、稳中有降、加速减排、深度脱碳 4 个阶段。相较于主要发达经济体，我国要将温室气体排放量从超过 130 亿 t 二氧化碳当量降至 20 亿 t 二氧化碳当量左右，最后通过生态碳汇和工业固碳实现碳中和（温室气体净零排放）。把握降碳力度、节奏、重点将是统筹好发展与减排、降碳与安全的长期课题。加快构建碳排放“双控”机制，推动能耗“双控”向碳排放总量和强度“双控”转变，有利于科学确定降碳管理的合理预期，避免“攀高”排放、“冒进”减排，确保降碳有序、平衡和安全，提高碳达峰碳中和在生态文明建设和高质量发展中的引领力和推动力。

（二）压实责任，推动不同区域梯次有序实现碳达峰

“二氧化碳排放力争于 2030 年前达到峰值，努力争取 2060 年前实现碳中和”是全国总体降碳目标，不是各地区、各行业、各企业“一刀切”“一条线”“同步走”式同时达峰，实际上会有时序有早晚、峰值有高低、强度有差异。国家降碳顶层设计文件明确提出，“根据各地实际分类施策，鼓励主动作为、率先达峰”和“支持有条件的地方和重点行业、重点企业率先实现碳达峰”。因此，在难以逐一明确碳达峰碳中和时间节点、峰值水平、减排幅度的情况下，立足“十四五”乃至“十五五”实施碳排放“双控”，有利于因地制宜推动降碳，增强全国降碳战略定力。

（三）加快转型，促进绿色低碳优势产业高质量发展

降碳既是环境问题，更是经济社会发展的长期性系统性变革，深刻影响未来的产业、城市、生活、投融、金融、财税、科技、教育、就业等各方面。实现稳步降碳，既要做好高碳经济、高碳能源、高碳生活的“减法”，更要做好低碳经济、低碳能源、低碳生活的“加法”，坚持“先立后破”，有序推进新旧交替。实施碳排放“双控”，给“高碳”画出“天花板”，为“低碳”描绘“基准值”，有助于加快释放绿色低碳产业发展市场需求，培育壮大新能源、新材料、新能源汽车、节能环保等新经济新动能，有效推动经济社会发展建立在资源高效利用和绿色低碳发展的基础之上，实现经济、社会、生态、环境、气候效益多得、多赢。

二、四川省构建碳排放“双控”机制的挑战难点

（一）“能控”向“碳控”转变

能源是社会经济发展和提高人民生活水平的重要物质基础，能源安全是国家经济安全的重要体现。实现碳中和为愿景的应对气候变化目标，关键在于“降碳”而不是“减能”，须稳步推动碳排放与能源消费增长脱钩，破除碳约束对经济高质量发展和民生改善合理用能的“紧箍咒”。不同于全国以煤电为主的电力结构，四川已在经济大省中率先形成以水电为主的高比例可再生能源电力系统，电力低碳化水平高［四川电网碳排放因子约 1.03 万 t/（亿 kW·h），仅为陕西的 1/7、北京的 1/6、浙江的 1/5、重庆的 1/4］。考虑到四川已形成零碳电力为主、天然气为辅的新增用能格局，降碳不应过度强调控制能源消费总量和强度，而应突出对新增用能的清洁化结构、供给侧存量化石能源清洁替代的要求，尽早争取将管控重心从能耗“双控”向碳排放“双控”转变，支撑全面建设社会主义现代化四川。

（二）实施差异化降碳引导

受自然环境、区位条件、资源分布、发展阶段、产业特征等叠加影响，四川省发展不平衡与不充分问题并存，降碳难以“齐步走”，也不能“一刀切”。分地区看，经济总量上成都“一城独大”特征非常突出，都市圈碳排放强度较低但发展诉求高，碳增量配置是难点；达州、内江、乐山、攀枝花等地发展高碳路径依赖短期内难变，安全降碳是重点；“三州”地区和盆周山区发展不足但绿能富集，低碳价值实现是要点。分行业看，建材、钢铁、煤电、化工等传统产业高碳锁定严重，降碳重点在产品生产总量控制和能耗强度持续降低。考虑到各地碳排放体量、增长态势、控排力度、降碳重点均存在较大差异，亟须突出目标引领和考核体系的差异化，更好引导不同地区和行业低碳绿色转型，避免“一刀切”带来的冲击和负面影响。

（三）考核指标体系不健全

围绕“碳达峰十大行动”，“十三五”控制温室气体排放目标责任考核指标体系不能适应新形势需要，四川尚未因地制宜形成各领域可落地到市（州）维度的完整支撑指标体系，且缺乏统一、权威、高阶的党政考核机制，不利于各地差异化把握降碳方向、节奏和力度。例如，工业领域是降碳的重点，但尚未提出单位工业增加值二氧化碳排放降低指标，难以实现工业降碳成效考核；电动化是交通降碳的关键，但目前电动车保有量占比指标缺失。考虑各地区、各行业领域在降碳中的定位、功能、作用均不同，如何统筹兼顾、突出重点、有软有硬、急慢有序建立更有效的降碳考核指标体系是一大难题。

（四）统计核算基础薄弱且滞后

现行省、市（州）两级能源平衡表编制审核周期较长，二氧化碳排放核算结果时效性较差，月、季碳排放指标尚不能及时核算发布，降碳“事中”管控的数据支撑严重滞后。除成都市外，其他市（州）的县（市、区）、园区作为降碳基础单元尚无能源平衡表，无法核算年度二氧化碳排放量。工业、交通、建筑等领域能源和温室气体排放监测统计核算基础较为薄弱，覆盖度、精准度、信息化水平不高，导致有指标、有目标，却难以有效考核，造成降碳责任压实、政令贯彻的“最后一公里”问题，部署落地见效难、见效慢，难以支撑时效性较强的省级生态环境保护督察。

三、四川省构建碳排放“双控”机制的对策建议

（一）突出“导向性”，服务保障重点产业和区域发展

将碳排放控制摆在经济社会发展全面绿色转型的突出位置，强化碳排放“双控”对绿色低碳优势产业发展和重点区域转型发展的引导作用。一是针对晶硅光伏、动力电池、优质算力、现代装备、新能源汽车等技术含量高、发展前景广、附加值高、电气化特别是绿电占比高、具有战略性的绿色低碳优势产业，实施碳排放强度控制，并给予合理的碳排放增量空间。二是聚焦建材、冶金、低端化工等高碳突出、污染严重、产能过剩、附加值低的行业，优先实施碳排放总量控制。三是综合考虑各地区发展阶段（工业化、城镇化）、排放强度、资源禀赋、战略定位、生态环境等因素，差异化设置各区域碳排放控制总量和强度目标，避免“鞭打快牛”和“停滞不前”。四是给予新设国家级和省级开发区、城市新区等新城新区合理的碳排放增长空间，着力突出碳排放强度控制。

（二）把握“阶段性”，明确碳排放“双控”的时间优先序

坚持碳排放“双控”方向不动摇，加快设立省、市（州）两级区域和重点控排单位碳排放总量指标，把握降碳节奏和力度。一是“十四五”时期以碳排放强度为主、总量为辅，推动碳排放强度下降 19%～20%，坚持以碳排放“亩均论英雄”原则合理配置 2 000 万 t 左右的碳排放净增量空间。二是“十五五”时期坚持碳排放总量和强度并重，将新增碳排放总量作为约束性指标，在严控净增量的同时从煤炭消费和建材、冶金、化工等行业深入挖掘碳减排潜力。三是“十六五”时期将碳排放总量削减作为约束性目标，构建与经济发展情势联动的弹性总量控制机制，推动煤电和重点制造业碳排放等量或减量替代，巩固碳达峰成效，确保碳排放总量稳中有降。

（三）体现“系统性”，构建全面兼容降碳指标体系

把握降碳的阶段性、区域性、系统性特征，多维度构建以结构性降碳为重点的降碳

指标体系。一是统筹目标绩效和重点举措行动，以能源节约与结构优化、产业低碳转型、城乡绿色建设、绿色交通构建、生态碳汇提升、非二氧化碳温室气体管控、碳市场建设运行、低碳科技创新、低碳试点示范、基础能力支撑、对外交流合作和组织领导等为重点，科学选取关联性支撑性定量指标，建立碳排放总量和强度控制为统领的“2+N”指标体系。二是科学设置各项指标评价考核权重，将碳排放“双控”、能耗“双控”、能源结构优化、工业低碳发展、低碳城市建设摆在突出位置，赋予更高分值权重。三是增强兼容性和“弹性”，考虑指标的覆盖度、可获得性、有效性，同时与行业统计体系和部门考核关键指标充分衔接，探索在一些区域实施部分指标豁免考核（如提升雅安、阿坝等地可再生能源消费占比超 70%地区的非化石能源消费占比考核权重，甘孜等特殊区域的绿色建筑占比、绿色交通占比考核权重）、将绿色低碳优势产业发展作为加分项，实现发展与减排、节能与降碳、减污与降碳充分协同。

（四）突出“严肃性”，实施党委、政府降碳专项考核

发挥新型举国体制优势，构建“横到边、纵到底”的降碳党政同责和压力传导机制。一是落实生态文明建设进入以降碳为重点战略方向的新阶段要求，建立以降碳为牵引的生态文明建设综合评价考核体系，将碳排放纳入区域经济社会高质量发展评价体系，营造有利于传统动能升级和增强新动能发展的宏观营商环境。二是在“十三五”能耗“双控”、控制温室气体排放目标责任考评基础上，升级搭建针对市（州）党委、政府的降碳专项考核，重点聚焦年度碳排放“双控”目标完成和重点措施落实情况。三是用好生态环境保护委员会“1+N”机制，将碳排放“双控”及“两高”项目管控、去产能“回头看”、碳市场清缴履约、碳排放数据质量作为重要内容纳入省级生态环境保护督察，切实将体制优势转化为推动绿色低碳高质量发展的新动能。

（五）提升“时效性”，构建碳排放“双控”统计核算体系

打通碳排放数据壁垒，加快构建“核算为主、监测为辅”的统一数据支撑体系。一是加快构建“总—分”有机结合的能源和温室气体排放统计核算体系，由统计部门统计核算关键指标，补齐工业、能源、建筑、交通运输、公共机构、农业农村等部门面向企业的能源和温室气体排放数据获取的短板（如分行业领域碳排放总量和单位产品碳排放、单位产值碳排放、单位建筑碳排放、单位周转量碳排放等指标的统计核算体系）。二是完善和优化能源和二氧化碳排放统计、核算、审定、发布机制和流程，缩短月、季、年数据产出周期，增强碳排放数据的时效性。三是建立统一的区域二氧化碳统计核算体系，按照统一口径核算考核周期内的区域和重点工业行业二氧化碳排放。四是加强能源、工业、建筑（含公共机构）、交通运输领域及重点企业的能源和温室气体排放监测统计核算核查体系建设，推动能耗在线监测、温室气体排放数据按月报送，增强数据可比性和分辨率。

四川省新时期背景下生物多样性保护工作的思考与建议

摘　要：四川是我国重要的生物多样性宝库，是生物多样性保护工作的重要阵地。本文通过梳理新时期我国生物多样性保护工作的新要求与实施路径，剖析四川生物多样性保护存在的问题与挑战，发现生物多样性面临较大威胁、政策体系需进一步完善、能力建设亟待提升以及保障体系尚不健全等问题。建议构建“1+X+Y”生物多样性地方性法规与标准体系，为生物多样性整体保护提供法治保障；构建“1+1+N”规划行动体系，引领全省生物多样性保护工作；健全绿水青山向金山银山转化政策体系，促进生物多样性可持续发展利用，进一步擦亮“美丽四川”名片。

关键词：生物多样性保护；标准体系；政策体系

一、我国生物多样性保护工作开启新格局

（一）生物多样性保护工作进入新阶段

从 2011 年我国第一次成立专门性机构（中国生物多样性保护国家委员会）统筹协调全国生物多样性保护工作，印发《中国生物多样性保护战略与行动计划（2011—2030 年）》（以下简称《行动计划》），再到 2021 年，中共中央办公厅、国务院办公厅印发《关于进一步加强生物多样性保护的意见》（以下简称《意见》），文件级别进一步提高，显示国家对生物多样性重视程度再上一个台阶。对比《行动计划》的十大行动，《意见》在内容设置上新增加了“加大执法和监督检查力度”的内容，该项任务是生物多样性领域具体落实中央生态环境保护督察制度的体现，进一步突出了党政领导的责任，进一步压实了基层生物多样性保护的责任。《行动计划》与《意见》内容对比见图 1。

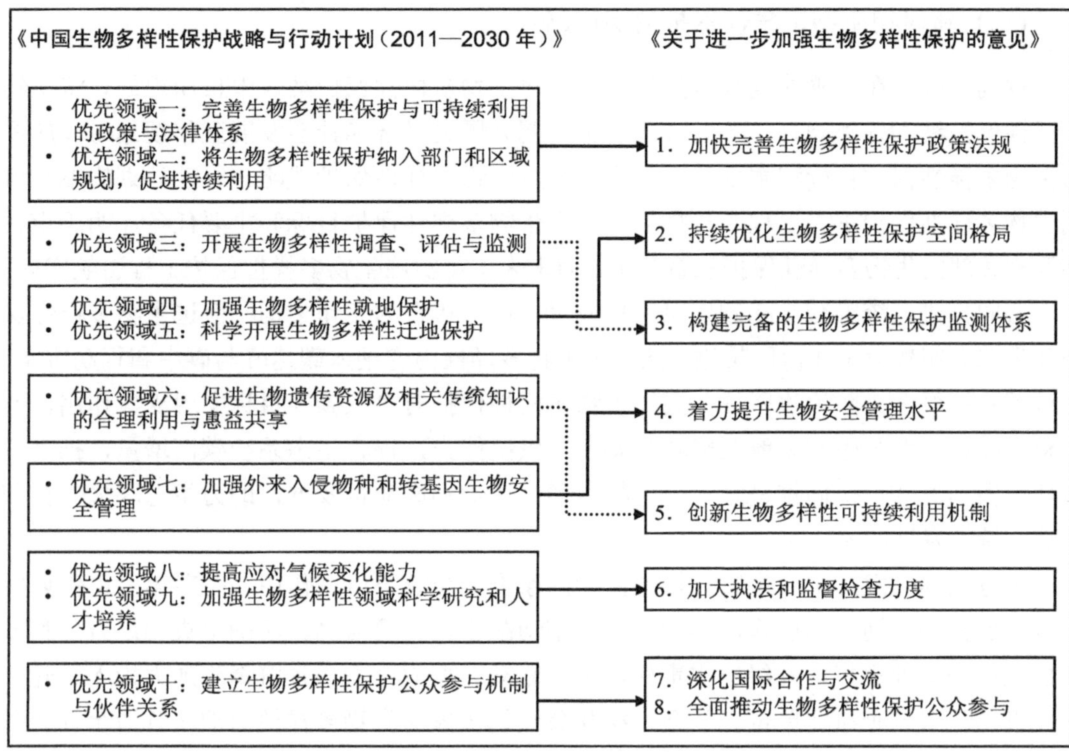

图1　《行动计划》与《意见》内容对比

（二）新时期生物多样性保护的目标愿景

《意见》强调尊重自然、顺应自然、保护自然，促进实现人与自然和谐共生。在具体目标上，强调全面提升生物多样性治理水平，系统完整、全方位对重要生态系统、生物物种及遗传资源实施有效保护，保障生态安全。在治理体系方面，强化体制机制建设和责任落实，明确中央和地方生物多样性保护和管理事权，压实主体责任，突出政府主导和多方参与。在社会影响方面，做全球生态文明建设和生物多样性治理的重要参与者、贡献者和引领者，凝聚全社会共识，营造全社会共同参与生物多样性保护的良好氛围。《意见》主要目标见表1。

表1　《意见》主要目标

指标	2020年现状值	2025年目标值	2035年目标值
森林覆盖率	23.04%	24.10%	26%
全国湿地保护率	50%	55%	60%
天然草原综合植被盖度	56.10%	57%	60%
国家重点保护野生动植物物种数保护率	71%	77%	全面保护
自然保护地占陆域国土面积比率	18%	18%	18%以上

（三）新时期生物多样性保护的实施路径

规划引领。在完善法规政策的基础上，将生物多样性保护纳入中长期规划。将生物多样性保护纳入各类规划，各省（区、市）制订国民经济和社会发展五年规划时，应提出生物多样性保护目标和主要任务。启动地方生物多样性保护战略与行动计划修编和编制生物多样性保护重大工程十年规划，提出生物多样性保护目标和主要任务，明确市、县及相关部门生物多样性保护职责分工，为未来十年实施生物多样性保护工程引航定向。

协同推进。统筹减污降碳增绿，形成"三位一体"的工作架构，促进生物多样性保护和生态文明建设工作协同推进。把保护生物多样性内容纳入碳达峰与碳中和行动方案，促进深入打好污染防治攻坚战，突出生物多样性保护对"双碳"目标实现支撑作用。实施科学绿化，增强生态系统功能和生态产品供给能力，提升生态系统碳汇增量，推动生态环境根本好转。协同推进高水平生物多样性保护和高质量发展，助力生态环境保护和经济可持续发展。

多方联动。发挥中国生物多样性保护国家委员会统筹协调作用，完善年度工作调度机制，加强部门间工作协作，协调一致，密切配合，互通信息。明确中央和地方生物多样性保护和管理事权，分级压实责任，上下联动、形成合力。政府牵头加大投入，建立合作机制，引导企事业单位、社会组织和公众积极参与生物多样性保护，营造全社会共同参与生物多样性保护的良好氛围。

强化监管。将危害国家重点保护野生动植物及其栖息地行为和整治情况纳入中央生态环境保护督察、"绿盾"自然保护地强化监督等专项行动。在加大执法和监督方面，创新监测和执法手段，将卫星遥感等先进技术引入生态破坏监测体系。健全联合执法机制，加大跨部门、跨区域联合执法，实现资源共享、优势互补。构建生物多样性保护成效考核指标体系，将生物多样性保护成效作为党政领导班子和领导干部综合考核评价及责任追究、离任审计的重要参考，落实责任追究制度。

二、四川生物多样性保护存在问题与挑战

（一）生物多样性面临较大威胁

一是局部自然生境生态问题较突出。四川省自然生态系统总体较脆弱，自然灾害频发，部分森林生态系统质量不高，高原草地存在不同程度退化和土地沙化，气候变化引起雪线上升、冰川消融等问题。二是物种濒危程度较重。以四川省生物多样性优先区域为例，按世界自然保护联盟（IUCN）物种存续委员会（SSC）确定的濒危物种级别，极危物种有 77 种，濒危物种有 198 种，易危物种有 508 种，近危物种有 236 种，占优先区域物种总数的 10.53%。三是外来物种入侵威胁较大。当前四川省主要外来入侵物种约有

74 种，其中最为典型的紫茎泽兰，在横断山南段优先区域分布广泛，且影响较大；另外四川省中东部地区松材线虫病问题较突出，依据国家林业和草原局 2022 年公布数据，四川省有 43 个县（区）被列为松材线虫病疫区，约占全省县（区）数量的 23.50%。四是保护与发展的空间冲突仍存在。四川省生物多样性保护优先区域、重点生态功能区与欠发达地区空间高度重合，开发活动挤占生态空间情况时有发生，在中央第五生态环境保护督察组向四川省反馈督察时指出，2017 年以来，宝兴县锅巴岩矿区（县）二轻公司大理石矿等 6 处矿山超范围开采，白玉沟大理石矿侵占蜂桶寨国家级自然保护区核心区 26.27 亩。

（二）生物多样性保护政策体系需进一步完善

一是在法规政策方面，从长江经济带范围来看，四川省有关生物多样性保护的政策数量相对较少，生物多样性惠益分享等方面仍存在空白，与同是生物多样性大省的云南相比，在立法数量和涵盖范围等方面都存在较大差距。二是在规划方面，四川省实施的《四川省生物多样性保护战略与行动计划（2011—2020 年）》已超规划期限，需依据《意见》要求修订更新。三是在标准方面，国家层面有关生物多样性的标准较少，除生态环境部出台了生物多样性调查与监测国家标准外，考核与监管等工作环节缺乏技术依据，地方标准相对匮乏，难以满足基层定量化、精细化管理的需求。

（三）生物多样性保护能力建设亟待提升

一是生物多样性本底尚有待全面摸清。除大熊猫国家公园等自然保护地以及横断山南段、岷山—横断山生物多样性保护优先区域以外，四川省大部分地方生物多样性保护的基础数据资料还比较缺乏。已经开展的物种调查主要集中于大熊猫和川金丝猴等国家重点保护的陆生野生动植物等，对非重点保护但受威胁的陆生和水生生物种群、分布及受威胁因素等还缺乏深入研究。二是生物多样性监测网络有待进一步健全。目前，四川省尚未建立统一的监测网络和数据库，四川省生物多样性监测样地和基础数据分散在不同部门和机构，生物多样性信息“孤岛化”问题较突出。三是生物多样性保护监管存在短板。监管手段相对单一，精细化和差异化水平不足，虽然遥感监测手段已广泛应用在“绿盾”自然保护地监督检查工作中，但地面生物多样性监管仍主要以人工巡护为主，投入成本较大，管理效率相对较低。

（四）生物多样性保护保障体系尚不健全

一是宣传及科普教育有待加强。近年来四川省在生物多样性保护方面取得了突出成效，但由于宣传方式较单一，常态化宣传机制未建立，尚未形成良好的舆论氛围。同时由于科普教育载体建设不足，精品成果缺乏，导致公众获取生物多样性保护相关科学知识渠道较少。二是全民参与生物多样性保护不足。公众对于生物多样性关注度和知晓度普遍不够，非法放生、弃养等损害生物多样性行为仍存在，社会组织和个人保护力量没有充分调动，全民共治的氛围尚未形成。三是基于绿水青山就是金山银山理念的生物多样性可持续发展利用政策尚未建立。四川省生态产品价值实现的政策体系还未建立，上位规范、引导与支持不足，各地探索实践尚属于“星星之火”的状态。

三、政策建议

紧扣《意见》的战略要求，立足新发展阶段，完整、准确、全面贯彻新发展理念，对标四川省生物多样性保护短板与问题，提出政策建议：一是构建“1+X+Y”生物多样性地方性法规与标准体系，为生物多样性整体保护提供法治保障；二是以“1+1+N”规划行动体系引领四川省生物多样性保护工作；三是健全绿水青山向金山银山转化政策体系，促进生物多样性可持续发展利用，进一步擦亮“美丽四川”名片。

（一）构建“1+X+Y”生物多样性地方性法规与标准体系，为生物多样性整体保护提供法治保障

制定“1”部地方性法规《四川省生物多样性保护条例》。填补四川省生物多样性保护综合立法空白，用一般法集中解决“共性”问题。内容上，聚焦生态系统、物种和基因3个层次，从生物多样性保护事权划分、调查与监测、规划与管理、资源开发与利用、公众参与、区域协作以及法律责任等方面进行原则性规定，破解生物多样性保护碎片化立法问题。

完善“X”个具体领域的地方性法规。对野生动物、野生植物、湿地、自然保护地、森林、生物遗传资源获取与惠益等具体领域的法规进行立改废释，用特别法突出解决“个性”问题。一方面，强化四川特色领域立法，在法治轨道上传递“四川名片”。如加紧出台《四川省大熊猫国家公园管理条例》，促进以大熊猫为旗舰物种的野生动植物和生物多样性保护得到有效加强。另一方面，强化法规清理，不断增强地方性法规“生命力”。对与上位法和四川实际需求存在差距、实施时间久的法规适时进行修订，如《四川省湿地保护条例》《四川省天然林保护条例》，通过清理推动生物多样性地方性法规提质增效。

出台“Y”项生物多样性保护地方标准。综合考虑四川的自然环境特征、科学技术水平和经济条件，按照全面性和先进性的原则，从调查、监测、数据平台、评价、考核和管理等领域制定或更新技术标准，构建起全覆盖管理的标准框架。对标国家有关标准，结合四川实际需求，研究出台《四川省生物多样性观测技术导则》《四川省区域生物多样性评价标准》等地方标准，促进生物多样性保护工作向精细化转变。突出四川省大熊猫保护领域技术优势，在《大熊猫识别技术规范》《大熊猫放归自然技术规范》《大熊猫圈养机构宣传教育标准》等现行地方标准基础上，查漏补缺。结合成都公园城市建设、

川藏铁路等重大战略，适时研究出台相关标准，促进形成生物多样性友好型开发标准化模式。

（二）以“1+1+N”规划行动体系引领四川省生物多样性保护工作

第一个“1”是加快推进《四川省生物多样性保护战略与行动计划》修编。开展《行动计划（2011—2020 年）》实施情况评估，建立考核评估指标体系，对计划进展和实施效果进行绩效评估和验收，总结过去十年生物多样性保护经验和存在问题。结合《意见》的任务部署，研究提出四川省生物多样性近期、远期目标和分阶段任务，确保大熊猫和雪豹等珍稀濒危物种有效保护，重点野生物种保护率保持在 95%以上。研究提出法规政策体系建设、物种栖息地保护、监测评估、退化生态系统修复、交流合作等方面行动计划，完善计划保障机制和实施方案。

第二个“1”是加快编制《四川省生物多样性保护重大工程十年规划》。以提升保护成效、加强监管能力为导向，以工程手段解决四川省生物多样性具体问题，推进生物多样性本底调查评估，完善生物多样性观测网络；坚持自然保护地体系建设，加强野生动植物及其栖息地保护；增强野生动植物救助、繁育以及物种资源收储能力，提升迁地保护设施和水平；维护区域生物安全；开展生物多样性可持续利用的试点示范，创新生物多样性相关的发展模式。提出四川省未来十年推进生物多样性保护的规划目标、工程布局、管护举措和技术措施。

统筹组织开展“N”项生物多样性保护重要行动。一是专项规划行动。组织国内和省内优势科研机构，开展大熊猫、雪豹、川金丝猴、珙桐等珍稀濒危物种专项保护规划；按照横断山、岷山、若尔盖、武陵山、大巴山和岷江流域等重要地理单元，突出区域特色，编制生物多样性区域保护规划；鼓励有条件的市（州）及县（市、区），编制本区域生物多样性保护重大工程实施方案，落实地方级生物多样性保护行动要求，分领域、分区域、分层次构建四川省生物多样性专项规划体系。二是“生物家底”调查行动。将生物多样性调查内容纳入四川省自然资源调查监测体系，统筹衔接森林、草地、湿地等各类资源调查工作，协同推进四川省生物多样性本底调查，形成统一有序的生物多样性调查、监测、评价体系和成果管理、运用、发布制度。以生物多样性保护优先区内 76 个县级行政区为重点，优先开展生物多样性本底调查，争取到 2030 年，完成四川省域本底调查工作。三是四川生物“一个库、一张图”行动。应用云计算、物联网等信息化手段，充分整合跨部门、跨机构生物多样性数据，建立完善四川省生物多样性基础信息系统，分步建立县级物种资源基础数据库，建立反映生态环境质量的省级和市（州）级指示物种清单。完善生物多样性监测网络，梳理四川省森林固定样地、鸟类观测样区、哺乳动物观测样区和两栖动物观测样区等生物多样性监测网络现状，充分依托四川省现有各类监测站点和监测样地（线），形成生物多样性保护“一张图”。建立预警技术体系和应急响应机制，实现长期动态监控评估，为保护成效评价、管理、核查、考核等工作提供依据。四是“生态家园”提升行动。加快健全自然保护地分类分级管理体系，紧抓高质量建设大熊猫国家公园和自然保护地优化调整的机遇，加快推进保护地保护能力建设和信息化管理，完善自然保护地体系的管理和监督制度。定期评估重点物种生境适宜性及动态变化特征，重点围绕狭域分布、小种群和极度濒危物种保护和栖息地恢复、生物廊道、野生动物遗传物质保存等开展研究。进一步增强大熊猫繁育中心、成都植物园等保种、繁育和科普宣教能力。

（三）健全绿水青山向金山银山转化政策体系，促进生物多样性可持续发展利用，擦亮四川“绿色名片”

构建全链条政策体系，探索生态产品价值实现路径。构建基于生态产品价值核算的生态保护成效考核指标体系与办法，完善补偿赔偿、绩效考核、金融支持等政策设计。立足四川省特色资源优势，在保护好生态环境的前提下，挖掘生态资源优势，探索生态优势向发展优势转变的四川路径。打造九寨沟全域旅游、蒲江猕猴桃、会东特色林产品、青神竹加工、沐川魔芋和稻城生态旅游等绿色产业招牌。选择试点地区开展生物多样性保护助推生态产品价值实现创新试验，挖掘案例特色、固化转化形式、提炼路径共性，以鲜活的实践案例向全国推广“绿水青山就是金山银山”实践的四川经验。

立足乡村振兴战略，积极发展生物多样性友好型产业。规范生物多样性友好型经营活动，依托四川特色的种质资源优势，引导规范利用茶、竹、魔芋、柑橘、猕猴桃等生物资源，发展野生生物资源人工繁育培育利用、生物质转化利用、农作物和森林草原病虫害绿色防控等绿色产业。进一步扩大生物多样性保护与乡村振兴相协同的示范技术、创新机制等应用范围。以高质量建设大熊猫国家公园为契机，制定自然保护地经营性项目特许经营管理办法，总结推广“荥经经验”，鼓励原住居民参与特许经营活动。大力发展自然教育，打造雅安大熊猫、若尔盖黑颈鹤、雅安红嘴鸥、沐川朱鹮等自然体验路线。

讲好“四川故事”，向全国、全世界推介生物多样性保护经验。四川省生物多样性保护成果丰厚，尤其是大熊猫保护工作具有世界影响力，可以通过实施“五个一工程”，向全国、全世界推介生物多样性保护经验的“绿色名片”。第一个“一”：策划创作一部大事记。通过围绕时间、空间不同维度，从政府、科学家、老百姓多视角切入，精心策划编撰一部高质量四川生物多样性保护大事记，突出四川物种大发现、大熊猫保护、蒙顶山茶叶起源、距瓣尾囊草抢救等典型事件，以点带面鲜活展示四川省生物多样性的特色和成就。第二个“一”：整理出版一部案例集。四川各地一直以来都积极开展生物多样性保护，涌现大熊猫繁育、老河沟公益保护地、荥经大熊猫国家公园园地共建、沐川紫茶遗传资源保护开发等一大批成功案例。建议生态环境厅牵头征集各地“生物多样性保护”示范案例，编汇成册，总结推广鲜活案例和先进经验，供四川省参考交流。第三个“一”：举办一系列学术交流。四川省生物多样性保护研究基础雄厚，大熊猫、川金丝猴保护等科研成果在世界前列，具有很强的学术影响力。应借助 COP15 会议的持续影响，发挥四川“熊猫故里”的科研优势，建议由生态环境厅指导，由省政研规划院、成都生物所、四川省环科院、四川省林科院等共同发起成立“生物多样性保护四川论坛”，每年召开跨部门、跨学科的学术会议。第四个“一”：策划一组专题报道。针对生物多样性热点策划主题报道，融合“台、报、网、微、端”等媒介多渠道传播生物多样性科学知识和工作进展。第五个“一”：设立一个专门奖项。探索设立四川生物多样性保护基金或奖项，宣传推广生物多样性保护的正面典型事迹，鼓励公众积极参与生物多样性保护工作。

关于加强美丽泸沽湖建设的建议

摘　要：为贯彻落实四川省委、省政府关于建设美丽四川部署要求，四川省生态环境厅于2021年12月29日印发了《四川省美丽河湖建设方案》，提出了“力争到2025年，全省建成一批城市和镇乡美丽河湖，实现以美丽河湖串联起美丽农村、美丽乡镇、美丽城市，明显提升‘群众身边水’生态服务功能，显著增强水生态产品供给能力”的建设目标。泸沽湖位于四川省凉山州盐源县与云南省丽江市宁蒗彝族自治县之间，为云南和四川两省共有。为支撑泸沽湖良好生态环境保护，探索高原湖泊生态环境保护与高质量开发“女儿国”的协同发展路径，塑造一个住者安心、游者留恋、闻者向往的“美丽泸沽湖”，四川省政研规划院开展现场调研，学习云南“五推进五转变”治湖经验，分析美丽泸沽湖（四川部分）存在的短板，提出建设路径：一是明确总体思路，坚持以习近平生态文明思想为指导，坚持保护优先，坚持问题导向，坚持文化相融，坚持建护并重，分阶段制定美丽河湖建设目标。二是制定重点任务，强化生态空间管控，实施湖区资源分级保护，开展环湖水域岸线综合整治，打造生态绿色幸福岸线；深入污染综合治理，持续提升生活污染治理效能，推进农业面源污染治理，依法划定水功能区，巩固优良水体保护成效；着力修复自然生态，推进大草海湿地生态修复，恢复生物多样性，持续保障河湖生态用水；尊重保护摩梭家园，持续改善沿湖人居环境，推进摩梭文化保护与传承，强化生态环境和文化输出，永续泸沽山水文化传承。三是落实保障措施，统筹落实和完善立得住、压得实、落得下的泸沽湖政策法规体系，实现有法可依；强化组织领导，保障建设资金，鼓励公众参与，健全长效保护机制，永葆美丽长存；积极参与美丽河湖申报，以考评促建设，延续美丽河湖治湖路径，不断擦亮泸沽湖这颗高原明珠。

关键词：泸沽湖；高原湖泊；美丽河湖；生态搬迁；湿地修复

一、基本概况

泸沽湖位于四川省西南部青藏高原东南缘，属国家级风景名胜区，国家4A级景区，国家水利风景区，湖区得天独厚的地形地貌，造就了优美的自然景观，湖区四周群山环抱，格姆女神山高居湖畔，后龙山嵌入湖心，构成形如马蹄的泸沽湖。湖区水体由亮海和草海两大部分组成，其中，亮海水域面积为48.8 km^2，最深处达93 m，平均水深约40 m，能见度 12 m，是我国水质最好的高原深水湖泊之一；大草海占地面积达 10 km^2，草海内水生动植物以及水鸟资源非常丰富，《世界自然保护联盟濒危物种红色名录》的东方白鹤、黑鹳和中国特有的高原“神鸟”黑颈鹤都在此越冬安家落户。

泸沽湖畔（四川片区）世居 8 000 多摩梭人，千百年来保持着祖母文化、火塘文化、宗教文化等古老文化传统，被专家学者称为世界上唯一的母系部落和人类社会“活化石”。独特的原始崇拜、虔诚的宗教信仰、古老的达巴符号、淳朴的民风民俗，使摩梭文化处处散发着神秘。摩梭人长期以来“以母为尊”的思想传统和“转山节”的自然崇拜，与 5 000 年来以“江河为母”的华夏文化不谋而合，成为连接生态保护与文化传承的强力纽带。

高原湖泊优美的自然生态与摩梭人独特的文化传统，自然与人文融为一体，为泸沽湖旅游业发展提供重要基础，但随着湖区的经济开发，自然生态和与摩梭文化却逐渐被“污染”。一是滨湖生态受到破坏，自 1990 年泸沽湖景区正式对游客开放以来，早期沿湖城镇和旅游规划未能充分考虑生态环境保护需求，形成了一条两车道环湖道路，大量路段、房屋、农田及旅游设施近湖而建，导致湖滨带生态环境受到一定程度的破坏。二是大草海湿地退化，由于缺乏规范的旅游管理，过量船只进入湿地人为疏通“航道”，原生芦苇被大量破坏死亡，湿地内源污染持续增加，草海出现富营养化、沼泽化、草地化趋势，并影响到水鸟迁徙，2016 年湖区观测到鸟类相较于 1922 年缩减 3 倍，生物多样性持续减弱。三是摩梭本土文化日渐衰退，旅游业的兴起在给泸沽湖畔摩梭居民带来新的发展机遇的同时，也在对当地本土文化产生强烈冲击，摩梭母系亲族家庭比例不断缩小，建筑服饰、饮食习惯逐渐改变，摩梭人千百年来与自然和谐相处、敬仰自然之神的“转山文化”有被外来文化冲淡的趋势。

得天独厚的生态环境和文化传统赋予了泸沽湖创建美丽河湖的天然优势，但自 1990 年泸沽湖景区正式对游客开放以来，旅游开发未能充分考虑到生态、文化保护需求，导致一系列历史遗留问题的出现，使得泸沽湖距“美丽河湖”愿景仍有差距。

二、云南“美丽泸沽湖”建设经验

为切实推进“美丽泸沽湖”建设，云南省、丽江市、宁蒗县各级党委、政府始终坚持以习近平生态文明思想为指导，紧紧围绕“三水统筹”系统治理路径，落实“一湖一策”方案，实施一系列治湖措施，在实现流域内人均收入较 2003 年增长 18 倍的基础上，将流域森林覆盖率提高到 80.2%，以海菜花、厚唇裂腹鱼为代表的水生生物不断增多，湖泊水质始终稳定保持国家地表水 I 类，2022 年 1 月，泸沽湖（云南部分）成功入选生态环境部首批“美丽河湖”优秀案例。泸沽湖青山绿水，能够成为云南省九大高原湖泊中水质最优湖泊，是通过不断探索治湖措施结出的硕果，也为四川省“美丽泸沽湖”建设工作提供了宝贵经验。

一是“推进由行政管理向依法治理转变”。2018 年以来，先后出台《丽江市泸沽湖保护条例》及实施细则、《丽江市宁蒗县泸沽湖流域控制性环境总体规划》、《云南丽江宁蒗泸沽湖片区规划》、《云南泸沽湖省级自然保护区总体规划》、《泸沽湖景区环保配套设施建设标准》等一批保护性规划及政策文件，省市高度重视“美丽泸沽湖”建设工作，以健全的政策—规划—法治体系实现“一张蓝图”管到底。

二是“推进由围湖发展向控湖转坝转变”。丽江市深度落实云南省委、省政府作出的重要决策部署，划定湖滨生态红线和湖泊生态黄线，实施“一带、一路、三镇、四配套”项目，将滨湖 80 m 范围内民用建筑进行退出拆除，将腾退出来的土地全部用于环湖生态廊道和湿地缓冲带建设，推动旅游接待核心区域向流域外转移，实现了从“人进湖退”到“人退湖进”的历史性变革。

三是“推进由单一治理向系统治理转变”。坚决整治违法用地和违法建设行为，推进宁蒗县泸沽湖景区 28.9 km 主干道改线，开展土地休耕和生态修复。实施川滇共治“管理+”提标工程、水域岸线“管控+”提速工程、系统综合“治理+”提质工程、控源截污“攻坚+”提档工程、水文资源“保护+”提量工程“五提”行动，坚持点源、面源污染治理不停顿，决不让一滴污水入湖。

四是“推进由注重当前向长治长管转变”。依托丽江泸沽湖管理局、泸沽湖全域智慧旅游平台、生态环境监管平台建设，健全湖区智慧管理体系。落实“十严禁”制度，整改中央生态环境保护督察“回头看”、省委机动巡视等反馈问题。实施摩梭民居改造整治行动，完成宁蒗县泸沽湖女儿国镇供水工程，出台《泸沽湖民居建筑风貌控制指导意见》，营造良好湖区生态景观和居住环境。

五是“推进由政府主治向多元共治转变”。坚持滇川联动共治共管，两省初步建立了宁蒗县与盐源县的警务联合机制。坚持五级湖长共同发力，层层压实责任，实现事有人管、责有人担、湖有人护。坚持联合执法管理，构建了综合执法+联合执法+社区协管的格局。坚持全民参与共同保护，先后开展“世界湿地日”“清水净湖”“小手拉大手、共护母亲湖”等活动，在宣传教育的同时，让人民群众成为“美丽泸沽湖”的建设者与见证者。

三、四川“美丽泸沽湖”建设短板与难点

一是控源治污不彻底。环湖基础设施建设历史欠账较多，截污干管尚未全覆盖，环湖仍有约 700 户、30 km 管网建设缺口，仍存在一定程度的偷排、漏排现象，乡镇和村民聚居点的生活垃圾收运体系建设不够完善。沿湖农业种植和畜禽养殖较为普遍，生态缓冲带建设滞后，水土流失、农业面源仍然存在不同程度的污染问题。

二是岸线管护矛盾多。目前，《四川泸沽湖湿地自然保护区总体规划》和《四川泸沽湖风景名胜区总体规划》已印发实施，但四川省境内沿湖存在如达祖村的国家级传统

村落，在落实规划、推进生态搬迁的过程中，生态保护与文化传承、岸线人迹退出与古建筑保留、环湖道路改线与植被破坏之间的矛盾突出。

三是政策法规体系不完善。一方面，依法治湖体系尚未形成，新修订的《凉山彝族自治州泸沽湖保护条例》还需全面贯彻落实，盐源县政府、凉山州摩梭家园暨泸沽湖旅游景区管理局（以下简称州摩泸局）职责需要进一步厘清。另一方面，泸沽湖生态环境保护相关专项规划、标准、实施方案等生态环境保护政策体系尚未全面形成。

四是生态环境保护机制体制不健全。一是行政执法能力有待加强，州摩泸局与盐源县生态环境、水利、住建、农业农村、林草等部门的力量和技术尚未形成合力。二是资金保障能力不足，针对 2021 年 3 月生态环境部西南督察局跟踪督办指出的问题，盐源县累计投入 1.36 亿元资金进行整改，但与云南省每年安排 3 亿元财政资金专门用于泸沽湖治理相去甚远，四川省生态环境保护投入仍然不足。

五是绿水青山向金山银山转化路径不畅通。长期以来泸沽湖景区整体规划建设缺乏长远考虑，环保基础设施建设滞后，生态旅游管理能力不足，旅游资源相对单一，交通运输路径不畅通，新冠疫情前游客量常年维持在 150 万～200 万人，低于同为四川高原生态产品的九寨沟。外界资源请不进来，生态产品走不出去，绿水青山向金山银山转化路径的不畅通制约了泸沽湖生态产品价值的实现。

四、四川“美丽泸沽湖”建设路径

（一）总体思路

1．指导思想

以习近平新时代中国特色社会主义思想为指导，深入学习贯彻习近平生态文明思想，全面贯彻落实党的十九大和十九届历次全会精神，深入践行绿水青山就是金山银山理念，积极推动生态价值转化，树立久久为功、主动作为的治湖思想，统筹抓好水资源保障、水生态修复和水污染防治，处理好湖区生态环境保护、摩梭文化传承以及生态旅游开发的关系，通过系统推进水生态、水景观、水文化的建设，实现“人水和谐”。

2．基本原则

——坚持保护优先。牢固树立人与自然是生命共同体，必须尊重自然、顺应自然、保护自然的生态文明理念，着力把筑牢生态安全放在美丽泸沽湖建设首要位置。

——坚持问题导向。以湖区水质稳定保持Ⅰ类为核心，以优良水体生态环境保护为主线，以解决大草海、环湖岸线等生态环境问题为重点，逐步推进水生态修复，促进湖泊休养生息、维护湖泊生态功能。

——坚持文化相融。充分考虑群众需求，结合自然生态、摩梭文化，因地制宜开展岸线人迹清退，拓展亲水、近水通道，搭建人水和谐平台，彰显本土个性、泸沽灵魂。

——坚持建护并重。建立州级统筹推动、县级抓好落实的“美丽泸沽湖”建设分级推进机制，分区、分片推动美丽河湖建设。建立长效维护机制，强化公众参与社会化管理，确保泸沽湖美丽常驻。

3．建设目标

将确保泸沽湖水质稳定保持在Ⅰ类作为最高标准，以四川境内亮海水质稳定保持在Ⅰ类、传承摩梭传统文化为目标，开展清退岸线人迹、减少污染排放、调整种养结构、健全长效监管等治湖行动。到 2023 年，全面消除污水直排，污水收集处理率达 100%，确保母支污水处理厂正常运行，居民生活垃圾无害化处理率达 100%，因地制宜清退破坏环湖岸线自然生态的人迹，入湖河流水质稳定达到Ⅱ类，草海水质稳定达到Ⅲ类，湖区生态、文化环境得到明显改善。到 2025 年，流域森林覆盖率保持在 68%以上，自然岸线保有率显著提升，生态旅游开发规范有序，湖区景观打造引人入胜，全面建成住者安心、游者留恋、闻者向往的“美丽泸沽湖”。

（二）重点任务

1．强化生态空间管控

实施湖区资源分级保护。以特级自然景点和生物多样性丰富区域为重点，全面禁止一级保护区①内开发建设活动，保护亮海水域、大草海湿地及周边环境，保持并完善风景景观环境。以摩梭文化分布集中区、后龙山山体区域、小草海区域，以及风景区内南部与北部山体的过渡地带为重点，严格限制二级保护区内建设活动，保持和修复“山水林田村”的完整景观空间格局。以湖区其他资源及景观一般的区域为重点，控制三级保护区内开发建设活动，在结合泸沽湖生态环境、体现当地文化特色的基础上，以高水平保护促进湖区高质量发展。

因地制宜开展岸线清退。按照“保传统退房、沿山脚退路、防隐患退险”的方式，推进环湖水域岸线综合整治。有整体搬迁条件的聚居点，做好搬迁遗留地块生态修复，还原湖区原始风貌，统筹迁居点村落建筑和环保设施同步建设；不具有整体搬迁条件的传统村落着重保留摩梭传统建筑与风貌，实行“新建一户，搬迁一户”，逐步推进外围新式建筑搬迁退出，避免“一刀切”。开展占用消落带的农田和畜禽养殖退出，推进木夸至小落水近岸环湖公路沿山脚改线与翻新，腾退被挤占湖泊岸线。系统推进水土流失、地质灾害隐患、消落带综合整治以及防洪减灾。

2．深入污染综合治理

持续提升生活污染治理效能。加快减存量，不断完善乡镇污水收集管网建设及雨污分流，稳定进水浓度，深度排查整治管网破损渗漏情况。稳定消增量，加强搬迁居民点

---

① 《四川泸沽湖风景名胜区总体规划（2021—2035 年）》将泸沽湖风景名胜区划分为三级保护区，其中，一级保护区面积 107.35 km^2，占比 32.2%；二级保护区面积 37.45 km^2，占比 11.2%；三级保护区面积 189.07 km^2，占比 56.6%。

污水处理设施建设，推进湖区剩余 700 余户污水管网接入母支污水处理厂，强化污水处理厂运营管理，确保污水处理能力满足生活污水处理需求，全面实现“污水零直排”。以泸沽湖生态环境和摩梭文化为主题，推进母支污水处理厂科普教育基地建设，推动母支污水处理厂纳入“环保设施向公众开放”系统，加强智慧监管系统建设，不做“邻避”做“邻利”。推进生活垃圾就地分类减量和资源化利用，完善生活垃圾收转运处置体系，保障旅游旺季景区垃圾及时处理。

推进农业面源污染治理。推广有机肥施用和精准施肥技术，加强宣传教育，保持化肥零增长。实施坡耕地生物拦截、坡耕地径流集蓄与再利用、农业废弃物田间处理与利用、区域性面源污水调控与净化等各类治污工程。调整农业种养结构，开展畜禽养殖禁养区划分工作，全域禁止规模化畜禽养殖，规范散养农户养殖区域，推广禽畜粪收集与利用技术，在农业耕种区建设农田消纳设施，完善畜禽粪便收集处理系统，最大限度减少面源污染。加强对畜禽养殖散户的监管，禁止向泸沽湖内直接排放畜禽粪污。

依法划定水功能区。明确水质保护目标，启动水功能区划分级管理制度，并作为水资源开发利用与保护、水污染防治和水环境综合治理的重要依据。根据划定的水功能区，加强水质监测，逐年提高监测覆盖率。科学核定水域纳污能力，提出限制排污意见，作为水污染防治和污染减排工作的重要依据，全面完成入河排污口排查整治和规范化建设工作。

3. 着力修复自然生态

推进大草海湿地生态修复。开展大草海湿地生态系统调查研究，依法依规实行分区管控，划定核心区、缓冲区、实验范围区，并动态调整区划范围。结合摩梭人自古收割和打捞水草的习俗，适时开展大草海区域死亡水草打捞，推进水生植物收割试点工程，开展草海湿地综合治理与评估监测，减缓湿地退化，保证泸沽湖水体流动性。联合云南省推进泸沽湖国家重要湿地名录申报，积极争取资金保障，并以试点效果为基础，扩大治理修复范围，长期坚持分区管控，逐步恢复大草海生态系统健康。

推进生物多样性恢复。开展新一轮水生态调查评估，科学研判水生生物种群变化情况。对大小草海生长过快、影响原生珍稀植物种类减少的物种进行清理，减少外来植物对湿地原生物种的影响，维护波叶海菜花种群数量，恢复水生植物的多样性。全面落实禁渔制度，开展鲤鱼、鲫鱼、草鱼、银鱼等外来物种捕捞，研究厚唇裂腹鱼、宁蒗裂腹鱼等土著鱼类人工繁育技术，建立泸沽湖濒危土著鱼类保护区和繁殖基地，适度开展人工增殖放流，逐步恢复土著鱼类资源。

持续保障河湖生态用水。深入推进水资源管理，严守“用水总量控制、用水效率控制、水功能区限制纳污控制”3 条红线，加强水资源用途管制。建设水系联通工程，变线为网，提高水资源调配能力，维护湖泊水位以及入湖支流生态流量，提升大草海水体流动性，美丽河湖建设泸沽湖生态流量（水位）保障目标满足程度达 100%。

4．传承泸沽山水文化

持续改善沿湖人居环境。推动基础设施建设，推进湖区饮用水水源地规范化以及集中供水建设，保障农村饮用水供水安全；提升住房品质和安全性，规范农业及旅游产业，合理布局国土空间规划；加快西香高速建设进度，鼓励游客乘坐公共交通进入景区，打通绿水青山向金山银山绿色转化通道。提升湖区生活品质，加强便民服务行业安全性及智能化建设，打造绿色安全、富足乐业、宜游宜养的高品质生活宜居地，全面增进民生福祉，提升泸沽湖畔居民、游客获得感、幸福感、安全感，助力实现乡村振兴。

推进摩梭文化保护与传承。夯实“山水为母”思想根基，依托“转山节”弘扬摩梭自然崇拜，在发展与生态、文化保护之间建立协调互动的运行机制。延续“内层”文化传承，保护生态基底，加强当地传统文化教育，增强摩梭居民自我认同感，同时增强游客对自然、摩梭文化的认识、理解和尊重。开发“表层”文化价值，以泸沽湖绿水青山、摩梭风土人情为卖点，强化经济效益，形成泸沽湖生态环境保护、社会经济建设和摩梭文化传承发展合力。

强化生态环境和文化输出。依托布尔角搬迁及泸沽湖蝴蝶谷建设，提升旅游服务质量，弘扬摩梭文化，建设“三生三宜”美丽乡村，实现生态保护与农文旅融合发展。深入发掘历史、文化、地理、风俗等资源，提炼文化内涵，结合“打造历史文化名城名镇及传统村落”，形成“一环三支线，一心五景区”[①]的生态、文化、旅游体系，将泸沽湖摩梭特色文化元素融入美丽河湖建设中，将广告宣传投放到大众视野，使之成为饱含地域文化的标志。

（三）保障措施

1．完善法规政策体系

以《凉山彝族自治州泸沽湖保护条例》为核心，以《四川泸沽湖湿地自然保护区总体规划》和《四川泸沽湖风景名胜区总体规划》为依据，按照“多规合一”思路，不断扩充生态环境及文化保护专项政策、规划、标准和实施方案等政策文件，修订完善《川滇两省共同管理保护治理泸沽湖“1+3”方案》，加大执法力度，加强执法能力，统一两省执法标准，统筹落实和完善立得住、压得实、落得下的泸沽湖政策法规体系。

2．健全长效保护机制

建立健全美丽河湖推进工作机制，强化盐源县人民政府在美丽河湖创建工作中的责任主体地位，加强川滇两省协作，充分利用湖长在河湖建设与管理保护中的统筹协调和组织领导作用，压实部门责任，形成主攻态势。加大人、财、物等资源的投入力度，鼓励社会资本参与美丽河湖建设，拓宽融资渠道，探索 EOD 模式，整合河湖治理等方面资

---

① 《四川泸沽湖风景名胜区总体规划（2021—2035 年）》中，一环：围绕整个泸沽湖的游览环线。三支线：分别指连接温泉河谷景区、亮海东岸景区和草海北岸景区的三条支线。一心：至古拉镇新区游客中心。五景区：分别指情人湾景区、亮海东岸景区、草海北岸景区、草海南岸景区和温泉河谷景区。

金，多渠道长期支持美丽河湖建设。鼓励社会参与，把公众意见融入美丽河湖建设目标制定、建设内容、评价等全过程，打造治理成效措施看得见、立得住、能持续，让老百姓住得安心、游得愉快、讲得出来的“美丽泸沽湖”。

3．推动美丽河湖申报

编制出台《泸沽湖美丽河湖创建方案》，以入河排污口整治、草海富营养化改善、亲水设施建设、提升公众满意度、落实经费保障为重点，统筹推进美丽河湖建设，积极申报省级、国家级美丽河湖，以评促建，延续美丽河湖治湖路径，不断擦亮泸沽湖这颗高原明珠，实现“驻足格姆对岸，满眼风光；置身湖水中央，碧波荡漾；夜晚徒步慢慢，灯火辉煌；也会说出再见，回眸远方”的美好愿景。

加快推动川南渝西生态共保环境共治

摘　要：川南渝西融合发展试验区（以下简称川南渝西）涉及四川省自贡、泸州、内江、宜宾四市和重庆市江津、永川、荣昌、綦江、大足、铜梁六区。区域整体作为长江上游重要的生态屏障和水源涵养地，生态功能显著、地位突出，实施区域生态环境协同治理是推动区域高质量发展的内在要求。本文通过梳理总结国内跨省域生态环境协同治理的实践经验，以及川南渝西在现代产业、基础设施、公共服务等领域协作发展成果，提出区域生态共保环境共治的政策建议：一是联合加强顶层设计，健全生态环境协同治理合作机制，深化联合执法机制，建立信息互通机制，探索区域生态补偿制度；二是推动区域绿色协调发展，立足资源禀赋和区位优势，优化区域发展布局，共谋战略性新兴产业发展，构建区域资源循环利用体系，共探绿水青山向金山银山转化路径；三是推进环境共治，推进大气污染、水污染联合防治，加强固体废物协同治理，推进环境风险联合防范和环境基础设施共建共享；四是推进生态共保，共建沿江生态廊道，共筑生态保护屏障，共育沿江生态型城市带。

关键词：川南渝西；融合发展；生态环境；共保共治

一、推动川南渝西生态共保环境共治的必要性

川南渝西位于长江上游，地处成渝地区双城经济圈主轴线南侧，具有得天独厚的区位优势，区域绿色发展本底较好，生态环境质量总体向好，生态环境共建共保基础良好。2020 年 1 月，习近平总书记主持召开中央财经委员会第六次会议，作出推动成渝地区双城经济圈建设、打造高质量发展重要增长极的重大决策部署。建设川南渝西是贯彻落实《成渝地区双城经济圈建设规划纲要》的重要举措，是川渝两省（市）共同推动实施的重要任务，是支撑成渝地区双城经济圈南翼跨越的重要载体。

“十四五”时期，川南渝西工业化、城镇化进程将不断加快，形成带动成渝地区双城经济圈高质量发展的重要增长极。与此同时，川南渝西生态文明建设进入协同推进减污降碳、促进经济社会发展全面绿色转型、实现生态环境质量改善由量变到质变的重要阶段。目前，区域内火电、钢铁、化工、建材、机械制造等传统工业占比较大，工业结构格局偏重，传统产业转型升级任务艰巨，协同推进减污降碳面临较大挑战，绿色转型发

展亟待加速。

为贯彻落实《成渝地区双城经济圈建设规划纲要》，筑牢长江上游生态屏障，探索绿色转型发展新路径，加强毗邻区域污染协同治理，共同推动生态环境质量持续改善，建成高品质生活宜居地，川南渝西生态环境共保共治势在必行。

二、国内跨省域生态环境协同治理的实践经验

京津冀、长三角、粤港澳等地区在跨省域生态环境协同治理领域已开展先行实践，积累了较多成熟经验可供借鉴，总结如下。

（一）京津冀地区

京津冀生态环境协同保护是推进京津冀协同发展的率先突破口之一。近年来，在大气污染联防联控、水环境联保联治、生态环境联动执法等领域取得实际成效，主要做法包括：一是不断强化顶层设计，由最初以大气污染联防联控为主，逐渐扩展到出台京津冀地区生态环境保护整体方案，持续完善联防联治常态化机制。二是聚焦重点领域，以减污降碳协同增效为总抓手，围绕重点领域、重点区域，推进绿色低碳创新，积极开展气候投融资试点，协同推进生物多样性保护等。三是创新实践模式，在政策规划、法规标准、执法监管、预警应急、信息共享等多方面进行探索与实践，如深化区域“飞地”管理体制改革、健全京津冀危险废物转移“白名单”制度、建设京津冀地区再生资源交易平台等，提高区域生态环境联防联控联治效率。

（二）长三角地区

长三角生态环境协同共治模式体现出区域协调的特点，是区域间各地方政府通过协商，制定合作协议予以配合实施。其主要措施包括：一是坚持规划引领，国家层面已公布《长江三角洲区域一体化发展规划纲要》《长三角生态绿色一体化发展示范区总体方案》，成为长三角生态环境协同治理的顶层设计与基本遵循。二是健全跨区域环境协作治理机制，如成立长三角区域环境防治协作小组，开展区域污染协同治理，打造一体化发展样板等。三是开展示范区建设，上海、江苏、浙江共同建设长三角生态绿色一体化发展示范区，探索绿色一体化发展新机制。四是强化科技力量支撑，充分利用长三角地区强大的科技力量开展环境监测、信息预警、排污管理、信息共享等工作。

（三）粤港澳大湾区

粤港澳大湾区在探索不同政治制度、法律体系、行政体系下合力解决跨界生态环境问题的环境协同治理模式上积累形成了具有区域特色、效果良好的合作经验：一是开展区域性规划研究，统筹湾区生态环境保护工作，编制完成《珠江三角洲环境保护一体化

规划》《粤港澳大湾区生态环境保护规划》等。二是构建“三级运作”的合作机制，形成了包括决策层、协调层和执行层的“三级运作”合作模式。三是构建多层级重点领域合作模式，依托泛珠三角区域环保合作平台，深耕跨界水环境治理、区域大气污染联防联治等领域，形成包括不同层次政府参与的、官方与民间相结合的、覆盖重点流域和关键领域的长效环境保护合作模式。

三、川南渝西建设推动情况

2020 年 12 月 31 日，川南渝西规划建设启动会在自贡召开。规划建设启动以来，10 个市（区）结合自身优势，在现代产业、基础设施、公共服务等方面开启新一轮协同发展之路，形成一大批合作成果。

（一）现代产业共促共兴

川南渝西各市（区）通过组建产业招商联盟、签订合作协议等形式，推动区域内产业集约、集群发展，打造优势互补、合作共赢的区域发展共同体，例如，内江、荣昌两地共同推进国家优质商品猪战略保障基地产业集群、川渝稻渔综合种养产业带、长江上游晚熟柑橘产业带等项目建设，协同推进农业规模化、高效化、绿色化发展；綦江区与自贡市高新区携手共建綦江・自贡川渝产业合作园区，深度实施两地主导产业集群互补配套，促进共同发展；泸州市、永川区、江津区积极组建“泸州・永川・江津”装备产业联盟，推动装备制造产业协同发展；泸州市、宜宾市、自贡市、内江市、永川区、江津区、荣昌区等七市（区）组建川南渝西大数据产业联盟，协同构建区域大数据产业高质量一体化发展体系。

（二）基础设施互联互通

川南渝西各市（区）协同推进重大项目规划建设，凝心聚力构建互联互通新格局，例如，渝昆高铁泸州段、重庆至合江至叙永高速公路全面开建，隆黄铁路隆叙段扩能改造工程开工建设，叙毕铁路、泸永高速公路、古金高速公路稳步建设，自宜高铁、渝昆高铁等项目加快推进，渝叙筠高速公路、江津经泸州至宜宾高速公路、自贡至永川高速公路等项目前期工作有序推进。同时，宜宾、泸州、江津等地将谋划共建长江上游航运中心，共建西部陆海新通道和长江经济带物流枢纽。

（三）公共服务便利共享

川南渝西各市（区）共同推进区域基本公共服务标准化、均等化、便利化，不断增强人民群众获得感、幸福感、安全感，例如，内江、荣昌社会保障卡、养老保险等 167 项高频民生事项已实现通办，两地已完成民办职业培训机构（学校）设立、劳务派遣行政许可等10个事项的标准协同、结果互认互通；泸州市、江津区、永川区、荣昌区共同签订渝西川南（泸永江荣）教育共同体框架协议，全面建立泸、永、江、荣四地的教育协调联络机制。

四、加强生态共保环境共治的政策建议

（一）联合加强顶层设计

一是健全生态环境协同治理合作机制。成立跨区域生态环境治理专项委员会，推动制定川南渝西生态环境一体化保护规划，组织跨区域生态环境工程建设，协调重大项目审批落地。开展区域生态环境保护研究，建立相对一致的生态环境保护目标，针对长江上游自然生态保护、大气联防联控、跨界水环境治理等出台系列专项行动计划。二是深化联合执法机制。以内江—荣昌、泸州—永川等毗邻交界监管“死角”区域为重点，持续联合开展环境隐患常态化排查，定期开展泸州—江津长江上下游沿岸企业执法检查，联合开展长江上游珍稀特有鱼类国家级自然保护区禁渔执法。三是建立信息互通机制。建立健全环境监测、污染源监控识别、环境风险预警等信息及时共享机制。整合长江、濑溪河、马鞍河、大陆溪等跨界水体、毗邻地区大气环境质量、重点污染源监测数据等，搭建区域生态环境信息共享平台，推进流域上下游环境应急联动机制建设。加强区域企业环境信用信息共享，推进企业环境信用评价结果互认、失信企业联合惩戒。四是探索区域生态补偿制度。逐步实施多元化、多层次生态补偿制度，探索推动以长江上下游为主的，在生态受益与生态保护区域之间通过共建园区等多种方式完善横向生态补偿，进一步推动由以流域生态补偿为主的生态补偿模式逐步向森林、湿地、空气等其他生态领域推广延伸。

（二）推动区域绿色协调发展

一是优化区域发展布局。立足资源禀赋和区位优势，加快打造协同配合、错位发展的产业格局。发挥长江黄金水道优势，依托宜宾志诚港、泸州港、江津珞璜长江枢纽港，大力发展临港经济和通道经济，构建川南渝西长江生态经济带。协同建设泸永江融合发展示范区，打造成渝地区绿色能源化工基地、优质农产品供给基地和加工物流基地。深化泸内荣永协同发展，以打造优质生猪产业带、优质柑橘产业带、稻渔综合种养带等为重点，推进荣昌和内江毗邻区域合作园区建设。二是共谋新兴产业。聚焦轨道交通、能源装备、节能环保、大数据产业等领域，合力打造先进装备制造产业基地、节能环保产业基地等，协同推进国家战略性新兴产业集群发展工程。三是打造区域资源循环利用体系。以页岩气开采、先进材料等行业为重点，打通产业链供应链上下游，探索在更大尺度上实现产业间首尾相连、环环相扣、闭路循环、物尽其用。四是共探绿水青山向金山

银山转化路径。依托巴蜀秀美山水自然资源和优质人文历史底蕴，探索多样化模式和路径，促进生态资源与农业、旅游、文化、康养等产业融合，推动生态产品价值实现。深挖红色文化、白酒文化和盐运文化等，打造一批红色小镇、白酒小镇和康养小镇，形成特色小镇味和精致现代风深度融合的生态文旅新样板。

（三）推进环境共治

一是推进水污染联合防治。共同摸排污染源底数，形成河湖交界地带污染源清单。联合推进河（湖）长制工作，定期开展跨界河流两地河长联合巡河。以大足、荣昌、泸州等市（区）为重点，聚焦濑溪河、马鞍河、渔箭河等跨界重点流域，加强水岸沿线深度合作，共同布局谋划、包装实施一批河道清淤、岸坡整治、岸坡绿化、水土流失治理、新建生态湿地等流域一体化治理省际合作示范项目。二是强化大气污染精准防治。以东兴、隆昌、泸县、荣昌、永川等毗邻地区为突破点，加强研究细颗粒物和臭氧协同控制策略。开展源排放清单、主要污染物来源解析、污染成因、传输通量研究，研究划定川南渝西片区通风廊道，减少传输性污染影响。联合制定重污染天气联防联控应急方案，推动区域重污染天气应急预案启动统一标准，联合制订泸州—荣昌—永川大气传输通道涉气重点行业、重点污染源整治计划，持续推进水泥、烧结砖瓦等行业企业错峰生产和交界区域“散乱污”企业整治。充分发挥长江黄金水道、城际铁路优势，优化货运结构，扩大铁路、航运货运比例，构建减污降碳、通达高效的绿色水陆路网结构。三是加强固体废物协同治理。协同推进“无废城市”建设，深入落实《川渝危险废物协同处置协议》《危险废物跨省市转移“白名单”合作机制》，推动危险废物跨区域协同处置合作。加强区域固体废物环境违法犯罪行为联合执法，持续打击固体废物跨界非法转移、倾倒等环境违法犯罪活动，协同开展突发环境事件固体废物就近应急处置。四是推进环境风险联合防范。以江安、纳溪、合江、江津等区域为试点，联合开展区域环境风险评估。结合环境敏感目标、高风险区域，探索建立川南渝西环境风险源信息数据库，绘制区域应急“一张图”。加强长江干流、岷江、沱江沿线重点工业园区、化工园区环境风险应急联动。强化危险化学品跨区域运输风险联合管控，在泸州建设区域共享环境应急物资综合储备库。五是推进环境基础设施共建共享。按照区域共享原则，充分考虑、统筹规划、合理布局交界地区污水处理厂和垃圾焚烧厂规模，辐射周边区域。鼓励毗邻乡镇打破行政区限制，共建共享污水处理设施，实现管网互联互通。

（四）推进生态共保

一是共建沿江生态廊道。以长江（金沙江）、岷江、沱江干流及重要支流、湖库为支撑，构建江河湖岸防护林体系，形成“一江碧水、两岸青山”的沿江生态廊道。开展长江、岷江等流域湿地保护与建设，以屏山金沙海、纳溪凤凰湖、荣昌濑溪河湿地公园为重点，加强小型溪河、沟渠、塘堰、稻田等小微湿地建设，打造川南渝西湿地生态走廊。二是共筑生态保护屏障。以毗邻地区为重点，确保区域间“三线一单”编制成果协调统一，协同推进“三线一单”分区管控要求落实落地，促进跨区域生态保护。统筹治理宜宾、泸州、江津、綦江等地水土流失、石漠化、矿区修复等问题。开展长江及其主要支流水生生物及其重要栖息地保护修复，以长江上游珍稀特有鱼类自然保护区、镇溪河、濑溪河、蒙溪河水产种质资源保护区等为重点，落实长江流域全面禁捕。三是共育沿江生态型城市带。加快以人为核心的川南渝西新型城镇化建设，融入城市双修理念，改善城市生态功能，提升城市环境品质，打造川渝地区双修试点先行区。加快推进泸（州）内（江）荣（昌）永（川）大（足）森林城市群建设，构建高质量森林城市群生态体系。

从大熊猫到若尔盖，四川省国家公园建设启示

摘　要：高质量建设若尔盖国家公园，正确处理其保护与发展的关系，促进可持续利用，是守护黄河上游生态屏障的重要举措。本文通过梳理我国国家公园建设现状、四川省建设大熊猫国家公园的经验，识别若尔盖国家公园建设所面临的主要挑战，提出：一是统一认识，高质量推进创建工作；二是提前谋划，抓好顶层设计，厘清事权划分；三是理顺机制，规范机构设置，提高管理效能；四是强化保护，解决主要生态问题；五是借鉴成熟经验，促进共建共享，实现可持续发展；六是加强科技赋能，提升治理能力；七是促进多元投入，拓展资金保障。

关键词：若尔盖国家公园；大熊猫国家公园；可持续利用

一、我国国家公园建设现状

（一）顶层设计

我国从 2013 年提出建立国家公园体制战略设想，打破行政边界和部门切割，创新管理体制机制，把具有国家代表性的重要自然生态系统纳入国家公园体系，实行严格保护。2015 年正式启动“国家公园体制试点”工作，国家发展改革委联合 13 部门印发了《建立国家公园体制试点方案》，选择三江源、大熊猫、东北虎豹、祁连山、海南热带雨林、武夷山、神农架、普达措、钱江源、南山等 10 个区域开展国家公园体制试点。2017 年 9 月，在总结试点经验的基础上，中共中央办公厅、国务院办公厅印发了《建立国家公园体制总体方案》。2019 年 6 月，中共中央办公厅、国务院办公厅印发《关于建立以国家公园为主体的自然保护地体系的指导意见》，明确提出要加快建立以国家公园为主体的自然保护地体系，以保持生态系统完整性为原则，整合交叉重叠的自然保护地，至此，我国初步完成了国家公园体制的顶层设计。我国针对国家公园体制试点印发的系列重要政策文件见表 1。

表 1　国家公园体制试点的重要政策文件

发布时间	文件名称	印发机构
2013 年 11 月	《中共中央关于全面深化改革若干重大问题的决定》	中共中央
2015 年 1 月	《建立国家公园体制试点方案》	国家发展改革委等 13 个部门
2015 年 9 月	《生态文明体制改革总体方案》	中共中央、国务院
2017 年 9 月	《建立国家公园体制总体方案》	中共中央、国务院
2018 年 3 月	《深化党和国家机构改革方案》	中共中央
2018 年 7 月	《国家林业和草原局职能配置、内设机构和人员编制规定》	中共中央、国务院
2019 年 6 月	《关于建立以国家公园为主体的自然保护地体系的指导意见》	中共中央、国务院

（二）建设现状

截至 2021 年 10 月，中国正式设立三江源、大熊猫、东北虎豹、海南热带雨林、武夷山等第一批国家公园，保护面积达 23 万 km^2，涵盖近 30%的陆域国家重点保护野生动植物种类，标志着国家公园由试点转向建设新阶段。第一批国家公园体制试点概况见表 2。

表 2　第一批国家公园体制试点概况

名称	总面积/km^2	保护对象	建设进展
三江源	190 700	高原冰川与湿地生态系统	正式设立
大熊猫	27 134	野生大熊猫及其栖息地	正式设立
东北虎豹	14 100	东北虎、东北豹及其栖息地	正式设立
海南热带雨林	4 269	大陆性岛屿型热带雨林	正式设立
武夷山	1 280	中亚热带森林生态系统	正式设立
湖北神农架	1 170	亚热带森林生态系统	试点
钱江源	252	低海拔中亚热带原始常绿阔叶林	试点
湖南南山	636	南方山地草甸生态系统	试点
云南普达措	300	亚高山寒温性针叶林	试点
祁连山	52 000	高寒典型山地生态系统	试点

（三）经验总结

国家公园建设达成总体共识。经过多年思考与探索、试点建设，中国特色国家公园的内涵逐渐明晰。首先，国家公园建设的根本目标就是保持重要自然生态系统的原真性和完整性，维护生物多样性和生态安全，促进人与自然和谐共生，实现全民共享、世代传承。其次，国家公园建设是自然保护地建设的总领，是优化我国自然保护地体系，革新管理制度的重要抓手。

管理机制得到理顺。三江源、东北虎豹、武夷山、神农架、钱江源、南山等试点区成立国家公园管理局或管委会，整合辖区内各类保护地机构与人员，基本实现“一个保护地、一个牌子、一个管理机构”，多头交叉管理的问题得到根本解决。

法治建设取得较大进展。2022 年 6 月，国家林业和草原局（国家公园管理局）印发《国家公园管理暂行办法》（以下简称《办法》）。《办法》明确了国家林业和草原局（国家公园管理局）和国家公园管理机构的职责，提出建立国家公园局省联席会议机制和日常工作协作机制，对人类活动进行了明确规定与要求，至此我国国家公园管理法律建设奠定了基础。《三江源国家公园条例（试行）》《武夷山国家公园条例（试行）》《海南热带雨林国家公园条例（试行）》《四川大熊猫国家公园管理办法》等地方性条例取得进展。

创新了一批特色管理制度。三江源国家公园率先制定了科研科普、生态管护公益性岗位、特许经营、社会捐赠、志愿者管理、访客管理、草原生态保护补助奖励政策实施方案等方面管理办法。云南省出台了建设规范、巡护技术规程、管理评估规范、标志系统设置指南等 9 项国家公园技术标准。这些制度探索有效指导了管理实践，也为国家层面完善顶层设计提供了宝贵经验。

积极探索可持续的社区发展机制。国家公园特许经营模式逐渐完善，坚持生态保护第一的原则，保障社区的优先受益权和优先经营权，增加社区居民收入，促使普通公众享受国家公园绿色福利，形式包括徒步旅游、登山、驾驶、骑行等活动。国家公园特许经营既是市场化的生态补偿手段，弥补财政经费不足，也能反哺社区发展，有效保障社区与公园互利共赢。

二、大熊猫国家公园建设经验

大熊猫国家公园面积 27 134 km^2，范围包括四川、陕西、甘肃 3 个省 12 个市（州）30 个县（市、区），经过 5 年试点，2021 年 10 月正式设立。

（一）法规与制度创新

制度体系基本建成。大熊猫国家公园试点阶段，国家公园管理局研究制定了《大猫国家公园管理办法（试行）》《大熊猫国家公园特许经营管理办法（试行）》《大熊猫国家公园自然资源管理办法（试行）》《大熊猫国家公园产业准入负面清单（试行）》等法规。2022 年 5 月，四川省政府印发《四川省大熊猫国家公园管理办法》，该办法围绕分区管控、资源保护和建设发展等方面提出了清晰明确的要求。

标准体系逐步完善。大熊猫保护是大熊猫国家公园的核心任务，大熊猫国家公园四川片区在正式设立之前该区域就开展了 4 次大熊猫调查，在全国率先建立标准化红外相机监测网络，完成大熊猫救护、人工繁育和野化放归等工作。经过多年工作积累，大熊猫国家公园先后参与编制发布了《大熊猫及其栖息地监测技术规程》（LY/T 1845—2009）、《大熊猫饲养管理技术规程》（LY/T 2015—2012）、《野生动物红外相机监测技术规程》（DB 51/T 2287—2016）、《大熊猫放归技术规范》（DB 51/T 2737—2020）等，在大熊猫保护等技术标准研究领域全国领先，基本形成相对完善的标准体系。

（二）体制机制探索

开创国家公园园地共建机制。大熊猫国家公园结合已有的工作基础，创新社会共建共管新模式，广泛联合当地社区、NGO 和企业等多方力量与利益相关者，设立社区公益基金，支持周边社区居民发展生态友好型产业，“熊猫蜂蜜”等产品已经产生较好的经济效益和社会影响。与公益基金会合作建立保护小区，创建社区保护与巡护队伍，成功建立老河沟公益保护地、关坝保护小区等示范模式[1]，构建了“管委会—村组织—社会组织”三位一体的共管体系[2]。荥经县探索“NPL”园地共建模式，打造大熊猫国家公园创新示范区，打造活化“熊猫 IP”，推动社区合作协同发展，共享绿色经济。

探索自然资源管理与合作保护机制。2019 年自然资源部印发《大熊猫国家公园自然资源统一确权登记实施方案》，大邑、汶川、绵竹和荥经等 20 个区（县）完成大熊猫国家公园内水流、森林、草原、滩涂和矿产资源等自然资源所有权首次登记。在此基础上，2020 年 6 月大熊猫国家公园管理局村（社区）委员会启动签订集体所有自然资源合作保护协议，协议规定管理局是自然资源管护和生态环境保护责任主体，同时，统筹设置生态管护公益性岗位和特许经营项目，探索建立集体所有自然资源与特许经营项目的利益分享机制。当地社区要自觉遵守大熊猫国家公园管理制度和规划管制要求，积极配合、支持、参与大熊猫国家公园各项管理保护、基础设施建设工作，社区居民在生态管护公益性岗位就业和取得特许经营权上享有优先权。

推动跨省域管理运行机制。组建统一的管理机构，设置大熊猫国家公园 3 个省管理局、14 个管理分局，整合 82 个自然保护地、50 个国有林场管理机构 2 907 名编制，建立 147 个保护站。构建高效运行机制，国家林业和草原局副局长牵头建立大熊猫国家公园体制试点协调工作领导小组，各省建立分管省领导牵头的领导小组，协调调度综合协调、检查督促等工作。出台了《大熊猫国家公园管理机构职能职责》，编制了公园管理机构与地方政府责任清单、行政权力清单，厘清了公园管理机构之间、公园管理机构与地方政府的管理边界、责任边界。建立自然与人文地理基础数据库，开展确权登记，协调地方政府调处产权纠纷。打破行政区划限制，在白水江、广元组织开展联合巡护执法试点，试行跨区域巡护管理。建立大熊猫国家公园专门法庭，加强国家公园内司法跨区合作。

三、若尔盖国家公园建设的思考

（一）基本情况

生态地位重要。若尔盖高原湿地是世界上面积最大的高原沼泽湿地，水源涵养功能突出，每年为黄河补水达 75 亿 m^3，占黄河上游水量的 30%；是世界上唯一的黑颈鹤集中栖息繁殖地，被誉为“中国黑颈鹤之乡”，区域内 75%的高等植物和 90%以上鱼类为青藏高原特有种，是青藏高原生物多样性热点区域的重要组成部分；拥有丰富的高原泥炭储量，初步估算泥炭资源总量占全国比例超过 40%，对黄河上游碳循环影响巨大。

文化特色鲜明。若尔盖湿地区域有藏、汉、回、羌、彝等多个民族，多民族文化在此交汇，形成了璀璨的民族文化走廊。若尔盖湿地所在区域也是中国五大牧区之一，纯游牧和半定居式游牧的生产方式分不同季节逐草而牧，形成了独特的游牧文化。

局部生态问题突出。自 20 世纪 60 年代开始，由于自然因素和人为排水等干扰活动影响，若尔盖高原沼泽湿地发生了一定程度的退化，呈现沼泽—沼泽化草甸—草甸—沙漠化地—荒漠的逆向生态演替。虽然近年来若尔盖通过深化“减畜、种草、灭鼠、治沙、保水”五大行动，实施防沙治沙、湿地修复等生态工程，草原湿地环境得到了持续改善，但由于受地形地貌复杂、气候变化剧烈、自然灾害频发等因素影响，若尔盖局部地区湿地萎缩、草地退化、草原鼠虫害等趋势还未得到根本改变。

（二）面临挑战

挑战一：若尔盖湿地自然生态系统本身是一个整体，但被不同级别、不同类型的保护地、乡镇和行政村划分为各个独立的管理单元，且若尔盖湿地中部分关键的连通区域未纳入保护地管理。若尔盖国家公园的建立，需打破行政区界限，整合多处自然保护地及周边具有保护价值的区域，在统一管理目标和保护标准、实施一体化生态保护政策等方面面临挑战。

挑战二：若尔盖地区是重要的畜牧业生产基地，畜牧业支持着众多牧民的生计，同时也导致草场生态压力较大，超载畜牧已成为草场退化和土地沙化的重要因素之一。1986—2019 年，阿坝县、若尔盖县、红原县、壤塘县、松潘县牧民人口增加 7.7 万人，人口增长率为 44.77%，牲畜超载率从 12.4%提高至 31.58%[3]。如何实现草畜平衡将是若尔盖国家公园建设面临的又一挑战。

挑战三：若尔盖国家公园拟划定范围内草场均为牧民个人所有或村集体所有，要整合碎片化的承包到户的草原，需要整合不同渠道的资金对草场使用权所有者进行生态补偿，这将在一段时期内带来较大的财政压力。此外，若要以国家公园为单位统一实行草原保护，如何实施生态移民工程，帮助牧民转产从事餐饮服务、旅游运输等行业获取经营性收入，解决牧民生产、生活方式变革等深层问题也是一大挑战。

（三）建设建议

统一认识，高质量推进创建工作。一是认真贯彻落实习近平总书记重要指示精神，成立高规格的若尔盖国家公园创建领导小组，高位推动创建工作。二是科学划定边界范围，按照生态系统完整性、原真性和管理可行性要求，基于第三次全国国土调查、国土空间规划以及自然保护地整合优化方案等成果，合理、合规处理镇村建成区、永久基本农田等空间布局问题，提出核心保护区和一般控制区区划方案，实施差别化管控措施。三是建立创建跟踪评估工作机制，对本底调查、体制建设、保护修复和矛盾调处等工作进行评估，及时梳理总结创建成效和问题。

提前谋划，抓好顶层设计。贯彻落实《关于建立以国家公园为主体的自然保护地体系的指导意见》《关于进一步加强生物多样性保护的意见》，依据《中华人民共和国自然保护区条例》等，提前谋划研究《若尔盖国家公园管理办法》，从管理体制、规划与建设、资源保护与利用、公众参与、区域协作以及法律责任等方面进行落地性规定。理顺事权划分，明确国家公园管理部门、监管部门、审批部门、各级地方政府之间的权责边界。将加强若尔盖湿地退化、草原鼠害、土地沙化和荒漠化等主要生态问题修复要求纳入该办法。注重维护社区居民利益，将自然资源确权登记、利益保障、生态补偿和特许经营制度等内容落实在该办法中。

理顺机制，提高管理效能。一是规范管理机构设置。按照《关于统一规范国家公园管理机构设置的指导意见》要求，规范若尔盖国家公园管理机构设置，明确若尔盖国家公园管理局性质、级别、内设部门、直属机构、分级管理机构，统一行使若尔盖国家公园管理职能。二是加快构建跨省跨区管理机制。建议加强与甘肃协同发展，建立跨区域协调工作领导小组，加强跨省跨区领导指导、综合执法、检查督促等协调工作。谋划构建统一的若尔盖国家公园自然与人文地理基础数据库，分省、分级设置数据端口，实现跨省跨区数据互通共享。三是建立联合执法机制。制定《若尔盖国家公园资源环境综合执法项目清单》，针对非法开垦湿地、偷猎盗猎等问题定期联合开展专项执法行动，研究设立若尔盖国家公园专门法庭，加强司法合作。

强化保护，筑牢生态屏障。一是开展若尔盖生物多样性本底调查，全面掌握区域生态系统、野生动植物、外来物种等现状及分布，建立若尔盖物种本底资源编目数据库。二是基于中国科学院若尔盖高原湿地生态系统研究站、若尔盖狼生态保护监测站等现有科研基础，开展若尔盖常态化生态监测，定期评估生态系统服务和生态环境质量等。三是继续加强若尔盖生态保护修复，统一开展山水林田湖草沙冰等多门类自然资源和环境的综合调查、评价，摸清时空分布特征，评估生态风险，高质量实施四川省黄河上游若尔盖草原湿地山水林田湖草沙冰一体化保护和修复工程项目，重点解决若尔盖湿地退化、土地沙化等生态问题。

共建共享，实现可持续发展。一是借鉴三江源国家公园“生态管护员”经验，构建公益捐赠反哺机制，做好若尔盖周边社区宣教，树立“守护自己的若尔盖”的共识，发展一批若尔盖生态管护员，开展一线巡护、检查工作。二是推广大熊猫国家公园“NPL”园地共建模式，结合若尔盖湿地特色，引导社区参与国家公园特许经营，将优质的生态环境和自然资源转化为市场竞争力，逐步增强造血能力，优先保障社区居民权益，提高居民经营性收入。三是引导若尔盖国家公园探索生态产品价值实现路径，积极申报“绿水青山就是金山银山”实践创新基地。

科技赋能，提升治理能力。一是强化科技支撑，加强智能化管护基础设施建设，按照实际需求在保护站和保护点设置智能化监测实施设备。充分利用物联网、5G、大数据等技术手段，搭建监测评价及运行过程中的决策分析体系，形成智能化的生态环境监测、问题分析、决策系统和“一张图”智慧管理平台。二是研究组建若尔盖国家公园专家咨询委员会，注重引入“外脑”参与重大问题研究，提升管理决策水平。三是加强与高校和研究机构合作，共同申请科研项目，带动管护人员业务能力提升。鼓励高校博士演讲团深入若尔盖，定期面向工作人员和社区居民开展科学培训。

多元投入，拓展资金保障。一是健全财政投入机制，各级政府按照事权划分出资保障国家公园的建设，整合自然保护区能力建设、土地沙化治理等资金统筹使用，充分发挥财政资金集中力量办大事的优势。建立建设成效资金绩效评价机制，提高财政资金使用效能。二是完善国家公园特许经营制度，促进若尔盖国家公园品牌增值，提高自身造血能力，在经营收益中列支固定比例用于生态环境保护，反哺国家公园建设。三是完善社会捐赠制度，研究成立若尔盖基金委员会接受社会捐赠，借鉴老河沟公益保护地模式，吸引阿拉善基金会和桃花源基金会等社会资本投入若尔盖国家公园建设。

参考文献

[1] 王伟，李俊生. 中国生物多样性就地保护成效与展望[J]. 生物多样性，2021，29（2）：133-149.

[2] 臧振华，张多，王楠，等. 中国首批国家公园体制试点的经验与成效、问题与建议[J]. 生态学报，2020，40（24）：8839-8850.

[3] 杨壮，肖敏，何明珠. 四川阿坝州草原畜牧业现状、存在问题及发展对策[J]. 草原与草业，2021，33（1）：54-57.

坚持降碳、减污、扩绿、增长协同推进推动美丽四川建设实现新跃升

摘　要：坚持降碳、减污、扩绿、增长协同推进，是习近平总书记在碳达峰碳中和目标愿景下统筹国内国际两个大局、统筹疫情防控和发展减排提出的新要求新部署，赋予了习近平生态文明思想新的时代内涵，是"十四五"乃至更长时期推动生态文明建设的重要遵循。为贯彻落实相关要求，四川省第十二次党代会报告提出，坚持降碳、减污、扩绿、增长协同推进，深入实施碳达峰行动，统筹推动产业结构、能源结构、交通运输结构、用地结构优化调整，建立完善减污降碳激励约束机制。

关键词：减污降碳；协同推进；碳达峰碳中和目标

2022年1月24日，中共中央政治局就努力实现碳达峰碳中和目标进行第三十六次集体学习，习近平总书记在主持学习时强调，要把"双碳"工作纳入生态文明建设整体布局和经济社会发展全局，坚持降碳、减污、扩绿、增长协同推进。2022年3月5日，习近平总书记在参加十三届全国人大五次会议内蒙古代表团审议时又指出，要积极稳妥推进碳达峰碳中和工作，坚持降碳、减污、扩绿、增长协同推进，不能脱离实际、急于求成。围绕贯彻习近平总书记重要讲话精神和党中央决策部署，四川省第十二次党代会报告提出，坚持降碳、减污、扩绿、增长协同推进，深入实施碳达峰行动，统筹推动产业结构、能源结构、交通运输结构、用地结构优化调整。作为发展不平衡不充分矛盾突出的地区和人口、经济、资源大省，四川亟须直面降碳、减污、扩绿、增长协同推进（以下简称"协同推进"）这篇大文章，坚持系统思维、全局意识，稳中求进、循序渐进推动生态环境高水平保护和经济社会高质量发展。

一、充分认识"协同推进"的紧迫性和必要性

（一）可持续发展已成为全球优先议程，亟须负责任大国的引领带动

2015年9月，国际社会达成《变革我们的世界：2030年可持续发展议程》，从17个方面明确了未来15年造福人类和地球的行动清单。然而，受气候变化、地区冲突、大国博弈、新冠疫情等因素影响，全球发展、气候治理"赤字"问题凸显，促进可持续发展

与绿色复苏、疫情防控成为国际合作和全球治理的紧迫议程。2020 年，联合国发起可持续发展目标“行动十年”计划，次年又发起《我们的共同议程》，呼吁通过经济脱碳抑制全球变暖，保护生态系统。欧盟、美国、英国、日本、韩国等发达地区和新兴经济体积极响应，力图引领全球气候治理，提升产业未来竞争新优势，抢占道义制高点。新一届欧盟委员会坚持“数字化+绿色化”，将《欧洲绿色协议》作为施政重点和新的增长战略，承诺 2050 年碳中和，推出“碳边境调节机制”，着力提升竞争力。美国拜登政府视气候变化为必须应对的“全球生存危机”，高调重返《巴黎协定》，推动举办领导人气候峰会。中国提出各国必须迈出决定性步伐，提出更有力度的国家自主贡献目标，推动疫后绿色复苏，汇聚起可持续发展强大合力。根据《全球发展报告》，截至 2022 年 5 月，已有 127 个国家提出或准备提出碳中和目标，覆盖全球 GDP 的 90%、总人口的 85%、碳排放的 88%。

（二）生态环境问题仍然突出，亟须减污降碳一体推进实现协同增效

近年来，我国生态文明建设和生态环境保护取得了历史性成就，生态环境质量持续改善。与此同时，发展不平衡、不充分问题依然突出，生态环境保护结构性、根源性、趋势性压力总体尚未根本缓解，生态环境保护形势依然严峻。此外，与发达国家基本解决环境污染问题后，从 20 世纪 90 年代开始转入强化碳排放控制阶段不同，当前我国生态文明建设同时面临实现生态环境根本好转和碳达峰碳中和两大战略任务，协同推进减污降碳已成为我国新发展阶段经济社会发展全面绿色转型的必然选择。亟须立足新阶段、新任务、新要求，充分发挥降碳行动对生态环境质量改善的源头牵引作用，充分利用现有生态环境制度体系协同促进低碳发展，推动减污降碳协同增效，实现环境效益和气候效益双赢。

（三）绿色低碳转型孕育发展动能，亟须化转型挑战为绿色发展机遇

推动碳达峰碳中和、加快绿色低碳转型，是一场经济社会的系统性变革，将深刻重塑既有经济地理格局又有产业、能源、交通结构，深刻改变传统生产生活方式，对高排放、高耗能、低水平的发展路径形成挑战。与此同时，绿色低碳已成为当今时代科技革命、产业变革、能源革命、交通转型的鲜明特征，一些国家加快部署电动汽车、氢经济、新能源、碳捕捉与封存、气候投融资、碳定价等新兴产业和前沿业态。从国内看，推动经济社会发展全面绿色转型，将极大激发和创造新的社会需求，创造巨大投资市场，催生一批新技术、新产业、新业态、新模式。只有顺应时势、前瞻布局、加快转型，才能积极抢抓住绿色低碳发展的历史性机遇，并在新一轮产业分工、价值重塑、发展竞争中勇立潮头，实现换道超车、跨越发展，于危机中开新局。

二、准确把握“协同推进”的内在逻辑

（一）降碳是生态文明建设的战略重点

“十四五”时期，我国生态文明建设进入了以降碳为重点战略方向的关键时期，降碳成为减污、扩绿、增长的牵引性力量。温室气体与污染物排放具有高度同根同源的特征和时空一致性特征，降碳以调整产业、能源、交通运输、用地四大结构为核心路径，将从根本改变我国以重化工为主的产业结构、以煤为主的能源结构和以公路货运为主的运输结构，实现源头减污，推动环境质量根本好转。降碳包括减排、增汇两条基本路径，强化降碳行动将为扩绿提升生态系统碳汇注入新动能、创造新需求，拓展生态产品价值实现渠道，助推实现绿水青山就是金山银山。降碳不是不增长，而是要走生态优先、绿色低碳发展道路，在经济发展中促进绿色转型、在绿色转型中实现更大发展，既要稳妥有序抑制高碳经济、高碳产业增长，又要加快布局培育壮大低碳经济、低碳产业增长的新动能，实现新旧接续。

（二）减污是建设美丽中国的重要基础

生态环境是关系党的使命宗旨的重大政治问题，也是关系民生的重大社会问题。良好生态环境是实现中华民族永续发展的内在要求，是增进民生福祉的优先领域，是建设美丽中国的重要基础。以改善生态环境质量为核心，推动精准治污、科学治污、依法治污，将“倒逼”增长方式转变，推动“产业生态化、生态产业化”，促进节能环保产业蓬勃发展，推动实现更高质量、更有效率、更加公平、更可持续、更为安全的发展。深入打好污染防治攻坚战，将加快推动经济社会低碳转型，抑制碳排放“攀高峰”，放大温室气体减排效益。以更高标准打好蓝天、碧水、净土保卫战，将推动城市和乡村、陆域和海域生态系统健康状况持续改善。

（三）扩绿是基于自然解决方案的有效举措

绿水青山是水库、粮库、钱库、碳库。扩绿守护绿水青山，既可巩固生态系统碳汇能力，也可提升生态系统碳汇增量，实现碳中和实施路径优化，进而减轻经济深度脱碳带来的压力。实施山水林田湖草沙冰一体化保护和修复，将增强生态环境稳定性，提升自然环境净化修复能力，增加环境容量、气候容量，实现环境质量更大改善。同时，绿水青山就是金山银山，坚持生态优先，一方面为可持续增长源源不断供给材料和原料、能源和环境；另一方面将释放和放大生态经济发展后劲和量级，增强增长的韧性和可持续性。

（四）增长是建设社会主义现代化强国的内在需求

我国发展不平衡、不充分问题突出，仍是处于工业化、城市化进程中的发展中国家，

发展是第一要务，也是解决我国所有问题的关键。增长与降碳、减污、扩绿是相辅相成的，高质量、可持续增长能够为生态文明建设提供强大的物质基础、有力的产业支撑和有效的科技保障，确保降碳、减污、扩绿持续深化、系统推进，同时不能只讲索取不讲投入、只讲发展不讲保护、只讲利用不讲修复，也不能“简单化”“齐步走”“一刀切”，要使发展建立在高效利用资源、严格保护生态环境、有效控制温室气体排放的基础上，统筹推进高质量发展和高水平保护，推动绿色发展迈上新台阶。

三、落实“协同推进”的四川对策

坚持降碳、减污、扩绿、增长协同推进，既是当务之急，也是长期的系统性工程。建议立足四川实际，坚持系统思维、全局意识、发展理念，以经济社会发展全面绿色转型为引领，统筹发展与减排、整体与局部、近期与远期、政府与市场，有力有序推动美丽四川建设、应对气候变化、绿色低碳发展走深走实。

（一）坚持系统思维，增强生态文明建设整体协同性

一是建立统一规范的生态环境监测、统计、调查体系和碳排放统计核算体系，促进生态环境、气候变化、经济发展数据共享，开展降碳、减污、扩绿、增长协同度评价和耦合度评估，增强政策行动措施的针对性、有效性。二是深化生态文明体制改革，整合优化生态文明建设组织领导机制，充分发挥各级生态环境保护委员会全局统筹、一体谋划的作用，把握好降碳、减污、扩绿、增长的节奏、力度、广度和深度，避免顾此失彼、停步不前、冒进突击。三是加快完善生态文明建设激励约束机制，建立健全生态文明建设责任清单，逐步形成体现降碳、减污、扩绿、增长要求的生态文明评价考核和督察问责体系，确保实现环境效益、气候效益、社会效益、经济效益多赢。

（二）坚持协同增效，统筹污染治理和节能降碳行动

一是突出源头替代，纵深调整产业、能源、交通运输和用地结构，充分发挥清洁能源资源禀赋和供给优势，统筹“两高一低”项目控制、传统产业产能控制和结构优化，加快推动能源结构从化石能源为主向可再生能源为主转变，加快推进运输结构“公转水”“公转铁”“私转公”“油转电”。到 2025 年、2030 年，可再生能源消费占比分别达到 42%、45%，新能源汽车保有量分别达到 80 万辆、150 万辆。二是深化过程减排，分类有序开展能源、工业、建筑、交通等领域节能诊断、清洁生产审核、节能降碳减污改造，以园区为单元开展绿色化循环化改造，深入实施化肥减量增效行动，持续挖掘存量减排潜力。三是促进末端治理，推广节能高效的治污设备，采用气候友好型工艺技术，加强污水处理、垃圾填埋、垃圾焚烧等产生的二氧化碳、甲烷等温室气体回收利用，开展碳捕捉、利用与封存技术攻关和集成示范。到 2030 年，落地碳捕集与封存技术示范项目。四是探索差异化协同路径，分行业领域、分空间单位开展减污降碳协同创新和试点示范，

建设环境友好型、气候友好型“双友好”城市、园区和企业，以轻工业和高新技术产业为重点，因地制宜建成一批近零碳排放、近零污染物排放“双近零”示范园区。

（三）坚持生态优先，积极探索基于自然的解决方案

一是突出数量，调整优化国土空间格局，加强土地用途、生态红线管控，持续开展大规模绿化行动，稳定林草用地保有量，增加森林蓄积量和覆盖率。到 2025 年、2030 年，土地利用、土地利用变化和林业碳汇量分别达到 4 000 万 t、3 500 万 t 以上。二是注重质量，统筹开展山水林田草沙一体化保护修复，科学开展城乡绿化，促进城市垂直绿化、楼顶绿化，提升森林经营水平和质量精准提升，加强若尔盖等高原泥炭地保育。三是注重效益，建立健全生态补偿机制，推动生态系统碳汇项目化开发、市场化交易、多样化消纳，开展典型生态系统固碳减排综合试点，拓展生态产品价值实现路径。到 2025 年，力争备案林草碳汇项目数达到 50 个；到 2030 年，备案林草碳汇项目核证减排量居全国前 5，形成一批基于自然的解决方案典型案例。

（四）坚持发展为本，先立后破推动发展方式系统变革

一是循序渐进做优“存量”，实施建材、冶金、化工、电力等传统产业产能等量减量替代和产量控制，推动传统产业绿色改造和数字化转型。到 2025 年、2030 年，规模以上六大高耗能行业能耗占规模以上工业能耗占比分别降至 70%、65%。二是积极布局做大“增量”，壮大文化旅游、食品饮料、电子信息等优势产业，发展生物医药、高端装备、精细化工、节能环保、现代服务等产业，培育清洁能源、动力电池、晶硅光伏等绿色低碳优势产业。到 2025 年、2030 年，绿色低碳产业增加值占 GDP 的比重分别提升 5 个百分点。三是因地制宜做好“差异量”，支持川西北生态经济区、大小凉山地区和环盆山区（县）发展生态文化旅游和特色农牧业，推动攀枝花、达州、乐山等工业型资源型城市加快转型，促进成都、宜宾、绵阳等城市加快聚集先进制造业和战略性新兴产业。

（五）坚持夯实基础，系统提升碳达峰碳中和支撑能力

一是完善和逐步修订生态文明法制标准，探索制定城市绿色发展促进、生态文明促进、生态环境保护、重点流域保护等引领性战略性综合性地方性法规，差异化构建地方生态环境和碳达峰碳中和标准体系，增强地方立法和标准的兼容性、协同性和有效性。二是建立健全有利绿色发展的经济政策，建立基于发展的财政可持续投入机制，统筹发展转型金融、绿色金融和气候投融资，研究设立四川省绿色低碳转型基金，依托四川联合环境交易所建设西部生态产品交易中心，引导和撬动各类社会资金投入降碳、减污、扩绿和绿色低碳产业发展。三是探索开展生态环境、气候变化“一网、一表、一图、一库”，开发评价方法技术和协同增效标准指南，定制化编制城市、园区、企业减污降碳协同“一城一策”“一园一策”“一企一策”，实现综合施策、精准治理。

坚持目标导向，未来五年推进美丽四川再上新台阶

摘　要：2022年5月27日，中国共产党四川省第十二次代表大会在成都召开，四川省委书记王晓晖同志代表中国共产党四川省第十一届委员会作了《高举习近平新时代中国特色社会主义思想伟大旗帜　团结奋进全面建设社会主义现代化四川新征程》的报告，深入分析了四川发展所处的历史方位和时代背景，明确提出未来五年全省工作的总体要求和奋斗目标，为深入推进美丽四川建设指明了前进方向。本文围绕党代会提出的“美丽四川建设迈出新步伐”要求，研究提出未来五年美丽四川建设的总体设想，并围绕空间格局、美丽城乡、绿色经济、宜人环境、自然生态、巴蜀文化、治理体系等7个方面对未来五年美丽四川建设的路径提出建议。

关键词：美丽四川；生态文明建设；指标体系

一、未来五年美丽四川建设的总体要求

（一）指导思想

坚持以习近平新时代中国特色社会主义思想为指导，认真落实习近平生态文明思想和习近平总书记对四川工作系列重要指示精神，全面贯彻省第十二次党代会精神，以“美丽四川”建设为目标，强固生态安全屏障功能，展示美丽空间形态，发挥绿色低碳发展优势，加强城乡宜居建设，提升生态环境品质，加快打造美丽中国先行区、长江黄河上游生态安全高地、绿色低碳经济发展实验区和中国韵·巴蜀味宜居地。

（二）基本原则

坚持生态优先，绿色发展。坚定践行绿水青山就是金山银山理念，进一步树牢上游意识、强化上游担当，在保护中发展，以发展促保护，统筹产业生态化与生态产业化，全面推进社会经济绿色低碳转型。

坚持统筹优化，三生融合。牢固树立“一盘棋”思想，优化国土空间开发格局，系统融合生产、生活、生态“三生”空间，巩固优势、补齐短板、挖掘潜力，积极探索生

态共保、产业共兴、社会共治新模式。

坚持全民行动，共建共享。坚持以人民为中心，顺应人民对美好生活的向往，引导人民群众主动参与美丽四川建设，不断激发市场活力，广泛凝聚力量，着力满足人民群众对优美生态环境的需要。

二、未来五年美丽四川建设的目标

到 2027 年，生态环境质量持续改善，巴山蜀水更加秀美安澜，绿色低碳经济不断壮大，碳排放强度明显下降，能源资源利用效率大幅提升，高品质生活宜居地建设加快推进，巴蜀文化影响力显著提升，长江黄河上游生态屏障进一步筑牢。

——生态环境质量持续改善，主要污染物排放总量持续减少，环境质量持续改善，生态系统功能系统提升。到 2027 年，空气质量基本实现稳定达标，重度及以上污染天气基本消除，国控断面水质以Ⅱ类为主，森林覆盖率超过 41%，生态质量指数保持稳定。

——绿色低碳经济不断壮大，数字化、智能化、绿色化转型全面提速，绿色低碳循环发展经济体系基本建成，为实现碳达峰碳中和夯实基础。到 2027 年，绿色低碳优势产业规模能级持续提升，其营业收入占规模以上工业比重达 23%左右，清洁能源电力装机容量达到 1.5 亿 kW。

——高品质生活宜居地加快建设，城市园林绿化品质大幅提升，小城镇建设水平整体提高，乡村风貌得到有效改善。到 2027 年，培育创建 200 个省级百强中心镇，城市生活污水集中收集率较 2020 年提高 7 个百分点，行政村生活污水有效治理比例达到 78%左右。

——巴蜀文化影响力显著提升，文化遗产传承利用水平不断提高，新时代艺术创作从“高原”迈向“高峰”，“天府三九大·安逸走四川”品牌影响力明显提升。到 2027 年，新增一批历史文化街区，现代公共文化服务体系和文化产业体系更加健全，人均公共文化设施建筑面积达 0.1 m^2，国家（省级）全域旅游示范区力争超过 50 个。

三、未来五年美丽四川建设的路径建议

（一）持续优化国土空间布局

一是锚固生态安全格局。推进四川省四大生态功能区①的生态保育修复。开展 8 条江河生态带②的系统保护和综合治理。保护好自然保护地、饮用水水源保护区、区域性生态

① 四大生态功能区：若尔盖高原湿地生态功能区、川滇森林生态及生物多样性生态功能区、秦巴生物多样性生态功能区、大小凉山水土保持和生物多样性生态功能区。

② 8 条江河生态带：长江—金沙江、黄河、嘉陵江、岷江—大渡河、沱江、雅砻江、涪江、渠江。

涵养区等重要生态空间。

二是夯实农业空间格局。保护提升两大粮油主产区①的耕地质量。优化五大特色农产区②的农地结构，把握生态退耕和稳定耕地规模的双重要求，适当增加特色农业产业空间。提升农业空间生态功能，在大巴山、大小凉山、川西高原实施退耕还林，加强污染耕地休耕修复度。

三是优化城乡空间布局。以成都都市圈建设为核心，加快发展成渝主轴城市群，打造高品质宜居典范区。以川南、川东北区域为重点，打造城在山中、水在城中、山水城相依相融的区域一体化山水城市群。以大城市为主体、中小城市相间、小城镇点状分布，筑牢城镇发展的绿色安全廊道，推动各级城镇协调发展。坚持“小规模、组团式、微田园、生态化”理念，引导农村居民点适度聚集。

（二）着力建设城乡宜居环境

一是提升城市人居品质。推广成都践行新发展理念的公园城市示范经验，深入推进公园城市建设。加快实施城市有机更新，开展城市体检评估，优化完善老旧小区、老旧厂区、老旧街区等片区功能。控制城镇建设密度和强度，严格保护现有山水脉络和自然景观，注重城市文脉延续，塑造彰显本地文化特色的城市风貌。完善城市公园体系和绿道网络，推行“公园+”“绿道+”模式，提高公园绿地服务覆盖率，基本实现“300 m见绿、500 m见园”。推进城乡基础设施体系化、现代化建设。

二是打造宜居美丽乡村。加大传统村落保护力度，突出川西林盘、彝家新寨、涉藏地区新居、巴山新居、乌蒙新村等不同区域的乡土特色和民族地域特点，统筹保护传统村落及自然山水、历史文化、田园风光等资源。加强农村集中式饮用水水源保护管理，持续实施好农村供水保障工程。深化农村“厕所革命”整村推进示范村建设，因地制宜推进“厕污共治”。积极探索人居环境整治和乡村振兴项目整合打包，加强政府投资和专项债券等多种方式支持，补齐村镇污水处理、垃圾处置等人居环境短板。鼓励村镇环保设施的统一运营管理，实现村镇污水垃圾处理设施长效达标运行。

三是推动生活方式绿色转型。引导公众自觉践行绿色低碳生活方式，加大公共交通工具绿色出行力度。提倡简约适度、绿色低碳，深入开展“光盘行动”，大力推广生活垃圾分类，持续推进废旧闲置物资循环利用。鼓励绿色消费，加大绿色采购力度、拓宽采购范围，推广节能低碳节水用品和环保再生产品，减少一次性消费品和包装用材消耗。全面推进既有建筑低碳节能改造，大力推广绿色建材，加快推动建筑垃圾资源化利用。

① 两大粮油主产区：四川盆地、安宁河谷及周边地区。

② 五大特色农产区：川东北山地、川南山地、盆地西缘山地、攀西山地和川西高原。

（三）加快建立健全绿色低碳循环发展经济体系

一是持续推进传统工业绿色升级。强化环保、能耗、水耗等要素约束，持续淘汰落后产能。大力推动传统领域行业企业绿色化升级，加快建立高效、清洁、低碳、循环的绿色制造体系。鼓励企业开发高性能、高质量的绿色低碳环保产品。依托国家“东数西算”工程，推动新一代信息技术与工业深度融合，提升产业绿色化、智能化、循环化水平。坚决遏制高耗能、高排放、低水平项目盲目发展。

二是做强绿色低碳优势产业。立足全省清洁能源资源禀赋，大力发展清洁能源产业，推进水风光多能互补一体化发展，统筹推进常规气与非常规气规模化开发，建设世界级优质清洁能源基地。以重点行业领域能效标杆水平和基准水平为导向，加快推动动力电池、新能源汽车、大数据等绿色低碳优势产业高质量发展，打造一批绿色低碳优势产业集群。构建绿色低碳优势产业标准体系，大力实施绿色低碳品牌发展战略，培育一批绿色低碳产业优质品牌。

三是加快推进农业绿色发展。建立农业绿色循环低碳生产制度，探索区域农业循环利用机制，推广农业循环发展模式。聚焦优势特色农业，深入实施农业生产“三品一标”行动，推动建设一批绿色、生态、安全现代农业园区和农产品生产基地。创新农业绿色生产技术，提升绿色投入品有效供给能力。深入实施“一控两减三基本”，提升种植业、养殖业等废弃物综合利用水平，强化废旧农膜、农业投入品包装废弃物等回收利用。

（四）打造天蓝水碧健康舒适的宜人环境

一是持续深入打好蓝天保卫战。以氮氧化物、挥发性有机物、温室气体协同减排为导向，优化大气污染物治理的技术路线。针对重点行业，实施深度治理与节能降碳行动；针对重点企业，鼓励实施大气污染物与温室气体排放协同控制改造提升工程。拓宽新能源汽车应用场景，加快推动老旧车辆替换为新能源车辆。健全成渝地区双城经济圈大气污染物多层次联防联控常态化机制，解决突出的区域性大气污染问题，推动全域空气质量达标。实施严格的针对重污染天气高发行业的绩效分级管理制度，持续优化和修订重污染天气应急预案，并完善相应的应急管控措施清单。开展噪声污染防治条例制定工作，实施噪声污染防治行动计划。

二是持续深入打好碧水保卫战。全面推进美丽河湖建设，推广“三水统筹”系统治理模式，推进河湖“水文化+”体系建设，打造河湖沿岸惠民亲水生态景观。强化河（湖）长制工作体系，建立健全水生态环境综合监管体系。实施水生态环境功能分区管控，长江流域应持续实施十年禁渔计划、按照每个单元精细化分区管控；黄河流域应加强各类开发活动强度控制以及全过程的监管。提升污水处理设施的处理能力，强化设施运营监管。加强流域区域协同治理，健全跨界河湖保护联动机制。

三是持续深入打好净土保卫战。深入推进土壤污染状况调查，将全域划分不同的土壤风险区域，绘制土壤风险“一张图”。加强土壤污染源头防控，强化涉重金属行业、矿产资源开发、固体废物和化肥农药等土壤污染源头监管和重金属污染防治。强化农用地分类管理，推进受污染耕地成因分析。严格建设用地土壤污染风险管控，实施重点区域污染管控与修复工程，强化企业腾退地块的风险管控和治理修复。全面推动“无废城市”建设，加强工业固体废物综合利用，强化危险废物安全处置，开展医疗废物分类管理。

（五）保护丰富多样和谐共生的自然生态

一是加强生物多样性保护。提升生物多样性保护工作在生态安全屏障建设中的重要性，优化生物多样性保护网络，加快推进四川省生物多样性保护立法工作，实施生物多样性保护重大工程，协同开展环境污染防治和生物多样性保护。实施差别化生物多样性保护策略，将生物多样性保护理念引入城市更新、农业生产、应对气候变化等以及各类开发活动，为人与自然和谐的美丽四川建设奠定基础。

二是加快自然保护地建设。加强顶层设计，编制自然保护地规划、大熊猫国家公园总体规划等文件，加快健全自然保护地体系。全面建设大熊猫国家公园，持续推进若尔盖国家公园创建。优化自然保护区管控分区，实施自然保护区内建设项目负面清单制度。强化自然保护地生态环境监管，在自然保护地范围内探索构建“空天地”一体化监测网络，严格自然保护地管理执法监督。加强自然保护地管理评估，针对不同类型的自然保护地建评估体系，有效提高自然保护地的管理水平和保护成效。

三是强化生态保护修复治理。建立健全自然生态系统调查评估监督机制，探索自然资源常态化监测和评价，实施生态修复成效评估。坚持保护优先、自然恢复为主，统筹实施国土空间生态修复，推进山水林田湖草沙冰系统治理，实施水土保持、矿山生态修复等重点生态工程，实施农田生态修复，恢复提升耕地生态质量，推进重要江河生态带保护修复，深化黄河干流堤岸侵蚀治理。探索基于自然解决方案的生态修复治理模式，推进生态修复项目与产业项目有机融合。

（六）推动巴蜀文化繁荣兴盛

一是弘扬传承传统文化。弘扬传承古蜀文化，深化三星堆文化、皮洛遗址、宝墩文化、金沙文化等学术研究，推动三星堆创建国家文物保护利用示范区，做好通俗化解读和普及。传承红色文化记忆，优化红色文化旅游发展格局，推出一批红色旅游特色线路，打造红色文化演艺项目、红色研学旅行实践基地。加强非遗传承保护、农耕文化传承保护，强化民族文化保护，保护少数民族优良独特的生态风俗习惯及民俗活动。

二是推动文旅产业融合发展。健全现代文化产业体系，加大文化龙头企业培育力度，推动文化产业数字化发展。大力培育文旅产业新业态，挖掘并丰富“天府三九大·安逸走四川”文化内涵，助力推进巴蜀文化旅游走廊建设，增加优质文旅产品供给，丰富多元融合的消费业态，加快建设世界重要旅游目的地。

三是加强文化艺术创新。提升建筑雕塑魅力和建筑品质特色，开展石窟寺及石刻保持展示工程。创作文学艺术精品，开展传统舞蹈、民族舞蹈、民俗文化等实践创新和表现创新，大力振兴川剧和曲艺艺术，鼓励创作一批反映巴蜀文化风格、美丽四川建设成就的文艺精品。打造文化艺术平台，加强剧场、美术馆、电影院等艺术场地建设，强化公共图书馆、文化馆建设，因地制宜建设多元化主题文化功能空间。

（七）创新完善现代治理体系

一是健全多元共治格局。深化生态环境保护"党政同责、一岗双责"，严格落实生态环境保护责任清单，强化环境保护目标责任制和考核评价制度。发挥企业环境治理主体作用，全面推行排污许可证制度，建立企业环境信用评价机制，推动企业环境信息公开，健全生产者责任延伸制度。实施"污染者付费+第三方治理"，引导企业主动参与生态环境治理。全面鼓励公众参与，健全重大政策、重大项目环保论证公众参与机制，完善公众监督和举报反馈机制，畅通环保监督渠道，推动信访信息综合运用。探索建立美丽四川建设参与积分体系，引导公众参与美丽四川建设。

二是提升生态环境治理现代化水平。完善生态环境高水平监测网络，完善温室气体、排污口、河湖生态流量、农业面源监测监控能力，开展细颗粒物和臭氧协同控制监测，深化重点流域水质监测预警能力，开展噪声感知网络示范建设，完善污染源自动监测监控体系。加强监管执法能力，持续完善四川省省级生态环境保护督察制度，推动建成覆盖全面、及时高效、精准专业的生态环境监督执法队伍。完善风险应急能力，构建全过程、多层级的生态环境安全和应急管理体系，围绕重金属、新污染物等方面，加强全过程环境风险监管。强化治理创新能力，深化产学研协作，开展智慧环境管理及治理建设。

三是推动生态产品价值实现。加快开展生态产品基础信息调查，建立四川省生态产品统计调查体系。探索研究具有四川特色的生态产品价值核算方法，适时启动四川省生产总值（GEP）核算。健全和完善生态环境损害赔偿、生态保护补偿机制，探索创新生态补偿新模式。创新发展碳汇交易，建立碳汇计量评估机制，开展区域林草碳汇本底调查和碳储量评估，以碳市场等途径，实现林业碳汇等生态产品的生态价值。

基于上述研究，构建未来五年美丽四川建设的指标体系（表1）。

表1 未来五年美丽四川建设的指标体系（基于研究提出）

指标类	序号	指标	2020年	2025年	2027年	2025年指标来源
一、空间格局	1	生态保护红线面积/万 km^2	14.8	完成国家下达目标	面积不减少、功能不降低、性质不改变	四川省"十四五"自然资源保护和利用规划
	2	自然保护地面积占国土面积比例/%	26.85	完成国家下达目标	保持稳定	四川省"十四五"自然资源保护和利用规划

指标类	序号	指标	2020 年	2025 年	2027 年	2025 年指标来源
二、美丽家园	3	城市（县城）人均公园绿地面积/m^2	—	14.5	15 左右	四川省“十四五”城乡人居环境规划
	4	县级及以上城市集中式饮用水水源地水质达标率/%	100	100	100	美丽四川建设战略规划纲要（2021—2035 年）（送审稿）
	5	设市城市生活污水收集率/%	—	较 2020 年提高 5	较 2020 年提高 7	四川省“十四五”城乡人居环境规划
	6	地级以上城市生活垃圾回收利用率/%	—	≥35	40 左右	四川省“十四五”循环经济发展规划
	7	生活垃圾分类居民小区覆盖率/%	—	80	≥82	美丽四川建设战略规划纲要（2021—2035 年）（送审稿）
	8	城区建筑垃圾资源化利用率/%	—	≥60	保持稳定	四川省“十四五”循环经济发展规划
	9	国家级传统村落保护规划覆盖率/%	—	100	100	四川省“十四五”城乡人居环境规划
	10	农村自来水普及率/%	82	88	≥88	四川省“十四五”推进农业农村现代化规划
	11	农村卫生厕所普及率/%	86	>90	92 左右	四川省“十四五”推进农业农村现代化规划
	12	行政村生活污水有效治理比例/%	58.4	75	78 左右	四川省“十四五”农业农村生态环境保护规划
	13	农村生活垃圾治理率/%	92	100	100	四川省“十四五”推进农业农村现代化规划
三、绿色经济	14	碳排放总量/万 t	—	完成国家下达目标	逼近峰值	四川省“十四五”公共机构节约能源资源工作规划
	15	单位 GDP 二氧化碳排放降低/%	—	19.5	>20	四川省“十四五”能源发展规划
	16	单位工业增加值二氧化碳排放下降/%	—	19	21 左右	四川省“十四五”工业绿色发展规划
	17	城区常住人口 100 万人以上城市新能源公交车占比/%	—	75	>75	四川省“十四五”综合交通运输发展规划
	18	单位地区生产总值建设用地使用面积下降率/%	22	完成国家下达目标	完成国家下达目标	四川省“十四五”自然资源保护和利用规划
	19	单位建筑面积能耗/（kg 标准煤/m^2）	5.51	5.29	5.20	四川省“十四五”公共机构节约能源资源工作规划
	20	单位 GDP 能耗降低/%	—	14	15.5 左右	四川省国民经济和社会发展“十四五”规划和 2035 年远景目标纲要
	21	规模以上工业单位增加值能耗下降/%	—	14	完成国家下达目标	四川省“十四五”工业绿色发展规划

指标类	序号	指标	2020 年	2025 年	2027 年	2025 年指标来源
三、绿色经济	22	清洁能源电力装机容量/亿 kW	0.88	1.3	1.5 左右	美丽四川建设战略规划纲要（2021—2035 年）（送审稿）
	23	非化石能源消费比重/%	38	41.5 左右	43.5 左右	四川省“十四五”能源发展规划
	24	煤炭消费比重/%	27	≤25	≤24	四川省“十四五”能源发展规划
	25	全省用水总量/亿 m^3	237	＜330	＜330	四川省“十四五”水安全保障规划
	26	万元国内生产总值用水量下降/%	37（较2015 年）	完成国家下达目标	完成国家下达目标	四川省“十四五”水安全保障规划
	27	万元工业增加值用水量下降/%	68（较2015 年）	16	18 左右	四川省“十四五”节能减排工作实施方案
	28	规模以上工业企业重复用水率/%	—	93	94 左右	四川省“十四五”循环经济发展规划
	29	研发经费投入强度/%	2	2.4	2.6	四川省国民经济和社会发展“十四五”规划和 2035 年远景目标纲要
	30	绿色低碳优势产业营业收入占规模以上工业比重/%	—	20	23 左右	美丽四川建设战略规划纲要（2021—2035 年）（送审稿）
	31	省级及以上绿色工厂/家	296	500 左右	550 左右	四川省“十四五”企业发展规划
	32	近零碳园区/个	—	20	30	四川省近零碳排放园区试点建设工作方案
	33	秸秆综合利用率/%	91	90	＞90	四川省“十四五”推进农业农村现代化规划
	34	废旧农膜回收利用率/%	80.2	≥85	87 左右	“美丽四川·宜居乡村”建设五年行动方案（2021—2025 年）
	35	畜禽粪污综合利用率/%	＞75	＞80	82 左右	四川省“十四五”推进农业农村现代化规划
	36	三大粮食作物化肥利用率/%	—	≥43	＞43	四川省“十四五”节能减排工作实施方案
	37	主要农作物病虫害绿色防控覆盖率/%	—	≥55	＞55	四川省“十四五”节能减排工作实施方案
四、宜人环境	38	地级及以上城市空气质量优良天数比率/%	90.7	92	92.5 左右	四川省国民经济和社会发展“十四五”规划和 2035 年远景目标纲要
	39	地级及以上城市细颗粒物（$PM_{2.5}$）浓度/（μg/m^3）	31	29.5	27 左右	四川省“十四五”生态环境保护规划

指标类	序号	指标	2020 年	2025 年	2027 年	2025 年指标来源
四、宜人环境	40	地级及以上城市空气质量重污染天数比率/%	0.16	0.1	基本消除	四川省“十四五”生态环境保护规划
	41	省级“美丽河湖”数量/个	—	40	60	四川省美丽河湖建设方案
	42	重点河湖生态流量保障目标满足程度/%	—	＞90	92 左右	四川省“十四五”水安全保障规划
	43	地表水达到或好于Ⅲ类水体比例/%	93	97.5	99 左右	四川省国民经济和社会发展“十四五”规划和 2035 年远景目标纲要
	44	地表水质量劣Ⅴ类水体比例/%	0	0	0	四川省“十四五”生态环境保护规划
	45	纳入国家监管农村黑臭水体整治数量/个	5	159	动态清零	四川省“十四五”农业农村生态环境保护规划
	46	受污染耕地安全利用率/%	—	93 左右	≥93	四川省“十四五”生态环境保护规划
	47	重点建设用地安全利用	—	有效保障	有效保障	四川省“十四五”生态环境保护规划
	48	大宗工业固体废物综合利用率/%	—	≥57	60 左右	四川省“十四五”工业绿色发展规划
	49	一般工业固体废物综合利用率/%	—	≥45	50 左右	四川省“十四五”循环经济发展规划
五、自然生态	50	森林覆盖率/%	40	41	＞41	四川省国民经济和社会发展“十四五”规划和 2035 年远景目标纲要
	51	森林蓄积量/亿 m^3	19.16	21	稳步增长	四川省“十四五”自然资源保护和利用规划
	52	草原综合植被盖度/%	85.8	86	≥86	四川省“十四五”自然资源保护和利用规划
	53	湿地保护率/%	56	完成国家下达目标	完成国家下达目标	四川省“十四五”自然资源保护和利用规划
	54	水土保持率/%	77.7	＞78.5	79	四川省“十四五”水安全保障规划
	55	生态质量指数（EQI）	—	稳中向好	稳中向好	四川省“十四五”自然资源保护和利用规划
	56	国家重点保护野生动植物保护率/%	95	≥95	≥95	美丽四川建设战略规划纲要（2021—2035 年）（送审稿）
六、巴蜀文化	57	文化产业增加值占 GDP 比重/%	3.95	5.5	6 左右	四川省“十四五”服务业发展规划
	58	备案博物馆总数/家	292	450	＞450	四川省“十四五”服务业发展规划

指标类	序号	指标	2020 年	2025 年	2027 年	2025 年指标来源
六、巴蜀文化	59	人均公共文化设施建筑面积/m^2	0.049	0.08	0.1 左右	四川省“十四五”服务业发展规划
	60	国家级（省级）全域旅游示范区/个	25	50	＞50	美丽四川建设战略规划纲要（2021—2035 年）（送审稿）
七、治理体系	61	生态环境信息公开率/%	—	100	100	美丽四川建设战略规划纲要（2021—2035 年）（送审稿）
	62	公众对生态文明建设的参与度/%	—	70	77 左右	美丽四川建设战略规划纲要（2021—2035 年）（送审稿）

以数据质量为核心纵深推动碳市场建设的对策建议

摘　要：碳排放权交易是不同于传统行政手段的气候治理方式，既能以较低成本实现碳减排目标，又能为低碳发展行为提供经济激励。历经十余年建设，全国碳市场实现开市、良好开局。碳市场是新事物，总体仍处在起步阶段，存在数据质量等突出问题。对四川省而言，还面临一些结构性、区域性挑战。

关键词：碳排放；碳市场；数据质量

碳排放权交易是现代市场经济条件下，推动生态文明体制改革的重要举措、利用市场化机制控制二氧化碳等温室气体排放的重大制度创新，是实现碳达峰碳中和的重要环境经济政策工具。实质是通过释放合理的碳价格信号，优化碳排放资源的配置，引导减排成本低的行业和企业优先减排，为企业减排提供了灵活选择，从而降低全社会减排成本。与传统行政手段相比，碳市场既能将温室气体控排责任压实到企业，又能为碳减排提供激励。

一、我国碳市场建设进展情况

面对统筹应对气候变化和经济社会发展需要，我国“十二五”开始推动全国碳市场建设，“十三五”加快建设进程，“十四五”实现开市交易、清缴履约，已取得阶段性成效（图1）。

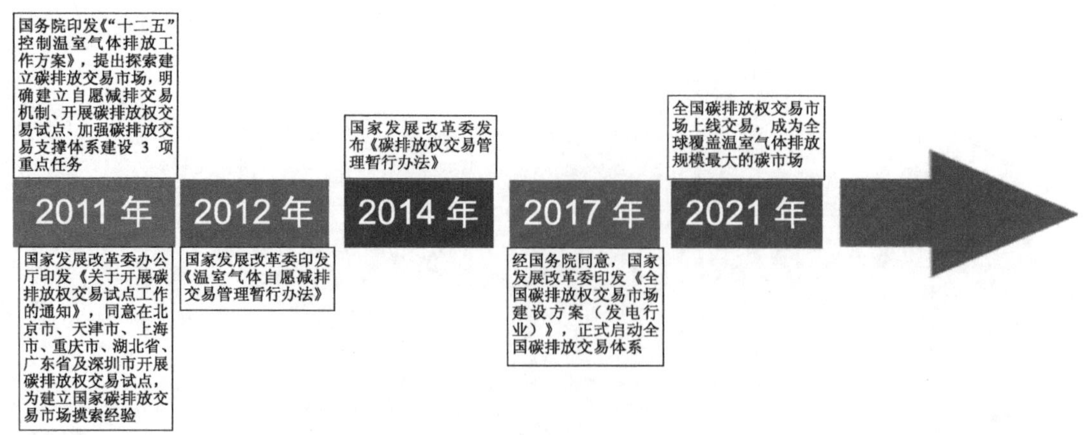

图1　我国碳市场建设时间表

（一）以部门规章为引领，制度体系初步构建

碳市场是虚拟的政策性市场，政策偏好突出。2018 年我国机构改革后，特别是提出碳达峰碳中和目标以来，生态环境部主动顺应新形势要求，在 2014 年发布的《碳排放权交易管理暂行办法》的基础上，修订形成《碳排放权交易管理办法（试行）》并在 2020 年以部门规章发布，为碳市场建设提供了顶层设计和基本制度保障。以此为统领，生态环境部等部门围绕企业温室气体排放数据报告与核查、碳排放权登记交易结算、碳排放配额分配和清缴、碳排放权交易会计等出台了系列政策文件和技术规范，初步形成涵盖碳市场各要素、各环节的制度规范体系（表 1）。

表 1　现行有效的碳市场政策文件

年份	发布部门	政策文件
2013	国家发展改革委	《关于印发首批 10 个行业企业温室气体排放核算方法与报告指南（试行）的通知》
2014	国家发展改革委	《关于印发第二批 4 个行业企业温室气体排放核算方法与报告指南（试行）的通知》
2015	国家发展改革委	《关于印发第三批 10 个行业企业温室气体核算方法与报告指南（试行）的通知》
2017	国家发展改革委	《全国碳排放权交易市场建设方案（发电行业）》
2019	财政部	《碳排放权交易有关会计处理暂行规定》
2020	生态环境部	《碳排放权交易管理办法（试行）》
2021	生态环境部	《企业温室气体排放报告核查指南（试行）》
2021	生态环境部	《碳排放权登记管理规则（试行）》
2021	生态环境部	《碳排放权交易管理办法（试行）》
2021	生态环境部	《碳排放权结算管理规则（试行）》
2022	生态环境部	《关于做好 2022 年企业温室气体排放报告管理相关重点工作的通知》
2022	生态环境部	《关于高效统筹疫情防控和经济社会发展　调整 2022 年企业温室气体排放报告管理相关重点工作任务的通知》

（二）完成首轮清缴履约，运行流程基本打通

2019 年，生态环境部推动重点排放单位名录确定和账户开立。次年，生态环境部发布《2019—2020 年全国碳排放权交易配额总量设定与分配实施方案（发电行业）》，明确发电行业重点排放单位碳排放配额（CEA）预分配、核定及清缴要求。2021 年，生态环境部正式启动全国碳市场首个履约期（2021 年 1 月 1 日—12 月 31 日）。随后发布《关于做好全国碳排放权交易市场第一个履约周期碳排放配额清缴工作的通知》，明确碳排放配额清缴进度要求及使用国家核证自愿减排量（CCER）抵销配额清缴的程序。此外，发布碳排放权登记、交易、结算规则，明确暂由湖北碳排放权交易中心、上海环境能源

交易所承担全国碳排放权注册登记、交易机构功能，推动各地对未按时足额清缴的重点排放单位进行处罚，实现了首个履约期碳排放配额核定、下发、交易、清缴、执法全流程打通。

（三）形成碳价格信号，激励约束机制加快形成

2021 年 7 月 16 日—2022 年 7 月 15 日，全国碳市场运行 242 个交易日（图 2）。碳排放配额累计成交量 1.94 亿 t，累计成交金额 84.92 亿元，成交均价为 44 元/t。从挂牌协议交易看，单笔成交价为 38.50～62.29 元/t，每日收盘价为 41.46～61.38 元/t。2022 年 7 月 15 日收盘价为 58.24 元/t，较开市首日开盘价上涨 21.33%。从大宗协议交易看，单日成交均价为 30.21～61.20 元/t，开市以来的成交均价为 42.97 元/t。在碳价格信号引导下，碳排放资产属性更加突出，重点排放单位更加主动开展管理提效赋能、降碳改造投资等工作，碳资产质押贷款等碳金融业态加快落地，社会资本也给予碳市场更高热情，初步实现了推动技术革新、撬动资金投入、促进低碳转型的作用。

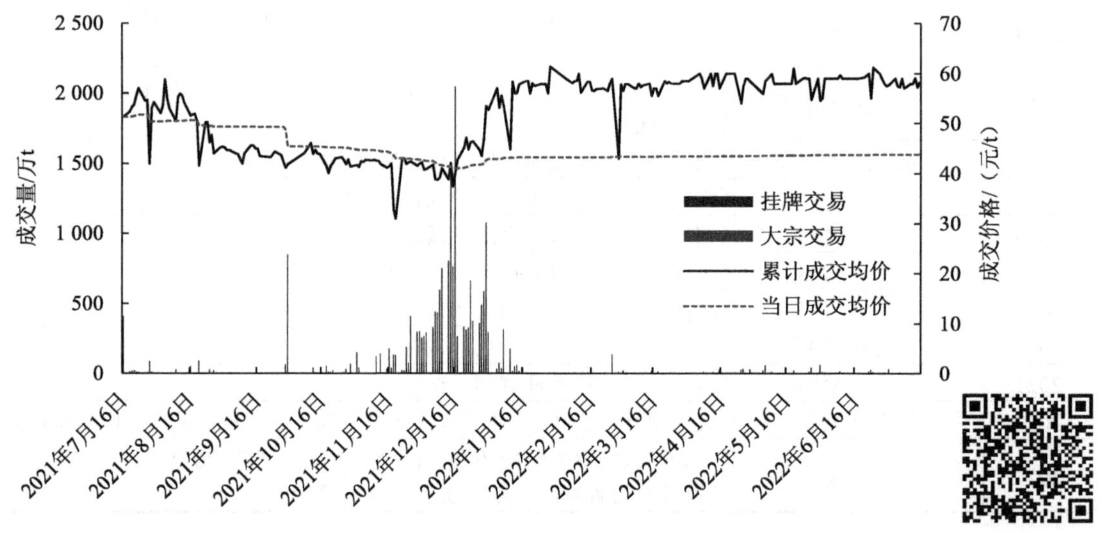

图 2　全国碳市场交易情况

数据来源：上海环境能源交易所。

二、全国碳市场存在的突出问题

当前，我国碳市场建设仍处于起步阶段，存在一些突出的问题和矛盾。推动碳市场健康发展，必须坚持发展导向、直面问题。

（一）制度层级位阶低，制度保障不足

立法是应对气候变化的有效保障，政策性较强的碳市场更需强有力的法治保障。早

在 2007 年，全国人大常委会《关于积极应对气候变化的决议》就明确，加强应对气候变化的法治建设。2014 年、2020 年，我国均是以部门规章形式出台碳排放权交易管理办法，制度层级低，高阶立法滞后。2015 年，国家发展改革委在答复十二届全国人大三次会议建议时表示，将积极与国务院法制办沟通，争取由国务院出台碳排放权交易管理条例，强化立法体系。同年，国家发展改革委举行碳排放权交易管理条例涉及行政许可问题听证会，起草完成《碳排放权交易管理暂行条例》并上报国务院。次年，该条例列入国务院立法计划预备项目。2018 年机构改革后，碳市场立法提速，2021 年、2022 年连续两年列入国务院立法计划，生态环境部 2019 年、2021 年两次公开征求《碳排放权交易管理暂行条例》修改意见。随着碳市场的纵深发展，立法迫切性和体系化制度建设要求进一步增强。

（二）治理短期效应明显，政策预期不强

2013 年以来，我国几乎每年都有碳市场相关政策文件出台，多数为开展企业温室气体核算、报告与核查的文件，也有部分综合性、制度性政策文件。其中，2016 年出台《关于切实做好全国碳排放权交易市场启动重点工作的通知》，实际为年度工作安排。2017 年出台的《全国碳排放权交易市场建设方案（发电行业）》，也因国内机构改革、国际形势变化而未按时完成“三步走”，已缺乏对当前碳市场建设的指导意义。2020 年发布的全国碳排放权交易配额总量设定与分配实施方案局限于基于 2019—2020 年度全国碳排放数据的配额分配且仅考虑发电行业，“一次性”效益明显。总体来看，当前碳市场建设缺乏明确的时间表、路线图，且基准线、分配方式、配额结转、市场扩容等政策不明朗，不利于激发碳价格信号和形成合理市场预期。

（三）市场交易不活跃，价格信号不够稳固

由于首个履约期配额基准偏松、总量富余、交易机制不健全、交易主体单一，配额换手率总体水平偏低（远低于欧盟市场，甚至低于国内一些区域市场），可能导致价格信号偏弱甚至“失真”。从交易主体看，虽然累计参与交易的企业数量超过重点排放单位总数的一半，但仅纳入发电行业重点排放单位，缺乏其他行业、机构和个人参与。从交易规模看，全国碳市场覆盖年温室气体排放约 45 亿 t 二氧化碳当量，首个履约周期基于 2019—2020 年度碳排放数据，配额总量为 80 万～90 万 t。但截至 2021 年 12 月底，累计成交碳排放配额 1.79 亿 t，仅为配额总量的 2.1%；截至 2022 年 7 月 15 日，累计成交碳排放配额 1.94 亿 t，仅为配额总量的 2.2%。从交易分布看，开市当天成交量超 410 万 t，首日效应过后交易热度逐步减弱，履约期前成交量显著提升，11 月、12 月总成交量 1.59 亿 t，成交量分别占开市以来总成交量（2021 年 7 月 16 日—2022 年 7 月 15 日）的 12%和 70%。首个履约期结束后，市场总体交易意愿下降，成交量大幅回落。从交易方式看，83%的成交量由大宗协议交易达成，约为挂牌协议交易成交量的 5 倍，交易方式过于集中和单一。

（四）数据质量问题突出，干扰市场“扩容”

企业温室气体排放数据是配额分配、配额清缴的基本依据，长期以来碳市场建设重点也围绕碳排放报告与核查开展，数据质量无疑是碳市场建设的关键、基础和前提。2021年全国首例碳排放数据造假案曝光后，引起国家领导人和舆论高度重视，碳达峰碳中和工作领导小组办公室也进行了专题部署。生态环境部随之组织开展数据质量自查、发电行业控排企业温室气体排放报告专项监督执法，公开通报了中碳能投科技（北京）有限公司、北京中创碳投科技有限公司、青岛希诺新能源有限公司、辽宁省东煤测试分析研究院有限责任公司 4 个典型案例。数据质量问题是国家技术规范不健全、企业内部管理制度机制不完善、技术服务机构监管乏力、地方监管力量建设滞后等多种原因造成的，必将影响碳市场的建设节奏和市场扩容进程，必须高度重视。

（五）产业政策不兼容，恶化企业经营形势

在我国以煤炭为主的能源资源禀赋下，煤电装机占比偏高。首个履约周期仅纳入发电行业，主要是纳入煤电企业，山东、江苏、广东、内蒙古、山西、河南、新疆、浙江、安徽、河北等火电装机大省，也是碳市场的主要参与者（图 3）。例如，首个履约周期，山东 330 家企业纳入配额管理，实际履约 11.52 亿 t、成交 45.98 亿元，分别占全国 13.3%、58.1%。在我国长期实施政府电力指导价环境下，碳减排成本在电力领域难以向终端用户转移和传导，且叠加电煤价格高涨，导致 2021 年电厂亏损严重，五大发电集团旗下主要上市电企归母净利润大幅下滑，地方电力上市公司业绩骤降。虽然国家发展改革委出台《关于进一步深化燃煤发电上网电价市场化改革的通知》，有序放开全部燃煤发电电量上网电价，暂时缓解了碳减排成本传导问题，但长期来看，深化电力体制改革，加强与产业政策融合，推动碳排放权与电力交易衔接十分必要。

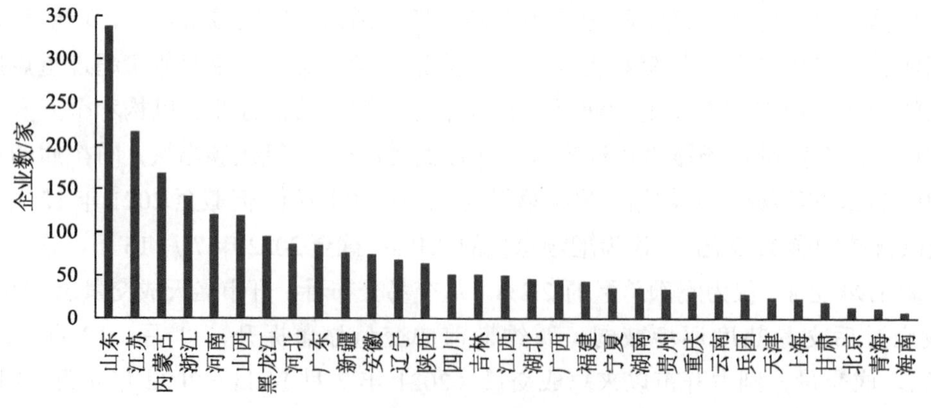

图 3　全国重点排放单位空间分布

数据来源：生态环境部。

三、四川参与碳市场的短板弱项

四川碳市场建设既面临数据质量、监管薄弱等全国普遍面临的挑战，同时也存在一些具有区域性特点的问题。

（一）结构性矛盾突出，企业清缴成本较高

一是高比例可再生能源电力结构下，电力系统负荷率低于全国，单位供电二氧化碳排放水平偏高。首个履约期全省 48 家企业纳入碳市场，约占全国（2 162 家）的 2.2%。不同于全国以火电为主的电力结构，四川可再生能源电力装机量、发电量分别占全省电力装机、发电量的 85.1%、87.1%，火电机组数量少、规模小，扮演调峰应急和支撑电网安全作用，2021 年火电发电平均利用小时数偏高、为 3 933 h，也仅为当年全国平均水平（4 354 h）的 90%，机组负荷不高和频繁开启导致碳排放强度偏高，川南电厂、金堂电厂等企业配额缺口问题突出。二是自备电厂占比偏高，配额缺口覆盖面大。首个履约期共有 28 家自备电厂纳入，占比达 58.3%。相较于大型电厂的规模化、专业化优势，自备电厂机组情况复杂、整体管理水平较低。全省 16 家自备电厂存在配额缺口，占自备电厂总数的 57.1%，占全省有配额缺口企业的 57.1%；配额缺口超过 10%的企业中，自备电厂数量占比达 64.7%。随着未来基准线收紧，配额缺口问题将越发凸显。

（二）企业碳管理意识弱，数据质量问题突出

经全面梳理，2022 年全省发电、石化、化工、建材、钢铁、有色、造纸、航空八大重点排放行业共 273 家企业纳入温室气体排放报告与核查。一方面，不同行业在排放规模、控排意识、管理水平、能力建设等方面均存在较大差异；另一方面，已纳入和未来拟纳入碳市场的行业碳排放管理水平与碳市场发展需求均存在较大差异，多数企业不同程度存在数据质量问题。调查显示，多数企业对碳市场有认识但重视不够，更多的只是配合完成数据报送与核查。一些企业温室气体管理规章制度不健全、工作流程不优、协调机制不畅、专业人才不足，特别是煤样采制、煤质化验、数据核验等方面不同程度存在问题和短板（图 4）。

（三）基层能力建设薄弱，监管尚未形成合力

我国碳排放权交易管理实行生态环境部、省级生态环境部门、设区的市级生态环境部门三级管理。从省级看，省级部门主要承担名录确定、数据核查、配额分配、督促清缴、信息公开等职责，是全国统一碳市场监管的重要环节。但行政管理与行政执法尚未全面衔接，市场监管等部门尚未有效参与碳市场监管（表 2）。从（市）州看，数据质量、清缴履约是监管的重点也是难点，特别是数据质量监管环节多、周期长、技术性强，常态化执

法检查尚未形成能力。相关监管权限明确为设区的市级生态环境部门，难以下沉至县（区）。此外，全省仅 2 市（州）单设应对气候变化科（处），其他地区与大气科一班人马。因大气污染防治任务艰巨，难以投入足够资源到碳市场监管，制约了碳市场建设工作的深化。

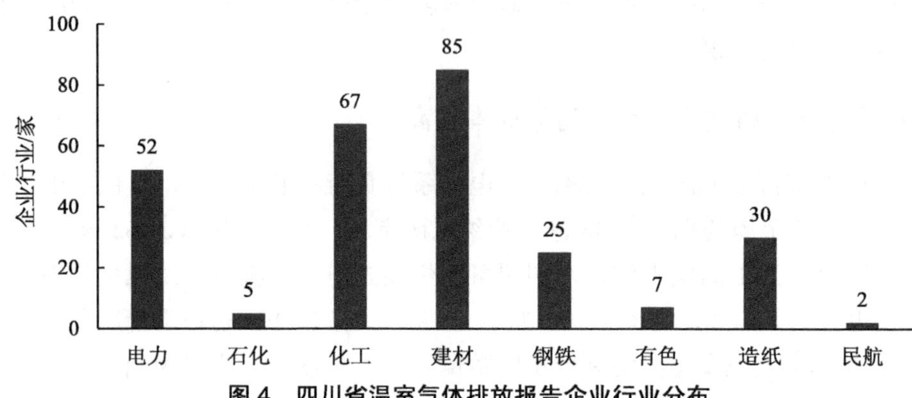

图 4 四川省温室气体排放报告企业行业分布

注：2022 年电力企业调整为 52 家，主要为绵阳天明电厂投运、新增和退出部分自备电厂。

表 2 国家、地方碳市场建设和监管职责

层级	职责（根据《碳排放权交易管理办法（试行）》梳理）
生态环境部	**建设市场：**按照国家有关规定，建设全国碳排放权交易市场。按照国家有关规定，组织建立全国碳排放权注册登记机构和全国碳排放权交易机构，组织建设全国碳排放权注册登记系统和全国碳排放权交易系统。 **监管市场：**负责制定全国碳排放权交易及相关活动的技术规范，加强对地方碳排放配额分配、温室气体排放报告与核查的监督管理，并会同国务院其他有关部门对全国碳排放权交易及相关活动进行监督管理和指导。 **总量设定：**根据国家温室气体排放控制要求，综合考虑经济增长、产业结构调整、能源结构优化、大气污染物排放协同控制等因素，制定碳排放配额总量确定与分配方案。 **产品设定：**可以根据国家有关规定适时增加其他交易产品。 **信息公开：**按照职责分工，定期公开重点排放单位年度碳排放配额清缴情况等信息
省级生态环境部门	**综合监管：**负责在本行政区域内组织开展碳排放配额分配和清缴、温室气体排放报告的核查等相关活动，并进行监督管理。 **确定名录：**按照生态环境部的有关规定，确定本行政区域重点排放单位名录，向生态环境部报告，并向社会公开。 **数据核查：**组织开展对重点排放单位温室气体排放报告的核查，并将核查结果告知重点排放单位。 **配额分配：**根据生态环境部制定的碳排放配额总量确定与分配方案，向本行政区域内的重点排放单位分配规定年度的碳排放配额。 **信息公开：**按照职责分工，定期公开重点排放单位年度碳排放配额清缴情况等信息。 **行政处罚：**重点排放单位虚报、瞒报温室气体排放报告，或者拒绝履行温室气体排放报告义务的，逾期未改正的，由重点排放单位生产经营场所所在地的省级生态环境主管部门测算其温室气体实际排放量，并将该排放量作为碳排放配额清缴的依据；对虚报、瞒报部分，等量核减其下一年度碳排放配额；逾期未改正的，对欠缴部分，由重点排放单位生产经营场所所在地的省级生态环境主管部门等量核减其下一年度碳排放配额

层级	职责（根据《碳排放权交易管理办法（试行）》梳理）
设区的市级生态环境部门	**属地监管：**负责配合省级生态环境主管部门落实相关具体工作，并根据有关规定实施监督管理。 **监督检查：**根据对重点排放单位温室气体排放报告的核查结果，确定监督检查重点和频次。采取“双随机、一公开”的方式，监督检查重点排放单位温室气体排放和碳排放配额清缴情况。 **行政处罚：**重点排放单位虚报、瞒报温室气体排放报告，或者拒绝履行温室气体排放报告义务的，由其生产经营场所所在地设区的市级以上地方生态环境主管部门责令限期改正，处 1 万元以上 3 万元以下的罚款。重点排放单位未按时足额清缴碳排放配额的，由其生产经营场所所在地设区的市级以上地方生态环境主管部门责令限期改正，处 2 万元以上 3 万元以下的罚款

四、四川推动碳市场健康发展的建议

建议准确认识和把握碳市场发展规律和阶段特征，将碳市场建设和监管摆在生态文明建设的重要位置，贯彻全国统一大市场“一盘棋”要求，坚持市场思维、底线意识，以提高数据质量、提升清缴比例为目标，以市场主体能力提升、政府部门监管强化为路径，补短板、强弱项、破堵点，助力碳市场平稳健康发展。

（一）补短板，提升市（州）监管执法能力

一是加强机构和人员配备，推动更多市（州）生态环境局单设应对气候变化科，优先推动乐山、德阳、泸州、绵阳、达州、眉山等温室气体排放报告企业较多的地区设立，不具备单设的地区应确保安排专人专责碳市场工作。二是优化市（州）生态环境保护执法队伍业务建设方向和重点，充分考虑碳市场执法专业性较强的特点，安排专人跟进，尽早实现市（州）100%具备碳排放数据质量检查执法能力。三是推动市（州）生态环境局将碳市场作为工作重点，推动监管模式从“自上而下”的集中式检查帮扶向常态化、分布式检查执法转变。

（二）增合力，提升省级联动监管效能

一是发挥生态环境厅碳市场监管综合部门作用，用好碳市场专班，加强厅内统一领导和组织协调，实施一体化、兼容式、全过程监管，加大碳市场工作谋划和政策供给。二是发挥市场监管部门优势，开展元素碳含量、低位发热值等相关检验检测市场专项整治行动，严肃查处检测、核查技术服务机构违法违规行为。三是发挥发展改革、经信等部门监管优势，用好重点用能单位能耗在线监测数据，实现数据交叉核验、比对分析，实施节能、环境信用信息联动。四是加强跨部门信息共享，及时移交违法违规线索，将数据造假企业、失信技术服务机构列为监管重点，从信用、资金项目申报等方面形成有效的激励约束合力。

（三）改方式，加强数据质量日常监管

一是依托温室气体排放月度报送数据和信息化存证内容，实施省、市（州）两级联审，开展在线检查、问题诊断，及时识别问题、发现线索，为飞行检查、现场执法提供依据。二是加强专业支撑队伍建设，组建一支高水平、专业化的技术团队，支撑开展数据质量日常审核和监管。三是建立碳排放数据质量管理考核通报机制，发挥“指挥棒”“红黑榜”作用，压实碳排放数据质量监管责任。四是建立公众监督举报有奖激励机制，鼓励公众参与碳市场监督，激发社会力量参与监督，引导和支持开展碳市场公益诉讼。

（四）抓关键，强化碳市场中介机构监管

一是拓展监管范围，明确将咨询、检验检测、核查等技术服务机构纳入碳市场监管范畴，实现全要素、全过程覆盖，消除监管“盲区”。二是推动“建档立卡”，建立区域咨询、检验检测、核查三类机构名录，动态掌握各类机构在本地开展服务情况。三是鉴于中介机构的特点，探索事前、事中、事后监管模式，开展核查、检验检测机构评价和抽查并制定相关实施细则，注重发挥典型案件的警示教育作用，推动机构提升内部管理能力和服务质量。

（五）营生态，充分调动市场主体能动性

一是发挥行业协会作用，推动能源、电力、钒钛钢铁、水泥、化工等重点行业协会和节能、环保等专业行业协会，以政策解读、行业自律、基础研究、培训教育等为重点开展碳市场能力建设。二是增强企业主体责任，推动企业建立碳市场工作领导机制和职能部门，加大碳排放管理人才队伍引进和培育，建立温室气体排放核算和报告的内部管理制度和质量保障体系，规范开展碳排放信息披露。三是培育市场服务力量，丰富碳市场服务业态，支持碳资产管理公司和技术服务机构发展，规范出具咨询、检测、核查报告，依法推动碳服务市场“存优去劣”。

（六）夯基础，高质量开展碳市场能力建设

一是面向企业、中介机构、地方监管部门分类开展能力建设，重点围绕政策认知、技术规范、实际操作、典型问题等开展培训。二是加强财政经费保障，支持开展企业培训、核查复查、基础研究等，逐步提升单户企业核查费用标准，优先选择高水平核查技术服务机构。三是发挥全国碳市场能力建设（成都）中心主力军作用，引导其通过“线上+线下”“有偿+无偿”相结合的方式，优化课程设计，提升师资质量，重点针对重点排放单位开展能力建设活动，实现数量、质量、效益的多赢。

泸州市"十四五"土壤污染防治先行区建设问题与对策建议

摘　要："十三五"期间，国家以保障农产品质量和人居环境安全为目标，在浙江台州等7个地区开展了土壤污染综合防治先行区建设，通过先行先试、积极探索，总结形成了一批具有地方特色、可复制、可推广的源头预防、风险管控、治理与修复等土壤污染防治模式。"十四五"期间，为支撑深入打好净土保卫战，以推动解决突出问题为主要目标，国家持续开展四川泸州等13个地区土壤污染防治先行区建设，力争进一步突破并带动全国土壤污染防治工作。通过比较分析与问题剖析，泸州市应重点聚焦"硫铁矿矿渣堆体集中区域耕地土壤污染源头预防"和"土壤污染重点监管单位源头预防"两大任务，实施"硫铁矿矿渣堆体集中区域耕地土壤污染源头画像—断源控污—成效评估"和"土壤污染重点监管单位隐患排查—绿色改造—长效监管"两大行动，探索建立一套"技术+政策"的土壤污染风险防控体系。以期探索一套具有地方特色、可复制、可推广的土壤污染防治模式，为守护长江长久安澜、建设美丽四川提供良好的土壤环境保障。

关键词：土壤污染防治；先行区；泸州；硫铁矿；重点监管单位

一、"十三五"土壤污染综合防治先行区建设成效及"十四五"重点工作

（一）"十三五"土壤污染综合防治先行区建设成效

"十三五"期间，环境保护部会同财政部联合印发《关于加强土壤污染综合防治先行区建设的指导意见》（环土壤〔2017〕165号），以建立土壤污染综合防治先行区建设为抓手，以农用地分类管理、建设用地准入管理等任务为重点（表1），在浙江台州、湖北黄石、湖南常德、广东韶关、广西河池、贵州铜仁和河北雄安新区等7个地区同时推进各项任务建设。

表 1 “十三五”土壤污染综合防治先行区建设任务

<table>
<tr><th rowspan="2">序号</th><th rowspan="2">建设任务</th><th rowspan="2">指标项</th><th colspan="2">建设要求</th></tr>
<tr><th>基本要求</th><th>高标准要求</th></tr>
<tr><td>1</td><td rowspan="2">农用地分类管理</td><td>受污染耕地安全利用率</td><td>完成省级人民政府下达指标</td><td>较省级人民政府下达指标提高 2 个百分点</td></tr>
<tr><td>2</td><td>耕地土壤环境质量类别划分完成比例</td><td>100%</td><td>100%</td></tr>
<tr><td>3</td><td rowspan="2">建设用地准入管理</td><td>污染地块安全利用率</td><td>完成省级人民政府下达指标</td><td>较省级人民政府下达指标提高 2 个百分点</td></tr>
<tr><td>4</td><td>暂不开发利用污染地块风险管控率</td><td>95%</td><td>100%</td></tr>
<tr><td>5</td><td rowspan="3">污染源控制</td><td>重点行业重点重金属排放量下降比例</td><td>完成省级人民政府下达指标</td><td>较省级人民政府下达指标提高 2 个百分点</td></tr>
<tr><td>6</td><td>关闭搬迁重点行业企业拆除活动有关环境管理要求的比例</td><td>95%</td><td>100%</td></tr>
<tr><td>7</td><td>土壤污染隐患排查完成情况</td><td>完成</td><td>完成</td></tr>
<tr><td>8</td><td>政策机制先行先试情况</td><td>可复制、可推广的土壤污染防治政策机制建立情况</td><td>2 项</td><td>3 项及以上</td></tr>
</table>

各地区总结出了一批具有地方特色、可复制、可推广的土壤污染防治模式。浙江台州构建起党委领导、政府主导、环保牵头、部门联动、齐抓共管的土壤污染综合防治工作体系和“防控治”三位一体制度机制。湖北黄石以“查、防、管、治、建”为主线，从制度、技术、经济、管理等方面全方位推进，初步构建起土壤环境风险管控制度体系。湖南常德探索形成了源头预防、风险管控、治理修复“三大模式”，高位构建了责任落实、协同推进、信息公开“三大机制”。广东韶关从“源头防控、风险管控、治理修复和能力建设”等方面积极探索，搭建起了区域“管理、技术、评估”等三大体系。广西河池建立了历史遗留砒霜厂、河道场地、受污染耕地环境调查与治理三大技术体系，形成了一套“总设计师+政府管家+专业智库”的土壤环境管理“河池模式”。贵州铜仁初步形成了独具特色的汞污染土壤“生态治理+生态产业+生态扶贫”的“铜仁新模式”。雄安新区突出“健康土壤”特色，“智慧土壤”基本建成，实现了“一张图”管理。

（二）“十四五”土壤污染防治先行区建设重点

“十四五”期间，为支撑深入打好净土保卫战，国家持续开展土壤污染防治先行区建设，提出“重有色金属矿区或冶炼集中区域耕地土壤污染源头预防，土壤污染重点监管单位源头预防，土壤、农业农村、地下水综合防治示范，建设用地准入管理，土壤污染状况调查质量监督检查，提升土壤污染防治信息化监管水平”六大类任务。“十四五”土壤污染防治先行区建设较“十三五”更加注重因地制宜，不要求面面俱到（表 2）。

表 2 “十四五”土壤污染防治先行区建设清单及建设内容

序号	省份	地市	建设内容
1	黑龙江	哈尔滨	土壤污染重点监管单位源头预防，建设用地准入管理等
2	上海	全市	提升土壤污染防治信息化监管水平等
3	江苏	无锡（梁溪区）	建设用地准入管理，提升土壤污染防治信息化监管水平等
4	福建	龙岩	重有色金属矿区或冶炼集中区域耕地土壤污染源头预防，土壤污染重点监管单位源头预防等
5	江西	萍乡	
6	山东	青岛	土壤污染重点监管单位源头预防，建设用地准入管理，土壤污染状况调查质量监督检查等
7	河南	郑州	土壤污染重点监管单位源头预防，土壤污染状况调查质量监督检查等
8	湖南	郴州	重有色金属矿区或冶炼集中区域耕地土壤污染源头预防，土壤污染重点监管单位源头预防等
9	湖南	湘潭	
10	广东	佛山	土壤、农业农村、地下水综合防治示范
11	广西	河池	重有色金属矿区或冶炼集中区域耕地土壤污染源头预防等
12	四川	泸州	重有色金属矿区或冶炼集中区域耕地土壤污染源头预防，土壤污染重点监管单位源头预防等
13	陕西	渭南（潼关县）	重有色金属矿区或冶炼集中区域耕地土壤污染源头预防等

二、泸州市土壤污染防治先行区建设面临的问题及必要性

泸州市位于川渝滇黔接合部，赤水河、沱江在此与长江交汇，辖区面积 1.22 万 km^2，辖 3 区 4 县，是长江上游重要生态屏障。泸州市煤、硫铁矿、天然气储量丰富，为促进国民经济发展作出了历史性的贡献，经过多年开采，矿产资源储量已不足，2012 年被列为全国 69 个资源枯竭型城市之一。

依托“一带一路”、长江经济带、成渝地区双城经济圈建设和川南省域经济副中心等国家、省级重大战略，泸州市发展将迎来新的机遇，同时对土壤污染防治也提出了新的要求，因此，开展土壤污染防治先行区建设，推进历史遗留污染源整治，强化土壤污染重点单位监管，协同推进土壤、农业农村、地下水综合防治和提升土壤污染防治监管能力就显得尤为重要。

（一）硫铁矿矿渣堆体耕地污染风险高

一是硫铁矿矿渣堆体底数还不清。泸州市矿产资源丰富，矿种繁多，探明硫铁矿资源 32 亿 t，在计划经济时期曾为我国的五大硫铁矿生产基地之一。泸州市硫铁矿开采冶

炼始于20世纪50年代，经过多年采选冶炼，形成硫铁矿采选尾渣约3 200万t[①]、硫铁矿冶炼磺渣约1 393.94万m^3[②]，现有可统计各类堆体40余个（图1），大部分硫铁矿矿渣堆体离耕地和河流较近（图2、图3）。

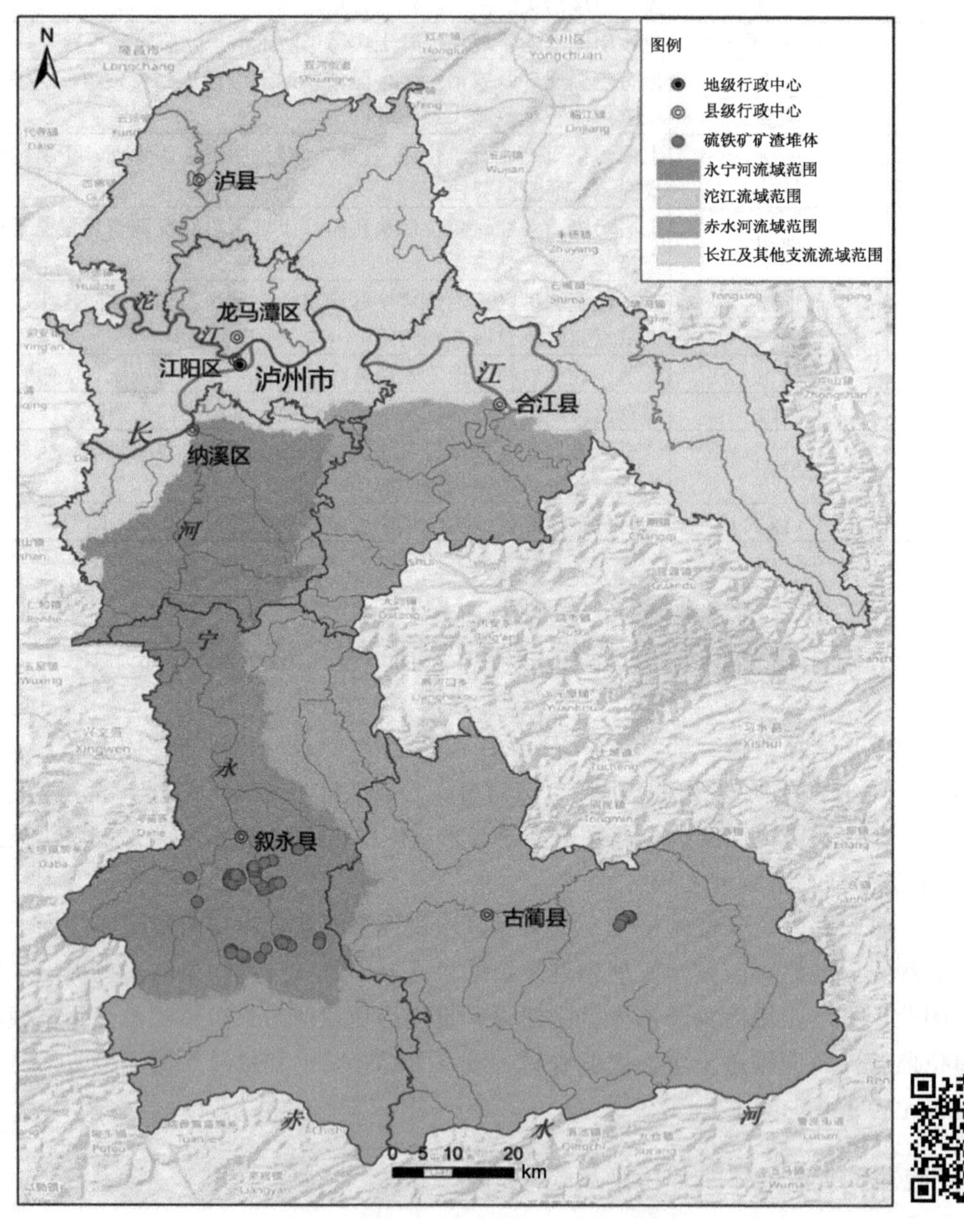

图1　泸州市硫铁矿矿渣堆体分布

① 数据来源于《赤水河永宁河流域（泸州）历史遗留煤硫矿山、渣堆及周边环境污染状况调查评估项目实施方案》。

② 数据来源于《四川省生态环境保护督察工作专报》（2019年第13期　总第13期）。

图 2　渣堆与渗滤液渗漏情况[①]

图 3　渣堆边耕地分布情况[②]

① 图（1）、图（2）来源于《泸州市叙永县硫铁矿尾矿渣处置总体实施方案》；图（3）来源于《生态环境保护督察工作专报》（2019 年第 13 期　总第 13 期）。

② 图（4）、图（5）来源于《泸州市叙永县硫铁矿尾矿渣处置总体实施方案》。

二是硫铁矿矿渣堆体环境风险高。由于历史原因，渗滤液多自然渗漏，河道中水体已呈黄色（图 2），加之磺渣和尾渣重金属含量高，浸出液呈强酸性，对周边环境影响较大。根据 2020 年硫铁矿矿渣堆体周边土壤加密调查成果，在相同地质背景条件下，受硫铁矿渣堆影响区土壤中重金属镉、汞、砷、铅和有效态镉含量显著高于未受影响区（表 3、图 4）。

表 3　土壤中重金属监测结果统计表　　单位：mg/kg

分区	统计	镉	汞	砷	铅	铬	铜	镍	锌	有效镉
影响区	最小值	0.260	0.042	1.580	10.90	53.80	20.50	23.00	39.60	0.000
	最大值	7.540	0.759	71.70	91.10	375.0	228.0	183.0	291.0	1.300
	平均值	1.369	0.240	12.36	33.25	152.5	89.04	67.29	121.2	0.297
	中位值	1.010	0.225	12.30	32.55	147.0	92.25	64.75	116.0	0.226
非影响区	最小值	0.120	0.034	2.080	5.400	34.20	18.30	12.00	21.30	0.000
	最大值	1.990	0.778	24.60	94.30	353.0	258.0	139.0	403.0	0.816
	平均值	0.653	0.159	9.021	27.09	141.2	96.37	69.85	123.2	0.162
	中位值	0.610	0.133	7.620	25.50	142.0	98.70	72.20	122.0	0.151

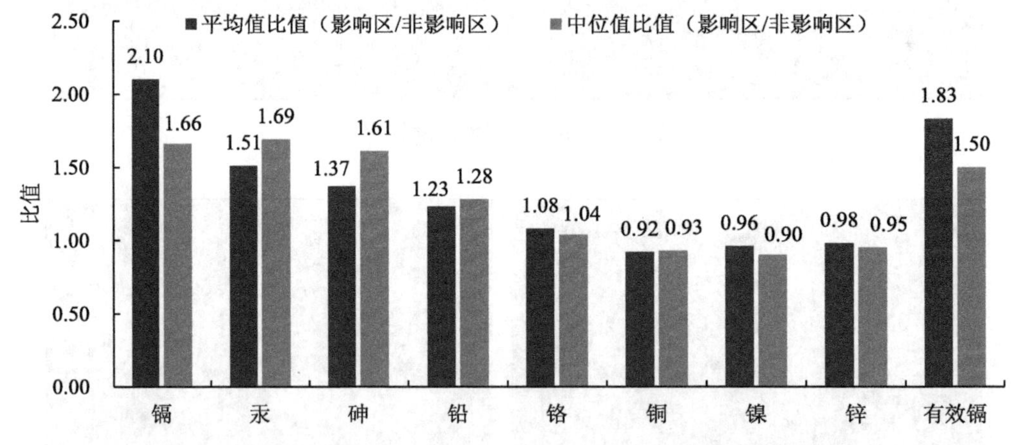

图 4　硫铁矿渣堆影响区和非影响区各元素平均值与中位值比值柱状图

三是硫铁矿矿渣堆体治理修复技术不完善。“十三五”期间，叙永县和古蔺县对部分硫铁矿矿渣堆体积极地开展了表面平整、覆土和复绿等治理，虽然有效缓解了污染物进一步渗漏和扩散，但污染防治与生态修复相互割裂，未从根本上断源控污，在自然降水条件下，堆体底部仍有磺矸水持续渗出，对下游地表水和耕地仍存在污染风险。

（二）土壤污染重点监管单位环境风险高

一是周边敏感目标多。2021 年全市 52 家土壤污染重点监管单位周边存在较多敏感目标，28 家企业分布在长江干流及主要支流 1 000 m 范围内（图 5），29 家企业 500 m 范围存在较大面积的农用地。二是企业责任落实和绿色化生产还不到位。部分企业自行监测、隐患排查流于形式，个别企业原有生产工艺、设施设备与绿色低碳发展理念已不相符。三是部分企业监管还需加强。泸州市从事危险废物处置企业多，虽然现状条件下正常运行，但需要加强长效监管，防范突发生态环境风险。

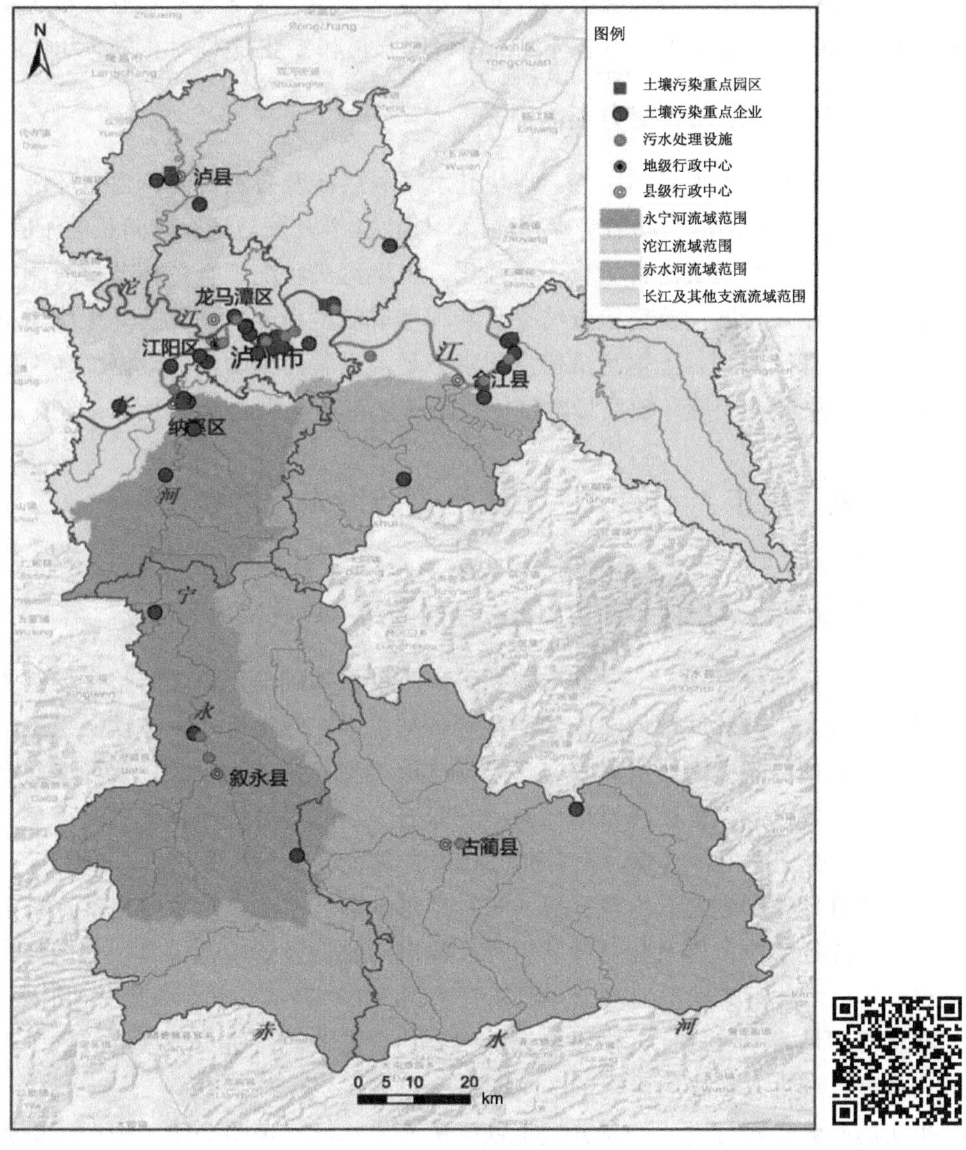

图 5　泸州市 2021 年土壤污染重点监管单位及园区分布

（三）土壤、农业农村、地下水综合防治还需加强

一是土壤、地下水和农业农村协同污染防治工作亟须加强。局部区域土壤、地下水污染问题较为突出，重点行业企业用地调查土壤或地下水超标地块比例较高。全市农村生活污水治理、黑臭水体整治和农业面源污染形势依然严峻。二是土壤、地下水和农业农村污染协同管控和修复尚需进一步探索。全市土壤源头风险管控和修复、相关试点示范已稳步推进，地下水环境状况调查也持续推进，农村生活污水、农村面源污染防治体系逐步健全，但土壤、地下水和农业农村污染协同管控和修复尚需进一步探索。三是土壤、地下水和农业农村污染协同防治科技支撑不足。土壤、地下水和农业农村污染防治涉及要素多、基础弱、难度大，生态环境部门管理人员和专业技术人才均较为缺乏。

（四）土壤污染防治监管能力还需提升

一是建设用地准入管理还需完善。地块开发再利用涉及自然资源、生态环境、住房和城乡建设等部门，但部门联动监管存在滞后，地块急于开发与调查时间长的矛盾突出。二是土壤污染状况调查质量监督检查还需强化。土壤污染状况调查各环节检查制度还未建立，全面检查还未开展，监督检查结果公示和惩戒制度尚未建立。三是土壤污染防治信息化监管水平有待提高。土壤污染信息共享不足，土壤污染防治“数据孤岛”依然存在。全市土壤污染源、土壤环境质量数字化、图形化、动态化监管能力还未形成。

三、推进泸州市“十四五”土壤污染防治先行区建设

（一）开展硫铁矿集中区“源头画像—断源控污—成效评估”行动

全面实施源头画像行动。一是开展硫铁矿矿渣堆体基础信息梳理。整合自然资源和规划部门矿业权、生态环境部门污染源监测等数据，以古叙地区历史硫铁矿矿渣堆体生产状况、生产总值与规模、经营时长、污染物排放类型、排放途径、主要环境问题等数据资料为基础，建立硫铁矿矿渣堆体信息“一张表”。二是开展硫铁矿矿渣堆体污染影响范围识别。综合运用卫星遥感、无人机航拍和现场踏勘等“空-天-地”一体化手段，开展硫铁矿矿渣堆体范围划定及方量计算。根据地形地貌、水系、气象等自然地理因素，识别不同污染途径影响范围及相关敏感目标，绘制污染源及影响范围“一张图”。三是开展硫铁矿矿渣堆体污染状况监测。开展硫铁矿矿渣堆体及周边耕地、固体废物、废水、大气干湿沉降、地表水（底泥）中重金属等污染物含量监测，进一步摸清硫铁矿矿渣堆体对周边耕地土壤生态环境的影响范围及影响程度。

分类实施断源控污行动。一是开展硫铁矿矿渣堆体环境风险分级。根据污染源头画像行动成果，划分堆体环境风险级别（高、中、低），提出污染管控对策和管控时序。

因地制宜采取措施降低重金属向耕地土壤的输入或切断污染物进入农田的链条。二是阻断重金属土壤污染物迁移。实施硫铁矿矿渣稳定化固化，降低重金属等有毒有害物质的溶解性、迁移性和毒性，应用压实黏土防渗、混凝土防渗、高密度聚乙烯土工膜防渗等地面防渗技术和刚性、塑性和柔性垂直防渗技术将堆体就地封存。三是实施地表径流和地下水管控。开展堆体周边排洪渠修建和表面覆膜覆土及绿化，减少自然降水进入，同时加强堆体下游废水收集处理。开展堆体上游地下水补给区垂直防渗，减少地下水补给。四是实施大气沉降污染管控。在堆体表面覆土覆绿，减少扬尘扩散对周边耕地造成影响。

开展矿渣堆体断源控污成效评估。一是开展磺矸水渗出量评估。开展治理修复后硫铁矿矿渣堆体丰水期、平水期和枯水期磺矸水渗出量监测和治理修复前对比，评估磺矸水渗出量下降率。二是开展污染物含量评估。开展矿渣堆体治理修复后废水、大气干湿沉降中重金属等污染物含量监测，评估污染物含量下降率。三是加强长效跟踪评估。持续开展堆体周边大气干湿沉降、废水监测，分析污染物含量变化趋势，评估断源效果持续性。

（二）开展重点监管单位“隐患排查—绿色改造—长效监管”行动

全面实施隐患排查行动。一是加强重点监管单位及周边环境监测。系统梳理土壤污染重点监管单位，明确各单位重点污染物、污染途径，建立重点监管单位与周边耕地等敏感受体关系。开展环境风险等级划分，形成土壤污染重点监管单位“源—径—汇”“一张表”，建立土壤污染重点监管单位与受污染耕地关系“一张图”。二是全面开展重点监管单位隐患排查。结合重点监管单位空间分布、原辅材料及生产工艺，全面开展隐患排查，精确识别土壤污染隐患点并完成整改，探索“园区+企业”一体化隐患排查模式，形成可推广的隐患整改经验。

分类实施绿色改造行动。一是推进清洁生产审核。以涉镉等重金属行业企业为重点，推动使用有毒有害原料进行生产或者在生产中排放有毒有害物质的企业开展强制性清洁生产审核，鼓励土壤污染重点监管单位开展自愿性清洁生产审核。二是推动绿色化改造。以皮革鞣制加工、金属表面处理及热处理加工等涉重金属行业以及化学农药制造等行业企业为重点，因地制宜探索生产工艺清洁化改造、过程控制和末端深度治理的组合模式。三是推动产业绿色转型。坚决遏制高耗能、高排放、低水平项目盲目发展，鼓励土壤污染重点监管单位“退城入园”。依法推动高污染行业企业淘汰退出。

全面实施长效监管行动。一是推动精细化管理。推动重点监管单位将土壤污染隐患排查制度与企业日常管理制度融合，探索超标在产企业“边生产、边管控”风险管控模式，试点开展“一厂一策”精细化管理，推动重点监管单位与园区水气土环境协同治理。二是开展长效监测。以土壤污染重点监管单位及集中的工业园区为重点，建立周边及区域大气干湿沉降、灌溉水等长效监测点，开展重金属等污染物长期跟踪监测。三是强化日常执法监管。将土壤污染重点监管单位纳入重点排污单位名录和“双随机重点污染源库”进行严格监管，加大隐患排查问题突出企业执法检查频次。四是建立土壤污染重点监管单位动态纳入和退出机制，开展近几年土壤污染重点监管单位自行监测和监督性监测结果分析，探索对连续 3 年土壤和地下水中污染物含量变化不大、土壤污染隐患较小且管理较为规范的企业实行动态退出，后续根据监督性监测结果实行动态纳入。

（三）推进土壤、地下水和农业农村协同防治试点示范

一是推进土壤、地下水和农业农村污染源头协同机理研究。以江阳区、龙马潭区和泸县等典型城乡交错、工农交错地区为重点，研究土壤、地下水和农业农村污染相互作用机理，探索“源—径—汇”特征，识别不同污染源、不同污染途径及污染受体。二是推进土壤、地下水和农业农村污染协同管控和修复。以江阳区、泸县等为重点，针对危险废物处置场、垃圾填埋场和农业面源污染严重等典型叠加区域为重点，推进土壤、地下水和农业农村污染协同管控和修复试点。三是推进土壤、地下水和农业农村生态污染防治协同监测。以古蔺县、叙永县受污染耕地集中区域为重点，强化土壤污染重点行业企业及矿产资源开采周边土壤、地下水和农业面源污染协同监测。四是强化土壤、地下水和农业农村污染防治协同科技支撑。鼓励建立土壤、地下水和农业农村生态环境监管技术支撑团队，强化污染协同治理技术研发和科技支撑。

（四）健全土壤污染风险防控体系

多协同推进土壤环境风险管控行动。一是多源、多要素共治保障环境要素安全。加强工业生产、矿产资源开采、农业生产、居民生活等污染源头管控，切断污染物通过水、大气干湿沉降、固体废物等进入土壤的链条，协同保障土壤、地表水、地下水、大气等环境质量。二是多手段协同保障农产品质量安全。开展受污染耕地土壤、农作物协同调查，整县推进叙永、古蔺等县耕地污染成因分析，有序推进受污染耕地安全利用，探索适合区域特征的种植结构和农艺模式，保障农产品质量安全。三是多部门联动保障建设用地质量。加强生态环境、发展改革、经信、自然资源和规划等部门联动，强化空间约束，合理确定土地用途，在国土空间规划中充分考虑建设用地土壤污染的环境风险，在产业规划布局时突出土壤环境安全的刚性约束。

探索一套“技术+政策”支撑保障体系。一是加强技术支撑。组建先行区建设全过程核心技术支撑团队，负责先行区建设整体谋划和全过程技术支撑。组建专家顾问小组负责解决先行区建设中的技术难点、提供技术帮扶，提出前瞻性、针对性和可操作性的建议。组建重点工程实施团队负责先行区建设重大工程实施。二是加大政策供给。加大硫铁矿矿渣堆体和土壤污染重点监管单位污染风险管控政策研究，探索制定硫铁矿矿渣堆体土壤污染风险识别技术手册、硫铁矿矿渣堆体治理修复效果评估指南、土壤污染重点监管单位纳入和退出办法、土壤污染源头防控管理办法、在产企业详细调查和风险管控办法、突发环境事件土壤污染处置工作方案等。

（五）提升土壤污染防治监管能力

完善建设用地准入管理和联合监管机制。一是及时将地块纳入监管视野。生态环境主管部门应充分发挥环境大数据辅助监管的作用，对注销、撤销排污许可证企业及时开展核查，将符合条件的地块纳入疑似污染地块管理。二是强化部门联合监管。探索建立自然资源、生态环境、住房和城乡建设等主管部门规划用地集中会商机制，适当提前开展规划区域内土壤污染状况调查评估，化解土壤污染风险管控和修复周期较长与地块急于开发利用的矛盾。三是科学合理确定污染地块再开发利用规划和时序。从严管控农药、化工等行业中的重度污染地块规划用途，确需开发利用的，鼓励用于拓展生态空间。对于成片开发的地块，涉及农药、苯系物、卤代烃、含硫化合物、酚类化合物等异味较重的地块应优先开发，防止受污染土壤及后续风险管控和修复影响周边敏感人群。

建立土壤污染状况调查质量监督检查机制。一是明确质量监督检查对象。以用途拟变更为住宅、公共管理与公共服务用地的，或者规划用途不明确的，企业用地调查确定潜在高风险的等为重点，建立常态化动态抽查制度。二是重视调查各环节的监督检查。方案制定环节应重点加强布点（包括布点位置、采样深度设置、检测项目设置等）的科学性、合理性和全面性检查。现场采样环节应重点加强实际采样点位与方案布点的一致性，点位调整的合理性、采样过程操作的规范性检查。实验室检测分析环节应重点加强检测机构分析测试及质量控制相关记录检查。报告评审环节应重点加强报告完整性、污染识别结论准确性、检测数据统计表征科学性等检查。三是加强质量监督检查结果的运用。建立质量监督检查结果公示制度，将质量监督检查结果定期向全社会公开并记入从业单位和个人执业情况信用记录。

提升土壤污染防治信息化监管水平。一是启动“智慧土壤”建设。加快整合土壤污染源、土壤环境质量和农产品质量等现有数据，推动形成土壤环境质量“一张图”和土壤风险“一张图”。二是强化土壤调查监测过程信息化监管。推动开发土壤信息平台及相关 App，实现土壤污染状况调查点位布设、采样等关键环节的设备、人员、记录表、采样过程照片及影像实时记录并上传。三是探索“互联网+大数据+监管”信息化智慧监管模式。加强卫星遥感、视频监控等现代化技术手段应用，针对建设用地土壤污染风险管控活动，定期获取最新遥感数据，开展遥感解译，发现异常及时开展现场执法检查；针对土壤污染修复活动现场，在污染土壤清挖、转运、修复等重点环节安装视频监控并接入土壤污染防治综合管理平台，实现 24 小时实时监管。

关于深化成渝地区双城经济圈毗邻地区合作平台生态环境保护功能的建议

摘　要：成渝地区是我国西部产业基础最雄厚、创新能力最强、市场空间最广阔的区域，生态环境质量总体好于京津冀、长三角等重点区域。中共中央、国务院印发的《成渝地区双城经济圈建设规划纲要》提出，成渝地区要推动生态共建共保，共筑长江上游生态屏障。自 2020 年开始，川渝两省（市）联合部署了毗邻地区合作共建“9+1”个区域发展功能平台，推动建立更加有效的区域协调发展新机制、打造高质量发展重要增长极。为更好促进川渝毗邻地区实现生态环境共建共保，围绕深化成渝地区双城经济圈毗邻地区合作平台生态环境保护功能开展研究，总结了成渝地区双城经济圈生态环境保护合作现状，并针对 10 个毗邻地区功能平台提出对策建议。

关键词：成渝地区双城经济圈；毗邻地区；合作平台

一、成渝地区双城经济圈生态环境保护合作现状

川渝位于长江上游，地处四川盆地及巫山东部地区，经统计，重庆市毗邻四川省 13 个区（县），四川省 6 个市与重庆市接壤，流域面积 50 km^2 以上的跨界河流 81 条，流域面积 211 万 km^2，其中干流流经川渝达 52 条。两地绿色发展本底较好，区域生态环境质量总体向好，近年来，两地不断加强在生态环境共建共保方面的合作，共同深化污染防治、筑牢生态屏障、推进绿色发展。

（一）加强污染跨界协同治理

一是推进跨界水环境联合治理。川渝协同推进跨界水环境治理，实施涪江、铜钵河、濑溪河、大清流河等流域水生态环境保护协同治理和联防联治，共同推动创建琼江示范河流。二是深化大气污染联防联控。川渝联合开展“成渝地区大气污染联防联控技术与集成示范项目”重大科技专项研究，深化毗邻地区重污染天气共同应对机制，加强 $PM_{2.5}$ 和臭氧协同管理，协同开展水泥等行业错峰生产，严控“两高”项目；强化移动源和扬尘源联合治理。三是加强土壤污染及固体废物、危险废物协同治理。川渝两地加强土壤污染治理与修复技术交流与合作，共同建立土壤污染防治咨询共享专家库，共同推进“无

废城市”建设，推动川渝两地危险废物利用处置设施共享。四是建立突发环境事件协作处置机制。川渝签订《跨省流域上下游突发水污染事件联防联控机制》，建立联席会议、会商预警、协同拦污控污、污染信息通报、联合监测、污染协同处置及信息发布、损害赔偿、基础保障等 8 个方面机制。持续落实川渝突发环境事件联防联控合作机制，强化毗邻地市区（县）突发环境事件应急演练，推进环境应急物资储备基地建设。

（二）共筑长江上游生态屏障

一是合作开展流域生态廊道建设。川渝协同推进以长江、嘉陵江、乌江、岷江、沱江、涪江为主体，其他支流、湖泊、水库、渠系为支撑的生态廊道建设，协同实施长江“两岸青山·千里林带”工程，共同开展长江、嘉陵江、涪江、渠江流域湿地保护和退化河湖湿地修复。二是协同推进山域生态保护与修复。川渝共同推进华蓥山、明月山、铜锣山、四面山、大巴山、大梁山等联通两地主要山脉的森林生态系统休养生息和矿区恢复治理。三是开展生物多样性保护区域合作。川渝严格落实长江十年禁渔政策，推动毗邻地区启动第一轮生物多样性调查，推动城口大巴山崖柏扩繁基地建设、四川金阳丝毛鸡畜禽遗传资源保护场（区）建设，在荣昌建立国家重点区域畜禽基因库。

（三）共谋绿色发展

一是统一区域环境准入政策。川渝共抓生态管控，统筹建立并实施成渝地区双城经济圈及周边地区“三线一单”生态环境分区管控制度。二是加强区域农业对接协作。川渝加强农业优势资源整合，围绕生猪、稻渔等特色优势产业，联合建设内江荣昌现代农业高新技术产业示范区。三是协同构建清洁能源体系。川渝推动创建清洁能源高质量发展示范区，打造具有全国影响力的清洁能源沿江走廊，严格落实能源消费强度和总量“双控”制度，持续淘汰煤电落后产能，推动煤电结构优化和绿色低碳转型。四是合作共建区域绿色低碳产业体系。川渝积极培育壮大节能环保、清洁生产、清洁能源产业，加大节能技术、节能产品推广应用力度，推动打造国家绿色产业示范基地，联合打造绿色技术创新中心和绿色工程研究中心，实施重大绿色技术研发与示范工程。五是共推文旅融合发展。川渝充分挖掘区域特色文化旅游资源，助推巴蜀文化走廊建设，共同建设资大文旅融合发展示范区，打造一批文化遗产探秘、红色文化体验、自然生态康养等文旅精品。

二、建议一：万达开川渝统筹发展示范区——统筹推进山水林田湖草沙系统治理和区域绿色发展

四川省达州市和重庆市万州区、开州区三地地处川渝鄂陕接合部、三峡库区和秦巴山区腹心地带，是长江上游生态屏障的重要关口，区域内天然气、锂钾等能源矿产资源富集，道地中药材、富硒农产品等山地农业资源禀赋良好。《成渝地区双城经济圈建设

规划纲要》提出，支持万州、达州、开州共建川渝统筹发展示范区。万达开川渝统筹发展示范区规划范围包括万州区、开州区、达州市全域，旨在协同发挥长江上游生态安全支撑作用，共同打造生态优先绿色发展样板，共建川渝东北地区重要增长极。

建议在万达开川渝统筹发展示范区区域内，立足良好的生态本底和独特的生态功能，联动推进区域生态文明协同发展，携手筑牢长江上游重要生态屏障。一是协同推进山水林田湖草沙一体化保护和修复。联合开展秦岭—大巴山生物多样性生态功能区、三峡库区水土保持生态功能区、武陵山区生物多样性及水土保持生态功能区生态屏障建设；深化华蓥山、铜锣山、雷音铺、明月山、南山等山体构成的生态屏障建设，强化铜钵河、明月江、渠江、州河、澎溪河、南河、东河、任河等水系构成的水生态廊道建设；加强渠江、三峡库区等水土流失重点治理区治理，开展武陵山区、平行岭谷地区石漠化综合整治，推进三峡库区、川东红层丘陵区崩塌、滑坡、泥石流等地质灾害综合防治。二是构建绿色低碳循环产业体系。依托天然气、锂钾等优势资源，共同打造锂、钾等元素提取及电池级碳酸锂生产为一体的全产业链，加快万达开天然气锂钾综合利用集聚区建设；统筹万达开区域产业结构调整，推进区域能源资源优化配置，探索“飞地园区”模式，共建“万达开先进制造业示范基地”，高水平推进万达开一体化绿色发展。三是探索区域生态产品价值实现机制。联合开展万达开三地生态产品本底调查和GEP核算，识别生态产品价值高地，绘制价值高地“一张图”；依托长江三峡黄金旅游带、秦巴山区旅游带优势，深挖万达开巴文化、革命老区文化、三线建设文化、移民文化等资源，充分发挥“大三峡·大巴山”文化旅游联盟作用，协同推进文化旅游项目开发利用、保护传承，深化线路策划、市场推广等合作，拓展“生态+”新经济；巩固提升“绿色、生态、富硒、有机”特色农产品优势，联合制定“三峡”“秦巴”系列优质农产品区域性地方标准。

三、建议二：明月山绿色发展示范带——共推区域生态经济一体化发展

川渝两省（市）环明月山相关区（县）毗邻重庆中心城区，是三峡库区绿色发展的纵深和经济腹地，生态环境本底良好，是重要的亚热带生物资源基因库，也是长江一级支流龙溪河、御临河和渠江支流明月江等河流的发源地。川渝两省（市）共同制定的《川渝毗邻地区合作共建区域发展功能平台推进方案》（以下简称《方案》）提出，推动梁平、垫江、达川、大竹、开江、邻水等环明月山地区打造明月山绿色发展示范带。明月山绿色发展示范带规划范围为重庆市梁平区、长寿区、垫江县和四川省广安市邻水县及达州市达川区、大竹县、开江县［以下简称七区（县）］内的明月山山脉及两侧毗邻平坝区域等，旨在通过充分发挥明月山生态环境优势，探索实践生态优先绿色发展与新型城镇化、乡村振兴有机结合的新路子。

建议在明月山绿色发展示范带区域内，充分发挥明月山生态环境优势，聚焦绿色产

业共建共兴、生态环境共建共保等，形成经济社会发展和生态环境保护深度融合、区域一体化的绿色发展格局。一是建立健全一体化发展体制机制。共同编制《明月山绿色发展示范带生态环境保护规划》，共同制定年度重点任务；建立生态环境联席会议、年度计划安排、跨境项目争取、跨境信访处置等工作机制，建立七区（县）领导联系重大项目工作机制，坚持全方位协同，对重大跨区域项目，实行“区（县）领导联系+工作专班推进”；积极推进七区（县）规划环评精准对接，共同开展重大项目环评，严把环境准入关口。二是共同实施明月山区域生态系统保护与修复。共建明月山森林生态廊道，协同实施封山育林、人工造林、森林抚育、退化林修复等措施，提高森林生态系统质量和碳汇能力；共建龙溪河、御临河、明月江流域生态廊道，探索建立跨界流域联防联控协作机制，组织开展重要水体联合采样监测，双方共享环境监测数据，共商监测结果运用，常态化开展联合执法、交叉巡河。三是协同推进生态经济一体化发展。探索生态产品价值实现多元化路径，推动生态产业化和产业生态化。发展优质生态农业，依托明月山区域现有主导种植资源和经济作物资源，培育优质粮油、绿色蔬菜、生态畜牧（草食）等优势产业，联合创建特色鲜明的生态农产品区域公用品牌；共同打造川东北渝东北绿色制造业基地，深化生物医药、新材料、电子信息、环保建材、消费品工业、新能源等合作，在梁平、开江、达川、大竹四地共同打造中国西部预制菜之都；共建明月山文化旅游走廊，依托达川乌梅山、五华山、华蓥山、恺之峰等4A级景区，以及当地多元文化，共同举办特色节会活动，联合发展旅游与康养休闲、自然体验融合发展的生态旅游。

四、建议三：城宣万革命老区振兴发展示范区——合力推进区域乡村生态振兴

重庆市城口县和四川省宣汉县、万源市地处川陕渝接合部的大巴山南麓，同属川陕革命老区核心区和原秦巴山区集中连片特困地区，是川东北渝东北毗邻地区向北联结关中平原的重要门户，生态地位重要，处于南北气候过渡带，是长江上游重要生态屏障和秦巴生物多样性生态功能区的重要组成部分。川渝两省（市）共同制定的《方案》提出，支持城口、宣汉、万源建设革命老区振兴发展示范区。城宣万革命老区振兴发展示范区规划范围包括城口县、宣汉县、万源市全域，旨在探索周边欠发达地区融入成渝地区双城经济圈建设新路径，打造成渝地区双城经济圈联动关中平原城市群发展的桥头堡。

建议在城口县、宣汉县、万源市革命老区振兴发展示范区区域内，践行绿水青山就是金山银山理念，保护挖掘利用红色文化，探索不同类型革命老区振兴发展、高质量发展新模式。一是共建秦巴山区生态屏障。共同规划秦巴山区生态系统保护与修复，统筹推进革命老区山水林田湖草沙一体化保护和修护。协同实施森林质量提升、高质量国土绿色、历史遗留矿山生态修复和采煤沉陷区治理等重点生态工程；协同推进森林、耕地等重要生态系统生态保护补偿，加强对生态保护红线监管；联合实施秦巴山区生物多样

性保护工程，积极推进大巴山生态廊道建设。二是协同开展跨界流域综合治理修复。提升跨界流域协同治理能力，联合制定任河、前河两条跨界水体治理方案，共建流域生态廊道，开展沿岸生态修复工程；建立统一监测监控监管体系，深入开展跨界水体水环境质量、污染排放、风险预警等生态监测合作，常态化开展跨区域环境监管联合执法，共同打击环境违法行为；建立应急联动工作长效协作机制，协同开展流域突发环境污染事件应急综合演练。三是共同推进区域乡村生态振兴与新型城镇化。统筹经济开发开放与生态保护，践行绿水青山就是金山银山理念，共同推进城口县、宣汉县、万源市三地乡村振兴与新型城镇化，规范发展城口坪坝特色小城镇，积极创建宣汉巴文化特色小镇，加强乡村传统文化和传统村落保护；共同培育壮大绿色低碳优势产业，依托区域内优势矿产资源，重点布局天然气、锂、钾、毒重石矿产资源综合利用等产业，共建飞地工业园区；共建区域特色农林产品品牌，合力发展道地中药材、森林蔬菜、蜀宣花牛、万源旧院黑鸡、城口山地鸡等特色种养殖业；共同打造城口县、宣汉县、万源市革命老区红色生态旅游环线，深入挖掘秦巴山区革命老区红色文化的精神内涵，结合亢谷（亢家寨）、巴山大峡谷、八台山、九重山—雪宝山、五马归槽、龙潭河、黑宝山等重点景区，集中连片发展“生态+红色”文化旅游，以革命历史类纪念设施、遗址和爱国主义教育基地为载体，开发特色鲜明的红色生态旅游精品景区。

五、建议四：川渝高竹新区——一体化推进区域高水平保护和高质量发展

四川省广安市、重庆市渝北区地处华蓥山、铜锣山谷地和山区，自然风光优美、生态资源丰富、气候条件宜人、生态本底良好，御临河、后河、桥坝河、温塘河等长江支流穿境而过，卫星水库、团丘水库、人民水库、两岔水库等水利工程坐落其间，水资源较为充沛。川渝两省（市）共同制定的《方案》提出，推动广安、渝北共建高滩茨竹新区。川渝高竹新区规划范围包括渝北区茨竹镇、大湾镇的部分行政区域和广安市邻水县高滩镇、坛同镇的部分行政区域，旨在通过拓展优化成渝中部地区绿色发展空间，厚植新区自然生态本底，做优做强重庆中心城区“绿肺”，共同打造重庆中心城区新型卫星城。

建议在川渝高竹新区区域内，厚植新区自然生态本底，推进产业生态化、生态产业化，打造人与自然和谐共生绿色发展样板。一是建立统一生态环境领域政策体系。进一步优化川渝高竹新区生态环境政策供给，增强区域绿色发展的协调性、可持续性。严格执行环保准入，按照渝北、广安两地生态环境准入清单，把握优先保护单元、重点管控单元、一般管控单元总体要求，严格落实进区企业的环境准入标准；就严执行污染物排放标准，在大气污染物排放、农村生活污水排放方面，川渝标准各有不同，建议污染物排放标准采取“就严”原则。二是加强区域生态环境系统保护修复。深化华蓥山、铜锣

山、御临河跨区域跨流域生态环境保护合作，强化御临河、桥坝河、坛子坝河等主要水系沿河防护林带和生态缓冲带建设；建立川渝高竹新区水环境“上下游同步、左右岸同行、全流域协作”的全域水环境联防共治机制；加强煤矿、工矿废弃地的修复治理，对石漠化区域采取自然恢复和封山育林等措施。三是合力发展绿色低碳循环经济。推进产业布局高端化转型，集聚发展先进制造业，突出发展电子信息、新能源汽车、航空制造、轻量化材料等产业，聚焦汽车制造特色领域，加快推动新能源、智能化汽车关键技术研发；促进区域资源利用循环化，创建“无废园区”和“无废企业”，推进园区循环化发展，构建资源循环型绿色低碳产业体系；深化第一、二、三产业融合发展，打造“生态土壤—生态食材—生态食品—生态旅游—生态康养”全产业链，建设现代农业基地，创新培育家庭农场、农民合作社等新型农业经营主体，依托华蓥山自然人文资源，建设宜居宜游的华蓥山生态康养基地。

六、建议五：合广长协同发展示范区——推进三山、三江、三湖生态环境共建共保

四川省广安市和重庆市合川区、长寿区紧邻重庆中心城区，位于川东平行岭谷，土地资源丰富，用地条件相对较好，华蓥山、明月山、铜锣山等纵贯其间，长江、嘉陵江、渠江、涪江等大小江河穿境而过，建成长寿湖、大洪湖、双龙湖等大中型水库近20座，区域水资源总量达51亿m^3。川渝两省（市）共同制定的《方案》提出，支持合川、广安、长寿打造环重庆主城都市区经济协同发展示范区。合广长协同发展示范区规划范围为合川区、广安市、长寿区全域，旨在通过推动三市（区）在城镇空间布局、基础设施、优势产业、生态环保、公共服务等方面协同发展，打造成渝地区高品质生活宜居地。

建议在合广长协同发展示范区区域内，围绕三山（明月山、华蓥山、铜锣山）、三江（嘉陵江、涪江、渠江）、三湖（双龙湖、大洪湖、长寿湖），合力推进生态环境共建共保，全面形成绿色协同发展格局。一是加大三山、三江、三湖环境保护和生态修复力度。联合开展华蓥山、明月山、铜锣山生态功能区建设，共同保护森林资源，联合推进县（区）群生态廊道建设、小微湿地试点和湿地保护修复，协同实施森林生态系统休养生息和天然林保护修复工程；深化跨界流域协同综合治理，探索建立跨区域双河（湖）长制，统筹推进流域一体化综合开发、水资源管理、水环境保护等，在嘉陵江、涪江、渠江，以及双龙湖、大洪湖、长寿湖，联合开展河湖“清四乱”活动，健全跨界水体联合监测体系，共同实施沿江绿廊系统建设，推进跨界水体生态护岸、河滨缓冲带修复等。二是协同推进新型城镇化和乡村振兴融合发展。在邻水县、华蓥市、武胜县、岳池县、合川区、长寿区等毗邻地区，探索开展产城融合的绿色实践，以节能环保新材料、生物医药、特色农产品、森林康养旅游等为主导产业，形成“园区+景区+社区”三区同建、资源共享、产城融合的绿色发展格局；优化乡村生产生活生态空间，协同推进美丽宜居、

富裕幸福乡村建设，联合开展人居环境整治行动和乡村文化繁荣活动，推动毗邻乡镇共建特色高效农业示范带、现代农业产业基地，形成田园乡村与现代城镇各具特色的城乡发展形态。三是合力推动生态资源权益交易。共同探索区域内用能权交易、林业碳汇交易、碳排放权交易、排污权有偿使用与排污权交易等机制，联合建立区域性生态资源权益交易平台，共同制定交易规定、系列政策及配套措施，对生态资源权益交易进行原则上的统一和规范。

七、建议六：遂潼川渝毗邻地区一体化发展先行区——联合推动流域综合治理与开发

四川省遂宁市、重庆市潼南区两地同属丘陵地区，历史同脉、文化同源、地理同域，共有涪江、琼江两大过境河流，是成渝地区双城经济圈的地理中心，生态资源突出，森林覆盖率达 40%～50%，空气质量均居全国前列。川渝两省（市）共同制定的《方案》提出，推进遂宁、潼南（遂潼）建设一体化发展先行区。遂潼川渝毗邻地区一体化发展先行区规划范围为遂宁市和潼南区全域，旨在依托两地生态环境优势，统筹布局生产、生活、生态空间，强化教育、医疗、养老等优质公共服务供给，推进城市功能完善和品质提升，做强成渝地区中部极点支撑。

建议在遂潼川渝毗邻地区一体化发展先行区区域内，围绕两地生态环境保护一体化，联合推动流域综合治理与开发，营造生态宜居空间格局，为成渝地区建设高品质生活宜居地提供样板。一是联合推进流域综合治理。共同开展涪江、琼江流域生态修复治理，在遂宁市安居区、船山区和潼南区崇龛镇、玉溪镇等毗邻地区，加强流域岸线资源保护合作，联动实施跨区域重大生态工程，加快涪江、琼江生态走廊建设；协同推进小流域综合治理，共同编制区域内小流域综合治理规划，共享小流域治理经验，协同实施河水改善、河床改良、河滩恢复、河岸修复、河道整治等小流域治理工程。二是强化大气污染联防联控。深化遂潼大气污染防治协作，将遂宁全域纳入大气污染重点控制区域，统一两地重污染天气预警分级标准；联合制订遂潼涉气重点行业、重点污染源整治计划；建设空气质量信息交换平台，实现空气质量联合会商与预报预警。三是探索区域生态产品价值实现多元化路径。发展优质生态农业，依托遂潼现有主导种植资源和经济作物资源，融合发展“潼南绿”“遂宁鲜”等农产品区域公用品牌，共创绿色生态“遂潼”区域品牌，联合打造绿色有机农产品供应基地；发展生态文化旅游，充分发挥“涪江生态绿色走廊”“琼江乡村振兴走廊”优势，实施“生态+文旅”行动，协力打造涪江流域文化品牌。

八、建议七：资大文旅融合发展示范区——推进区域生态文化旅游融合发展

四川省资阳市、重庆市大足区两地直接连接成都、重庆双核，位于成渝主轴和南遂广、川南渝西城镇密集区连接点，是联动成渝的“双门户”，是巴文化与蜀文化的交融地，旅游资源特色鲜明，生态本底良好。川渝两省（市）共同制定的《方案》提出，推动资阳、大足共建文旅融合发展示范区。资大文旅融合发展示范区规划范围为资阳市和大足区全域，旨在通过充分挖掘以石刻（窟）为特色的区域文化旅游资源，有效发挥成渝中部腹地、成渝直线走廊区位优势，促进各类资源要素流动聚集，共建巴蜀文化旅游走廊。

建议在资大文旅融合发展示范区区域内，加强区域生态环境政策协同，推进区域文旅、农旅、康旅融合发展，助推巴蜀文化旅游走廊建设。一是深化区域环境共治。在安岳县、大足区，推动濑溪河、窟窿河、高升河、塘坝河、石羊河等 5 条跨界河流联防联治，加强水资源保护、河库水域岸线管理保护、水污染防治、水环境治理和联合执法监管；在资阳、大足全域，统一保护标准和环境准入政策，强化工业源、移动源、生活源、农业源等污染源协同管控治理，共同推进区域“无废城市”建设，共享固体废物利用处置设施，建立区域大气污染联防联控机制。二是共同打造“生态+文旅”精品路线。依托两地沱江、涪江分水岭自然生态优势，充分发挥资阳、大足境内石（刻）窟文化、红色文化、非遗文化等优势资源，联合打造区域生态文化旅游品牌，打造红色文化学习、石窟文化体验、生态康养等文旅路线，联合创办文化艺术节，建设特色石刻文化小镇和文化创意产业基地。三是协同推动“文旅+农业”融合发展。依托两地特色乡村文化，以及柠檬、荷莲等优势农业资源，培育具有鲜明特色的区域农旅融合品牌，建设一批特色生态农业文化小镇，打造一批农旅融合发展集聚区，共建柠檬产业带、荷莲产业带、中药材产业带，联合建设休闲农业体验园和标准化种植示范园，做强地理标志农产品，做大特色农产品精深加工业。

九、建议八：川南渝西融合发展试验区——协同推进产业、生态、体制机制融合发展

川南渝西同处长江上游川江段，历来地缘相邻、山水相连、人文相亲、产业相融，区域整体作为长江上游重要的生态屏障和水源涵养地，生态功能显著、地位突出。《中共四川省委关于深入贯彻习近平总书记重要讲话精神　加快推动成渝地区双城经济圈建设的决定》提出，支持自贡、泸州、内江、宜宾与渝西城市共建川南渝西。川南渝西涉及四川省自贡、泸州、内江、宜宾四市和重庆市江津、永川、荣昌、綦江、大足、铜梁

六区，旨在通过推进川南渝西第一、二、三产业跨行政区深度融合发展，带动成渝地区“南翼”跨越发展。

建议在川南渝西融合发展试验区区域内，推动川南地区、渝西地区在经济社会方面融为一体，协同发展，探索在产业、生态和体制机制等方面的融合发展。一是共建生态环境保护工作联动协作机制。健全生态环境协同治理合作机制，成立跨区域生态环境治理专项委员会，推动制订川南渝西生态环境一体化保护规划，组织跨区域生态环境工程建设，协调重大项目审批落地；深化联合执法机制，以内江—荣昌、泸州—永川等毗邻交界监管“死角”区域为重点，持续联合开展环境隐患常态化排查，定期开展泸州—江津长江上下游沿岸企业执法检查，联合开展长江上游珍稀特有鱼类国家级自然保护区禁渔执法。二是推动生态环境共建共保。推进水污染联合防治，联合推进河（湖）长制工作，定期开展跨界河流两地河长联合巡河，以大足、荣昌、泸州等市（区）为重点，聚焦濑溪河、马鞍河、渔箭河等跨界重点流域，加强水岸沿线深度合作；强化大气污染精准防治，以东兴、隆昌、泸县、荣昌、永川等毗邻地区为突破点，加强研究细颗粒物和臭氧协同控制策略，联合制定重污染天气联防联控应急方案，推动区域重污染天气应急预案启动统一标准，联合制订泸州—荣昌—永川大气传输通道涉气重点行业、重点污染源整治计划；共建沿江生态廊道，以长江（金沙江）、岷江、沱江干流及重要支流、湖库为支撑，构建江河湖岸防护林体系，形成“一江碧水、两岸青山”的沿江生态廊道；开展长江、岷江等流域湿地保护与建设，以屏山金沙海、纳溪凤凰湖、荣昌濑溪河湿地公园为重点，加强小型溪河、沟渠、塘堰、稻田等小微湿地建设，打造川南渝西湿地生态走廊。三是推动区域绿色协调发展。立足资源禀赋和区位优势，以生态保护、绿色发展、产城融合为重点，发挥长江黄金水道优势，依托宜宾志诚港、泸州港、江津珞璜长江枢纽港，大力发展临港经济和通道经济，构建川南渝西长江生态经济带，构建“一区N 组团多园”的产业空间和区域联动空间，协同建立分工协作的现代产业体系，承接重庆主城、成都及东部发达地区产业转移，共同发展电子信息、先进材料、生物医药等战略性新兴产业，分区域发展装备制造、汽摩及零部件、白酒、现代农业等产业，推动第一、二、三产业融合发展，形成一产成景、二产兴业、三产促游的产城融合发展模式。

十、建议九：内江荣昌现代农业高新技术产业示范区——共同推进现代农业绿色发展

重庆市荣昌区、四川省内江市两地地处成渝腹心，是成渝地区合作的“桥头堡”，具有农业产业基础扎实、农牧创新资源集聚的独有优势。川渝两省（市）共同制定的《方案》提出，推动内江、荣昌共建现代农业高新技术产业示范区。内江荣昌现代农业高新技术产业示范区规划范围包括内江市和荣昌区全域，旨在通过聚焦农业高新技术创新示范，共建农牧业协同发展示范区，引领川南渝西融合发展。

建议在内江荣昌现代农业高新技术产业示范区区域内，共推毗邻地区生态环境共建共保，协同发展现代特色农业，推进现代农业和乡村旅游融合发展。一是共筑农业发展生态基底。在荣昌区和内江市东兴区、隆昌市，建立健全内荣（内江、荣昌）毗邻地区生态环境保护合作机制，签订《毗邻地区生态环境保护合作战略协议》，共商生态环境共建共保年度重点任务；深化两地大气污染防治协作，统一两地重污染天气预警分级标准，联合制订内荣涉气重点行业、重点污染源整治计划，建设空气质量信息交换平台，实现空气质量联合会商与预报预警；共同开展大清流河、渔箭河、马鞍河、小清流河、九龙河5条跨界河流综合治理，建立健全跨界流域上下游突发水污染事件联防联控机制。二是共建现代高效特色农业带。围绕生猪、稻渔等特色优势产业，以农业增效、农村增绿为方向，集聚各类要素资源，做强优势特色产业，联合打造绿色有机农产品供应基地、绿色生态农产品出口安全示范区；依托西南大学荣昌校区、重庆畜科院、内江市农科院等涉农高校，以及养猪科学国家重点实验室等平台，联合开展科研攻关，推动农牧产业绿色发展。三是深化两地“农旅融合”。加快推进两地现代农业和乡村旅游融合发展，形成“农旅结合、以农促旅、以旅兴农”的产业格局，以内江荣昌农业高新技术产业示范区为重要平台，依托国家优质商品猪战略保障基地、特色稻渔产业基地等重大产业项目，在隆昌市、荣昌区共同打造农旅精品旅游线路，合力打造特色景观旅游名镇，共建乡村旅游示范镇和农业主题公园。

十一、建议十：泸永江融合发展示范区——协同推进长江上游地区沿江绿色发展

四川省泸州市和重庆市永川区、江津区位于川渝滇黔接合部，同处长江上游，生态本底良好，港口资源丰富。川渝两省（市）共同制定的《方案》提出，加快泸州、永川、江津以跨行政区组团发展模式建设融合发展示范区。泸永江融合发展示范区规划范围为泸州市、永川区、江津区全域，旨在通过发挥泸永江比较优势，打造川渝滇黔接合部经济中心，并以生态保护、绿色发展、港航治理为重点任务，打造长江上游地区沿江绿色发展轴。

建议在泸永江融合发展示范区区域内，贯彻落实长江经济带共抓大保护、不搞大开发的要求，促进长江上游地区生态环境保护与资源利用，推动长江上游地区绿色发展。一是协同推进长江流域生态环境修复治理。围绕长江干流及沱江、赤水河、龙溪河、塘河、大陆溪河等支流流域治理，建立统一环境监测监控体系，建设跨区域水体监测网络，加强污染跨界协同治理，常态化环境监管执法，主动化解环境风险，联动开展环境应急；联合研究制定长江干流水生态环境保护修复的整体预案和行动方案，共建流域生态廊道，共同推进长江上游珍稀鱼类国家级自然保护区建设，协同建设长江上游港航生态化治理试验区，协调航运发展与水生态保护的关系。二是共建长江上游地区沿江绿色发展廊道。

联合编制泸永江长江上游地区沿江绿色发展廊道建设方案，立足泸州、永川、江津资源禀赋和产业基础，把握生态系统整体性和流域系统性，统筹谋划一张流域绿色发展廊道建设蓝图；严把环境准入关口，共同开展流域内重大项目环评，联合制定流域项目准入“负面清单”，协同打造绿色工厂、绿色园区、绿色产品；加强区域白酒产业生态化合作，依托泸州老窖、郎酒、川酒集团等行业龙头企业，联合打造世界级白酒产业集群，共建白酒生态酿造区，协同构建低碳酿酒体系。三是促进农业旅游融合发展。合力发展现代农业，探索“农业+”发展路径，坚持规模化、品牌化、标准化、链条化、融合化联动发展，加快推动泸永江现代农业合作示范园建设，统筹布局水稻、高粱、蔬菜（花椒）、荔枝、龙眼、早茶等优势特色产业发展，打造农业区域品牌；共同制订区域农旅融合发展规划，依托现代农业园区建设和美丽乡村建设两大载体，根据区域各镇村产业布局、文化资源、村容村貌等情况，合理规划、科学选择适合本地区的农旅融合发展模式，在合江、泸县、江津和永川等区（县）共同推进泸永江农旅融合发展示范项目建设。

基于绿色低碳高质量发展的省域副中心城市建设路径研究

摘　要： 在全国多地积极建设省域副中心的背景下，以四川省为例，分别从经济规模、重点产业、人口及城镇化、能源结构、环保基础设施、环境质量等方面着手，分析现状及存在的问题，并结合当前国家相关政策和四川省战略发展定位，以区域协同发展为视角，以生态环境保护和绿色低碳高质量发展为重点，提出四川省绿色低碳高质量建设省域副中心城市的路径对策：优化绿色空间格局，加快结构调整，加强城市环境综合治理，推进绿色低碳转型，促进省域副中心高质量发展，不断提升城市功能品质。

关键词： 省域副中心城市；绿色低碳；高质量发展

2020 年 11 月，《求是》杂志刊发习近平总书记的重要文章《国家中长期经济社会发展战略若干重大问题》中提出“中西部有条件的省（区、市），要有意识地培育多个中心城市，避免‘一市独大’的弊端”[1]。2022 年 6 月，国家发展改革委印发《“十四五”新型城镇化实施方案》中同样提出“支持中西部有条件的地区培育发展省域副中心城市，引导人口经济合理分布”[2]。从 2021 年数据来看，中西部省份“一市独大”的情况居多，而东部沿海省份城市格局多是“双子星”或“多中心”。对于省域合理化布局而言，“一市独大”不仅会阻碍省会城市辐射效应，同时聚集地区容易造成人口密度过高、产业布局不合理、环境污染严重、城市交通负荷大等问题。

省域副中心城市是指在一省范围内，综合实力较周边城市强大，经济辐射能力超出了自身管辖的行政区范围，拥有独特的优势资源或产业，且与主中心城市有一定距离，可以被赋予带动周边区域发展重任的大城市[3,4]。2022 年，四川省第十二次党代会报告中提出“支持绵阳发挥科技城优势加快建成川北省域经济副中心、宜宾—泸州组团建设川南省域经济副中心、南充—达州组团培育川东北省域经济副中心”[5]。至此，四川省确定了绵阳（以下简称川北副中心）、宜宾—泸州（以下简称川南副中心）、南充—达州（以下简称川东北副中心）五市作为省域副中心城市，其中四市以两两组团的形式建设和培育。

目前，国内关于省域副中心绿色低碳高质量发展的研究较少，欧进锋等[6]采用熵权 TOPSIS 实证分析法对湛江市省域副中心高质量发展进行研究，从市场体系、区域合作等方面着手高质量建设省域副中心。张泉等[1][7]借助引力模型，从经济规模、经济结构等方面出发，促进区域协同发展。本文以四川省省域副中心城市建设为例，在分析现状及问题的基础上，结合当前国家相关政策和四川省战略发展定位，以区域协同发展为视角，以生态环境保护和绿色低碳高质量发展为重点，提出四川省绿色低碳高质量建设省域副中心城市的路径对策，为全国其他省域副中心城市建设提供参考。

一、省域副中心建设意义及情况

（一）省域副中心建设意义

省域副中心对于优化省域经济布局，提升省域经济活力，改善城市环境治理质量，具有重大意义。首先，省域副中心建设有利于培育经济建设新的增长极，再造省域副中心，使得省域经济发展由一个中心主导，转到中心和副中心多重主导，有利于推动城镇化和工业化高质量发展，对省域经济社会发展具有较大推动作用。其次，培育省域副中心可增强区域发展的协调性、平衡性和可持续性，能有效疏解省会城市非核心功能，强化与毗邻地级市的衔接配套，有利于优化城镇化空间格局、促进实施扩大内需战略、提升人民群众获得感。最后，省域副中心的建设可优化城市间资源环境配置，优化重点产业布局，缓解用地矛盾和城市交通拥堵，疏解省会城市“大城市病”带来的生态破坏和环境污染问题，提升副中心城市生态环境品质，增强区域发展的可持续性。

（二）全国省域副中心建设情况

在“强省会”建设如火如荼的同时，多地也在积极建设省域副中心城市。近年来，国家先后批准了徐州、洛阳、襄阳、长治、赣州、延安、遵义等 7 个城市为国家级省域副中心城市。除此之外，广东省在《广东省沿海经济带综合发展规划（2017—2030 年）》中提出建设“多中心”和“主中心”。湖北省在《湖北省新型城镇化规划（2021—2035 年）》中提出除已批准成为国家级省域副中心城市的襄阳外，支持宜昌建设区域中心城市。湖南省在《湖南省国民经济和社会发展第十四个五年规划和二〇三五年远景目标纲要》中提出建设岳阳、衡阳两大省域副中心城市，并分别出台《支持岳阳市加快建设省域副中心城市的意见》《支持衡阳市加快建设省域副中心城市的意见》。甘肃省在《甘肃省新型城镇化规划（2021—2035 年）》中提出建设天水和酒泉—嘉峪关副中心城市。省域副中心建设逐渐成为我国省域经济发展的一种趋势。

二、四川省域副中心城市发展现状

（一）经济发展水平

从已批准的 7 个国家级省域副中心城市来看，其经济规模平均在 4 000 亿元（除长治和延安在 3 000 亿元以下外），在不考虑东部发达省份的情况下，将 4 000 亿元作为入门门槛具有一定参考价值。2021 年，四川省 21 个市（州）中只有绵阳和宜宾 GDP 总量超过 3 000 亿元，其中绵阳（3 300 亿元）作为川北副中心距离 4 000 亿元门槛还差 16%，川南副中心组团和川东北副中心组团的 GDP 总量才达到 5 500 亿元、4 900 亿元。在 GDP 增速方面，2021 年，川北副中心—绵阳增速排名全省第 2，川南副中心的宜宾和泸州 GDP 增速分别排名全省第 1 和第 5，川东北副中心的达州和南充增速分别排名全省第 11 和倒数第 5（图 1）。

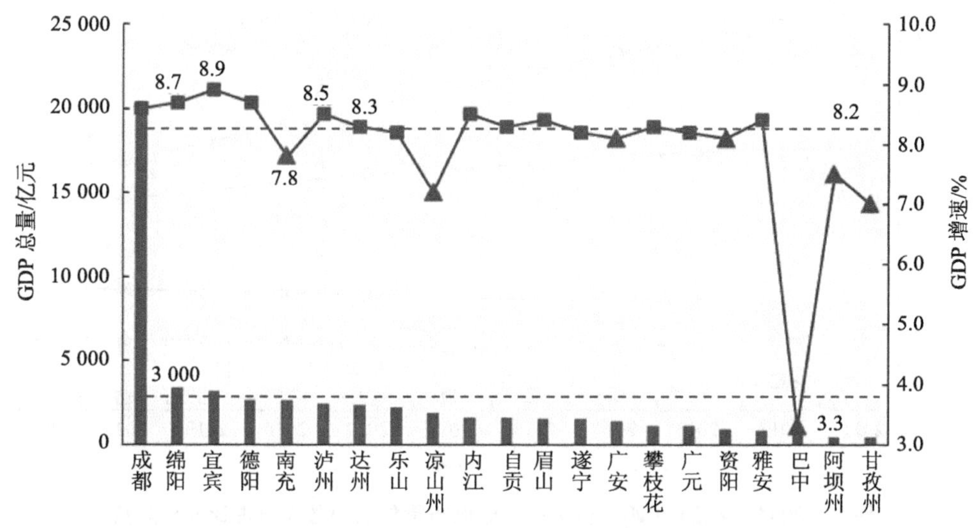

图 1　2021 年四川省 20 市（州）GDP 总量及增速

（二）重点产业发展现状

2021 年，川北副中心—绵阳规模以上工业增加值增速较快，高于全省平均 1.6 个百分点，其高技术制造业增加值占规模以上工业增加值比重最高，达到 36.1%。川南副中心的宜宾规模以上工业增加值增长率为 11.3%，略低于绵阳，得益于动力电池等行业的快速增长，2021 年其高技术制造业增加值增速达到 72%。泸州传统四大产业白酒、化工、机械、能源行业增加值同比增长 10.7%，略高于规模以上工业增加值 0.4 个百分点，增长乏力。川东北副中心的南充和达州工业增加值同比增长率低于全省平均，南充规模以上工业增加值同比增长率低于全省平均 1.3 个百分点，高技术制造业增加值增长率仅 13.5%。

（三）人口及城镇化水平

2011—2021 年，川北副中心—绵阳常住人口数呈逐年上升趋势，常住人口数占全省的比重也在不断提高，说明绵阳对人口的吸引力一直较强。川南副中心的宜宾和泸州常住人口数呈先降后升态势，说明近年来随着城市影响力的不断提升，人口由流出转为流入。川东北副中心的南充和达州本身人口基数较大，但随着其他城市虹吸作用不断加强，常住人口数呈逐年下降趋势，近两年下降趋势有所趋缓。在城镇化率方面，副中心城市城镇化率最高为绵阳 53.6%，但仍低于全省平均 4.2 个百分点，川东北副中心的达州最低 50.8%，与赣州（56.4%）、遵义（56.7%）、襄阳（62.5%）等副中心城市存在较大差距（图 2）。

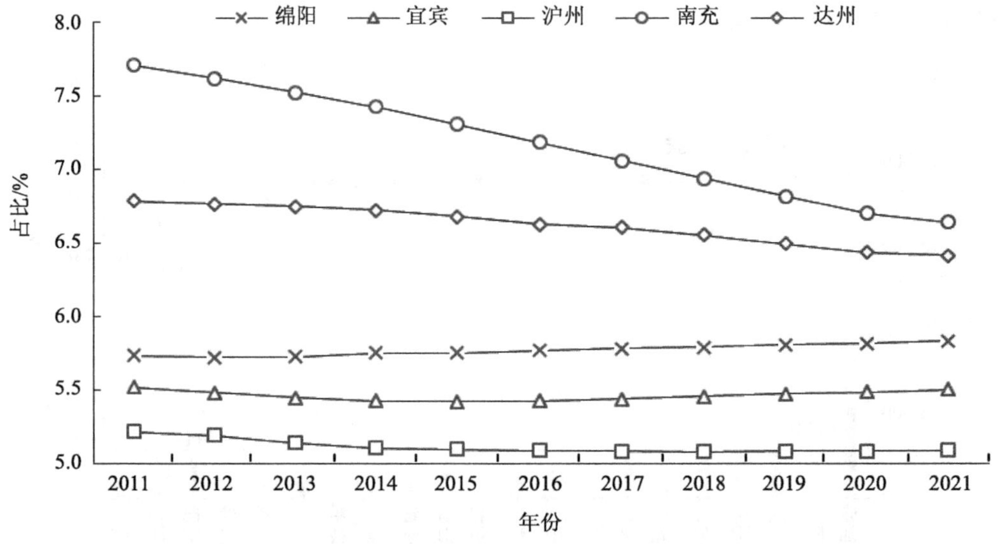

图 2　2011—2021 年四川省域副中心城市常住人口数全省占比变化趋势

三、四川省域副中心城市高质量发展存在的问题

（一）部分副中心城市重点产业布局不合理

部分城市重点产业布局不合理，靠江发展、围城发展等现象依然存在。例如，川北副中心的绵阳经开区化工环保产业园紧邻涪江，众多化工企业距离涪江右岸不足 1 km，而下游约 40 km 为三台县二水厂集中式饮用水水源地保护区。例如，川南副中心的泸州，化工企业周边人口聚集，老旧化工企业所在区域逐渐形成“产城一体”，长江干流沿线

工业集聚，现有工业园区（集中区）7 个，石油加工炼焦业、化学原料及化学制品制造业、医药制造、皮革等环境风险较高的企业有 70%分布在长江干流沿岸；宜宾虽然在长江岸线清退中开展了系列工作，如居民拆迁退岸、取缔餐饮趸船、企业退岸入园等，但 2021 年长江、岷江岸线 1 km 范围内的仍有化工企业 16 家。同时，部分城市早期规划不合理，用地布局分散，造成土地资源浪费。

（二）部分副中心城市能源结构有待优化

2021 年，规模以上工业综合能源消费量增速中，川北副中心—绵阳增速仅次于资阳和广元。川东北副中心的达州、川南副中心的宜宾和泸州规模以上工业综合能源消费量占全省比重较高，分别为 6.6%、6.4%、5.8%。省内六大主要高耗能行业中，川南副中心的泸州在化学原料和化学制品制造业方面能源消费量占比达到 16%（全省第 1），宜宾在电力、热力生产和供应业方面能源消费量占比 13.4%（全省第 2），在非金属矿物制品业方面能源消费量占比 13.4%（全省第 4），川东北副中心的达州在黑色金属冶炼和压延加工业方面能源消费量占比 12.2%（全省第 4）。

（三）环境基础设施建设仍存在短板

副中心大部分城市仍存在污水收集处理能力不足，城镇生活污水集中收集率总体不高，部分城市污水管网不配套，污水处理厂进水污染物浓度偏低等问题，其中以川南副中心、川东北副中心尤为突出。例如，川南副中心的宜宾在环境基础设施配置上，存在地域配置不平衡，屏山县、筠连县、兴文县等城镇污水处理设施及管网短板仍然较突出，乡镇及县级生活污水处理厂污泥无害化处理能力不足导致的二次污染问题已有所凸显。川东北副中心的达州市本级、大竹县等污水处理厂超负荷运行现象突出，乡镇污水处理设施及配套管网建设亟待加强。

（四）大气、水环境质量仍不理想

2021 年，大气环境质量方面，川南副中心的宜宾优良天数率 80.5%，低于全省平均 9 个百分点，$PM_{2.5}$ 年均浓度 43.8 $\mu g/m^3$，重污染天数 4 天；泸州优良天数率 84.4%，低于全省平均 5.1 个百分点，$PM_{2.5}$ 年均浓度 40.6 $\mu g/m^3$。川东北副中心的南充 $PM_{2.5}$ 年均浓度 36.6 $\mu g/m^3$。川北副中心—绵阳 $PM_{2.5}$ 年均浓度 34.9 $\mu g/m^3$，是 5 个副中心城市中唯一 $PM_{2.5}$ 达标的城市，但达标状况不稳定，超过全省平均浓度 11%，且臭氧污染日益突出。水环境质量方面，川东北副中心的达州国考、省考断面水质优良率 87%，低于全省平均 7.75 个百分点（图 3）。

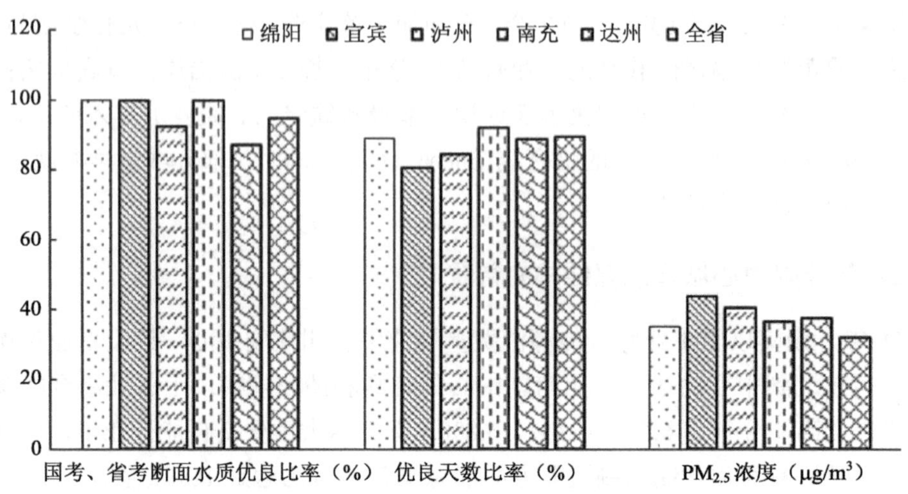

图 3　2021 年四川省域副中心城市大气、水环境质量状况

四、省域副中心城市绿色低碳高质量发展的路径建议

（一）高质量发展的基本原则

生态优先、绿色发展。保持生态文明建设战略定力，强化上游意识，把生态环境保护和修复摆在更加突出位置，践行绿色低碳发展理念，充分发挥生态环境保护对经济社会发展的优化调整作用，加快形成绿色低碳的生产生活方式。

系统谋划、协同推进。强化顶层设计和规划引领，注重全局性谋划、战略性布局，充分发挥副中心区域内城市比较优势，推动优势互补、资源共享、互补发展、协同发展，坚持山水林田湖草沙系统治理，构建全域生态安全格局。

因地制宜、分类施策。统筹生态、环境、经济、社会、安全需要，立足资源环境承载能力、现有开发强度、发展潜力，促进人口分布、经济布局与资源环境相协调，实施针对性举措，形成符合实际、各具特色的发展模式和保护形式。

改革创新、健全体系。坚持创新驱动，探索基于省域副中心建设的生态环境一体化保护新体制、新机制、新模式、新场景，健全法规标准体系，形成制度新供给，为副中心城市高质量建设和生态环境高水平保护注入新动能。

（二）高质量发展的主要路径

1．优化绿色空间格局，促进省域副中心高质量发展

一是统筹构建流域协同、区域协调的发展格局。围绕长江经济带发展、成渝地区双城经济圈建设等重大战略，有序承接符合副中心城市发展定位的功能疏解和人口转移，

提升对省会城市的服务保障能力，实现以副辅主、主副共兴。与邻近城市各有分工、互为促进，加强副中心城市间协同发展，统筹流域城市建设、产业发展、交通物流、文化旅游，推进绿色生态经济带建设。加强副中心城市对周边欠发达地区、生态退化地区、资源型地区、老工业城市等特殊类型地区发展的辐射带动作用，构建布局合理、功能完备的城镇体系，形成多中心、多层级、多节点的网络型城市群结构。

二是强化副中心城市内部空间绿色协调发展。科学构建国土空间开发保护新格局，严格落实生态环境分区管控制度，立足资源环境承载能力、现有开发强度、发展潜力、环境基础设施现状，统筹优化生产、生活、生态空间，促进副中心城市内部人口分布、产业布局与资源环境相协调。加强副中心城市对周边城镇功能定位、空间布局、产业结构等的引领带动作用，推进构建布局合理、生态宜居、协作高效的城镇体系。持续开展国土绿化，打造街心绿地、湿地和郊野公园，加强河道、湖泊等城市湿地生态和水环境修护，塑造蓝绿交织、灰绿相融、连续完整的城市生态基础设施体系。

三是推进副中心城市产业绿色布局。调整优化要素配置和生产力布局，促进资源要素有序流动，引导产业合理有序转移，推动区域产业专业化、特色化、集群化发展，促进形成分工合理、优势互补、联动发展的制造业发展格局。结合区域环境承载力，优化沿江、临城重点产业转移布局，引导高耗能、高排放企业搬迁改造和退城入园，积极有序推进城区老工业区（企业）搬迁，推动焦化、钢铁、化工、有色金属等传统产业向大气扩散条件好、环境承载能力强的区域转移。推进长江经济带产业布局优化和绿色转型发展，强化环境风险底线，化解沿江、临城产业环境风险隐患。

2. 加快结构调整升级，推进绿色低碳转型

一是推进工业绿色低碳发展。实施绿色制造工程，持续培育绿色工厂、绿色园区、绿色设计产品和绿色供应链管理企业，支持绿色低碳优势产业高质量发展，积极打造绿色低碳优势产业集群。全面提升产业链现代化水平，合理延伸产业链条，推动形成产业循环耦合。实施重点行业碳达峰碳中和行动，在钢铁、建材、石化等重点领域实施节能降碳技术改造工程，打造一批近零碳园区、零碳产品、零碳工厂。不断推动落后产能退出，开展差别化环境管理，对能耗、物耗、污染物排放等指标提出最严格管控要求，倒逼竞争乏力的产能退出，为绿色新兴产业发展腾出空间。

二是构建绿色生态农业体系。大力发展绿色低碳循环农业，积极推进种植业、养殖业绿色转型。推进高标准农田建设，大力发展高效生态农业，实施化肥农药减量增效行动，加强生物肥料替代化肥力度，推广农作物病虫害绿色防控产品和技术。加快推进绿色种养循环农业，鼓励引导发展高标准规模化生态养殖，探索构建农牧（渔）循环、种养结合等绿色低碳发展模式。强化秸秆、农膜资源化利用，鼓励和支持生产、使用全生物降解农膜，鼓励秸秆产业化跨区域发展。立足资源优势打造各具特色的农业全产业链，推动农村第一、二、三产业低碳、协调、融合发展。

三是推进能源结构调整。强化能源清洁高效利用，以碳达峰碳中和目标为引领，推动能耗“双控”向碳排放总量和强度“双控”转变。推进煤炭等化石能源清洁高效利用，推动煤电机组积极实施节煤降耗及灵活性改造。实施工业能效提升计划，推动煤化工企业绿色低碳改造，严格控制钢铁、水泥、化工等重点行业能耗水平，实行高耗能行业产能和能耗等量减量替代。加快推进清洁能源替代，依托川南页岩气、川东北天然气本地能源优势，大力发展清洁能源，提升清洁能源储存和本地消纳能力。进一步提升外受电能力，持续提高电能占终端能源消费比重。加快推进天然气管网、电网等设施建设，有力保障“煤改气”“煤改电”等替代工程。

四是推进交通运输体系低碳发展。加快交通运输结构调整，大力发展铁水、公铁、公水等多式联运，加快内河航运、港口、货运码头、园区铁路专用线建设。推进货运铁路扩能提质，建设铁路“无水港”，促进铁路运输提质增效。畅通长江上游黄金水道，提升长江干线川境段航运能级，推动嘉陵江全线复航、渠江全线渠化，全面提升内河水运运输效能。鼓励发展大型节能运输等绿色先进运输组织方式，全面打造物流业中短途电动化，中长途清洁能源化运输体系。提升新能源车船使用比例，引导企业客货车清洁化更新换代。强化交通基础设施建设，构建以高速铁路和城际铁路为主体的大容量快速客运体系，完善城市慢行系统，优先发展公共交通。

3．加强城市环境综合治理，提升城市功能品质

一是提升城镇综合承载能力。增强副中心城市人口经济承载能力，科学确定城市规模和开发强度，合理控制人口密度。坚持以水定城、以水定地、以水定人、以水定产，根据水资源承载能力优化城市空间布局、产业结构和人口规模。支持副中心打造省会城市向外辐射的战略支点，建设区域交通枢纽、商贸物流中心，提升产业发展、科技创新和对外开放能级，打造辐射周边的活跃增长极。发挥副中心城市支点作用，推动基础设施向郊区延伸，统筹推进城乡污水垃圾集中处置设施、冷链物流设施、道路客运设施建设。系统化推进海绵城市建设，在有条件的区域布局综合管廊，形成与城市发展相匹配的管廊系统。

二是提升城镇污染治理水平。加快环境基础设施补短板行动，推进城镇“污水零排区”建设，因地制宜、适度超前加快推进污水处理设施及管网建设，实施老旧破损管网改造修复，开展合流制排水系统雨污分流改造。推动副中心城市间建立重污染天气一体化应对机制，推进应急响应一体联动，推进交通、工业等领域污染协同治理，强化城市大气质量达标管理。探索建立固体废物跨区域转移合作与利用处置补偿机制，加强危险废物区域协同处理处置能力建设，鼓励垃圾环保发电厂副中心城市内共建共用。加快推进省域副中心“无废城市”建设。

三是推动生态产品价值实现。深度挖掘生态产品价值转化路径，推动生态优势转化为经济发展优势。打造培育具有地方特色的生态产业品牌，加快生态环境治理项目与资源、产业开发的有效融合，推进生态环境导向的开发模式（EOD）。推动副中心城市加快生态修复、农村环境治理，鼓励发展“生态+产业”，促进农商文旅体生态产品价值增值，拓展延伸生态产品产业链和价值链。建立多元化的生态保护补偿机制，鼓励和支持副中心城市联动周边城市根据自身财力情况和水质状况自主协商开展流域间横向补偿工作。

参考文献

[1] 习近平. 国家中长期经济社会发展战略若干重大问题[J]. 求是，2020（21）：1-3.

[2] 中华人民共和国国家发展改革委. “十四五”新型城镇化实施方案[EB/OL].（2022-07-28）. https：// www. ndrc. gov. cn/fggz/fzzlgh/gjjzxgh/202207/t20220728_1332050_ext. html.

[3] 彭智敏. 我国省域副中心城市研究——以宜昌市为例[J]. 学习与实践，2006（4）：34-37.

[4] 赵霞，陈丽媛. 增强省域副中心城市辐射功能研究——以宜昌市为例[J]. 当代经济，2009（19）：86-88.

[5] 王晓晖. 高举习近平新时代中国特色社会主义思想伟大旗帜　团结奋进全面建设社会主义现代化四川新征程——在中国共产党四川省第十二次代表大会上的报告[EB/OL].（2022-06-02）. https：//www. sc. gov. cn/10462/10464/10797/2022/6/2/603464fbddfb4d44ae7820a5f8c69fdc. shtml.

[6] 欧进锋，许抄军. 高质量发展视角下湛江建设省域副中心研究[J]. 岭南师范学院学报，2019（5）：65-77.

[7] 张泉，白东梅，邹成东. 长三角副中心城市促进区域经济协同发展研究——以合肥市为例[J]. 现代管理科学，2022（3）：19-29.

关于嘉陵江—渠江绿色生态经济带建设建议

摘　要：2022年5月27日，中国共产党四川省第十二次代表大会在成都召开，王晓晖同志代表中国共产党四川省第十一届委员会作了题为《高举习近平新时代中国特色社会主义思想伟大旗帜　团结奋进全面建设社会主义现代化四川新征程》的报告，提出要“推进嘉陵江—渠江绿色生态经济带建设”。四川省嘉陵江—渠江流域（以下简称两江流域）主要涉及广元、南充、广安、巴中、达州五市，整体位于国家“一带一路”、成渝双城经济圈建设等重大战略核心腹地，是川东北重要的生态屏障和水源涵养地。本文在梳理两江流域发展现状的基础上，提出在两江流域按照“流域生态文明建设示范带”“区域协同发展先行示范区”“良好环境质量保护样板区”战略定位，以“生态绿，产业兴，生活美”为目标，坚持“两核心、三中心”城市发展格局，推动两江流域持续改善生态环境质量，加快完善绿色产业体系，全面提升开放合作水平，更加彰显宜业宜居优势，实现“两江清水南流，两岸欣欣向荣”。在建设路径上，建议一是推进生态文明建设，绘就“美丽两江”，筑牢“两江一屏多带”的绿色生态屏障，深入打好污染防治攻坚战，推进生态保护与修复，保障供水安全和生态安全；二是完善基础设施网络，打造“现代两江”，完善绿色综合交通网络，夯实大型水利工程绿色基底，提升服务业现代化水平；三是创新引领产业升级，建设“富饶两江”，构建“5+1”现代工业体系、“10+3”现代农业体系，协同推进减污降碳，助力实现区域碳达峰；四是统筹城乡协调发展，谱写“和谐两江”，推进实现乡村振兴，促进新型城镇现代化，建设高品质生活宜居地；五是积极融入双圈建设，拓展开放两江，积极融入国内国际供需大循环，提升开放型经济与文化传承输出水平。

关键词：嘉陵江；渠江；绿色生态经济带；生态文明建设

一、发展形势

区域战略意义重大。两江流域主要涉及广元、南充、广安、巴中、达州五市，在向着第二个百年奋斗目标迈进的关键时期，在国家积极推进“一带一路”建设、长江经济带发展、西部大开发、成渝地区双城经济圈建设等重大战略背景下，两江流域正位于国家各项重大战略的核心腹地。两江流域是四川省统筹推进“五位一体”的关键区域，是四川省东向北向开放的重要门户，是川内极具发展潜力的地区。立足现有基础，深入贯彻落实习近平生态文明思想，推动建设人与自然和谐发展的嘉陵江—渠江绿色生态经济带具有重大现实意义。

自然生态地位重要。嘉陵江是长江流域面积最大支流，渠江为嘉陵江左岸最大支流。两江流域拥有秦巴山、华蓥山等重要生态屏障，嘉陵江黄金水道贯穿南北，渠江、白龙江等支流纵横交错，189 万 hm^2 森林资源和 60 万 hm^2 草地广泛分布于区域东面和北面，369 万 hm^2 农田养育了 1 927 万巴蜀人民，3 625 座大小湖库错落分布，孕育了大熊猫、水杉、黑鹳等珍稀濒危物种。“山水林田湖草”生命共同体紧密相连，动植物资源丰富多样，拥有优越的生态环境和自然禀赋。

经济发展态势良好。截至 2020 年年底，32 个贫困县全部摘帽、4 376 个贫困村全部退出、246.5 万名贫困人口稳定脱贫，实现全面小康。区域国民生产总值突破 0.76 万亿元，经济总量位居四川省十大流域第 2，仅次于沱江 1.25 万亿元。建成国家级现代农业产业园 8 个、省级 25 个，农业现代化水平稳步提升；以装备制造及新材料、航空零部件、有机食品精深加工、现代生物医药为主的区域特色产业不断壮大；现代商贸、现代物流、现代金融、文化旅游等现代服务业蓬勃发展，行业占比逐年攀升。三次产业结构由 2015 年的 20.9∶40.5∶38.6 调整为 18.9∶35.0∶46.1。

历史文化底蕴雄厚。两江流域自古以来孕育着丰富的文化瑰宝，“巴蜀文化”中的“巴文化”起源于此，三国文化源远流长，流域拥有罗家坝遗址、城坝遗址、剑门蜀道遗址等国家重点文物保护单位，中国春节文化之乡——阆中古城沿江坐落。忠勇信义、开放包容的巴文化核心价值理念影响了邓小平、朱德等一批中国共产党人，中国工农红军在两江流域书镌了一段无法磨灭的红色历史。

矛盾和问题仍然突出。区域产业转型任重道远，传统工业、制造业经济比重仍然较大。区域发展不平衡，南充市 2020 年地区生产总值为 2 401 亿元，位居全省第 5；而巴中市地区生产总值仅为 767 亿元，人均生产总值为 2.8 万元，居全省末位。生态环境质量有待进一步提高，部分区域臭氧污染问题逐渐凸显，部分城市 $PM_{2.5}$ 年均值浓度仍有超标；农村人居环境未得到根本改善，兴隆河、长滩寺河等支流水质仍不能稳定达标；土壤环境风险依然存在，矿山环境治理亟待深入。百姓幸福感、获得感仍然不足，绿色安全、富足乐业、宜学善养、和谐包容的高品质生活宜居地尚未建成。

二、目标愿景

（一）指导思想

以习近平新时代中国特色社会主义思想为指导，深入贯彻党的十九大和十九届历次全会以及四川省第十二次党代会精神，立足新发展阶段，完整、准确、全面贯彻新发展理念，主动服务和融入新发展格局，以成渝地区双城经济圈建设为引领，联动推动南充—达州组团培育川东北省域经济副中心，坚持生态优先、绿色发展，全面加强嘉陵江—渠江流域生态建设和环境保护，建设绿色低碳循环发展经济体系，创新两江流域一体化发展体制机制，建成高品质生活宜居地，推动实现乡村振兴，建成“生态绿，产业兴，生活美”的绿色生态经济带。

（二）基本原则

——生态优先，绿色发展。牢固树立和积极践行绿水青山就是金山银山的理念，把生态环境保护和修复摆在更加突出位置，践行绿色低碳发展理念，加快形成绿色低碳的生产生活方式。

——改革引领，创新驱动。深化供给侧结构性改革，推动产业向中高端迈进，提高发展质量，降低资源消耗。增强自主创新能力，加快新旧动能转换，推动产业转型升级，实现创新驱动发展。

——互通互惠，价值转换。坚持“两核心、三中心”城市发展格局，发挥各方生态、资源、市场优势，促进要素合理流动、产业分工合作，提升互联互通和现代化水平。提升生态产品服务质量，融合文化内涵，着力推动城乡融合发展，助力乡村振兴，不断增强人民群众获得感和幸福感。

（三）战略定位

流域生态文明建设示范带。以减污降碳为重点战略方向，建立健全跨区域生态建设和环境保护的联动机制，用好后发优势，打好文化牌，促进经济社会发展全面绿色转型，把嘉陵江—渠江流域建设成为“生态绿、产业兴、生活美”的绿色生态经济带，成为美丽四川建设的“流域”样板，为流域生态文明建设积累新经验。

区域协同发展先行示范区。统筹上、中、下游开发建设与生态环境保护推动协同增效，推动嘉陵江—渠江流域腹地与毗邻区域联动发展，构筑区域协同新优势，共护生态环境“两江水”，共谋产业协作“一条链”，共建基础设施“一张网”，共同推动资源共享、产业协同、市场共荣的流域高水平发展样板。

良好环境质量保护样板区。全面落实主体功能定位，坚持分区域分流域系统保护和综合治理，突出跨界流域污染治理，突出以水源涵养能力提升、森林湿地资源保护，确保“秦岭大巴，两山千里绵延；嘉陵渠江，两江清水南流”，形成人与自然和谐共生的格局。

（四）总体目标

到 2025 年，嘉陵江—渠江绿色生态经济带建设取得明显成效，地区生产总值年平均增速保持全省上游水平，流域综合实力和竞争力明显提高。

——生态环境质量持续改善。嘉陵江、渠江干流稳定达到Ⅱ类水质标准，纳入国考、省考的断面全面达到优良水体，成渝主要跨界水体水质稳定达标。$PM_{2.5}$ 和臭氧协同控制取得明显成效，全域进入大气环境质量达标城市范围，优良天数率高于全省平均，$PM_{2.5}$ 平均浓度低于全省平均。主要污染物排放总量大幅减少，生态环境安全有效保障，饮用水安全、矿山开采影响等突出环境问题得到解决。

——绿色产业体系基本形成。“5+1”现代工业体系、“4+6”现代服务业体系、“10+3”现代农业体系①，推动产业数字化、绿色化转型全面提速，农业现代化水平大幅提高，先进制造业、现代服务业不断发展，清洁能源消费比重不断提高，单位地区生产总值能耗和二氧化碳排放强度持续降低。

——开放合作水平全面提升。积极融入成渝双城经济圈建设，全面建立协调统一、运行高效的流域协作机制，加强与国内外经济协作，促进与成都都市圈、重庆都市圈、陕甘地区等周边毗邻地区联动发展，提升开放型经济水平。

——宜业宜居优势更加彰显。区域 1 小时“通勤圈”基本建成，基本公共服务均等化水平明显提高，自然保护地、美丽河湖、公园城市等优质生态产品供给能力大幅提升，城乡居民人均可支配收入增速高于全省平均水平，人民群众幸福感显著增强。

到 2035 年，生态环境更加优美，内联外畅综合立体交通体系全面巩固，农业、工业现代化体系基本形成，优质、均衡、普惠的公共服务体系进一步提升，城乡区域协调发展程度更高，人民生活更加富裕，“两江清水南流，两岸欣欣向荣”的美丽嘉陵江—渠江绿色生态经济带基本建成。

三、重点任务

（一）推进生态文明建设，绘就美丽两江

构筑生态安全格局。一是打造“两江一屏多带”的绿色生态屏障。以嘉陵江—渠江为主干，以秦岭—大巴山生态屏障为支撑，以华蓥山、铜锣山、明月山、荣华山生态涵养带为支点，构建全域生态安全屏障。二是加大自然保护区保护力度。构建以大熊猫国家公园为主体，米仓山、唐家河等自然保护区为基础，各类自然公园为补充的自然保护地体系。着重保护秦巴生物多样性生态功能区、广安生物多样性生态功能区等地区野生动植物资源，提升生态系统服务功能。三是降低生态环境风险。加强固体废物污染防治，

---

① “5+1”现代工业体系：“5”即电子信息、高端装备制造、食品饮料、先进材料、清洁能源化工产业；“1”即数字经济。

“4+6”现代服务业体系：“4”即商业贸易、现代物流、金融服务、文体旅游；“6”即科技信息服务、商务会展服务、人力资源服务、川派餐饮服务、医疗康养服务、家庭社区服务。

“10+3”现代农业体系：“10”即川粮油、川猪、川茶、川菜、川酒、川竹、川果、川药、川牛羊、川鱼；“3”即现代农业种业、现代农业装备、现代农业烘干冷链物流。

深入推进流域尾矿库生态环境问题排查整治与重金属污染防治。推动川陕甘渝共同构建跨界生态环境突发事件和应急联动机制，制定河道采砂相关法规条例，依法规范河道采砂。

推进生态保护与修复。一是开展湖库湿地生态修复。推进升钟湖湿地公园提档升级、高坪区螺溪河湿地公园建设以及白云湖、天池湖等湿地生态修复，维持河流、湖泊、水库水生生态系统结构与功能完整性，保护恢复以鱼类资源为重点的水生生物多样性。二是提升森林植被资源质量。落实“林长制”，建立任期目标责任制，统筹构建森林面积、森林积蓄“双增长”监测体系。推进森林生态系统休养生息，高水平建成广元国家储备林基地。三是加强生物多样性保护。加强大熊猫、水杉、黑鹳、蜀道古柏等珍稀物种就地保护与种群恢复，加大秦巴山天然种质库以及景观多样性保护力度。推进风眼莲、空心莲子草、福寿螺等外来物种入侵综合治理。

深入打好污染防治攻坚战。一是持续改善大气环境。坚持区域共治、源头控制，加快落后产能淘汰与产业转型升级，持续开展大气污染防治行动。以挥发性有机物、臭氧、$PM_{2.5}$为防治重点，落实区域大气污染防治联席会议制度，提升污染天气应急响应能力。二是稳步提升水生态环境。深度落实河（湖）长制，以保障嘉陵江—渠江干流水质稳定达到Ⅱ类为核心，以长滩寺河、兴隆河、流江河等不稳定达标支流为攻坚对象，深化入河排污口排查整治，加快补齐城乡污水处理设施短板，加大农业面源污染防治力度，提升两江流域水生态环境质量。三是扎实推进土壤治理。深度落实农用地分类管理制度，保障人民“土净食安”。健全建设用地土壤污染风险管控和修复名录制度，加大疑似污染地块排查力度，完善污染地块清单。科学划分地下水污染防治分区，探索土壤—地下水协同治理模式。

有效保护利用水资源。一是加强饮用水水源地保护。完善各区（县）应急备用水源地建设和运行维护，保障供水安全。持续完善广安全民水库、广元飞仙关水源地等集中式饮用水水源地规范化建设。二是实现两江水资源科学调度。加快提升水安全保障能力，持续推进引大济岷、引水入“竹”、引水入“开”等水利调度工程建设，完善川内“五横六纵”引水补水生态水网。三是建设节水型社会。实施水资源“双控”，严守水资源开发利用控制红线，控制流域和区域用水总量，严格规范取水许可审批管理，提升用水效率。

健全生态文明机制体制。一是建立联防联控机制。依托成渝双城经济圈建设，成立跨区域生态环境治理专项委员会，统一两江流域五市及渝、陕毗邻地区生态环境保护目标、执法标准，协同开展环境风险隐患排查，建立信息互通共享机制。二是完善生态保护补偿机制。积极开展川内、川陕、川渝跨界河流生态补偿研究。完善生态保护补偿、资源开发补偿、碳排放权、排污权等区域利益平衡机制，逐步实施多元化多层次生态补偿制度。

（二）完善基础设施网络，打造现代两江

加强综合交通网络建设。一是提升航运能力。协调水生生物保护、防洪、供水、发电与水运发展需求，统筹推进嘉陵江航运统一协调调度机制，共建长江上游港口联盟。二是打造绿色陆运体系。不断完善以高速铁路、高速公路为支撑的区域轨道交通路网，完善新能源汽车配套设施，同步建设沿路生态绿化带，降低生态破坏程度，提升旅途体验。三是提升民航空运和服务能力。优化机场布局，加快建设广安机场，规划新建南江、通江、宣汉县、渠县等一批支线通用机场，提高区域机场综合保障能力和服务水平。

夯实水利工程绿色基底。一是强化空间布局，科学规划水网。充分结合国土空间规划和“三线一单”生态环境分区管控要求，综合考虑水资源条件及水文地质条件，统筹谋划区域水网“纲、目、结”，合理布局区域性水网骨干工程，推动形成多源互补、引排得当的水网体系。二是坚持系统治理，注重生态环境保护。统筹上下游河道用水及生产生活调水，科学规划生态下泄流量，持续加强考核评价。以湿地、陆生生态系统以及珍稀野生动物为保护重点，优化工程设计、合理安排工期，建设或保留动物迁徙通道。三是发挥综合效益，转化生态价值。坚持绿水青山向金山银山转化理念，在水利工程实施过程中，通过打造水体景观，进一步增强蜀水文化和“大灌区”文旅品牌传播力和影响力，拓宽生态价值转化渠道。

提升服务业现代化水平。一是完善服务业基础设施建设。加快新能源充电网络建设进度，持续推进天然气供气管网入企、入户，逐步降低绿色服务产品使用成本及时间成本，提升居民绿色消费意愿。二是扩大绿色产品和服务有效供给。推进老旧小区落后用水、用电器具更新，在汽车、家电、小型电子产品等领域发展以旧换新、共享经济、二手产品交易。三是完善健康保障体系。推动医疗卫生资源共享，强化传染病风险防范。开展疑难疾病联合攻关和重大疾病联合会诊，推进医养结合，加快老龄事业和产业发展。倡导全面健身，完善公共健身设备体系，提升全民健康水平。

（三）创新引领产业升级，建设富饶两江

培育绿色现代产业体系。一是改造升级传统产业。持续加强各市煤炭、矿产、化工、轻纺、机械制造等传统工业环境污染末端处理设施升级改造，推进无法达标工业企业产能淘汰，鼓励企业跨区域兼并重组。二是积极培育新兴产业。发挥区域优势，主动承接成渝高新技术产能，发展壮大新一代新能源、清洁化工能源、电子机械、新材料、高端装备制造、生物医药等新兴产业，发展工业互联网平台，推进跨地市协作。三是提升园区发展质效。严格控制园区项目准入，禁止新建“高载能、高耗水、高污染、高风险”项目。完善园区给排水及污水处理设施、工业固体废物综合处置设施等基础设施建设，助推园区高质量发展。

高效发展生态农业。一是持续加强农业面源污染防治，深化“一控两减三基本”，

完善农业面源污染防治政策机制。建设一批农作物秸秆综合利用示范县，积极推进广元市剑阁县农业绿色发展先行区创建工作。二是夯实农业生产能力基础。深入实施藏粮于地、藏粮于技战略，严守耕地红线，保障基本农田面积不减少，污染质量不减退，提高区域粮食安全保障能力。完善农田灌排体系，推进农业种植纵改横，减少农业面源污染流失，加快高标准农田建设。三是拓宽特色农产品输出渠道。以红心猕猴桃、茶叶、核桃、桑蚕、中草药等区域特色农产品为核心，加大品牌宣传力度，引导电商、物流进入农产品市场，扩大内需、拉高出口份额。

协同推进区域碳达峰。一是推动技术革新。优化能源产业创新环境，推动园区企业开展低碳、零碳、负碳技术研发。依托区域水能、光能、风能、天然气资源，推进清洁能源替代化石能源。二是促进资源节约和循环利用。深入推进工业园区循环化改造，探索广元经济技术开发区东部片区和南充高新技术产业区近零碳园区建设试点。加强工业“三废”、余热余压和农业废弃物综合利用。三是倡导绿色生活方式。健全推行绿色生活方式的政策制度，推进绿色发展理念进机关、进学校、进企业、进社区、进农村。倡导绿色出行，引导人民群众出门优先选择公共交通、步行等绿色出行方式。

（四）统筹城乡协调发展，谱写和谐两江

推进实现乡村振兴。一是加强农村人居环境综合整治。深化农村水污染防治，开展农村黑臭水体排查整治，推进农村污水处理基础设施建设，完善农村生活垃圾收运体系。加强禽畜养殖污染治理，促进农业生产和生态环境的良性循环。二是强化农村环境安全保障。巩固拓展脱贫攻坚成果，推进农村饮用水水源保护，保障供水水量、水质安全。因地制宜开展农村土坯房屋改造，坚持“拆改保建”相结合，确保住有所居、住得安全。完善乡村公路建设跨区域应急救援协作体系，保障农村出行安全。三是促进绿水青山向金山银山转化。推进乡村第一、二、三产业交叉融合发展，将具有巴文化乡村特色的文化和农产品打造成独具特色的“川味”乡村价值产业体系，培育一批“一村一景”“一村一韵”的美丽乡村小城镇。

促进新型城镇现代化。一是优化城镇化空间布局和形态。依托“两核心三中心”城市布局，培育现代化都市圈，健全五市协同发展机制，拓宽全域与广安、达州协同融渝、与广元生态共建、与巴中互惠发展。二是提升城市治理水平。坚持以水定城、以水定地、以水定人、以水定产，根据水资源承载能力优化城市空间布局、产业结构和人口规模。促进城镇建设用地集约高效利用，借鉴达州 EOD 模式试点经验，探索全域 EOD 模式规划建设。三是推进城乡融合发展。开展城乡一体化设计，统筹生态系统保护、产业发展、人居环境改善、减灾防灾和历史文化传承等因素，打通农村生态产品—城镇设施服务双向通道，实现城镇—乡村功能衔接互补。

建设高品质生活宜居地。一是建设美丽河湖。制定美丽河湖建设清单，以升钟湖、长滩寺河、铜钵河等水体为重点，以建促评，突出生态环境治理成效，建成一批城乡美

丽河湖，提升水生态产品供给能力。二是打造公园城市。按照公园城市建设理念，优化城市空间布局，依托公园城市建设项目，完善城镇功能配套，显著提升城镇形象颜值和品质，把两江流域打造成亮丽公园城市群。三是发展区域生态康养旅游。构建市场共享、分工合作的生态康养产业发展带，依托明月山森林康养示范带、大巴山生态康养走廊等生态康养项目，提高环境资源利用效率，高水平建成生态康养服务体系。

（五）积极融入双圈建设，拓展开放两江

提升开放型经济水平。一是积极融入国内国际供需大循环。加强与京津冀、长三角、港珠澳达大湾区三大经济区合作联系，加强长江经济带城市群合作，主动融入成渝大市场，推进两江绿色生态经济带与万达开都市圈协同发展建设，培育新的增长点。二是创新“飞地经济”生态环境治理模式。依托秦巴山区丰富自然资源，利用南充、达州地理及技术优势，实现通过原料互供、资源共享、优势互补，促进资源高效利用。创新主要污染物排放总量指标调剂机制，协调区域碳排放、污染排放总量，破解生态环境约束。

延续文化传承与输出。一是传承保护传统文化。加强传统戏曲、工艺、美术等技艺发掘和保护，推进昭化古城文旅融合及文物保护利用示范区、剑门关文化旅游区、罗家坝考古遗址公园、城坝考古遗址公园、白衣古镇国家历史文化名镇建设，提升阆中古城承载能力。二是发扬红色文化。建设长征国家文化公园川东北段和川陕片区红军文化公园，推进朱德故里 5A 级景区、小平故里等红色文化旅游服务质量提升，弘扬红色文化精神。三是推进文化价值转化。深度挖掘红色文化、蜀道文化、三国文化、巴文化等文化内涵，共同打造成都—广元—汉中—巴中—达州—重庆—广安—南充—成都川渝旅游、文化展示大环线，加大宣传力度，输出两江文化产品。

未来五年推动经济社会发展全面绿色转型与美丽四川建设的思考与建议

摘　要：绿色是美丽中国的底色，也决定了经济社会发展的成色。习近平总书记指出，“绿色发展是构建高质量现代化经济体系的必然要求，是解决污染问题的根本之策”。“十四五”时期，我国生态文明建设进入了以降碳为重点战略方向、推动减污降碳协同增效、促进经济社会发展全面绿色转型、实现生态环境质量改善由量变到质变的关键时期。本研究从国际形势、国内情况及四川省情 3 个方面分析了当前四川全面绿色转型与美丽四川建设面临形势、取得成效及存在问题，提出了未来五年推动经济社会发展全面绿色转型与美丽四川建设的总体思路、主要目标与六大重点举措，以期为美丽四川建设提供科学建议。

关键词：美丽四川建设；绿色转型

一、形势分析

从国际形势看，人类活动造成气候系统发生前所未有变化，《巴黎协定》要求全球强化行动弥补“气候赤字”。发达经济体利用现代化和已碳达峰优势，推出以碳中和为引领的“绿色新政”，试图缓解历史责任、加快技术革新、重塑经济优势、强化地缘博弈和抢占道义高地。综合研判，绿色低碳转型已然成为世界各国的高度共识和自觉行动、全球治理的优先领域和世界经济结构调整的重要趋势、各国培育新的经济增长点和提升国际竞争力的战略选择，谁先实现转型，谁就能在未来竞争中占据主动。

从国内情况看，我国深受气候变化不利影响，资源环境“瓶颈”日益突出，且快速城市化和“世界工厂”驱动下的碳排放已占全球的 1/3。我国从气候治理“参与者”转向“引领者”，将面临比发达国家时间更紧、幅度更大、困难更多的减排任务，能源生产和革命、区域经济地理加速迭进重塑，西部地区清洁能源迎来新的历史性机遇。综合研判，我国将以“双碳”目标为引领，坚定不移走生态优先、绿色低碳的高质量发展之路，全面绿色转型必将在中国大地上加速演变为一场波澜壮阔、不可逆转的时代大潮。

从四川省情看，全面绿色转型与美丽四川建设机遇和挑战并存，总体上机遇大于挑战。机遇方面，新一轮能源革命和产业变革推动下，绿色低碳转型外部驱动力更加强劲；省委在全国率先出台推动绿色低碳优势产业高质量发展的决定，为四川省全面绿色转型指明了方向和路径；四川省已经形成清洁能源发展的绿色转型“长板”，具备了良好生态资源的绿色转型“优势”，积聚了人民对美好生活强劲需求的绿色转型“动能”。挑战方面，美丽中国建设已进入以降碳为重点战略方向的关键期，亟须四川作出更大的绿色贡献；国家推动能源“双控”向碳排放总量和强度“双控”转变下，四川省面临发展与减排“双重压力”。全国碳市场建设已进入加速期，四川省是工业大省，受资源特性和工艺水平等影响，一些行业碳生产率与东部地区差距较大，区域性买碳将成常态。综合研判，四川省推动经济社会发展全面绿色转型，有基础、有条件、有支撑、有比较优势，必须在大有可为的历史机遇期积极作为，以实际行动走出一条服务国家战略全局、支撑四川未来发展的绿色转型之路。

二、成效与问题

（一）全面绿色转型与美丽四川建设取得阶段性成效

一是绿色低碳转型成效显现。能源结构持续优化，国家优势清洁能源基地地位增强。2020 年煤炭消费占能源消费的比重下降至 27%，非化石能源消费占比达 38%，率先在经济大省中形成可再生能源为主的能源结构，零碳电力规模全国前列，“十三五”单位 GDP 二氧化碳排放下降 29.9%，远超全国 18.8%的下降幅度，扭转了二氧化碳排放快速增长的局面。创新资源聚集度高，低碳经济初具规模。拥有东方电气、通威等实力雄厚的能源创新企业，已成全国三大能源装备制造基地之一。成眉乐光伏电池、遂宁锂电、宜宾动力电池等产业初具规模。

二是长江黄河上游生态安全屏障进一步筑牢。重要生态系统保护取得积极进展，构建起“四区八带多点”生态安全格局，森林覆盖率提高至 40%。生态环境质量持续改善，优良天数率达到 89.5%，成都作为“雪山下的公园城市”得到全社会公认与点赞，长江流域出川断面水质 100%达标，长江黄河干流四川段保持Ⅱ类水质，清水绿岸、鱼翔浅底景象明显增多，土壤环境质量总体保持稳定。

三是现代生态环境治理能力不断提升。全面落实国家主体功能区战略，在全国率先实现省级环境保护督察及“回头看”全覆盖，地方流域立法和地方标准化建设实现突破，81 项生态文明体制改革任务全面完成，生态文明“四梁八柱”制度体系基本形成。

（二）全面绿色转型与美丽四川建设依然存在诸多困难

一是绿色转型任务艰巨繁重。产业结构方面，重化工特征较为突出，建材、钢铁、化工等传统行业存在“高碳锁定”问题，“十三五”时期传统六大高耗能行业能耗占工业总能耗比重由 72.7%提升至 77.2%，呈“不降反升”趋势，煤炭消费反弹风险较大。交通结构方面，绿色交通供给不足与运输结构不优并存，高碳化的公路运输占比偏高，

2020年公路货运量占比为92.6%，超全国水平18个百分点，铁路网密度仅为全国的71.8%，无一、二级优质内河航道，新能源汽车占比低于全国平均水平。能源利用方面，盆地内缺风少光，资源与用能空间错位。太阳能主要分布在阿坝州、甘孜州、凉山州和攀枝花，风能主要分布在川西和盆周山区，水能高度集中在“三江”地区，均与人口、城镇、产业、用能相对密集的四川盆地特别是成都平原错位，给输电布局和电力调度带来难度。生产生活方式方面，低碳引领的绿色生产生活方式尚未形成，全民自觉践行绿色理念社会氛围不够浓厚。

二是资源环境约束趋紧的形势依然严峻。空间布局方面，人口、经济和资源、环境的空间分布不均衡性明显，呈现“盆地腹地与人口与经济发展密集区、生态环境压力区、资源环境约束区叠合，川西北生态环境敏感脆弱区、资源环境开发区、脱贫攻坚巩固区叠合”两个“三区叠合”特征。资源利用方面，局部地区资源超载问题仍不同程度存在，能源、金属、锂矿、稀土等资源综合能效水平低。全国碳定价机制“量价齐升”，能源消耗、碳排放控制趋严，环境容量、能耗空间、碳排放增量与建设用地扩张、三次产业发展、居民消费升级的矛盾日益突出。生态环境方面，盆地大气污染治理受气象影响的特征明显，成都平原、川南地区的城市$PM_{2.5}$浓度仍在较高位；习近平总书记提出的“要以能够酿出美酒的标准，想方设法保护好长江上游水质”要求带来的水生态环境保护任务依然艰巨；自然生态脆弱性仍很突出，局部生态系统退化趋势尚未根本遏制，气候变化对生态系统的稳定性影响已显现。

三是对标国内先进省份，绿色转型与美丽四川建设仍有较大提升空间。2020年，四川地区GDP仅占全国比重约4.8%，人均地区GDP仅达到浙江的58%、广东的66%，甚至不及江苏的一半。与浙江、广东等国内先进省份相比，经济总量、人口密度、单位面积产出、单位能源资源消耗等方面有较大提升空间，资源结构、产业结构调整步伐相对缓慢，绿色转型发展难度相对更高；城市绿色发展综合指数普遍较低，城市空气环境质量等主要指标差距明显。

三、总体思路与主要目标

（一）总体思路

未来五年四川推动经济社会发展全面绿色转型，务必把牢“全面”这个范围；把准“绿色”这个底色；把住“转型”这个本质；突出“美丽”这个目标。完整、准确、全面贯彻新发展理念，聚焦实现碳达峰碳中和目标，以“减污降碳协同增效”为总抓手，以能源绿色低碳发展为关键，推动形成节约资源和保护环境的产业结构、生产方式、生活方式、空间格局，加快走出一条服务国家战略全局、支撑四川未来发展的全面绿色转型发展之路，奋力谱写美丽中国四川篇章。

（二）主要目标

未来五年，绿色低碳循环发展的经济体系初步形成，产业结构更加优化，能源资源配置更加合理、利用效率大幅提升，绿色低碳生产生活方式基本形成，碳排放强度持续降低，经济社会发展全面绿色转型取得明显成效，美丽中国先行区、长江黄河上游生态安全高地、绿色低碳经济发展实验区和中国韵·巴蜀味宜居地建设加快推进，美丽四川建设取得明显进展。

未来五年，单位 GDP 能耗、单位 GDP 二氧化碳排放分别较“十三五”期末下降 15.5%左右和 20%以上，清洁能源电力装机容量超过 1.3 亿 kW，城市空气质量优良天数比率高于 92%，地表水质量达到或优于Ⅲ类水体比例超过 97.5%，森林覆盖率达到 41%以上。

四、重点举措

（一）以实施碳排放达峰行动为牵引，推动排放结构绿色转型

强化绿色低碳发展战略引领。把“双碳”纳入生态文明建设整体布局，将成渝地区双城经济圈、长江黄河上游生态屏障区建设作为统筹抓好四川省重大改革、重大政策、重大项目、重大工程实施的载体，确保全省各地区、各领域落实“双碳”的主要目标、发展方向一致。

设立降碳分类管控区。将具有碳汇优势的重点生态功能区、江河源头区等区域划为碳汇重点管控区优先保护；将产业密集、碳排放强度高的工业园区、产业集聚区等区域划为碳源重点管控区进行动态管控。设立川西北碳中和先行区。

有效控制温室气体排放。稳步降低碳排放强度，优先推动煤电、水泥、长流程钢铁、焦炭等高碳行业“十四五”达峰，为战略性新兴产业、高技术产业和其他基础工业腾挪排放空间。统筹加强氢氟碳化物等非二氧化碳温室气体排放管控，启动控制甲烷排放行动。

创新碳达峰碳中和先行试点。以开展低碳城市建设为引领，围绕企业、园区、建筑、景区、社区等打造一批碳中和细胞单元和低碳标杆。积极应对碳定价和“碳边境调节机制”，开展出口优势产品“碳标签”认证和低碳供应链构建。

（二）以优化能源供给结构为关键，推动能源利用方式绿色转型

构建多能互补的清洁能源供给体系。按流域推动水风光储一体化可再生能源综合开发基地建设，开展多能互补研究和试点，稳步有序开发页岩气、煤层气等非常规天然气，完善天然气外输内配智慧管网体系。

稳步压减用煤总量。不再核准燃煤发电、燃煤供热项目。优先推动食品饮料等轻工

业“煤改电”“煤改气”，推动燃煤锅炉“去存量”和既有煤电机组“三改”，提升枯水年、枯水期深度调峰能力。

合理控制油气增速和用途。力争石油消费在“十五五”达峰，为天然气和调入电力增加排放腾挪空间，优先用于居民生活和工业“煤改气”，严防天然气（页岩气）主产区天然气化工、天然气发电过度和过早释放。加快探索建立煤电、气电“增减挂钩”机制。

实施绿色氢能战略。推动成渝地区共同打造燃料电池汽车先行建设城市群，加快在雅安、攀枝花、甘孜州、阿坝州等地区布局建设水电规模化、低成本制氢基地，拓展氢能交通、工业、电力等领域应用范围。

（三）以深度调整产业结构为突破，推动生产方式绿色转型

做强绿色产业。围绕绿色低碳产业建圈强链，携手重庆构建新能源技术装备、新能源汽车、绿色氢能、先进储能等产业集群和头部企业，共同打造新能源汽车、可再生能源创新高地。

做绿传统产业。实施建材、化工、冶金等传统产业存量优化和增量控制，推动电子信息、食品饮料、装备制造等优势产业转型升级，鼓励产能饱和、附加值低、污染大的传统行业“腾笼换鸟”。打造一批数字赋能绿色低碳循环发展新场景新业态。

做大环保产业。发挥自贡、金堂等地环保产业聚集优势，加快培育一批百亿环保园区（企业）和上市环保公司。改造升级“环保+”技术链条，以环保产业赋能制造业、服务业。

做新“生态+”产业。打造“生态+”创新产业，牵住生态农业、生态旅游、生态人居等生态经济“牛鼻子”，发展数字生态经济、绿色创业投资，推动生态价值转化。

（四）以培育绿色低碳价值观为抓手，推动生活方式绿色转型

提升社会文明形态。引导广大公民将习近平生态文明思想转化为社区准则、村规民约。探索将绿色生产生活方式的标准和制度规范上升到法律层面。

大力推进绿色出行。实施新能源汽车推广行动，研究制定分区域、分车型、分阶段燃油汽车禁售路线，加快布局智慧一体充电加氢基础设施网络，力争五年内实现新能源汽车保有量“翻两番”。推动成渝地区双城经济圈客运“公交化”“轨道化”。

加快城乡建筑绿色化。大力推广绿色建材；全面推进既有建筑低碳节能改造，开源节流降低建筑运行产生的碳排放。

全面促进绿色消费。鼓励公民低碳消费和减量使用，引导缩短生活端碳排放链。探索建立区域性个人碳账户，打造绿色消费场景。深入推进垃圾分类，推行厨余垃圾不落地全链条处理模式。

（五）以持续改善生态环境质量为基础，推动空间格局绿色转型

打造美丽山川形态。坚持以山为基，打造以藏羌彝文旅经济为特色的川西北辽阔雪域高原、以阳光生态经济为特色的攀西阳光高原、以盆周地区精品生态文化为特色的壮丽盆周峻岭、以简约现代田园风光为特色的美丽天府之国。坚持以水为脉，依托九大流域，打造黄河最美高原湿地风光带，长江上游现代绿色产业发展带、长江—金沙江、大渡河、雅砻江水风光储一体化清洁能源发展带、赤水河人水和谐发展带，构建“九廊四带”美丽江河格局。

强化产业空间布局分区管控。在城市核心功能区域退出资源环境效率较低的一般制造业和占地大、交通流量大的仓储物流等产业。在开发区优先发展先进制造业、战略性新兴产业；在一般性区域发展传统产业；在限定区域以可控为前提合理发展高排放工业，着力解决重点发展区与环境重负荷区高度重叠的问题。

全面推进公园城市建设。以成都建设践行新发展理念的公园城市示范区为引领，推广典型案例，形成先进经验。在全省范围内以各地资源条件、地貌特征、文化禀赋为依托，探索多样的公园城市建设模式。

提高环境空间承载力。建设城市通风廊道，在全省人口密度大、空气流通性差的城市构建风道系统，提高大气环境承载力。保护水系蓝网，利用水环境自净能力提高生态用水总量，提高水环境承载力。协调土地开发，对各类城市剩余空间进行更新设计利用，提升城市抗风险抗冲击与快速恢复能力，提升土壤环境承载力。

推动生态环境质量持续改善。大气方面，以细颗粒物和臭氧协同控制为主线，控源头、抓共管、强协同，实现碳排放达峰和城市空气质量达标“双达”目标。水方面，治差水、保好水、增生态水，全面适应国家长江干流稳定达标Ⅱ类水质要求。土壤方面，基本控住土壤污染源头，强化土壤污染风险防范，继续试点土壤污染治理修复。生态方面，创新基于自然解决方案的生态修复治理模式，将生物多样性保护作为生态安全屏障建设的重要抓手，构建统一规范高效的以国家公园为主体的自然保护地体系。

（六）以完善现代化治理体系为根本，加快绿色转型与美丽四川建设体制创新转型

建立健全碳交易市场体系。推动建设西部环境资源交易所，打造区域碳资产管理服务中心。推动光伏、风电、沼气利用、林草碳汇等项目化开发和市场化交易，实现从“净买碳”向“供需平衡”转变，加快建设全国碳信用高地。

构建绿色低碳技术创新体系。围绕生态文明建设重大需求和关键领域，创新突破“保护与减量利用公共自然资源的绿色技术”“可循环的生产和营建方式的绿色技术”“负责任的消费和使用行为的绿色技术”“废弃物无害化分解和资源再生的绿色技术”，加快构建全生命周期的绿色低碳技术。

创新生态价值实现体系。将生态补偿作为体现新发展理念的生态环境保护基础关键制度，推进以自然价值与保护成本为基准的统筹保护综合补偿。完善横向与纵向互补互促的生态保护补偿制度，探索建立“异地开发生态补偿试验区”等多元生态补偿方式。以碳汇交易推动生态价值转化。

探索构建美丽四川指标体系。构建美丽四川标准体系，开展美丽四川建设进程评价，定期发布“天府指数”。推进美丽四川建设试点，引导有条件地区率先启动一批美丽建设试点行动和工程，向世界展示美丽中国西部样本。

关于推动四大省级新区绿色低碳发展的建议

摘　要：2022 年 5 月 27 日，中国共产党四川省第十二次代表大会在成都召开，四川省委书记王晓晖同志代表中国共产党四川省第十一届委员会作出的《高举习近平新时代中国特色社会主义思想伟大旗帜　团结奋进全面建设社会主义现代化四川新征程》的报告中提到“设立四个省级新区并‘一区一策’予以支持；推动高新技术产业开发区、经济技术开发区提档升级，增强国家级和省级新区产业承载能力”。为进一步推进省级新区绿色低碳高质量发展，本文从新区发展定位与目标、空间格局、减污降碳、生态环境质量、环境管理水平等 5 个方面着手，提出相关建议。

关键词：省级新区；绿色低碳；发展建议

四川省是生态、经济及人口大省，在全国的战略地位十分重要。习近平总书记多次就四川发挥独特优势、更好服务国家发展和安全全局作出重要指示，提出要锚定“一极一源、两中心两地”的目标定位，聚焦打造带动全国高质量发展的重要增长极和新的动力源，加快推动成渝地区双城经济圈建设，主攻特色优势产业和战略性新兴产业，构建富有四川特色的科技创新体系和现代产业体系，推动地区经济繁荣发展，为全面建设社会主义现代化国家贡献四川力量。为深入贯彻落实党中央推动成渝地区双城经济圈建设重大战略部署，全面贯彻落实省委“一干多支”发展战略，在借鉴浙江等省的经验做法基础上，四川省于 2020 年先后设立了宜宾三江新区、成都东部新区、南充临江新区以及绵阳科技城新区等四大省级新区，形成优势互补高质量发展的区域经济增长极和动力源。

一、四大省级新区概况

三江新区位于宜宾市中心城区，是批准成立的第一个省级新区。新区规划面积 389 km^2，2020 年新区常住人口 26 万人，地区生产总值（GDP）为 222 亿元。现阶段，已引入奇瑞新能源汽车、宜宾锂宝、宁德时代等重点企业入驻，并与 20 所高校签订战略合作协议，在智能终端、新能源汽车、轨道交通、新材料和现代化服务产业等方面发展势头良好。根据新区发展规划，到 2025 年，初步形成枢纽、数字、平台、休闲等四大新经济体系，常住人口突破 55 万人，GDP 突破 600 亿元；到 2035 年，常住人口突破 80 万人，GDP 突破 1 200 亿元。

东部新区位于成都市，是批准成立的第二个省级新区。规划面积 729 km^2，2020 年新区常住人口 37.9 万人，GDP 为 126.3 亿元。现阶段，东部新区内路网骨架初步形成，交通体系基本完善，已有 83 家工业企业入驻。根据新区发展规划，到 2025 年，战略性新兴产业、现代服务业等加速集聚，人口达到 80 万人，GDP 达到 480 亿元；到 2030 年，城市功能加快健全，科技创新能力明显增强，现代化产业体系基本形成，人口达到 110 万人，GDP 达到 1 300 亿元；到 2035 年，全球航空网络枢纽地位不断提升，成为国际门户枢纽城市的核心支点，基本建成美丽宜居公园城市示范区，人口达到 160 万人，GDP 达到 3 200 亿元。

临江新区位于南充，是批准成立的第三个省级新区。新区规划面积 398 km^2，2020 年新区常住人口 33.6 万人，GDP 为 161 亿元。现阶段，临江新区电子信息、新材料、丝纺服装、现代物流、现代农业等优势产业正在快速发展。根据新区发展规划，到 2025 年，新区在城市框架、核心功能区、产业组团和制度体系等方面初见成效，常住人口达到 58 万人，GDP 突破 460 亿元；到 2030 年，新区城市形态基本形成，现代产业体系基本建成，宜居宜业城市特色初步显现，常住人口达到 80 万人，GDP 突破 900 亿元；到 2035 年，新区城市综合实力显著增强，常住人口达到 100 万人，GDP 突破 1 300 亿元。

科技城新区位于绵阳市，是批准成立的第四个省级新区。科技城新区分为直管区和统筹区，规划面积 396 km^2，2020 年新区常住人口约 80 万人，GDP 约 610 亿元。现阶段，新区科技资源富集，集聚了中国工程物理研究院、西南科技大学等科研院所和高等院校，同时拥有九洲集团、久远集团两大总部基地。根据新区发展规划，到 2025 年，新区功能基本健全，优势产业集聚效应凸显，产城融合发展取得新突破，科技创新示范区建设取得阶段性成效，常住人口达到 100 万人，GDP 突破 1 000 亿元；到 2035 年，高质量发展的现代化城市新区基本建成，产城融合发展迈上新台阶，创新创业创造活力充分迸发，科技创新示范作用充分彰显。

二、推动四大省级新区绿色低碳发展建议

（一）坚持协同绿色发展战略，确定新区发展定位与目标

建设绿色、创新、智慧的三江新区。宜宾三江新区位于川渝滇黔相交处及金沙江、岷江、长江三江交会处，处于天府新区、两江新区、滇中新区、贵安新区的地理交叉区域，是“一带一路”、长江经济带和孟中印缅经济走廊的重要节点，也是成渝地区双城经济圈建设的重要组成部分。三江新区的建设发展对助力宜宾—泸州如期建成省域经济副中心、成渝地区经济副中心，带动川南经济区一体化发展和川南渝西建设，支撑成渝地区双城经济圈南翼跨越，辐射滇黔北具有重大意义。根据三江新区独特的区位条件和

战略意义，应聚焦发展以终端智能为主的电子信息产业，以汽车、轨道交通为主的装备制造产业，以锂电、半导体材料为主的新材料产业，以及生命健康、现代化农业、现代化服务等产业，努力将其打造为长江上游绿色发展样板区、创新型现代产业集聚区、国家产教融合建设示范区以及四川南向开放合作先行区。

建设人城境业和谐统一的东部新区。成都东部新区位于成渝发展主轴和成德眉资连接地带核心区域，集聚辐射效应明显。东部新区的建设发展是成都“东进”的关键步伐，有利于推动成都重庆相向发展，充分发挥成渝发展主轴重要支点的先导作用和引领效应，有利于深入实施“一干多支”发展战略，与德阳、眉山、资阳三市协同打造成都都市圈的区域增量人口重要聚集地，加快成都平原经济区协同发展。根据东部新区的区位特性和战略意义，应重点发展以新能源智能网联汽车、新能源新材料、智能传感、人工智能为主的智能制造产业，以航空维修和航空研发为主的航空制造业，以数字经济和智能经济为主的新经济产业，以航空保障、航空物流、商务商贸、文体旅游为主的航空服务业，努力将其建设成为国家向西向南开放新门户、成渝地区双城经济圈建设新平台、成都都市圈新支撑、新经济发展新引擎以及彰显公园城市理念新家园。

建设嘉陵江绿色发展新模式的临江新区。南充临江新区位于川东北经济区几何中心、成达万高铁主轴和嘉陵江流域经济带，是成渝地区双城经济圈北翼腹地，有较强的集聚辐射效应。临江新区的建设发展有利于推动川东北与渝东北地区一体化发展，形成区域竞争新优势，进一步增强城市辐射带动作用，促进川东北经济区全面振兴，打造支撑全省经济发展的重要增长极，加快培育成渝地区双城经济圈高质量发展新动能；有利于加强嘉陵江流域综合保护开发，筑牢长江上游生态屏障。根据临江新区区位特点和战略意义，应重点发展电子元器件制造、精密零部件制造、专用设备制造、汽车及石油新材料、有机食品深加工、智慧物流、金融、科技与信息等产业，以及休闲、智慧、观光、创意农艺等现代化服务业与新型农业，努力将其建设成为国家产城融合发展创新示范区、成渝北翼现代产业发展集聚区、嘉陵江流域绿色发展引领区、四川东向北向开放合作新高地。

建设全链条绿色融合发展的科技城新区。科技城新区毗邻绵阳主城区，位于成德绵、绵安北、绵江发展带交汇处，是重要的人流、物流集散地。科技城新区的建设发展，有利于进一步整合周边科技资源、创新平台建设等优势，形成区域互动的空间结构，全面提升协同创新、绿色低碳、技术攻关和成果转化能力，推动绵阳省域经济副中心的建设，促进成都平原经济区产业链、创新链、价值链深度融合发展。根据绵阳科技城新区区位特点和战略意义，应重点发展电子信息、装备制造两大支柱产业集群，培育先进材料、北斗卫星应用、核技术应用、激光技术应用等产业，同时大力发展科技服务、现代物流、现代金融、电子商务等现代服务业，努力将其建设成为成渝地区双城经济圈创新高地，国家产城融合发展示范区，以及具有全国影响力的科技创新示范区。

（二）坚持山、水、城共融，构建新区和谐美丽空间格局

打造“显山露水，山水相融”的三江新区。坚持“生态空间山清水秀、生活空间舒适宜居、生产空间集约高效”的理念，构建开放紧凑、蓝绿交织、山水城共融的空间格局。三江新区应着力构建“一江三带四山多园”的生态格局，并依托长江岸线开展生态保护和修复，合理布局生态、景观与生活岸线，打造绿色生态廊道。沿黄沙河、白沙堰、马家河 3 条长江支流建设滨水生态廊道，因地制宜建设湿地、缓冲带等生态隔离区，发挥廊道的护蓝、增绿、通风等作用。推动沿江区域逐步恢复生态用地，加强山体生态修复与保育，打造“四山环抱”的城市绿肺。结合山水网络建设多层级多类型公园绿地，形成“300 m 见绿、500 m 见园”的社区公园网络。优化生产用地布局，干支流岸线 1 km 范围内化工企业逐步有序退出，涪溪口水源地二级保护区范围内禁止新（改、扩）建排放污染的建设项目，推动范围内现有项目限期退出或关停，高质量建设长江上游绿色发展示范区。

打造“美丽公园，开放城市”的东部新区。坚持“精筑城、广聚人、强功能、兴产业”理念，构建“双城一园、一轴一带”的空间格局。聚焦航空经济、智能制造、总部经济、现代物流等产业，在龙泉山东侧培育形成先进制造业和生产性服务业集聚带。依托天府国际机场，聚焦国际空港门户枢纽建设，打造以现代生产性服务业和航空物流为主导的临空经济区。依托“一山一江多湖”优质生态本底，建设龙泉山城市森林公园，打造世界级品质的“都市圈绿心”，融入沱江绿色发展经济带，保护龙泉山前水系和湖泊密集区域生态环境，构建青丘为幕、碧水润城、丘谷成廊、城绿相融的城市形态。对区内涉及的龙泉湖省级自然保护区和张家岩水库饮用水水源保护区两处生态保护红线，坚持生态优先、人与自然和谐共生理念，严格遵守相关法律法规要求，保护自然生态空间，提升东部新区城市生态环境品质，打造彰显公园城市理念新家园。

打造“拥山环水，休闲宜居”的临江新区。坚持“凸显川东北大美丘陵地形特色，彰显嘉陵江中游绿色城市本底”理念，推进构建“一城三区一带”空间布局。统筹城市生产、生活、生态空间，增加生态、居住、生活服务配套，有序实施城市增绿补绿，强化城市绿道、森林公园、小游园、微绿地建设，塑造高品质绿化景观，打造绿色低碳、服务同享、开放协调的城市空间。依托嘉陵江两岸良好的生态本底，建设嘉陵江生态廊道，以嘉陵江滨江绿带、大营山生态绿心等为重点，合理布局生态湿地、生态公园、生态景观、城市公园、山地公园，构建完整连贯的城市绿色框架，建设山水林田湖城生命共同体。优化沿江城镇建设用地布局，推动生产生活空间让步生态空间，明确嘉陵江干支流水域岸线空间管控边界，建设一批生态治理与保护工程，同时鼓励嘉陵江干支流岸线 1 km 范围内工业企业退岸发展、有序撤离，建设嘉陵江流域绿色发展引领区。

打造“绿色智慧，产城融合”的科技城新区。推进构建“三区两河一新城”的空间布局，围绕创业园街道、青义镇等区域，打造科教创新资源集聚区。围绕永兴镇、普明

街道和花荄镇、界牌镇等区域，打造新兴产业集聚区。围绕青义镇、创业园街道、普明街道、永兴镇等区域，打造现代服务业集聚区。在涪江沿岸青义—石马区域、安昌江沿岸花荄至普明区域规划建设新城区，建设绿色智慧宜居新城。统筹“三生”空间，依托安昌河、鼓楼山等生态资源禀赋，绵宏路与科技城大道城市发展主轴交汇区域，打造融合山、河、城、湖于一体的未来科技城新中心。遵循自然、生活与生产的有机结合，以绿色、低碳、科技、智慧等理念，合理布局生态、景观、生活岸线，打造生态廊道，推进新一代信息技术与城市现代化深度融合，提升公共服务供给质量，打造生活空间宜居适度、生态空间山清水秀的科技城新区先行区、山水城市生态标杆区。

（三）坚持减污降碳协同增效，塑造新区绿色低碳发展模式

优化调整能源供应结构，增强清洁能源供应保障能力。扩大天然气（页岩气）供应范围，统筹新区储配站、调压站建设，合理布局燃气管线，形成多源多向、互联互通的燃气输配工程系统，满足新区内企业、居民用气需求。加快推进工业绿色微电网建设，鼓励新区和企业加快光伏、生物质能、储能、燃气冷热电联产、余热余压利用等一体化系统开发，推进产业园智能绿色微电网建设。积极支持新区通过主动认购绿证或参与绿电交易，主动购买绿电等多种方式实现绿电消费，提高绿电使用比例。支持新区燃气热电联产项目规划建设，推动淘汰燃煤锅炉，杜绝散煤燃烧。

推进产业链接循环化。引进和建设一批与新区主导产业相符的产业链接或延伸的关键项目，并针对已有产业链条进行延伸，不断提升产业抗风险能力，形成产业共生体系。支持三江新区构建以汽车、锂电池为主的产业链，支持临江新区构建以精密零部件、石油新材料为主的产业链，支持绵阳科技新区充分发挥科技创新优势，有效整合周边平台建设，打造科技创新生态产业圈。鼓励不同行业、不同产业之间融合创新、协同发展，提升废水、废气、固体废物等重复利用率，推进不同行业间的协同节能提效。支持新区内“链主”企业构建协作生态圈，推动产业链上、中、下游，大、中、小企业融通发展。

提升新区能效利用水平。推动新区加强全链条、全维度、全过程用能管理，协同推进大中小企业节能提效，系统提升产业链供应链综合能效水平。优化新区内企业工业用能结构，加快热泵、电窑炉等推广应用，加快推进终端用能设备“电气化”和“燃煤燃油替代”改造。支持新区内大型企业全面推行绿色制造，加快推进节能提效工艺革新和数字化、绿色化转型。新区范围内禁止高耗能、高污染行业入驻，对已有“两高”企业要实施节能技术改造或有序搬迁退场，降低高耗能行业比重。加快企业能源管理体系建设，在重点耗能行业推行能效对标，对重点用能企业能源管理实施全过程服务和监控。

提升新区水效利用水平。严格企业用水定额管理，推进中水、再生水等非常规水资源的开发利用，加快临港经开区中水回用工程等项目建设进度。支持新区企业突破重点行业节水技术难点、创新节水设备设施，提高水资源重复利用率，达到合理高效用水。在新区范围内培育一批水效“领跑者”企业、节水标杆企业。探索新区上下游产业链节

水降碳合作模式，加强产业间耦合链接，实现节水降碳协同增效。鼓励智慧化用水管理系统的应用，采用自动化、信息化技术和集中管理模式，实现取用耗排全过程的智能化控制和系统优化。

大力推进绿色生活。积极推进绿色建筑，鼓励利用建筑屋顶、墙壁发展分布式能源和储能系统，实现与外部能源系统双向互动。在城市交通领域鼓励推广纯电动车，物流领域探索推广电动卡车，同时加强充电基础设施建设，提高电动汽车比重。积极发展轨道交通、港口岸电等，形成交通综合能源系统。加快绿色仓储建设，鼓励建设绿色物流园区（组团）。在新区范围内构建以自用充电桩和专用充换电站为主、公共充换电站为辅的电动汽车充换电设施体系，推进临港片区智慧充电设施建设项目。大力推广居民安装使用节水型用水设备，推广使用高效节能电器，促进生活方式电气化。

（四）坚持持续改善生态环境质量，提高新区污染治理水平

加强污水收集与治理。加快推进三江新区港东、双城、凉姜，临港新区等地污水处理厂及污水管网建设进度，实现新区内污水管网全覆盖、全收集、全处理和污水零直排。加强新区重点企业废水处理设施的监督管理，企业废水应达到国家、地方规定的间接排放标准以及集中污水处理设施进水水质要求后，方可接入集中污水处理设施；处理达到城镇污水处理设施接管要求的废水，方可排入城镇污水处理设施的；含有超标的有毒有害物质、不符合国家或省规定的水污染物排放标准的园区废水，不得排入城镇污水处理设施。规范设置园区集中污水处理设施排污口，原则上一个园区（组团）设置一个排污口。

强化大气污染治理。支持开展新区“一区一策”废气治理方案编制，重点企业持续开展废气深度治理，确保达标排放。对于汽车制造、医药、石化等重点行业，应强化挥发性有机污染物（VOCs）源头管控，大力推进低（无）VOCs含量原辅材料替代。针对临江新区内的石化企业，通过实施工艺改进、生产环节和废水、废液、废渣系统密闭性改造、设备泄漏检测与修复、罐型和装卸方式改进等措施，减少VOCs的泄漏排放。对三江新区、临江新区内有条件的组团，鼓励建设废气集中处置设施、抑尘喷洒工程中心等基础设施。加强企业在施工和生产过程中的环境管理，推行绿色工地精细化智慧管理。

建立健全固体废物处置设施。新区管理机构应明确固体废物重点监控企业清单，落实固体废物综合利用和处理处置措施。以三江新区、临江新区为重点，鼓励自建配套的固体废物集中收集及处理处置设施，依法依规对固体废物进行减量化、资源化、无害化处理。规范小微企业产生的小宗危险废物收集、暂存及转移，开展第三方专业运输服务，积极稳妥发展分类收集、分类贮存和预处理服务。完善新区居民社区再生资源回收体系，实现生产系统和生活系统循环链接，形成可持续发展的资源循环利用网。鼓励新区和区内企业创建“无废园区”和“无废企业”。以绵阳科技新区为重点，探索新区废旧物资回收、交换网络平台建设。

（五）坚持创新驱动智慧高效，提升新区环境管理水平服务高质量发展

建立园区环境管理监督机制。新区管理机构应结合地区“三线一单”管控，制定严格的环境准入要求，入驻新区的企业清洁生产、污染物排放绩效等水平应达到国内先进水平。深入“放管服”改革，对入驻新区的建设项目，除属于生态环境部审批权限以及机密级别的建设项目外，其余建设项目的环境影响评价文件审批均由新区生态环境管理部门负责。简化环评手续，按照国家建设项目环境影响评价分类管理名录及本市实施细化规定要求应当填报环境影响登记表的建设项目，可实行告知承诺审批管理。建立新区环境信息公开制度，定期发布新区环境状况公告，公布新区污染物排放状况、企业达标排放情况、环境基础设施建设和运行情况、环境风险防控措施落实情况等，适时开展公众满意度调查，接受社会监督。推进开展新区环境风险评估，编制并动态修订新区环境应急预案。

完善新区环境监测体系。制定新区自行监测方案，在污水总排口、接管口和雨排口设置在线监控装置、流量计及自控阀门，并与当地环保部门联网。强化新区大气监测监控能力，建立健全覆盖污染源和环境质量的大气自动监测监控体系。构建覆盖排污许可持证单位的固定污染源监测体系，加强工业园区污染源监测，推动涉挥发性有机物排放的重点排污单位安装在线监控监测设施。鼓励企业、园区开展能源资源碳排放信息化管控、污染物排放在线监测等系统建设，推动主要用能设备、工序等数字化改造和上云用云。强化环境风险监控，建立企业、园区和周边水系环境的风险防控体系，建立完善有效的环境风险防控设施和有效的拦截、降污、导流等措施。

推进智慧化环境管理。推进数字化、智能化新区规划和建设，探索智能运行模式，建设智慧能源、环保、交通和物流系统。推动新一代信息技术与制造业深度融合，提升产业绿色化、智能化水平。以东部新区、绵阳科技新区为重点，通过 5G 技术打通底层网络，试点推进水、气、声、污染源等要素环境监测站点实现智能监控、统一管控、智能审核，强化追因溯源、趋势推演和预测预警，支撑水、大气等环境质量状况精细化分析和实时可视化表达。创新执法方式，充分运用在线监控、卫星遥感、无人机等科技手段，大力推进非现场执法。全面深化新区生态环境信息化建设，推动生态环境“一网统管”，构建完善生态环境智慧云平台，夯实信息化基础支撑能力。鼓励有条件的新区聘请有能力的第三方机构作为新区“环保高级参谋”，向新区创新提供集生态环境保护、修复与治理法规、政策、技术于一体的服务和解决方案。

发挥天府永兴实验室科技战略引领作用，助力减污降碳协同增效的思考与建议

摘　要：当前，生态文明建设面临实现生态环境根本好转、碳达峰碳中和、经济社会发展全面绿色低碳转型三大战略任务，协同推进减污降碳，对创新环境治理、应对气候变化的技术、方法和路径都提出了更高要求，迫切需要依靠科技创新破解减污降碳一体谋划、一体部署、一体推进、一体考核的难题。

关键词：减污降碳；协同增效；科技创新

一、概述

坚定不移走生态优先、绿色低碳的高质量发展道路，努力实现经济社会高质量发展和生态环境高水平保护，是推进“十四五”时期生态文明建设的重要遵循。推动经济社会发展全面绿色转型，关键变量是科技创新，重要抓手是减污降碳协同增效。四川省第十二次党代会报告提出，坚持一头抓国家战略科技力量建设、一头抓产业技术创新和全社会创新创造，优化完善创新资源布局，加快建设具有全国影响力的科技创新中心。为强化科技赋能，加强科研力量支撑生态文明建设，助力四川省降碳、减污、扩绿、增长协同推进，天府永兴实验室本着服务双碳国家战略和打造经济社会绿色低碳高质量发展动力源的要求应运而生。

天府永兴实验室坚持围绕国家碳达峰碳中和科技创新重大战略，集聚碳达峰碳中和领域的战略性、前沿性、稀缺性科技创新资源，强化创新策源功能，聚焦关键共性技术，围绕创新政策机制，加大科研攻关力度，形成与绿色低碳优势产业相配套的科技创新政策技术体系，为推动四川省经济社会发展全面绿色转型提供科技动力支撑。

环境污染物和温室气体排放具有高度的同根同源性。几乎所有与人为活动相关的二氧化硫和氮氧化物排放源、50%左右的 VOCs 排放源和 85%左右的一次 $PM_{2.5}$ 排放源（不含扬尘源）都与二氧化碳排放源高度一致，以重化工为主的产业结构、以煤为主的能源结构和以公路货运为主的交通运输结构，是造成环境污染和温室气体排放同根同源的重要原因。

减污降碳作为天府永兴实验室核心研究方向之一，以区域需求牵引、问题导向和目

标约束为指引，瞄准技术“瓶颈”背后的核心基础科学问题，开展“从0到1”的原创性基础研究；聚焦碳达峰碳中和技术“瓶颈”和“卡脖子”问题，研发一批“从1到10”的减污降碳关键技术；面向绿色低碳产业重大应用场景和重要政策需求，推动政策与产业交叉融合集成创新；以构建成群成链碳达峰碳中和政策与技术创新网络，为产业变革、区域高质量发展、生态环境高水平保护、经济—社会—生态—环境—气候高效能治理提供减污降碳科技支撑。

二、天府永兴实验室基于减污降碳功效的总体战略部署

（一）聚焦重点领域，攻克技术“瓶颈”

一是聚焦源网荷储核心技术“瓶颈”，研究构建适应减污降碳的能源创新体系。紧扣四川水电、天然气等清洁能源资源禀赋特色，突出减污降碳要求，探索清洁低碳能源转型的新理论、新技术和新装备，统筹水风光清洁能源（源端）—天然气绿色开发利用（源端）—传统火电灵活性改造（源端）—零碳能源系统（用能端）—智能调剂电力系统（网端）—氢能、抽水蓄能及储能技术创新（储能端）的多学科交叉研究方向，将水风光、天然气、传统火电、绿氢与新型电力系统相结合，形成与时俱进、滚动替代、安全高效的清洁低碳能源技术新体系。重点研究水风光储一体化能源技术、设备、系统研发与规模化验证，高效电氢（氢基燃料）转换与控制前瞻理论，全清洁化能源新型电力系统安全稳定技术，天然气藏绿色开发原位制氢与输送集成技术，支撑四川省构建清洁低碳、安全高效的现代能源体系，促进能源清洁替代，保障国家能源安全。

二是突破绿色革新技术难题，推进适应减污降碳的工业创新体系。攻克源头替代、过程严控、末端治理等环节关键共性技术、前沿引领技术、颠覆性技术研发力度，创新减污降碳产业政策，推动钢铁、石化、化工、有色、建材、纺织、造纸、皮革等重污染行业开展绿色化低碳化改造。优化重点区域、关键流域产业布局，研发低碳、零碳工业流程再造技术，推广企业数字化、网络化、智能化改造与先进生产、节能、环保工艺技术的应用转型发展，加大前沿性绿色、低碳、“无废”技术的基础研究，加强产业链接，在产业之间形成产业共生网络，变污染物为生产资源投入要素。开展废弃生物质等有机资源原料替代研究，构建从传统高碳轻工业产品向生物质大宗材料、精细化学品等高效低碳定向转化的理论技术体系，研发低能耗干燥预处理到热化学定向转化的全链条技术及装备。打通由生物质到高分子材料的全链条研发路线，突破废弃高分子循环利用关键技术及装备，助力高分子产业绿色低碳循环发展。

三是引领低碳智能技术前沿，构建适应减污降碳的交通创新体系。聚焦综合交通运输领域，开展全领域全生命周期减污降碳测算理论与监测体系、“平衡优化”交通规划理论体系、轨道交通“车—线—网—图”综合节能方法、“安全—生态”的道路设计理

论等关键技术研发，开发交通运输公路水路全领域、多场景减污降碳模型和实用技术，推动交通运输高质量发展与减污降碳高水平管理。突破化石能源驱动载运装备降碳、非化石能源替代和交通基础设施能源自洽系统等关键技术，推动交通系统多污染物协同治理、减污降碳协同增效、城市交通新业态与传统业态融合发展等政策技术研究。突破新能源重型货车在续驶里程、有效载重方面技术“瓶颈”，加快氢燃料和氨燃料船舶在技术装备研发、配套能源基础设施建设。

（二）引领技术创新，提升碳汇能力

一是研究生态系统保育与修复新路径，实现减污降碳、提“绿”增“汇”。加强基础研究和关键技术攻关，致力于研究传统的农林业减排增汇技术，突破造林、再造林和森林管理、农业保护性耕作、畜牧业减排、草地和湿地管理等绿色低碳减排或增汇关键技术。开展基于流域综合管理、生物多样性保护、矿山生态修复、自然资源开发利用、生态产业发展、生态监测与评估等方面研究与应用示范，形成复杂地质环境—生态脆弱区修复技术体系，统筹推进山水林田湖草沙一体化保护和系统治理，不断提升生态系统功能，稳步提升生态系统碳汇增量。

二是做足“地下”文章，研究协同推进碳捕获、利用、封存产业化和地热资源开发利用。围绕 CO_2 捕集、利用与封存（CCUS）的多学科交叉研究，重点开发高效低成本空气 CO_2 直接捕集、超低能耗高效烟气 CO_2 电化学捕集、高品质能量回收的 CO_2 矿化发电、CO_2 地质封存化学演化规律研究等新原理、新方法与新技术等，实现源头技术创新，形成废弃气藏地质固碳系列技术，推动川渝地区地下碳封存产业发展。组织技术攻关，实现中低温地热发电技术突破，推进地热开发利用技术及装备、高温热储改造技术及装备研发与制造，提升地热能在一次性能源中占比，推动四川地热产业高质量发展。

（三）打造支撑平台，推动技术赋能

一是设立“双碳”中试、测试平台。以“科学家+企业家+工程师”模式，推进科技成果快速转化。建设概念验证中心和中试基地，帮助中试项目快速形成商业模式、明晰产品前景，着力提升碳达峰碳中和重大原创成果的概念验证、中试熟化和企业孵化能力，加快打造创新成果培育孵化重要基地和产业技术研发转化创新中心。构建关键技术及装备的评估、认证、检测平台，建立碳中和技术指标的评价体系，针对“双碳”领域的关键技术及装备提供认证与检测的标准化服务，推动技术的孵化与成熟，促进技术的优化与迭代。

二是打造碳达峰碳中和智库平台。以“服务顶层设计，服务国际合作，服务各级政府和各类企业”为核心，聚焦碳达峰碳中和重大战略问题、关键科学问题和热点问题，围绕构建碳达峰碳中和政策法规体系、优化减污降碳管理体制、建立多领域多层次碳排放总量控制制度、部署减污降碳技术支撑体系、加快碳市场和排污权交易机制建设、完

善生态环境保护与气候投融资政策等方面提出决策咨询建议，为四川省经济社会发展提供清洁安全高效充足的智力供给。

三、国内外减污降碳协同政策技术研究的经验做法

（一）加强系统谋划，制定协同治理政策体系

开展协同治理政策研究与实践，实现多尺度、多层面的政策协同。美国因地制宜、针对各部门实行不同的减污降碳措施和标准。在排放管理上，重点关注碳排放和大气污染物两者的共同主要来源——工业及交通运输部门，使治理政策在这两个领域逐步趋于协同。在政策落实上，制定透明可行的监测系统和排放清单，考量 O_3、VOCs、NO_x 等大气污染物的减少及温室气体减排，完善对减污降碳协同效应的监督评估机制。在政策协同上，建立跨部门沟通协调机制，调动各方配合，最大限度上避免减排政策和措施之间相互独立。在激励措施上，对于非政府、以营利为目的产业，施行资金投入、补贴等顺应市场的经济激励方法帮助其实现能源转型，并优先给予实施可持续发展项目的地方政府申领气候投资项目经费，而气候投资项目的资金则来源于总量控制与排放权交易基金产生的收入，从而形成经济高效的良性闭环。

（二）突破技术前沿，深化重点领域改革

突破技术前沿，促进能源、产业、交通运输绿色转型。韩国为实现从高碳高污染向低碳低污染转变，开展了“一揽子”“绿色行动”，推动发展向新产业、新业态、新模式增长倾斜，培育壮大绿色发展新动能，深挖存量结构提升空间，提升传统产业资源利用率，推动从源头实现减污降碳。在能源方面，加强对绿色清洁能源的使用要求，减少对煤炭等传统化石能源的使用依赖；在交通出行方面，大力推进汽车电动化，提升混动车辆、电动车辆的使用比例；在新兴产业方面，成立韩国电池联盟，开展高性能电动车和燃料电池车的开发，培育新能源汽车新兴产业，削弱传统燃油汽车竞争力；在循环经济方面，突破废弃物治理技术“瓶颈”，到 2020 年已实现废弃物百分之百向可用能源转化；在生活消费方面，开发绿色信贷卡，鼓励消费绿色产品、乘坐公共交通和使用公用设施，大力倡导绿色生活方式；在技术研发方面，融资 1 170 亿韩币，构建计算机辅助规划和调度（CAPSS）系统，辅助地方政府制定排放治理清单和应对气候变化指导方案。

（三）完善监测网络，精准发力治污控排

建立和完善监测体系，助力精准溯源。美国加利福尼亚州开展温室气体排放监测与协同治理、温室气体和空气质量的协同观测与应用，以最低的人力、物力、经济成本实现更高效的多项污染物和温室气体的共同管理和控制，并缩短综合治理周期。中、日、

韩合作开展空气质量和气候控制数据收集，开发协同控制模型工具，进行不同政策、技术情景下，温室气体减排和空气污染物的排放趋势以及协同效益的研究，实现对预期变化的监测。京津冀城市群结合多种监测手段，建立城市群天、空、地大气污染物和 CO_2 综合观测体系，用不同监测方式与传统的清单法进行比对验证，准确获得污染物与温室气体排放量、排放来源等数据，实现为政策制定提供决策依据。

（四）打造研究示范，发挥标杆引领作用

推进科技先行，打造减污降碳协同增效创新区试点。浙江省坚持“以点带面”全面推动绿色低碳发展，充分发挥先行先试作用，探索降碳与治气治水治废等协同创新解决方案。鼓励各地因地制宜，探索符合地方实际的减污降碳协同增效技术、路径、模式，浙江省列入首批减污降碳协同增效创新区试点。开展重点城市、园区、行业等不同层级的减污降碳协同创新试点。浙江省加强城市减污降碳协同管理创新，加快绿色低碳技术研发、集成和示范，加强减污降碳经济政策创新，实施减污降碳数字智治，探索构建新型全过程管理服务体系。聚焦重点产业园区，促进资源能源的集约节约高效循环利用，提升基础设施绿色低碳水平。开展重点行业企业多污染物与温室气体协同控制技术工艺，打造减污降碳协同增效标杆项目。创设减污降碳协同增效区域、企业双指数，实现减污降碳一本账，评价一指数，服务一键达，助推绿色低碳高质量发展。其中，区域指数从协同效果、协同路径、协同管理 3 个维度，对协同效果和措施进展定量化跟踪、评估、反馈。企业指数从企业污染物排放、碳排放、能源结构协同、行业管理增效 4 个维度出发，整合多部门数据信息，探索辖区内企业分类、分级管理方案，为全域绿色转型、高质量可持续发展保驾护航。

四、天府永兴实验室减污降碳研究工作的思考与建议

（一）指导思想与总体思路

指导思想。以习近平新时代中国特色社会主义思想为指导，全面贯彻习近平生态文明思想以及习近平总书记对四川工作的重要讲话和重要指示精神，认真落实党中央、国务院决策部署和省委、省政府部署要求，立足新发展阶段，深入贯彻新发展理念，主动服务和融入新发展格局，以全方位全过程服务经济社会全面绿色转型为目标，坚持统筹协调、系统导向、创新突破、市场导向，加强减污降碳理论研究、技术研发、平台建设、产业应用和政策研究之间的协同联动，有效激发科技创新和政策创新活力，催生新理论、新技术、新业态、新模式、新机制，打造全国一流的减污降碳协同研究高地、产业化应用孕育地和政策性推动实践地，为加快把四川建设成为全国重要的先进绿色低碳技术政策创新策源地、绿色低碳优势产业集中承载区、实现碳达峰碳中和目标战略支撑区、人

与自然和谐共生绿色发展先行区提供减污降碳科技支撑。

总体思路。针对“碳达峰碳中和”和“环境质量持续改善、根本改善”的双重战略目标，处理好发展（经济与社会）和减排（污染物与温室气体）、整体（全球，全国）和局部（西部，四川）、近短期污染治理和中长期应对气候变化、政府与市场的关系，面向减污降碳协同控制的重大科技和管理需求，围绕减污降碳协同控制基础理论、关键技术、市场应用及政策机制，系统开展关键领域的科学研究、政策谋划与应用实践，建立环境污染物与温室气体综合立体监测预警技术体系、污染物资源化与能源化耦合利用技术体系、环境污染治理与气候变化应对协同工程化应用体系，构建基于“经济—能源—社会—资源—环境—气候”等多尺度量化减污降碳协同成效的综合模拟评价评估系统，探索形成“区域一体化、城市差异化”的污染治理与气候协同应对路径图与实施方案，形成减污降碳协同增效一体化研究、技术、工程、政策体系，提升在全国创新版图中战略位势，服务未来产业赛道，支撑实现基于气候友善、生态友好、环境友助的多目标管理。

（二）突出减污降碳的统筹协调，助推实现“双碳”目标

统筹宏观把控，协同推进降碳、减污、扩绿、增长。监测宏观经济和社会发展态势，研究宏观经济社会运行、四大结构调整、污染物和温室气体排放总量管理平衡、降碳减污扩绿增长协同、经济社会发展和生态安全等目标实现和政策研究的重要问题，为能源—经济—社会—环境—气候—健康协同发展、国家战略与部省行业的时空统筹和环境公约、全球治理与中国应对、区域协同提供科技支撑和调控策略。综合分析经济社会与资源、气候变化应对与环境协调发展的重大战略问题，研究开展相关重大战略规划、重大政策、重大工程等评估分析，并提出相关建议。围绕“双碳”管理和环境质量改善协同控制战略、分阶段动态目标和情景方案，研究提出加快建立健全绿色低碳循环发展经济体系、推动绿色低碳优势产业高质量发展的目标、任务以及相关政策。衔接平衡相关经济社会和产业发展，研究减污降碳发展战略和重大政策，研究提出基于宏观调控和减污降碳协同的目标、路径，研究提出综合运用各种技术、经济手段和政策的建议。研究推动减污降碳产业发展、技术进步的战略、规划和重大政策，研究组织协调减污降碳示范工程和新产品、新技术、新设备的推广应用。

统筹政策研究，提升生态、环境、气候协同治理能力。立足生态文明建设新阶段要求，聚焦减污降碳协同增效总要求和减污降碳治理体系关键问题，创新提出立足四川、辐射全国的区域多层次、多维度减污降碳措施和政策，从政策体系、市场机制、投融资、法规标准、科技支撑、能力建设等方面提出减污降碳补短板、提效能、促发展行动路径。以搭建减污降碳政策体系为目标，重点围绕监测监控、总量管理、评估分析等环节，从减污降碳问题诊断、规划设计、机制引导、数字赋能、要素配置等方面提出总体思路。开展减污降碳市场化机制研究，从推动国家碳排放权、区域用能权、区域排污权交易、

区域碳普惠统筹衔接方面提出政策措施。围绕新时期生态环境投融资、绿色金融（气候投融资）、转型金融协同需求，开展减污降碳投融资思路和增效模式研究。开展减污降碳法规标准研究，明确重点领域制（修）订法规标准的方向和重点。开展减污降碳科技支撑政策研究，从技术需求、研发创新、成果转化三大环节，研究提出政策保障措施。开展减污降碳能力提升研究，提出推动监测、清单、评价、宣传、教育等领域协同融合的政策措施。

（三）突出减污降碳的系统导向，评估完善“双碳”路径

系统评估成效，构建重点领域减污降碳协同绩效量化分析评估体系。研究分析区域减污降碳协同基础，精准识别四川省减污降碳协同重点领域和关键环节，绘制四川省减污降碳现状与发展基础全景图。立足四川区域特点，重点研究人口变化、城市化进程、重点产业经济发展、交通运输结构调整、能源开发利用等与减污降碳密切相关的发展现状，分析经济社会发展区域性、阶段性变化趋势，从“产业、能源、交通、用地”四大结构调查分析入手，开展减污降碳监测研究，集合气候变化、复合污染与四川省能源—经济—环境—健康—社会协同发展数据，通过清单耦合、数理统计、模型模拟等方法，量化分析重点行业（电力、钢铁、水泥、交通运输等）、重点区域（成都都市圈、省域经济副中心等）和关键环节（源头、过程、末端）减污降碳协同绩效，实现温室气体与环境污染协同控制、二氧化碳源汇反演、生态环境保护与应对气候变化协同的分析评估，加强减污降碳协同控制政策与技术评估开发，系统评估四川省减污降碳政策行动和技术进展成效。

系统集成应用，打造国内一流的区域减污降碳非线性调控智慧决策支持系统。开展减污降碳协同控制技术决策支持系统层研究，紧抓大数据、智能算法、算力平台三大要素，贯通减污降碳数据的感知、通信、分析和应用全环节，覆盖能源、工业、交通、建筑等重点行业领域，创建减污降碳“地图—足迹—减排—评估”4 个板块，全过程耦合温室气体与污染物源排放清单，多维度融合社会经济与环境气候大数据，针对社会经济发展、环境治理与气候变化应对的内在关联，采用系统仿真、人工智能等前沿信息技术和数值模拟手段，创新搭建经济、社会活动与气候、环境治理之间的非线性响应模型，开展减污降碳形势分析、评估政策技术成效、辅助管理决策，并通过“一屏全览、一路追踪、一体智治、一众应用”的实现，最终建立起全球视野、中国规划、区域行动的多元融合数据平台与非线性调控决策支持系统，评估具有协同实现多目标要求的经济社会发展全面绿色转型进程，支撑碳达峰碳中和战略对策与路径选择的综合决策。

（四）突出减污降碳的创新突破，科学确立“双碳”原则

丰富研究手段，系统回答减污降碳协同控制的主要驱动原理、相互作用机理、综合调控机制等科学问题。针对四川深处西部内陆的盆地地形和特殊陆地生态系统下的重大

气候与环境问题，围绕温室气体造成的气候变化以及气候变化对生态环境的影响分析，聚焦四川和西南地区复杂地形和气候气象条件以及多污染物相互作用、多圈层相互影响、跨行业（部门）减污降碳系统治理的技术思路为主线，厘清气候变化中的关键气象因子和复合污染之间的影响机理，深入探讨环境污染与气候变化的内在关联，量化气候变化和天气要素在大气污染物与温室气体协同控制中的关键作用，识别不同温室气体的协同控制关键因子，找准温室气体与污染物协同控制的关键点，突破大气活性物种和全碳污染物高精度快速在线监测的技术“瓶颈”，构建生态环境和气候效应耦合的多尺度、多模式集成的数值模拟系统，形成多污染物协同、多目标统筹的精细化调控技术体系和支撑系统，攻克复合污染和温室气体精准协同防控的关键技术难题，提出多目标、多尺度、多污染物/温室气体精准协同调控机制，为生态环境保护和应对气候变化提供长期可持续的科学支撑。

加强人才培养，锻炼一支政产学研紧密结合、支撑科学降碳和精准治污、具备系统调控能力和交叉融合的人才队伍。瞄准碳达峰碳中和发展需求，针对不同区域和重点领域，创新人才培养模式，建立具有中国特色、世界水平的人才培养体系。吸引国内外高层次人才参与减污降碳研究，注重交叉学科的交流，以人才培育促进研究创新、技术升级和产业转型。在减污降碳理论研究、应用实践、工程技术、碳市场—金融—资产—管理、政策研究等方面加快培养服务各行业和各领域的专门人才，分类培养能够引领未来减污降碳技术发展、具有行业特色和区域应用型、具备宏观战略思维和统筹兼顾能力的多样化人才。坚持在减污降碳大项目、大平台、大工程建设中培养高层次专业人才。创新建立企业、政府、实验室人才互输培养机制。建立企业、政府、实验室三方协同的经常性技术、产业、政策交流与对话机制，加强关键核心技术联合攻关，鼓励共同建设研发中心和科研平台，支持前瞻性布局基础前沿研究和应用场景创新，共同促进产业培育发展壮大，强化风险投资等金融支持，提高科技创新和人才素养的国际化水平，为四川乃至全国实现“双碳”目标提供全方位、多层次的强大人才队伍支撑。

（五）突出减污降碳的市场导向，加快孵化“双碳”产业

围绕科创赋能，服务减污降碳市场需求发展一批污染物绿色低碳治理与资源化能源化利用耦合协同工程技术。针对四川行业发展与区域特点，面向应用需求研究重点行业大气、水、固体废物减污降碳协同控制技术，创新减污降碳的产业技术变革，将原创性科学研究，形成创新性和先导性核心技术，并推动新技术在四川省内和国内相关应用场景开展规模化产业化应用。针对重点行业大气 VOCs 等污染物治理工程应用，发展光等离子体耦合强化热催化技术，开发高活性、高吸附量、选择性强的可再生介孔吸附剂，实现大气污染物的精准去除，并通过低碳技术高温再生实现吸附剂循环利用降低成本能耗。针对甲烷低温催化解耦关键技术及工程示范，开发高活性、长寿命催化剂，同时制备高纯氢气和高质量纳米碳材料，实现“灰氢”变“绿氢”和减碳固碳协同。针对可持

续低碳水处理技术应用，研究水污染物降解协同氢能回收、低碳工业废水零排放、污水深度净化等适用技术，耦合前沿微生物电化学和高选择性膜处理，实现污水行业低碳治理同步氢能资源回收。针对污泥梯级循环资源化利用技术应用，研究通过热化学、电化学等技术实现污泥有价值金属分级回收、潜热发电、建筑材料制备等。

围绕专精特新，服务减污降碳感知产出一批高精尖大气多维度多因子监测核心技术、装备、设备和技术规范。突破温室气体智能质控、高精度烟气流量在线监测等气体排放监测技术，构建直测法碳排放精准计量的技术体系，研发满足碳排放计量要求的温室气体排放连续监测系统。提升温室气体综合立体监测能力，培育基于温室气体垂直廓线观测设备业务化的应用场景，推动形成国家级大气污染和气候变化监测与过程模拟的技术研发、转化及产业化基地。耦合国际公认的气象模式、化学模式等，实现基于卫星数据的不同生态系统类型的高分辨率碳汇估算，开展大气浓度反演温室气体排放量技术和方法的研发，并在全国范围内推广应用。研发活性含氮、含碳化合物、活性中间体总反应性等高精度测量及便携式自由基探测技术，研制大气臭氧及其前体物立体遥测、高时空分辨率机载污染物观测、关键污染组分及碳排放通量智能监测传感等核心技术装备。突破空基高频原位观测、移动走航探测、空天地靶向遥测等目标观测核心技术，发展大气环境多要素观测大数据采集、耦合同化和综合分析技术方法，研发多要素跨圈层减污降碳智能立体探测、质量管理、大数据智慧分析成套设备与技术。

围绕推广应用，服务地方减污降碳建设一批“成因解析—精准溯源—智慧监管—科学决策—跟踪评估”业务化管理平台。立足四川、辐射全国，为各地减污降碳智慧化管理提供技术和平台支持，助力政府科学决策、企业减污降碳、社会精准治理和城市数智建设，助推经济社会发展全面绿色转型，全过程服务支撑各地区各领域全面实现碳达峰碳中和和生态环境质量持续稳定改善的目标愿景。减污降碳平台以企业、园区、政府为服务对象，从城市、社区等视角，针对能源、产业、交通、建筑低碳化、零碳化和低排放、零排放发展，实现污染物和温室气体排放指标的可视化、可跟踪、可分析、可评估，基于污染物和温室气体排放基础数据，耦合能源经济模型，基于多元数据的多维模拟技术，开展减污降碳的经济、社会、环境、气候多维模拟分析，分析研判各地区产业结构和能源结构动态演变和调整情景下的温室气体和污染物排放趋势，为重点区域、重点领域提供典型案例和解决方案，对减污降碳重点工程进行跟踪评价，为减污降碳新兴产业培育发展壮大提供有力支撑，实现减污降碳协同增效从“定性”“定面”到“定量”“定点”。

基于美学路径的美丽四川建设研究

摘　要：《美丽四川建设战略规划纲要（2022—2035 年）》（以下简称《纲要》）提出七大重点任务，即空间格局、美丽家园、绿色经济、宜人环境、自然生态、巴蜀文化、治理体系。这七大重点任务既注重美的意识和理念的培养，也体现美的塑造和建设的形成。本文通过三重生态学和美感三层论等经典美学理论对《纲要》提出的美丽四川认知及其建设路径进行了美学诠释，通过横向结构解义美丽四川认知、纵向结构解读美丽四川建设，形成了基于“三横三纵”模型的美丽四川建设美学路径。并对基于美学路径的美丽四川建设七大重点任务进行美的阐释，将展现美的理念、塑造美的目标、推动美的建设贯穿整个美丽四川建设的全过程和各领域。

关键词：美丽四川；三重生态美学；美感三层论；美学路径

一、美丽四川建设的美学理论

（一）基于三重生态学的美丽四川认知

法国美学家加塔利在《三重生态学》（*The Three Ecology*，1989）中提出，现代生态智慧是在社会、自然、精神三维生态认知下，生成包含社会生态学（social ecology）、自然生态学（environmental ecology）和精神生态学（mental ecology）相互完善的三重生态美学有机整体。其中，社会生态学是指通过对生活生产环境与人的相互塑造影响，达成人类文明的持续发展；自然生态学是指探讨人与自然和谐共生的生命共同体纲领，形成生态视野的普世审美观照；精神生态学则是指通过美育手段唤醒人们对美的主动追求，促成人的精神共情与行为自律。社会、自然与精神三者营造出的美学对话场，充分体现了美学理念在人类漫长历史河流中的生态表达。

剖析美丽四川建设的七大方面，“特色鲜明的美丽家园”和“低碳循环的绿色经济”聚焦于经济社会发展与建设等方面，属于社会生态学部分；“天蓝水碧的宜人环境”和“和谐共生的自然生态”聚焦于生态环境保护与治理等方面，属于自然生态学部分；“底蕴厚重的巴蜀文化”和“科学高效的现代环境治理体系”聚焦于精神文化培育与塑造方面，属于精神生态学部分。生产和生活的丰盈富足与宜居宜业、自然和环境的生机盎然与宜人清新，文化和治理的百花齐放与公序良俗相互呼应，同时还将“功能清晰的空间格局”贯穿社会、自然与精神三重体系之中，充分展现出一幅山、水、人和谐共生、美不胜收的美丽四川画卷。

基于三重生态学对美丽四川的认知解义（图 1），美丽四川的七大方面完整地诠释了人类与生产、生活、社会、生态、环境、文化、治理之间的关系，进而实现了社会、自然与精神三重生态的相互协调、同生共融，最后以极具鲜明四川标识的美丽形态呈现在大家面前。

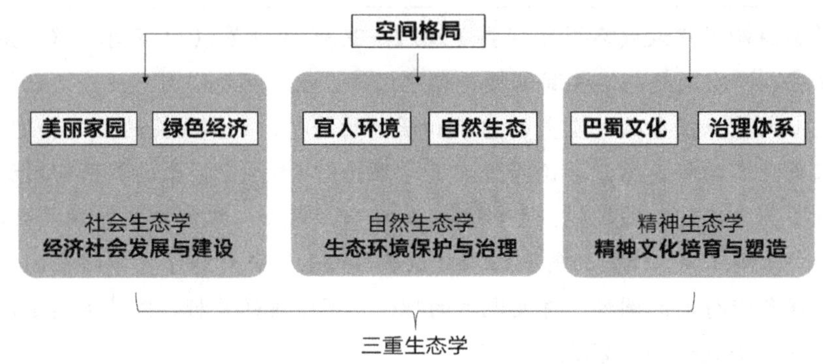

图 1　基于三重生态学的美丽四川认知

（二）基于美感三层论的美丽四川建设

美感三层论是指中国传统美学理论中从审美感受到审美认识再到审美实践的 3 个递进层次，清代画家郑板桥曾用“眼中之竹—胸中之竹—手中之竹”3 个过程进行表现，具体可表述为美感阶段一（审美感知）、美感阶段二（审美鉴赏）和美感阶段三（审美创造）。在美感阶段一，人们通过直接感受切身接触到审美对象，从感性角度产生让人身心愉悦的审美情感体验。在美感阶段二，人们调动审美意识，对审美对象进行鉴赏，将在美感阶段一中感知的鲜明生动的形象凝聚为具有高度概括性的基于美的理性认知。在美感阶段三，人们结合审美过程中获得的情感体会与理念归纳进行美的创作，对周围环境进行保护治理、实践改造和建设创造。

美丽四川的建设同样描绘出美感三层论的递进路径（图 2），通过对美的感知、美的鉴赏与美的行动的循环上升结构，完成人民群众对美好生活的期盼到美丽中国实现的过程。首先，富含蜀山美、川水清、天府繁荣、文化多样等韵味的四川美丽画卷呈现，给身处美感阶段一中的人们以“一触即觉”“情景交融”的美的体验感受。其次，研究提出的“绿色低碳的未来之美”“绿色转型的科技之美”等美丽四川共识，成为在美感阶段二中提炼出的理性认同。最后，处于美感阶段三中的人们基于美的感受和理性认同擘画的美好蓝图变成路线图、施工图，把美丽四川建设转化为全川人民的行动自觉。

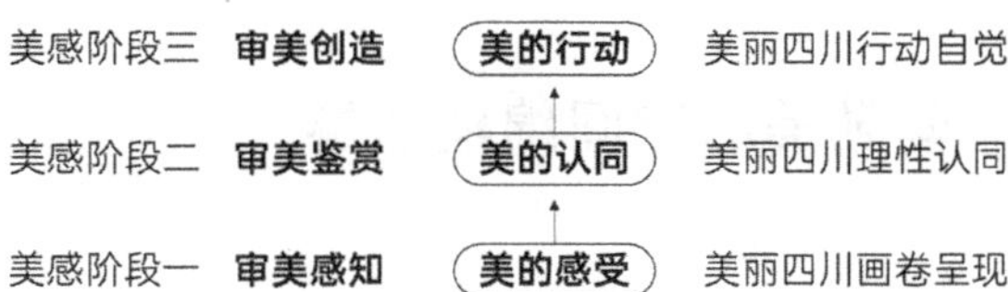

图 2 基于美感三层论的美丽四川建设

（三）“三横三纵”模型：从美丽四川认知到美丽四川建设

基于三重生态学和美感三层论等美学理论，课题组以横向结构解义美丽四川认知，以纵向结构解读美丽四川建设，从美学内涵，诠释形成美丽四川建设的“三横三纵”美学路径（图 3）。“三横”即从三重生态学认识上将美丽四川建设涉及的 7 个方面以空间格局为统领横向分为生活生产（美丽家园、绿色经济）、环境生态（宜人环境、自然生态）与文化治理（巴蜀文化、治理体系）三个部分。“三纵”即从美感三层论认识上将美丽四川建设的层次结构纵向分为审美感知（美的感受）、审美鉴赏（美的认同）与审美创造（美的行动）3 个层级，并分别在 7 个重点任务上展开并形成上升递进。

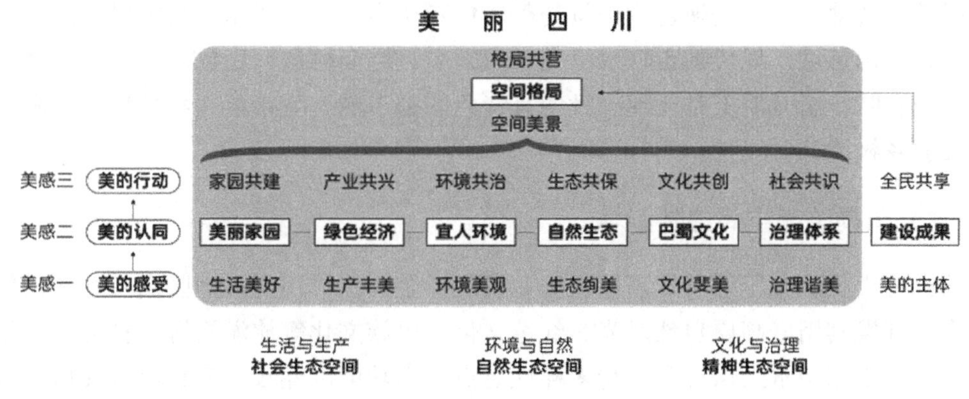

图 3 美丽四川建设的美学路径

在美的认同上，通过美丽四川涉及的 7 个方面的美的感受，将空间美意、生活美好、生产丰美、环境美观、生态绚美、文化斐美、治理谐美等 7 种各具美感的审美理性认同作为美丽四川建设的行动目标。在美的行动上，谋划出美丽四川建设空间共营、家园共建、产业共兴、环境共治、生态共保、文化共创、社会共识等七大重点任务，并经由这七大行动建设出美丽中国先行区、长江黄河上游生态安全高地、绿色低碳经济发展实验区和中国韵·巴蜀味宜居地的美丽四川盛景，最终实现“各美其美、美美与共”的美丽四川建设成果全民共享。

二、以美构图：勾勒美丽空间绵延画卷

（一）展现空间之美

“窗含西岭千秋雪，门泊东吴万里船”。杜甫于成都所作的这首七言绝句最能体现“山、水、人”的和谐统一，空间既视感极强。推窗可见远处山川起伏重峦叠嶂，开门既听江河春水流淌千年。山、水、人的情景交融就这样非常和谐地构图在这副“人在画中游，景从画中出”的空间卷轴中。

美丽四川建设的空间美景塑造正是以山为基、以水为脉、以人为本遥相呼应的共融相生格局。四川自古就有“天下山水在于蜀”“锦水饶花艳，岷山带叶青”之说，复杂多样的地貌兼具高原、山地、丘陵、平原 4 种类型，形成各具特色的雪山冰川、广袤草原、崇山峻岭、碧峰出原、杳杳丘陵、沃野千里的各山相生之美。2 816 条流域面积 50 km^2 及以上的河流和 8 000 多个大小湖库遍布四川大地，交错孕育着各种曲峡、曲流、湾沱、晶莹海子、高山峡库、丘区水潭，水流经过之处，或激流险滩、或圣洁深邃、或绿植环抱、或繁花若锦，千般变换皆成美景荟萃。仁者乐山，智者乐水，自古以来四川人民逐水而居、依山筑城，现代都市车水马龙、田园乡野绕河栖居、民族文化各领风骚、各样生活有滋有味，新时期更是涌现一批各具特色的都市圈、城市群、特色城镇带和欣欣向荣的美丽乡村。

（二）勾勒美丽空间绵延画卷

绘就蜀山美颜。统筹雪域高原保护和发展，全面保护川西北地区高寒生态系统，统筹整合、开发利用好高原自然风光、红色文化、民族文化等旅游资源。打造阳光攀西高原，推进大小凉山水土保持和生物多样性重点生态功能区建设，建设攀西文旅经济带和阳光生态经济走廊。保护性开发盆周峻岭，推进横断山区、大巴山区生物多样性重点生态功能区建设，打造盆周地区精品生态文化廊道。建设美丽天府之国，形成空间布局适度集中、美丽城镇和美丽乡村交相辉映、美丽山川和美丽人居环境有机融合的空间格局。

打造川水多彩。构建“九廊四带”美丽江河格局，突出特色打造九大流域江河岸线防护林体系和沿江绿色生态廊道，建设绿色低碳可持续发展的典范。建设黄河最美高原湿地风光带，推进长江、嘉陵江、乌江、岷江、沱江、涪江生态廊道建设，建设长江—金沙江、大渡河、雅砻江水风光储一体化清洁能源发展带，建设赤水河人水和谐发展带。构建“两片多点”美丽湖库格局，保护天然湖泊，统筹推进山水林田湖草沙冰系统治理，加强平原丘陵地区湖库水环境生态修复和污染治理，强化湖库水资源保护和岸线保护，有序发展湖库绿色产业。

塑造人本宜居。构建“一圈一轴两翼三带”美丽城镇格局，坚持以人民为中心的发

展思想，统筹考虑城市功能提升和民生福祉改善，构建多样化美丽城镇空间形态，完善城市功能，加强自然山体及原生地貌保护，推动水岸共治，形成以城市群为主体、大中小城市和小城镇协调发展的城镇格局。打造美丽乡村，坚持城乡融合发展，打造集约高效的生产空间、宜居适度的生活空间、山清水秀的生态空间，尊重自然环境及生态规律，突出乡土特色和地域特点，加强传统村落建筑风貌保护与传承，注重传统文化与现代元素相融合。

三、以美承居：建设宜居家园营城兴乡

（一）映现家园之美

“烟柳画桥，风帘翠幕，参差十万人家”是人群熙攘，城市与自然相依相抱的亮丽风景；“西塞山前白鹭飞，桃花流水鳜鱼肥”则是乡村振兴语境下的田园意趣；“虽然在城市，还得似樵渔”是都市生活对乡愁的诗意想象。习近平总书记指出，要“让居民望得见山、看得见水、记得住乡愁”，因城乡各异而呈现出的多元审美，描绘出各具风韵的宜居面貌。

“九天开出一成都，万户千门入画图”，成都领成渝地区双城经济圈腾飞之风骚，脉动着开放、包容、爆发的生命力量；而胡同小巷里、青砖黛瓦下，饮不尽的盖碗茶又孕育着快慢随心、宽窄如意的烟火芬芳，“快节奏与慢生活”就这样惬意相融于城市之中。“富乐之邦耀天府，美不胜收看绵州”，在“科技之城”绵阳，柔美三江水穿城而过，俊秀的富乐山中书写着“三国文化”的历史华章，古朴与现代在这片科技热土上相得益彰。“满目江山四望幽，白云高卷嶂烟收”，素有“万里长江第一城”之称的宜宾，展“鼎鼎西南半壁”之气魄，“一老一新”城区描绘着城市发展的前世今生，“茶乡”与“酒都”涵养出“宜山宜水宜宾客”的城市腔调。“胜地风淳真乐国，四川惟说好充城”，千年“绸都”南充留住了嘉陵江最柔美的身段，山水相依、洲城相映，西河如玉带环绕，山水人文和谐相融于城市之中。而“沃野千里，号为陆海”的乡村，既是城市的生命密码，也是田园宜居的诗意表达。“栋宇相望，桑梓接连。家有盐泉之井，户有橘柚之园”为乡村自给自足的余裕与宁静闲适的丰饶带来生动注脚。青山绿水，心有栖居，摇曳着金黄油菜花的浪漫新村是无数城市人的“诗与远方”，抒写着记忆中的淳朴民风与小桥流水。

（二）建设宜居家园营城兴乡

营造城市现代之美。科学制订城市规划，构建现代城镇体系，建设一批特色鲜明的城市街区和标志性建筑，推进绿道体系建设。有序开展城市更新，推进城市生态修复，提升城市综合治理水平。分类探索建设美丽城市路径，支持成都建设践行新发展理念的

公园城市示范区，支持建设省域经济副中心，推动在成都平原经济区尽快建成一批美丽宜居城市，提升川南、川东北经济区城市功能品质，重要节点城市推进产城相融，提升城市功能，注重细节提升。突出民族特色建设西昌、马尔康、康定等城市。

打造城镇差异之美。严格保护现有山水脉络和自然风貌，注重城镇科学规划，实现县城风貌与周边自然景观有机融合，传承县城历史文化。分类推进美丽城镇建设，持续提升县域功能品质、释放发展活力，加强县域中心镇环境综合整治，欠发达镇要做强产业平台，创新产业业态，强化产镇融合，民族镇和历史文化名镇要将城镇建设与自然生态及自身历史文化资源结合起来，保护修复具有民族特色、文化内涵的建构筑物，促进经济、社会、文化的整体协调发展。

释放乡村活力之美。优化乡村发展布局，系统保护历史文化名村、传统村落、田园景观和历史文化资源等，突出乡土文化和地域民族特色，提升乡村建筑风貌。实施农村人居环境整治提升行动，统筹推进改厕和污水垃圾处理，改善村容村貌，建设生态宜居的农村人居环境，建设各具特色的美丽乡村，重塑田园风貌村，塑造形态各异的乡村聚落格局，突出特点特色，建设一批民族风情村、历史文化村和乡村旅游重点村。提升乡村生机活力，打造各具特色的农业全产业链，丰富农村文化生活。

展现生活安逸之美。着力改善民生，支持多渠道灵活就业。推进公共教育优质均衡发展，健全学校家庭社会协同育人机制，健全以供应链为核心的产销体系，加快便民服务设施数字化改造提升。将四川茶馆等特有生活场景载体纳入城市总规划，培育休闲安逸生活，优化城旅一体的空间结构、活力休闲生活的感知体验、主客共享的旅游休闲服务。拓宽生态文明社会化宣传教育渠道，倡导绿色生活理念，营造绿色低碳的生活氛围。

四、以美促产：推动绿色经济发展壮大

（一）显现经济之美

“稻米流脂粟米白，公私仓廪俱丰实”，古人对经济发展盛世的描绘莫过于此。物产丰饶升腾盎然生机，路通渠连俯瞰熙熙攘攘，市井百态聚隆生活寻常，商铺林立呈放门庭若市，有行人摩肩接踵，听吆喝此起彼伏，民生热闹在纵横交陌的街头巷尾，奏响经济繁荣物产丰美的乐章。

源远流长、腹地辽阔的巴蜀地域，蕴藏着大量水风光一体化可再生能源，镶嵌在苍山翠绿之中的高峡水库将满是野性脱缰的江水驯服成温良水乡，而洪流奔腾的力量被转化为持续不竭的璀璨光芒，清洁低碳的电力能源通过“西电东送”工程，运向祖国河山，点亮神州大地，同时也照耀出未来低碳发展的美丽前景曙光。绿色能源一路流向万亩良田，润泽万户千家，助力科技之美灯火明亮。在篱边畦苑规模推广绿色农业，在温室大棚里无须担忧寒暑温差，可保硕果成熟，菜蔬滴翠、瓜果斑斓、花卉芬芳、家禽乐忙，

北味南珍皆能培育优良品种。传统工业也不断绿色升级，随着智慧工厂与清洁生产的持续推动，科技之美在细节处处体现，整齐现代的数控车间，智能智觉的机械手繁忙地上下作业，工作效率更加快捷高效，零件打磨更加精准，将人从生产流水线中释放自我，重获活力。

（二）推动绿色经济发展壮大

推进“双碳”，建设未来之美。以“双碳”目标愿景强化绿色引领。全力推进碳达峰行动，加快调整产业结构、能源结构、交通运输结构和用地结构。主动适应气候变化，加强温室气体排放管理，增强碳汇功能，加强近零碳排放园区试点示范。建设世界级优质清洁能源基地，推进水风光多能互补一体化发展，多元化开发清洁能源，构建多能并举、协同发力的新能源体系。构建绿色高效的交通运输体系，加快构建“一横五纵多线”航道网，创新绿色低碳、集约高效的配送模式，推广新能源、清洁能源在交通运输领域应用。推进工程建设“旧转新”，加快推进交通基础设施建设，形成城际快充网络，提升铁路系统电气化水平。

升级产业，创造科技之美。加快传统产业迸发绿色生机。加快制造业数字赋能，提升资源要素配置效率，推动生产过程清洁化。深入推进资源能源节约利用，全面开展传统产业绿色低碳化改造。提高农业绿色发展水平，推进高标准农田建设，开展农业面源污染综合治理。加强畜牧业污染防控与治理，推行水产健康养殖，因地制宜发展绿色养殖模式。培育生态特色农产品，提高生态农产品供给能力和质量。适度发展环境敏感型产业，发展全域生态旅游。探索建立自然资源资产与生态保护修复产品的交易渠道，促进生态产品价值实现。

五、以美呈境：打造宜人环境舒适安宁

（一）重现环境之美

清新空气、清澈水质、清洁环境，是人类赖以生存和发展的基石。“绿水晴沙两岸明，碧空如洗暮云轻”是对纯净穹顶的细致白描，“静宜幽鹭立，远称碧波连”是对水清鸟聚的诗意具现，“沃野收红稻，长江钓白鱼”是对宜居生活的美好向往。转角即公园，抬头见蓝天，举目观碧波，入眼皆美景，浅草没足迹，汇聚成人民追求美好安宁环境的新期待。

美丽四川建设的宜人环境目标是抬头可见的蔚蓝天空、伸手可亲的碧绿水体、安全无虞的无忧净土和舒适安全的环境氛围，让人们能真切感受“天高云去尽，江迥月来迟”的云去天清，触手可及“朝暮岷山秀，东西锦水流”的水清岸绿，喜悦收获“平川沃野望不尽，麦陇青青桑郁郁”的丰收盛景，共同守护“扫除四海一清净，整顿万物俱安全”

的舒适安宁环境。消灭万里铅云、驱散深重灰霾、清除黑臭水体，从柔曼妩媚的漫滩芦苇到生机盎然的生态公园，从水天一色的湿地长廊到草木葱茏的绿地绿道一一重现，形成有河有水、有草有鱼的和谐画卷，与宜漫步、能骑行、愿摄景的美观胜景，将惬意邂逅在绿意盎然的蓝天、绿水、净土之中，复现“西蜀称天府，由来擅沃饶”的桃源宝地。

（二）打造宜人环境舒适安宁

重现抬头可见的蔚蓝天空。构建“源头严防、过程严管、末端严治”的大气污染闭环治理体系，加强细颗粒物和臭氧协同控制。强化大气污染协同治理，以成都平原、川南和川东北地区为重点控制区域，强化联防联控，加强氮氧化物、挥发性有机物等细颗粒物和臭氧前体物排放监管，加强秸秆综合利用和禁烧管控，强化烟花爆竹管控。持续强化机动车污染防治，2025 年前基本淘汰国三及以下排放标准汽车。

恢复伸手可亲的碧绿水体。加强水污染治理，扎实推进城镇污水垃圾处理和工业、农业面源、船舶、尾矿库等污染治理工程，开展重点河湖内源污染治理和生态修复。保护优良水体，严格落实河湖岸线管控和入河污染物总量控制要求。实施长江流域水生态考核，持续提升黄河上游水源涵养功能。打造全域美丽河湖，开展水生态修复，推进水系连通和水美乡村建设，充分挖掘水文化，打造惠民亲水生态景观，加快形成美丽河湖新格局，建设层次分明、错落有致的沿江、环湖风光带。

建设安全无虞的无忧净土。强化土壤污染源头治理。实施土壤污染家底“精准掌控”行动、农用地重金属污染源头“集中防治”行动、企业土壤污染联防联控行动。分类管控土壤污染风险，开展长江黄河上游土壤风险管控区建设，加强农用地分类管控，严格建设用地土壤污染风险管控和修复名录地块准入管理。深入推进农业面源污染防治，加强种植业和养殖业污染防治。加强地下水污染防治，持续推进全省地下水环境调查评估。开展“无废城市”建设，严格执行生活垃圾分类管控措施，深入推进工业产业循环，推动建筑垃圾综合利用和源头减量。

打造舒适安全的环境氛围。提升城市声环境质量。加快调整声环境功能区划，全面开展声环境功能区划评估，实施噪声污染防治行动。加强核与辐射安全监管，持续开展核与辐射安全隐患排查，推动辐射环境自动化监测网和应急物资储备库建设。加强环境风险防范与化解，建设全省环境应急预警指挥平台，持续加强环境应急物资储备。开展历史遗留矿渣、冶炼渣等污染治理，开展尾矿库污染治理，推进工业固体废物堆场（渣场）整治。建立重点环境风险企业清单，防范化解重特大环境污染事件风险。

六、以美载景：保护自然生态和谐共生

（一）浮现生态之美

“鸢飞鱼跃、活泼玲珑、渊然而生的灵境”是大自然生机盎然的美好律动，是生物多

样性下包纳万境的澄澈自然，是群山层峦叠嶂，绿植吐鲜泛青，万物生机升腾，天人相合相依的自然生态系统的原真之美。

古人云："天下山水之观在蜀"。四川西横跨巍峨高耸的横断山脉，其独特的地理位置、多样的地貌条件、复杂的气候等因素，为孕育多类型的自然生态系统提供了得天独厚的温床。这里四季多彩、生机勃发，万类霜天竞自由：水鸟、麻鸭、白鹭惊起邛海湖一池春水，牦牛与羊群漫步在夏日的川西北草原上，五彩缤纷的叶片编织成了四姑娘山的秋装，白雪与云海为冬日的西岭雪山披上了洁白朦胧的盛装。作为全球生物多样性热点地区之一，这片绮丽丰饶的西南热土上"万物各得其和以生，各得其养以成"：雪豹漫步在川西之巅，大熊猫野生种群数量稳定增长，长江鲟等珍稀鱼类畅游长江，距瓣尾囊草重见天日……在四季的轮回中，万物竞荣，和谐共生。"美本乎天者也，本乎天自有之美也"，山水林田湖草沙冰的生态原真之美在这里交融汇聚。自然生态系统的原真性和生态风貌的完整性不断呈现、重生，人类和动植物的繁衍生息自然天成、永续发展。

（二）保护自然生态和谐共生

守住生态安全边界。筑牢"四区八带多点"生态安全格局，加强两大生态走廊生物多样性保护，加强四大重点生态功能区建设，加强长江—金沙江、黄河等重要江河生态带系统保护和综合治理。推进自然保护地体系建设。推进以国家公园为主体的自然保护地体系建设，高质量建设大熊猫国家公园，加快创建若尔盖国家公园。严守生态保护红线，加强红线区生态保护与修复，改善和提升生态功能，加强生态保护红线管控。

恢复健康生态系统。强化森林生态系统保护，提升森林生态系统功能，精准提高森林质量，完善天然林保护修复制度，加强林区基础设施建设。强化草原生态系统保护，开展草原生态保护建设，严格保护川西北高原天然草原加强湿地保护修复。实施湿地保护与恢复工程，建设湿地生态系统和生物栖息地，提升岸线生态功能和自然景观保护，修复江心洲及沿河生态湿地。统筹实施国土空间生态修复，开展水土流失综合治理，加强岩溶地区石漠化综合治理，开展干旱河谷地区生态治理，因地制宜推进矿山生态修复，开展生态保护修复评估。

保护生物多样繁荣。持续开展珍稀濒危物种保护，保护修复珍稀濒危野生动物栖息地、原生境保护区（点），完善布局并建设一批野生动物救护繁育中心，保护长江和黄河流域中华鲟、胭脂鱼、裸裂尻鱼等珍稀濒危水生生物。提升生物安全管理水平，开展生态系统、重点生物物种及重要生物遗传资源调查等生物多样性本底调查，完善生物多样性观测监测预警体系，加强外来入侵物种防控。加强国际（地区）合作，宣传推广山水林田湖草沙冰生态修复、大熊猫国家公园建设等生物多样性保护经验和成果，提供全球多边生态环境治理四川案例。

七、以美宣文：弘扬巴蜀文化繁荣昌盛

（一）凸显文化之美

习近平总书记指出，“文物和文化遗产承载着中华民族的基因和血脉，是不可再生、不可替代的中华优秀文明资源”。中国既有庄严肃穆的紫禁城、绵延万里的长城、神秘奇幻的敦煌壁画等文物景观，也有声声传唱的京剧艺术、栩栩如生的皮影表演、字字飘逸的书法造型等。

多姿多彩的历史文化亦为美丽四川建设提供了独有而丰厚的文化土壤。四川是古蜀神话与未来科幻的衔接圣地，既有如三星堆青铜面首般熠熠生辉的文化遗产，也有如“文翁治蜀文教敷，爰产扬雄与相如”的教育熏陶，都是华章谱写的笔端下流淌出的昌隆古蜀文化。这里有自由生长、趣味盎然的汉藏羌彝等多民族风情，也有“中国科幻之省”美誉的奇趣想象，在过去与未来的相遇中，激荡出绚美的人文艺术浪潮。人们的生活日常镌刻进雕舞书画，生成闪耀的星系，坐落于青铜神树的灵动枝桠，让每一枚星辰都彼此照亮，成为被重焕新生的文化遗产。四川的建筑雕塑如璀璨明珠，散落在巴蜀大地的俯仰角落。乐山佛座水边巍峨，安岳石窟山崖危坐，看轻舟帆过，星桥攀爬，文人墨客吟诗颂歌。四川也是承载着共产党人的热血沃土，各式红色景点记载着波澜壮阔的革命岁月：展现伟人光辉的小平故居、记录抗战胜利的万源红军公园、见证长征的会理会议纪念地等，都带领人们重走鎏金时光。“飞夺泸定桥”“强渡大渡河”般的英勇救援更书写出代代传承的家国大爱，在巴蜀人民抗震救灾的精神中继续影响着青春少年。

（二）弘扬巴蜀文化繁荣昌盛

提升巴蜀文化影响。传承弘扬古蜀文化，提高出土文物和遗址保护能力，打造具有国际水平的国家考古遗址公园。强化非物质文化遗产传承保护，推动秦蜀古道、石刻石窟、南方丝绸之路、茶马古道和四川历史名人故居遗址遗迹保护利用，推进农耕智慧和精髓的展示传播。传承红色文化，加快建设红色主题 A 级景区，推出一批红色旅游精品线路，促进红色文化创作发展。加强民族文化保护，挖掘展示民族文化特色，保护独特风俗习惯及民俗活动。深入发掘巴蜀文化中的生态智慧，促进生态思想与巴蜀文化融合。促进文化遗产活化利用，加强黄河流域、巴蜀文化旅游走廊非物质文化遗产保护，振兴传统节日，开展民俗活动。

推动文化艺术创新。提升建筑雕塑魅力，充分体现地域民族特点、历史文化风貌，将建筑融入大自然，整治不协调建筑和景观，加大石窟寺及石刻抢救性保护力度。强化历史文化底蕴保护，彰显建筑艺术，选取特色鲜明的地方启动雕塑雕刻建设。创作文学艺术精品，推出更多思想精深、艺术精湛、制作精良，彰显时代精神、代表美丽四川建

设成就的文艺精品，鼓励创作反映巴蜀文化和精神特质的书画、工艺美术、现当代艺术作品，推动传统舞蹈、民族舞蹈、民俗文化等创新发展，创作一批精品话剧，展现巴蜀儿女的勤劳智慧和精神风貌。

加强文艺平台建设。加强文艺阵地建设，加大剧场、美术馆、电影院等艺术场地建设力度，鼓励将其纳入城市建设规划，强化建设省级重大公共文化设施和区域性文化中心，因地制宜建设主题文化功能空间，加强文化平台建设。加强国际国内文化艺术交流，完善跨区域文化艺术交流合作机制，加快构建跨区域文化大市场，开展国际交流推广，完善国际文化合作机制，积极参与国家重大文化交流活动，策划组织交流展演。

八、以美治蜀：推进治理体系科学高效

（一）毕现善治之美

“善为理者，举其纲，张其目、疏其网”。以责任主体的美丽建设为纲，以系统完整的制度体系为目，以及时反馈、现代高效的监测监管能力为网，搭建成三位一体明晰的善治之路。“草木植成，国之富也”，越织越密的生态文明制度体系，给美丽风景带来崭新动能，人民对美好生活的向往正在逐渐变成现实，善治之美正在持续发展成型。

美丽四川建设非一人一地之功，只有各级压实责任、企业深耕绿色园区、公众参与热火朝天，大家一起“撸起袖子加油干”，多方聚力才能共绘天府蓝图。行者治之末，法者治之端。热情参与如奔涌热浪滚滚向前，政策制度是河堤坝岸保驾护航。美丽四川的法治建设、正负面清单、激励约束机制、生态产品价值实现机制等紧锣密鼓不断推进，和谐整洁、秩序井然的美丽锦绣逐渐明晰。常态化、长效化的精细管理更是“绣花之功”，需要绵绵用力、久久为功。借助高科技监测监控装备动态感知生态环境变化，预警风险、防微杜渐；依托产学研协同的治理创新不断勾勒美丽四川图景，创造生态治理的绿色奇迹。

（二）推进治理体系科学高效

构建多元共治责任体系。健全领导责任体系，严格落实生态环境保护责任清单，落实环境保护目标责任制和考核评价制度。落实企业主体责任，推动企业环境信用评价和环境信息公开，压实企业生态环境保护责任，开展绿色工厂、绿色园区建设，引导企业主动参与生态环境治理。鼓励公众参与，健全重大政策、重大项目环保论证公众参与机制，引导社会组织参与环境监督，推进生态环境公益诉讼，完善环保投诉举报管理平台功能，探索建立美丽四川建设参与积分体系，引导公众参与美丽四川建设。

完善生态环境治理政策制度。完善美丽四川建设法规标准，推动制定岷江、泸沽湖等主要流域及重要湖库生态环境保护条例，推进固体废物、土壤、噪声等重点生态环境

领域地方立法，严格落实长江经济带发展负面清单，落实生态环境损害赔偿制度。完善地方生态环境标准体系，研究建立美丽市（县）、美丽乡镇建设标准体系，鼓励开展各类涉及环境治理的绿色认证。完善财税金融支持政策，深化流域横向生态保护补偿机制，建立跨流域、跨区域的生态保护补偿机制，创新绿色金融产品和服务。创新生态产品价值实现机制，加快开展生态产品基础信息调查，持续推进自然资源资产产权制度改革，打造一批生态产品价值实现机制示范基地。

提升生态环境监测监管能力。提升监测预警能力，统一规划建设生态环境要素感知系统，构建统一的生态环境业务应用大系统。提升监管执法能力。逐步建立生态环境网格化监管体系，健全执法信息化管理体系。提升风险管控能力，加强生态环境风险防控常态化管理。强化区域开发和项目建设的环境风险评价，加强环境安全隐患排查和整治。提升治理创新能力，深化产学研协作，围绕长江经济带、黄河流域、成渝地区双城经济圈等重要区域，开展环境经济政策、减污降碳协同增效、污染防治、生态修复、农村生态环境保护等领域研究，提高智慧环境管理及治理技术水平。

赤水河流域高水平保护和高质量发展政策体系建议

摘　要：赤水河作为长江上游唯一没有修建干流大坝并保持自然流态的一级支流，是连接云贵川三省的一条经济动脉和人文纽带。在习近平生态文明思想指引下，三省共同制定了《四川省赤水河流域保护条例》（以下简称《条例》）。2021 年 11 月，四川省生态环境厅与泸州市人民政府联合印发了《赤水河流域四川段生态环境保护规划（2021—2025 年）》（以下简称《规划》），指导“十四五”时期赤水河流域生态环境高水平保护和经济社会高质量发展。为加快推动《条例》和《规划》落地生效，本文以习近平生态文明思想“十个坚持”为指引，建立健全赤水河流域生态环境政策体系，制定有针对性、可操作、可检验的系列政策措施，确保《条例》和《规划》落地落实。

关键词：赤水河；保护条例；规划；政策体系

一、赤水河流域概况

赤水河流域地处云贵高原与四川盆地接壤地带，干流全长 436.5 km，流域面积 2.04 万 km^2，其中四川境内河长 229 km，流域面积 6 101 km^2，占赤水河流域总面积的 29.91%，多年平均流量 260 m^3/s。赤水河流域水系发达，500 km^2 以上主要支流有倒流水、古蔺河、大同河和习水河（四川省境内段称高洞河）4 条。赤水河干流水质长期稳定达Ⅱ类标准，主要支流水质为Ⅱ～Ⅲ类标准，总体水质优良。

赤水河流域地处乌蒙山区，独特的地质地貌环境、优质的水源以及独特的气候和微生物环境孕育了茅台酒、习酒、郎酒等众多知名白酒品牌，在发展过程中积淀了厚重的酒文化内涵，成为名副其实的美酒河，但也带来了产业结构单一的问题，同时流域酿酒行业亟待提档升级，众多小酒厂设备工艺陈旧，基础设施配套不完善，能效和环境治理水平不高，污染影响较为突出。且流域内矿山生态环境遗留问题多，支流小水电问题整改推进慢，生态环境系统脆弱，流域的环境污染、生态退化与经济发展的矛盾，治理能力现代化水平与绿色高质量发展需求的不匹配已成为影响流域可持续发展的突出短板。全面加强流域生态环境保护，确保赤水河流域高水平保护和高质量发展势在必行。

二、习近平生态文明思想对流域保护与发展的重要指导

党的十八大以来，习近平总书记在对长江、黄河流域各省（区）的考察中，就新形势下长江生态环境保护修复和长江经济带高质量发展、黄河流域生态保护和高质量发展发表系列重要讲话，作出重要指示批示，为新时代统筹推进流域生态环境保护和高质量发展提供了科学指南和根本遵循。习近平生态文明思想是习近平新时代中国特色社会主义思想重要组成部分，是新时代坚持新发展理念、推动生态文明建设、促进经济社会全面绿色转型的根本遵循。在流域保护与发展相关政策制度的制定上，习近平生态文明思想为我们提供了一系列的理念指引，要坚持运用系统思维、辩证思维、法治思维、创新思维推进工作。

坚持系统思维，立足于全流域和生态系统的整体性，共同抓好大保护、协同推进大治理，坚持山水林田湖草沙综合治理、系统治理、源头治理，因地制宜、分类施策，不断增强工作的关联性和协同性。坚持辩证思维，牢固树立绿水青山就是金山银山的理念，在发展中保护、在保护中发展，实现流域经济发展与人口、资源、环境相协调。坚持法治思维，建立流域联合执法机制，完善流域行政执法与刑事司法衔接机制，通过严格的环境资源案件办理，切实增强全社会对流域环境资源保护重要性的认识。坚持创新思维，在流域生态保护、环境治理、产业发展、乡村振兴、绿水青山向金山银山转化、“双碳”引领等方面探索创新，通过先行先试增强辐射带动作用，以现代化生态环境治理体系助推流域高水平保护和高质量发展。

赤水河有丰富的生物资源、产业资源和旅游资源，生态地位非常重要。2020 年 5 月，习近平总书记对长江上游赤水河流域生态环境保护治理工作作出重要指示批示，为努力把赤水河建设成生态河、美酒河、美景河、英雄河，打造成人与自然和谐共生的美丽中国“样板河”，指明了前进方向。

三、以习近平生态文明思想“十个坚持”为指导，构建服务赤水河流域高水平保护和高质量发展的政策体系建议

（一）坚持党对生态文明建设的全面领导，建立健全赤水河现代环境治理体系，构建多元共治格局

一是强化“党政同责”“一岗双责”制度。流域各地区、各部门要增强“四个意识”，坚决担负起生态文明建设和生态环境保护的政治责任。各级党委、政府要强化对生态文明建设和生态环境保护的总体设计和组织领导，统筹协调处理重大问题，指导、推动、督促各地各部门落实党中央、国务院重大决策部署和政策措施。坚持以人民为中心的发

展思想，完善流域各地区“党政同责”“一岗双责”机制，强化绿色发展与生态环境保护责任，落实政策措施，形成各司其职、各尽其责、分兵把口、齐抓共管的生态文明建设格局。

二是制定更为严格的考核问责机制。制定赤水河流域保护考核办法，重点对《条例》执行情况、年度工作目标任务完成情况、绿色发展成效、生态环境质量状况、资金投入使用情况、公众满意程度等相关方面开展考核。并将考核结果作为领导班子和领导干部综合考核评价、奖惩任免的重要依据，对在生态环境方面造成严重破坏负有责任的干部，不得提拔使用或转任重要职务。

三是制订赤水河有关职能部门生态环境保护责任清单。坚持问题导向、明责尽责、权责一致、谁审批谁负责、依法依规、奖惩并重的工作原则，梳理并确定生态环境保护各具体事项的牵头部门，对现阶段尚未明确牵头部门且对生态环境保护影响明显的具体事项，要及时明确牵头部门，并提出具体事项牵头部门的常态化工作、监督机制。

（二）坚持生态兴则文明兴，树立赤水河高水平保护与高质量发展观念，共建流域生态文明典范

一是编制赤水河流域生态文明建设方案。积极推动云贵川三省共同编制赤水河流域生态文明建设方案，创新建立流域管理和区域管理相结合的生态文明“四梁八柱”制度体系，聚焦流域管理体制改革创新、生态环境保护修复、绿色低碳发展等方面，编制赤水河流域生态文明建设方案，携手创建赤水河流域国家生态文明建设先行区。

二是编制“美丽赤水”规划。面向2035年“美丽赤水”基本实现的目标，以“产城村水景人”协同美丽为抓手，谋划美丽河流建设、美丽城乡建设、大力发展低碳产业、幸福生活创建等重大任务，有力推进生态环境根本好转，长江上游珍稀鱼类种群有效恢复，促进酿酒、矿产、文旅等特色产业绿色发展，努力将赤水河打造为长江上游最美生态河、践行绿水青山就是金山银山理念的美丽河湖典范。

（三）坚持人与自然和谐共生，严守赤水河生态保护红线，落实国土空间管控要求

一是编制赤水河流域国土空间规划。综合考虑人口分布、经济布局、土地利用、生态环境保护等因素，科学有序统筹安排赤水河流域农业、生态、城镇等功能空间，划定永久基本农田、生态保护红线、城镇开发边界，重点关注城镇边界的控制、产业园区的布局以及岸线水生态修复与保护，优化赤水河国土空间结构和布局。

二是编制赤水河流域国土空间规划生态环境保护专项规划。以坚守资源利用上线和环境质量底线、严格控制生态保护红线为基本原则，从构建全流域“二区六廊多斑”生态空间格局、构建“绿色生态、美丽宜居”城镇发展格局、优化绿色农业空间格局等方面入手，提出“一带六廊总体统领、三区六片保护修复并重”的赤水河流域生态环境保护空间格局优化建议。

三是细化赤水河流域生态环境分区管控要求。以建立完善的赤水河流域生态环境分区管控体系和制度为目标，重点聚焦长江上游珍稀特有鱼类国家级自然保护区、赤水河流域两岸海拔 300～600 m 范围等优先保护单元生态环境保护和城镇规划区、古蔺酱香酒谷产业园区等重点管控单元，进一步细化空间布局管控、产业布局、资源利用效率、污染防治措施等内容。

四是编制赤水河流域水环境综合治理与可持续发展试点实施方案。以改善赤水河流域水生态环境质量和促进经济社会高质量发展为目标，以推进流域科学空间开发格局构建、绿色低碳生产格局转变、全面控源减污、水生态系统功能提升、生态产品价值实现路径探索及体制机制创新为重点，谋划赤水河流域可持续发展路径，提升赤水河流域生态环境治理体系和治理能力现代化水平，促进流域经济社会发展全面绿色转型，努力形成赤水河流域产绿融合发展的典型模式。

（四）坚持绿水青山就是金山银山，立足于赤水河流域自然资源和生态环境优势，大力推进生态产品价值转化

一是形成四川赤水河流域保护治理生态补偿机制。通过省内制定签署《赤水河流域（四川段）横向生态补偿协议》，省外落实云贵川《赤水河流域横向生态补偿协议》，完善四川赤水河流域跨省上下游横向生态补偿机制、省内上下游横向生态补偿机制，统筹资金支持赤水河流域生态环保项目、安排资金打造赤水河流域整体治理模式，形成四川赤水河流域保护治理生态补偿机制。

二是出台流域生态产品价值实现机制实施方案。突出赤水河流域生态资源优势，从开展流域生态产品信息普查、构建生态产品价值评价机制、健全生态产品经营开发机制、完善生态产品市场交易机制和保护补偿机制等方面着手，建立以古蔺、合江、叙永优质“果+药”为龙头的生态产品价值实现机制，从而破解生态产品“难度量、难抵押、难交易、难变现”等问题，推动形成具有赤水河特色的生态产品价值实现机制。

三是编制赤水河流域文化遗产保护利用规划。以长征国家文化公园建设为契机，进一步深入挖掘赤水河流域长征文化、酿酒文化、盐运文化、古镇文化、生态文化等文化内涵，从文化遗产保护传承、河流水系治理管护、生态环境保护修复、文化和旅游融合发展、城乡区域统筹协调、保护传承利用机制创新等 6 个方面提出重点任务，弘扬和传承赤水河流域优秀特色文化。

（五）坚持良好生态环境是最普惠的民生福祉，加强赤水河污染防治，改善城乡人居环境

一是编制赤水河流域深入打好污染防治攻坚战实施方案。以实现减污降碳协同增效为总抓手，以精准治污、科学治污、依法治污为工作方针，聚焦入河排污口（“1+51+72”

河段）“监测、溯源、整治”、问题河流（古蔺河等）水污染治理、城镇生活处理、农村生活污水治理、流域突出生态环境问题（白酒酿造、矿产开发、畜禽养殖、废弃矿山等）整治、流域小水电清理整顿等方面，梳理重点任务，以高水平保护推动高质量发展、创造高品质生活，努力建设人与自然和谐共生的美丽赤水河。

二是编制赤水河流域“一河一策一图”。以构建流域环境风险防控体系、提升流域突发环境事件应急处置能力为目标，围绕“以空间换时间，以时间保安全”工作思路，从建立流域环境敏感目标（包含26个乡镇级及以上集中式饮用水水源地、长江上游珍稀特有鱼类国家级自然保护区等）清单、环境风险源（酿酒企业、工业园区、尾矿库及废弃矿山等）清单、应急空间及水文信息统计，建设重点园区“装置—车间—企业—园区—流域”五级环境风险防控体系等方面着手开展赤水河流域“一河一策一图”试点，提升赤水河流域突发环境事件应急处置能力。

（六）坚持绿色发展是发展观的深刻革命，推进赤水河流域经济社会绿色转型，实现生态环境质量改善由量变到质变

一是制定赤水河流域碳达峰碳中和行动方案。围绕推动实施碳达峰碳中和重大战略，针对流域特点，推动流域工业、交通、建筑等重点领域编制专项行动方案，规划碳达峰碳中和进程，加快实施能源消耗总量和温室气体总量排放“双控”。加强流域生态建设，以开发竹林碳汇项目、培育赤水河及乌蒙山竹林碳汇优势品牌为主要抓手，积极打造流域碳中和先行区。

二是编制赤水河流域特色产业绿色发展规划。以推动赤水河流域高质量绿色发展为目标，聚焦赤水河流域产业特色，以优化流域产业布局、推进流域特色产业绿色发展为重要路径，探索创新绿色发展转型，促进赤水河流域生态环境保护和经济社会可持续发展。规划中要突出流域特色酿酒行业绿色发展、有机高粱绿色供应链建设、生态特色农林产品培育、特色农业产业发展规划、食品及医药等特色轻工产业发展、多元化旅游服务业发展，科学谋划流域产业规划布局，优化产业布局和规模，逐步提高绿色产业占比，加快赤水河流域第一、二、三产业融合发展。

三是建立健全赤水河流域绿色低碳循环发展产业体系。应主要聚焦在：以发展酒业循环经济、转型升级煤炭生产等传统产业为主要抓手，推进赤水河流域工业绿色升级；以培育生态特色农产品、推动酿酒高粱等流域特色农产品“三品一标”建设、建设有机高粱绿色供应链为主要举措，加快绿色农业发展；以壮大绿色环保产业、提高煤层气及页岩气等清洁能源开发和利用水平为重点措施，促进清洁能源产业发展；以大力发展冷链和电商物流、积极拓展物流新业态、协同打造跨区域商贸物流中心为主力推手，健全绿色低碳循环发展流通体系。

（七）坚持统筹山水林田湖草沙系统治理，统筹赤水河流域山水林田湖草保护修复，筑牢生态安全屏障

一是编制赤水河流域生态保护行动方案。坚持“山水林田湖草沙是生命共同体”原则，以全面提升流域生态安全屏障质量、促进生态系统良性循环和永续利用为目标，重点从调整林分结构、封山育林、退耕还林、加强森林抚育和改造低效林等方面着手，开展生态环境保护行动，增强水土保持和堤岸防护等生态功能；并以建设赤水河及古蔺河等重要支流生态廊道、画稿溪国家自然保护区等生态绿廊、城乡绿廊等为重要抓手，优化生态空间连通，打造功能健全、结构完整的赤水河流域生态系统。

二是编制山水林田湖草沙系统生态修复重大工程实施方案。坚持“系统治理、统筹安排、突出重点、分段实施”原则，从矿山环境综合整治修复（以叙永、合江、古蔺 3 个县的 97 座非煤矿山、2 座煤矿为重点）、森林生态系统修复（以四川福宝国家森林公园、画稿溪国家级自然保护区等为重点）、耕地保护与土地综合整治、石漠化治理、生物多样性保护（以长江上游珍稀特有鱼类国家级自然保护区为重点）等方面谋划实施一批生态修复重大工程，提升生态环境质量和稳定性，构筑赤水河流域自然生态安全边界。

三是制定赤水河流域珍贵、濒危水生野生动植物保护计划。坚持“保护优先、规范利用、严格监管、风险防范”原则，推动流域生物种群多样性、生态系统、景观、生态环境现状及管理综合调查评估，构建赤水河流域资源基础数据库；积极践行《生物多样性公约》，进一步加强流域白甲鱼、中华倒刺鲃、岩原鲤、达氏鲟、白鲟、长江鲟、胭脂鱼等珍稀、濒危及特有鱼类保护，推动构建赤水河流域野生动植物保护和监管体系，维护流域生物多样性和生物安全。

（八）坚持用最严格制度最严密法治保护生态环境，完善赤水河流域保护法规标准体系，强化法治保障

一是制定《条例》实施细则。结合《条例》实施中存在的问题，进一步明确赤水河立法适用范围，细化废弃矿山、已退出小水电等生态保护修复要求和重要保护区禁渔规定以及环境监管具体要求等内容，将《条例》中过于原则、抽象以及立法空白领域进行补充完善，进一步推动《条例》落实落地。

二是开展赤水河流域水生态环境标准制定工作。积极推动云贵川三省建立赤水河流域标准统筹协调机制，以河流生态系统的自然原真性和水生生境恢复为重点，共同制定、分别发布、同步实施统一的流域水生态环境标准。推动制定酿造工业水污染物排放标准、低碳标准等一批流域标准以标准支撑流域协同发展和共同保护。

三是适时开展赤水河流域白酒生产环境保护协同立法。密切关注贵州省赤水河流域酱香白酒生产环境保护立法动态，准确把握上游白酒生产环境保护立法对四川省赤水河流域酿酒行业的影响，适时提出相关立法建议，必要时可以开展白酒生产环境保护协同

立法，推动流域立法协调统一。

四是进一步贯彻落实生态环境损害赔偿制度。积极推动云贵川三省建立赤水河跨区域流域生态环境损害赔偿协调联动机制，聚焦赤水河流域环保督察案件、突发生态环境事件等，开展赔偿线索双向移送会商、案件办理协作配合等工作，共同督促跨区域生态损害赔偿案件义务人履行义务。

（九）坚持把建设美丽中国转化为全体人民自觉行动，倡导赤水河流域绿色生产生活方式，凝聚社会共识

一是编制赤水河流域生态文明建设宣传方案。积极推动云贵川三省共同编制赤水河流域生态文明建设宣传方案，围绕丹青赤水、生态家园等主题，以流域山水人等要素为重点，以加强流域生态环境保护、保护珍贵濒危稀有鱼类、推动酿造等重点行业绿色发展为重点宣传方向，营造全流域参与生态文明建设的浓厚舆论氛围。

二是编制赤水河流域绿色低碳生活行动方案。以绿色生活创建为抓手，重点从宣传推广绿色生活理念、深入践行绿色生活方式、营造宁静和谐生活环境方面制定任务，谋划一批绿色生活创建工程（如节约型机关、绿色家庭、绿色学校、绿色社区、绿色出行、绿色商场、绿色建筑等），引领公民践行生态环境责任，推动全流域参与和践行绿色低碳生活方式，形成崇尚绿色生活的社会氛围。

（十）坚持共谋全球生态文明建设之路，积极参与全球环境治理，实现人与自然和谐共生的现代化

一是制定赤水河流域积极适应气候变化方案。统筹考虑气候风险与适应、重点领域和区域格局、自然生态和经济社会等不同维度，重点聚焦赤水河流域城乡气象监测点位布局、流域极端天气和气候事件预警监测、气候变化对流域生态单元（如流域云豹、长江鲟等珍稀物种，合江福宝林区、古蔺黄荆等原始森林）影响观测和评估等适应气候变化工作，明确未来适应气候变化工作的重点任务和保障措施，强化流域适应气候变化行动力度，提升流域应对气候变化不利影响和风险的能力。

二是编制人与自然和谐共生的美丽赤水典型案例。践行习近平生态文明思想，以典型案例的形式总结提炼赤水河流域在经济社会可持续发展、生态环境保护、应对气候变化、生物多样性保护中可复制、可借鉴的好经验和好做法，向全省、全国、全世界推广，为全球流域的人与自然和谐共生提供美丽赤水样板。

紧扣美丽河湖内涵要求，加快构建推动美丽河湖保护与建设的政策机制

摘　要： 著名社会学家费孝通先生曾经意味深长地讲了一句16字箴言："各美其美，美人之美，美美与共，天下大同。"意思是人们不仅要懂得各自欣赏自己创造的美，还要包容地欣赏别人创造的美，然后将各自之美和别人之美融合在一起，来实现理想中的大同之美。为此，亟须进一步厘清与梳理为什么要建设美丽河湖、什么是美丽河湖、美丽河湖应该具备哪些特质，美丽河湖保护与建设这项工作如何高效推进等关键问题。本文结合美丽四川建设需求以及四川河湖的多样化特征，进一步挖掘了四川美丽河湖的内涵，提出了四川美丽河湖应：河道自然蜿蜒、宽窄有致，河湖水体通透、流动性较好，两岸花草遍布、绿树葱郁，呈现视觉之美；河湖生物多样性得到有效保护，代表性水生土著物种得以重现，陆生生态系统完整，尽显生意盎然、朝气蓬勃，凸显生命之美；河湖行洪能力提高，水情稳定、河湖安澜，水资源节约集约利用成效显著，用水安全得到有效保障，显露和谐之美；河湖文化得到有效挖掘，历史水文化得以大力传承，现代水文化得以持续创新，优秀水文化得以不断弘扬，彰显文化之美；河湖生态产品价值转化路径丰富，美丽河湖催生美丽经济，实现流域产业发展、人民富足、生活安逸，呈现欣欣向荣的景象，昭示富饶之美。进一步结合四川美丽河湖"五美"内涵，以实现"各美其美，美人之美，美美与共，天下大同"为要求，从强化美丽河湖顶层设计、规划创建工作程序、完善评价指标体系、加强组织领导、完善考核与激励、开展示范宣传等6个方面，提出了推进美丽河湖保护与建设工作有效实施的政策机制。

关键词： 美丽河湖；美丽河湖保护与建设；政策机制

一、开展美丽河湖保护与建设的意义

（一）美丽河湖保护与建设是推进流域水生态环境综合治理的更高境界

四川省资源禀赋得天独厚，总计有8 643条河流、7 817座水库、2 458条常年流水渠道和12个天然湿地、393个天然湖泊，是长江和黄河上游重要水源涵养地和生态屏障。习近平总书记在宜宾考察调研时提出"要以能酿出美酒的标准，想方设法保护好长江上

游水质，造福长江中下游和整个流域。”开展美丽河湖的保护与建设，就是要打造流域水生态环境治理2.0版，从生态系统整体性和流域系统性出发，坚持生态优先、绿色发展，坚持综合治理、系统治理、源头治理，统筹水环境、水生态、水资源、水安全、水文化和岸线协同保护，以流域高水平保护推动经济高质量发展。

（二）美丽河湖保护与建设是落实以人民为中心的发展思想的重要举措

坚持以人民为中心是我们党的核心执政理念，良好生态环境是最普惠的福祉，生态环境工作需要积极回应人民群众所想、所盼、所急，把人民对美好生活的向往作为奋斗目标。开展美丽河湖保护与建设，应站在人与自然和谐共生的高度，全面系统地将河湖生态环境治理与人民群众的获得感、幸福感、安全感紧密融合，为全川9 000多万人民群众提供优质公共生态产品，满足人民生产生活和经济社会发展的更高需求，让每一条河流、每一个湖库成为人民幸福生活的美丽载体，让广大人民群众在美丽河湖保护与建设的过程和成果中享受到实实在在的好处，实现人水和谐共生。

（三）美丽河湖保护与建设是美丽四川建设的重要组成

河湖是自然生态中最重要的组成部分，关联和影响着山水林田湖草沙整个生态系统。以美丽河湖为纽带，串联起美丽城乡，形成“一村一溪一风景、一镇一河一风情、一城一江一风光、一市一湖一风采”的全域美丽河湖新格局。以美丽河湖为载体，打造两岸绿色经济带，推动绿水青山就是金山银山的生态产品价值转化。以美丽河湖保护与建设为切口，提升生态环境保护意识，营造共建、共享美丽四川的良好氛围，引领更深层次、更广范围、更高水平的全民行动。

二、美丽河湖的内涵

美丽河湖是美丽中国在水生态环境领域的集中体现和重要载体，在新时代新征程推进美丽中国建设、促进人与自然和谐共生的重大战略下，结合四川自然环境特征、水环境突出问题，四川美丽河湖保护与建设应秉持尊重自然、顺应自然、保护自然，满足“有河有水、有鱼有草、人水和谐”要求，以视觉之美为形，以生命之美为魂，以和谐之美为根，以文化之美为韵，以富饶之美为神，将生产发展、生活富裕、生态良好的各方面赋予美丽河湖，具体包括以下内容。

（一）河道自然蜿蜒、宽窄有致，河湖水体通透、流动性较好，两岸花草遍布、绿树葱郁，呈现视觉之美

四川水资源丰富，境内江河众多、姿态各异，但受地形地貌、城乡发展的影响，也存在部分小流域断流、干涸，以及水环境质量不达标等现象，四川美丽河湖应“有河有

水”“水清岸绿”，其美的主要表征在河湖形态、水色、水流以及沿岸风貌等方面。在形态方面上，其美的元素在于河流基本维持自然形态，遵循大自然的规律，宜弯则弯、宜直则直，除行洪安全要求外，不过多予以人工修饰。在水色方面，其美的元素在于水质优质，符合水环境功能区标准要求，并在天然矿物质与阳光折射下，透射出或清澈或碧绿或湛蓝的自然色彩。在水流方面，其美的元素在于水体具有连通流动性，拥有维持河流生态、生活等综合功能所必需的水量，展现出河湖的活力。在风貌方面，其美的元素在于河湖岸线应具有完整、稳定的生态系统，自然岸线率较高，河岸呈现出蓝绿融合的空间格局，无违规排污口。

（二）河湖生物多样性得到有效保护，代表性水生土著物种得以重现，陆生生态系统完整，尽显生机盎然、朝气蓬勃，凸显生命之美

四川是长江、黄河上游重要的生态屏障和水源涵养地。水生生物资源丰富，分布有鱼类 240 多种，四川美丽河湖应“有鱼有草”“生机盎然”，其美的主要表征在以河湖为生存空间的水生植物、水生动物、陆生动植物等生态系统的完整与健康。在水生植物方面，其美的元素在于河流水生植物覆盖度较好，水生植物土著物种明显恢复，河湖沉水植物的“水下森林”逐步形成，岸边挺水植物的“芦苇草荡”亭亭玉立，浮水植物数量适当，疏密有致，有效维持水体生态健康。在水生动物方面，其美的元素在于以鱼类为代表的水生生物多样性水平整体呈稳步上升趋势，土著鱼类、爬行动物等重点保护水生生物种类数量得到恢复性增长、个体体量得以普遍性增大，大型底栖动物物种数量增加，浮游动物群落结构稳定、品种多样，外来入侵动物物种得到有效防治。在陆生动植物方面，其美的元素在于有适宜陆生动物生存的良好环境，白鹭、苍鹭、中华秋沙鸭等动物回归并在此栖息，陆生动物生物多样性丰富，重现“白鹭起飞、鸳鸯戏水、候鸟翔集”的美景。

（三）河湖行洪能力提高，水情稳定、河湖安澜，水资源节约集约利用成效显著，用水安全得到有效保障，显露和谐之美

四川地形复杂，多山地、高原、丘陵，江河堤防建设和山洪沟治理滞后，水域岸线分区管控有待提升，四川美丽河湖应“幸福安澜”“人水和谐”，其美的主要表征在水安全、水资源的有效利用与管理、人与河湖交融共生等方面。在水安全方面，其美的元素在河湖安澜、人民安宁，防洪减灾、排水防涝等公共设施完善，应急救援体系健全，流域环境风险得到有效管控。在水资源的有效利用与管理方面，其美的元素在于流域广泛形成了节约型生产、生活用水方式，坚持节水优先、统筹兼顾、集约使用、精打细算，既保障了河流生态用水要求，也支撑了流域经济社会的高质量发展。在人与河流交融共生方面，其美的元素在公众满意度高，生活、生产用水安全得到有效保障，市民能畅享亲水乐趣，人水关系和谐。

（四）河湖文化得到有效挖掘，历史水文化得以大力传承，现代水文化得以持续创新，优秀水文化得以不断弘扬，彰显文化之美

都江堰养育四川千年，四川水文化内涵丰富、历史深远，无数千古传诵诗篇因水而生，四川美丽河湖应“钟灵毓秀”“文化多彩”，其美的主要表征在以水为载体而衍生的具有巴蜀特色的文化烙印，这种文化烙印会根据地区的不同呈现出多元化的特征，既可以是传统文化、民族文化，也可以是现代文化，既可以呼唤出记忆乡愁，也可以展现出市井风情。对于具有历史沉淀的河湖，美的元素在水文化得以弘扬，通过流域特有水文化感知区域特有的时代变迁、历史文脉、文化底蕴、风土人情，唤起记忆乡愁。对于城市水体，美的元素在于可以充分凸显自身特有的现代符号，如运动元素、科技元素、商业元素、休憩元素，并将河湖的生态环境保护与功能塑造紧密结合，为河湖赋予时代感、使命感，塑造城市河湖自己的“故事”。

（五）河湖生态产品价值转化路径丰富，美丽河湖催生美丽经济，实现流域产业发展、人民富足、生活安逸，呈现欣欣向荣的景象，昭示富饶之美

四川作为“千河之省”，大部分城市依水而建，因水而兴，河流与城市共生共荣，四川美丽河湖应“繁荣兴旺”“惠民便民”，其美的主要表征在流域产业发展、人民富足、生活安逸等方面。在产业发展方面，美的元素主要表现在产业结构合理，绿色低碳产业发展迅速，产业绿色化水平高，水耗能耗低。在人民富足方面，美的元素主要表现在“绿水青山就是金山银山”的生态产品价值转化路径清晰，河湖生态资源转化为旅游资源成效显著，能够带动民宿、生态农产品、特色手工艺品、文创产品等产业的发展，沿线居民收入提升。在生活安逸方面，美的元素主要表现在基础设施齐全、活动场景丰富、生活设施便利等方面，如湿地公园、绿道、步游道、健身区、娱乐区、直饮水站点、移动式厕所、垃圾中转站等，形成人水相依的生态廊道。

三、紧扣美丽河湖内涵，加快构建推动美丽河湖保护与建设的政策机制

（一）以突出美丽河湖内涵为引领，强化美丽河湖保护与建设的顶层设计

美丽河湖应具有“基于案例的现状美”和“基于创建的未来美”双重特性。“基于案例的现状美”是指一条河湖在通过实施一系列控源截污、生态补水、岸线修复等综合治理措施及水文化、水经济提质后，是河湖“由过去的不美变美”所展现的“现状美”，其美的要求为满足水质优、河湖生态用水得到有效保障、河湖水域及其缓冲带生物多样性得到基本保护等基本要求，并在河湖形态、岸线风貌、水文化、河湖沿线产业布局等

方面具有自身的特色亮点，其特色亮点在全国、全省具有较高的认可度和人民群众的美誉度。“基于创建的未来美”是指一条河湖在进一步实施美丽河湖保护与建设工作后未来所具备的美的特质，是河湖能够实现“变得更美”愿景的“未来美”，其美的要求为通过结合河湖自身自然生态现状、区域特征、突出环境问题、人民对河湖的幸福指数等，从“视觉之美、生命之美、和谐之美、文化之美、富饶之美”5 个方面，因地制宜地提出污水处理设施提标改造、水生态保护与修复、水资源节约利用、保护传承弘扬水文化、打造绿色水经济新业态等成熟、可行的综合方案，能显著提升河湖的“五美”程度，并在全国、全省具有示范价值。

（二）以美丽河湖内涵的各美其美案例创建为要求，规范美丽河湖创建工作程序

美丽河湖不是“千河一面”“千湖一面”，需要通过管理机制来引导各地美丽河湖建设，实现“特色彰显”“各美其美”。制定四川省美丽河湖创建管理规程，规范美丽河湖优秀案例申报工作程序，明确不同特点河湖申报优秀案例的适用范围，如以“视觉之美”“生命之美”为特点的河湖应在申报河湖的规模（长度、面积）上予以明确，以“富饶之美”为特征的河湖应在区位（城市、农村）上予以明确，并细化“各美其美”美丽河湖申报、审定、建设、验收等的要求。规范美丽河湖优秀案例申报材料，探索出台“四川省美丽河湖创建编制大纲”，统一视频材料、文本内容、自评表等要求，申报材料中应着重体现具有河湖特色的美的元素，并针对不同特点河湖设置不同的评价指标权重。优化申报材料评审方式，探索出台“四川省美丽河湖优秀案例评价技术导则”，明确评价程序与技术方法，引导地方政府根据河湖特点，从“视觉之美、生命之美、和谐之美、文化之美、富饶之美”5 个方面，有所侧重地实施美丽河湖保护与建设，为美丽河湖优秀案例评审提供依据。补充、完善美丽河湖案例评选专家库，广泛吸纳生态、水利、安全、文学、经济、艺术等方面的专家，为建设“各美其美”的美丽河湖提供全方位技术支撑。

（三）以提升美河之美、美湖之美的美丽河湖内涵为核心，完善美丽河湖保护与建设的评价指标体系

在生态环境部已发布《美丽河湖保护与建设参考指标（试行）》的基础上，结合四川长江和黄河上游重要水源涵养地和生态屏障的重要功能，对标全国其他的美丽河湖，聚焦河湖“视觉之美、生命之美、和谐之美、文化之美、富饶之美”5 个方面，细化美丽河湖评价指标体系。在视觉之美方面，包括河湖形态自然蜿蜒、水环境质量达到Ⅱ类及以上、生态流量保障目标满足程度达 90%以上、自然岸线率达到一定比例、河湖沿线污水集中收集率达到 70%以上等指标；在生命之美方面，包括土著鱼类数量明显恢复、浮游动物群落结构完整性、水生植物土著物种数和覆盖度明显恢复、列入中国外来入侵物种名单的动植物物种得到有效控制、水华面积比例＜10%等指标；在和谐之美方面，包括防洪排涝达到国家规定标准、饮用水水源地水质达标率 100%、水资源节约利用水平达到

国内先进水平、公众满意度达到 95%等指标；在文化之美方面，包括打造一定数量的水文化历史景点、文化及相关产业增加值达到较高水平、文化设施年服务人次明显提升等指标；在富饶之美方面，包括水生态产品价值实现的制度框架初步建立、生态优势转化为经济优势的能力显著增强、河湖沿线高新技术产业营业收入占规模以上工业比重超过 80%、沿线人均 GDP 超过流域所在地区平均值等指标。

（四）以实现美美与共的美丽河湖内涵为指导，加强美丽河湖保护与建设的组织领导

加强规划引领，在编制国民经济和社会发展规划、国土空间规划、基础设施建设规划和生态环境保护规划等规划时，将美丽河湖建设作为重要内容纳入其中，确保“美丽河湖”保护与建设协同推进。加强协作推进，将“美丽河湖”建设工作纳入生态文明建设大力推进，统一部署，鼓励各市（州）在环委会下设成立“美丽河湖”建设工作领导小组，建立发展改革、自然资源、住建、水利、农业、文旅等多部门协作机制，形成职责明确、执行有力、推进有序的工作机制。其中，发展改革部门负责协调涉及美丽河湖重大项目立项工作；自然资源负责协调涉及美丽河湖重大项目用地审批工作；建设部门应聚焦“视觉之美”，加快污水处理设施与管网、垃圾收运设施等建设；水利部门应聚焦“视觉之美”“和谐之美”，推进防洪、生态补水、岸线管控等工作；农业部门、自然资源部门应聚焦“生命之美”，加快实施水生生物多样性保护、河湖陆域生态保护修复等工作；经信、文旅、发展改革、农村等部门应聚焦“文化之美”“富饶之美”，加快提高水资源利用效率、挖掘河湖历史内涵，打造文化旅游品牌、推动生态产品转化等工作。加强项目谋划，把项目建设作为推动美丽河湖建设的第一抓手，积极谋划一批提升美丽河湖内涵的相关重大项目，并把项目谋划及储备入库工作纳入日常调度及党政考核。加强多元资金支持，积极争取中央、省级相关专项资金支持，统筹整合各级财政资金支持美丽河湖保护与建设，对于成功创建的美丽河湖，在水污染防治专项资金管理上给予一定倾斜。创新投融资机制，采取多种方式拓宽融资渠道，积极鼓励社会资本、各类投资主体以多种投融资方式参与美丽河湖建设，推动 EOD 方式在美丽河湖保护与建设中的应用，实现多元化投资、企业化运作、市场化经营、综合化管理。探索发布美丽河湖保护与建设机会清单，动员社会各方力量参与，汇聚强大合力。

（五）以实现天下大同的美丽河湖内涵为目标，加强美丽河湖保护与建设的宣传示范

开展示范试点，各地应结合美丽河湖建设，积极总结工程建设、制度保护、政策执行等方面好的经验做法，遴选一批建设成果显著或在“五美”方面有示范作用的河湖，供本地、全省甚至全国参考，并按规定组织评选表彰建设美丽河湖示范创建中的先进集体和先进个人。加强社会宣传，充分利用各种媒体和宣传阵地，运用多种形式，向全社会进行绿色生态、环境保护法律法规和政策条例的宣传，解读美丽河湖“五美”内涵，提高市民对美丽河湖认知、认同度和参与意识。开展全民参与行动，充分发挥各级人大、政协、工会、共青团、妇联等群众组织的作用，引导和组织市民群众参与各类志愿活动，营造全社会人人关心、支持、参与美丽河湖创建工作的氛围，形成全社会共同支持、共同参与创建活动的强大合力。深化美丽河湖理论研究，组织四川美丽河湖保护与建设研讨会，进一步挖掘美丽河湖内涵，探索构建美丽河湖的规划、指标、评价、政策、项目等体系，推动制定地方性法规。

（六）以助推实现美丽四川为目标，完善美丽河湖建设考核与激励

持续开展美丽河湖跟踪监测观测，组织自然资源、水利、农业农村、文旅等相关部门聚焦“视觉之美、生命之美、和谐之美、文化之美、富饶之美”相关评价指标，依托各类自动站、水文站、视频监控，积极推动建设水生态观测站，定期开展数据的收集获取，有效评价美丽河湖建设与保护情况。加强美丽河湖动态评估，依托现有信息化基础，打造对公众开放的美丽河湖平台，形成生态环境信息定期通报制度，建立激励、约束和退出 3 个机制，对美丽河湖实行动态管理。健全完善考核机制，把美丽河湖建设纳入生态文明、高质量发展、河（湖）长制考核重要内容，发挥指挥棒作用，对创建美丽河湖成功的所在市（州）生态环境保护党政同责工作目标绩效考核给予加分奖励。健全完善激励机制，实施生态环境领域奖金激励政策，对于成功国家、省美丽河湖案例的市（县），给予一定金额的奖补。对于入选省级美丽河湖案例的，下一步优先支持申报国家级美丽河湖。健全正向激励、容错纠错机制，促进干部担当作为，大力选拔在美丽河湖示范建设工作中政治坚定、善于统筹、敢闯敢试、担当作为的干部，鼓励支持各县（市、区）结合实际大胆探索，形成一批有显示度和影响力的“美丽河湖”。

关于推进四川省耕地土壤污染成因排查的建议

摘　要：耕地是农业生产最基本的要素，是人类赖以生存的物质基础。耕地土壤环境质量状况不仅关系到粮食安全和人体健康，还关系到耕地资源的可持续利用和农业的可持续发展。党中央、国务院对此高度重视，习近平总书记多次作出重要指示批示，强调要“强化土壤污染管控和修复，有效防范风险，让老百姓吃得放心、住得安心”。《中共中央 国务院关于深入打好污染防治攻坚战的意见》中明确提出“深入推进农用地土壤污染防治和安全利用，受污染耕地集中的县级行政区开展污染溯源”。推进受污染耕地成因排查能为耕地污染土壤提供有力的“体检报告”，是土壤污染防治的重要环节，也是保障耕地环境质量和农产品质量安全的重要举措。四川省地质条件复杂，工业行业种类众多，历史遗留问题点多面广，耕地污染成因复杂。为更好地发挥“成因排查”在耕地土壤污染管理中的重要作用，课题组立足于区域实际，系统分析了受污染耕地土壤污染成因排查政策要求、四川省受污染耕地土壤污染现状和问题，梳理了各省市受污染耕地土壤污染成因排查试点工作经验，结合自身特点“因地施策”，提出了推进四川省受污染耕地成因排查的建议。
关键词：耕地土壤污染；成因排查；问题分析；对策建议

一、受污染耕地土壤污染成因排查

（一）政策要求

土壤污染是自然社会双重影响下，长期累积形成的结果，土壤超标原因主要来自工矿企业生产经营活动、农业生产活动、生活垃圾污水以及自然高背景值的影响。土壤污染成因可分为量变型、突变型、事故型、其他型，不同影响方式的污染源差异大，污染途径多样，因此，耕地土壤污染成因排查既需要弄清具体污染源，更需要厘清污染途径。成因排查工作要点在于通过对自然环境、潜在污染源信息和多要素监测数据等资料收集与分析，初步研判区域内受污染耕地土壤污染成因；再围绕识别污染源和污染途径，选择区域内典型受污染耕地开展现场勘查和访谈，定性判断污染成因；再开展详细调查，追溯污染源、污染途径，判别受污染范围和受污染程度；最后针对识别出的污染成因实施断源控污和成效评估，对管控成效不佳的，进一步排查污染成因并完善管控措施。

为贯彻落实《中共中央　国务院关于深入打好污染防治攻坚战的意见》关于“受污染耕地集中的县级行政区开展污染溯源”的要求，生态环境部办公厅印发了《关于开展耕地土壤重金属污染成因排查工作的通知》（环办土壤〔2021〕31 号）（以下简称《通知》），《通知》要求：“十四五”期间重点在河北、辽宁、重庆、四川等 14 个省（市）实施成因排查工作，要做好耕地土壤污染成因排查工作，科学制定和实施成因排查工作方案，聚焦污染源，以重金属镉为重点，科学识别需要管控的污染成因（包括污染源和污染途径），充分应用排查成果，推动落实断源控污，实施成效评估，以期保证成因排查工作污染治理的成效。

受污染耕地土壤污染成因排查在耕地土壤污染管理中具有重要作用，如图 1 所示，受土壤环境污染隐蔽性和复杂性等因素影响，实际过程中成因排查、断源控污、成效评估可能经历多轮反复，因此，“十四五”期间推进耕地土壤污染成因排查是耕地土壤污染源头防控及安全利用的重要基础，是保障农产品安全的重要举措。

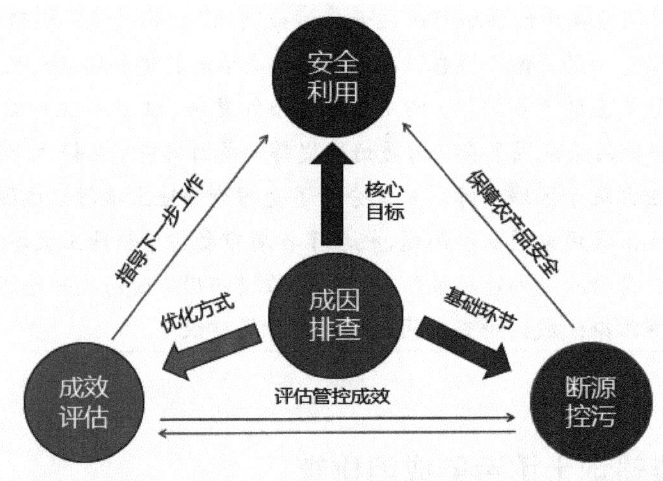

图 1　受污染耕地土壤污染成因排查在耕地土壤污染管理中的重要作用

（二）四川省受污染耕地土壤污染现状

四川省是全国重金属重点控制区，一方面由于地质构造复杂，矿产种类齐全、资源丰富，土壤中重金属背景值较高；另一方面由于四川作为西部工业大省，工业行业种类众多，第二次全国污染源普查显示，全省涉及工业行业 650 类，包括有色金属采选和冶炼、化工、电镀（含电镀工序）、制革等土壤污染重点行业，局部区域重金属污染物排放量大；此外由于历史上认识不到位、技术水平不高，长期的工农业生产活动造成土壤中污染物累积。因此，受地质背景条件复杂、历史遗留问题突出和工业行业种类众多等因素影响，四川省受污染耕地面积较大，主要分布于德阳、广元、乐山、雅安、泸州、宜宾、凉山和攀枝花等 8 个市（州），镉是主要污染因子。

（三）问题分析

一是受污染耕地面积大、污染类型多、工作相对滞后。四川省受污染耕地面积大，其中安全利用类耕地面积超5万亩以上的县（市、区）近40个，工作任务重。成因排查污染类型多、污染途径复杂，包括水输入量变型和突变型、大气干湿沉降量变型、农业投入品累积型、固体废物污染型（多为事故型）和地质高背景影响型和其他型等，工作难度大。成因排查工作相对滞后，目前仅在德阳市什邡市、乐山市井研县局部区域开展了试点工作，现有调查结果还难以有效支撑污染溯源、精准断源。

二是组织管理还未全面夯实，部门责任尚未有效压实。耕地土壤污染成因排查工作涉及生态环境、自然资源、农业农村、经信等多个部门，但现阶段生态环境部门一家“单打独斗”现象比较明显，部门间联合协作工作尚未有效开展、联动协调机制尚未全面形成。目前耕地土壤污染成因排查入库包装项目的申报主体多为县级相关部门，乡（镇）、村（社区）参与度不高，调查方案设计、实施管理、效果评估等方面关键节点把控仍需进一步加强，责任还需进一步压实。

三是技术力量薄弱，成因分析深度亟须加强。成因排查工作专业性强、难度大、要求高，与发达国家和其他部分省份相比，四川省的工作刚刚起步，受耕地土壤污染成因排查技术支撑体系还不健全，技术力量相对薄弱。土壤污染具有隐蔽性，不像水污染、大气污染比较直观，现有成因排查多以监测为主，而土壤污染物源解析技术多处于研究阶段，应用实例较少，适用于四川省实际的污染成因分析方法和溯源技术还不成熟，亟须加强成因排查技术深度研究，进一步总结形成分区分类排查技术指南。

四是数据分散、管理困难，长效机制有待健全。目前四川省虽已完成局部区域试点工作，但相关数据零散分布于各市（州）或相关部门，尚未开展系统数据集成和深度挖掘应用，相关经验还未进行系统总结和推广应用，受污染耕地重点区域的土壤环境长期观测基地仍未建立，土壤环境质量基础数据库仍需进一步完善。成因排查长效机制有待健全，成因排查成果与受污染耕地安全利用之间的衔接不够、支撑断源控污方面有待进一步加强。

二、典型经验借鉴

自2019年受污染耕地土壤污染成因排查试点工作开展以来，全国多个省（区、市）结合自身特点“因地施策”，系统推进试点任务，初步形成了一些具有示范意义的工作经验，有较好的借鉴作用。

一是以“压实责任”为抓手，强化内部组织实施。云南省高度重视耕地污染成因排查工作，突出组织领导，成立由生态环境厅分管领导担任组长的项目领导小组，组建了省生态环境监测中心牵头，部土壤与农业农村生态环境监管技术中心、部南京环境科学研究所为成员的技术小组。重庆市完善工作机制，成立由市生态环境局牵头，部土壤中心、市固管中心、市环境监测中心、西南大学为成员的试点工作组，在工作部署上，明确了工作目标、基本原则、技术路线、工作内容及安排，及时召开工作部署会。在协调机制上，每个月定期和不定期召开讨论会，及时交流和讨论项目实施过程中遇到的问题，加强与国家技术支撑单位沟通衔接。

二是以“保质保量”为核心，强化技术支撑。湖北省主动作为、靠前施策，提出了“土壤污染源溯源 1234 工作法”。即“一判断、二调查、三分析、四验证”：一是结合试点区域基础数据初步判断污染成因；二是对受污染耕地土壤现状、农作物及背景值进行调查，其中重点对耕地土壤的灌溉水、底泥、大气干湿沉降和化肥农药的情况进行调查；三是结合数据资料和调查情况综合分析确定污染源；四是利用主成分分析模型对综合分析情况进行验证。湖南省以“细、实、准”为核心，做到前期准备“细”，制作完成 4 张排查单元总图、156 张分图和 1 套排查单元清单信息表；做到查勘访谈“实”，成立了排查小组，明确村干部、农户等访谈对象，做到全流程导航，全过程问卷；做到监测调查“准”，确定补充监测点位后对接第三方监测机构精细化开展采样监测，确保数据准确有效。

三是以“服务管理”为目标，强化成果应用。四川省统筹兼顾，落实成因排查工作成果，制订一区一策实施计划，细化工作方案，落实工作措施，明确工作职责，协调推进耕地安全利用；加强土地空间管控，进一步优化区域土地空间布局，为实施农用地分类管控提供相应的空间规划支撑。持续深入开展农艺调控措施等研究，为耕地安全利用提供科技支撑。贵州省提出成因排查应服务于管理，加快开展区域土壤背景值调查研究，实现重金属地质高背景区土壤的分级分区和分类管理，推进重金属污染耕地的长期监测与管理，建立长期观测站，并纳入土壤环境质量管理的常规工作。重庆市加强试点工作宣传，试点工作得到生态环境部、重庆市生态环境局、重庆日报等宣传报道，增强公众生态环境意识和责任意识，形成全社会保护土壤的良好氛围。

三、对策建议

（一）突出顶层设计，把握关键节点压实责任

一是强化组织管理，压实部门责任。成立工作专班，将耕地土壤污染成因排查工作纳入各级生态环境保护委员会工作内容，在环委会统一领导下，协调和推动成因排查工作，理顺部门关系，压实多方责任，推动全方位资料共享、全过程技术互通、全领域资源整合。生态环境部门总体牵头，负责识别土壤污染途径和污染来源，负责梳理整合土壤污染状况详查、重点行业企业土壤污染隐患排查、污染源普查等资料。农业农村部门全面参与，负责厘清历史及现状灌溉、耕作种植方式、周边畜禽（水产）养殖等情况，

梳理整合化肥、农药等农业投入品及农产品监测数据。自然资源部门、经信部门积极配合，自然资源部门负责明确耕地图斑边界，梳理周边矿产资源分布及开发状况，共享历史矿产资源开采周边土壤、地下水相关监测数据，经信部门负责梳理重点工业企业、工业园区建设和排污情况。

二是突出顶层设计，明确任务分工。成立技术支撑组，明确数据总体集成单位，突出科学研究，深化有机物、重金属等污染物“源—径—排—汇”识别，突出“土壤—农产品”重金属含量关系分析，确保成因排查结果管用、好用。强化技术指导，成立专家顾问组，整合土壤学、环境科学、环境工程等领域专家，形成从方案制定、调查排查、成果集成“三段式”全过程技术帮扶和质量控制模式，指导解决成因排查中的技术难点问题。完善排查实施机制，成立“县—乡镇—村（社区）”多级协作的排查模式，县级人民政府统筹实施成因排查工作，负责组织协同各职能部门、相关技术和专家团队；乡镇具体落实辖区耕地土壤污染成因排查，组织协调村委会和农户配合调查工作；村委会协助做好耕地历史使用沿革、周边污染源分布、灌溉水、农药、化肥等投入品情况的收集。

三是抓好落地实施，把控关键节点。用好前期成果，做好排查方案设计，通过对现有调查成果“多源”数据的分析研判，初步划定地质背景影响区、工业企业活动影响区以及多因素综合影响区域，做好技术路线设计和方案制定。强化实施管理，依据受污染耕地区域分布，从“片、面、线、点”4个空间层次，有针对性开展历史资料收集、现场踏勘与问卷调查以及布点监测等相关工作，识别污染源、污染途径及影响范围等。强化成效评估，综合运用现有调查成果与补充监测结果，对有关数据开展数理统计及空间分析，进一步细化成因排查范围，形成耕地土壤污染成因“一张图”，依据不同污染成因提出相应管控对策建议。强化过程调度，定期召开排查工作调度会、讨论会，及时交流和讨论项目实施过程中遇到的问题，加强与专家顾问组和技术支撑单位沟通衔接，达成一致思路并形成解决方案。

（二）分区分类推进，试点先行有序铺开成因排查

一是分区推进，试点先行。“十四五”期间，开展耕地土壤污染成因排查试点，摸索山地、沟谷、丘陵、平原等不同地形条件，矿山采选、冶炼等不同污染源及高背景值，干湿沉降、灌溉输入、农业投入品输入等不同污染途径耕地污染成因分析方法和技术模式。以德阳市、成都市、彭州市等区域为重点，开展平原地区“高背景+工业企业大气沉降”复合影响型耕地污染成因排查试点；以绵阳市安州区、乐山市五通桥区为重点，开展丘陵区工业企业大气干湿沉降影响型耕地土壤污染成因分析试点；以泸州市古蔺县、宜宾市筠连县、广元市朝天区、内江市隆昌市等为重点，开展丘陵区地质高背景污染影响型耕地土壤污染成因分析试点；以雅安市汉源县、凉山州会东县等为重点，开展山区“地质高背景+固体废物（废渣）”复合影响型耕地土壤污染成因分析试点。“十五五”期间，全面铺开耕地成因排查工作，摸清污染源和污染途径，支撑耕地土壤断源控污和

安全利用。

二是集成前期数据，为排查做好初筛。集成散落在自然资源、农业农村、生态环境等不同部门的相关数据，形成部门合力，构建污染源、污染途径、耕地土壤环境质量、投入品、农产品污染物含量的闭环资料。集成生态环境部门不同层级、不同阶段调查数据，突出土壤污染防治行动计划实施以来，省、市、县三级不同阶段已有调查数据，整合农用地详查、污染地块土壤调查、土壤污染重点监管单位监督性监测、企业自行监测、重点行业企业隐患排查等数据，形成耕地土壤成因排查基础数据库。在系统分析上述数据基础上，初步建立耕地中土壤特征污染物的污染源、污染途径、土壤及农产品污染物含量对应关系，梳理污染源、环境质量历史变化沿革，基于数据分析初步锁定污染来源和大致影响范围，为耕地土壤污染成因排查奠定基础。

三是坚持问题导向，科学开展排查。以弄清耕地土壤污染源在哪里，污染途径是什么，污染通量是多少，累积效应有多大、污染范围与污染程度等核心问题为目标，有针对性开展数据分析、现场踏勘、补充监测、污染源排查等工作。突出现场踏勘和访谈，在前期数据整合分析基础上，做深做实现场踏勘和人员访谈，尽可能在补充采样监测之前弄清耕地土壤污染来源和途径，避免盲目采样和无效补测。充分运用卫星遥感、无人机航拍等技术手段，形成关注耕地周边地形地貌、河流水系、工矿企业分布等现状情况；充分做好耕地周边常住居民，特别是本地老年人的访谈，厘清历史上周边工矿企业分布、耕地灌溉水来源、化肥等农业投入品情况。分类做好补充监测，对于不能排除的污染成因，因地制宜做好补充监测、输入通量及累积负荷估算，对大气输入型突出大气干湿沉降监测，对水输入型突出地表径流、灌溉水渠及沉积物监测。深入开展污染源排查，针对明确为耕地污染来源的在产企业，有机结合耕地成因排查、重点行业企业隐患排查、企业自行监测等工作，进一步摸清污染工段、排放特征。

（三）针对断源控污成效评估和受污染耕地安全利用需求，开展规范长效支撑

一是用好排查成果，支撑断源控污和安全利用。以成因排查结果推进在产企业土壤污染“精准管控”，提出一批对耕地环境质量影响大、治理无望的落后产能淘汰清单，支撑形成一批企业清洁生产改造清单。以成因排查结果推动涉重金属关闭企业和矿区历史遗留固体废物“集中防治”，支撑有效切断污染物进入农田的途径，防治新增污染。以成因排查为契机，全面加强新污染物防治，探索制定实施新污染物治理行动方案。以成因排查结果推动耕地土壤分区分类管理，形成受污染耕地安全利用“一张图”，根据土壤污染成因类型，建立受污染耕地评估考核机制。基于成因分析成果，有序推进耕地土壤污染治理修复，以成都平原、川南和安宁河谷农产品污染物含量超标区为重点，加强受污染农用地治理和修复。

二是坚持长期观测，跟踪评估成效。对通过成因分析明确耕地土壤污染为地质高背景影响的，通过开展对土壤与农产品重金属含量的长期观测，动态跟踪农艺、种植结构

调整等安全利用方式的效果，确保农产品安全。对主要受工矿企业影响的污染耕地，结合污染源整治进展，采用先期成因排查中好的做法多轮动态开展监测评估，一方面跟踪开展大气沉降、灌溉水等污染物传递介质监测，评估污染源和污染途径整治效果；另一方面跟踪开展关注区域耕地土壤环境质量，分析其污染物含量变化趋势，以检验污染源和污染途径识别是否全面，为耕地土壤污染断源控污和安全利用成效提供科学支撑。

三是积极凝练总结，形成系列技术规范。总结形成成因排查技术规范，在前期不同地形、不同污染来源试点排查的基础上，结合四川实际，分区域、分类型形成耕地土壤污染成因排查技术规范。以攀西地区为重点，形成矿山、尾矿库分布多，背景值偏高、耕地坡度大、空间分布破碎区域土壤污染成因排查技术规范。以成都平原为重点，形成在产工业企业分布广、耕地集中连片区域土壤污染成因分析技术规范。以川南、川东北地区为重点，形成矿井涌水、堆场磺矸水影响区域土壤污染技术规范。针对在产工业企业影响型，总结形成土壤污染成因排查、重点行业企业隐患排查衔接技术要点。针对水输入、大气输入影响型，总结形成长期跟踪观测、成效评估技术规范。

关于宜宾、泸州组团建设川南省域经济副中心的思考与建议

摘 要：四川省委十二届二次全会提出“宜宾—泸州组团建设川南省域经济副中心”，也作出“筑牢长江黄河上游生态屏障”的重要部署。宜宾、泸州作为川南省域经济副中心，同处川南长江之滨、同饮长江之水、同酿长江“美酒”，同是成渝地区双城经济圈“南翼”建设的重要组成部分。宜宾、泸州共谋绿色发展、共筑生态屏障是满足人民日益增长的优美生态环境需求的客观体现，是保护长江上游水源涵养、把好生态安全的重要关口，是推动组团建设川南省域经济副中心高质量发展的重要内容。与此同时，宜宾、泸州持续筑牢长江上游生态屏障，还面临着生态系统功能发挥不足、污染防治攻坚任务重、能源产业转型压力巨大、生态环境风险突出等困难和挑战。为推动宜宾、泸州共谋绿色发展、筑牢生态屏障，在宜宾市生态环境局《宜宾—泸州共建长江上游生态屏障研究报告》课题资助下，课题组创新提出纵深推进绿色发展，全面筑牢生态屏障“五大行动”。

关键词：川南省域经济副中心；绿色发展；生态屏障

长江是中华民族的母亲河，也是中华民族发展的重要支撑。四川地处长江上游地区，是长江上游水量供给主要的区域，为全国水资源安全提供了重要保障，是名副其实的长江“第一道岗”。2022 年 6 月，习近平总书记亲临宜宾视察长江生态保护，深刻指出“保护好长江流域生态环境，是推动长江经济带高质量发展的前提，也是守护好中华文明摇篮的必然要求”。作为长江上游城市，要强化上游担当，不能沿江“开黑店”、排污水，要以能酿出美酒的标准，想方设法保护好长江上游水质，造福长江中下游和整个流域。四川省委十二届二次全会提出“宜宾—泸州组团建设川南省域经济副中心”，也明确作出“筑牢长江黄河上游生态屏障”的重要部署。宜宾、泸州作为川南省域经济副中心，同处川南长江之滨、同饮长江之水、同酿长江“美酒”，同是成渝地区双城经济圈“南翼”建设的重要组成部分，有责任一同坚决扛起筑牢长江上游生态屏障的重大使命。为深入贯彻落实习近平总书记重要指示，加快落实省委重要战略部署，课题组以“川南省域经济副中心城市共谋绿色发展　共筑生态屏障”为题，围绕宜宾、泸州共同筑牢长江上游生态屏障的重要意义、困难与挑战、总体构想及实践路径等方面入手，形成以下报告。

一、共筑长江上游生态屏障的重要意义

筑牢长江上游生态屏障对保障整个长江流域的生态平衡，具有不可替代的作用。研究表明①，生态屏障功能兼具过滤器、缓冲器、隔板、庇护所、水源涵养、精神美学功能。概括起来，主要包括支撑满足人与经济社会可持续发展的生态环境功能、生态安全风险可控的安全功能。综合来看，宜宾、泸州共筑长江上游生态屏障意义重大。

（一）满足人民日益增长的优美生态环境需求的客观体现

建设生态城市群是城市发展战略的重大转型。习近平总书记在中央财经委员会第六次会议上明确提出成渝地区双城经济圈建设“一极两中心两地”的目标定位，第一次把“建设高品质生活宜居地”上升为国家战略。截至 2021 年年末，宜宾、泸州总面积达 25 503 km^2，常住总人口 886.4 万人，分别占成渝地区双城经济圈的 1.4%、0.92%。宜宾、泸州同属于成渝地区双城经济圈重要城市，位居长江“源头”，宜宾更是“万里长江第一城”。万里长江第一城，首先也必须是生态第一城。建设更加干净整洁有序、山清水秀城美、宜居宜业宜游的城市，打造城在绿中、道在林中、房在园中、人在景中的生态城市群，顺应了宜宾、泸州近千万人民对美好生活的向往，也是长江上游生态屏障建设的内涵所在，是成渝地区双城经济圈高质量发展以及人民的共同迫切需求和愿望。

（二）保护长江上游水源涵养及把好生态安全的重要关口

长江上游地区是长江流域水资源保护的核心区域和生态建设的关键区，也是全球气候变化的敏感区和生物多样性宝库。长江自西向东流经 11 省（市），流域面积 205 万 km^2，占全国国土面积的 21%，人口和经济总量均超过全国的 40%。宜宾、泸州位于四川长江上游，两地气相通、土相连、水相依，在地质、地貌、气候、土壤等方面构成了一个完整的生态系统，区域整体生态功能显著、地位突出，是名副其实的长江“第一道岗”，是必须把好的“安全关口”，担负着守卫长江上游水源涵养、防范环境风险，源源不断为中下游提供安全饮用水的重大责任和使命。

（三）推动组团建设川南省域经济副中心的重要内容

建设省域经济副中心，更加强调区域优势互补，增强区域发展可持续性，从而不断增强区域经济的实力和辐射带动能力。2021 年宜宾、泸州地区生产总值达 5 554.16 亿元，位列全省 3 个省域经济副中心首位。两地同处川滇黔三省接合部，位于“一带一路”、

① 摘自中国科学院水利部成都山地灾害与环境研究所、四川农业大学、成都理工大学《关于生态屏障功能与特点的探讨》。

长江经济带和成渝地区双城经济圈战略叠合部，位于成渝地区“南翼”和成渝贵昆四大城市“X”交会处的中部顶点，与成渝两个极核形成均衡的“空间大三角”，拥有辐射吸纳周边川渝滇黔 3 700 万人口的独特优势。推动宜宾、泸州一体化发展，有助于引领带动川南经济区高水平建设全省第二经济增长极。

二、共筑长江上游生态屏障建设面临的困难和挑战

宜宾、泸州共建长江上游生态屏障意义重大，有助于充分发挥区域生态环境基础作用。但同时，宜宾、泸州两地还面临生态系统功能发挥不足、污染防治攻坚任务重、能源产业转型压力巨大、生态环境风险突出等困难和挑战。

（一）生态系统功能发挥不足，亟待提升生态系统功能

尽管在“十三五”期间，天然林资源保护工程、退耕还林工程取得了显著成效，宜宾、泸州仍面临水土流失等共同的生态环境突出问题。其中，泸州市是全省水土流失严重的地区之一，水土流失面积占辖区面积的 31%，流失区侵蚀量为 1 864.57 万 t，每年汇入长江的泥沙约 1 647 万 t；宜宾森林分布不均，结构较为单一，稳定性较差，森林的拦水、滞洪、保土、涵养水源、净化空气及调节气候等生态功能较弱，水土流失仍然较重，协同发挥生态屏障功能、加强水土保持等任务艰巨。

（二）污染防治攻坚任务重，亟须加强区域联防联控

作为长江上游出川重要城市，环境质量是重要的生命线。但在水、大气、土壤三大环境要素上，尤其大气污染防控形势仍然严峻。两地同靠云贵高原边缘，污染物易累积难扩散，自身污染物排放与外来污染输入叠加，极易出现 $PM_{2.5}$ 和臭氧双污染叠加的局面。且两地大气污染结构性问题仍然突出，宜宾市现有机动车保有量 109.7 万辆、全省排名第 4，非道路移动机械备案数 1.23 万台、全省排名第 2，主城区机动车尾气污染突出；泸州市工业产业整体偏重，白酒、机械、化工、能源作为传统优势产业，污染物排放量大，对城市空气质量有重要影响，大气污染防治联防联控合力还需加强。

（三）能源结构转型压力较大，亟待优化转型升级

“十三五”期间，宜宾、泸州市启动火电、水泥的超低排放改造和深度治理，基本完成各类工业污染源超标整治工作，工业源减排空间已大大缩减。但在碳达峰碳中和背景下，两地以煤为主的能源结构没有根本改变，天然气、电力、热力等清洁能源消费占比不高，在环境容量及环境承载力约束的情况下，加快调整能源结构、运输结构和用地结构，进一步释放减排潜力，将是推进宜宾、泸州长江上游生态屏障建设的重要突破口。

（四）工业企业沿江布局，生态环境风险较高

宜宾、泸州沿江发展，由于地理缘由、历史等原因，两地化工企业及园区大多临江而建。泸州市仅长江干流沿线就建有泸州高新技术产业开发区、四川泸州（长江）经济开发区等 7 个工业园区，宜宾市 6 个园区沿长江、岷江布局，长江干流（含金沙江）、岷江干流岸线 1 km 范围内的化工企业 16 家，环境风险源种类多、危险化学品从业单位多。宜宾、泸州所处的长江干流及部分支流河口段属于长江上游珍稀特有鱼类国家级自然保护区，生态环境敏感，在环境风险偏高和环境风险制度不完善、环境应急响应与处理处置能力不足双重压力下，生态环境风险防范任务艰巨。

三、纵深推进绿色发展，全面筑牢生态屏障的建议

（一）实施“统筹生态空间”行动，促进城市群空间布局绿色化

加强生态空间分区管控。推进“三线一单”成果应用，落实生态环境分区管控要求，完善生态空间分区管控体系，划定一体化清单管理范围，协调两地毗邻接壤区管控单元，实现因地制宜、因时制宜进行精细化环境管理。建立生态红线联合保护机制，联合开展生态保护红线调查与评估，保障接壤地区生态保护红线的连通性，合力提升监管能力，严守长江上游珍稀特有鱼类国家级自然保护区、川东南石漠化敏感区、集中式饮用水水源地保护等生态保护红线，以国家生态保护红线监管平台为依托，继续完善生态保护红线监管制度，推动生态保护红线监管试点，完善生态保护红线监管流程。

统筹城市群空间发展格局。抓住成渝地区双城经济圈建设重大机遇，发挥好“双核引领，两翼协同”的“南翼”支撑引领作用，以宜宾、泸州为核心辐射川南经济区及滇黔北区域，主动融入长江经济带发展，构建“两核一带”的一体化发展新格局。深化与成都平原经济区在加强开放大通道建设、产业统筹布局、城市群发展、生态环境等方面协同联动。深化与攀西经济区在沿江开放和南向通道建设等方面加强合作，建成四川南向开放门户和川渝滇黔接合部区域经济中心。协同川东北经济区承接东部发达地区和成渝地区产业转移。打造长江上游绿色发展示范区和沿江生态型城市带。

优化区域发展规模和方向。发挥区域优势，培育特色优势产业集群，宜宾建设生态优先绿色低碳发展先行区和南向开放枢纽门户，泸州建设港口型国家物流枢纽城市和区域医药健康中心，共建世界优质白酒产业集群，引导产业向国省级园区集聚发展，共同打造承接东部地区产业转移创新发展示范区。完善提升铁路枢纽功能和服务能力，以城际铁路、无水港为纽带，强化大宗商品集散、航运物流等领域发展，加强与渝滇黔接合部城市合作，共同发挥长江黄金水道作用，联合打造南向通道经济带。以公园城市建设理念为指导，提升城市发展质量和效率，科学划定城镇开发边界线，优化调整存量空间，

提高土地利用效率，合理控制城市发展规模，打造绿色生态城市群。

（二）实施“生态共建”行动，提升生态系统质量和稳定性

加强生态系统保护与修复。推进山水林田湖草沙系统治理，立足重点区域，强化整体治理，协同开展长江沿岸“两岸青山·千里林带”、川南盆周地区生态斑块保护修复等重点生态建设工程。统筹长江干流流域岸线保护，严格生态缓冲带管理，协同强化岸线用途管制和节约集约利用，保持岸线自然形态，持续实施长江干流和沱江等重要支流岸线生态修复工程、非法码头整治和采石塘口还绿工程、岸线森林公园和国有林场林相改造提升工程。加强长江干支流矿山修复治理，共同推动历史遗留矿山生态修复三年行动计划，加强乌蒙山—大娄山历史遗留矿山生态修复区水土保持、恢复植被及高陡边坡整治和石漠化治理等。协同开展美丽河湖保护与建设，加强河湖生态修复与管理保护，还生态空间于河湖，全面构建自然连通的美丽河湖格局，积极推进生态文明示范区和“绿水青山就是金山银山”实践创新基地创建工作。

合力加强生态廊道建设。共建重点生态功能区生态屏障，以岷江、沱江、赤水河、永宁河等重点河流为生态廊道骨架，以自然保护区、森林公园、风景名胜区、滨江湿地、大中型湖泊、水库等生态斑块为重要组成，联合打造川南绿色走廊，保证生态系统的系统完整性和生态廊道连通性，确保生态功能不降低、面积不减少、性质不改变，总体格局稳定。加强区域生态系统连通性和完整性，联通破碎生境，在城市之间、城市与功能区之间构建绿色生态隔离带，形成城市群生态体系。

加强区域生物多样性保护。探索建立生物多样性保护联动机制，试点联合开展生物多样性调查和评估，对重点区域的生态系统、陆生高等植物、淡水水生生物、大型真菌等进行调查和评估。严控有害外来物种入侵，实施外来有害生物防治工程，落实动植物防疫工作，完善动植物隔离检疫设施。联合深入实施长江“十年禁渔”计划，完善增殖放流管理机制，加强长江上游珍稀、特有鱼类国家级自然保护区建设，加大对长江鲟、白鲟、胭脂鱼等珍稀特有鱼类的救护、暂养、繁育，联合推进河湖水系联通工程，加大长江珍稀特有鱼类及沿岸濒危野生动植物保护和拯救力度。

（三）实施“污染共治”行动，持续推动生态环境质量改善

深化水体污染联防联治。协同推进河湖管理保护，做好上下游、左右岸任务衔接，统一责任目标考核，统筹推进流域综合开发、水资源管理、环境保护、防洪防灾等。深入推进长江经济带生态环境突出问题整改和生态环境污染治理工程。开展联合巡河，持续开展长江干流岸线保护和湖库水环境综合治理，协同开展长江一级支流水环境治理试点示范建设，深入推进长江入河排污口整治，强化水功能区和入河排污口监督管理，加强工业污染、农业面源污染、船舶污染治理以及尾矿库污染治理试点示范工程，积极开展水域清漂联合行动，联合谋划包装实施一批重点项目，推进重点流域水质提升。

加强大气污染联防联控。加强区域合作联动，常态化开展重点区域联合巡查，坚持结构优化与深度治理相结合，联合提高节能环保准入门槛，统一制定重点大气污染物排放总量控制要求，完善跨市主要污染物总量指标调剂机制，联合应对重污染天气。锚定未来三年的空气质量达标目标，协同开展工业污染源整治，共同实施 $PM_{2.5}$ 和臭氧浓度“双控双减”，联合削减挥发性有机物总量，推动钢铁行业超低排放改造，推进焦化、玻璃、建材等行业企业污染深度治理和挥发性有机物综合整治，联合对跨界区域布局分散、装备水平低、环保设施差的小型工业企业实施分类治理，联合开展大气污染源解析，提升精细化管控水平。

深化土壤固体废物污染协同处置。共同推进土壤污染修复与治理，以沿江工业园区、矿山企业为重点，联合开展土壤污染治理与修复试点示范，探索建立因地制宜的技术体系。协同开展耕地土壤和农产品监测与评价，完善农用地分类管理，在保障粮食安全的大前提下，协同深化农药化肥减量增效，加强白色污染治理。协调区域工业固体废物综合处置和利用，加强联合监管，持续推进危险废物跨界运输管理协作，联合开展工业固体废物、危险废弃物大排查，联合打击固体废物和危险废物非法跨界转移、倾倒等违法犯罪活动。共同推进“无废城市”建设，加强无害化处置能力建设，推动实现无废信息管理“一张网”，优化固体废物信息管理平台，整合、共享各部门、各领域固体废物信息。

合力管控生态环境风险。共同推进区域、流域环境风险防范，将新（改、扩）建区企业危险化学品生产、使用、储存企业布局纳入区域发展规划、土地利用总体规划和城乡规划中统筹安排。提高环境风险评估能力，以江安、合江等地为试点，联合开展区域环境风险评估，加强生态环境监测监管网络和预警指挥体系建设，做好重大环境风险源动态监测与风险预警控制。健全突发环境事件应急联动机制，加强环境应急协调联动，完善环境保护协调和信息通报机制，推动落实流域上下游联防联控机制，建立跨界河流应急管理预案，以联合培训演练、签订应急联动协议等多种手段，加强跨区域部门间的应急联动和协同处置能力。

（四）实施“共推发展”行动，创建绿色低碳先行示范

巩固扩大产业绿色转型成果。不断巩固白酒、食品加工、综合能源、化工轻纺建材等传统优势产业绿色化改造和提质增效成果，推动形成以高科技产业和现代服务业为主的绿色产业体系。联合培育绿色产业集群，加强绿色制造领域关键核心技术的研发，培育特色优势产业集群，构建长江“零公里”最优酿酒生态圈，形成“五粮液”“泸州老窖”等白酒品牌引领，加快建设世界级白酒产业集群。引导动力电池、新能源汽车、智能制造、高端装备轨道交通、新材料、电子信息、能源化工等优势特色产业集群发展，发挥锂电材料特色优势，打造绿色“动力电池之都”。深化绿色创新驱动，强化“双碳”目标科技支撑，联合开展绿色技术创新攻关，在智能终端、清洁能源等优势领域布局一

批前瞻性、战略性科技攻关项目。

联合推进能源结构绿色优化。增强能源协同保障能力，发挥宜宾、泸州水电和天然气等清洁能源优势，科学合理推进水电、页岩气开发，打造四川“气大庆”主战场，完善天然气供储消体系，共同争取省级、国家级支持，加快管网建设与整合，推动管网以市场化方式融入国家管网。统筹推进能源结构调整，全面落实能源消费总量和能源消费强度“双控”制度，强化能耗强度降低约束性指标管理，引导重点领域企业节能降碳，有序淘汰落后产能，实施重点区域煤炭总量控制，推进工业、建筑、交通等领域低碳化。协同构建绿色交通体系，推动交通运输结构优化调整，全面融入西部陆海新通道建设，以宜宾港等大型枢纽场站为依托，完善铁水、公铁、水水等联运设施，协同构建铁公水空综合立体交通通道。大力推行智慧低碳交通，优先发展城市和城际交通，推广新能源汽车和轨道交通，完善绿色交通设施。

协同推进区域碳排放达峰。加强碳排放强度控制，坚持降碳、减污、扩绿、增长协同推进，推动区域协同编制碳达峰行动方案，有序开展碳达峰相关工作，配套相应措施，针对工业、交通、建筑等重点领域制定碳达峰专项方案，明确煤炭、电力、化工、建材、造纸、白酒等重点耗能行业碳达峰目标并制定行动方案，鼓励大型企业和重点园区制定碳达峰行动方案。加强温室气体排放管控，构建温室气体和大气污染物协同控制制度框架，协同探索编制区域温室气体清单，提升火电、建材、化工、造纸等行业碳排放管理水平，严格控制煤炭开采、加工、输送过程中的甲烷和二氧化碳逃逸排放，以及页岩气采气、输气过程中甲烷的泄漏排放。探索温室气体减排激励机制，鼓励企业参与国家核证自愿减排交易，探索区域低碳标签，尝试开展出口产品低碳认证。

推动绿水青山就是金山银山价值实现。探索建立生态产品价值实现机制，建立并完善生态产品调查监测和价值核算体系、生态产品可持续经营开发机制等。协同推进长江上游生态文化旅游融合发展，打造川渝滇黔旅游集散中心、世界白酒文化旅游目的地，联合建设长征国家文化公园、中国酒城·长江生态旅游带等重点项目，突出打造沿江城乡休闲生态旅游带，构建连片成带聚集发展格局，共同建设长江上游生态文旅产业长廊。完善生态资源保护，选取符合条件的森林公园、风景名胜区、地质公园、风景区及自然保护区等自然资源联合申报世界自然遗产。促进特色优势农林生态产品价值转化，联合打造长江上游名优茶产业带、长江上游生态渔业产业带以及全国优质蚕桑产业带、林竹产业亮丽风景线等，着力构建“名优产品品牌+优势企业品牌+川南地理标志+区域公共品牌”品牌体系。

培养弘扬绿色文化。深入开展习近平生态文明思想学习教育，牢固树立绿色发展理念。深度发掘长江上游生态文化，结合川南地区生态资源和文化的地域性，挖掘生态资源中承载的人文故事等，建立生态文化品牌，增强生态文化的自豪感、荣誉感、认同感和归属感。倡导公众践行绿色低碳行为，依托节能宣传周、全国低碳日、六五环境日、地球日等开展绿色低碳主题活动，加强绿色生活方式宣传引导，鼓励绿色出行。推动绿色低碳示范建设，支持三江新区试点实施低碳循环改造和全域电动化替代，率先在全省实现“零排放”，推动四川（泸州）西部化工城、宜宾临港经开区绿色产业示范基地建设，开展低碳商业、低碳旅游、低碳企业、低碳学校、低碳景区试点，营造全民参与的绿色氛围。

（五）实施“协作共商”行动，不断提升生态环境治理效能

完善协调共商机制。完善生态环境共建共治联席会议制度，加大重大环境政策市级、县区级会商，切实加大区域合作执行层面的协调和推进力度，各层级定期召开协商会议，安排和跟进各合作事项进展。探索建立协调统一的生态文明建设目标评价考核制度，重点突出约束性指标，强化考核结果运用。建立生态环境数据互通共享和开放应用机制，探索建立实现跨区域、跨部门的生态环境相关数据资源采集、传输、存储、共享和开放一体化统筹规范管理机制，进一步完善区域生态环境管理体系。

完善协调统一的法规体系。共同推进长江流域川南片区生态环境保护法治联盟建设，推进跨区域、跨流域生态环境协同立法，统一执法依据，在地方立法中为跨区域联合执法、交叉执法等提供统一的执法标准和依据。统一执法力度，强化执法能力，探索建立统一的生态环保执法标准化建设规范，共同提升环境执法能力水平。构建环境行政执法联动工作机制，建立完善跨区域行政执法联席会议制度，定期共同研究决定跨区域行政执法协作事项，通报联合行政执法工作进展情况。

构建一体化环境经济政策体系。共同争取国家和省级生态保护补偿资金对长江上游生态屏障建设的支持，探索设立长江上游流域生态保护补偿基金。建立健全常态化、综合性的生态补偿机制，严格实行生态环境损害赔偿制度。构建一体化环境权益交易政策，积极推动区域间探索开展地区间水权、用能权、排污权、碳汇等交易机制。构建区域一体化绿色金融政策，探索建立绿色信贷、绿色债券、绿色保险合作机制，建立两地环境信用成果互通机制，推动两地企业信用评价结果互认、失信企业联合惩戒。

四川省实施生物多样性保护重大工程的思考与建议

摘　要：四川省是我国重要的生物多样性宝库，是生物多样性保护工作的重要阵地。党的二十大报告提出“中国式现代化是人与自然和谐共生的现代化，中国式现代化的本质要求之一是促进人与自然和谐共生”“实施生物多样性保护重大工程”。为深入贯彻落实党中央、国务院有关决策部署，本研究结合四川省生物多样性保护工作实际和存在的具体问题，从实施生物多样性保护重大工程、实施生物多样性本底调查、加强野生动植物及其栖息地保护、提升迁地保护设施和水平、促进生物多样性可持续利用、增强生物安全管控能力、推进城乡生物多样性保护和加强科技创新能力等8个方面提出了建议，以期为四川省开展生物多样性保护工作提供参考。

关键词：生物多样性保护；中国式现代化；人与自然和谐共生

一、党的二十大为我国生物多样性保护定锚稳舵

党的二十大报告指出，中国式现代化是人与自然和谐共生的现代化，中国式现代化的本质要求之一是促进人与自然和谐共生。在坚持和发展中国特色社会主义的背景下，深入贯彻党的二十大精神，坚定践行习近平生态文明思想，科学引领四川生物多样性保护重大工程落地实施。

（一）尊重自然、顺应自然、保护自然

深刻领会习近平生态文明思想，牢固树立科学的自然观。尊重自然，人类是自然的一个重要组成部分，遵循自然生态系统演替和地带性分布规律；顺应自然，人类活动应按照自然规律办事，不以牺牲生态环境为代价谋发展；保护自然，人类既是自然的受益者，也是自然的守护者，应践行保护、增殖和合理利用自然资源。

（二）牢固树立和践行绿水青山就是金山银山的理念

深刻认识生物多样性是人类赖以生存的生活和发展资料，要可持续地利用和开发，要像保护眼睛一样保护生物多样性。协同推进降碳、减污、扩绿、增长，杜绝人为不合理活动对自然的干扰和破坏，站在人与自然和谐共生的高度谋划发展。

（三）坚持山水林田湖草沙一体化保护和系统治理

坚持保护优先，自然恢复为主，宜林则林、宜草则草、宜荒则荒，按照自然规律谋划、设计、实施生物多样性保护工程，充分发挥生态系统自我修复能力，避免人类对生态系统的过度干预。不干以保护生态为名，实则破坏生态的事。

二、国内外生物多样性保护理念与技术

（一）生物多样性保护理念

采用“再野化”理念营造上海荒野植物园。荒野植物园（图 1）区别于普通公园，其首要目的在于保存本土植物，营造维护城市最原本的生境。2019 年，城市荒野工作室以最少的人为干预和近自然的经营理念在上海市建立了一块占地 17 000 m^2 的荒野公园，园区分为落叶树种区、常绿树种区、蝴蝶招引区和灌木展示区等。据统计，园内保存了老鸦瓣、刻叶紫堇、苦楝和接骨草等上海本土植物 300 余种；鸟类 80 多种；昆虫 500 余种，包括橙斑白条天牛、金斑蝶、透翅疏广翅蜡蝉、蒙古寒蝉等。

图 1　荒野植物园鸟瞰图

生物遗传资源获取惠益分享制度的“西双版纳方案”。云南省西双版纳傣族自治州优先启动遗传资源及其相关传统知识本底和开发利用现状调查，完成了《西双版纳地区生物资源本底与开发利用现状和管理需求调查研究》《西双版纳地区少数民族生物多样性相关传统知识本底与开发利用现状研究报告》，调查重点生物资源约 35 种；对西双版

纳世居的傣族、哈尼族、拉祜族、基诺族和布朗族等少数民族传统知识进行编目记录，收集整理记录民族医药传统知识 342 个。推动遗传资源及传统知识获取与惠益分享协议的谈判和签订，完成发酵食品、傣医药、傣药种植与传统熏蒸药验方开发应用、传统药用植物勐腊毛麝香种植及加工等协议签订，并取得积极进展。目前，利用勐腊毛麝香研制的有关产品已批量生产，并投入市场销售。

（二）生物多样性保护技术

被动声学应用于西黑冠长臂猿监测。被动声学监测技术是指通过在野生动物活动区域部署声学传感器记录动物鸣声，以非侵入的方式获取长期监测数据，近年来被广泛应用于陆生哺乳动物监测，这项技术能有效弥补人工监测在数据获取持续性和完整度方面的局限性，有效降低时间成本和人工开支。西黑冠长臂猿（*Nomascus concolor*）是国家一级保护野生动物，为典型树栖小型猿类，活动与觅食均在高大乔木的树冠层或中层中进行，很少下至 5 m 以下的小树上活动，采用传统的红外相机手段很难监测到其活动行为。为实现西黑冠长臂猿的长期监测，哀牢山国家级自然保护区科研人员设计了一套被动声学监测系统，由 1 个监测点和 2 个信号传输中继点组成，实践证明该套系统可以长期稳定运行，能精准识别记录鸣声频次、方向、时间等信息，可以更精准地监测西黑冠长臂猿种群状况。被动声学监测系统框架[1]见图 2。

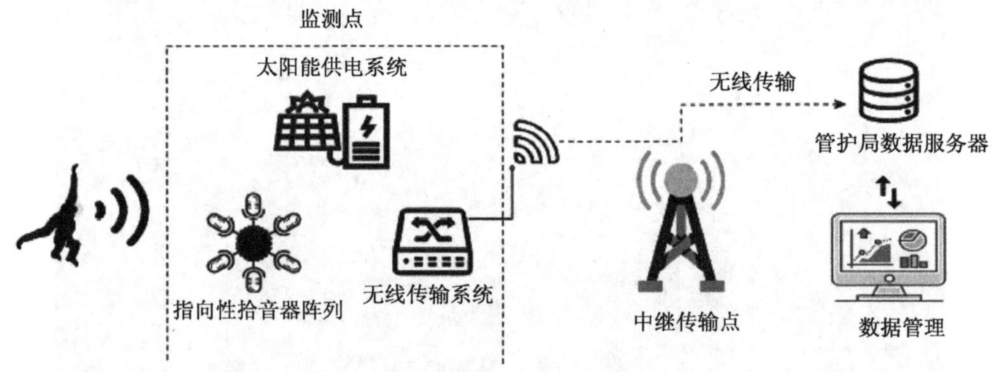

图 2　被动声学监测系统框架

采用环境 DNA 技术监测鱼类。环境 DNA（Environmental DNA，eDNA）是指从生物体生活环境中直接提取到的不同物种 DNA 片段的总和。在鱼类的特异性基因识别片段的基础上，与利用分子手段检测 eDNA 所获得的识别片段进行比对，进而确定水环境中鱼类是否存在，是一种新型的生物资源调查手段。与传统方法相比，eDNA 技术具高灵敏、低成本、无损伤等优点，能够快速地检测出入侵种、濒危种及稀有种等种类，还应用于鱼类资源量估算、模拟种群分布和食性分析等方面。eDNA 技术对于鱼类资源研究具有颠覆性意义，并展现出良好的发展势头。

（三）生物多样性保护工程案例

世界最大的野生植物种子库——英国千年种子库（The Millennium Seed Bank）。种质资源的收集和保存为解决粮食安全问题提供了保障，野生生物资源中，特别是栽培作物和家养动物的近缘种中包含了大量特殊、优质的基因，如抗寒、抗旱和抗病等抗逆基因，以及速生、早熟和优质高产等优异基因。拥有大量的生物种质资源储备并掌握其保护和利用的新技术，即是国家综合实力的体现。英国家植物园邱园（The Royal Botanic Gardens，Kew）于 1974 年开始建立种子库，自 1979 年开始收集英国国内植物的种子，1983 年收集世界各地尤其是干旱区半干旱地区的种子，于 1997 年开始启动“千年种子库”项目。英国千年种子库坐落在伦敦附近的西萨克斯郡的维克和斯特庄园。它是世界上最大的野生植物种子库，运用了冷冻保存（−18℃）和超低温保存（液氮，−196℃），可以储藏亿万粒种子，抗核爆炸。目前，英国千年种子库已保存了来自 50 多个国家的 72 188 份、35 039 种（分属 332 科 5 581 属）野生植物的种子。

蜈支洲岛退化珊瑚礁修复工程。2016 年，海南蜈支洲旅游开发股份有限公司与中国科学院南海海洋研究所合作启动蜈支洲岛北侧珊瑚修复，科研机构专家团队通过采用自主设计、制作、投放的 3 个大型类礁人工苗圃和具有新型亲和表面材料的“蜘蛛”状人工礁体，结合补植、抚育、管护珊瑚等手段，构建珊瑚礁生境重建区和珊瑚礁生境恢复区。截至 2021 年年底，研究团队在修复区移植珊瑚 11 种共 3 万多株，存活率超过 65%，且经受了敌害生物——核果螺暴发的考验。目前移植 3 年以上的珊瑚个体最大直径超过 50 cm，平均超过 23 cm。与 2016 年相比，该区域珊瑚覆盖率增长超过 1 倍，达到 37%。

三、相关建议

深入贯彻落实党中央、国务院关于加强生物多样性保护的有关决策部署，解决四川省生物多样性突出问题，科学谋划生物多样性保护重大工程，为国内外展示生物多样性保护的“四川案例”，提出以下建议。

（一）规划引领、科学实施生物多样性保护重大工程

科学编制《四川省生物多样性保护重大工程十年规划》。针对一些区域栖息地退化、本底不清、监测网络不健全、迁地保护体系不完善等具体问题，以提升保护成效、加强监管能力为导向，总体谋划未来十年生物多样性保护目标、工程布局、管护举措、技术措施和政策机制。按照全省统一部署，相关部门将生物多样性保护纳入行业发展规划，各市、州结合实际编制本区生物多样性保护重大工程实施方案，分解规划目标，落实工程任务。生态环境厅牵头建立工程实施监督机制，强化工程绩效考核制度，适时发布考核结果，确保责任到位、措施到位、投入到位。

构建生物多样性保护重大工程标准体系。科学应用现行生物多样性保护工程相关国家标准、行业标准。结合四川省实际特点，边实施、边总结，制定或更新一系列调查、监测、数据平台、人工繁育、野化放归等工程实施技术标准，规范事中管理，确保生物多样性保护重大工程科学落地。针对重大工程建设评估需求，研究出台管理、评价和考核等技术标准，用技术“标尺”规范生物多样性保护重大工程事后评估。

（二）科学实施生物多样性本底调查

开展四川省生物多样性综合调查。以“五县两山两湖一线”（黄河流域 5 县，贡嘎山、海子山、泸沽湖、邛海自然保护地，川藏铁路沿线）为重点，开展高等植物、陆生哺乳动物、鸟类、爬行类、两栖类、水生生物、昆虫、大型真菌等各类群生物多样性调查，到 2030 年，完成生物多样性保护优先区本底调查工作。在甘孜州、什邡市、平武县、北川县和汶川县等重点区域实施珍稀濒危动植物专项调查工程，摸清大熊猫、雪豹、珍稀鸟类、水生生物和极小种群植物等种群数量、自然分布和变化趋势等情况。将生物多样性调查内容纳入全省自然资源调查监测体系，统筹衔接森林、草地、湿地等各类资源调查工作，协同推进全省生物多样性本底调查，形成统一有序的生物多样性调查、评价体系和数据管理、运用、发布制度。

开展生物多样性相关传统知识的抢救性调查。依照《生物多样性相关传统知识分类、调查与编目技术规定》，开展农业遗传资源、药用植物、经济植物以及相关传统知识等专项调查。收集四川地方特色动植物品种（草科鸡等）、农业技艺（藏茶等）、医药理论（中药、藏药等）、民间艺术、文学作品、工艺品和地理标志产品等传统知识和技术，完成整理编目，编撰成册。因地制宜挖掘生物多样性资源在农业生产、医药卫生、现代科学技术创新等诸多领域的利用价值。

（三）完善生物多样性监测网络

建立“空天地”一体化的监测体系。依托生态保护红线省级监管平台试点，充分应用国家环境卫星遥感监测数据，基于全省森林固定样地、鸟类观测样区、哺乳动物观测样区和两栖动物观测样区等各级各类监测站点，构建全省“上下联动”的统一生物多样性监测网络。采用战略共建、奖励授牌等方法，促进跨部门、跨机构生物多样性数据互联互通，整合森林、草地、湿地、动植物等各类基础数据，搭建全省统一的生物多样性保护与监测信息云平台。建立预警技术体系和应急响应机制，实现长期动态监控评估，为保护成效评价、管理、核查、考核等工作提供依据，形成生物多样性监管“一张图”。

建设一批生物多样性综合监测站。采用物联网和实时监控、生物声音识别、红外相机图像自动识别、环境 DNA 监测等技术手段，优先在国家公园、自然保护区等布设固定监测样地、样方，配备生物和环境因子监测设施，形成生态综合监测站点与监测样地（样带）相结合的“一站多点”的监测网络。根据各地生物多样性本底情况和实际需求，完善基于鸟类、蝴蝶、大中型兽类、水生生物、土壤微生物等指示类群的监测站点、样地建设。

（四）加强野生动植物及其栖息地保护

建立健全自然保护地体系。全面建设大熊猫国家公园，系统开展包括野生动植物资源、森林资源在内的自然资源调查评估，完成确权登记，形成大熊猫国家公园四川片区自然资源资产数据库。高质量推进若尔盖国家公园创建，科学划定边界范围。高质量实施四川省黄河上游若尔盖草原湿地山水林田湖草沙冰一体化保护和修复工程项目，重点解决若尔盖湿地退化、土地沙化等生态问题。在阿坝四姑娘山、江油观雾山、成都龙泉湖等区域实施自然保护区生物多样性建设工程，提升自然保护区管理能力，加强保护区野外保护站点、巡护路网、监测监控、科研、自然教育等设施建设。

加强陆生珍稀濒危动植物保护。适时开展地方重点保护动物名录的论证和修订工作。组织开展大熊猫、川金丝猴、雪豹等重点野生动物遗传资源采集、保存及研究，建立个体识别系统和数据库，开展物种生境适宜性评估、动态变化特征评估，掌握主要驱动因子。组织开展林麝、四川山鹧鸪、绿尾虹雉等狭域分布、小种群和极度濒危野生动物抢救性保护。利用基于自然的解决方案，开展大熊猫生物廊道建设，促进种群间基因交流。适时开展地方重点保护植物名录的论证和修订工作。继续推进距瓣尾囊草等人工繁育研究。实施重点保护植物野外保护、人工繁育和野外回归，强化野外回归种群的管护和动态监测。推进古树名木信息化管理，加强古树健康监测和养护复壮。

加强长江水生生物保护。构建全省长江水生生物资源调查监测体系，监测主要水生生物重要栖息地。扎实推进“十年禁渔”，适时在长江干流、金沙江、岷江等流域开展水生生物完整性评价试点，系统评估“禁渔”成效。落实《长江鲟（达氏鲟）拯救行动计划》和《川陕哲罗鲑拯救行动》。推动建立大渡河上游省级水产种质资源保护区等水产种质资源保护区，保护川陕哲罗鲑等珍稀濒危水生生物重要栖息地和野生种群资源。推进建设农业农村部长江上游珍稀特有鱼类保护基地和宜宾长江鲟野外人工繁育基地，持续开展长江鲟增殖放流，有效恢复野外种群数量。构建“人防+技防”的现代化监管体系，提升执法监管能力。

（五）提升迁地保护设施和水平

逐步完善植物园体系建设。抓住国家植物园体系建设新机遇，构建特色鲜明、全国一流的“1+N”四川植物园体系，高标准推进天府动植物园建设，积极争取纳入国家植物园建设体系，以西南地区植物为保护重点，建设秦巴山、龙门山脉、川西高原和川滇干热河谷等一批特色植物园。加强植物种质资源收集和保存，聚焦野外种群回归，实现西南地区珍稀濒危、重点保护、特有和乡土植物的保护。建设珍稀濒危野生植物样本与基因库，持续开展珍稀濒危野生植物种子保存或植物器官、组织的离体保存，基本实现全省珍稀濒危野生植物种质资源全覆盖。

加强动物迁地保护能力。建设一批野生动物遗传物质保存库，建立野生大熊猫等重点保护动物遗传档案信息数据库和体细胞库。在现有救护站、动物园、繁育中心基础上，逐步完善野生动物救护收容体系，强化基础设施建设和专业技术人员配置，提高野生动物救助保护能力，扩大人工种群繁育规模。新建、改建一批野化放归基地，加强圈养大熊猫野化训练和放归工作，在沐川试验朱鹮野化放归。探索建立珍稀濒危野生动物"人工种群—野化训练—放归复壮"机制。

（六）促进生物多样性可持续利用

科学开发生物资源。研发产业孵化技术，推动生物医药、生物农业、生物制造业、生物能源等生物产业的创新发展。培育以核桃、油茶、油橄榄为主的木本食用油料基地。建立一批中药材规范化种植基地，改造提升杜仲、厚朴、黄柏等药材基地，适度扩大红景天、川贝母、山莨宕、甘松等川产道地药材种植规模。重点推动传统竹产业的智能化、数字化、绿色化改造，支持发展竹饮料、竹纺织纤维、竹基纤维复合材料、竹保健品等新兴产业。适度发展桢楠、银杏、香樟、柏木、栎类等珍贵用材林。

创新碳汇增汇模式和路径。出台符合四川省实际的碳汇核算指南，配套出台森林、草原、湿地等生态系统碳汇核算标准体系，开展森林、草原、湿地等生态系统碳汇本底调查和储量评估，建立基础数据库。开发造林（竹林）和森林经营碳汇项目，培育大熊猫和生物多样性保护碳汇品牌。探索林草碳普惠机制，探索建立区域性碳汇自愿交易市场。开展生物多样性保护和应对气候变化试点示范，支持天全大熊猫栖息地恢复、若尔盖湿地、龙泉山城市森林等林草碳汇项目。

开展生物遗传资源及相关传统知识获取与惠益分享试点示范。研究制定《四川省生物遗传资源及其相关传统知识获取与惠益分享管理办法》，建立四川生物遗传资源及其相关传统知识的保护和利用的信息共享制度和合作利用制度。全面调查摸底四川少数民族地区农作物和畜禽遗传资源、传统医药和技术方面遗传资源及相关传统知识，汇编《四川省生物遗传资源及其相关传统知识名录》，制定保护与开发策略。加强技术合作，探索"传承人—科研机构—企业"合作互利的开发模式。

（七）增强生物安全管控能力

完善生物安全制度建设。研究出台《四川省外来入侵物种防治条例》，建立省级外来入侵物种普查、监测和信息发布制度，规范公民引进和放生等行为。完成全省外来入侵物种普查，制定发布《四川省外来入侵物种名录》，为监测预警和科学防治提供科学依据。构建外来入侵物种环境风险评价制度，定期评估对区域生物多样性影响。

加强外来入侵物种监测预警。采用物联网技术建立立体化入侵物种监测网络，实施地面网格化日常监测，结合卫星遥感和无人机影像进行智能监测。加强有害生物中心测报监测站建设。完善省、市、县三级检疫御灾体系，提高外来入侵物种检测、诊断和除害能力。科学防治松材线虫和红火蚁等外来入侵物种，研发一批控制技术，系统制定控制策略，开展外来入侵物种防控示范。在公园等区域加强公众宣教，引导规范公民放生行为。

加强野生动物疫病防控。完善野生动物疫源疫病的监测、监控体系，建立快速检测技术平台和预测预警系统。完善各级野生动物疫源疫病监测站能力建设，配齐监测设施设备，配备专业技术人员。在候鸟等野生动物迁徙主要通道新增监测站点，在候鸟迁飞期开展重点专项监测。在大熊猫国家公园积极关注应对大熊猫种群疫源疫病的威胁。

（八）推进城乡生物多样性保护

构建城乡生物多样性管理清单。研究构建具有四川特色的城市和农村生物多样性指数，定期评估区域生物多样性状况和保护成效。加强城市、近郊、农村等区域生物多样性监测站点建设。建立生物多样性保护绩效考评制度，注重研究城乡生物多样性保护年度目标和任务，试点将城市和农村生物多样性指数年度评估结果和任务完成情况纳入党政领导班子实绩评价考核体系。

加强城乡空间生物多样性友好设计。协同推进“公园城市”“无废城市”“海绵城市”，探索利用基于自然的解决方案协调解决生物多样性和人居环境改善问题，增强城市韧性。自然资源、农业农村和住建部门将生物多样性保护纳入城乡建设规划和决策，制订土地开发计划适当“留白”，在城镇和乡村预留野生动植物生存空间。城乡规划中应关注人造景观对生物的影响，通过构建生物踏脚石、廊道以及栖息地等，保护恢复城市生物多样性，美化与改善人居环境。营造景观优先选择乡土植物，注重保护古树名木、自然湿地等重要资源。保护川西林盘等四川特有的乡村风貌，保留生物庇护所。

多形式开展生物多样性宣传教育。依托大熊猫繁育基地、成都自然博物馆、成都植物园等自然教育设施，定期举行自然课堂、观鸟、植物观察等活动，扩大生物多样性宣传深度与广度。推广自贡“公民科学”经验，积极引导社会力量参与生物多样性保护，推广“共建、共治、共享”的多元化参与机制；推动成渝双城经济圈生物多样性保护合作，扩大生物多样性保护对外合作，参与生物多样性国际交流。

（九）加强科技创新能力

完善生物多样性基础研究，夯实人才储备。加强生物多样性保护、恢复领域基础科学和应用技术研究，启动《四川植物志》《四川动物志》修编，采用最新的动植物分类系统，梳理全省野生的和已归化的动植物。制定《四川省生物物种名录》，定期更新。实施生物多样性研究与保护人才建设，培养和储备动植物鉴定、生态系统监测等相关领域的专业人才，逐步在全省形成一支专业、稳定的生物多样性保护与监管队伍。

加大科技创新，注重技术成果转化。推动科技成果转化应用，在生物多样性调查、监测、人工繁育、栖息地修复、生态产业等方面，积极开发、引进和推广应用各类新技术、新工艺、新产品。利用大数据、5G 等技术，为生物多样性监管提供科学化信息决策支持。建立完善的激励机制，大力支持四川生物多样性领域的科学研究、开发和研制，设立专项基金和研究课题。建设长江黄河上游生物多样性保护重点实验室，提升生物多样性领域科学研究水平，促进产学研深度融合。

参考文献

[1] 钟恩主，管振华，周兴策，等. 被动声学监测技术在西黑冠长臂猿监测中的应用[J]. 生物多样性，2021，29（1）：109-117.

关于在“无废城市”建设中建立健全废旧物资循环利用体系的思考与建议

摘　要：建立健全废旧物资循环利用体系是“无废城市”建设的一项重要内容，2022年国家发展改革委、生态环境部等七部门联合印发《关于加快废旧物资循环利用体系建设的指导意见》等政策，对加快废旧物资循环利用体系建设作出了一系列安排部署，并确定了包括成都、德阳、内江等在内的60个重点城市。为贯彻落实国家关于建设废旧物资循环利用体系的相关部署及要求，为四川省建立健全废旧物资循环利用体系提供政策参考，本文剖析了建立废旧物资循环利用体系的3种效益，梳理了国内外相关经验借鉴，在此基础上提出对建立健全废旧物资循环利用体系的6点建议：建立“全体系”政策标准、完善“全覆盖”回收网络、构建“全周期”产业链条、推动“全要素”科技赋能、实施“全过程”监督管理、强化“全方位”要素保障。

关键词：“无废城市”；废旧物资循环利用体系；固体废物

建立健全废旧物资循环利用体系是“无废城市”建设的一项重要内容，对提高资源循环利用水平、提升资源安全保障能力，助力实现碳达峰碳中和目标，促进生态文明建设具有重大意义。2022年1月，国家发展改革委联合相关部门印发了《关于加快废旧物资循环利用体系建设的指导意见》（发展改革环资〔2022〕109号，以下简称《指导意见》），为今后五年我国废旧物资循环利用体系的全面建设作出系统谋划、统筹安排，是贯彻落实党的十九届五中全会精神和“十四五”规划以及推进“十四五”循环经济高质量发展的重要举措。随后，国家发展改革委联合相关部门出台了《关于组织开展废旧物资循环利用体系示范城市建设的通知》（发展改革办环资〔2022〕35号），决定组织开展60个左右废旧物资循环利用体系示范城市建设，示范城市范围为直辖市、省会城市、计划单列市，以及部分常住人口数量较多、经济发展水平较高的大中城市，共60个左右；建设时间为2022—2025年。2022年7月，国家发展改革委联合相关部门印发了《废旧物资循环利用体系建设重点城市名单》，四川省成都市、德阳市、内江市入选。本文结合发达国家“零废弃”社会和我国各地固体废物资源化利用探索的经验启示，对“无废城市”推进废旧物资循环利用体系建设提出对策建议。

一、建立废旧物资循环利用体系的意义

（一）环境效益：解决“垃圾围城”“垃圾困村”等顽疾，优化城市农村生活环境

我国是世界上人口最多、产生固体废物量最大的国家，固体废物产生强度高、利用不充分，部分城市“垃圾围城”“垃圾困村”等问题十分突出。固体废物的简单堆放、填埋会造成地表水氮、硒、氟化物超标，并产生雾霾和温室气体，与人民日益增长的优美生态环境需要还有较大差距。固体废物资源化利用是治理大气污染、水污染和土壤污染的重要举措，建立废旧物资循环利用体系将引导全社会减少固体废物产生，降低固体废物处置压力，提升城市固体废物管理水平，加快解决久拖不决的固体废物污染问题，不断改善城市农村生态环境质量，增强民生福祉。

（二）经济效益：提高资源利用效率，促进绿色低碳循环发展

实现固体废物资源化利用发展潜力巨大，可形成多个产业链条，是环保战略性新兴产业，能够培育新的经济增长点和新动能。建立废旧物资循环利用体系强调要在推动集聚化发展、提高技术水平、加强行业监管等多个方面精准施策，有助于推动行业贯彻落实新发展理念，促进绿色低碳循环发展。同时，废旧物资循环利用体系以推动二手商品交易为补充，为相关二手商品的交易和使用清除了障碍，有助于激发市场活力，完善环境管理市场体系，提高循环利用效率。

（三）社会效益：扩展就业、增加收入，促进全社会参与

建立废旧物资循环利用体系有利于促使公众养成绿色、低碳、循环的生活方式和良好习惯，形成节约资源和善待自然的意识，提高公众的文明程度和社会责任感。同时，建立废旧物资循环利用体系有利于扩展就业、增加收入，如回收利用废旧物资从回收到拆解都是劳动密集型产业，拓展了城乡富余劳动力的就业渠道。

二、建立废旧物资循环利用体系经验借鉴

（一）发达地区经验借鉴

1. 欧盟：发布《迈向循环经济行动计划》

欧盟认为，实现固体废物资源利用，是提高资源效率和迈向循环经济的重要内容。2015 年，欧盟通过了“欧盟迈向循环经济行动计划”，提出“闭合循环”的 54 项具体措施，覆盖了产品的生产、消费、废物管理、再制造等整个生命周期，旨在通过加大回收

和再利用，促进产品生命周期的闭环循环，提升环境效益和经济效益，促进整个欧洲向循环经济社会转型。2020 年，欧盟又提出了第二版欧洲循环经济行动计划，注重在产品生命周期的各环节采取相关措施，包括产品设计示范、提升加工过程的可循环性、培养可持续消费、延长产品使用寿命等，以实现经济发展与资源消耗脱钩。

2. 新加坡：提出“零废物”的国家愿景

新加坡于 2015 年提出了“新加坡可持续蓝图 2015”，提出了迈向“零废物”国家的目标，提出了 5 项具体计划，具体包括：一是新加坡包装协议，通过与行业协会、非政府组织和废物管理公司签署协议，减少包装废物的使用量；二是大型商业场所强制性废物报告，鼓励业主和管理人员采取行动改进废物管理，提高废物回收率；三是设立“3R”基金，重点关注食品、塑料和玻璃等回收率较低的废物流，通过共同资助计划鼓励机构开展废物最小化及回收利用项目；四是建立食品垃圾回收策略，通过在酒店、商场和食品中心就地处理食品垃圾，有效减少和回收食品垃圾；五是制订实施全国资源回收电子垃圾伙伴关系计划，通过全国性的自愿合作计划提高公众意识，以回收所有需要回收的电器和电子设备。

（二）国内先进经验借鉴

1. 工业固体废物处置

北京经济技术开发区采用服务工业固体废物全生命周期的数字管理模式，以动态更新一般工业固体废物名录、建设固体废物信息管理平台为抓手，依托管理平台，着眼于工业固体废物的全生命周期，构建“一规完善分类、一网数据尽统、一单全程跟踪、一键资源匹配、一表分级评价”的数字化管理模式，从而最大限度地把控工业固体废物流向，促进源头减量、提升循环利用效率。徐州市以“固体废物的循环利用和高价值利用”，构建了以徐工集团为代表的工程机械“设备回收—再制造—生产营销”的再制造产业链、江昕轮胎的废旧轮胎完全还原再利用产业链、新春兴的废旧铅酸蓄电池“绿色循环”产业链等。上饶玉山推进大宗固体废物综合利用示范基地建设，加大环保设施投入，变传统的“资源—产品—废物”线型运行模式为“资源—产品—衍生废料—再生资源”的环型流动模式，逐渐走出一条“污染‘零排放’和资源‘零废弃’”的企业发展新路子。

2. 农业固体废物处置

北京顺义区分类施策推动农业废弃物资源化利用，采取秸秆粉碎还田、打捆收集、青贮收获等方式，实现小麦、玉米秸秆综合利用 99%以上；针对地膜采取“以旧换新”方式，引导农户将废弃地膜收集回收，集中送到定点回收厂，用于新的地膜加工生产；督促养殖企业将粪污集中收集、厌氧发酵后，与有机肥厂或周边农户对接，用于绿色有机农业生产，实现种养结合。西宁市以饲草种植和规模养殖相结合、舍饲圈养和适度放牧相结合，以“草+畜+粪+肥”为循环闭合养殖方式，打造绿色、优质、高效生态循环畜牧业发展模式，目前已建成生态牧场 30 家；同时积极探索散养户粪污集中收集、处理和利用方式，推动全域畜禽粪污全量利用。南平光泽县坚持“九化”协同、生态循环、全量利用，构建“无废养殖产业”体系模式，同时建立“农资企业收集、县转运仓储”农药包装废弃物回收体系模式。眉山青神县创新“333”农资管理模式①，建成区域内农药包装废弃物销售、管理、清运的数字化服务平台，制定十二分制农资管理办法，推广农药包装废弃物积分制、有偿制、押金制市场化回收模式，实现回收处置全覆盖。

3. 生活垃圾处置

贵阳市建立城镇生活垃圾全程分类体系，出台政策着力构建以“第一次分类、垃圾投放、第二次分类和收运、第三次分类和初次处理、终端处理”5个环节为重点的生活垃圾全程分类体系，提升城镇生活垃圾减量化、资源化和无害化管理水平。深圳市坚持社会化和专业化相结合的双轨战略，明确以“源头充分减量，前端分流分类，末端综合利用”为战略思路，通过着力建设分流分类体系、宣传督导体系、责任落实体系和技术标准规范体系等垃圾分类“四个体系”，积极做好算好减量账、算好参与账等“两篇文章”，推动生活垃圾从源头到末端的全过程治理。威海市采取基于信用体系建设的农村生活垃圾“4+1”分类模式②，并在此基础上配备了完善的分类收运设施，同时创新性地将生活垃圾分类纳入信用考核内容，通过信用评价实现了社会治理的高效能。

三、建立健全废旧物资循环利用体系的对策建议

（一）建立“全体系”政策标准

一是加强规划引领。按照“规划先行、合理布局、保护环境、规范建设”原则，根据关于加快废旧物资循环利用体系建设的有关要求，以生活源再生资源为重点，编制出台废旧物资回收体系建设规划，与“十四五”循环经济发展规划、“十四五”时期“无废城市”建设实施方案、生活垃圾分类收运处置专项规划、再生资源回收利用发展规划等现行政策有效衔接、协同推进，进一步明确细化建设废旧物资循环利用体系重点城市的政策规划架构。二是完善规范标准。制定发布社区回收和各类分拣标准，适时更新发布再生资源回收指导目录，引导回收企业有序对废旧物资进行回收、预处理、后续处理。制定出台二手商品流通管理办法，明确二手商品鉴定、评估、分级等标准，促进二手商品交易市场规范化，提升行业流转效率。三是强化目标考核。开展重点城市建设工作进展情况评估，建立健全废旧物资循环利用体系评价指标体系，规范评价标准和口径，科学运用考核评价结果，对考核结果实行动态管理。强化各县（市、区）目标监督考核，将废旧物资循环利用体系建设任务量化为具体指标，列入地方考核体系，定期对各地废

---

① “333”农资管理模式：“三方主体”协同攻坚，“三项机制”闭环管理，“三大功能”全程管控。

② “4+1”分类模式：“4”是将生活垃圾分为有害垃圾、可回收垃圾、不可燃垃圾、可燃垃圾，“1”是对沙发、家具等大件垃圾统一收集处理，将不可燃垃圾单独分类，推动提升垃圾焚烧热值。

旧物资回收利用体系建设及绩效情况进行督查通报，更好推动废旧物资循环利用体系高质量发展。

（二）完善“全覆盖”回收网络

一是实现废旧物资回收站点城乡全覆盖。结合城市建成区与农村不同特点，以就近、便民、高效、环保为原则，综合考虑人口规模、产业结构、生活与消费习惯等因素，合理布局回收交投点和中转站。推进生活垃圾分类网点与废旧物资回收网点“两网融合”，提升回收站点运营管理水平，对生活垃圾和废旧物资的投放、收运、回收、处理等环节加强整合融合，鼓励标准化、规范化、连锁化经营。二是建设绿色分拣中心。新建和改造提升一批绿色分拣中心，按照《再生资源绿色分拣中心建设管理规范》（SB/T 10720—2021）等有关要求，严格落实有关废水、废气、固体废物、危险废物、噪声、扬尘等的环境保护要求以及产品安全质量管理要求，完善分拣中心安全监测、精细化分拣、减容装备、储存等功能，实现精细化分拣和全品类回收。三是完善废旧物资转运体系。按照“大分流、小分类”基本路径，建立废旧物资与生活垃圾分类、回收、运输相衔接的转运体系。进一步规范对废旧物资回收车辆管理，加强通行区域、上路时段等合理路权保障，确保废旧物资回收“日收日清”，探索实行统一标识、统一登记注册。推广绿色低碳运输工具在废旧物资转运领域的应用。四是创新废旧物资回收模式。探索废旧物资逆向回收体系，鼓励汽车、电子产品、家居建材等生产企业拓展发展回收、加工、利用一体化模式，利用售后服务体系建立再制造逆向回收网络。实行区域网格化分配运营模式，设置区域网格责任人，并采用“固定与流动相结合、定时与定点相结合”方式。

（三）构建“全周期”产业链条

一是培育壮大再生资源市场主体。扩大再制造产业规模，培育一批骨干回收加工企业，带动产业循环。支持具备资源优势和经营实力的废旧物资回收加工企业采取跨区域合作、兼并重组和建立产业联盟等方式，整合回收资源，完善回收网络，扩大规模经营。推动废旧资源回收企业、再制造企业、售后网点协同发展，建立“回收—拆解—再销售—再制造—终端产品”的产业链条。扩大再制造产品的应用领域，在再制造企业与终端用户之间建立紧密的供应链协作关系。二是提升再生资源加工利用产业集聚水平。根据城市空间规划、产业基础、区域布局，因地制宜培育建设一批再生资源循环经济产业园区、废旧物资回收加工配送产业园区、废旧物资循环利用产业基地等，形成废旧物资循环利用产业生态圈，实现废旧物资回收利用产业规模化、集聚化、低碳化发展。共建成渝地区双城经济圈废旧物资循环利用区域联盟，加强与重庆的互动互补，积极开展精准招商、资源对接等工作，合作建立区域固体废物利用处置能力联动机制。三是促进二手商品交易市场流通。激发二手商品交易市场活力，鼓励有条件的市、区、县围绕车辆、家电、电子产品、衣物等二手商品，集中建设二手商品线下交易平台。完善二手商品线上交易平台管理制度，提高二手商品交易效率。着力推进废五金、废钢铁、废塑料、废橡胶、废旧动力电池、废旧汽车等再生资源交易，促进高效再生循环利用。推进二手商品交易平台规范化，鼓励提供商品鉴证服务、评估服务、咨询服务，推动废旧物资交易全链条运营。

（四）推动“全要素”科技赋能

一是加强再生资源加工利用产业技术研发。加快构建市场导向的综合利用技术创新体系，支持企业与高校、科研院所等机构合作共建技术研发中心，促进政产学研用一体化科技成果转化，推动开展循环利用技术研发攻关。积极引进废旧物资利用技术，引导再生资源加工利用企业采用国际先进标准，推动技术和设备升级，提高生产智慧化水平。二是实施高端智能再制造示范工程。发展大型成套设备等高端再制造产业，积极推广高效无损拆解、绿色清洗、增材制造、柔性加工等再制造关键技术，加快发展智能再制造。探索制定汽车零部件、电器电子产品、文化办公设备等再制造产品目录，鼓励在售后维修、保险、租赁等领域推广应用再制造产品。三是推进“互联网+”回收利用模式。鼓励企业自主开发基于互联网模式的再生资源回收系统，探索回收、置换等多种再生资源回收模式，构建产品回收追溯系统，编制公共数据目录，加强全市数据资源系统衔接，整体打造上接回收网络、中接仓储物流、下接利用产业的再生资源数据链。探索建立居民垃圾分类“积分制”，把废旧物品分类回收纳入积分管理，充分运用 App、微信和支付宝小程序等移动互联网媒介，推广“网上预约、上门回收”的线上线下协同模式，实现居民生活垃圾减量、节能减碳。四是推动信息化管理。建立废旧物资回收信息平台，运用大数据分析模型，鼓励和引导相关企业通过管理信息系统报送回收、交易、处理信息数据，通过数据采集、储存、应用、查询，实现固体废物资源化再利用全方位、全过程、全覆盖的智慧化管理。

（五）实施“全过程”监督管理

一是规范废旧物资回收行业管理。围绕钢铁、有色金属、轮胎、纺织品、电子产品等废旧物资，加强回收加工利用规范管理。完善市场秩序建设，严厉打击非法交易、假冒伪劣、诈骗等违法经营行为。严格行业环境监管，强化“源头削减、过程控制、末端治理”全过程清洁生产的推行力度，从源头减少资源消耗和污染物排放。鼓励行业完善协商机制，市场主体发挥自律作用，共同维护经营秩序，营造良好的行业发展环境。二是完善废旧物资统计体系。贯彻落实废旧物资循环利用统计制度，建立健全基础数据统计、核算、报告制度。定期开展废旧物资产生量调查和分类基础信息普查，依托公共数据平台探索构建废旧物资领域数据管理系统。指导行业协会加强行业统计分析，加强企业、行业协会专业信息平台与政府统计信息平台对接，规范发布统计数据。三是建立完善信用监管机制。强化服务经营企业、工业生产企业经营者自产废旧物资回收主体责任，加强分级分类监管，将废旧物资回收利用情况依法纳入企业主体信用监管体系。依托城市公共数据平台和公共信用信息平台，推动信用信息共享，建立再生资源回收企业、加工企业等市场主体信用档案。

（六）强化“全方位”要素保障

一是加大土地保障力度。对再生资源加工利用产业基地、二手交易市场给予用地支持，将涉及废旧物资交投点、中转站、分拣中心等回收利用网络节点建设用地以及再生资源加工利用项目建设用地作为城市配套的基础设施用地纳入城市建设规划，保障合理用地需求。二是加大财税金融支撑。统筹中央、省和市本级相关专项资金，采取投资补助、政府和社会资本合作等多种方式加强对废旧物资循环利用体系建设重大工程和重点项目的支持。加强税收指导服务，支持再生资源加工利用企业办理资源综合利用、环境保护、节能节水等税收优惠政策。加大政府绿色采购力度，积极采购符合标准的再生资源产品。鼓励金融机构在信用评级、贷款准入和利率优惠等方面对废旧物资循环利用企业和优质项目予以重点支持。三是积极开展宣传引导。加强废旧物资循环利用宣传，发挥公共机构引领示范作用，倡导居民参与废旧物资交投，形成绿色生活新风尚。利用抖音、快手、微博、小红书等网络媒介，创新宣传形式，注重典型引路、正面引导，推动全社会支持和参与废旧物资回收工作，形成促进废旧物资循环利用的良好氛围。

坚持城乡融合，持续改善城乡人居环境的思考与建议

摘　要：习近平总书记指出，“城市工作要把创造优良人居环境作为中心目标，努力把城市建设成为人与人、人与自然和谐共处的美丽家园”“要因地制宜搞好农村人居环境综合整治，创造干净整洁的农村生活环境”。党的二十大报告强调，推进城乡人居环境整治。人居环境是新发展阶段贯彻落实新发展理念的重要载体，四川省委、省政府高度重视城乡人居环境改善，中国共产党四川省第十二届委员会第二次全体会议明确，坚持以中国式现代化引领四川现代化建设，在“四化同步、城乡融合、五区共兴”总抓手中，明确强调“城乡融合”，并在未来五年发展目标中明确将“城乡人居环境进一步改善”作为目标之一。为推进区域协调发展和城乡深度融合发展，提高人居环境建设水平，推动城乡人居环境更高质量、更有效率、更加公平、更为安全、更可持续，本研究基于城乡人居环境建设趋势、现状、存在的短板以及经验借鉴分析，并提出城乡人居环境整治与提升对策建议。

关键词：城乡融合；人居环境

人居环境是指人类聚居生活的地方，是与人类生存活动密切相关的地表空间，包括自然、人群、社会、居住、支撑五大系统。加强城乡人居环境建设，是促进人与自然和谐共生的客观要求、是社会主义现代化四川建设的重大任务、是满足人民日益增长的美好生活需要的核心目标。党的二十大报告强调，推进城乡人居环境整治。省委、省政府高度重视城乡人居环境改善，中国共产党四川省第十二届委员会第二次全体会议明确，坚持以中国式现代化引领四川现代化建设，在“四化同步、城乡融合、五区共兴”总抓手中，明确强调“城乡融合”，并在未来五年发展目标中明确将“城乡人居环境进一步改善”作为目标之一。课题组围绕城乡人居环境建设趋势、现状、存在的短板、经验借鉴和建设路径开展研究，以期在城乡深度融合背景下，为持续改善四川城乡人居环境提供参考。

一、城乡人居环境改善是大势所趋

（一）城乡人居环境改善地位：不仅是满足人民日益增长的环境需要，更是建设美丽四川和高品质生活宜居地的重要支撑

随着我国社会主要矛盾的转化，人民群众对美好生活的向往已经从“有没有”转向“好不好”，关注的领域更广、品质要求更高，不仅对物质文化生活提出了更高要求，对美好人居环境的要求也日益增长，推动城乡人居环境改善，是顺应人民群众对美好生活新期待的务实举措。同时，《美丽四川建设战略规划纲要（2022—2035 年）》提出建设中国韵·巴蜀味宜居示范区，《成渝地区双城经济圈建设规划纲要》提出建设高品质生活宜居地，打造城乡融合发展样板区，将高品质生活宜居地纳入“一极两中心两地”目标定位，加快改善城乡人居环境，将为实现美丽四川目标、建设川渝高品质生活宜居地提供重要支撑。

（二）城乡人居环境改善内容：不仅是改善环境质量，更是注重自然生态、居住环境、生态文化多维度的需求

新中国成立初期，“脏、乱、差”在很长时间内成为人居环境的代名词，为改变城乡人居环境现状，相关部门不断推进以垃圾清除、污水渠道清理、水改、厕改等为主要内容的人居环境整治，其中，农村地区开展的“两管五改”①成为农村人居环境治理的开端。改革开放以来，随着人民生活水平不断提升，对人居环境的需求普遍增加，国家通过治理重心下移，对人居环境实施科层化、项目化治理。党的十八大以来，人居环境整治在各类政策文件中的出现频率明显提升，治理内容涵盖了城乡社会环境、地理空间环境、自然生态环境、人文环境和人工环境等多维度，覆盖了与人民切身利益相关、最迫切、最直接的人居环境问题，“公园城市”“花园城市”“美丽乡村”“生态宜居”已成为城乡人居环境的新标签。

（三）城乡人居环境改善路径：从单一人居环境整治到统筹城乡人居环境改善的阶段

长期以来受城乡二元结构影响，城乡分割，城乡差距不断扩大，中央、省委更多以单一向度对人居环境整治与提升。随着区域协调发展、新型城镇化、乡村振兴战略等协同推进，城市与乡村的相互联系、相互依赖、相互补充日益紧密，乡村的发展离不开城

---

① “两管”指管水、管粪，“五改”是“两管”的具体操作内容，包括改良水井、改良厕所、改良畜厩、改良炉灶、改良环境。

市的辐射和带动，城市的发展也离不开乡村的促进和支持。基于人居环境建设是复杂性、系统性工程，具有实现多价值目标的特点，优化城乡人居环境，必须打破“二元结构”，重塑城乡关系，树立城乡融合发展思维，通过统筹城乡布局规划、政策调整等手段，推动城乡人居环境持续改善，才能不断满足人民日益增长的美好生活需要。

二、城乡人居环境现状与存在的短板①

（一）城市人居环境建设现状

四川持续推动城市人居环境改善。加强环保基础设施建设与完善，不断完善城镇污水处理设施，建成排水管道 5.55 万 km、处理能力达 1 211 万 t/d，推进城市（县城）污水处理率达 95.78%，建制镇污水处理设施覆盖率达 82%；加强城镇供水工程建设，建成供水设施 335 座、供水管道 6.74 万 km、供水能力达 1 961 万 m^3/d；优化城市用能结构，建成天然气管线 8.8 万 km，年供气总量达 100 亿 m^3，燃气普及率达 94.7%；加快绿色交通网络建设，建成并开通运营城市轨道交通里程达 558 km；加强城市生态环境建设，推动全省建成区绿地率达 36.41%、绿化覆盖率达 41.12%。

（二）农村人居环境建设现状

四川省积极有序推进农村人居环境整治行动，推动全省 58.37%行政村（含涉农社区）生活污水得到有效治理；初步摸清了全省农村黑臭水体底数，共排查出农村黑臭水体 298 个，完成 5 个国家监管农村黑臭水体整治，初步探索丘陵地区农村黑臭水体整治模式；基本建立村收集、乡（镇）转运、县（市、区）处理为主，片区处理和就近就地处理为辅的农村生活垃圾处理模式，全省农村生活垃圾收运处理体系覆盖的行政村占比达 92%；实施“厕所革命”三年行动，推动农村卫生厕所普及率达到 86%；实现全省 63 个畜牧大县畜禽粪污资源化利用整县推进项目“全覆盖”，全省畜禽粪污综合利用率达 75%。

（三）城乡人居环境建设的短板

一是城乡生态空间有待优化。城乡绿地建设布局不尽合理且绿地覆盖率有待提高、绿道连通性有待加强、园林绿化品质有待提升，城乡生态本底尚不足以支撑人居环境高质量发展要求。二是城乡环境要素治理需要持续推进。城乡绿色人居建设成效不均衡，均存在水质污染现象，黑臭水体尚未治理完全；城镇油烟、噪声问题投诉量仍然较高。三是城乡环保基础设施建设有待提升。城镇生活垃圾分类、收集体系尚不健全，生活垃圾处理系统有待进一步完善。城镇基础设施配套亟须提质增效，城市部分区域污水集中

① 现状部分数据来源于《四川省“十四五”城乡人居环境规划》《四川省“十四五”农业农村生态环境保护规划》。

收集效能不高、存在盲区，雨污分流排水管道改造滞后。农村地区生活垃圾、污水处理等设施较为缺乏，且建设投资大、运行成本高；农村改厕质量有差距，未能与农村生活污水治理有效衔接。四是城乡人居环境治理体系有待完善。城乡人居环境整治工作有待细化落实，跨部门、跨区域任务协同实施不足、权责不清，亟须建立强有力的工作协同推进机制、保障机制；全省范围内存在不同程度重建轻管的现象，城乡人居环境长效治理机制有待完善；公众环境主体意识有待加强，公众参与人居环境建设不充分，共建、共治、共享的社会治理格局尚未完全形成。

三、城乡人居环境改善的经验借鉴

（一）德国：乡村更新计划

1976 年，德国制定了《土地整理法》，主张保护乡村的传统和地方特色。20 世纪 90 年代以后，德国启动了乡村更新计划，主张不盲目扩张，在现有资源条件中，寻找新的发展基点，同时更加重视开发乡村的生态与文化价值。德国乡村更新计划强调土地整理、产业发展、道路建设、园林绿化、自然保护等多方面的综合计划，同时对内部的各种基础设施以及空间的建设极其重视，通过一系列措施塑造乡村美好形象。此外，乡村更新计划强调“自下而上”的公众参与，通过法律和法规阐明公众对乡村更新计划过程的参与的义务，并增加村民为了解决乡村生产和生活的问题而参加乡村更新计划的积极性。从提出到具体准备到修改，再到法案的最终通过，都严格落实公众参与，使最终成果可以经受各方的质疑和询问[1]。

（二）浙江：美丽乡村建设

浙江省在美丽乡村建设的探索中的主要措施是统筹盘点乡村基本面，考虑乡村地理位置、经济产业现状、生态文化资源等，突出地区特色和乡土氛围，最大限度地保留村庄原貌，努力营造具有乡土风貌和鲜明识别特征的美丽乡村。在实践中，浙江首先成立了美丽乡村建设领导小组，建立指导、评价和反馈机制。其次根据乡村目前的基础，将村镇分类并作出相应的发展规划，如特色农业村、休闲旅游村等。再次改善美丽的村庄环境，实施道路硬化、路灯照明、河道净化、环境绿化等村庄环境改善措施。最后加强村集体经济，因地制宜积极发展优势产业和特色产业，培养农民专业经济合作组织，大力发展农村旅游业，加快传统产业改造，支持农村发展电子商务，为资金、物流、土地等提供支持[1]。

（三）三亚：实施“城市双修”

自 2015 年起，三亚市开展了大规模的“城市双修”工作，主要措施有以下 4 点：一是更新城市发展理念，突出生态优先、以人为本、文化构建三大理念，利用地方立法权将三亚自然生态空间的保护利用纳入法治轨道，关注社会民生效果和百姓诉求，注重挖掘整理体现三亚文化特色的历史记忆。二是坚持行政统筹，成立了高规格的“城市双修”工作领导小组等组织架构。三是坚持规划引领，组织编制了较为完备的规划体系，为“城市双修”提供科学依据和遵循。四是注重民生宣传，将“城市双修”作为一项全民项目，动员全市各界人员主动参与其中，提升群众的幸福感和获得感。通过“城市双修”，三亚市的城市面貌得到巨大改善，2016 年住房和城乡建设部将三亚“城市双修”明确为新时期我国探索城市内涵式发展的经验范例。2018—2020 年，三亚市将生态修复延伸至全市“山、水、林、田、湖、海”的整体修复；城市修补则更加注重强化功能提升、设施完善，进而改善民生服务[2]。

四、城乡人居环境整治与提升的对策建议

四川城乡人居环境受复杂多样的地形地貌、自然生态、经济发展、民族习俗等影响，整治提升具有系统性、持续性、复杂性等特点。推进四川城乡人居环境整治与提升，课题组认为，要坚持城乡融合，以成渝地区双城经济圈建设目标为引领，时间上同步演进、空间上一体布局、功能上耦合叠加，坚持因地制宜、因地施策、因势利导，走出一条城乡深度融合、区域协调发展、生态环境优美、人民生活幸福的四川特色现代化城乡人居环境建设之路，形成城乡人居环境建设“四川模式”。

（一）强化政策规划分类引导

一是统筹城乡规划建设。将城乡人居环境整治与提升统一纳入宏观规划，推动和支持各地编制相关建设规划，改变城乡规划分割、建设分治的状况，协调城乡融合发展，促进城乡联动，做到“一张蓝图”绘到底，实现城乡人居环境共同改善。加强顶层设计，建立城乡人居环境规划、设计、建设、运行、管理五大环节统筹机制，统筹城市与乡村、建设与管理、新区与老城、“里子”与“面子”等协调发展。统筹布局城乡生活需要、生态需要，统筹城乡地上地下空间综合利用，联动城乡环境基础设施建设规划，突出城乡人居环境整治与提升的前瞻性思考、全局性谋划、战略性布局和整体性推进。

二是因地制宜分类施策。从实际出发，坚持历史性与前瞻性相协调，充分考虑城乡差异性，遵循城乡融合发展规律，坚持“理念先进、因地制宜、特色鲜明、持续发力”等原则，实行分类指导，不搞“一刀切”，鼓励地方探索创造。坚持问题导向、目标导向和效果导向，按照乡村、镇、城市、城市带和城市群不同人居环境层次结构，针对不同发展阶段的主要矛盾问题，处理好“难与易”“快与慢”“点与面”的关系。聚焦生态优良型、设施提升型、综合发展型等不同人居环境特征，突出重点、梯次推进，制定针对性解决方案和阶段性工作任务，实现城乡人居环境改善与地方经济发展水平协调发

展，打造具有四川特色的现代化城乡人居环境。

三是多项政策协同联动。坚持系统观念，认识、尊重、顺应城乡发展规律，综合考虑城乡发展阶段、发展潜力，将城乡人居环境整治与提升政策规划与全域规划、空间规划、产业发展政策规划、生态环境政策规划、财政政策等协同推进，提高政策落地成效。注重城市人居环境政策规划与城市建设规划、城市更新实施办法、城市双修、城市老旧小区改造等政策的联动协调；注重乡村人居环境政策规划与推进乡村振兴加快农业农村现代化、“美丽四川·宜居乡村”相关建设规划的协调适配，实现总揽全局、协调各方，增强政策的针对性、协同性、灵活性。

（二）推动城乡人居环境融合发展

一是一体化构建城乡人居环境空间格局。坚持以“城乡融合”为要求、以“五区共兴”为抓手，以人为核心，按照与人口构成、产业结构、生态功能相适应原则，构建以成都及成都都市圈为引领，绵阳、达州—南充、宜宾—泸州等省域经济副中心城市为主体，各大县城为重要载体，以中心镇为基础、辐射带动乡村的城乡多点式空间格局；以横断山、秦巴山、川东平行岭谷和乌蒙山—大娄山等山脉和长江、岷江、大渡河、涪江、沱江、嘉陵江、渠江等线状水系为主体，其他支流、湖泊、水库、渠系为支撑的城乡生态廊道，串联城市、县城、镇、村，将山水风光融入城市、工业与现代融入乡村，构建城镇空间、乡村空间、生态空间蓝绿交织、融合渗透的生态网络，形成绿色田园、古朴乡村与现代城镇和谐共生的空间格局，统筹划定生态保护红线、永久基本农田、城镇开发边界等管控边界。

二是推动城乡资源环境要素流动与融合。推动城乡生态环境资源的双向流动与优势互补。以城乡生态产权融合为目标，推动城市在财政投入、环境基础设施、人才培养供给和农业环保技术等方面加大对农村的扶持，形成统筹配置。阻断污染要素流动。搭建城乡环境一体化治理体系，建立城乡统一的污染防治标准，形成环境治理“市—县—镇—村”4 级联动模式，防止城市污染“上山下乡”。以乡村生态振兴为抓手，推动城乡生态有效融合。因地制宜培育乡村休闲农业、生态文化、生态康养等绿色生态新产业、新业态，打造设施齐、功能全、服务好、环境美的美丽乡村，缩小城乡差距，促进城乡人口、产业、生态融合，耦合协调城乡居民的生产、生活与生态，提升城乡人居环境品质。畅通城乡环境信息公开渠道。借助政府、企业、媒体、教育等多元化渠道，畅通城乡环境信息资源的对流，保障城乡居民享有均等的环境知情权。

三是补齐城乡人居环境短板。推进城市公共设施向乡村覆盖。因地制宜推动城市供水、污水、燃气管网向周边村镇延伸覆盖，加强城乡污水垃圾统筹收集处理、城乡供水供气一体化。完善城乡绿色交通网络。合理布局城市、县城、乡村的绿色交通干线与支线，完善充电桩等绿色交通基础设施，建设互联互通的绿色交通网络，形成便捷通畅的城乡交通网络，加强城乡生态治理连通性。推动城乡生态环境协同共治，促进城乡环境治理公平。建立城乡生态环境治理一体化组织机构，统筹协调城乡各方生态治理问题，开展联合执法，处理城乡一体的污染纠纷与违法行为，“倒逼”“谁污染、谁担责、谁治理”理念的落实，破解农村因环境规制强度低、环境污染成本低、风险抵抗能力低等原因造成的城乡政府治理能力落差，推动城乡分离的生态治理系统向城乡融合的生态治理系统转变。

（三）筑牢城乡自然生态本底

1．提升城市自然生态质量

一是厚植城市生态本底。依托龙泉山、华蓥山等自然山体打造城市群生态廊道，创新公园城市建设模式，推动城市群核心区森林湿地景观建设，打造“城市绿肺”，建设以国家森林城市、国家生态园林城市为载体的生态城市群。结合城市自然基底、建设现状，推广“公园+”“绿道+”“蓝道+”模式，推动城市内部绿道、水系同口袋公园、综合公园、社区公园、郊野公园、湿地公园、森林公园、防护绿地等块状绿地的有机连接，分级构建城市通风廊道，促进城市中心风循环，降低城市热岛效应，形成功能复合、包容联通的城市生态廊道系统。利用空闲地块“留白增绿”建设公共绿地，提升城市绿地生态功能，科学开展生物多样性就地迁地保护，营造多样化的城市栖息地生态系统。二是强化城市生态修复。结合“城市双修”“海绵城市”等建设，整治水体流域，开展水系江河、沟渠、湖泊、湿地等水体生态修复，系统综合考虑城市自然系统分布与渗水的关系，注意城市基础设施建设与排涝系统的关系。加强对城市山体自然风貌的保护修复，探索多种山体修复利用模式，严禁在生态敏感区域开山采石、破山修路、劈山造城，恢复城市山体林地生态系统结构和功能完整性。依托自然山水脉络，推动生态修复自然化、绿化植物本土化，实施老城区生态改造，加强城市公园、体育公园等绿地和公共空间“微更新”，有效保护城市建成区自然地貌、植被、水系、湿地等生态敏感区域，构建渗透全城、空间均衡的生态空间。

2．推进乡村自然生态系统保护修复

一是统筹乡村山水林田湖草沙一体化保护修复。将乡村自然生态保护充分融入四川“四区八带多点”生态安全格局建设，筑牢乡村生态安全屏障。发挥乡村生态屏障关键作用，加强长江、黄河两大水系、生物迁徙通道等关键生态廊道建设，结合绿色生态屏障工程，优化森林生态系统内部结构，强化生态带之间、生态带与大型自然“斑块”等关键区域生态联系。统筹重要河流、生态湿地等生态资源，开展重点保护和适度性开发，推行低干扰的乡村开发建设，构建村、人、田和谐共生的生态体系。系统推进乡村生态修复，统筹实施长江上游重点生态区生态保护和修复等国家重大生态工程，聚焦长江干支流 10～50 km 历史遗留矿山生态修复区、大小凉山历史遗留矿山生态修复区、川西北地区沙化土地等生态环境薄弱地区，实施综合治理活动。深入实施河湖库塘清淤工程，实施生态清洁小流域建设，保护和恢复乡村河湖、湿地生态系统。二是提升乡村生态系

统韧性。针对乡村耕地破碎化、空间布局无序化、土地资源利用低效化、生态质量退化等问题，统筹乡村土地资源集约利用、生态空间合理布局。强化生态系统调节服务能力，保护并修复乡村水口及水口林，系统保护自然的水过程和水格局，形成水源涵养、地下水回补、雨污净化、雨涝调蓄的动态调水体系，提升乡村水土保持、防风固沙、改善区域小气候能力。防止乡村河道渠化硬化工程，保护自然河床，维护水生生物的栖息地，净化面源污染，补充地下水。落实河湖休养生息制度，合理退还和保障河湖生态空间，加强对水资源涵养区、蓄滞洪区的保护，不断提升乡村生态系统质量和稳定性，提升乡村自然资产及生态环境防灾减灾抗灾能力，实现灾后自我承受、消化、调整、适应，持续增强乡村生态系统韧性。

（四）加强城乡人居环境整治

1. 推动城市人居环境品质提升

一是推动城市人居环境建设提档升级。深化城市大气污染治理。强化对铁路、公路、港口、重要工地、工业园区和城市郊区的扬尘治理，采取有效封闭措施、防风抑尘设施减少扬尘污染。推动整改、优化餐饮油烟烟道布局，督促餐饮服务单位安装油烟净化装置并保持正常运行和定期维护，加强对油烟排放的规范化整治。加强城市噪声污染监管。强化城市商业经营、娱乐场所、公共广场、工地、工厂、道路、机场等区域噪声的监测和监管，综合采用低噪声生产等源头控制、隔声装置等过程阻隔的方式降低噪声污染；采用强化工地夜间施工管理，促进夜间施工信息公开。加强城市水体污染治理。巩固地级市城市建成区的黑臭水体整治成效，加强县级市建成区黑臭水体的排查整治；推动穿城河流和湖泊水体治理，大力实施清淤、截污、生态护坡、河岸绿化等措施，提升水体自净能力。完善与更新城市环境基础设施。持续推进城市雨污分流改造，加大排水管网建设力度，消除排水管网空白区；加强城中村、老旧城区和城乡接合部污水收集管网建设与改造，消除污水收集管网空白区，提升污水处理设施处理能力和运行维护，推进污水资源化利用；推进节水型城市建设，加强水厂、管网和二次供水设施的更新改造，推进城市生活污水再生利用，构建“城市用水—排水—再生处理—水系生态补水—城市用水”城市水循环系统。优化城市用能结构，完善燃气储气设施和供气管网，拓展天然气管网覆盖范围，实施老旧天然气管网改造和提档升级工程，保障管道安全运行。合理布局居住社区、商业和办公场所的生活垃圾分类收集容器、箱房、桶站等设施设备，健全生活垃圾分类相衔接的收运网络，加快推进生活垃圾分类处理设施建设。

二是推动并逐渐推广公园城市建设。支持成都建设践行新发展理念的公园城市示范区、天府新区建设践行新发展理念的公园城市先行区，优化城市内部空间结构，打造山水人城境业和谐的现代化城市，推广公园城市建设经验，逐步向区域中心城市、城市圈延伸，开展公园城市建设。加快建设城市绿地体系。增强公园绿地的复合性和连通性，在中心城区、老旧城区加大拆违建绿、见缝插绿、破墙透绿力度，构建公园绿地 10 分钟生活圈，基本实现“300 m 见绿、500 m 见园”。优化城市交通出行结构。全面改善绿色出行环境，推进“公交+慢行”引领的绿色交通体系建设，持续提升公共交通设施供给和服务水平；推动电动汽车充电设施网络建设，加强重点区域公用充电设施建设，规范公用充电桩布局。倡导绿色生活方式。推行绿色生产，鼓励使用绿色建材、家具、家电等耐用品，减少一次性消费品；引导居民在衣、食、住、行等各方面转变观念，形成节约集约利用资源的生活方式；推进绿色社区创建行动，将绿色发展理念贯穿社区设计、建设、管理和服务全过程。加强城市智能化建设与改造。系统推进城市交通系统、水系统、能源系统、环卫系统、园林绿地系统等领域智能化与节能化建设、改造和管理。

2. 加强农村环境整治

一是开展乡村环境综合治理，补齐乡村基础设施短板。开展农村水系综合整治。以流域（区域）为单元、水系为脉络，集中连片、统筹推进水体连通及综合整治，修复水生态环境，贯通河渠水系，实现河畅水清；结合农村改厕，因地制宜、综合采用控源截污、清淤疏浚、水体净化等措施，深入开展农村黑臭水体治理。分类推进农村生活污水治理。积极探索推广平原、高原、山地、丘陵、缺水和生态环境敏感等典型地区农村生活污水治理技术，合理采取纳管处理、分散治理、集中处理等模式，完善污水处理基础设施，因地制宜推广乡镇污水处理厂、微动力污水处理站治理模式；结合四川农业大省实际，加快推进农村生活污水资源化利用与农田灌溉、渔业用水、生态保护修复、环境景观建设等有机衔接。深化农村“厕所革命”。稳步提升农村户厕覆盖率，严格执行农村改厕标准规范，改造提升不符合标准规范的卫生厕所；推进农村“厕所革命”整村推进示范村建设，提升农村厕所粪污无害化处理和资源化利用，因地制宜推进“厕污共治”。大力推进畜禽养殖粪污处理。推进畜禽养殖规模养殖场粪污处理设施建设和完善，提高畜禽粪污处理设施装备配套率和畜禽粪污综合利用率，鼓励畜禽养殖业发达地区将农户厕所粪污与畜禽养殖废弃物一并资源化利用。推动农村生活垃圾回收利用。有序开展农村生活垃圾分类，加快农村生活垃圾回收利用，优化农村生活垃圾收运处置设施布局，逐步补齐农村生活垃圾终端处置设施短板，提升农村生活垃圾资源化处理覆盖率，不断提高运行管理水平。

二是提升乡村环境品质，建设美丽宜居乡村。优化乡村用能结构调整。引导农村不断减少低质燃煤、秸秆、薪柴直接燃烧等传统能源使用，鼓励使用适合当地特点和农民需求的清洁能源，推广应用太阳能光热、光伏等技术和产品；推进燃气下乡，灵活采取城镇燃气管网延伸、乡村储气罐站和微管网供气系统、瓶装液化气等方式供气。持续推进乡村绿化。充分利用农村闲置土地见缝插绿，大力推进村庄“四旁”植树，庭院绿化、立体绿化，建设集中连片的庭院林、环村林。营造山水田园融合的乡村聚落。保留传统农田肌理、灌溉系统及农业设施，彰显传统农业景观价值，构建乡村聚落与农田景观的有机统一体；突出地域文化元素符号和自然地理特征，合理布局道路、住宅、公共活动空间、重要景观节点等，促进乡村形态与自然环境相得益彰。优化乡村公共空间。组织和引导村民自发拆除私搭乱建，清除残垣断壁，清理废弃破旧的附属设施；重点针对线路乱拉乱接问题，整治农村空中线网。推进庭院整治。以房前屋后、院落、公共死角等为重点，全面整治乱堆乱放现象，保持房前屋后和庭院环境卫生清洁、摆放整齐有序；引导鼓励农户就地取材进行庭院硬化、绿化，采用本土植物，打造乡村绿色庭院、微菜园、微田园等绿化休闲空间，支持村民庭院自主改造。

（五）完善城乡人居环境整治体系

1. 创新城市治理方式

一是推动城市治理智慧化转型。推动建设城市信息模型（CIM）基础平台，完善CIM平台体系架构，推进CIM平台在城市体检、环保环卫、智慧市政、智慧园林、智慧工地以及城市综合管理等领域应用，逐步构建省、市、县（市、区）三级“互联互通、共建共享、协同协作”的城市综合智慧治理体系。综合利用大数据、云计算、区块链、人工智能等前沿技术，以数字化助推生态环境基础设施运营和监管模式创新，加大对智慧能源体系、智慧供水、医疗废物信息化管理平台、生活垃圾和固体废物全过程智能化处理体系等的探索建设力度。整合现有资源搭建城市综合管理服务平台，推进城市建成区数字化管理全覆盖，将各类设施纳入统一监管，强化信息收集、共享、监测、分析、评估及预警，实现城市综合治理“一网统管”。二是提升城市精细化管理水平。深入推进城市环境问题精细化治理，聚焦垃圾分类、餐饮油烟和餐厨垃圾、机动车清洗站、扬尘污染等突出问题，推进系统治理、依法治理、源头治理，以综合执法队伍规范化建设为保障，将执法工作延伸到每条小巷、每处角落。完善网格化城市管理工作体系，推进管理重心下沉，初步建成市、区、街道（乡镇）三级网格化管理体系；加强网格员队伍管理，扩展网格管理事项，推进“热线+网格”深度融合，实行全天候、无差别、全覆盖管理。提升居住社区服务和管理能力，搭建多元主体共建共治的制度平台，推进城市管理进小区，打通服务群众的“最后一公里”。完善城市环境治理长效机制，多渠道定期主动收集和反馈城市环境管理问题。

2. 强化乡村建设管理

一是健全乡村人居环境设施管护机制。明确农村人居环境基础设施管护主体和责任，由市级人民政府发挥统筹调度作用，乡（镇）和村作为村庄人居环境长效管护的实施主体。建立设施建设管护制度、标准和规范，推动农村厕所、生活污水垃圾处理设施设备和村庄保洁等一体化运行管护。利用好公益性岗位，合理设置农村人居环境整治管护队伍，优先聘用符合条件的农村低收入人员，负责相关设施的日常巡查、养护、保洁等。将河（湖）长制延伸到村一级，全面明确农村小微水体的村级河湖长。探索设施管护费用分担机制，鼓励社会资本参与乡村生活污水、垃圾处理设施项目建设和运营管护，形成政府公共财政主导、村民委员会和村民自筹、受益主体付费、社会资金支持的乡村清洁经费多元化投入保障机制。二是推动乡村共建共治共享。强化基层组织作用，充分发挥农村基层党组织领导作用和党员先锋模范作用，在农村人居环境建设和整治中深入开展美好环境与幸福生活共同缔造活动；进一步发挥共青团、妇联、少先队等群团组织作用，组织动员村民自觉改善农村人居环境。加强群众性自治组织建设，强化民主协商与民主决策，积极探索新村民议事形式，充分调动农民群众共建美丽乡村的积极性、主动性，引导村集体经济组织、农民合作社、村民等全程参与农村人居环境相关规划、建设、运营和管理。鼓励通过政府购买服务等方式，支持有条件的农民合作社参与改善农村人居环境项目。积极推行乡镇政务服务评价机制，实行“一站式”服务和“一窗式”办理，构建线上线下相结合的便民服务体系。

（六）强化城乡人居环境组织实施保障

一是加强组织领导。强化党的核心引领作用，始终把党的全面领导贯穿城乡人居环境建设的各方面、各环节，确保党中央、国务院关于城乡人居环境建设的各项决策部署落实到位。完善党委、政府统筹各部门协同的工作机制，成立人居环境建设专项工作组，统筹协调推进城乡人居环境建设工作，抓好重大政策及主要指标的研究、制定、颁布，工作落实的协调、监督、检查等。明晰职责分工，明确各市、县（市、区）人民政府承担实施城乡人居环境建设的主体责任，市、县（市、区）要建立城乡人居环境建设协调推进机制，制定实施方案，保障工作推进。

二是强化要素保障。强化土地保障，对城市更新和城乡人居环境建设重点工程项目优化审批核准程序，对城市更新、农村人居环境、海绵城市、污水和垃圾处理、重大道路基础设施等重点项目予以用地支持。强化资金保障，统筹各级各类有关资金，支持污水和生活垃圾处理、城乡环境综合整治、村镇建设等民生事业发展；鼓励金融机构在信用评级、贷款准入、贷款授信和利率优惠等方面对城乡人居环境建设项目予以重点支持。强化人才保障，开展城市更新和城乡人居环境建设技术人才培训，培养一批乡村建设指导员、农房建设辅导员，鼓励职业院校、培训机构和行业组织发挥优势和特色，为从业人员提供多渠道、多类型的继续教育资源，加强行业从业人员队伍建设。

三是完善科技支撑。探索健全适合本地区的人居环境建设技术支撑体系，加快建立市域城乡人居环境建设综合规划，以及县（区）、镇乡级专项规划体系，各级城乡人居环境建设规划要纳入同级国民经济发展规划和国土空间规划，同步建立城乡人居环境建设工程专题研究和设计管理机制，研究制订体检、评估、规划、设计、管理、验收等环节的标准规范、指标体系等技术文件，加强规划和建设项目的监测评估，推动形成城乡人居环境建设体检评估、规划设计、项目管控、监督验收全过程技术保障工作制度。

四是构建考核评价体系。建立完善“一年一体检，五年一评估”的城乡一体化环境建设评估工作机制，构建“监测—诊断—预警—维护”的体检工作闭环，常态化开展环境建设体检评估。完善城市体检评估指标体系和方式方法，制定城市体检评估技术规程，建设市区上下贯通、横向联合的城市体检评估信息平台，对城市人居环境建设实施情况进行动态监测和第三方评估。聚焦农民生产生活，从发展水平、农房建设、村庄建设、县城建设等方面开展县域乡村建设评价，评价成果作为编制乡村建设规划、制订有关政策、确定乡村建设年度计划和项目库的重要依据。建立覆盖市、县两级的城乡人居环境建设实施绩效考核制度，加大对各市（县）城乡人居环境建设工作的跟踪指导，建立日常督导、季度通报、年度考核、达标验收相结合的考评激励机制，定期组织开展实施绩效评价和试点经验推广。

参考文献

[1] 翟一鸣. 城乡融合视域下的乡村人居环境建设模式初探[D]. 济南：山东大学，2021.

[2] 王家华. “城市双修”中政府职能优化研究[D]. 南昌：华东交通大学，2022.

关于推进嘉陵江流域生态环境高水平保护与经济社会高质量发展的建议

摘　要：嘉陵江是长江流域面积最大的支流，是长江上游重要生态屏障和水源涵养地，具有重要的生态环境服务功能。习近平总书记对嘉陵江流域生态环境保护高度关注，指出“嘉陵江是长江上游重要支流，是四川、重庆的10余座城市的重要饮用水水源，生态屏障战略意义重大”。但也应看到，嘉陵江流域环境基础设施历史欠账较多，绿色发展还存在短板弱项，一些小支流水环境质量不容乐观，流域生态环境保护依然任重道远。本文立足于流域实际，剖析了当前嘉陵江生态环境高水平保护与经济社会高质量发展面临的问题，提出优化流域空间布局、补齐环境安全短板、统筹污染防治、推动绿色发展等对策建议，积极探索流域高水平保护促进经济社会高质量发展的新道路。

关键词：嘉陵江；生态环境；保护；高质量发展

一、概况

嘉陵江为长江干流上游左岸主要支流，发源于陕西省秦岭南麓，流经陕西省、甘肃省、四川省、重庆市，于重庆汇于长江。河流干流全长1 132 km，流域面积15.9万km^2，占长江流域面积的8.9%，水量占长江流域总量的7.5%[1]。四川境内嘉陵江干流长641 km、流域面积10.1万km^2（含渠江、涪江，下同），流域面积50 km^2以上支流579条，其中，流域面积 10 000 km^2以上的有渠江、涪江、白龙江、州河。渠江、涪江在重庆境内汇入嘉陵江干流。嘉陵江在广元以上为上游，河道长约380 km，行经高山地区；广元至合川为中游，河道长约645 km，纵贯川中盆地，有航运之利；合川以下为下游，河道长约95 km，水势平缓。

嘉陵江在四川境内涉及阿坝州、绵阳市、德阳市、成都市、遂宁市、资阳市、广元市、南充市、广安市、巴中市、达州市11个市（州）的67个县（市、区），是支撑四川省川东北片区社会经济发展的主要河流，也是成渝地区双城经济圈生态空间的重要组成部分。流域内经济发展水平相对滞后，乡村振兴基础薄弱，属于典型的“生态高地、经济洼地”，钢铁、电子、机械、电力、化工、纺织和食品等工业较为发达，主要分布于干流两岸的绵阳、达州、广安、广元、南充等市。流域面积以占全省20.7%的土地面积，贡献了全省20.3%的水资源量，产出了全省26.2%的GDP，哺育了36.3%的四川人口。

省委、省政府高度重视嘉陵江生态环境保护工作，近年来，全面推行河（湖）长制，出台了《四川省嘉陵江流域生态环境保护条例》（以下简称《条例》）、《四川省嘉陵江一河（湖）一策管理保护方案》、《嘉陵江流域（四川段）水污染防治规划》、《嘉陵江流域生态环境保护联防联治联控省级合作方案》、《嘉陵江河长制年度工作清单》等一系列法规文件，建立了嘉陵江流域横向生态保护补偿机制，实施嘉陵江流域水环境综合整治工程，将嘉陵江生态走廊建设纳入成渝地区双城经济圈建设内容，强力推进嘉陵江流域生态环境保护与治理。目前，流域内中心城区污水集中处理率达95%以上，乡镇生活污水集中处理率达85%以上，地级以上城市建成区黑臭水体基本消除，连续5年嘉陵江干流水质稳定保持在Ⅱ类水平，达标率为100%。

二、面临问题

（一）环境风险防范存在短板

一是尾矿库是重大环境安全隐患。嘉陵江上游横跨陕西、甘肃的西秦岭区域，是我国主要的铅锌矿产区之一，废弃矿井涌水等采矿次生环境问题较为突出，20世纪80年代以来在嘉陵江上游地区陆续形成了200余座尾矿库（包括陕西和甘肃），这些尾矿库多为“河边、江边、路边”的“三边库”，安全隐患较多，监管难度较大，环境风险较高，是当前嘉陵江流域重大的生态环境风险源。

二是输入性风险依然突出。地处陕甘川交界的广元市作为嘉陵江上中游分界点，近年来数次遭受输入性污染事故影响。数据显示，2015年至今，嘉陵江流域已发生4起跨界输入性污染事件，其中，锑污染事件1次、柴油泄漏污染事件1次、铊污染事件2次。同时，水电站泄洪排沙容易造成嘉陵江水体浊度升高、垃圾堆积等环境问题，威胁沿江城镇居民用水安全。

三是饮用水水源安全保障压力大。嘉陵江沿江两岸人口多，饮用水水源地密集，仅四川境内县级以上集中式饮用水水源地就多达64个，流域内30%的环境风险企业位于饮用水水源地周边5 km范围内，大量涉危、涉重生产和储运区与饮用水水源地保护区犬牙交错，环境风险高，防控压力大。

（二）生态环境质量还不稳固

一是支流水环境质量还未稳定达标。嘉陵江干流水环境质量总体优良，但小流域水质不容乐观，长滩寺河、东柳河、铜钵河等小支流水质不能稳定达标，个别月份甚至出现劣Ⅴ类水质断面，一些湖库水生态环境形势不容乐观，西河升钟水库水质有降类风险，富营养化苗头不容忽视。嘉陵江流域农业种植面积广，化肥、农药施用量大，随着污染防治攻坚战的深入推进，点源污染得到很大程度的控制，农业面源污染逐步成为影响河流水质的重要因素。

二是部分河湖湿地生态功能退化。湿地保护空缺较大，湿地生物多样性有所减退，流域内四川南河国家湿地公园、四川龙女湖省级湿地公园、柏林湖国家湿地公园等多个湿地不同程度出现功能退化，相关研究表明，流域内62.5%的重要湿地生态评价等级为差，仅25%的重要湿地生态评价等级为好。

三是干流渠化影响水生态。嘉陵江是全国内河主通道中第一条全江渠化的河流，干流自上而下规划了17级航电，目前已建成16级，广元段以下基本形成梯级渠化。梯级开发不同程度地阻隔了鱼类洄游，妨碍坝址上、下的鱼类遗传交流，导致鱼类的遗传多样性降低，相关调查表明嘉陵江蓬安段常见野生鱼类49种，目前7种已绝迹[2]。

四是水域岸线管理保护有待加强。一些水库库区、小河流未开展岸线功能区划，已划定岸线的河流湖库岸线长，涉及面广，管理难度大，县、乡水域岸线管理力量薄弱，小规模“四乱”问题仍时有发生。河道采砂管理仍需持续加强，沿江居民偷挖盗采河道砂石现象还未杜绝，跨区域、超范围开采砂石有偶发现象，砂石原料侵占河道时有发生。第二轮中央生态环保督察针对嘉陵江岸线问题进行了典型通报。

（三）发展与保护的矛盾凸显

一是历史欠账较多。嘉陵江流域人口多、经济基础弱、产业结构布局存在短板[3]，历史遗留环境问题较多，如污水管网短板问题突出，水资源开采和利用形式粗放，农业农村面源污染点多面广等。近年来，随着城市化、工业化和农业产业化进程的不断加快，区域经济发展需求强烈，使生态环境保护和污染治理“老账”未除，又添“新账”。

二是发展需求迫切。嘉陵江流域大部分地区是集革命老区、秦巴山区、生态屏障为一体的特殊区域，经济发展水平总体滞后，在“一带一路”、成渝地区双城经济圈建设、新一轮西部大开发、川陕革命老区振兴、秦巴山区连片扶贫开发等国家发展战略和四川省委“一干多支”区域发展格局的大背景下，区域自身发展需求强烈，经济发展和生态环境保护矛盾逐步凸显。

三是新兴产业的发展对环境安全带来新挑战。近年来，嘉陵江流域新能源电池、电子信息、新材料、高端装备制造、生物医药等战略性新兴产业蓬勃发展，但同时带来了相应的环境安全问题，如电子信息制造业的生产工艺中使用的大量有机溶剂、重金属等物质都有可能对环境造成较大环境安全隐患，如何在确保高新科技产业发展的同时减少对环境和安全的影响已成为亟须解决的问题。

四是《条例》对流域保护提出更高要求。《中华人民共和国长江保护法》（以下简称《长江保护法》）提出“禁止在长江干支流岸线三公里范围内重要支流一公里范围内新建、改建、扩建尾矿库”，嘉陵江作为长江的一级支流，《长江保护法》相关要求自然适用于嘉陵江。在四川省出台的《条例》中明确要求“禁止在嘉陵江干支流岸线一公里范围内新建、扩建化工园区和化工项目”，这意味着在《长江保护法》的基础上，四川省进一步强化了嘉陵江流域生态环境准入和生态环境保护的相关要求。

（四）高质量发展潜力释放不足

一是区域协同发展不足。沿江生态经济走廊建设发展不平衡，市与市之间，县与县之间，市、县（区）内不同的区域发展不平衡、不协调现象较为普遍。经济发展差距明显，总体而言靠近成都和重庆的两头以及部分中心城市发展较好，其余地区发展相对滞后。区域协同发展有待加强，目前沿江市（州）、县（市、区）之间在双方互访、战略合作层面有所突破，但项目实质层面协同发展还有待进一步强化。

二是水资源开发利用与水运能力有待提升。嘉陵江流域水资源开发利用程度总体较低，根据《2020 年长江流域及西南诸河水资源公报》《2020 年四川省水资源公报》，嘉陵江流域水资源开发利用率为 11.5%，低于长江流域平均水平（15.2%），仍有较大的开发利用潜力。流域内仍有大量江河湖泊水功能区划尚未划定，制约纳污能力核算和排污口设置，不能完全支撑嘉陵江流域水资源开发利用与保护。流域内水运能力有待加强，航槽弯曲多变，枯水期仅能满足小型船舶区间短途运输，水运在综合运输中占比较低[4]。

三是良好生态的绿水青山就是金山银山转换不足。嘉陵江流域经济发展现状与资源禀赋不相匹配，多数县（市、区）一产占比较高，三产增加值占比较低，沿江 16 个县（市、区）中，2020 年 GDP 最高超 400 亿元的仅有南部县和顺庆区 2 个，广元昭化、朝天两区不足百亿元。嘉陵江古以“嘉陵”而名，意蕴“美丽之水、祥瑞之江”，生态环境优异，文化源远流长，三国文化、红色文化独具特色，但开发不足，良好生态、特色文化对绿水青山向金山银山转化的支撑不足，生态红利还未得到充分释放。

三、对策建议

（一）优化空间布局，绽放美丽韵味

一是塑造全域多姿多彩魅力空间。以“山”为屏、以“水”为带，聚集山水田园资源，彰显“田园阡陌其间、山水绵延相连”的嘉陵江独特魅力。做好“山”的文章，恢复米仓山、大巴山、龙门山等中高山生态系统，完善窦团山、七曲山、玉龙山、盘龙山等低山的自然生态植被群落，展现自然健康、景致缤纷的山林图景。妥善处理山体与城镇关系，实施大山、城市连廊、山体公园增绿添景建设，构建山城相依的丰富景观格局。深度挖掘“水”的潜力，以白龙湖、亭子口水库、升钟湖等重点湖库，渠江、涪江等重点河流为重点，充分兼顾河湖各自禀赋特征，提高综合承载和资源优化配置能力。推动自然岸线生态化、生活化改造，科学腾退高污染、低产出的生产岸线，合理布局产业链、价值链，强化生态网络共建和生态廊道衔接，打造全域魅力空间。上游广元以上段控风

险，守住“入川门”；中游广元至南充段塑生态，雕琢嘉陵江最美“身段”；下游南充至广安段保质量，确保“一江清水出川”，塑造全域“山水相依、发展与保护双赢”的魅力国土空间格局，再现诗圣杜甫《阆水歌》中“碧水红日，色彩斑斓，春回沙际，云水相妍”的绝美画卷。

二是推进区域空间融合发展。完善和落实主体功能区战略，着力形成以区域中心城市和重要节点城市为主体，县城和中心镇为基础，以生态屏障、生态廊道为支撑，美丽宜居城市、美丽宜居城镇、美丽宜居乡村有机衔接的城乡高品质融合发展空间形态，推动城市和小城镇协调发展，打造城市特色。推进绵阳高水平建设中国科技城，高质量建设全省和成渝地区的经济副中心。支持南充建设成渝地区北部中心城市和嘉陵江绿色生态经济带示范市，推进达州建设东出北上综合交通枢纽、巴文化传承创新和旅游发展高地，加强两市与成渝双核联动，积极承接产业和人口转移，带动川东北经济区加快发展，促进成渝地区双城经济圈北翼振兴。支持广安深化川渝合作示范区建设，探索跨省域一体化发展。支持广元、巴中建设成渝地区北向重要门户枢纽、成渝地区绿色产品供给地和产业协作配套基地。

三是强化区域空间特色塑造。构建绿色廊道，推进河滩湿地公园建设，打造沿河拥江休闲文化岸线。衔接国土空间规划分区和用途管制要求，引导区域聚焦主体定位、特色优势，科学有序统筹布局生态、生产、生活空间，促进空间相互支撑，构建与区域资源禀赋、生态本底、环境条件等相得益彰的城乡空间。以成渝地区双城经济圈建设为契机，统筹嘉陵江干流岸线两侧一定范围资源，打造嘉陵江绿色经济发展轴，实现拥江“一轴联通”发展。坚持生态优先、绿色发展，强化空间的特色塑造，彰显特色空间魅力，推动上中下游差异化协同发展，形成各具特色、各展所长、各现其美的美丽嘉陵江区域空间格局。在上游构建绵阳“一屏、六带、四区”、广元“一廊一屏，一带一区”、达州“一屏两廊四带多点”、巴中“一屏三廊四区”的空间格局；在中游地区构建南充“一江多廊多点”、广安“三带四廊”空间布局。

（二）补齐安全短板，守护河湖安澜

一是加强尾矿库和废弃矿井涌水整治。严格环境准入，严禁在距离嘉陵江干流岸线1 km范围内新（改、扩）建尾矿库，深入推进流域尾矿库生态环境问题排查整治。对嘉陵江中上游已查明且需要治理的尾矿库，抓紧编制污染防治方案，加快推进综合治理；对已完成污染治理的尾矿库，开展污染治理“回头看”。深入总结广元市废弃矿井涌水治理经验，推动制定流域废弃矿井涌水治理工作指南，按照“一矿一策”开展废弃矿井涌水综合整治，探索推广生态和低成本治理新模式、新技术。

二是加强输入性污染防控。推动陕西省、甘肃省、四川省共同构建嘉陵江跨界生态环境突发事件和应急联动机制，制定流域污染应急预案，有效避免出现重大生态环境问题。进一步完善嘉陵江流域水环境监测网络，重点强化重要跨界区域、重要水源地等水

域自动监测、远程监控和智慧管理[5]。

三是强化饮用水水源安全保障。优化沿江饮用水水源和供水格局，持续推进水源地规范化建设。加强饮用水水源地保护和治理，对水质不达标的饮用水水源地，采取污染治理、水源置换、深度处理等措施，确保饮用水安全。建立跨行政区水源地保护联防联控机制，提升饮用水水源地水质监测和预警能力，开展集中式饮用水水源监测和环境状况调查评估，定期向社会公开饮水安全状况。加快城镇应急备用水源建设，强化日常管理，提高城市供水的防御突发事件的能力。

（三）统筹污染防治，彰显生态魅力

一是积极推进小流域污染治理。针对流江河、明月江、铜钵河、长滩寺河等重点支流，以“美丽乡村”和“美丽河湖”建设为载体，聚焦城乡接合部、重点乡村、农村集聚区和水质不达标断面。关注农村面源污染控制，重点控制城镇生活、畜禽养殖和工业污染源排放，以入河排污口排查整治为契机，厘清污染来源，减少污染物入河负荷，编制“一河一策”综合治理方案，持续推进小流域水生态环境问题排查整治。强化小流域水环境精细化治理，推动一批水质不稳定达标的小流域实现水质改善，分期分批推进美丽河湖建设。

二是强化生态系统保护和修复。统筹山水林田湖草沙冰一体化保护和系统治理，科学布局重大生态保护与修复工程。开展嘉陵江流域生态廊道和干流两侧生态岸线建设，加强涉水空间管控，实施岸线修复工程，完善岸线监管机制。推进大熊猫国家公园、九寨沟湿地生态功能区、秦巴生物多样性生态功能区等国家重点生态功能区建设。推进嘉陵江遂宁、南充段等湿地保护修复，实施南河国家湿地公园、升钟湖湿地公园等 6 个国家湿地公园保护修复工程，对生态功能退化的湿地采取水污染防治、植被恢复等措施进行综合整治，实现河湖从“清”到“美”的提升。加强水生生物保护与恢复，加强珍稀濒危及特有鱼类产卵场、索饵场、洄游通道等重要生境的保护，建设胭脂鱼、岩原鲤等鱼类繁育基地。

三是统筹优化水资源开发保护。深入实施最严格的水资源管理制度，强化用水总量、用水效率、重要水功能区水质达标率“一条红线”约束。补齐水利基础设施建设短板，统筹全流域水资源配置，优化流域上下游、干支流水资源分配，合理分配生活、生产、生态用水。强化干流控制性水利水电工程的联合调度及生态调度，保障敏感河段内生态流量要求。上游因地制宜开发白龙江、白河、东河等流域水能资源，中下游优化水电布局，进一步提高上石盘、水东坝、苍溪等电站的连续滚动开发能力，充分发挥已建亭子口水库、罐子坝水库、升钟水库调节作用，提高灌溉、城乡供水和防洪能力，保护水生态与水环境。加快实施亭子口灌区一期、武都引水工程三期、遂宁涪江右岸引水等嘉陵江骨干水源工程，保障河湖生态需水。推进区域再生水循环利用，以绵阳、遂宁等缺水型城市为重点，研究编制再生水循环利用实施方案，推动城镇生活污水资源化利用。

四是充分发挥科技在嘉陵江污染防治的支撑作用。聚焦嘉陵江流域生态环境保护与污染治理，省（市）共同筹建嘉陵江流域生态环境保护规划所，打造综合性平台，建设实践基地，形成人员专班，统筹上下游、左右岸，开展流域专题研究，服务嘉陵江流域生态环境保护重大决策、日常管理，探寻“高水平保护—高质量发展”良性循环路径。以“智库联盟+专家团队”整合相关领域优势单位和人员力量，培养一批流域生态环境保护骨干和领军人才，架设学术交流和政策落地的桥梁，打造四川省“人与自然和谐共生的现代化”流域系统治理示范中心，助推嘉陵江流域经济社会高质量发展。

（四）推动绿色发展，谱写富民篇章

一是统筹推进区域绿色发展。坚持绿色发展理念，增强流域协同创新能力，结合流域各市（州）、县（市、区）资源优势，发展先进制造业，培养特殊服务业，大力培育电子信息、新材料、高端装备制造、生物医药、节能环保等战略性新兴产业。坚持“正面清单”和“负面清单”相结合，对流域内“散乱污”企业按照“科学规范一批、升级改造一批、整合搬迁一批、关停取缔一批”原则，实施分类处置，“倒逼”产业加速提档升级，逐步优化产业布局。强化产业“生态集聚”，推动产业园区生态化。强化科技支撑，促进产业实现结构转换、绿色转型，实现流域生态环境保护和高质量发展“双赢”。

二是健全生态保护补偿机制。稳步推进森林、湿地、耕地等重要生态系统生态保护补偿，积极争取国家加大对秦巴生物多样性重点生态功能区、自然保护地、生态保护红线区等重要区域的转移支付力度。建立陕西省、甘肃省、四川省、重庆市嘉陵江流域跨省常态化生态补偿机制，建立健全共界、跨界小流域横向生态补偿机制，创新技术指导和政策支持，按照权责一致、分类分级的原则，做好各类型、各层级生态保护补偿政策的衔接[6]。统筹上下游、干支流、左右岸，研究制定流域统筹的环境容量分配方案，建立基于水环境质量、生态流量保障等综合指标的横向生态补偿考核办法，探索开展用能权、排污权、碳排放权、水权等市场化、多元化生态补偿方式，重视产业扶持、技术援助、人才支持等补偿手段。

三是推进流域生态产品价值实现。加强绿色食品、有机农产品、地理标志农产品认证和管理，加大力度培育发展具有嘉陵江流域特色的生态农产品。大力发展生态种植，积极发展生态健康养殖，鼓励发展森林碳汇交易和碳汇渔业。发挥嘉陵江流域生态旅游资源优势，高起点编制沿江旅游、生态、文化和产业布局规划，深度挖掘流域红色文化、蜀道文化、三国文化、巴文化等文化内涵，打造广元唐家河森林康养基地、南充阆中古城、广安五华山等生态旅游品牌，建设大蜀道三国文化生态旅游目的地、大巴山国际旅游目的地。

参考文献

[1] 郑永昌. 嘉陵江水系水环境背景值研究[M]. 成都：成都地图出版社，1991.

[2] 曾燏. 嘉陵江干流鱼类群落生态结构分析[J]. 长江流域资源与环境，2012，21（7）：8.

[3] 陈蕊. 嘉陵江上游历史经济地理研究[D]. 重庆：西南大学，2012.

[4] 王西琴，张馨月，常明. 嘉陵江（南充段）开发利用现状与保护对策[J]. 西北大学学报（自然科学版），2019，49（1）：7.

[5] 《瞭望》新闻周刊记者. 透视嘉陵江跨境污染“广元之痛”[J]. 瞭望，2018（13）：2.

[6] 肖敏. 嘉陵江流域生态补偿法律制度研究[D]. 石家庄：河北地质大学，2019.

政策法治篇

环境信息依法披露制度改革调研报告

摘　要：环境信息披露是重要的企业环境管理制度，也是生态文明制度体系的重要组成部分。与欧美一些国家相比，我国在环境信息依法披露制度研究和建设方面起步较晚，虽已取得一些进展，但相关体系和规章制度尚不完善，因此，加快建立健全环境信息依法披露制度，有利于四川省加快推进环境治理体系现代化，为精准治污、科学治污、依法治污和生态文明制度体系建设提供有力支撑。

关键词：环境信息；依法披露；制度改革

深化环境信息依法披露制度改革是推进生态环境治理体系和治理能力现代化的重要举措。2021 年生态环境部先后印发《环境信息依法披露制度改革方案》（以下简称《改革方案》）、《企业环境信息依法披露管理办法》，专门针对环境信息披露进行部署，明确了环境信息依法披露制度建设的时间表和施工图。

一、加快建立健全环境信息依法披露制度的意义

（一）推进生态环境治理体系现代化的重要体现

四川省基本建立了覆盖生态环境管理各领域的环境信息依法披露制度体系，但仍存在法律法规不健全，环境信息披露内容不完整，披露途径缺乏规范性等问题。加快建立健全环境信息依法披露制度，能进一步明确环境信息依法披露的主体、内容与形式，推进环境信息依法披露制度在四川省的落实、落细，为推动构建现代环境治理体系提供基础性、关键性支撑。

（二）压实生态环境保护相关方责任的重要举措

四川省是经济大省、人口大省、资源大省，正处在经济社会发展全面绿色转型的关键时期，污染防治形势严峻。在压实企业生态环境责任方面，明确环境信息依法披露的主体、内容和范围，能有效引导企业自觉履行生态环境责任，确保相关政府部门各司其职，是压实生态环境保护相关方责任的重要举措。

（三）形成长效市场机制的重要抓手

环境信息依法披露制度能够解决因信息不对称而导致市场失灵的问题，同时能够激发社会监督作用。四川省重点行业绿色化水平总体不优，存在管理技术水平绿色化程度不高、末端治理水平有待提升、部分重点产业调结构、去产能进展较慢等问题。完善的环境信息依法披露制度能够为市场相关方提供客观的环境信息，有利于发挥市场对环境资源的配置作用，促进绿色技术的研发应用。

二、国际上实施环境信息披露的经验

（一）美国：建立双重环境信息披露制度

美国是最早一批采用信息披露手段加强环境治理的国家之一，其一大特点是建立双重环境信息披露制度。一是建立环境物量信息披露制度。1986 年，美国国会颁布《应急计划和社会知情权法案》，确定有毒物质释放清单制度。美国国家环境保护局建立和维护有毒物质排放清单国家数据库，定期向公众公开，监管企业提交的污染物排放清单和数量信息。上述法案的颁布开启了美国相关企业定期公开披露环境物量信息的时代。2010 年，美国环境保护局加强了对温室气体排放信息披露的要求，出台温室气体排放报告制度，要求温室气体高排放企业（CO_2 排放当量在 25 000 t/a 以上）递交温室气体年度报告，并聘用第三方机构对数据开展鉴定。二是建立企业环境财务信息披露制度。按照美国证券交易委员会相关要求，美国上市公司要在财务报告中披露与环境事项有关的财务和会计信息。同时，为了规范企业会计行为，便于编制环境会计信息披露报告，美国制定了环境会计准则。三是强化环境信息披露监管部门间的分工协作。美国环境管理部门、证券监督管理部门和会计准则制定机构间建立高效的分工协作机制，确保了双重环境信息披露制度政策体系保持协调一致。

（二）欧盟：通过强制性和鼓励性手段促进企业环境信息公开

欧盟的企业环境信息披露制度在世界处于领先水平，其政府部门、企业及其他社会力量都发挥了重要作用。一是采用立法等强制性手段完善环境信息披露制度。通过欧盟及其成员国两个层级进行立法。二是采取生态标签等鼓励性手段推进环境信息公开。实施自愿性质的生态标签制度，企业想要获得生态标签，需向相关公共机关证明其产品符合欧盟规定的环保标准。三是注重发挥民间组织力量。民间环保组织在企业环境信息公开过程中发挥了较大作用，例如，由非政府、非营利组织欧洲环境教育基金会主导，针对海滩和港口的生态环境保护开展“蓝旗运动”，对于通过水质、环境信息和教育、环境管理、安全和服务等 4 个方面共 27 项标准考核的海滩，欧洲环境教育基金会授予其“蓝旗海滩”称号。“蓝旗运动”在欧洲广受关注，被授予的称号逐渐发展成为欧洲旅游业普遍认可的品质象征。

（三）日本：建立较为完善的企业环境会计信息披露框架体系

日本在政府、社会公众、第三方机构的多方协作下，形成较为完善的企业环境会计信息披露框架体系。一是建立健全法律基础。日本政府运用法律手段，明确政府、企业、公众在环境信息披露方面的责任与义务。目前，日本已制定有关环境方面的法律法规和行政命令共计 242 项，完备的立法体系使其环境信息披露有法可依、有章可循（表 1）。二是政府部门联合行业协会共同制定相关准则、指南。日本是最早制定环境会计指南的国家之一，日本环境会计与信息披露准则指南，主要由政府环境管理保护机构、会计准则委员会和会计职业团体共同研究制定。早在 2000 年其政府发布《环境会计指南 2000 年版》，旨在建立环境会计体系，并于 2002 年、2005 年对该指南进行修订（表 2）。同时，接连发布《环境报告书指南》2000 年版、2007 年版，旨在明确环境报告书的内容、模式、制作等问题（表 3）。日本发布的两份指南，详细规定了企业环境会计信息披露的内容和有关披露格式的具体要求，增强了日本企业环境信息披露的可比性和一致性，为日本企业提供了环境会计信息披露的标准和依据。日本明确由环境省对企业环境会计信息披露进行监督。三是发挥第三方认证作用。日本很多企业要求，由独立第三方机构对企业环境会计信息报告开展审查。独立的第三方环境审计能够保障企业环境会计信息的可靠性。

表 1　日本政府颁布的与环境管理相关的主要法规

法规名称	实施年份
《环境影响评价法》	1999
《关于把握特定化学物质排放量等及促进其管理的改善的法律》	2000
《二噁英类对策特别措施法》	2000
《推进循环型社会形成基本法》	2000
《关于削弱特定区域汽车所排放的氮氧化物及微尘总量的特别措施法》	2001
《关于促进资源有效利用的法律》（简称《循环利用法修订版》）	2001
《国家关于促进环境物品等的采购的法律》（简称《绿色采购法》）	2001
《特定家用电器的再商品化法》（简称《家电循环利用法》）	2001
《关于促进食品循环资源的再生利用等的法律》（简称《食品循环利用法》）	2001
《关于能源的合理利用的法律》（简称《节约能源法》）	2002
《土壤污染对策法》	2003
《关手废弃汽车的重新资源化等的法律》（简称《汽车循环利用法》）	2004

表 2 《环境会计指南 2005 年版》内容构成

主要内容	具体构成
1. 什么是环境会计	环境会计的特点、作用、性质、定义，以及构成要素
2. 环境会计的基本事项	环境会计计算的目标期和范围，以及组成环境会计基本的重要事项
3. 环境保护成本	环境保护成本的分类、范围、计算方法
4. 环境保护效果	环境保护效果的分类、衡量方法
5. 环境保护活动的经济收益	环境保护效益评估经济价值的方法以及相关经济收益的测量方法
6. 合并环境会计的处理	合并环境会计信息的处理方法及合并范围
7. 环境会计信息披露	环境会计合并结果、环境会计构成的重要内容以及环境保护活动的过程和结果
8. 内部管理的执行	对外披露信息和内部管理信息的关系、内部管理工具的发展
9. 环境会计数据分析指标	分析指标的意义和作用、分析指标的概念和内容
10. 内部管理表格和环境会计披露格式	内部管理报表格式、环境会计应用中涉及的各种表格及外部报告披露格式

表 3 《环境报告书指南 2007 年版》要求披露的内容

基本项目	（1）经营者理念
	（2）报告书的基本要素
	（3）总结该组织的业务（包括管理指标）
	（4）组织活动的物料平衡（投入、内部循环利用、输出）
环境管理状况	（5）环境管理体系现状
	（6）环境相关法律的遵守情况
	（7）环境会计信息
	（8）环境方面的投资或融资状况
	（9）绿色供应链管理的状况
	（10）绿色采购状况
	（11）环境友好技术研发的状况
	（12）保护生态环境的运输状况
	（13）生物多样性保护现状和生物资源的可持续利用
	（14）环境信息交流的状况
	（15）与环境有关的社会贡献
	（16）有助于减少环境负荷的商品、服务的情况
降低环境负荷的活动状况	（17）总能源投入量以及削减对策
	（18）总物资投入量以及削减对策
	（19）水资源投入量以及削减对策
	（20）组织业务范围内可循环的物料数量
	（21）总产品生产量及销售量
	（22）温室气体排放量及削减对策
	（23）空气污染对居住环境的影响及削减对策
	（24）化学物质的排放量、迁移量及削减对策
	（25）废弃物的总排放量、最终处置量及削减对策
	（26）总排水量及削减对策

社会活动现状	（27）职业健康与安全的信息与指标
	（28）就业信息与指标
	（29）人权信息与指标
	（30）向当地社区和社会作出贡献的信息与指标
	（31）关于公司治理、企业道德、公平贸易的信息
	（32）个人信息保护
	（33）消费者保护与产品安全

三、四川环境信息依法披露制度现状与问题

（一）发展现状

2007 年至今，四川省先后印发《关于加强政府环境信息公开工作的通知》《四川省环境保护厅政府环境信息公开办法（试行）》《四川省环境保护厅关于切实做好企业事业单位环境信息公开工作的通知》《关于进一步加强环境信息公开工作的通知》等文件。目前，四川省基本建立了覆盖生态环境管理各领域的信息披露体系。一是定期公布重点监管对象名单。四川省各市（州）生态环境部门综合考虑其行政区域的环境容量、重点污染物排放总量控制指标等要求，以及各企事业单位排放污染物的种类、数量和浓度等因素，于每年 3 月底前确定其行政区域内重点排污单位名录，并通过政府网站、报刊、广播、电视等便于公众知晓的方式公布。二是指导督促重点监管对象公布环境信息。按照属地化管理要求，生态环境部门负责指导、监督辖区重点监管对象做好环境信息公开工作。三是明确公布方式、时限。在各地生态环境部门公布重点监管对象名单后，重点监管对象需在 90 日内开展环境信息公开工作。公开方式灵活，可通过其网站、环境信息公开平台，或者采取公告或者公开发行的信息专刊等方式进行公开。

（二）面临问题

当前，四川现有环境信息披露体系面临一些不规范的问题，对于生态环境治理的支撑作用并没有充分发挥。一是企业填报环境信息平台较多。调研反映，目前要求企业披露其环境行为的平台较多，如排污许可证管理信息平台、环境影响评价信用平台等，导致企业多次重复披露类似的环境信息，在加大企业负担的同时，也使得统计数据无法统一口径。二是部分市（州）环境信息公开工作落实不到位。按照相关文件要求，设区的市级人民政府生态环境主管部门应于每年 3 月底前确定本行政区域内重点排污单位名录，并通过政府网站及时向公众公布。从调研情况来看，2021 年四川省仍有个别市（州）未在生态环境局门户网站公开当年重点排污单位名录，已公开的部分地区也存在排查不到位、公开不及时、名录涵盖不完全等问题。三是省内上市企业整体环境信息披露不充分。

调研反映，上市企业披露的环境信息大多为不会对企业实际经营活动产生影响的内容，如与企业相关的环境政策，而对于环境诉讼等内容则不会详细披露。

四、四川环境信息依法披露制度改革政策建议

建议一：完善制度体系，增强配套政策的“落地性”

一是根据《改革方案》要求和生态环境部要求，加强环境信息披露法治化建设，结合四川省实际制定地方性环境信息依法披露规章制度，及时推进环境信息依法披露管理办法、格式准则等配套文件的落地实施和统筹工作。二是聚焦生态环境重点工作，加强“双碳”目标等涉及的碳排放数据公开。探索建立气候变化信息披露制度机制，重点针对四大结构调整，对生产和生活各个领域温室气体排放情况及应对气候变化相关数据进行收集和分析。三是联合相关部门、行业协会，研究制定环境会计准则，出台《环境会计指南》，增强省内企业环境会计信息披露的统一性和规范性。

建议二：联动相关部门，加强数据信息共享

一是加大环境信息依法披露监管部门间的协调配合力度，建立对话机制，及时交流沟通，统筹推进环境信息依法披露制度改革任务。根据《改革方案》的要求，对相关单位和部门的任务进一步梳理细化，及时制定任务清单，明确责任分工。同时，加强对相关工作人员在环境信息披露方面的业务能力培训。二是建立企业环境信息披露数据库，明确环境信息公开的责任人和具体要求。三是强化信息共享，建立跨地区、跨部门和跨层级的信息资源共享机制，对企业环境信息资源的性质、采集、归属、权益、存储、发布、共享、交换、安全等进行统一规范。

建议三：坚持“放管服”，激发市场主体活力

一是简政放权，围绕市场主体关切，持续精简环境信息依法披露相关环节和流程，及时优化相关管理办法和技术规范，整合相关环境信息填报系统，减少企业网上填报数量，避免企业多次重复披露类似的环境信息，提高企业披露效率。二是增强服务意识，重视企业合理诉求，加强帮扶指导，让市场主体依法合规开展环境信息披露的同时能够安心发展、更好发展。实施差别化管理，加大对超标企业环境信息披露情况的查处力度，减少对合法合规企业的监管频次。三是创新环境信息披露相关经济政策，探索建立环境信息披露“领跑者”制度。推广环境标志产品，“倒逼”企业主动开展环境信息披露。不断激发市场主体活力，强化环境信息依法披露制度改革对促进产业升级、优化营商环境的正向拉动作用。

建议四：强化宣传培训，培育第三方专业机构

一是加强对企业的宣传培训。开展“送政策”进企业、开设培训班等，帮助企业了解最新政策动态，解决企业在开展环境信息披露过程中遇到的问题。同时，通过宣传培训加深企业对其社会责任的认识。二是鼓励提供专业服务。支持咨询服务机构、行业协

会商会等第三方机构，为企业提供专业化环境信息披露市场服务和咨询服务。三是鼓励各市（州）结合当地实际，围绕做好企业环境信息依法披露制度改革工作，总结经验成效，对行之有效的政策措施形成可复制、可推广的好经验、好做法，及时推广普及。

建议五：加强公众参与，发挥社会监督作用

一是强化全民监督，引导社会公众、新闻媒体等对企业环境信息依法披露情况进行有效监督。二是建立环境信息公众教育机制，提高公众对企业环境信息披露重要性的认识。三是充分发挥社会组织力量。鼓励社会组织联合企业的利益相关人定期监督企业的环境行为及环境信息披露情况。鼓励社会组织针对相关行业和相关领域，借鉴欧洲“蓝旗运动”生态标志活动经验，积极组织开展系列生态标志、绿色标签活动，对环境行为优秀、环境信息披露真实全面的企业，授予相应的标志或称号，并通过网络传播激发公众参与热情，促使企业积极开展环境信息披露。

关于加强成渝地区双城经济圈“无废城市”协同建设的政策建议

摘　要：“无废城市”建设作为深入贯彻落实习近平生态文明思想的具体行动，是推动减污降碳协同增效的重要举措，对推动成渝地区双城经济圈固体废物产生强度稳步下降、综合利用水平显著提升、处置利用设施短板基本补齐、减污降碳协同增效作用充分发挥、助力高品质生活宜居地建设具有重要意义。本文通过梳理国内“无废城市”建设情况及典型案例，回顾重庆、四川两省（市）前期协同开展的一系列固体废物污染防治工作，结合区域经济社会特点，从顶层设计、源头管控、综合利用、安全处置和治理能力等5个方面提出关于加强成渝地区双城经济圈“无废城市”协同建设的政策建议。

关键词：“无废城市”；成渝双城经济圈；固体废物

一、成渝地区双城经济圈“无废城市”协同建设的重大意义

“无废城市”建设是以创新、协调、绿色、开放、共享的新发展理念为引领的一种新型城市发展模式与管理理念，是深入贯彻落实习近平生态文明思想的重要举措。开展“无废城市”建设，不仅是为了解决当下固体废物排放所造成的环境问题，也是为了逐步实现绿色、循环、可持续的生产生活方式转型，实现人与自然、人与社会和谐共生、良性循环、全面发展和持续繁荣。

“无废城市”建设是城市层面实施综合治理、系统治理、源头治理固体废物的有力抓手，是实现碳达峰碳中和的有效载体。通过“无废城市”建设，在工业、农业、生活领域系统推进固体废物减量化、资源化和无害化，能更好地推动能源结构根本改变，产业结构、交通运输结构、用地结构进一步优化调整，从而实现减污降碳协同增效，从根上解决城乡固体废物所带来的环境问题。

“无废城市”是深入打好污染防治攻坚战的内在要求，是污染防治攻坚战由“坚决打好”向“深入打好”转变的重要体现，促进攻坚战拓宽治理的广度、延伸治理的深度、加大治理的力度，包含的不仅是固体废物污染防治，还体现了水、大气、土壤的污染协同治理。

“无废城市”建设是推动成渝地区双城经济圈高质量发展的重要途径，共建“无废城

市”，有利于形成固体废物协同治理、区域资源共同配置、成本协同承担、收益合理分配、技术联合发展和产业互惠互利的固体废物协同管理模式，有效推动固体废物源头减量和资源化利用，加快形成节约资源和保护环境的空间格局、产业结构、生产方式、生活方式，助力建设高品质生活宜居地。

二、国内“无废城市”建设典型案例

自 2019 年“无废城市”建设试点工作开展以来，“11+5”个试点城市和地区结合自身特点“因城施策”，系统推进试点任务，初步形成一些具有示范意义的建设模式，有较好的借鉴作用。

一是强化机制体制建设。绍兴市在全国创新实施“1+4+7”试点方案，打破部门壁垒和体制束缚，探索建立由危险废物“点对点”利用等 62 项制度构成的规范指导体系。徐州市积极推进顶层立法，完善制度设计，首创三创三优多协同模式，先后出台《徐州市工业固体废物管理条例》《市政府关于加强危险废物污染防治工作的实施意见》等法律和政策文件。

二是践行产业循环发展理念。重庆市聚焦重点行业，推进汽车铸造型砂综合利用，构建汽车、笔记本电脑行业“零部件制造—整车（整机）生产—销售—回收—拆解—再生资源利用”循环产业链。铜陵市以铜产业为重点，推动铜阳极泥、铜矿井下矸石等综合利用产业发展，构建了铜产业全产业链减废模式，极大减少了铜冶炼过程中固体废物排放。

三是创新智慧监管手段。深圳市开发固体废物智慧监管信息系统，逐步实现对全品类固体废物的态势分析，形成“统一监管平台+超级链接+自主升级”信息系统开发模式。浙江创新研发“浙江无废指数”“浙里无废”等数字治废手段，覆盖企业 23 万家，实时监控危险废物转移 50 万批次，打造智能化全闭环监管链。

四是激活市场主体活力。在杭州市、宁波市和金华市涌现“虎哥”“鲸鱼”“灵猫”“搭把手”等生活垃圾及再生资源回收模式，推动回收行业转型升级，打造固体废物与科技融合的新业态。北京经济技术开发区积极推动区内小微企业集中的生物医药园试点开展危险废物处置第三方驻场服务工作，切实解决了小微企业危险废物无处贮存、转运周期长、费用高的难题。

五是探索区域协同模式。浙江、广东、江苏等地先行探路“无废城市”区域协同机制，先后印发了《浙江省全域“无废城市”建设工作方案》《广东省推进“无废城市”建设试点工作方案》《江苏省全域“无废城市”建设工作方案》。浙江、江苏、安徽三地加强区域联合执法，通过办理违规跨省销售、收购、加工、使用废甲酯油案件，成功斩断了横亘在苏浙皖三地非法处置危险废液的产业链条。

三、政策建议

“十三五”时期以来，重庆、四川两省（市）认真贯彻落实习近平生态文明思想，围绕成渝地区双城经济圈建设要求，不断加强联动、务实合作，为共建“无废城市”打下了坚实基础：一是强化环境准入，在“三线一单”编制阶段，高度重视交界区域生态环境分区管控要求的协调性，对固体废物管理提出协同要求；二是加强联防联控，在全国首创“白名单”制度，进一步畅通危险废物跨省转移“绿色通道”；三是开展联合执法，聚焦废铅蓄电池等危险废物，共同打击查处危险废物非法转移倾倒的环境违法犯罪活动。下一步，成渝地区双城经济圈将以共建“无废城市”为总抓手，推进固体废物综合治理、系统治理、源头治理，助力经济社会绿色低碳发展全面转型，推动区域高质量发展，创造高品质生活。

（一）加强政策顶层设计

一是强化规划引领。加快出台《关于推进成渝地区双城经济圈“无废城市”共建的指导意见》。将“无废城市”建设任务、目标纳入区域发展总体规划和深化改革重点事项，做好“无废城市”建设与城市、产业、能源、交通、建筑等各专项规划的衔接。持续完善以“三线一单”为核心的生态环境分区管控，强化危险废物安全处置，坚守土壤环境风险管控底线。二是统筹制定标准。谋划成立成渝地区生态环境标准化委员会，探索工业固体废物、建筑垃圾资源综合利用及城市垃圾再生利用等领域的标准和规程的协同制定工作。梳理总结重庆部分区（县）已实施的“无废细胞”建设经验，研究制定成渝地区“无废细胞”建设标准。以页岩气等油气开采行业为重点，协同制定压裂返排液安全处置、废油基岩屑综合利用等生态环境保护技术标准。三是协同推进政策制定。探索固体废物处置生态补偿机制、危险废物跨区域“点对点”定向利用豁免管理、危险废物鉴别结论“互认”等制度。推进跨省（市）企业环境信息共享，持续完善“白名单”制度，探索新增纳入“白名单”的危险废物类别和经营单位，着力解决资源利用不充分、处置难等问题。四是完善市场经济机制。积极拓宽投融资渠道，加强“无废城市”建设试点工作的资金投入，将相关经费纳入预算，共同争取国家、省（区、市）有关财政专项资金；合理利用市场金融工具，引入PPP机制，积极推进EOD模式，协同构建多元化、多层次的资金投入体系，为“无废城市”建设提供资金保障。五是共建国家区域危险废物“双中心”。充分发挥成渝地区危险废物科研、人才和资源汇聚优势，共同争取国家在成渝地区建设区域危险废物风险防控技术中心和区域性特殊危险废物集中处置中心（以下简称“双中心”），为“无废城市”建设提供兜底保障。

（二）坚持“减量化”原则，强化源头管控

一是优化产业空间布局。构建“横向耦合、原料互供、资源共享”的生态产业链，以推动产业链供应链上下游为重点，优化成渝两地产业布局，在更大尺度上实现产业间首尾相连、环环相扣、闭路循环、物尽其用，促进原料投入和废物排放的减量化、再利用和资源化。二是推行绿色制造。严格环境准入，明确新（改、扩）建工业项目一般工业固体废物产生强度限值。在钢铁、有色金属等重点行业实施清洁生产改造，推动绿色转型升级。聚焦两地汽摩整车、机械装备等领域，推进行业循环利用先进适用技术应用与示范，推广重庆经验完善汽车行业“零部件制造—整车生产—销售—回收—拆解—再生资源利用”循环产业链。三是实施绿色农业。以渝遂绵优质蔬菜生产带、全国优质道地中药材产业带、长江上游柑橘产业带、安岳潼南大足柠檬产区、渝南绵蚕桑产业带、全球泡（榨）菜出口基地及川菜产业、茶产业、竹产业基地等现代农业示范区建设为依托，推广种养结合生态循环模式示范，推动农业固体废物源头减量。四是倡导绿色生活。落实“限塑令”要求，加强塑料制品管理和减塑宣传。创建一批绿色餐饮经营主体，深入推进“光盘行动”，推广小份菜、分餐制等。协同开展绿色物流体系建设，推进过度包装、随意包装专项治理，推广快递业绿色包装应用。五是打造绿色矿山。有序推进绿色矿山建设，强化川南渝西、川东北渝东北地区废弃矿山生态修复，探索废弃矿山生态修复与渣土回填结合方式，引导企业开展多元化经营，实现“废弃矿山”向“绿水青山”“金山银山”转变。

（三）坚持“资源化”原则，提高综合利用水平

一是优化综合利用设施空间布局。结合产业布局，推动打造以成都、绵阳、内江、渝南、潼南等为重点的再生循环利用产业集聚区，以德阳、内江、攀枝花、綦江等为重点的矿产资源和工业副产物综合利用基地，以成都、绵阳、南充、涪陵、渝北等为重点的餐厨废弃物资源化利用和无害化处理基地。围绕生活垃圾焚烧处理设施，科学统筹布置餐厨垃圾、污泥等固体废物处理处置等设施，实现原料、热源、蒸汽等的相互利用。二是加强一般工业固体废物综合利用。统筹规划区域固体废物资源回收基地建设，推进工业资源综合利用产业规模化、高值化、集约化发展。重点针对川东北渝东北、川南渝西、成都平原等矿产丰富和工业较发达地区，推进粉煤灰、冶炼渣、工业副产石膏、赤泥等大宗工业固体废物规模化综合利用项目建设。三是加强建筑垃圾综合利用。以成都东部新城、天府新区、西部（重庆）科学城等为重点，加强建筑垃圾全过程管理，探索农林用土、矿山修复、回填及环境治理等利用方式，提高建筑垃圾资源化利用率。四是加强农业固体废物回收利用。完善农作物秸秆收储运体系，推动落实农膜、农药包装废弃物生产者、销售者和使用者责任，优化完善农膜、农药包装废弃物回收体系建设。五是统筹再生资源回收管理。探索利用“互联网+”等技术开展垃圾分类回收体系建设，推

进生活垃圾分类体系与再生资源回收体系“两网融合”。按照生活类、产业类、服务消费类等不同产废源头，细化完善再生资源回收利用体系，推动高低价值可回收物协同回收，培育一批低值可回收物资源化利用骨干企业。

（四）坚持“无害化”原则，确保安全处置

一是优化处理处置设施的空间布局。结合地区产业发展规划，对需要特殊处置及具有地域分布特征的危险废物，充分考虑区域危险废物增长趋势、兜底保障及应急处置因素，按照国家统筹、相对集中、就近处理的原则，合理布局建设一批处置能力强、技术水平高的区域性特殊集中处置中心，支持跨省域处置，减少转移工程的环境风险，形成安全、高效的收运网络。二是统筹危险废物收运处设施建设。加快推进危险废物集中处置设施建设规划实施，进一步完善危险废物收运处（收集、运输、处置）体系，推动毗邻区域危险废物集中处置设施共享。鼓励危险废物产生量大的化工、电子、汽车制造等行业企业自建危险废物处置设施。推动钢铁窑炉、水泥窑、化工装置等协同处置固体废物。三是强化医疗废物无害化处理。加强医疗废物分类管理，提升医疗废物监管水平，补齐偏远地区医疗废物处置短板。重大传染病疫情等突发事件发生时，成渝两地应统筹所需协调医疗废物收集、贮存、运输、处置等工作，保障所需的车辆、场地、处置设施和防护物资。

（五）推进治理能力现代化建设

一是创新攻坚关键技术。协同推动具有成渝区域特征的油基岩屑、工业废盐等重点危险废物资源化利用关键技术创新攻关，共同开展磷石膏、锰渣等工业固体废物资源化技术研究。搭建区域“产学研”技术创新和应用推广平台，促进固体废物领域先进适用技术转化落地。二是打造智慧管理平台。整合工业源、农业源、生活源等固体废物管理信息，完善各领域固体废物全生命周期的收集、统计、数据采集等规范，形成“互联网+物联网”线上线下固体废物回收服务体系和综合管理信息平台，支持处置利用市场动态优化调整。三是营造“无废氛围”。结合全民行动体系，共同加强“无废城市”宣传，营造“无废城市”共建共享氛围。结合巴蜀地方特色，深挖“无废”因子，开展“无废细胞”建设，充分发挥“无废细胞”的带动引领作用。发挥巴蜀文旅优势，打造“机场—酒店—景区—商场”的“无废城市”印象区，彰显“无废文化”魅力。依托相关企业，推动打造“无废城市”环保教育体验场所。四是培育发展无废产业。以重大生态环境保护工程为依托，培育产业集群，在资源综合利用、环保技术装备、再生资源回收等领域，协同培育一批骨干企业。五是建立“无废城市”建设经验清单。总结凝练工业、农业、生活各领域经验做法，加强成渝两地交流，力争形成一批可复制、可推广的示范模式。

全国各省（区、市）“十四五”生态环境保护规划绿色低碳转型任务解读

摘　要：为深入践行习近平生态文明思想，切实做好“十四五”时期生态环境保护工作，各省（区、市）陆续发布了“十四五”生态环境保护规划，明确了“十四五”时期生态环境工作的指导思想、基本原则、目标指标及重点任务。本文对已发布（截至2022年4月）的25个省级“十四五”生态环境规划进行梳理分析，大部分省（区、市）将推进绿色低碳转型作为规划首要任务，并结合地区经济社会特点，从空间格局、产业体系、能源结构、交通运输体系和生活方式等方面谋划任务、明确目标、制订计划。本文通过系统梳理，了解、学习其他省（区、市）先进做法，为高水平建设美丽四川出谋划策。

关键词：绿色转型；空间格局；产业体系；能源结构；交通运输体系；生活方式

一、优化绿色空间格局，促进区域协调发展

绿色空间格局是推进经济社会发展全面绿色转型的基础形态。绿色空间格局是立足资源环境承载力，发挥各区域比较优势，通过绿色空间布局引导人口、产业、基础设施的合理配置，促进各类要素合理流动和高效集聚，推动形成主体功能明显、高质量发展、人与自然和谐共生的区域开发布局，实现生产空间集约高效、生活空间宜居适度、生态空间山清水秀的空间布局。

一是以重大国家发展战略为引领，统筹构建区域绿色协调发展格局。重大国家发展战略是指导一个区域内各省（区、市）经济社会协同发展的重要依据，各省（区、市）结合重大战略对自身赋予的功能定位、发展方向，在各自“十四五”生态环境保护规划中从生态环境角度提出支撑战略区域高质量协同发展的任务。围绕京津冀协同发展战略，北京提出发挥“一核”的辐射带动作用，以绿色办奥、河北雄安新区建设为契机，从更大范围优化配置资源，高水平规划建设北京城市副中心，建设（国家）绿色发展示范区。围绕长三角一体化发展战略，江苏、浙江提出夯实长三角地区绿色发展基础，加快长三角生态绿色一体化发展示范区建设，上海提出建设长三角绿色技术创新综合示范区。围绕黄河流域生态保护和高质量发展战略，宁夏突出生态优先，打造黄河生态经济带，统筹流域城市建设、产业发展、交通物流、文化旅游，加强水污染防治和水生态保护修复，

建设绿色生态廊道。围绕成渝地区双城经济圈建设战略，四川、重庆提出共建长江、嘉陵江、岷江、沱江、涪江、渠江等生态廊道，协同实施“两岸青山·千里林带”工程，共筑绿色生态屏障。

二是以省（区、市）发展战略为基础，推动内部空间绿色协调发展。省（区、市）发展战略是本地区根据国家重大战略、方针，结合自身定位，提出的地区内经济社会发展战略，为协同经济社会高质量发展与生态环境高水平保护，各省（区、市）在规划编制过程中均不同程度从生态环境角度对地区发展战略提出进一步优化、提升的任务与建议。广东提出优化“一核一带一区”区域发展格局，珠三角核心区突出创新驱动、示范带动，以美丽湾区建设引领绿色低碳发展。山东提出纵深推进“一群两心三圈”建设，统筹推进省会、胶东、鲁南三大经济圈城市群内部生态共建、环境共治，优化空间结构，构建城市间生态安全屏障，减少工业化城镇化对生态环境的影响。四川提出着力推动“一干多支”绿色协调发展，成都平原地区建设高质量发展引领区和公园城市先行区，川南地区打造长江上游绿色发展示范区，川东北地区打造省际交界区域绿色发展引领区，攀西地区加快现代农业示范基地、国家战略资源创新开发试验区、全国重要清洁能源基地建设，川西北地区建设国家生态文明建设示范区。

三是立足资源环境承载力、环境风险安全，强化空间引导、分区施策，推动形成绿色发展格局。资源环境承载力、环境风险可接受度是城市发展、产业布局的约束性条件，各省（区、市）结合区域资源环境禀赋、人居分布等情况，在规划中从城市发展方向、产业转移布局等方面提出了空间优化任务，增强地区发展韧性和风险防控能力。在城市发展方向方面，海南提出科学规划城镇空间的产业与人口布局，提升绿色城镇化建设水平。坚持保护原生态自然景观与传承历史文化并重，实现适度集聚集约发展。在产业转移布局方面，山西提出鼓励传统产业发展“飞地经济”，支持各市打破行政区划限制，探索共建园区、飞地经济等利益共享模式，推动焦化、钢铁、化工、有色金属等传统产业向大气扩散条件好、环境承载力强的区域转移。

四是落实“三线一单”生态环境分区管控制度，统筹生产、生活、生态空间。目前，全国各地均已完成了“三线一单”生态环境分区管控的落地应用，各省（区、市）均将落地应用成果充分纳入规划中，强化源头管控、约束和引导区域开发布局、提高生态环境保护管理水平。如北京提出落实生态环境分区管控要求，建立生态环境准入清单体系，实施差异化的环境准入。制定生态环境分区管控实施方案，加强建设项目准入、污染源监管、生态环境质量改善联动管理。广东提出完善“三线一单”生态环境分区管控体系，细化环境管控单元准入。调整优化产业集群发展空间布局，推动城市功能定位与产业集群发展协同匹配。浙江提出全面实施以“三线一单”为核心的生态环境分区管控体系，开展重点区域、重点流域、重点行业和产业布局的规划环评，充分发挥生态环境功能定位在产业布局结构中的基础性约束作用。

二、推进产业体系优化升级，加快生产方式绿色转型

产业体系优化升级是推进经济社会发展全面绿色转型的关键环节。产业体系优化升级是以供给侧结构性改革为主线，通过调整优化产业结构，扎实推进农业现代化建设，加快工业绿色低碳转型，着力构建与地区特征相适应的绿色服务经济体系，大力推进生态产品价值转化等方式，提高资源环境等要素的利用效率，使经济发展摆脱对资源环境的依赖，两者达到长期、正向协同。

一是优化调整农业投入结构，构建环境友好型农业体系。优化调整农业投入结构，是农业绿色发展的关键，也是提高农业发展质量和效益的现实选择，在各省（区、市）规划中分别从优化农业主体功能与空间布局，推动种植业、养殖业绿色转型、打造现代生态循环农业等不同方面提出了农业绿色发展的任务。在优化农业主体功能与空间布局方面，吉林提出开展“黑土粮仓”科技会战，探索建立东部固土保肥、中部提质增肥、西部改良培肥等绿色模式，改善黑土地内在质量和生态环境，保护好利用好黑土地这一“耕地中的大熊猫”。在推动种植业、养殖业绿色转型方面，广东提出结合各地养殖水域滩涂规划布局养殖生产，控制近海养殖网箱数量，大力发展外海深水抗风浪网箱和海洋牧场。积极发展大水面生态增养殖、工厂化循环水养殖、池塘工程化循环水养殖等健康养殖方式。在发展现代生态循环农业方面，上海提出发展生态循环农业，集中打造 2 个生态循环农业示范区、10 个示范镇、100 个示范基地。探索在不同类型生产主体之间形成互惠互利、协同发展的模式，建立生态循环农业工作长效机制。

二是优化调整工业产业结构，推进工业绿色低碳发展。工业产业结构是优化资源配置，促进生产要素从低效率部门流向高效率部门的必要手段，是产业绿色发展的核心，各省（区、市）基于自身工业特点、战略定位，在规划中提出了淘汰落后产能、推动传统产业绿色升级改造、加快培育绿色新兴产业，推动产业园区绿色化改造，构建绿色产业链供应链等方面任务。在淘汰落后产能方面，北京提出修订新增产业的禁止和限制目录以及工业污染行业、生产工艺调整退出及设备淘汰目录，加大对能耗较高、CO_2 和 VOCs 等排放量较大的工业行业、生产工艺、国家规定落后设备的淘汰和限制力度。在推动传统产业绿色转型升级方面，辽宁提出深度开发“原字号”，对冶金、石化等产业链补链、延链、强链，改变“炼”有余而“化”不足、“粗化工”有余而“精细化工”不足、原材料有余而增值链不足的状况，不断推进产业链价值链向中高端发展。在加快培育绿色新兴产业方面，广东提出加快推动半导体与集成电路、高端装备制造、新能源、安全应急与环保等十大战略性新兴产业集群规模化、集约化发展，提升产业集群绿色低碳发展水平。在推动产业园区绿色化改造方面，上海提出深化园区循环化补链改造，利用新技术助推绿色制造业发展，实现现有循环化园区的提质升级，引导创建一批绿色示范工厂和绿色示范园区。在构建绿色产业链供应链方面，江苏提出支持创新基础能力提升、关键核心技术突破、智能化绿色制造等领域重大研发类项目建设，完善循环产业链条，推动上下游协调发展。

三是推动服务业绿色转型，打造三产发展新模式。服务业绿色转型是现代服务业发展的一个重要方向，它强调在不损害满足程度的前提下，通过生态或者绿色服务来补充、替代传统服务方式，以减少原材料和能源的消耗，促进生态环境良性发展，各省（区、市）根据地区支柱性服务业情况，以文旅行业绿色发展、商贸领域绿色转型、构建绿色现代物流行业等为重点，提出了服务业绿色发展任务。在文旅行业绿色发展方面，海南提出依托海南特有的热带海岛旅游资源优势，推动生态型景区和生态型旅游新业态新产品开发建设，构建生态旅游产业体系。在商贸领域绿色转型方面，山西提出发展低碳智慧现代商贸，推进商业领域在规划、设计、建设、运营、能源供应和利用、废弃物处理等方面实行全流程低碳管理。在构建绿色现代物流行业方面，广东提出继续推进广州、深圳、珠海、佛山等城市绿色货运配送示范工程建设，支持有潜力的城市创建国家绿色货运配送示范工程，试点设立“绿色物流”片区，引导货运站场向城市外围地区发展。

四是推动实现生态产品价值，加快绿水青山向金山银山转化。推动实现生态产品价值是践行“绿水青山就是金山银山”理念的关键核心路径，是推进生态文明建设的重要举措，在各省（区、市）规划中通过谋划构建生态产品价值评价机制，拓展生态产品价值实现路径，建立多元化的生态保护补偿机制等任务，持续培育经济高质量发展的新动力，推动经济社会发展全面绿色转型。在构建生态产品价值评价机制方面，浙江提出深化丽水生态产品价值实现机制国家试点、安吉践行“绿水青山就是金山银山”理念综合改革试点、淳安特别生态功能区等建设。加大“绿水青山就是金山银山”实践创新基地创建力度，统筹推进湖州、衢州、丽水践行“绿水青山就是金山银山”理念示范区。在拓展生态产品价值实现路径方面，江苏提出开展生态环境治理和生态产品经营开发权益挂钩等市场经营开发模式创新，促进生态产业化，推动生态价值转化为经济价值。开展基于生态产品价值的绿色金融服务创新，鼓励有条件地区探索设立“生态银行”“绿色银行”，推动生态资源一体化管理、开发和运营，实现生态产品的保值增值。在建立多元化的生态保护补偿机制方面，青海提出加快推进全国首批生态综合补偿试点，以湟水流域为试点推动建立省内流域横向生态保护补偿机制。

三、优化调整能源结构，构建绿色现代能源体系

能源结构调整是推进经济社会发展全面绿色转型的重要引擎。绿色现代能源体系的核心内涵是清洁低碳、安全高效，通过大力发展非化石能源，着力培育能源新产业新模式，加强清洁能源的供给能力建设，构建以新能源为主体的新型电力系统，同时推动形成绿色低碳的能源消费模式，不断提高非化石能源消费比重，持续优化能源供需结构。

一是加快发展清洁能源，构建绿色低碳的能源供应端。清洁能源对改善能源结构、保护生态环境、实现经济社会可持续发展和实现碳达峰碳中和具有重要意义，各省（区、市）基于不同区位的能源资源特征，在规划中提出了加快绿电输入（消纳）规模，大力

发展新能源，因地制宜发展地热能、海洋能、生物质能等可再生能源，有序、适度开发水电，加快天然气勘探开发利用，培育能源新技术、新业态等清洁能源开发任务，着力构建绿色低碳的能源供应端。在提升绿电输入（消纳）规模方面，北京提出推动绿电进京输送通道和配电调峰储能等设施建设，提升北京电网“多方向、多来源、多元化”受电能力和系统灵活性。在大力发展新能源，因地制宜发展地热能、海洋能、生物质能等可再生能源方面，上海提出加快开发建设奉贤、南汇、金山海上风电基地，探索建设深远海海上风电，推进陆上风电建设，进一步扩大风电装机规模。实施“光伏+”专项工程，实施分布式太阳能光伏发电，积极推动农光互补、渔光互补、建筑光伏一体化等模式，发展氢能产业集群。在有序、适度开发水电，加快天然气勘探开发利用方面，重庆提出建成全国页岩气勘探开发、综合利用、装备制造和生态环境保护综合示范区。鼓励发展天然气分布式能源系统，加快液化天然气（LNG）推广应用。培育能源新技术新业态方面，四川提出有序建设氢能设施，加快构建成渝氢走廊及成都氢能产业生态圈，开展氢能技术攻关，推动制氢产业发展。

二是推动能源消费绿色变革，构建绿色低碳的能源消费端。消费侧绿色变革是能源绿色低碳转型的重要支撑，也是社会经济全面绿色转型的重要组成，各省（区、市）在规划中从严控化石能源消费总量、提高能源资源利用效率、持续推动终端用能清洁化替代，健全绿色消费保障机制等方面提出了能源消费侧绿色低碳转型的任务，使绿色发展理念深度融入消费各领域全周期全链条全体系。在严控化石能源消费总量方面，山西提出完善能源消费总量和强度“双控”制度，强化节能审查，新（改、扩）建新增煤炭消费的固定资产投资项目实施煤炭消费减量或等量替代。在提高能源资源利用效率方面，上海提出到2025年，电力、钢铁、有色金属、建材、石化、化工等重点行业能源利用效率达到或接近世界先进水平。在持续推动终端用能清洁化方面，黑龙江提出深入实施“气化龙江”战略，率先在哈尔滨市、齐齐哈尔市等城市以及工业园区推广应用分布式天然气供暖，重点将哈尔滨新区打造成天然气应用示范区。在健全绿色消费制度保障体系方面，福建提出必要时对能耗强度下降目标形势严峻、用能空间不足地区的高耗能项目实行缓批限批。

三是推进煤炭清洁高效利用，协同推进能源供给保障与低碳转型。立足以煤为主的基本国情，深刻认识新形势下保障国家能源安全的极端重要性，各省（区、市）在规划中从淘汰小型燃煤锅炉、民用散煤，严控非电煤消费量，提高煤炭转化和利用水平，推动煤电节能降碳改造等方面提出了推进煤炭清洁高效利用的任务，强化了煤炭在经济社会高质量发展的兜底作用。在淘汰小型燃煤锅炉、民用散煤，严控非电煤消费量方面，河南提出加强洁净型煤质量监管，依法严厉查处违规销售、使用散煤行为，确保平原地区散煤全部清零。加快推进种养业及农副产品加工行业重点企业燃煤设施清洁化能源替代。在提高煤炭转化和利用水平方面，湖北提出在焦化、工业炉窑、煤化工、工业锅炉等重点用煤领域，推广煤炭清洁高效利用技术。实施年用煤量大于1 000 t的煤炭使用单位用煤台账管理。在推动煤电节能降碳改造方面，上海提出对宝钢和上海石化自备电厂，按照煤电机组不超过 2/3 实施清洁化改造，保留的煤电机组实施“三改联动”（节能改造、灵活性改造、具备条件的实施供热改造）或等容量替代。

四、推进综合交通运输体系低碳发展，构建绿色出行格局

交通运输体系低碳发展是推进经济社会发展全面绿色转型的有力抓手。综合交通运输体系低碳发展是以“便捷顺畅、经济高效、绿色集约、智能先进、安全可靠”为发展目标，通过优化交通运输结构、加快车船结构升级，加快绿色出行基础设施建设等，协同推进交通运输高质量发展和生态环境高水平保护，促进交通与自然和谐发展。

一是优化交通运输结构，打造绿色高效运输体系。调整运输结构是交通运输行业深入打好污染防治攻坚战、打赢蓝天保卫战的关键举措，各省（区、市）基于自身不同的地缘优势、区位特征，充分发挥港口、铁路、航空优势，按照“宜铁则铁、宜公则公、宜水则水”的原则，在“十四五”规划中从大力发展多式联运，加快“公转水”“公转铁”等方面提出了优化交通运输结构的任务，减少公路大宗货物中长距离运输比重。在大力发展多式联运方面，湖北提出对接“一带一路”湖北“五纵四横”综合运输通道，加快多式联运通道建设，打造“车船直取、无缝连接”铁水联运示范项目。在加快“公转水”“公转铁”方面，河北提出大力推进进港、进厂、进园“最后一公里”建设，完善集疏港铁路和大型工矿企业、物流园区铁路专用线网络，提高铁路货物运输能力。

二是加快车船结构升级，推广普及清洁低碳交通工具。车船结构升级是削减交通领域主要污染物排放总量、提升综合运输服务品质的重要手段，各省（区、市）在规划中主要从推进老旧车船提前淘汰、提升新能源和清洁能源车船使用比例、加快建设清洁能源配套设施等方面予以落实。在推进老旧车船提前淘汰方面，海南提出启动燃油汽车进岛管控时间表研究，岛内逐步禁止销售燃油汽车。在提升新能源和清洁能源车船使用比例方面，北京提出制定新能源汽车推广应用实施方案，大力推进车辆“油换电”，到 2025 年，全市新能源汽车累计保有量力争达到 200 万辆。研究推进绿色氢能利用，推进加氢站规划建设，推广氢燃料电池汽车使用，到 2025 年力争达到 1 万辆。在加快建设清洁能源配套设施建设方面，福建提出完善充电设施建设，在交通枢纽、批发市场、快递转运中心、港口码头、物流园区等重点区域加强充电基础设施建设。建立新能源汽车电池回收体系。

三是加快绿色交通基础设施建设，营造低碳出行氛围。绿色交通设施一般是指轨道交通设施、换乘枢纽、城市公交场站、自行车及步行通道等设施，完善、便捷、舒适的绿色交通基础设施是引导公众出行优先选择公共交通、步行和自行车等绿色出行方式的基础条件，加快绿色交通基础设施建设作为一项重要任务在多个省（区、市）的“十四五”规划中均有体现。北京提出优化地面公交线网，建设精准、高效、绿色的地面公交系统。加快轨道交通建设，推进轨道交通与地面公交、慢行系统融合发展，构建与绿色

出行相适应的交通发展模式。福建提出支持福州、厦门全面打造以轨道交通和快速公交为骨干、以常规公交为支撑、出租车和电动租赁汽车为补充、自行车专用道和行人步道等慢行交通为延伸的综合性公共交通体系。

五、践行绿色生活方式，全方位构建低碳社会

绿色生活方式是推进经济社会发展全面绿色转型的内在动力。绿色生活方式是指在衣、食、住、行、游等方面遵循节约、低碳、文明的生活方式，贯穿经济社会发展的方方面面。绿色生活方式的形成，一般以推进居住环境绿色化、促进绿色消费、开展绿色创建等方面为切入点，推动居民把节约意识、生态意识、环境保护意识转化为自觉的行动。

一是推进居住环境绿色化，构建绿色低碳生活场景。居住环境是居民生活的重要载体，包括居住地（市、县）的“大环境”和居住建筑的“小环境”，通过优化居住环境，构建绿色低碳生活场景，促进居民提升环境意识，提高居民生活中的资源能源利用水平，减少资源消耗和污染物排放。在优化居住地的“大环境”方面，海南提出考虑气候承载力，逐步构建系统完备、高效实用、智能绿色、安全可靠的现代化基础设施体系，系统推进海绵城市建设，大幅提升降雨的就地消纳和利用水平，逐步解决城镇防洪和排水防涝等问题。在优化居住建筑的“小环境”方面，山西提出大力发展绿色建筑，城镇新建建筑全部按照绿色建筑标准进行设计，其中，政府投资公益性建筑、建筑面积 2 万 m^2 以上的公共建筑执行一星级及以上标准，鼓励其他项目按照高星级绿色建筑标准进行建设。

二是促进绿色低碳消费习惯，营造全社会绿色生活风尚。绿色消费是各类消费主体在消费活动全过程贯彻绿色低碳理念的消费行为，是推进绿色生产的重要手段，对推动经济高质量发展具有重大意义，各省（区、市）在规划中从宣传教育、引导鼓励、制定绿色采购制度等不同维度提出了促进绿色消费的任务。在宣传教育方面，海南提出加大绿色产品体系宣传，规划市场行为监管。在全省中小学全面开展课本循环利用。在引导鼓励方面，四川提出制定绿色消费财政鼓励政策。探索实行绿色消费积分制度，打造绿色消费场景，鼓励绿色低碳产品消费。在健全绿色制度方面，山东提出结合移动互联网和大数据技术，建立完善绿色消费激励回馈机制，鼓励地方采取补贴、积分奖励等方式促进绿色消费。

三是开展绿色生活创建活动，形成崇尚绿色生活的社会氛围。深入推进绿色系列创建，推动各领域主动开展绿色创建行动，培育一批成效突出、特点鲜明的绿色创建先进典型，营造全社会崇尚、践行绿色发展理念的良好氛围。广东提出落实《绿色生活创建行动总体方案》，完善绿色细胞工程，广泛宣传推广简约适度、绿色低碳、文明健康的生活理念和生活方式。河南提出制定实施绿色低碳社会行动示范创建方案，组织开展绿色家庭、绿色学校、绿色社区、绿色出行、绿色商场、绿色建筑、节约型机关等绿色生活创建活动。

附表

各省（区、市）“十四五”生态环境保护规划中绿色低碳转型相关指标一览表

项目	北京市	天津市	上海市	重庆市	河北省	山西省	辽宁省	吉林省	黑龙江省	江苏省	浙江省	安徽省	福建省	江西省	山东省	河南省	湖北省	湖南省	广东省	海南省	四川省	陕西省	内蒙古自治区	宁夏回族自治区
一、产业结构相关指标																								
单位 GDP 二氧化碳排放量下降/%	18	/	/	/	/	/	/	/	/	/	/	/	/	19.5	/	19.5	/	/	/	/	/	18	/	/
单位 GDP 能耗降低/%	/	/	/	/	/	/	15	/	/	14.5	/	/	/	14.5	/	15	/	/	/	15	/	13.5	15.5	/
单位工业增加值二氧化碳排放量下降/%	/	/	/	/	/	/	/	/	/	20	/	/	/	/	/	/	/	/	/	/	/	/	/	/
规模以上单位工业增加值能耗下降/%	/	/	/	/	/	/	/	/	10	17	/	/	/	/	/	/	/	/	/	/	/	/	/	/
化学农药施用量减少比例/%	/	/	10	/	/	/	/	/	/	/	/	/	/	/	10	/	/	/	/	15	/	/	/	/
化肥施用量减少比例/%	/	/	9	/	/	/	/	/	/	/	/	/	/	/	6	/	/	/	/	15	/	/	/	/
绿色农产品认证率/%	/	/	30	/	/	/	/	/	/	/	/	/	/	/	/	/	/	/	/	/	/	/	/	/

项目	北京市	天津市	上海市	重庆市	河北省	山西省	辽宁省	吉林省	黑龙江省	江苏省	浙江省	安徽省	福建省	江西省	山东省	河南省	湖北省	湖南省	广东省	海南省	四川省	陕西省	内蒙古自治区	宁夏回族自治区
水产绿色健康养殖比例/%	/	/	80	/	/	/	/	/	/	/	/	/	/	/	/	/	/	/	/	/	/	/	/	/
生态工业园区比例/%	/	/	/	/	/	/	/	/	/	/	/	/	/	/	50	/	/	/	/	/	/	/	/	/
二、能源结构相关指标																								
煤炭占一次能源消费比例/%	/	/	30（−1）	/	/	/	/	62	/	/	39（+5.5）	/	/	58	/	/	/	52	31	18	/	/	75	79.1（−2.2）
非化石能源占一次能源消费比例/%	/	10（+2.3）	/	20（+0.7）	13（+6）	/	13.7（+5.8）	/	15	/	24（+4.2）	/	26.1（+2.7）	18.3（+4.7）	13（+5.6）	15（+10）	/	23（+2）	29	22（+3.1）	42（+4）	16（+5.5）	18（+8.8）	15（+4.1）
天然气消费占一次能源消费比例/%	/	/	17	/	/	12	/	/	/	14	/	/	/	/	/	/	7	/	14	/	/	/	/	/
可再生能源占一次能源消费比例/%	14	/	/	/	60	/	/	/	/	/	/	/	/	/	/	/	/	/	/	14（+6.5）	/	/	/	30
清洁能源装机比例/%	/	/	/	/	/	/	/	/	/	/	/	/	/	/	/	/	/	/	/	82（+15）	/	/	/	/
非化石能源装机比例/%	/	/	/	/	/	/	50	/	/	/	/	40	/	/	/	/	/	/	/	/	/	/	/	/

项目	北京市	天津市	上海市	重庆市	河北省	山西省	辽宁省	吉林省	黑龙江省	江苏省	浙江省	安徽省	福建省	江西省	山东省	河南省	湖北省	湖南省	广东省	海南省	四川省	陕西省	内蒙古自治区	宁夏回族自治区
新能源装机占比/%	/	/	/	/	/	40	/	/	/	/	/	/	/	/	/	/	/	/	/	/	/	/	/	/
可再生能源装机规模比例/%	/	/	/	/	/	/	/	/	/	/	/	/	/	/	/	/	/	/	/	/	/	/	45（+8.9）	50
可再生能源发电规模比例/%	/	/	/	/	/	/	/	/	/	/	/	/	/	/	/	/	/	/	/	/	/	/	/	30
可再生能源发电装机规模/万 kW	/	/	/	/	/	/	/	/	/	6 600	/	/	/	/	8 000	/	/	/	/	（+500）	/	6 500	/	/
非化石能源装机规模/万 kW	/	600	/	/	/	/	/	/	/	/	/	/	/	/	/	/	/	/	/	/	/	/	/	/
新能源装机规模/万 kW	/	/	/	/	/	/	/	3 000	/	/	/	/	/	/	/	/	/	/	/	/	/	/	（+5 000）	/
煤炭消费总量下降/%	/	/	/	/	/	/	/	/	/	/	/	/	/	/	10	/	/	/	/	/	/	/	/	/
单位 GDP 煤炭消耗下降/%	/	/	/	/	/	/	/	/	/	/	/	/	/	/	/	/	/	/	/	/	/	/	/	15
电煤占煤炭消费比例/%	/	/	/	/	/	/	/	/	/	68	/	/	/	/	/	/	/	/	/	/	/	/	/	/
清洁取暖率/%	/	/	/	/	/	/	80（城镇）		75（+25）	/	/	/	/	/	80	/	/	/	/	/	/	/	93（城镇）	/

项目	北京市	天津市	上海市	重庆市	河北省	山西省	辽宁省	吉林省	黑龙江省	江苏省	浙江省	安徽省	福建省	江西省	山东省	河南省	湖北省	湖南省	广东省	海南省	四川省	陕西省	内蒙古自治区	宁夏回族自治区
装配式建筑占新建建筑面积比例/%	/	/	/	/	/	30	/	/	/	/	/	/	/	/	/	/	/	40	/	/	/	/	/	/
城镇新建民用建筑中绿色建筑面积占比/%	100	/	/	/	100	90	100		70（哈尔滨90）	100	/	/	100	100	90	/	/	75（竣工）	100	100	100	/	100	100
公共机构单位建筑面积能耗下降比例/%	/	/	/	/	/	/	/	/	/	/	/	/	/	/	5	/	/	/	/	/	/	/	/	/
公共机构人均综合能耗下降比例/%	/	/	/	/	/	/	/	/	/	/	/	/	/	/	6	/	/	/	/	/	/	/	/	/
三、交通结构相关指标																								
机关公务用车及公交车辆清洁或新能源比例/%	/	/	100	/	/	/	/	/	/	/	90	80（2023年年底）	/	/	/	/	/	/	/	100	/	/	/	70（银川80）
物流、环卫等社会运营领域车辆清洁或新能源比例/%	/	/	80	/	/	/	/	/	/	/	/	/	/	/	/	/	/	/	/	80	/	/	/	/

项目	北京市	天津市	上海市	重庆市	河北省	山西省	辽宁省	吉林省	黑龙江省	江苏省	浙江省	安徽省	福建省	江西省	山东省	河南省	湖北省	湖南省	广东省	海南省	四川省	陕西省	内蒙古自治区	宁夏回族自治区
公共领域新增或更新车辆中新能源汽车比例/%	/	80	/	/	80	/	/	/	/	/	/	/	80	/	100	100	/	/	/	/	/	80	/	100
新能源车辆新车销量占比/%	/	25	/	/	20	/	/	/	20	/	/	/	/	/	20	20	/	/	/	/	/	/	20	/
大宗货物铁、水路绿色运输比/%	/	/	/	/	80	/	80	/	/	/	/	/	/	/	70	80	/	/	/	/	/	/	50	/
常住人口在 100 万人以上城市公交出行比例/%	/	/	45	/	/	/	/	/	/	/	/	/	/	/	/	/	/	/	/	/	65	/	/	/
常住人口 300 万人以上城市绿色出行比例/%	76.5	75	75	/	/	/	/	/	/	/	/	/	/	/	/	70	/	/	80	/	/	/	/	/
船舶使用岸电率/%	/	/	/	/	/	/	/	/	/	70	/	/	/	/	/	100	/	/	/	/	/	/	/	/

注：（）内为“十四五”时期累计变化率。

近期中央生态环境保护督察通报典型案例分析研究

摘　要：为分析探讨典型案例聚焦的问题类型，剖析问题背后的深层次原因，帮助地方党委、政府和有关部门引以为戒、防患未然，本文采用词频分析、案例研究等方法，对第二轮第四、第五、第六批次中央生态环境保护督察集中通报典型案例进行分析，梳理典型案例四类主要类型，分析造成严重生态环境问题，研究典型案例通报聚焦的趋势性方向，并针对如何用好督察"利刃"，提升生态环境治理水平、提出深化督察工作认识、对标典型案例加强预警、持续推进督察问题整改、发挥好派驻监察机构作用、完善工作体制机制等6个方面的对策建议。

关键词：中央生态环境保护督察；生态破坏；环境污染

2021年8月以来，中央生态环境保护督察第二轮第四、第五、第六批次陆续展开，对四川在内的14个省（区、市），以及中国有色矿业集团、中国黄金集团两家央企共完成了督察工作，共计通报66个典型案例。典型案例既是警钟，也是信号，通过对典型案例问题分析梳理，了解和掌握典型案例问题的主要特点及原因，有助于地方各级党委、政府以及相关部门引以为鉴、防患未然。

一、典型案例主要问题类别分析

经梳理，典型案例主要聚集在自然生态破坏、环境污染、环境基础设施短板、"两高"项目盲目"上马"等4个方面。

（一）自然生态破坏类：自然生态破坏类典型案例数量居各类问题之首，值得重点关注

据统计，66个典型案例中自然生态破坏案例共28个，占比达42%，数量居各类问题之首。具体分析（图1），从对象来看，主要聚焦在矿山、小水电、饮用水水源、森林保护、生态修复等领域，往往发生在重点生态功能区、自然保护区、资源保护区、饮用水水源保护区（准保护区）、重点保护流域、国家湿地公园等区域。从破坏方式来看，

主要是违法负面清单、过度开发利用、工作推进不力等。根据词频统计，“开采”“破坏”“占用”等词汇处于高位，被提及次数分别达 108 次、96 次、62 次。从影响来看，自然生态破坏给原本脆弱的生态系统造成难以挽回的损害，出现生态功能退化、生态流量不足、生物多样性受到威胁、严重影响周边群众生产生活等。例如，督察组在新疆发现，玛纳斯河水资源违规分配，流域违法取水问题多发，挤占生态用水，流向生态功能区的河道长期断流，导致部分生态功能区退化严重，鸟类迁徙他处的现象逐渐呈现。

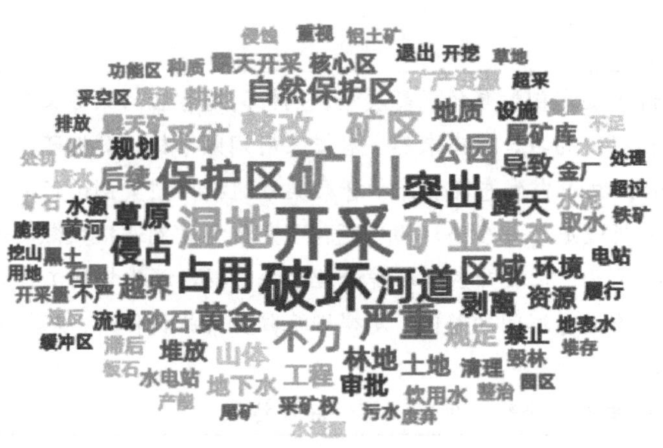

图 1　自然生态破坏类典型案例词云图

（二）环境污染类：大气、水环境、土壤污染问题依然突出，呈现区域聚集的典型特征

据统计，66 个典型案例中“环境污染严重类”典型案例共 17 个，占比达 26%，仅次于自然生态破坏类问题。具体分析（图 2），从对象来看，环境污染严重类问题主要包括区域大气污染严重、地下积水污染严重、土壤污染加重等。从分布区域来看，水环境污染多发于长江流域，上、中、下游均有涉及，江苏被点名最多，且水环境污染形势严峻；土壤污染主要分布于东北地区、华东地区，大气污染主要分布于西北地区。从污染方式来看，主要是污染治理不力、违规建设项目、煤炭消费量过高、生活垃圾和危险废物非法处置等。从影响来看，造成流域污染扩大、地下水安全受到威胁、重污染天气多发、永久基本农田遭到破坏等。例如，中央督察组在陕西发现，咸阳市对工业企业、砖瓦窑污染等一些影响空气质量的“老大难”问题整治力度不到位，一些企业环境管理粗放，大气污染问题严重且频发。

图 2　环境污染类典型案例词云图

（三）环境基础设施短板类：环境治理配套设施“跟不上”仍然是污染治理的突出短板

据统计，66 个典型案例中涉及环境基础设施的有 10 个，占比 15%。具体分析（图 3），从设施类型来看，通报指出多地基础设施“严重滞后”“带病运行”“管网缺失”，主要包括垃圾处理设施、污水处理设施、污水收集管网等。从问题发现来看，主要为设施长期超负荷运行、故障频发多发、实际处理能力不足、管理不规范等，还存在污水处理厂长期“晒太阳”、进水浓度和运行负荷长期偏低、管网不配套无法正常运行，以及生活垃圾处理设施建设滞后导致大量渗滤液违规积存等现象。从影响来看，多造成水体返黑返臭、河流水质污染、生活垃圾渗滤液污染、环境风险隐患增加等。例如，广东省在污水管网建设、生活垃圾处置等方面数次被通报，中山市全市生活污水收集管网缺口 1 575 km，2021 年上半年全市 22 家生活污水处理厂中有 7 家运行负荷低于 60%，全市生活污水直排、漏排和清污混排现象突出。

图 3　环境基础设施短板类典型案例词云图

（四）“两高”项目盲目“上马”类：在处理好经济高质量发展和生态环境高水平保护的关系上仍存在巨大考验

总体来看，一些地方能耗双控工作不力，“两高”项目盲目“上马”现象仍然突出。据统计，各批次的中央生态环境保护督察均通报了“两高”项目盲目发展典型案例，总数 11 个，占比为 17%，特别是在第二轮第四批的 7 个督察对象中，5 个省和 1 家企业被通报了“两高”项目方面的典型案例。具体分析（图 4），从问题表现来看，主要是煤炭消费减量替代工作不实、淘汰落后产能不力、“两高”项目未批先建、企业违规用能、污染治理设施落后、高耗能设备淘汰和落后工艺提升改造工作不力、生产方式粗放等。从词频来说，“能耗”“产能”“节能”等词位居词频分析榜前列。从影响来看，废气恶臭扰民严重，能耗水平居高不下，对生态环境质量持续改善和减污降碳造成巨大压力。例如，宁夏宁东基地节能审查未批先建、越权审批“两高”项目，石嘴山市虚报煤炭减量指标，吴忠市部分“两高”项目未按环评报告要求建设污染治理设施，污染物浓度严重超标。

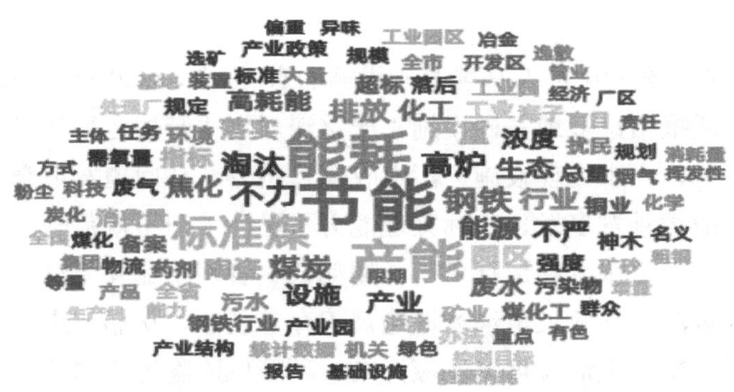

图 4　“两高”项目盲目“上马”类典型案例词云图

二、典型案例问题存在的主要原因分析

（一）认识上的“偏差”仍然存在，是生态环境保护意识欠缺的集体体现

中央生态环境保护督察通报的案例指出，一些地方干部思想认识仍然存在偏差，“生态优先、绿色发展”理念树得不牢，责任意识不够，环境保护“党政同责、一岗双责”落实不到位。一些领导干部政绩观存在偏差，没有认识到抓环保就是抓发展，只算或多算经济账，不算或少算环境账。例如，吉林省某市经济增长对能源消费依赖性强，能耗“双控”工作不力；四川省某市在集中式饮用水水源地违法开发房地产项目，严重破坏水

源地生态环境，威胁人民群众饮水安全。一些地方政府漠视生态环境“痼疾”，对生态环境保护工作的长期性、复杂性和艰巨性认识不足，存在等待观望、被动应付心态。例如，黑龙江省某市矿山修复资金长期闲置，迟迟未对废弃矿山、被毁林地开展综合治理；陕西省某市对废弃矿渣处置不力，对场地污染修复、重金属污染治理等重点环境治理工作推进迟缓，威胁汉江水生态环境安全。一些企业生态环境保护主体责任缺失，法律意识淡薄，在生态环境保护上存在“偷工减料”情况，甚至恣意破坏生态环境。例如，中国有色集团下属某公司非法处置危险废物，对污染治理设施疏于管护，伪造危险废物交接确认台账和设备巡检维护记录。

（二）监管上的“失守”问题突出，是不敢动真碰硬的真实写照

中央生态环境保护督察通报的典型案例中，制度不严、执法不力、监管层层失守的现象十分普遍。一些地方生态环境监管不力，对待突出生态环境问题存在畏难情绪，不敢动真碰硬，压级传导层层弱化。例如，山东省泰安市某公司虚报煤炭替代方案，该市相关部门未及时对该公司违法违规问题进行处罚和督促整改；湖北省某县对九宫山国家级自然保护区小水电站清理整改放松要求，对生态流量监管不力，出现无生态流量下泄而导致下游河道干涸的现象。一些地方落实生态环境制度不到位，工作流于形式，对突出生态环境问题未及时发现和处置。例如，吉林省某市部分河段河长制形同虚设，大部分河长在巡河过程中未发现任何问题，对河道淤泥上浮、水质恶化甚至返黑返臭问题视而不见；四川省某县工业园区应急管理制度不完善，仅建设 5 000 m^3 事故应急池，环境风险隐患突出。一些地方生态环境执法不力，对企业存在的违法行为查处不力，没有形成强大震慑。例如，吉林省某市矿区生态破坏问题严重，但该市仅查处了上级要求的矿区，对近在咫尺的其余矿区没有组织认真排查；河北省两市放任某企业违法倾倒填埋污泥行为，既不认真调查处理群众投诉问题，也不按规定查处企业违法行为。

（三）执行上的打“折扣”较为普遍，是内生动力不足的直观表现

中央生态环境保护督察通报的典型案例中，企业违法问题产生的源头在于有关部门审批把关不严，纵容企业违规落地、“带病”生产。一些地方对区域发展重大规划把关不严，对战略规划、产业规划、园区规划等把关不严，生态环境保护为经济发展让路的现象时有发生。例如，四川省某市在编制河道采砂规划及年度实施方案时，未落实在禁渔期和禁渔区内禁止挖沙采石的规定，导致干流河道违规采砂行为有禁不止。一些地方对项目审查把关不严，放任企业违规建设投产，例如，四川省某市项目节能审查不到位，默许“两高”项目未批先建，越权对违规项目节能报告出具审查意见；宁夏多地“两高”项目手续不全即开工，相关工业园区管委会和当地有关部门默许部分企业长期违规建设。一些地方对审核把关不严，违规向上级部门出具不实意见、虚假信息。例如，吉林省某市向上级主管部门报送的绿色矿山遴选名单中，企业矿容矿貌、矿区绿化、资源综合利

用、节能减排等多项指标得分与实际情况出入较大；山东省某市相关职能部门评审工作把关不严，在未查清土壤污染情况、没有形成明确调查结论的情况下，同意将疑似污染地块移出清单。

三、典型案例通报聚焦的趋势性方向分析

（一）聚焦习近平总书记指示批示的有关问题

从被通报的典型案例中反映出，督察组高度关注习近平总书记关于长江经济带“共抓大保护、不搞大开发”、黄河流域生态保护和高质量发展等重要指示批示精神在各地的落实情况，以及贯彻新发展理念、构建新发展格局、推动经济社会高质量发展等情况。例如，“湖北省黄冈孝感襄阳等市推进磷石膏资源化综合利用不力污染问题突出”“江苏镇江长江岸线清理整治推进不力生态环境突出”“四川省宜宾市江安县工业园区环境风险问题突出等典型案例”“黄河陕西韩城龙门段长期非法倾倒大量废渣破坏黄河生态，环境隐患突出”等。

（二）聚焦人民群众广泛关注反映强烈的问题

从被通报的典型案例中反映出，督察组积极回应人民群众所思所想、所急所盼，高度重视群众意见大怨言多、信访问题线索集中、身边生活中突出的生态环境问题。例如，“新疆‘乌昌石’区域大气污染防治推进不力，重污染天气多发”“广东清远市黑臭水体整治弄虚作假周边居民叫苦不迭”“吉林省长春市建成区部分水体返黑返臭，群众反映强烈”“湖北宜昌长阳县花香水岸公司非法挖山采石，周边群众反映强烈”等。

（三）聚焦环境污染特别严重或突出的问题

从被通报的典型案例中反映出，督察组格外重视长期存在、久治无效、影响恶劣的环境污染问题线索。例如，“陕西咸阳市推动解决大气污染‘老大难’问题不力”“江苏宿迁生态保护不到位，大运河宿迁段环境问题突出”“统筹不力监管缺失，河北部分市（县）违规处置污泥问题突出”“贵州安顺夏云工业园区违法问题突出，环境污染严重”“山东省泰安市宁阳化工产业园违法问题突出，环境污染严重”“中国有色集团下属大冶有色公司环境污染严重，风险隐患突出”等。

（四）聚焦发展与保护关系处理不到位的问题

从被通报的典型案例中反映出，督察组高度重视各地贯彻落实绿水青山就是金山银山理念不足的问题，高度关注发展方式和生活方式转型，聚焦突破“三条红线”、仍沿用粗放增长模式、牺牲环境为代价换取一时经济利益等问题线索，对遏制“两高”行业

盲目发展重视不够、审批不严、管控不力的特别关切。例如，“四川乐山产业转型升级推进缓慢，陶瓷等行业一些项目盲目发展问题突出”“吉林省辽源市能耗双控工作不力，‘两高’项目违法问题突出”“湖北阳新大冶部分工业园区‘两高’项目控制不严，违规问题突出”“贵州六盘水市盲目布局焦化项目，‘两高’企业违法问题突出”“宁夏宁东基地和吴忠中卫石嘴山等地违规模以上马‘两高’项目问题突出”等。

（五）聚焦重要生态功能区保护不到位或破坏严重的问题

从被通报的典型案例中反映出，督察组对履行生态保护职责不力，在自然保护区内违规开发、生态系统遭到严重破坏、违法违规问题突出的必查必究。例如，“西藏那曲色尼区砂石开采违法违规问题突出，严重破坏高寒草原生态环境”“内蒙古赤峰克什克腾旗违规占用国家森林公园，生态破坏问题突出”“新疆玛纳斯河流域水资源管理不力，部分生态功能区退化严重”“黑龙江森工集团沾河公司保护森林不力，小兴安岭林地大面积被毁”等。

（六）聚焦生态环境保护工作中的形式主义问题

从被通报的典型案例中反映出，督察组对地方生态环境保护工作中的不作为、慢作为、乱作为等形式主义问题深恶痛绝，下大力气整治敷衍应付、弄虚作假等突出问题，释放出坚决惩处的强烈信号。例如，“以土壤改良之名行非法填埋之实，四川遂宁污泥处置监管严重缺失”“西藏昌都水泥项目批小建大，生态破坏问题突出”“新疆一些地方落后产能淘汰不力，违规产能管控不严不实”“调查弄虚作假、评审沦为摆设，山东东昌府区东发制革厂地块环境风险突出”等。

四、思考与建议：用好用活督察“利刃”，切实提升生态环境治理水平

（一）深化督察工作思想认识

全省各级党委、政府应紧密围绕“巴山蜀水颜值、生态产品价值、人居环境品质提升”，切实把中央生态环境保护督察转化为做好生态环境保护工作的强大鞭策，推动思想再深化、责任再压实，把问题预防在平时、解决在平时。正确认识督察工作价值导向。地方党委、政府，相关部门要在思想上行动上深刻认识督察工作以人民为中心的价值导向，将督察作为推动解决突出生态环境问题的重要平台、服务经济高质量发展的有效抓手，把环境问题解决做在日常、做在老百姓身边，避免集中爆发、集中攻坚。正确认识保护与发展的关系。针对一些地方政府仍然过度追求经济发展问题，认真贯彻落实习近平总书记来川视察时提出的“深入贯彻新发展理念，主动融入新发展格局，在新的征程

上奋力谱写四川发展新篇章”要求，进一步树牢完整、准确、全面贯彻新发展理念，深刻认识绿水青山就是金山银山理念，坚定不移推进生态环境高水平保护和经济高质量协同发展，走好绿色低碳转型的高质量发展之路。提高生态环境保护工作责任意识。切实增强做好生态环境保护工作的思想自觉和行动自觉，不断夯实地方党委、政府属地责任、行业部门监管责任、企业主体责任和生态环境部门统一监管责任，深入贯彻落实党中央、国务院的决策部署，坚决不碰生态环境保护的“政治高压线”，坚决全面整改到位。

（二）对标典型案例加强预警

“十四五”是碳达峰的关键期、窗口期，各地各部门应以中央生态环保督察通报的典型案例为戒，关注生态环境问题高发区、易发区，将督察典型案例通报的“点”作为预防生态环境问题发生的“放大镜”，早谋划、早部署、早落实，着力解决好严重影响人民群众生产生活的环境问题。深入打好污染防治攻坚战，坚持以问题为导向，加强源头治理，以 $PM_{2.5}$ 和臭氧协同控制为主线打好蓝天保卫战，以治差水、保好水、增生态水打好碧水保卫战，以农用地重金属污染源头防治行动为重点打好土壤保卫战，持续提高生态环境质量。加强生态环境保护修复，加强生态环境分区管控，深入实施山水林田湖草沙冰一体化生态保护和修复，实施水土保持、地灾治理、矿山修复、草原生态修复等重点生态工程，高质量建设大熊猫国家公园，加快创建若尔盖国家公园，切实筑牢长江黄河上游屏障；严格管控生态保护红线，在重要生态保护功能区范围内清理整顿工作上不“打埋伏”、不留余地。补齐生态环境基础设施短板，加快城乡污水处理厂新建、扩容，推进污水管网配套建设，形成由主管、支管、毛细管构成的污水收集管网，做到污水“应收尽收”。加快推进生活垃圾焚烧处理设施建设、改造、提升，规范处置渗滤液、飞灰等污染物，持续推进垃圾无害化处理设施项目建设。提高绿色低碳发展水平，各职能部门应提前谋划，“下深水”处理好发展与保护的新关系，加快构建节约资源和保护环境的空间格局、产业结构、生产方式、生活方式，坚决遏制“两高”项目盲目“上马”，“倒逼”传统产业转型升级。

（三）持续推进督察问题整改

中央生态环境保护督察问题整改是一项政治任务，容不得半点马虎，更是一项重大民生工程，关乎人民群众切身利益，需要紧盯不放、持续用力，推进问题整改见效。狠抓突出问题整改，严格执行“清单制+责任制+销号制”，挂图作战、对账整改，综合采取调度通报、明察暗访、约谈约见等举措，督促整改责任单位和督导单位共同抓好各类问题整改。对整改时限较长的问题，要严格按照整改方案要求，序时推进，避免整改工作“前松后紧”。纵深推进省级督察，继续坚持省领导带队、问题双反馈、督察全覆盖等“四川经验”，对 21 个市（州）开展新一轮省级生态环境保护督察，探索对省属企业开展督察工作，对存在突出生态环境问题的地方开展专项督察，切实发挥省级督察作为中央生态环境保护督察的补充和延伸作用。强化结果运用，强化党政领导干部生态环境损害责任追究，持续开展生态环境保护党政同责考评，对环境质量改善不力、突出问题整改滞后的视情采用限批和约谈等措施，压实各方责任，对发现的重要生态环境问题及失职失责情况移送有关部门追责问责。

（四）发挥好派驻监察机构作用

充分发挥各监察专员办职能，推动派驻监察机构加强日常监督、重点监督，有针对性开展辖区内生态环境保护监督工作，让环境违法行为解决在平时。做实监察职能。制定派驻监察工作规范，进一步优化完善派驻监察方式，精准监督检查辖区内党委、政府，有关部门生态环境保护法律法规、标准、政策、规划等执行情况，生态环境保护“党政同责、一岗双责”落实情况，以及区域环境质量责任落实情况。统筹管辖区域（流域）生态环境保护监管工作，加强督察问题整改监督。延伸监察触角。拓展派驻监察的深度广度，将省级统一监察的“触角”不断向基层延伸。密切与辖区内市、县两级党委、政府，有关部门工作联系，加强督察及整改工作沟通汇报，形成省域内畅通的环境监察网络。推动智慧监察。加大卫星遥感、无人机、走航监测、用电监控等科技手段应用，推行以自动监控为主的非现场监管执法。强化生态环境执法信息化系统深度应用，推行“大数据+智慧中心+综合行政执法”模式，实现指挥调度、执法检查、案件办理、稽查考核一体化。

（五）完善工作体制机制

制度具有根本性、全局性、稳定性、长期性。全省各级党委、政府应建设科学规范、有效管用、持续完善、执行到位的制度体系，确保工作落实到位。健全监管制度。加强对产业、园区等规划编制、项目建设合理用能等重点问题的指导、审查、审核、审批、监督，及时收集、协调解决监管实施中存在的问题，实施全过程监管。通报各级履职和工作推进情况，对群众投诉反映强烈、违法违规频次高的企业加密执法监管频次。强化多部门联动机制。深化生态环境部门与纪检监察、司法、公安等部门常态化沟通、协作、会商机制，优化线索和案件移送、联合调查、案情通报等制度，共同推进干部监督、生态环境损害赔偿、公益诉讼等工作，促进“真监督”，确保违法企业“真整改”。完善公众参与机制。充分发挥各类媒体作用，深入推进环境质量数据、排污单位及其环境处罚信息等依法公开，实施有奖举报制度，进一步在巡查、报告、调查等事前事中鼓励各方参与，加强舆情分析，构建公众参与环境管理决策的有效渠道。严格考核机制。加强党政同责考核，把落实中央绿色发展决策部署作为检验各级党员干部党性原则、为民情怀、工作作风的重要标尺，以周考核、月通报、季提醒、年奖惩的方式对照考评指标进行量化考核，对环境质量不升反降、整改逾期，国家和省约谈等扣分事项严格打表实施。

全国各省（区、市）“十四五”生态环境保护规划污染防治攻坚任务研究

摘　要：为深入践行习近平生态文明思想，切实做好“十四五”时期生态环境保护工作，了解、学习其他省（区、市）先进做法，为高水平建设美丽四川出谋划策，本文通过对全国31个省级“十四五”生态环境保护规划进行梳理分析，总结、提炼各地在蓝天、碧水、净土保卫战和区域联防联治等方面谋划的生态环境治理任务。

关键词：“十四五”；生态环境保护；污染防治攻坚

“十四五”时期，要巩固污染防治攻坚成果，坚持精准治污、科学治污、依法治污，以更高标准打好蓝天、碧水、净土保卫战，着力解决污染防治工作中存在的思想认识不够深、治理能力不够强、改善水平不够高、工作成效不够稳、治理范围不够广等不足和短板，推动在重点区域、重点领域、关键指标上实现新突破，以高水平保护推动高质量发展、创造高品质生活，努力建设人与自然和谐共生的美丽中国。目前，全国31个省级“十四五”生态环境保护规划均对“十四五”期间深入打好污染防治攻坚战进行了部署，明确了“十四五”期间蓝天、碧水、净土保卫战和区域联防联治等方面的目标、计划和任务。

一、深化大气污染协同控制，持续提升环境空气质量

坚持源头防控、综合施策，强化区域协同治理和多污染物协同控制，协同治理细颗粒物（$PM_{2.5}$）和臭氧（O_3）污染，深化工业源、移动源、面源污染治理，深入打好蓝天保卫战，基本消除重污染天气，持续提升环境空气质量。

一是综合施策改善区域大气环境质量。由于区域大气污染的特点及成因不尽相同，大气环境分区分类、分阶段治理的需求越来越突出，各省（区、市）结合自身大气环境质量现状、目标、污染特点、自然条件等，大部分省（区、市）在规划中提出综合施策治理区域大气污染的任务。在分区分类治理上，安徽提出统筹考虑 $PM_{2.5}$ 和 O_3 污染区域传输规律和季节性特征，加强重点区域、重点时段、重点领域、重点行业治理，强化分区分时分类差异化和精细化协同管控。云南提出根据空气质量改善进展和区域传输特征，

结合地区实际情况，适时调整大气污染防治重点区域及污染防治政策。山东提出加大通道城市大气污染防治力度，推进重点行业产业结构调整、散煤清零、挥发性有机物（VOCs）综合治理、钢铁行业超低排放改造、大宗货运“公转铁”、柴油货车治理、锅炉炉窑综合治理等重大工程。在分时治理上，四川提出以春夏季 O_3 和秋冬季 $PM_{2.5}$ 污染为重点控制时段、以不达标城市为重点控制区域，开展 $PM_{2.5}$ 和 O_3 污染协同控制研究，强化政策工具包制定与应用。湖南提出加强长株潭及其传输通道城市大气污染治理，强化特护期（每年 10 月 15 日至次年 3 月 15 日）$PM_{2.5}$ 与夏季 O_3 差异化、精细化协同管控。山东提出在夏季以石化、化工、工业涂装、包装印刷等行业为主，加强氮氧化物、甲苯、二甲苯等 $PM_{2.5}$ 和 O_3 前体物排放监管；在秋冬季以移动源、燃煤源污染管控为主，强化不利扩散条件下颗粒物、氮氧化物、二氧化硫、氨排放监管。在分阶段治理上，山东提出在 2025 年年底前，青岛、烟台、威海、日照 4 市大气环境质量实现全面稳定达标，其余 12 市编制实施空气质量限期达标规划，明确“十四五”空气质量阶段改善目标及空气质量达标期限、各阶段污染防治重点任务和空气质量达标路线图。四川提出实施城市空气质量达标管理，已达标城市推进空气质量持续改善，未达标城市编制实施空气质量限期达标规划。

二是强化 $PM_{2.5}$ 和 O_3 协同控制。$PM_{2.5}$、O_3 的来源和形成具有共同的前体物，即氮氧化物和挥发性有机物，在各省（区、市）规划中均提出 $PM_{2.5}$ 和 O_3 协同控制任务。湖南提出制订加强 $PM_{2.5}$ 和 O_3 协同控制持续改善空气质量行动计划，明确控制目标、路线图和时间表，强化 $PM_{2.5}$ 与 O_3 协同控制研究，选取典型区域开展 $PM_{2.5}$ 与 O_3 协同控制试点工作。河北提出石家庄、唐山、邢台、邯郸市重点开展 $PM_{2.5}$ 和 O_3 协同治理，沧州、衡水、廊坊、保定市和雄安新区重点开展 VOCs 及氮氧化物协同治理，张家口、承德、秦皇岛市重点加强 O_3 污染控制。陕西开展 $PM_{2.5}$ 和 O_3 污染协同防控科技攻关，开展“一市一策”驻点研究，推进协同治理科技攻关，统筹建立以 $PM_{2.5}$ 和 O_3 治理为核心、以氮氧化物和 VOCs 综合整治为切入点的空气质量全面改善行动计划。海南提出建立以 $PM_{2.5}$ 和 O_3 协同控制为核心，兼顾温室气体的大气污染防控体系，推进 $PM_{2.5}$、O_3、VOCs、氮氧化物等主要大气污染物的协同控制及大气污染物与温室气体的协同减排。

三是深化工业源污染防治。工业源为大气污染的主要来源，其贡献了绝大部分的 SO_2、近半的氮氧化物和 1/3 以上的 VOCs，在各省（区、市）规划中从重点行业治理、VOCs 管控等方面提出了各自的任务。在重点行业污染治理方面，河北提出巩固钢铁、焦化、煤电、水泥、平板玻璃、陶瓷等行业超低排放成效，实施工艺全流程深度治理，全面加强无组织排放管控，推进砖瓦、石灰、铸造、铁合金、耐火材料等重点行业污染深度治理，深化工业炉窑氮氧化物治理，开展生活垃圾焚烧烟气深度治理。河南提出推动焦化等重点行业超低排放改造，深化垃圾焚烧发电、生物质发电废气提标治理，制（修）订重点行业大气污染物排放标准及监测、控制技术规范，有效控制烟气脱硝和氨法脱硫过程中氨逃逸，推进工业烟气中三氧化硫、汞、铅、砷、镉、二噁英、苯并[*a*]芘等非常规污染物强效脱除技术研发应用。广东提出严格实施工业炉窑分级管控，全面推动 B 级以下企业工业炉窑的清洁低碳化改造、废气治理设施升级改造、全过程无组织排放管控，加强 10 蒸吨/h 及以上锅炉及重点工业窑炉的在线监测联网管控。湖南提出推进烧结砖瓦行业治理设施升级改造，淘汰“双碱法”脱硫除尘一体化技术，推进水泥熟料生产企业采用分级燃烧等技术，配备高效除尘和脱硝设施，实施氮氧化物深度治理，重点涉气排放企业逐步取消烟气旁路，因安全原因无法取消的，安装在线监管系统。在 VOCs 管控方面，除大部分省（区、市）提出严格控制 VOCs 排放总量，新建 VOCs 项目应实施等量或倍量替代，在工业涂装、家具制造、包装印刷等重点行业推进低（无）VOCs 含量原辅材料替代，强化无组织排放管控，加快高效 VOCs 收集治理设施建设，提升 VOCs 排放收集率、去除率和治理设施运行率等。河北还提出取消非必要的 VOCs 排放系统旁路，必须保留的加强监管与治理，推行加油站夏季高温时段错时装卸油，提倡城市主城区和县城建筑墙体涂刷、建筑装饰以及道路划线、栏杆喷涂、沥青铺装等户外工程错时作业，加强汽修行业 VOCs 综合治理，加大餐饮油烟污染治理力度。广东提出开展原油、成品油、有机化学品等涉 VOCs 物质储罐排查，深化重点行业 VOCs 排放基数调查，系统掌握工业源 VOCs 产生、处理、排放及分布情况，分类建立台账，实施 VOCs 精细化管理。严格实施 VOCs 排放企业分级管控，全面推进涉 VOCs 排放企业深度治理，推进工业园区、企业集群因地制宜统筹规划建设一批集中喷涂中心（共性工厂）、活性炭集中再生中心，实现 VOCs 集中高效处理。北京提出持续推动汽修行业优化整合提升，鼓励具备条件的推广建设集中式、封闭式钣喷中心，开展天然源 VOCs 环境影响分析和治理路径研究，以控制植物源 VOCs 排放为目标，开展树种优化研究，以平原地区为重点，推进逐步增加 VOCs 释放率较低的树种，减少植物源排放。

四是推进移动源污染防治。移动源污染已成为我国大中城市空气污染的重要来源，其排放的氮氧化物已占到总量的一半左右，移动源污染防治的紧迫性日益凸显，各省（区、市）规划中分别从机动车尾气治理、非道路移动机械整治、港口码头和船舶污染管控等方面制定了任务。在机动车尾气治理方面，北京提出严格实施国六 b 机动车排放标准和非道路移动机械第四阶段排放标准，加强在京生产、销售的机动车和非道路移动机械环保达标监管。广东提出完善机动车排气检测监管平台，加大遥感监测、黑烟车抓拍、车载诊断系统（OBD）远程在线等手段运用加强在用车排放管理。强化柴油车注册登记前车载诊断系统、污染控制装置的查验及必需的排气检测，加快推进国三柴油货车淘汰。上海提出健全协调机制，部门间数据互联互通，实现移动源全生命周期管理。全面开展重型柴油车和非道路移动机械远程在线监管。河北提出健全燃油和车用尿素管理制度，持续开展打击生产、储存、运输、销售、使用不合格油品和车用尿素行为，全面供应符合第六阶段强制性国家标准ⅥB 车用汽油（含乙醇汽油）。四川提出持续推进加油站、储油库油气回收治理，定期开展加油站、储油库和油罐车油气回收治理设施运行维护情况监督检查，加强移动源监管能力建设。在非道路移动机械整治方面，广东提出强化非道路移动机械的大气污染物排放状况监督管理，加强非道路移动机械排气状况和所用油品的现场抽测，依法对使用不合格油品及冒黑烟机械开展处罚，基本消除未登记或冒黑烟工程机械。加强建筑工地施工机械及工程车辆使用清洁油品管理，推广佛山、东莞等市“油品直送”经验，推进施工工地油品直供。四川提出加快老旧非道路移动机械更新淘汰，基本淘汰国一及以下排放标准或使用 15 年以上的工程机械，具备条件的允许更换国三及以上排放标准的发动机。加大非道路移动机械监管力度，划定非道路移动机械低排放控制区，将县级及以上城市建成区纳入禁止使用高排放非道路移动机械区域。完善非道路移动机械编码登记工作，推进工程机械安装精准定位系统和实时排放监控装置，加快监控信息化建设。在港口码头和船舶污染管控方面，上海提出落实船舶大气污染物排放控制区实施方案，研究船舶进入排放控制区使用硫含量≤出落实船舶大气燃油的可行性，推进船舶氮氧化物排放控制区建设。控制内河港口码头总量，适度控制内河港口码头发展规模。严格执行船舶新环保标准，改造现有非达标船舶，对改造后仍不能达到要求的，实施限期淘汰。加大 B5 生物柴油的推广应用力度，研究 B10 餐厨废弃油脂制生物柴油应用可行性，鼓励 B10 餐厨废弃油脂制生物柴油混合燃料在内河船舶上使用。广东提出加强船舶排放控制区管理，加强船舶用油质量的监督抽检，试点应用遥感、无人机等远程监控监管手段，推动岸电系统船载装置的安装，引导船舶靠港使用岸电。湖北提出实施船舶发动机第二阶段标准和油船油气回收标准，推动船舶发动机升级或尾气处理装置改造，加大上船燃油检测力度。

五是深化面源污染治理。大气面源污染具有产生范围广，排放不连续、不稳定、涉及面广等特点，管控和治理难度大，主要以扬尘、餐饮油烟、农业面源等为主，“十四五”期间，大气面源污染治理成为精细化管理的重要组成部分，在各省（区、市）规划中分别从扬尘、餐饮油烟和其他面源污染治理方面制定了任务。在扬尘精细化管控方面，除大部分省（区、市）提出全面推行绿色施工，将施工工地扬尘治理与施工企业资质评价、信用评价等挂钩，建立完善施工扬尘污染防治长效机制和污染天气扬尘污染应对工作机制，实施建筑工地扬尘精细化管理，严格落实建筑工地扬尘视频监控和在线监控要求，加强道路扬尘综合治理，推进低尘机械化湿式清扫作业，提高道路机械化清扫率，强化裸露地面、物料堆场、露天矿山等综合整治等。四川还提出加强铁路、公路、港口等货物运输管理，采取有效的封闭措施减少扬尘污染，无法封闭的应建设防风抑尘设施。北京提出施工参建单位及场站运营单位落实扬尘管控要求，履行“门前三包”责任制等，争创“绿牌”工地。江苏提出实施渣土车全封闭运输，淘汰高排放老旧渣土车，建成区全面使用新型环保智能渣土车。在餐饮油烟污染治理方面，江苏提出开展餐饮油烟专项整治，对重点管控区域内面积 100 m^2 以上餐饮店（无油烟排放餐饮店除外）以及城市综合体、美食街等区域的餐饮经营单位安装在线监控。各设区市积极探索餐饮油烟治理新模式，结合城市环境综合整治等工作，选择 3～5 个餐饮聚集街区打造餐饮油烟治理示范区，采用安装独立净化设施、配套统一处理设施、建设公共烟道等方式，推广高标准油烟净化设备。北京提出深化在线监控管理，聚焦重点业态、重点规模、重点区域及重点单位，形成“问题推送、企业自查、巡查执法”的闭环管理模式。四川提出优化城市餐饮产业发展及空间布局，避免餐饮油烟对居住、医疗卫生、文化教育、行政办公等环境敏感区的影响。在其他面源污染控制方面，北京提出推进养殖业氨排放治理试点，引导采用绿色生态化养殖工艺，推动粪污氨排放源头削减，新建规模化畜禽养殖场应积极采取先进的氨排放控制技术。湖北提出加强工业企业氨排放源控制，推进脱硝系统氨捕集和氨逸散管控，开展氨排放与控制技术研究。江苏提出推进无异味园区建设，探索建立化工园区“嗅辨+监测”异味溯源机制，研究制定化工园区恶臭判定标准，划定园区恶臭等级，减少化工园区异味扰民。四川提出严格秸秆露天焚烧管控，建立全覆盖网格化监管体系，加强“定点、定时、定人、定责”管控，加强卫星遥感、高清视频监控、无人机等手段应用，提高秸秆焚烧火点监测精准度。

二、系统推进“三水统筹”，持续改善水生态环境质量

以改善水生态环境质量为核心，坚持污染减排和生态扩容两手发力，统筹水资源利用、水环境治理和水生态保护，“保好水”“治差水”，深入打好碧水保卫战，大力推进美丽河湖保护与建设，持续改善水生态环境质量。

一是加强水资源保护利用。水资源保护对水环境质量改善具有重要的作用，充足的水量和良好的水动力条件有利于污染物的迁移和降解，为改善水环境质量、水生生物提供良好的生境，在各省（区、市）规划中分别从水资源刚性约束、水资源优化配置、生态流量保障等方面提出了水资源保护的任务。在水资源节约利用方面，各省（区、市）除提出坚持节水优先、量水发展，强化农业节水增效、工业节水减排、城镇节水降损，实施用水总量和强度“双控”等。北京还提出严格落实用水全过程精细化管理，全面推广独立分区计量管理，提高用水效率。广东提出推广再生水循环利用于工业生产、市政非饮用水及景观环境等领域，实现“优质优用、低质低用”。四川提出积极建设再生水调储设施，采取水库调蓄、河湖拦蓄、坑塘水窖存蓄和以河代库等方式，增强再生水调配能力。在重点缺水城市统筹开展非常规水回用与内涝治理，加大非常规水源利用，将再生水、雨水集蓄利用等纳入水资源统一配置，适度超前规划布局再生水输配设施，实现更广空间、领域上的综合利用。在水资源优化配置方面，四川提出加快推进重点水资源调度工程，完善“五横六纵”骨架水网，增强跨区域、跨流域水资源调配能力。加强水资源统一调度管理，强化流域水库和水电站联合调度，建立覆盖水生态、防洪抗旱、蓄水保供、饮水、灌溉、工业、发电、航运等工作协调机制。湖北提出实现江湖连通，优化水资源配置，建立生态可持续的水资源调度方式，中小河流研究建立小水电退出机制。实施水库、拦河坝等生态泄流，强化汉江、清江干流重要水利水电工程生态流量泄放的监测，加强汉江、清江、府澴河、倒水、洪湖、梁子湖、斧头湖等重要水文断面生

态流量在线监测。湖南提出全面完成小水电整治，退出类小水电按期完成退出，保留类小水电实施生态流量监控，整改类小水电严格落实整改措施，保障下游生态流量，建设小水电及河湖生态水量监测站网，监控数据接入全省河湖生态水量监控系统，建立重要河湖生态水量监测预警和信息发布机制。在强化生态流量保障方面，除上述水资源利用保障方面设置的任务外，北京还提出增加再生水补充河道生态用水，维系河湖基本水生态功能。研究生态流量监测预警，实施动态调整，推进生态用水合理配置。加强河湖水系连通，提高河湖自净能力。河北提出健全域外调水补水机制，增强补水、供水保障能力。加大人工增雨雪作业力度，大力开发空中水资源，强化生态水量监测预警。陕西提出持续推进关中水系建设，逐步置换现有水库供水指标，退减被挤占的河道生态水量，加大枯水期宝鸡峡渠首枢纽及渭河兴平断面以上北岸支流水库的下泄生态流量。云南提出探索开展生态流量适应性管理，强化水资源时空调度。

二是强化水环境污染治理。当前，我国水污染治理成效显著，水环境质量改善明显，但水环境保护面临的结构性、根源性、趋势性压力尚未根本缓解，与美丽河湖建设目标要求仍有较大差距，在各省（区、市）规划中分别从工业污水治理、城镇水污染治理、入河排污口整治、港口码头和船舶污染防治等方面提出了水环境污染治理的任务。在工业污水治理方面，广东提出推进高耗水行业实施废水深度处理回用，强化工业园区工业废水和生活污水分质分类处理，推进省级以上工业园区“污水零直排区”创建。山东提出严格控制缺水地区、水污染严重地区和敏感区域高耗水、高污染行业发展。加快推进黄河干流及主要支流岸线 1 km 范围内的高耗水、高污染企业搬迁入园。继续推进城市建成区内现有焦化、造纸、印染、原料药制造、化工等污染较重的企业有序搬迁改造或依法关闭。江苏提出推进纺织印染、医药、食品、电镀等行业整治提升，严格工业园区水污染管控要求，加快实施“一园一档”“一企一管”，推进长江、太湖等重点流域工业集聚区生活污水和工业废水分类收集、分质处理。四川提出对涉及重金属、高盐和高浓度难降解废水的企业，强化分质、分类预处理，提高企业与末端处理设施的联动监控能力，确保末端污水处理设施安全稳定运行，推动电镀行业集中集聚发展，实施一批电镀废水“零排放”试点工程。在城镇水污染治理方面，各省（区、市）除提出推进生活污水管网全覆盖，统筹开展老旧破损管网改造修复，因地制宜开展合流制排水系统雨污分流改造，补足生活污水处理厂弱项，稳步提升生活污水处理厂进水生化需氧量（BOD）浓度，提升生活污水收集和处理效能，实施城镇生活污水处理提质增效，建设人工湿地水质净化工程对处理达标后的尾水进一步净化等外；四川还提出以岷江、沱江、川渝跨界河流等流域内城镇以及污水处理率较低的城镇为重点，统筹城镇发展规划，按照因地制宜、适度超前的原则，加快推进污水处理设施及管网建设，地级及以上城市基本消除生活污水直排；贵州提出开展生活污水治理攻坚专项行动，积极推进“厂网”“泥水”“城乡”一体化，强化污水处理能力建设；上海提出推进污水二、三级管网新建工程及污水泵站新（改、扩）建工程，增强地区污水收集能力，实现城镇污水管网全覆盖，全面开展排水设施排查，健全管道、泵站等排水设施周期性检测制度，加大老龄管道维护、修复和更换力度，加强排水系统智能化管理，推动中心城区污水处理厂网一体化运行；湖北提出加快开展县级市建成区黑臭水体清查和整治，加强城镇生活污水治理，实施污水处理厂差别化分区提标改造，鼓励开展城市初期雨水收集处理体系建设。在入河排污口整治方面，各省（区、市）除提出加强入河排污口排查整治与监管，建立动态监管清单和责任主体清单，推进入河排污口规范化建设，统一规范排污口设置等外；河北还提出依法将排污口管理要求纳入排污许可证，推进数字化管理，实现排污口水质自动监测、视频监控全面覆盖；湖南提出完成入河排污口区域分区体系建设，明确禁止设置、限制设置区域范围，有效规范和管控入河排污口；云南提出实施入河排污口分类整治，依法取缔一批、清理合并一批、规范整治一批。建立统一的排污口信息平台，严格监督管理，实现“受纳水体—排污口—排污通道—排污单位”全过程监督管理；四川提出推动落实地方政府属地管理责任和行业主管部门的监管职责，逐步建立“权责清晰、管理规范、监管到位”的入河排污口长效管理机制。在港口码头和船舶污染防治方面，湖南提出优化港口码头布局，全面清理非法码头，对环保不达标的合法码头实施污染防治设施升级改造，推动绿色港口、绿色码头建设。河南提出深入开展交通运输业水污染防治，推动船舶污染物港口接收设施与城市公共转运处置设施有效衔接，完善船舶污染物“船—港—城”“收集—接收—转运—处置”全过程衔接和协作。湖北提出推进船舶营运产生的含油污水、残油（油泥）、生活污水、化学品洗舱水和船舶垃圾等水污染物在船上依法合规分类储存、排放或转移处置。强化长江流域水上危险化学品运输环境风险防范，严厉打击化学品非法水上运输及含油污水、化学品洗舱水等非法排放行为。四川提出加强船舶污染防治，定期对船舶防污文书、污染物储存容器，以及船舶垃圾、油污水等污染物产生和交付处理情况进行监督检查。

三是开展水生态保护修复。作为“三水统筹”的重要环节之一，良好的水生态不仅具有涵养水源、调节径流的功能，还能够增加水环境容量，促进水资源和水环境保护，我国水生态保护工作还在起步阶段，有关水生态的保护修复、监测及评价体系还有待完善，在各省（区、市）规划中分别从水生态缓冲空间改善、水生生物资源保护等方面提出了水生态保护修复的任务。在改善水生态缓冲空间方面，各省（区、市）除提出强化岸线用途管制，在重要河流干流、重要支流和重要湖库周边划定生态缓冲带，开展河湖生态缓冲带修复与建设试点等。北京提出分级管控河湖水生态保护空间，适当扩展河湖生态缓冲空间，重视河岸带生物栖息地功能，发挥河湖生态服务功能，打造亲水空间。广东提出加强西江流域河湖开发建设过程中水生态环境保护，维持河湖岸线自然状态，加快构建河湖生态廊道，保持韩江干流潮州段、枫江干流等区域生态系统连通性和完整性。四川提出以各流域上游地区及泸沽湖等为重点，加强水源涵养区封育保护，开展涵养林建设，提升水源涵养功能。上海提出在水源涵养区，采取人工林、草建设相结合的保护措施，提高生态系统的水源涵养功能，建设重要河湖生态缓冲带，开展景观植被种植、河湖滨小型湿地建设以及河湖岸线清理复绿等工作。湖北提出大力实施退耕还湿、退田还湿工程，加强汉江水土保持林、湿地保护区和湿地公园建设，加强退渔还湿，减少人为因素造成的湿地面积萎缩和功能破坏，健全湿地监测评价制度，重视湿地监测系统建设，强化湿地用途管制和利用监管。云南提出合理确定河湖生态缓冲带范围及管控要求，强化岸线用途管制，对不符合水源涵养、水域、河湖缓冲带等保护要求的人类活动进行整治。在水生生物资源保护方面，各省（区、市）除提出开展重要河湖水生生物本底调查，落实休渔禁渔期制度，科学划定河湖禁捕、限捕区域，开展增殖放流等。四川还提出针对不同重点流域开展天然生境恢复、生境替代保护、水生植物资源保护、“三场”保护与修复等工程，改善和修复水生生物生境，开展水生生物洄游通道恢复、微生境修复等措施，加强珍稀鱼类国家级、省级自然保护区建设，修复珍稀、濒危、特有等重要水生生物栖息地，加强长江干支流河漫滩、洲滩、湖泊、库湾、岸线、河口滩涂等生物多样性保护与恢复。甘肃提出因地制宜恢复水生植被，探索恢复土著鱼类和水生植物，探索开展黄河干流、湟水河、大通河、宛川河等水生生物完整性指数评价，实施珍稀濒危野生动植物繁育行动，建立生物种质资源库。山东提出开展重点流域水生态环境质量现状调查评估，建设全省水生态环境基础数据库，开展南水北调通水后河湖水生生物演变跟踪监测和研究，探索制定符合流域特色的水生态监测评价指标和标准。福建提出建立外来入侵生物监测预警体系，严格防范外来物种入侵。

四是加强饮用水水源地保护。饮用水水源地水质的好坏关系着饮水安全，关系着人民群众的身体健康，强化水源地保护，让群众喝上放心水，加强饮用水水源地保护作为一项重要任务在各省（区、市）的“十四五”规划中均有体现，根据饮用水水源地级别的划分，各地针对县级及以上、农村集中式饮用水水源地保护分别制定了任务。在县级及以上饮用水水源地保护方面，四川提出全面优化饮用水水源布局和供水格局，科学合理开展保护区范围划定，持续推进水源地规范化建设。建立跨行政区水源地保护联防联控机制，协同开展红旗水库、老鹰水库等跨界饮用水水源地保护。河北提出定期监（检）测、评估饮用水水源、供水单位出水和用户水龙头出水水质状况，推进饮用水水源水质生物综合毒性自动预警监测。河南提出利用大数据、地理信息系统、移动互联网等新型技术，建立饮用水水源地信息化综合监管平台，推动监测监控数据共享，实现全省饮用水水源地动态、实时管理。上海提出严格落实饮用水水源地环境保护要求，完善水源地生态保护补偿政策。在农村集中式饮用水水源地保护方面，浙江提出完成乡镇级集中式饮用水水源保护区划定与勘界立标，逐步推进“千吨万人”及其他乡镇级饮用水水源地监测和水质提升工作，加强供水安全保障。四川提出持续推进乡镇及以下集中式饮用水水源地规范化整治，完成水源地标志标牌、隔离防护等基础设施建设。全面清理整改乡镇及以下饮用水水源环境问题，深化面源污染防治，开展不达标水源地整治。湖北提出实施从水源地到水龙头的全过程控制，健全农村集中式饮用水水源保护区生态环境监管制度，加强饮用水水源信息公开。另外，在饮用水水源风险防控体系建设方面，各省（区、市）均提出加强饮用水水源预警监测自动站建设和运行管理，严格饮用水水源周边有毒有害物质全过程监管，组织开展突发环境事件应急演练，强化城镇应急备用水源建设和管理，提高城市供水防御突发事件的能力。

五是推进美丽河湖保护与建设。美丽河湖保护与建设是贯彻落实习近平生态文明思想、推进生态文明建设的重要实践，《中华人民共和国国民经济和社会发展第十四个五年规划和2035年远景目标纲要》明确提出，要推进美丽河湖保护与建设，大部分省（区、市）在规划中分别从建设方案制定、水文化建设、示范工程实施等方面提出了相关任务。在建设方案制定方面，江苏提出因地制宜推进美丽河湖保护与建设，完善美丽河湖长效管理机制，实现“有河有水、有鱼有草、人水和谐”，使人民群众直观感受到“清水绿岸、鱼翔浅底”的治理成效、河湖之美。福建提出按照“点上示范、串点成线、全面铺开”的美丽河湖建设思路，通过大河大湖引领示范、重点河段跟进、小河小溪全面铺开的方式，精准识别主要问题及其“症结”，因地制宜，科学施策，分期分批打造一批美丽示范河湖，2021年年底前，各地市完成美丽河湖建设方案编制，从安全提升、环境治理、生态修复、管护设施、亲水便民设施、文化设施布局等方面明确美丽河湖建设目标、任务、进度、项目。在水文化建设方面，四川提出深度挖掘美丽河湖文化底蕴，综合植入地方特色文化要素，使河湖生态保护工程与水文化相结合，将美丽河湖建设成为传承地方民俗风情的新形式、彰显地方历史文化的新载体。河北提出提升公众亲水环境品质，合理建设亲水便民设施，强化美丽河湖示范引领，积极引导各地加强河湖水生态、水文化建设。在示范、试点方面，四川提出强化河（湖）长制，分解美丽河湖保护与建设任务要求，制定四川省美丽河湖评价标准，加强涉水空间管控，持续推动美丽河湖建设及试点。广东提出推进潼湖、淡水河、石马河、黄江河、榕江、廉江河、小东江流域彭村湖等一批水生态系统修复示范工程，充分发挥河（湖）长制作用，开展美丽河湖创建。山东提出征集美丽河湖保护与建设优秀案例，宣传推广成效好、可持续、能复制的美丽河湖保护与建设好经验好做法，完善美丽河湖长效管理机制，持续推进河湖水生态环境改善，分期分批打造一批具有全国示范价值的美丽河湖。

三、强化土壤和地下水污染系统防控，保持土壤环境总体稳定

坚持预防为主、保护优先、风险管控，持续推进土壤污染防治攻坚行动，强化土壤和地下水污染风险管控和修复，深入实施水土环境风险协同防控，全面提升监管能力，确保“吃得放心、住得安心”。

一是加强污染源头防控。治理土壤和地下水污染的成本高、周期长、难度大，强化源头预防，推进土壤安全利用，至关重要，在各省（区、市）规划中从空间布局管控、重点污染源监管、新增土壤污染防范等方面提出了污染源头防控的任务。在空间布局管控方面，北京提出科学布局、统筹规划，在编制国土空间规划等相关规划时，充分考虑

建设用地土壤污染的环境风险，合理确定土地用途，鼓励将“疏解整治促提升”专项行动等腾退的短期内无实施计划的地块，划入战略留白用地。河南提出将土壤和地下水环境要求纳入国土空间规划，根据土壤污染状况和风险合理规划土地用途，实施污染地块空间信息与国土空间规划的“一张图”管理。山东提出永久基本农田集中区域禁止规划建设可能造成土壤污染的建设项目。居住区和学校、医院、疗养院、养老院等单位周边，禁止新（改、扩）建可能造成土壤污染的项目。四川提出强化规划环评刚性约束，严格空间管控，合理规划土地用途，强化涉及土壤污染建设项目布局论证，鼓励土壤污染重点工业企业集聚发展，探索土壤环境承载能力分析。在重点污染源监管方面，山东提出鼓励土壤污染重点监管单位实施提标改造，加强土壤及地下水环境监管，定期对土壤污染重点监管单位和地下水重点污染源周边土壤、地下水开展监测，督促企业定期开展土壤及地下水环境自行监测。四川提出加强土壤污染隐患排查，重点监管单位应按规定开展重点场所和重点设施设备土壤污染隐患排查，制定并实施污染隐患区域整改方案，鼓励土壤污染重点监管单位实施管道化、密闭化等防渗漏改造。陕西提出以矿产资源开发活动集中的区域为重点，聚焦重有色金属、石煤、硫铁矿等矿区，以及受污染耕地集中区周边的矿区，全面排查矿区历史遗留固体废物，编制治理方案，分阶段治理，逐步消除存量。甘肃提出继续开展固体废物堆存场所和非正规垃圾堆放点排查整治，防止污染土壤和地下水。在新增土壤污染防范方面，陕西提出严格建设项目土壤环境影响评价制度，对新（改、扩）建项目涉及有毒有害物质可能造成土壤污染的，严格选址范围，提出并落实土壤和地下水污染防治要求。山东提出结合重点行业企业用地调查和地下水污染状况调查成果，完善土壤污染重点监管单位名录，并在排污许可证中载明土壤污染防治要求，探索建立地下水重点污染源清单。四川提出持续推进耕地周边涉镉等重金属行业企业排查整治，动态更新污染源排查整治清单，强化农田灌溉水监管，以都江堰等大中型灌区为重点，开展农田灌溉用水水质监测，确保农田灌溉用水达到水质标准，推进耕地土壤污染成因分析，明确主要污染来源，实施污染源整治，阻断污染途径。

二是强化土壤污染风险管控。以风险管控为重点保障土壤环境安全，持续推进农用地分类管理，严格受污染耕地安全利用，强化建设用地风险管控，有序推进土壤污染治理修复，在各省（区、市）规划中提出了上述土壤污染风险管控方面的任务。在农用地分类管理方面，湖北提出严格保护优先保护类耕地，确保面积不减少、土壤环境质量不下降，在安全利用类耕地区域综合采用品种替代、水肥调控、土壤调理、深翻耕等农艺调控技术，降低食用农产品重金属超标风险，对重度污染严格管控类耕地，采取种植结构调整、耕地休耕、退耕还林还草等措施，确保安全利用，持续推进受污染耕地安全利用和管控修复。北京提出加强设施农用地土壤和食用农产品协同监测，采取措施保障食用农产品安全、土壤环境质量不下降，推进果园用地和林下经济林地等农用地的分类管理，加强安全利用类和严格管控类农用地管理，完善果园用地分类管理清单，制订并实施受污染果园用地安全利用计划。四川提出探索建立耕地安全利用技术库和农产品种植负面清单，开展受污染耕地治理修复和酸化土壤治理试点，分期分批推进土壤生态环境长期观测研究基地建设。江苏提出加强受污染耕地安全利用技术攻关，建立完善安全利用技术库和农作物种植推荐清单，鼓励对安全利用类耕地农作物秸秆采取离田措施。在建设用地风险防控方面，上海提出完善建设用地环境管理制度，强化规划编制、审批过程中的土地污染风险管控，定期更新建设用地土壤污染风险管控和修复名录，加强用地历史信息管理，强化遗留场地、暂不开发利用场地的管理和风险防控。河北提出以用途变更为住宅、公共管理与公共服务用地的地块为重点，依法开展土壤污染状况调查和风险评估，强化建设用地土壤环境管理与土地储备、供应、用途变更等环节的衔接，鼓励各地对拟供应的地块适当提前开展土壤污染状况调查，严格管控农药、化工、焦化等行业的重度污染地块规划用途，确需开发利用的，鼓励用于拓展生态空间。江苏提出针对土壤污染高风险地块，及时划定管控区域，发布公告，并在显著位置竖立标志标牌，对地块及周边环境敏感区域的土壤、地下水环境进行监测，发现污染扩散的，应及时督促土地使用权人或污染责任人采取污染物隔离、阻断等环境风险管控措施。重庆提出开展城镇人口密集区危险化学品生产企业搬迁改造、化工污染整治腾退地块专项排查行动，建立高风险地块清单，健全建设用地再开发利用联合监管体系，完善污染地块再开发利用负面清单，分类型、分阶段开展污染地块风险管控和修复。浙江提出整合疑似污染地块、污染地块和用途变更为敏感用途地块，统一纳入建设用地土壤污染风险管控和修复名录，实现开发利用“负面清单”管理。在土壤污染治理修复方面，广东提出对工业污染地块，鼓励采用“环境修复+开发建设”模式，鼓励广州、佛山等有条件的地市建立受污染土壤集中治理与资源化利用处置中心，并加强环境监管。湖南提出加强土壤污染风险管控与修复技术研究，在株洲清水塘、湘潭竹埠港等地区探索污染土壤“修复工厂”模式，建设污染土壤修复处置中心，对暂不开发利用、治理技术尚不成熟的受污染地块实施重点风险管控，防止污染扩散，加强风险管控和修复工程监管，推广绿色修复理念。云南提出加强酸化土壤降酸改良，开展耕地污染综合治理与修复试点，以危险化学品生产企业搬迁改造遗留地块为重点，加强腾退土地污染风险管控和治理修复，以炼焦、铅锌矿采选和冶炼、铜矿采选等行业为重点，开展关闭搬迁企业污染地块的治理与修复。四川提出推广绿色修复理念，强化修复过程二次污染防控，健全土壤修复地块的后期管理和评估机制。

三是协同防控地下水污染。坚持系统治理，充分考虑地下水与地表水、土壤等要素之间的协同效应，突出水土协同和综合防治，在各省（区、市）规划中从地下水环境调查评估和分区管理、地下水生态环境风险管控等方面提出了协同防控的任务。在地下水环境调查评估和分区管理方面，河北提出探索地下水污染防治分区管控模式与配套政策，推进城镇地下水型饮用水水源补给区和重点地下水污染源（“双源”）的环境状况调查评估。江西提出完成省市地下水污染防治区划，明确地下水污染防治重点治理区和优先防控区，探索建立地下水分级分区管控机制，对化学品生产企业、工业聚集区、尾矿库、矿山开采区、危险废物处置场、垃圾填埋场等地下水污染源及周边区域，开展地下水环境状况调查与风险评估。江苏提出加快化工园区土壤和地下水环境监控预警体系建设，构建土壤和地下水一体化监测预警网络。上海提出以浅层地下水为重点，优化整合土壤、地下水环境联动监测网络，分类监测地下水环境，试点开展重点化工园区地下水在线监测。在地下水生态环境风险管控方面，浙江提出以沿江沿河重点化工园区为重点，开展地下水环境状况调查评估，按照“一园一方案”，落实地下水污染管控和治理措施，对已查明的地下水重污染工业企业，依法纳入重点排污单位，督促落实自行监测、溯源断源、管控治理等措施。云南提出强化化工类工业集聚区、危险废物处置场和生活垃圾填埋场等地下水污染风险管控，探索地下水治理修复模式，推进地下水污染修复试点，开展废弃矿井地下水污染防治，建立报废矿井、钻井、取水井清单，持续推进封井回填工作。四川提出加强地表水、地下水污染协同防治，加快城镇污水管网更新改造，强化再生水灌溉的科学化、规范化管理，在土壤污染风险管控中，充分考虑地下水影响与防控，做到统筹安排、同步考虑、同步落实。河南提出建立健全水土环境风险协同防控机制，在地表水、地下水交互密切的典型地方探索开展污染综合防治试点，持续开展封井回填等地下水污染防治试点。

四是深化重金属及尾矿库污染综合防治。“十三五”时期，重金属污染防控取得积极成效，但一些地区重金属污染问题仍然突出，威胁生态环境安全和人民群众健康，重金属污染防控任重道远，各省（区、市）从重金属污染总量控制、重点行业重金属污染综合治理、防范尾矿库环境风险等方面提出了重金属污染综合防治的任务。在重金属污染总量控制方面，北京提出实施重金属污染物排放总量控制，按照“减量替代”的原则，严格实施环境准入管理。四川提出持续调整产业结构和优化布局，加快推进环境敏感区和城市建成区涉重金属企业搬迁和关闭，推进铅酸电池、电镀、有色金属冶炼等行业园区的建设，引导涉重金属企业入园，推进园区环保基础设施建设。江苏提出在重金属排放量较大、企业数量较多的县（区、市），出现过农用地、地表水重金属超标的区域，以及重点河流湖库、饮用水水源地、农田、城市建成区等敏感防控目标周围存在重点重金属排放企业的区域，推动实施一批重金属减排工程。湖南提出聚焦重有色金属采选冶炼、电镀等重点行业和重点区域，坚持严控增量、削减存量，持续推进镉、汞、砷、铅、铬、铊等重点重金属污染防控，加大有色金属、电镀等行业企业生产工艺提升改造力度，积极推进重金属特别排放限值达标改造等污染治理工程，持续减少重金属污染物排放。在重点行业重金属污染综合治理方面，四川提出强化清洁生产水平和污染物排放强度等指标约束，以优化布局、结构调整、升级改造和深度治理等为主要手段，推动实施一批重金属减排工程，持续减少重金属污染物排放。北京提出完善涉重金属重点行业企业清单，强化涉重金属企事业单位监督检查，持续推进耕地周边涉镉等重金属行业企业排查整治。江苏提出强化有色金属行业、铅蓄电池制造业执法监管，依法依规淘汰超限值排放重金属项目，推动铅冶炼企业、锌冶炼企业、铜冶炼企业、电镀行业等生产工艺设备提升改造，深度开展铅锌、锡锑汞、钢铁、硫酸、磷肥等行业企业废水总铊治理，实现总铊达标排放。河南提出开展电镀行业综合整治，排查取缔非法电镀企业，提高电镀企业入园率，推动园区外专业电镀企业纳管排污，开展专业电镀园区、专业电镀企业重金属污染深度治理，聚焦铅、汞、镉等重金属污染物，研究推进重金属全生命周期环境管理，深入推进重点河流湖库、饮用水水源地、农田等环境敏感区域周边涉重金属企业污染综合治理。云南提出制定铊污染防控方案，开展重有色金属冶炼、钢铁等典型涉铊企业废水治理设施除铊升级改造，严格执行车间或生产设施废水排放口达标要求，在企业分布密集区域下游的水质自动监测站加装铊、锑等特征重金属污染物自动监测系统，构建涉铊企业环境风险全链条闭环管理体系。在防范尾矿库环境风险方面，江苏提出建立健全尾矿库污染防治长效机制，坚持“一库一策”，加强尾矿库环境风险隐患排查治理，完善尾水回用系统和防渗漏设施，杜绝“跑、冒、滴、漏”造成的环境污染，提升尾矿库环境污染监测能力，加强尾矿库尾水排放及下游水质监控，完善地下水环境监测井建设。福建提出编制实施重点环境监管尾矿库污染防治方案，提高尾矿库污染治理水平，统筹做好尾矿库常态化污染防治、环境应急准备和突发环境事件应急处置。广东提出加快矿山改造升级，韶关市仁化县凡口铅锌矿及其周边、大宝山矿及其周边等区域严格执行部分重金属水污染物特别排放限值的相关规定。湖南提出以饮用水水源地上游尾矿库为重点，建立健全尾矿库环境预警监测体系，鼓励开展尾矿资源化利用，严禁未经审批回采尾矿，加强尾矿库安全管理，最大限度降低溃坝等事故导致尾矿进入农田风险，因地制宜管控矿区环境风险。

四、聚焦闭环管理，积极推进“无废城市”建设

坚持固体废物减量化、资源化、无害化和治理能力匹配化，以“无废城市”建设为引领，统筹推进工业和其他固体废物管理，加快构建固体废物多元处置体系，实现固体废物全过程闭环管理。

一是加强固体废物源头治理。为加强固体废物源头管控，防止固体废物污染环境，保障生态环境安全，在各省（区、市）规划中重点从工业、服务业及生活垃圾分类等方面提出了源头治理的任务。在工业减废方面，天津提出统筹资源节约、高效利用和废物减量，支持重点行业企业采用固体废物减量化工艺技术，实施生产者责任延伸制度，推动绿色产品认证，大力发展循环经济，推动工业固体废物源头减量。浙江提出推行绿色产品设计、绿色产业链、绿色供应链、产品全生命周期绿色管理，形成一批“三废”产生量小、循环利用率高的示范企业和示范园区，夯实产废者的主体责任，延长产废者的责任追究链条，推进源头减量。北京提出逐步推进“无废园区”建设，开展“无废园区”建设试点，研究制定“无废园区”评价指标体系，推动园区建设循环经济产业链，减少原料使用和废物排放。上海提出制定循环经济重点技术推广目录，支持企业采用固体废

物减量化工艺技术，依法实施强制性清洁生产审核。四川提出推进工业减废行动，延伸重点行业产业链，鼓励固体废物产生量大的企业开展清洁生产，减少固体废物产生量，促进建筑垃圾源头减量，大力发展装配式混凝土结构和钢结构建筑，提高建筑废弃物就地消化能力。在服务业减废方面，浙江提出全面推进物流、网络购物平台绿色包装的应用，加强产塑源头管控，严禁生产不符合标准要求的塑料制品，进一步加强塑料污染治理，建立健全塑料制品管理长效机制。上海提出开展塑料垃圾专项清理，在快递外卖集中的重点区域，投放塑料包装回收设施，倡导商品“简包装”“无包装”，加大净菜上市力度，降低湿垃圾产生量。河北提出划定重点区域，禁止、限制不可降解塑料袋、一次性塑料餐具、宾馆酒店一次性塑料用品、快递塑料包装的生产、销售和使用。江苏提出建立和完善生物基可降解塑料袋、餐具、农用地膜、快递包装袋等终端制品的技术标准，研发集成由秸秆、玉米芯等农业废弃物到可降解材料的全产业链关键技术，积极推广替代产品。在生活垃圾分类方面，北京提出强化生活垃圾产生单位和个人分类投放主体责任，促进生活垃圾分类成为广泛自觉，聚焦快递、餐饮、电商、商超等重点行业和关键环节，持续推进生活垃圾源头减量，培育创建高标准生活垃圾分类示范村，严格非正规垃圾堆放点排查整治。上海提出巩固生活垃圾分类实效，完善常态长效机制，继续开展街镇垃圾分类综合考评，健全区、市、街镇、村居“四级管理”制度，加快推进“点站场”回收体系标准化建设和管理，鼓励有条件的场所细化回收物分类，建立生活垃圾分类全程计量体系，规范生活源有害垃圾和单位零星有害垃圾收运管理，形成大件垃圾分类投放、预约收集、专业运输处置体系。山东提出城市生活垃圾日清运量超过 300 t 地区基本实现原生生活垃圾“零填埋”，在生活垃圾日清运量不足 300 t 地区探索开展小型生活垃圾焚烧设施建设试点。

二是提高固体废物综合利用水平。当前，我国固体废物综合利用仍面临着产生强度高、利用不充分、综合利用产品附加值低等问题，提高固体废物综合利用水平对缓解我国部分原材料紧缺、促进各行业高质量发展、改善生态环境质量具有重要作用，在各省（区、市）规划中重点从工业固体废物、危险废物、农业固体废物、生活垃圾等方面提出了综合利用的任务。在工业固体废物综合利用方面，四川提出构建资源循环型产业体系，提升工业固体废物综合利用技术，提高资源利用效率，在自贡、宜宾等地开展页岩气废油基岩屑、压裂返排液资源化利用试点，加强废旧动力电池、钒钛磁铁矿冶炼废渣、磷石膏、电解锰渣等复杂难利用工业固体废物规模化利用技术研发，鼓励大中型企业、各类开发区自行配套建设综合利用项目进行消纳。浙江提出深入推进资源循环利用城市和基地建设，促进固体废物资源利用园区化、规模化和产业化，提升工业固体废物综合利用率。湖南提出鼓励县级以上地方人民政府统筹或联合规划建设一般工业固体废物集中处置设施，支持资源化利用新技术、新设备、新产品的研发与应用，在环境风险可控下，充分利用工业窑炉、水泥窑等设施消纳采选尾矿、粉煤灰、炉渣、冶炼废渣、脱硫石膏等大宗工业固体废物，构建以水泥、建材、冶金等行业为核心的工业固体废物综合利用系统。河南提出鼓励电力、有色金属冶炼、化工等园区及企业建设大宗工业固体废物资源化利用设施。在危险废物综合利用方面，四川提出推进危险废物综合利用设施建设，加快废铅蓄电池、含铅废物、含汞废物等综合利用设施建设，逐步形成“市场调控、类别齐全、区域协调、资源共享”的综合利用格局。浙江提出开展危险废物“点对点”利用及建设预处理点工作试点，着力解决废盐、飞灰等危险废物综合利用产品出路难的问题。江苏提出推动构建实验室废物、小量危险废物集中收集、贮存、转运体系，鼓励开展废矿物油收集网络试点建设，建立废铅蓄电池回收体系，开展特殊种类危险废物资源化无害化处理技术研究，鼓励先进技术示范工程项目建设，形成一批可复制、可推广模式。在农业固体废物综合利用方面，浙江提出以高效利用、就近就便为原则，着力提升畜禽粪污、秸秆等农业废弃物资源化利用水平，加强畜禽粪污处理设施长效运维。江西提出强化农膜源头减量和回收利用，建立健全农膜及农药包装废弃物回收利用体系和长效机制，探索可降解农膜应用示范。安徽提出在种养密集区域，探索整县推进秸秆、农田残膜、农药包装等废弃物全量资源化利用模式，依托安徽省秸秆综合利用试点县和秸秆产业园区建设，强化秸秆收储运体系建设，培育壮大一批产业化利用主体，提升秸秆离田收储和供应能力，推动形成布局合理、链条完整的秸秆综合利用产业化格局。在生活垃圾综合利用方面，浙江提出推广生活垃圾可回收物利用、焚烧发电、生物处理等资源化利用方式，促进餐厨垃圾资源化利用，建立健全建筑渣土和污染土壤的资源化利用和消纳体系。北京提出落实建筑垃圾处置管理规定，鼓励建筑垃圾资源化利用，持续严厉打击建筑垃圾违规消纳行为，推进污泥无害化处置和资源化利用，加强生活类固体废物规范化管理，推进报废机动车绿色拆解，完善废旧电器电子产品回收体系，推行小旧家电回收定时定点进社区。河北提出健全废旧物资回收分拣和循环利用体系，推行废旧家电、消费电子等生产企业“逆向回收”等模式。

三是强化危险废物监管和收运处置能力。着力提升危险废物监管和收运处置能力，对于持续改善生态环境质量、有效防控危险废物环境与安全风险、切实维护人民群众身体健康和生态环境安全具有重要意义，各省（区、市）在规划中重点从危险废物监管、收运处置能力建设、风险防控能力强化等方面制定了任务。在危险废物监管方面，北京提出结合污染源普查成果、危险废物转移联单等完善危险废物重点监管单位清单，依法依规对已批复的重点行业、重点单位涉危险废物建设项目环境影响评价文件开展技术校核抽查，加大危险废物产生、贮存、运输、利用和处置过程的监管力度，开展多部门联合执法检查，严厉打击违规倾倒、非法处置危险废物等行为。河北提出拓宽部门沟通协作渠道，建立覆盖危险废物产生、收集、贮存、运输、利用、处置等全过程、全链条式监管体系，完善联席会议制度，促进信息共享，严格落实“网格化”监管，深化网格长、网格监督员、监督执法人员、企业内部监管人员“一长三员”监管机制，推动建立危险废物跨省转移“白名单”制度，开展工业园区危险废物收集转运试点。重庆提出落实页岩气开采企业主体责任，加强生态环境监管，安全处置页岩气开采产生的岩屑、泥浆等固体废物，探索建立危险废物“一物一码”管理体系，加快危险废物信息化管理系统建设，实现从产生到处置全过程信息追踪。在收运处置能力建设方面，河北提出推动全省危险废物利用处置能力与产废情况总体匹配，支持钢铁、石油开采、铝材加工等产业集中区域，建设除尘灰、油泥油脚、铝灰渣和二次铝灰等危险废物利用处置设施，支持大型企业集团内部共享危险废物利用处置设施。北京提出推动市级以上开发区、产业园区建设危险废物收集转运设施，为园区内中小微企业危险废物及时清运提供便利，依托辖区内大型医院、社区卫生服务中心等废物贮存场所，建立小微医疗机构（19 张床位以下）医疗废物的收集转运体系，鼓励危险废物产生量大的石化、电子、汽车制造等行业企业自建危险废物处置设施，利用富余能力提供对外经营服务。江西提出总量控制、适度超前布局危险废物利用处置设施，高标准建设一批危险废物焚烧设施及刚性填埋场，保障高氯、高氟、高盐、含砷、含铬等特殊类别危险废物安全利用处置，支持大型建材企业集团跨区域统筹布局开展危险废物水泥窑协同处置，适度发展生活垃圾焚烧飞灰预处理后水泥窑协同处置。湖北提出加快补齐医疗废物、危险废物处理利用能力缺口，统筹新建、在建和现有危险废物焚烧处置设施、协同处置固体废物的水泥窑、生活垃圾焚烧设施等资源，建立协同应急处置设施清单，保障危险废物应急处置、重大疫情医疗废物应急处置能力。在风险防控能力强化方面，北京提出实施危险废物专项整治三年行动，开展危险废物环境风险隐患排查，督促产废单位落实污染防治主体责任，完善医疗废物等危险废物应急处置体系，保障重大疫情医疗废物应急处置能力，严格涉疫废物分类管理，加强源头分类收集、包装、消毒等，确保实现源头控制。广东提出加大企业清库存力度，严格控制企业固体废物库存量，动态掌握危险废物产生、贮存信息，提升清库存工作的信息化水平，全面摸底调查和整治工业固体废物堆存场所，整治超量存储、扬散、流失、渗漏和管理粗放等问题。吉林提出完善风险管控体系，实行危险废物风险点、风险等级和管控要求清单式管理，加大对危险废物产生单位和经营单位的风险管理，鼓励规模化、专业化危险废物处置单位建立危险废物突发事件专业化应急处置队伍。

四是积极推进“无废城市”建设。开展“无废城市”建设，是深入贯彻落实习近平生态文明思想的具体行动，是推动减污降碳协同增效的重要举措，大部分省（区、市）在“无废城市”建设方面制定了各自的任务。广东提出以“无废城市”“无废湾区”建设为抓手，健全固体废物综合管理制度，推动“无废园区”“无废社区”等细胞工程，推进中山翠亨新区“无废新区”建设。浙江提出覆盖工业、生活、建筑、农业、医疗等五大类固体废物，打通产生、贮存、转运、利用、处置 5 个环节，率先完成全省域“无废城市”建设。天津提出充分发挥好中新天津生态城“无废城市”示范带动作用，制定天津市全域推进“无废城市”建设整体方案，研究推动固体回收燃料替代化石能源等无废技术应用，全市固体废物产生强度稳步下降，固体废物循环利用体系逐步形成，“无废”理念深入人心，全域创建工作取得明显成效。云南提出以“无废社区”“无废学校”等无废细胞建设为突破口，以州（市）政府所在城市为重点，稳步推进“无废城市”建设。福建提出推广光泽试点经验，在2～3个有条件的地级城市开展“无废城市”建设，探索固体废物源头减量、资源化利用和无害化处置的城市发展模式。四川提出推动“无废城市”建设试点，鼓励有条件的园区和企业加强资源耦合和循环利用，创建“无废园区”和“无废企业”。

五、加强农业农村污染治理，全面改善农村生态环境

严格保护农业生产空间和生态空间，深入推进农村人居环境整治，加大农业面源污染治理力度，加快推进农村生态环境基础设施建设，提升农村生态环境监管能力，打造生态宜居美丽家园，促进乡村生态振兴。

一是深化农村人居环境整治。改善农村人居环境，是以习近平同志为核心的党中央从战略和全局高度作出的重大决策部署，在各省（区、市）规划中分别从农村生活污水治理、农村黑臭水体治理、农村生活垃圾治理等方面提出了农村人居环境整治的任务。在农村生活污水治理方面，湖北提出以县为单元，推进农村生活污水治理统一规划、建设、运行和管理，因地制宜选取污水处理与资源化利用模式，规范农村生活污水收集管网与处理设施建设验收管理，有序推进农村污水处理设施建设，积极推进粪污无害化处理和资源化利用，加强农村生活污水治理与“厕所革命”相衔接。江苏提出实施农村人居环境整治提升五年行动，采取污染治理与资源利用相结合、工程措施与生态措施相结合、集中与分散相结合，扎实推进农村生活污水治理。江西提出健全农村环境基础设施建设运行标准规范，强化农村污水处理设施长效化运行维护，鼓励农村污水处理采用投建管运一体化模式，分类有序推进农村“厕所革命”，基本普及农村卫生厕所，加强厕所粪污无害化处理和资源化利用，有条件的地方一体化推进农村改水、改厕与生活污水治理。在农村黑臭水体治理方面，江苏提出开展农村水环境综合整治，建设农村生态河道和生态清洁小流域，将“新鱼米之乡”与美丽田园乡村、生态文明示范村、特色小镇建设等工作充分融合，探索各具特色的美丽乡村建设路径。湖北提出统筹农村小微水体治理，全面设置农村小微水体“一长两员”（河湖长、管护员、监督员），全面开展农村黑臭水体排查，合理选择农村黑臭水体治理技术模式，积极开展试点示范。江西提出推进农村水系综合治理，实施截污控源、清淤疏浚、生态修复、水系连通等工程，提升农村水环境质量，基本消除较大面积农村黑臭水体，建立健全农村黑臭水体排查发现机制，对已完成治理的黑臭水体进行监测评估，实现农村黑臭水体长效监管。在农村生活垃圾治理方面，湖北提出推进农村生活垃圾就地分类，鼓励有条件的地方制定生活垃圾分类管理办法，健全农村生活垃圾收运处置体系，优化垃圾收运处置设施布局，推进城乡环卫一体化，完善农村生活垃圾回收利用网络。重庆提出探索适宜重庆山区特点的农村生活垃圾简易分类和就地处置模式，引导农户采取庭院堆肥或村域集中处理消纳厨余垃圾。江苏提出持续完善“户投放、组保洁、村收集、镇转运、县处理”的城乡统筹生

活垃圾收运处置体系，积极推行农村生活垃圾就地分类和资源化利用。

二是强化农业面源污染治理。当前农业面源污染结构性、根源性、趋势性压力仍然较大，一方面污染排放总量较大，化肥农药施用量仍处高位，流失风险高，畜禽养殖粪污产生量大，规模以下养殖场处理设施不完善，粪污尚未得到有效处理；另一方面，缺乏有效治理模式，现有农业面源污染治理措施整体性、系统性不强，缺少适合不同区域的综合治理模式。在各省（区、市）规划中从种植业污染防治、养殖业污染治理等方面提出了农业面源污染治理的任务。在种植业污染防治方面，江苏提出实施化肥、农药减量增效行动，大力推进测土配方施肥、有机肥替代，推动农药购买实名制、重要水体周边化肥限量使用，建设一批绿色防控和化肥减量增效示范区，加强废旧农膜及农药肥料包装废弃物回收处置体系建设，探索农作物秸秆等农村有机垃圾就地生态化处理模式。湖北提出探索以循环利用与生态修复相结合的方式治理农田退水，支持新型经营主体、社会化服务组织等开展肥料统配统施、病虫害统防统治等服务，鼓励开展农膜回收绿色补偿制度，推广普及标准地膜、生物可降解地膜、机械化捡拾回收，推进地膜源头减量。河南提出加强农业投入品规范化管理，健全投入品追溯系统，选取南乐、邓州等 10 个试点县（市）开展农业面源污染负荷核算，探索建立农业面源污染防治技术库，在丹江口库区等重点区域，探索建设农业生态环境野外观测超级站。在养殖业污染治理方面，湖北提出编制实施县域畜禽养殖污染防治规划，推动种养结合和粪污综合利用，规范畜禽养殖禁养区划定与管理，加强畜禽规模养殖场配套粪污处理设施建设，加强规模以下养殖户畜禽污染防治，在畜禽养殖大县散养密集区，加快建设粪污集中处理中心，规范贮存、处理和利用。重庆提出严格畜禽养殖和水产养殖禁养区、限养区管理，优化养殖产业布局，全面禁止在畜禽养殖禁养区内建立畜禽养殖场、发展养殖专业户，加强规模化水产养殖尾水监测，推动资源化利用或达标排放。江苏提出大力发展畜牧水产标准化生态健康养殖，合理控制水产养殖规模和密度，强化水产养殖投入品监管，加强水产养殖用抗生素规范使用指导，开展畜禽粪污资源化利用巩固提升行动，推广畜禽粪污资源化利用和生态化治理技术，健全粪肥还田监管体系和制度。

三是提升农村生态环境监管能力。当前，我国生态环境保护工作稳步推进，生态环境质量持续改善，但仍存在不平衡的情况，尤其是农村生态环境治理水平仍属于生态环境保护工作的短板之一，全面提升农村生态环境监管能力势在必行。云南提出逐步建立农业面源污染治理与监督指导体系，制定农业面源污染治理与监督指导实施方案，推动湖泊、重点流域等区域的农业面源污染治理与监督指导试点，对设有固定排污口的畜禽规模养殖场实施排污许可制度，开展水质监测，加强环境执法检查。湖南提出落实市（州）、县（区）、乡（镇）、村四级农村环境治理管理职责，加强部门属地联动，将农村生活污水、垃圾处理纳入村规民约，逐步形成党政机关、企事业单位及广大居民自觉参与农村环境保护工作的良好氛围，完善农村生活污水处理设施、农村生活垃圾收运体系运营和管护机制，探索建立污水处理农户付费制度、农村垃圾处理收费制度。湖北提出对 10

万亩及以上灌区农田灌溉用水和农田退水、有污水灌溉历史的典型灌区、万亩及以上集中连片水产养殖基地开展水质监测，对日处理能力 20 t 及以上的农村生活污水处理设施出水和纳入国家清单的农村黑臭水体等水质开展常规监测，系统整合农田氮、磷流失，地表水，农村生态环境质量监测数据，构建地面监测和生态遥感结合的“空天地”一体化监测网。

六、强化重点区域生态环境联建联防联治，探索环境污染防治新路径

坚持共建共享和共保联治，落实京津冀、长江经济带、长三角一体化、黄河流域生态保护和高质量发展、成渝地区双城经济圈建设等重大发展战略，聚焦区域性、跨界性重点难点生态环境问题，健全区域生态环境保护协作机制，探索建立区域生态环境共保联治新路径。

一是深化大气污染联防、联控、联治。北京提出深化空气重污染应急联动，完善区域空气重污染预警预报会商机制，完善跨区域污染传输监控评估机制，逐步实现区域间污染传输影响量化分析，协同实施机动车和非道路移动机械排放污染防治条例，共同研究新生产、销售车辆的协同抽检抽查机制，推进建立京津冀机动车超标排放信息共享平台，对超标排放的机动车实施协同监管。天津提出持续开展秋冬季大气污染联合治理攻坚行动，进一步完善区域重污染天气联合预警预报机制和应急联动长效机制，探索开展臭氧及前体物联合监测。山东提出积极落实京津冀及周边区域大气污染联防联控机制，严格落实通道城市相关管控政策和排放标准要求，逐步实现统一规划、统一标准、统一监测、统一执法、统一污染防治措施，积极参与大气污染联防联控和重污染应急联动，健全完善大气环境生态补偿机制。上海提出以机动车污染排放异地协同监管、长三角区域船舶排放控制区和低挥发性产品应用推广等为重点，加强区域联合执法。重庆提出建立污染天气共同应对机制，逐步统一区域污染天气预警分级标准，推进应急响应一体联动，开展跨区域人工影响天气作业。

二是强化流域污染协同治理。北京提出建立健全京津冀河长制协调联动工作机制，强化河道上下游共同巡检、联合执法、协同管控等，完善京津冀突发水污染事件联防联控机制，联合开展定期会商、隐患排查、应急演练。天津提出加强海河流域上下游和环渤海城市环保协作，推动联合监测、信息共享、研判预警、问题处置、纠纷调处等协同开展。山东提出推动形成流域上下游联合监测、联合执法、应急联动、信息共享的协同推进工作机制，建立健全跨界流域上下游突发水污染事件联防联控机制，加强研判预警、拦污控污、信息通报、协同处置、纠纷调处、基础保障等工作，防范重大生态环境风险，以黄河流域、南四湖流域为重点，健全横纵结合的生态补偿机制，实现县际间流域横向生态补偿全覆盖。上海提出继续实施太湖流域水环境综合治理，建立联合河（湖）长制，落实太浦河、淀山湖等重点跨界水体联保专项方案，共同提升跨界水体环境质量。四川

提出推动川渝跨界流域水生态环境治理，毗邻地区共建共享污水处理设施，与贵州、云南共同开展赤水河流域水生态环境保护，加强横向生态补偿，持续推动流域绿色发展，与云南、西藏共同推进金沙江流域保护治理，加强山水林田湖草沙冰系统治理、城镇污水处理设施建设、农业面源污染防治，打造长江上游生态发展示范区。

三是加强土壤污染和固体废物、危险废物协同治理。北京提出研究制定危险废物联防、联控、联治合作协议，探索区域危险废物管理信息互联互通、转移审批提速增效、违法行为联合打击、突发环境事件联动响应等合作，推动垃圾焚烧飞灰等危险废物处置设施共建共享，共同推进联合监管。上海提出强化区域处理处置能力优势互补，实现区域固体废物利用处置能力共建共享，研究实施跨省转移分级分类管理，完善固体废物、危险废物产生申报、安全储存、转移处置的标准和管理制度，探索推进固体废物、危险废物利用产品统一标准，探索建设长三角再生资源回收与末端资源化利用企业的互联互通平台。四川提出协同实施耕地土壤环境治理保护重大工程，联合开展土壤污染治理与修复试点示范，加强固体废物、危险废物管理信息共享，协同推进大宗固体废物跨区域协同处置利用，与陕西、甘肃协同强化嘉陵江流域重金属污染风险防控，实施矿山、化工和尾矿库等综合整治，完善流域应急联动机制。

关于进一步加强生态修复的政策建议

摘　要：我国生态修复事业已上升为国家战略工程，并已取得历史性的成就，但仍存在前端生态修复工作科学意识不足、中端缺乏统一有效的技术标准体系及末端修复成效评估不到位等不足，“伪生态”行为时有发生。鉴于此，本文提出建立生态修复全生命周期管理制度、加快建设生态修复标准体系、实施生态修复成效评估、加强生态补偿的支撑作用4点建议，为加快健全完善生态修复体制机制、提升生态系统服务功能、保障生态安全等方面提供参考。

关键词：生态修复；伪生态；标准体系；成效评估

随着中国特色社会主义进入新时代、社会主要矛盾发生新变化，对生态文明建设工作也提出更高要求，“既要创造更多物质财富和精神财富以满足人民日益增长的美好生活需要，也要提供更多优质生态产品以满足人民日益增长的优美生态环境需要”。经济社会发展从“生存性需求”向“发展性需求”的升级，意味着人们对自然生态环境有了更多的需求和更高的期望，“生态修复”逐步成为生态文明建设新的关键词。习近平总书记十分重视生态修复工作，要把“自然休养”发展为更为积极主动的“生态修复”，强调“给自然留下更多修复空间”。近年来，党中央、国务院高度关注生态破坏问题与生态修复工作，持续开展中央生态环境保护督察、“绿盾”自然保护地强化监督等一系列监督检查行动，严肃查处并纠正了甘肃祁连山国家级自然保护区生态破坏、秦岭北麓违建别墅等违法违规行为，推动了地方生态问题整改和生态修复，但部分地方违背规律搞保护和修复，搞错位建设、“大跃进式”造景等生态修复形式主义问题依然不同程度存在。在两轮中央生态环境保护督察已公开的 262 个典型案例中，涉及弄虚作假等生态环保领域形式主义、官僚主义问题的高达 18.3%。2020 年 12 月，生态环境部出台了《关于加强生态保护监管工作的意见》，明确提出“坚决杜绝生态修复工程实施过程中的形式主义”。

一、生态修复工作进展情况

（一）我国生态修复工作进展情况

我国生态修复工作起步相对较晚，但经过 70 多年的努力，生态修复事业取得长足进步，为保障国家生态安全、推进美丽中国建设提供了重要基础支撑。

萌芽阶段（中华人民共和国成立初期—20 世纪 70 年代），该阶段生态修复主要以朴素的森林保护和林业发展为主要特点。中华人民共和国成立初期，我国的森林覆盖面仅有 8.6%，我国开始慢慢重视林业发展。1949 年制定的《中国人民政治协商会议共同纲领》提出了保护森林、有计划大力发展林业的基本政策。随后陆续出台的《关于全国十二年绿化规划初步意见》《森林保护条例》等文件，均明确提出推进林业生态系统保护。

起步阶段（20 世纪 70 年代—1996 年），该阶段生态修复是以单一要素、单一手段的土地整治、规模植树造林等为主要特点。20 世纪 70 年代以来，我国开始开展小规模的修复治理工作，主要集中在农牧交错地区、干旱半干旱荒漠化地区、湿地等生态脆弱地区及部分水域退化生态系统。1978 年，国务院正式批准实施了中国改革开放起步的第一个世界著名生态工程——“三北”防护林工程，之后又分别开展了长江上游防护林体系建设工程和黄河上中游水土流失区重点防治工程，有效改善了流域生态状况和人居环境。

发展阶段（1997—2005 年），该阶段生态修复呈现以重点区域生态修复与治理为主的特点。1997 年，党的十五大提出“实施可持续发展战略”，生态安全事关国家安全的观念初步形成。1998 年，国务院印发《全国生态环境建设规划》，明确聚焦重点地区、重点生态问题实施一批重点工程，随后启动了天然林资源保护、退耕还林还草、京津风沙源治理以及野生动植物保护及自然保护区建设工程，区域生态状况及野生物种资源状况得到很大好转。

加速阶段（2006—2011 年），该阶段生态修复开始向源头保护、自然修复转变。2006 年印发的《国民经济和社会发展第十一个五年规划纲要》，强调“生态保护和建设的重点要从事后治理向事前保护转变，从人工建设为主向自然恢复为主转变，从源头上扭转生态恶化趋势”，标志着生态修复工作进入“源头保护、分区分类、自然恢复”的新阶段。之后，随着生态文明理念提出，重要生态功能保护区、生态脆弱区等重要生态空间保护和生态功能恢复要求进一步被强化。

深化阶段（2012 年至今），该阶段山水林田湖草沙冰一体化保护和修复成为共识。党的十八大以来，生态修复作为推进生态文明建设的重大举措逐步上升为国家战略，随着“山水林田湖草沙冰是生命共同体”理念的提出，生态修复转向了“节约优先、整体保护、系统修复、综合治理”。2016 年，财政部会同相关部门启动了山水林田湖草生态保护修复工程试点，累计安排实施了 25 个山水林田湖草生态保护修复试点项目，基本涵盖了以“两屏三带”为主体的国家生态安全战略屏障，逐步探索生态保护修复工程的成功模式。2020 年，国家发展改革委、自然资源部印发《全国重要生态系统保护和修复重大工程总体规划（2021—2035 年）》，首次以规划形式对青藏高原生态屏障区、黄河重点生态区、长江重点生态区等生态保护和修复重大工程进行了系统谋划。

（二）四川省生态修复工作进展情况

四川是全国较早开启生态修复工作的省之一，20 世纪 80 年代末便提出“绿化全川”的奋斗目标，同年启动了长江防护林工程。到 20 世纪 90 年代末，在全国率先实施天然林保护工程和退耕还林工程，开启了覆盖全省的森林保护时代。截至 2021 年年底，天保管护区累计建设公益林 8 651 万亩，累计完成森林抚育 1 908 万亩、人工促进天然更新 49 万亩；退耕还林工程累计完成退耕地造林 1 336.4 万亩，荒山造林和封山育林 1 636 万亩，两大工程实现了森林资源由过度消耗向恢复性增长的转折性变化。

党的十八大以来，四川坚决贯彻落实习近平生态文明思想，将生态修复工作放在更加突出位置。2016 年印发了《关于加强生态脆弱地区生态保护与修复的指导意见》，明确 2030 年前，四川川西藏区沙化土地等五类生态脆弱地区的生态功能必须得到明显改善与恢复。同年又印发了《大规模绿化全川筑牢长江上游生态屏障总体规划（2016—2020 年）》，启动新一轮“大规模绿化全川”行动。2017 年，广安华蓥山区山水林田湖草生态保护修复工程成功纳入国家第二批山水林田湖草生态保护修复工程试点，完成矿山复绿 369 hm^2、水土流失综合治理 1 万多 hm^2、河湖水系连通建设 39.3 km。2022 年，四川省黄河上游若尔盖草原湿地山水林田湖草沙冰一体化保护和修复工程项目入选全国第二批山水林田湖草沙一体化保护和修复工程项目。2022 年 6 月印发的《四川省国土空间生态修复规划（2021—2035 年）》构建了“四区九带”的国土空间生态修复总体格局，将全省划分为 8 个生态修复分区，并部署了十大重点工程，将作为新时期四川省实施国土空间生态修复的重要依据和空间指引。经过多年努力，全省自然生态系统总体稳定向好，生态服务功能逐步增强，区域生态安全屏障骨架基本构筑。

二、当前生态修复工作面临的问题和挑战

（一）前端：生态修复工作科学意识不足

一是存在“伪生态”行为。部分地方没有坚持“山水林田湖草沙冰是生命共同体”的系统观，违背自然规律，或盲目进行“大跃进式”造景，或过度人工改造自然景观，将生态修复变成追求政绩的形象工程，背离了生态修复的初衷。二是缺乏科学认知。部分地方对科学修复理念认知不足，不能准确认识生态系统的重要性及其存在的客观规律，将单要素、条块式、点状、小范围开展的生态环境治理工作冠以生态修复工程，将生态

修复等同于环境治理，头痛医头、脚痛医脚，缺乏整体性和系统性，导致生态修复效果不佳。

（二）中端：缺乏统一有效的技术标准体系

习近平总书记指出，生态修复必须遵循自然规律，如果种树的只管种树、治水的只管治水、护田的只管护田，就容易顾此失彼，造成生态系统的失衡和破坏。一方面，生态修复职能分散在不同部门，由于各部门遵循的修复原则各不相同，对于修复目标、修复重点、修复对策等的理解存在较大差异，生态修复工作缺乏整体观、系统观和统筹意识，导致修复程度深浅不一、修复资源浪费、修复成效也参差不齐。另一方面，生态修复涉及多学科、多领域，虽然已出台了许多修复标准，但尚未形成体系，各修复标准之间相对独立，衔接不足，不少内容交叉重复甚至相互矛盾。

（三）末端：修复成效评估不到位

一是评估以单要素为主。当前，生态修复评估多是聚焦某一环境要素或单一生态系统，多侧重于对环境质量改善程度及外在形象美观度等评价，缺少对生态系统质量和功能的综合性评估。二是评估指标体系有待完善。针对不同修复对象的评价指标、评价方法等缺乏对应的标准和规范，尚不能有效评估修复工程效益。三是缺少长期跟踪调查和效果评估。生态修复工作见效周期较长，短期内的效果评估难以代表真实的成效。

三、关于生态修复工作的几点建议

（一）建立生态修复全生命周期管理制度

一是加强顶层设计和系统规划。加快构建贯穿问题识别、方案制定、过程管控、成效评估等重要环节的全过程监管体系，实现源头管控、过程监管、事末约束。坚持“山水林田湖草沙冰是生命共同体”理念，树立一体化保护和系统治理思维，科学识别与系统分析生态问题，合理确定生态修复目标，因地制宜布局生态修复工程。强化规划引领和用途管制，严格落实国土空间生态修复规划及各生态修复专项规划的具体要求与目标任务，建立规划实施督促机制和监督机制，开展规划实施情况监督检查、中期评估和总结评估。各地各部门应进一步细化工作方案、实化工作举措、分解工作任务、明确工作责任，做好与上位规划的衔接，阶段性制订生态修复行动计划与目标任务，并将生态修复工作开展和任务落实情况列入政府目标管理考评和督查工作重点，推进相关部门强化责任意识、履行修复责任，从根本上遏制生态形式主义、官僚主义问题。

二是加快构建生态系统调查监测评价预警体系。建立生态系统调查评估制度，系统开展森林、草原、河湖、湿地、荒漠、冰川等生态系统基本状况、生态状况、人类活动本底调查，逐步掌握生态数量、质量、结构、功能、分布等家底；定期开展生态保护红线、自然保护地、生态敏感区等重要生态功能区生态变化评估。结合本底调查和评估结果，研判区域重大生态问题和风险，监测和分析生态承载力阈值与机理。加强生态修复工程环境影响评价，系统分析工程对原生态系统带来的正负影响，为生态修复工作奠定科学数据基础。

三是建立生态修复跟踪评估机制。探索建立生态修复监管制度，对生态修复工程核心内容及成效进行跟踪监管，及时发现和纠正“跑偏”问题。强化对中央生态环境保护督察、省级生态环境保护督察、“绿盾”自然保护地强化监督等监督检查行动反馈问题整改情况进行成效评估，对虚假整改、敷衍整改等情况，及时曝光，严肃处理。建立生态修复奖惩机制，对实施生态修复工作成效显著的个人或集体给予奖励，并作为优秀案例进行宣传推广；因履职不力、失职失责导致的生态修复“烂尾”现象或生态环境遭到更严重破坏的，对相关责任单位和责任人依法依规进行生态环境损害责任追究。

（二）加快建设生态修复标准体系

一是完善现行生态修复相关标准。总结梳理生态修复相关标准现状，厘清各标准界限，对内容存在交叉、矛盾以及不符合当前政策要求的标准进行整合、修订或废止，实现标准间的有机衔接和深度融合。加快完善生态修复领域国家、行业、地方、团体等标准，建立健全面向山地、水体（流域水环境）、复合林草植被、农田、农村、城市等复合生态系统修复标准，以及生态修复规划和方案编制、生态修复效益评估、生态系统调查等关键技术标准规范。

二是建立生态修复标准技术规范体系。按照“山水林田湖草沙冰是生命共同体”原则，遵循生态系统内在机理和规律，构建山水林田湖草沙冰一体化生态修复标准框架，指导分类别、要素、功能等制定生态修复相关技术标准与规范，建立目标清晰、要素齐全、相互协调的生态修复标准技术规范体系（图 1）。明晰国家、行业、地方和团体等标准的制（修）订范围，国家标准应加强生态功能分类、生态目标管控和规划方案编制等通用性、基础性规定；行业标准要加强生态修复工程技术、生态状况监测、生态修复评估等专用性规定；地方标准应结合本地自然生态、经济发展，制定相适应的工程建设标准，明确项目管理、工程质量评定、生态管护等规定；同时，鼓励社会团体、行业协会、企业等立足自身工作实际，制定团体标准。

三是探索创新基于自然的解决方案技术规范。坚持“节约优先、保护优先、自然恢复为主”的基本方针，以生物多样性保护和提升区域主体生态系统服务功能为主要目标，探索创新基于自然解决方案的生态修复技术规范，统筹考虑维护自然生态系统健康稳定以及应对气候变化、解决自然灾害等人类社会挑战，将构建具有生态韧性的生态修复网络、提高修复地的抗干扰能力、降低生态系统二次破坏风险、维持生态系统长期而稳定地提供服务、维护和改善区域人类福祉等内容纳入技术规范，科学指导生态修复工程实施。

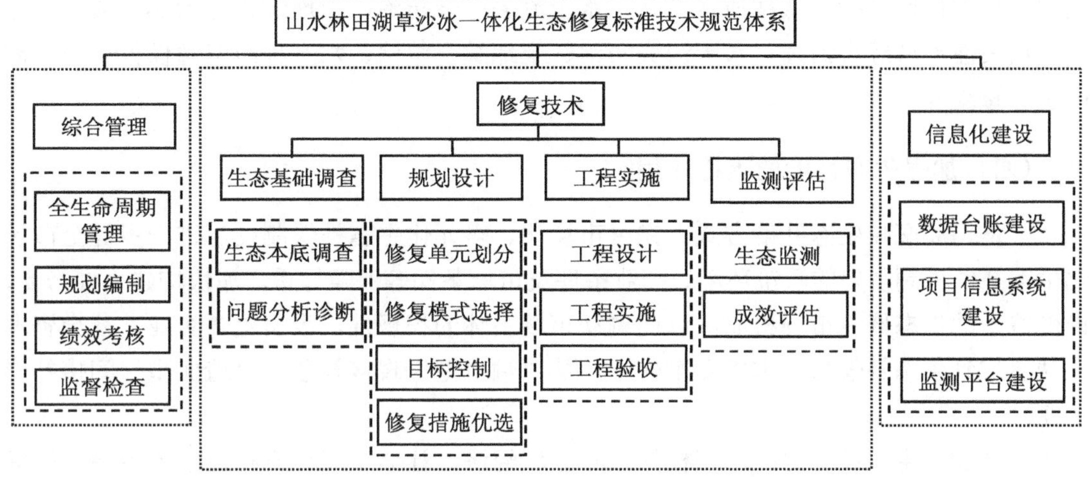

图 1　山水林田湖草沙冰一体化生态修复标准技术规范体系

（三）实施生态修复成效评估

一是构建生态修复成效评估体系。建立四川省生态修复成效评估办法，科学确定评估目标、评估流程、评估方法、评估指标等，重点从主导生态功能恢复与提升、自然景观恢复度和协调度、生物多样性保护等方面对生态修复工程成效进行评价。研究制定包括基础调查、生态功能评价、生态状况监测、数据质量控制等生态修复成效评估配套技术规范，确保生态修复效果评价结果的科学和准确。适时开展川藏铁路、成达万高铁、引大济岷等重大工程建设以及四川省黄河上游若尔盖草原湿地山水林田湖草沙冰一体化保护和修复工程生态修复成效评估。

二是科学制定差异化评估指标。根据不同的生态修复工程类型和修复区域，结合修复实施的具体阶段，确定评估内容和评估指标，杜绝“一刀切”的评估模式。针对不同工程类型的生态修复项目，其中，矿山、水电等资源开发类，应重点关注其地形地貌及植被恢复、土壤修复、生态功能恢复与河流自然流态、水生生物完整性等内容；铁路、公路、电力等线性工程类，应重点关注工程区域自然植被恢复、景观协调性、滑坡与水土流失治理等；旅游发展类项目，应重点关注自然景观协调程度、生物多样性维护、新增人类活动与人为干扰等。针对不同区域类型的生态修复项目，其中，金沙江上游应重点关注草原植被恢复、生物多样性维护、森林质量提升等；雅砻江中上游应重点关注草原植被恢复、生物多样性维护、废弃矿山治理、森林质量提升、高原湖泊湿地修复等；岷山—大渡河流域应重点关注生物多样性维护、植被恢复、水土流失防治、草原生态保护、石漠化综合治理等；金沙江中下游—大凉山区域应重点关注生物多样性维护、森林质量提升、水土流失防治、土地综合整治、废弃露天矿山治理等；黄河上游应重点关注高原湿地修复、草原综合治理、生物多样性维护、土地沙化治理等；大巴山区域应重点关注生物多样性维护、森林质量提升、水土流失综合防治、土地综合整治等；成都平原应重点关注流域综合治理、水土流失防治、土地综合整治、水产种质资源保护、露天矿山生态修复等。

（四）加强生态补偿的支撑作用

一是拓展深化生态补偿方式。完善市场化、多元化生态补偿制度，进一步健全市场化生态补偿机制需要的政策环境、产业条件及市场条件等保障体系，加快构建“谁修复、谁受益”的生态修复市场机制，以此调动市场主体的积极性，吸引更多企业、社会资本主动参与到生态补偿与生态修复工作中，从“输血型”直接补偿向“造血型”间接补偿转变。

二是加大生态补偿力度。积极探索与区域经济、社会发展状况相适应的生态补偿标准，算好“生态产品账”，考虑以生态产品价值核算的“存量”和“增量”确定生态补偿标准，并建立生态补偿标准动态调整长效机制，推动生态系统修复和合理补偿。对于重点生态功能区应突出转移支付资金的引导作用，引入社会资本支持当地生态修复工作。

三是推广“碳汇认购”修复性司法新模式。将生态碳汇交易形式引入生态修复司法模式，允许生态环境破坏者通过“碳汇认购”的方式对受损生态环境进行替代性修复，所购碳汇量将用于抵消生态环境受损的碳排量，以此弥补生态资源受损至修复完成期间的修复空白。

基于中央生态环境保护督察的生态环境保护政策建议

摘　要：本文立足四川省在维护国家生态安全中特殊而重要的地位，通过梳理第二轮第三批至第六批中央生态环境保护督察公开典型案例，对四川省第二轮中央生态环境保护督察报告中涉及的生态破坏问题进行分析，提出构建"守住自然生态安全边界"的生态安全屏障体系、"高水平保护助推高质量发展"的生态价值转化体系、"提升生态环境现代化治理能力"的生态保护制度体系等三大生态保护修复政策体系，以期为推动解决四川省突出生态问题，更好响应中央生态环境保护督察要求提供参考，同时对四川守住生态安全边界，夯实美丽中国四川根基具有重大意义。

关键词：中央生态环境保护督察；生态破坏；生态安全；生态保护修复

一、中央生态环境保护督察公开典型案例特点

2021 年以来，第二轮第三批、第四批、第五批、第六批中央生态环境保护督察陆续进驻，先后对山西、辽宁、安徽、江西、河南、湖南、广西、云南、吉林、山东、湖北、广东、四川、黑龙江、贵州、陕西、宁夏、河北、江苏、内蒙古、西藏、新疆等 22 个省（区）和新疆生产建设兵团，以及中国有色矿业集团、中国黄金集团开展例行督察，向社会公开通报 106 个典型案例。

（一）总体情况

从公开通报的 106 个典型案例分析，基本可概括为"两高"项目盲目发展、环境基础设施短板、环境污染和生态破坏四大类型。其中，"两高"项目盲目发展类 15 个，环境基础设施短板类 24 个，环境污染类 26 个，生态破坏类 41 个。从典型案例来看，生态破坏类案例数量最多，占问题总量的 38.68%。

从中央生态环境保护督察报告分析，第二轮督察与第一轮督察及"回头看"相比，督察组更加关注生态破坏类相关问题，督察报告中涉及生态破坏问题的篇幅明显增加。

总体来看，中央生态环境保护督察呈现更加关注"山水林田湖草沙是生命共同体"这一重要的生态保护问题。

（二）生态破坏类

41 个生态破坏类问题主要可归纳为 4 个类别，即保护与发展问题、安全边界问题、自然保护地问题、监管执法问题。

类别一：保护与发展问题

个别地方对保护与发展的关系认识不到位，片面追求经济发展，没有守好生态安全和资源利用两条底线，导致部分生态功能区退化。例如，内蒙古、新疆、宁夏过度开发利用水资源，违法取水问题突出，对河流、湿地自然生境和生态功能造成较大影响。

类别二：安全边界问题

一些地方生态保护意识不强，挤占重要生态系统和生态空间问题突出，生态破坏时有发生。例如，黑龙江省哈尔滨市、绥化市等重要生态空间保护不力，违法占用耕地、矿山无序开采等问题突出。

类别三：自然保护地问题

一些自然保护地管护不力，矿山开采、小水电等项目违规开发建设问题突出，清理退出和生态修复推进不力。例如，湖北省通山县、云南省文山州推进自然保护地内小水电清理整改工作滞后，严重破坏生态环境。

类别四：监管执法问题

一些地方监管执法不到位，不合理开发建设多发频发，生态治理修复工作推进滞后。例如，江西、宁夏、湖北、河南、河北均存在不同程度的非法开采行为，监管执法流于形式，生态破坏严重，群众反映强烈。

二、四川省第二轮中央生态环境保护督察报告情况

2021 年 8 月 26 日—9 月 26 日，中央第五生态环境保护督察组进驻四川，开展为期 1 个月的第二轮生态环境保护督察，并于 2021 年 12 月 13 日反馈了督察报告。四川省对照中央生态环境保护督察指出问题，制定《四川省贯彻落实第二轮中央生态环境保护督察报告整改方案》，将全部问题分解为 69 项整改任务，并于 2022 年 5 月 20 日向社会公开。

通过分析 69 项整改任务发现，四川省第二轮中央生态环境保护督察报告指出问题呈现与中央生态环境保护督察公开典型案例相似的问题。其中，涉及生态破坏类问题共 29 项，占比高达 42.03%，主要可归纳为保护与发展、安全边界、自然保护地和监管执法等 4 个类别，暴露出一些地方贯彻落实习近平生态文明思想和习近平总书记重要指示精神的自觉性、主动性不够，工作要求不严、标准不高、落实不到位；政策机制不健全，监管存在缺位，相关法律法规和制度机制不够完善；绿色发展理念树立不牢，存在“重发展、轻保护”的理念。

类别一：保护与发展问题

一些地方不能正确认识和处理保护与发展的关系，没有守好发展和生态两条底线，为了追求经济发展，存在对资源过度利用的问题。例如，阿坝州、甘孜州草原过度放牧问题较为突出，全省牧区牲畜超载严重，对保护区内草原和湿地生态系统造成破坏。

类别二：安全边界问题

一些地方生态安全意识不足，违规开发挤占生态空间、破坏生态系统。例如，眉山市饮用水水源准保护区的违规开发房地产、巴中市规划项目侵占林地、南充市在嘉陵江干流的禁渔期和禁渔区违法采砂，以及一些地方在长江干流以及重要支流岸线违法采砂侵占岸线等问题。

类别三：自然保护地问题

一些自然保护地问题突出，主要包括政策制度不健全、监督管理不到位、保护为开发让路、治理修复不力、生态破坏严重等问题。例如，四川省风景名胜区保护无规可依的问题较为突出，雅安市、甘孜州等地自然保护区内违规开发破坏生态，成都市、凉山州等地推进整改不力、生态修复滞后，被群众反复举报。

类别四：监管执法问题

一些地方和部门责任意识不强，对解决突出生态环境问题存在畏难情绪，监管执法搞形式主义，生态保护修复推进不力，导致一些问题迟迟得不到解决。例如，四川省林草局、乐山市监管不到位，行业性生态环境问题突出，南充市、眉山市、阿坝州未在规定时间内完成生态保护修复目标任务。

三、政策建议

（一）守住自然生态安全边界，切实筑牢生态安全屏障体系

（1）加强重点生态功能区建设，编制中长期生态环境保护专项规划。以阿坝、甘孜、凉山为重点，加强川滇森林及生物多样性功能区、若尔盖草原湿地生态功能区、大小凉山水土保持生态功能区、秦巴生物多样性生态功能区 4 个国家重点生态功能区生态系统保护与修复，研究提出中长期保护目标，坚持久久为功，推动重大工程建设，保护重要野生动植物资源，提升石渠、若尔盖等黄河上游区域水源涵养能力。对接国家重点生态功能区生态系统服务功能评估，建立健全五年一次的省级评估制度，全面系统评估 58 个重点生态功能区生态系统保护成效。优化重点生态功能区转移支付资金使用管理，出台相关指导意见，重点支持生态保护修复、生态产品保值增值，推动重点生态功能区提升优质生态产品的供给和转化能力。

（2）加强自然保护地保护，编制自然保护地保护修复规划。推进以国家公园为主体的自然保护地体系建设，加快完善风景名胜区规划，优化自然保护区范围和功能区划调

整规则。高质量推进大熊猫国家公园建设，加快推进若尔盖国家公园创建。建立健全自然保护地监管制度，加强自然保护地调整审核审批事中、事后监管。持续开展“绿盾”自然保护地强化监督工作，重点加强自然保护地内违法违规矿产、水电、旅游等问题排查，依法依规分类推进整治。优化自然保护地人为活动监管平台，严格管控自然保护地范围内人为活动，推进核心保护区内居民、耕地有序退出。

（3）坚守生态保护红线。开展生态保护红线勘界定标，充分考虑地理实体边界、自然保护地边界等，将生态保护红线精准落地。因地制宜制定生态保护红线地方性法规。完善生态保护红线监管制度，加强四川省生态保护红线监管信息化建设，及时掌握全省、重点区域、县域生态保护红线面积、性质、功能和管理情况及动态变化趋势。以饮用水水源保护区、水产种质资源保护区等禁止开发区域以及国家一级公益林、重要湿地、重要水生生境等为重点，加强违规违法建设项目和侵占林地、挤占河（湖）岸、过度放牧等问题的排查整治。强化对生态红线范围内人为活动的日常监管，开展生态保护红线人类活动和重要生态系统每年一次遥感监测全覆盖。

（4）开展生态状况及生态保护修复成效评估。开展生态保护修复成效和生态功能变化成效评估，及时发现主要生态问题类别、分布范围和强度变化特征，形成生态问题整改任务清单。建立生态保护红线和自然保护地成效评估制度，加强生态保护红线和自然保护地保护成效评估，每年一次重点评估生态保护成效，每五年一次重点评估水源涵养、水土保持、防风固沙、洪水调蓄、生物多样性维护等生态功能及其变化情况。开展川西北生态示范区建设水平评价考核，并将考核结果作为生态补偿的参考性指标。建立山水林田湖草沙冰系统保护修复成效评估标准体系，优先对重点生态功能区、自然保护地、生态保护红线、整改工作形式主义等区域的生态保护修复工程实施成效监督评估。

（二）高水平保护助推高质量发展，加快建立生态价值转化体系

（5）丰富生态产品价值转化路径。推动地方政府根据资源禀赋、发展阶段、区位条件、功能定位等特征，因地制宜探索符合自身条件的发展路径。推动生态文明示范创建与生态产品价值实现机制示范基地建设的融合，将探索绿水青山向金山银山转化的有效途径、提升生态产品供给水平和保障能力、创新生态价值实现的体制机制、打造绿色惠民绿色共享品牌作为示范建设的重要内容。鼓励保护与发展矛盾突出的地方积极开展“绿水青山就是金山银山”实践创新基地、国家级和省级生态文明建设示范区创建，提炼摸索“绿水青山就是金山银山”转化路径。

（6）支持生态产品经营开发。优化生态产品布局，按照生态产品不同属性和功能，严格限制开发性、生产性建设活动。将生态产品经营开发项目纳入环评审批正面清单，对满足生态环境保护要求的环境敏感型产业及生态农业、生态旅游业等生态产品经营开发项目开辟“绿色通道”，简化环评审批程序。将生态产品经营开发项目纳入生态环境监督执法正面清单，推动差异化执法监管。推动生态产品交易中心建设，建立生态产品

供给方与需求方、资源方与投资方高效对接机制，推进更多优质生态产品以更加便捷的渠道和方式开展交易。

（7）完善生态产品利益分配机制。优化重点生态功能区转移支付分配方式，探索建立省级转移支付直达资金机制，确保财政资金直达县（市、区）、直接惠企利民。统筹各类补偿资金，探索综合性补偿办法。通过探索设立市场化产业发展基金、企业生态债券和社会化捐助等方式，建立完善多元化生态保护资金补偿机制。建立生态保护成效、县域生态环境质量监测与评价结果、生态产品价值增长情况同资金分配挂钩的激励约束机制。通过设立符合地方实际的生态公益性岗位，对提供生态产品较多的地区居民实行生态补偿。

（三）提升生态环境现代化治理能力，持续深化生态保护制度体系

（8）健全地方性政策法规与标准规范。加快推动生态保护红线、自然保护地、湿地等重要生态空间及生物多样性保护有关立法，做好与国家现行法律法规的衔接配合。推动重点生态功能区、川西北生态示范区制定生态保护地方性法规政策，重点针对重要流域、饮用水水源保护地等开展立法研究。结合中央生态环境保护督察、“绿盾”自然保护地强化监督反馈生态破坏问题集中区域和川藏铁路建设、安宁河谷综合开发等重大工程及川西北生态示范区等重点区域，制定四川省山水林田湖草沙冰系统保护修复系列技术标准。完善生态保护红线、自然保护地、生物多样性保护和生态文明示范建设等重点领域的监督办法，推动生态保护修复监管规范化和制度化。

（9）构建多元共保责任体系。建立归属明晰、权责一致、多方联动的生态环境保护工作机制。健全部门责任体系，进一步明确生态环境、自然资源、林业和草原、水利、农业农村以及交通运输部门的自然生态保护职责。推动企业自觉承担生态保护责任，依法合规开展建设项目活动，督促企业落实有偿使用制度和生态损害补偿制度。全面鼓励公众参与。健全重大政策、重大项目生态保护论证公众参与机制，设立曝光台，完善公众监督和举报反馈机制。完善生态保护投诉举报管理平台功能，实施违法行为举报奖励制度。

（10）建立生态保护监督执法问责机制。加强对地方政府和部门的生态保护修复履责情况、开发建设活动生态环境影响监管情况生态破坏问题的监督。聚焦生态保护监管的重点区域、领域和突出生态环境问题，对标中央生态环境保护督察及“回头看”“绿盾”自然保护地强化监督，督促责任部门履行好生态保护修复与监管职责。建立健全跨区域、跨部门联合执法机制，强化生态保护综合执法与相关执法队伍的协同联动，做好生态保护综合行政执法和刑事司法衔接。建立生态问题倒查机制，严肃追究生态保护修复中不担当、不作为、乱作为、假作为的单位和个人。

关于深入推进跨区域、跨流域生态环境保护联合执法的思考与建议

摘　要：生态环境行政执法主要以行政处罚、行政检查两项手段为主，具有解决环境问题的主导性、执法主体的广泛性、管理对象的多样性等特征，生态环境整体性和环境治理碎片化矛盾、不同主体间生态环境资源利益冲突以及生态环境区域化、流域化治理趋势等都让跨区域、跨流域生态环境保护联合执法势在必行。建议通过健全联席会议、联合执法、省级督办、信息共享、技术交流、联络员以及观察员等7项机制，聚焦重点区域、重点流域、重点领域、重点事项等4个重点，规范案件报告、分析研判、机制启动、案卷移交、定期会商、上报结果等一套工作流程，深入推进跨区域、跨流域生态环境保护联合执法。

关键词：区域；流域；联合执法

一、概念厘清：广义与狭义的生态环境行政执法

（一）生态环境行政执法概念的厘清

生态环境行政执法有广义和狭义之分。广义的生态环境行政执法是相对环境立法权和环境司法权而言的，这一意义上的“生态环境行政执法权”与“生态环境行政管理权”基本同义[1]，包括行政许可、行政审批、行政强制、行政检查、行政处罚等多项行政权力。从广义上看，截至2022年1月，生态环境系统共有行政权力258项，其中行政处罚182项，行政强制14项，行政许可13项，行政检查28项，行政奖励4项，其他行政权力17项（图1）。

狭义的生态环境行政执法是指生态环境行政执法机关以法律法规作为依据，基于此而实施的监督检查以及行政处罚等相关的行政行为[2]，不包括行政许可、行政审批等行政权力，仅包括行政监督检查和行政处罚这两个方面权力。从图 1 可以看出，狭义上的生态环境行政执法权力超过整个行政权力的80%。

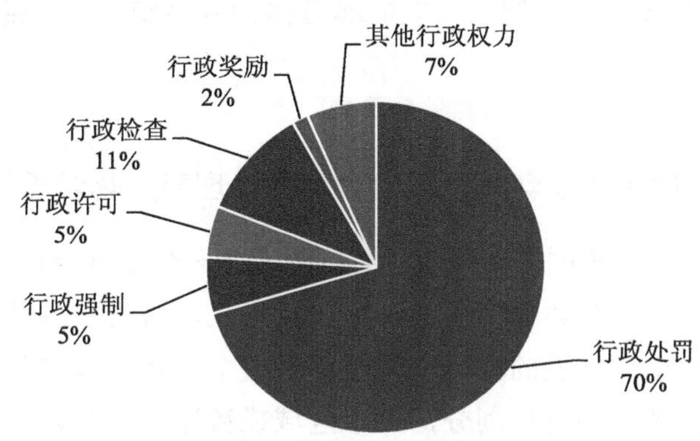

图 1　四川省生态环境系统行政权力梳理情况

2018 年中共中央办公厅、国务院办公厅印发《关于深化生态环境保护综合行政执法改革的指导意见》（中办发〔2018〕64 号），规定“生态环境保护执法包括污染防治执法和生态保护执法，其中，生态保护执法是指生态环境保护综合执法队伍依法查处破坏自然生态系统水源涵养、防风固沙和生物栖息等服务功能和损害生物多样性的行政行为”。从该定义上看，生态环境保护执法更加倾向于狭义上的概念，因此，本文主要聚焦狭义上的生态环境行政执法，即行政监督检查和行政处罚两个方面开展研究。

（二）生态环境主要行政执法手段及特点

四川省生态环境系统执法以行政监督检查、行政处罚为主，这两项执法手段除具有一般行政执法权所具有的法定性、执行性、公共性、强制性和不可处分性等特征外，还具有以下特征：

一是解决环境问题的主导性。由于生态环境领域具有环境问题的外部性、环境质量的公共物品性和环境资源的产权模糊等特性，解决环境问题最经济、最有效的办法是政府行使生态环境行政执法权，因此，生态环境执法权在解决环境问题中起着主导作用。

二是执法主体的广泛性。从纵向来看，国家、省、市、县等生态环境部门都可以行使生态环境执法权，并且由于管辖区域的限制和环境污染的扩散性，不可避免地会产生政府间环境执法权力冲突问题。从横向来看，除生态环境部门外，水行政、自然资源、住建、农业农村等多部门也具有环境监管职责，在其职责范围内行使环境执法权。

三是管理对象的多样性。首先，生态环境执法涉及诸多环境要素，各要素管理要求和方式不同，这要求生态环境执法权的设置与行使必须从生态系统整体性来考虑。其次，生态环境执法涉及诸多社会关系，包括经济发展方式、居民消费习惯等，在解决问题时经常需要综合运用法制、科技、宣传等多种手段，这在一定程度上增加了生态环境的执法难度。

二、必要性分析：跨区域、跨流域生态环境保护联合执法的“三个需要”

（一）联合执法是解决生态环境整体性和环境治理碎片化矛盾的需要

从生态环境行政执法保护的客体来看，生态环境是一个不可分割且紧密联系的整体，具有“牵一发而动全身”的整体性特点，污染一旦形成，极易在各种自然或人为力量的推动下不断扩散，使污染源邻近的环境空间甚至是整个生态环境受到破坏。然而，我国环境治理是依据属地管辖原则进行划分，一个区域或流域整体常被多个地方政府分割成若干段进行管辖，呈现显著的碎片化特征，执法过程中若发生污染物跨区域、跨流域转移，受污染地区往往难以凭“一己之力”对污染事件作出妥善安排。例如，2017 年陕西省宁强县汉中锌业铜矿排污致嘉陵江四川广元段铊污染重大突发环境事件中，污染源头不在四川省境内，违法行为人也不属于四川省管辖，四川省作为受污染地区难以单独开展线索排查、调查取证、行政执法等工作，该事件中若川陕两地未及时开展联合执法等工作，跨流域污染将无法得到妥善解决。因此，开展跨区域、跨流域生态环境保护联合执法是解决环境整体性和环境治理碎片化矛盾的需要。

（二）联合执法是协调不同主体间生态环境资源利益冲突的需要

从生态环境行政执法的主体来看，不同地方政府之间由于发展需求不同，极易引发区域性、流域性生态环境资源利益冲突。生态环境作为一种典型的公共产品，同一区域（流域）内的不同地方往往存在发展阶段不同、发展需求不同的情形，如地方政府单纯立足自身发展水平、追求自身发展利益，容易产生为抢占发展领先权和话语权而抢占环境资源的现象。例如，京津冀地区由于经济发展水平、行政结构、生态资源等方面的差异和失衡，导致各地在大气治理中存在认知上的偏差、环境利益诉求的分歧和职责上的不协调，如果执法过程中仍然“各自为政”，将难以实现区域环境质量改善的目标，最终阻碍区域协调发展目标的实现。因此，开展跨区域、跨流域生态环境保护联合执法是协调解决不同主体间生态环境资源冲突，实现区域（流域）共同发展的需要。

（三）联合执法是适应生态环境区域化、流域化治理的需要

从生态环境领域相关政策文件来看，近年来，我国陆续出台或修改了一系列法律法规及政策文件，为跨区域、跨流域生态环境保护联合执法指明了方向、奠定了基础、明确了要求。一方面，环境保护法、大气污染防治法、水污染防治法、长江保护法以及四川省相关地方性法规等都对跨区域、跨流域生态环境保护联合执法提出了原则性要求，《成渝地区双城经济圈建设规划纲要》、《关于优化生态环境保护执法方式提高执法效能的指导意见》（环执法〔2021〕1 号）等相关政策文件在涉及环境治理体制完善、区域协

调发展、流域整体性保护等方面也提出了跨区域、跨流域生态环境保护联合执法要求。另一方面，生态环境部成立的长江流域、黄河流域、淮河流域、海河流域北海海域、珠江流域南海海域、松辽流域、太湖流域东海海域生态环境监督管理局等派出机构，让跨流域生态环境保护联合执法成为现实。

三、路径构建：推进跨区域、跨流域生态环境保护联合执法的对策建议

为认真贯彻落实四川省第十二次党代会提出的“推进跨区域、跨流域生态环境保护协同立法和联合执法”部署要求，在梳理相关政策法规要求的基础上，结合联合执法的主要方式，提出四川省推进跨区域、跨流域联合执法的对策建议，推动联合执法常态化、制度化、规范化。

（一）健全7项机制，夯实跨区域、跨流域联合执法基础

一是健全联席会议机制。根据工作需要与周边青、甘、陕、藏、滇、黔、渝召开省级联席会议，视情况邀请省级公安机关、检察机关参加。省际、市际交界的各市（州）、区（市、县）生态环境执法部门可以建立定期会商机制，商议协调案件办理。二是健全联合执法机制。各省（区、市）、案件发生地所在市（州）、区（市、县）生态环境部门根据工作需要，定期或不定期开展联合执法行动，对相关陆地、水流交界处涉环境违法问题开展现场检查、交叉检查。三是健全省级督办机制。根据生态环境污染程度、违法案件影响程度等，省级生态环境执法部门可以协商其他相关省（区、市）视情况对相关案件实施联合督办、提级查办或指导协办。四是健全信息共享机制。加强边界地区环境监测信息、排污企业信息、排污主体处罚情况等信息共享，及时开展突发环境事件预警及处置信息通报，加强经验交流，拓宽通报内容，强化办案衔接。五是健全技术交流机制。共享区域（流域）生态环境领域专家库，加强技术交流，在联合执法过程中提供技术支撑、装备支援，开展省级、毗邻市级联合培训。六是健全联络员机制。明确专人负责跨区域、跨流域联合执法的日常联系事务。七是建立观察员机制。聘请联合执法观察员，对联合执法形势分析、案例研判、制度完善等方面提供技术支持。

（二）聚焦4个重点，强化跨区域、跨流域联合执法行动

一是聚焦重点区域。重点围绕成渝地区双城经济圈、川甘若尔盖、川陕甘大熊猫公园、川陕秦巴山脉等区域开展跨省生态环境保护联合执法，推动省内成都平原、川南、川东北、攀西经济区以及川西北生态示范区等重点区域开展跨市（州）生态环境保护联合执法。二是聚焦重点流域。重点围绕川渝滇黔长江、川甘黄河、川黔滇赤水河、川滇金沙江/泸沽湖、川甘陕嘉陵江、川渝渠江/涪江、川甘青藏“三江源”等重点江河湖泊，

开展跨省流域生态环境保护联合执法，推动省内十大重点流域跨市（州）生态环境保护联合执法。三是聚焦重点领域。重点围绕水、大气、固体（危险）废物等重点领域，推动与重点流域上下游、左右岸、干支流等地区建立水污染防治联合执法机制，加强与周边地区大气污染联防联控，逐步推动与周边省（区、市）全面开展固体（危险）废物跨省（区、市）转移联合执法。四是聚焦重点事项。重点围绕实现违法线索互联、执法标准互通、处理结果互认等事项，加强与相邻省（区、市）及推动省内各市（州）建立信息共享机制，加强重大违法案件及突发环境事件信息共享，逐步推动与相邻省（区、市）统一行政处罚自由裁量标准，推动跨区域、跨流域同案同罚。进一步规范跨省（区、市）及跨市（州）案件执法协助程序，尤其以规范取证环节为重点，推动结果互认。

（三）规范 1 套流程，提升跨区域、跨流域联合执法效能

一是规范案件报告流程。各地方发现跨区域、跨流域生态环境违法案件，应当及时向上级生态环境部门报告并通报跨区域、跨流域生态环境部门，报告内容应包括案件发生时间、地点、污染物种类、危害程度等情况。二是规范分析研判流程。综合分析研判案件涉及区域、环境污染损害程度、社会影响、性质恶劣程度等因素，与涉及跨区域、跨流域生态环境部门共商是否需要开展联合执法工作。三是规范机制启动流程。根据综合分析研判情况和协商情况，明确是否启动跨区域、跨流域联合执法工作，对于需要启动联合执法，又需与公安、检察等部门联合查办或督办的，积极协调相关部门参与。涉及多个省（区、市）或案情特别重大、复杂的，报请生态环境部给予指导支持。四是规范案卷移交流程。对于查获的相关线索但依法不属于自身管辖领域的或违法行为人不在管辖范围的案件，应当及时收集整理相关调查材料并向具有管辖权的地区移送。对于涉嫌环境犯罪的，依法移送公安机关。五是规范定期会商流程。参与跨区域、跨流域联合执法的生态环境部门应定期开展会商会议，通报案件查办进程、共享案件查办信息、共商案件查办思路。六是规范上报结果流程。重点案件查办结束以及跨区域、跨流域联合执法行动结束后，具体办理案件的生态环境部门应当及时将办理结果上报上级生态环境部门。

参考文献

[1] 张文波. 我国环境行政执法权配置研究[D]. 重庆：西南政法大学，2017.

[2] 孙绿红. 我国生态环境行政执法完善研究[D]. 南昌：南昌大学，2019.

基于国土空间规划下的生态环境保护专项规划研究

摘　要：本文以四川天府新区成都直管区为例，开展基于国土空间规划下的生态环境保护专项规划研究，通过分析国土空间规划的特征体系及基本内容，探讨专项规划在国土空间规划体系中的现实意义，明确专项规划应遵循的基本原则，提出以国土空间分类为着手点的生态环境保护目标指标和战略定位，从生态环境角度分别提出规划任务、重点工程，将生态环境保护和绿色发展的诉求落实到空间上，构建“空间-任务-工程”的生态环境保护专项规划体系，为四川省其他市（州）、县（市、区）开展生态环境保护专项规划编制工作提供技术支撑。

关键词：生态环境保护专项规划；国土空间规划

一、《天府新区成都直管区国土空间总体规划（2019—2035年）》

《天府新区成都直管区国土空间总体规划（2019—2035年）》（以下简称《总体规划》）是天府新区成都直管区落实“市级规划”要求，突出公园城市首提地的使命，形成的具有公园城市特色的国土空间总体规划。

天府新区是承担国家重大发展和改革开放战略任务的综合功能平台，是“治蜀兴川”的百年大计，是成都大城崛起的重要支撑。“十四五”时期要准确把握发展面临的内外部环境、肩负的使命责任、具备的基础条件、依托的空间格局，加快打造公园城市典范和高质量发展样板，为成都践行新发展理念的公园城市示范区贡献新区力量。

国土空间总体开发格局方面，《总体规划》提出，“保护与开发并重，优化国土空间格局”，坚持资源环境紧约束，科学确定生态、农业和城镇保护和发展格局，锚固“一山两楔三廊五河”的生态保护格局，构筑“2+4”两级通风廊道，形成“一带两片”的现代农业发展格局，构建“两轴四组团、一环四单元”的城镇发展格局。划定3条控制线，按照“理现状、评承载、测规模、明方向、优结构、定边界”的“六步走”方法划定城镇开发边界，按照质量不降低、连片度更好的原则划定永久基本农田，统筹“山水林田园”自然资源保护和利用，实现全域全要素国土空间资源高效配置，确保“大美天府、永续共建”。

重点任务方面，《总体规划》提出“提升国家级新区能级，打造增长极和动力源”，以中国西部（成都）科学城核心区建设为引领，创建综合性国家科学中心；构建以总部经济、科技服务、现代金融、商务会展、文化创意为主导的现代产业体系；加快建设高能级综合交通枢纽、对外开放平台、国别合作园区和区域服务设施集群。“突出公园城市首提地使命，形成公园城市用地布局”，以践行新发展理念的公园城市指标体系统领建设发展，优化生活用地和产业用地比例。创新“公园+”理念在国土空间规划中落图落位，构建公园城市四级空间体系。坚持“增存并举”，延续“15 版总规”确定的 2030 年城镇建设用地至 2035 年不再增加。以产出为导向优化土地资源配置，设立产业准入门槛和用地效益指标，用好增量，盘活存量，实现土地集约节约利用。“彰显公园城市特色，营造大美公园城市场景”，探索营造公园城市历史人文、公共服务、全域公园、绿色交通及大美乡村等场景，树立天府新区文化品牌，精准配套公共服务设施，建设生态宜居全域公园，打造舒适便捷绿色交通体系，形成“一环四单元”的“活力新镇、锦绣田园”美丽乡村，推动直管区活力和竞争力提升，实现“和谐幸福、品质宜居”。“坚持安全韧性，构建一体化综合防灾体系”，落实总体国家安全观，强化风险防控和应急体系建设，构建集预警、应急指挥、避难、救援于一体的综合防灾体系，推动龙泉山等区域的地质灾害防治，构建高标准城市防洪排涝体系等，提升公共卫生设施水平，保障城市安全。

二、生态环境保护专项规划在国土空间规划体系中的现实意义

在国土空间规划体系中，专项规划有以下 3 个基本效用：一是支撑性，在符合同级国土空间总体规划要求的基础上，落实、细化总体规划的引导和管控并起到支撑作用，对特定的功能区域作出专门的空间保护利用安排；二是协同性，国土空间总体规划为各专项规划提供了共同的空间依据，各专项规划需要服从国土空间总体规划的统筹，提出专项发展的空间诉求，将不同领域的专项诉求进行协同并落实到空间上；三是传导性，对国土空间总体规划中的特定功能空间进行细化安排后传导至详细规划，实现对详细规划中各类设施配套及用途管制的整体统筹。

生态环境保护专项规划是指在特定区域（流域），从生态环境保护角度对空间的开发保护利用作出专项安排，是对国土空间规划中的空间安排在生态环境保护领域的细化落实，是与国土空间详细规划的衔接，具有针对性、专一性和从属性。国土空间规划工作中有丰富的生态环境保护内容，如生态安全底线、生态保护红线、生态保护修复等，国土空间规划体系和生态环境保护有着密切的联系，要始终保证生态保护工作优于其他内容。因此开展生态环境保护专项规划编制，能够基于国土空间规划既定的空间结构，发挥空间规划治理和管控手段的优势，制订出更具空间针对性的生态环境保护规划，从而保证国土空间规划的顺利落实，确保国土空间规划与生态环境保护工作高度衔接，形

成“共同空间遵循”的全过程统筹管理机制。

三、基于国土空间规划下的生态环境专项规划编制要点

国土空间规划体系建立的最终目标是“全面提升国土空间治理体系和治理能力现代化水平，基本形成生产空间集约高效、生活空间宜居适度、生态空间山清水秀，安全和谐、富有竞争力和可持续发展的国土空间格局”。生态、农业、城镇等功能空间是国土空间规划的基本空间形态，且具有不同的功能定位、发展战略、发展目标，生态环境专项规划则应基于生态、农业、城镇等不同功能空间的发展战略、发展任务、发展目标，从生态环境角度分别提出规划任务、重点工程，将生态环境保护和绿色发展的诉求落实到空间上，构建“空间-任务-工程”的生态环境保护专项规划体系。具体包括以下内容。

（一）针对生态空间制定生态环境保护任务体系

生态空间是以提供生态系统服务或生态产品为主的功能空间。在国土空间规划体系中，针对生态空间，需要对其重要生态系统进行识别，并结合自然地貌特征，提出总体生态保护格局，确定生态保护与修复重点区域。专项规划应立足区域总体生态保护格局，改善区域生态系统、流域水系网络的系统性、整体性和连通性，构建生物多样性保护网络，为珍稀动植物保留栖息地和迁徙廊道，并提出该空间下的生态环境保护重大任务、重大工程。

以四川天府新区成都直管区为例，针对《总体规划》提出的“全面保护自然山水本底，塑造公园城市生态肌理，锚固‘一山两楔三廊五河’的生态保护格局”，专项规划以“一山两楔三廊五河”作为空间载体，分别提出生态环境保护任务：针对“一山”，提出强化龙泉山生态保护与修复，强化生物多样性保护，严控建设用地总量，推进实施一批生态保育、生态管控与修复试点示范项目，推动龙泉山城市森林公园建设。针对“两楔”，提出加快新兴绿楔和毛家湾绿楔生态走廊、生态间隔带建设，严控开发强度，打通城市通风廊道，持续推进绿带改造提升和开放共享。针对“三廊”，提出以沈阳路生态绿廊、鹿溪智谷生态绿廊和二绕生态绿廊为重点，筑牢生态骨架，推广应用新优行道树树种，创建绿量充沛、特色显著、通行舒畅的绿化特色道路，推动生态空间延伸入城市内部，实现“引绿入城”，防止城市粘连发展。针对“五河”，提出打造水波荡漾、城水相依锦江，水草丰美、五彩缤纷柴桑河，碧水长流、两岸锦绣鹿溪河，丰美清亮、鸥鹭齐飞雁栖河，绿韵清波、人水和谐东风渠，加强河流系统治理，加强新生湿地培育、保育和生态修复，推动滨水生态廊道建设，串联生态空间，持续构建水绿相间的生态网络。

（二）针对农业空间制定生态环境保护体系

农业空间是以农业、农村生活为主的功能空间。在国土空间规划体系中，针对农业

空间，应在严格落实耕地和永久基本农田保护任务，确保数量不减少、质量不降低的基础上，综合考虑不同种植结构水资源需求和现代农业发展方向，明确种植业、畜牧业、养殖业等农产品主产区，提出农业生产结构和空间布局，以及优化乡村居民点布局的总体要求。专项规划应结合农业生产空间布局、乡村居民点布局等，以推动农业农村绿色发展、改善农村人居环境、加强农业面源污染治理与监督等为目的，提出该空间下的生态环境保护重大任务、重大工程。

以四川天府新区成都直管区为例，针对《总体规划》提出的“保护优质连片耕地，根据农业资源禀赋、耕地质量等别、农作物种植类型及地域分异规律，构建‘一带两片’的现代农业发展格局”（“一带”为山前特色农业发展带，“两片”为新兴都市现代农业发展区和籍田都市现代农业发展区），专项规划以“一带两片”作为空间载体，分别提出生态环境保护与绿色发展任务：针对“一带”，提出统筹城乡发展，优化乡村生产生活生态空间，优化产业、基础设施、公共服务、资源能源、生态环境保护等空间布局。开展村庄绿化，充分利用房前屋后、河塘沟渠、道路两侧闲置土地见缝插绿，持续推进村容环境美化，改善居住环境风貌。持续推进锦江和鹿溪河流域农村户厕无害化标准化改造工作，加强“厕所革命”示范村建设。针对“两片”，提出以新兴都市现代农业发展区为重点，大力发展绿色低碳循环农业，推广使用节水灌溉技术，推进化肥、农药减量化行动，大力发展水产健康养殖模式，鼓励引导发展高标准规模化生态养殖。以籍田西安村鹿溪河谷林盘、太平街道鹿林村余家林盘等为示范试点，全面推进农村人居环境整治，提升生态功能和服务价值，积极推进乡村旅游、休闲体验产业发展。

（三）针对城镇空间制定生态环境保护体系

城镇空间是以承载城镇经济、社会、政治、文化、生态等要素为主的功能空间。在国土空间规划体系中，针对城镇空间，应依据全国国土空间规划纲要确定的建设用地规模，结合主体功能定位，综合考虑经济社会、产业发展、人口分布等因素，确定城镇体系的等级和规模结构、职能分工，提出城市群、都市圈、城镇圈等区域协调重点地区多中心、网络化、集约型、开放式的空间格局，同时针对不同规模等级城镇提出基本公共服务配置要求，优化教育、医疗、养老等民生领域重要设施的空间布局。专项规划应结合城镇空间布局、工业园区分布及特点、城镇基础设施建设及布局情况等，以优化城镇“三生”空间布局、推动城镇绿色低碳发展、改善城镇生态环境质量、提升城镇环境治理能力等为目的，提出该空间下的生态环境保护重大任务、重大工程。

以四川天府新区成都直管区为例，针对《总体规划》提出的“坚持公园城市理念，秉承山水丘陵特色，按照城市组群模式，结合‘双评价’城镇建设适宜区，避让永久基本农田，推动城乡融合一体发展，构建‘两轴四组团、一环四单元’的城镇发展格局”（“两轴”为南北向城市功能发展轴和东西向创新驱动轴，“四组团”为天府总部商务区、成都科学城、天府文创城和华阳城市综合服务区，“一环”为锦绣田园新经济活力环，

“四单元”为依托新兴街道、太平街道、永兴街道、籍田街道构建的四个城乡融合单元），专项规划以“两轴四组团、一环四单元”为空间载体，分别提出生态环境保护与绿色发展任务：针对“两轴”，提出南北向城市功能发展轴应科学确定城市规模和开发强度，合理控制人口密度，加快打造蓝绿公共空间，强化城市环境基础设施建设。东西向创新驱动轴应加快培育新兴产业，推进环境基础设施提级扩能，加强低碳化改造。针对“四组团”，提出华阳城市综合服务区应加快对道路广场、公园绿化、河道水体等进行改造提升，强化环境基础设施建设，打造生态宜居、配套完善的高品质综合服务区。天府总部商务区应优化污水处理系统格局，构建城乡公园体系，提升区域环境质量。成都科学城应加快绿色环保产业发展，优化绿林水为网架的生态格局，推进绿色低碳的生活方式和城市建设运行模式。天府数字文创城应重点推进清洁生产、绿色产品和绿色消费，加强再生水、雨水等非常规水资源利用，积极推进碳中和示范区建设。针对“一环”，提出以鹿溪智谷生态绿廊、双简快速路、益州大道等为重点，构建生态廊道和网络化绿道脉络，加强道路两侧绿地建设，实施沿线河湖岸线修复、滨岸缓冲带生态修复建设，积极推动城市公园、绿道、湿地等基础设施建设。针对“四单元”，新兴街道、太平街道、永兴街道、籍田街道等 4 个乡镇应重点发展新经济和融合产业，加快完善城乡绿道体系，实施环境基础设施补短板行动，推动城乡融合发展。

加强生态环境政策供给，让绿色成为自贸试验区和综合保税区鲜明底色

摘　要：自由贸易试验区和综合保税区是我国扩大开放的特定区域和吸引外资的重要载体，是我国发展开放型经济的重要平台。高质量建设自贸试验区和综合保税区，是立足新发展阶段，深入践行新发展理念，构建新发展格局，以高水平开放推动高质量发展的时代要求。生态环境是自贸区和综保区的重要竞争力和发展基础，为提升园区生态环境保护水平，助推园区高质量发展，课题组赴成都、宜宾等地自贸（片）区和综保区开展实地调研，并全面梳理园区生态环境保护现状、相关政策文件要求及园区对生态环境保护的需求，借鉴了其他省份先进经验，对统筹推进综保区和自贸区生态环境高水平保护和经济高质量发展提出对策建议。

关键词：生态环境；自贸试验区；综合保税区

综合保税区（以下简称综保区）是经国务院批准，设立在内陆地区的具有保税港区功能的海关特殊监管区域，由海关参照有关规定进行管理，执行保税港区的税收和外汇政策，集保税区、出口加工区、保税物流区、港口的功能于一身，主要起中转存放的作用。承担着打造具有全球影响力和竞争力的加工制造中心、研发设计中心、物流分拨中心、检测维修中心、销售服务中心任务。自由贸易试验区（以下简称自贸区）是国务院批准设立的全面深化改革和扩大开放的“试验田”，在主权国家或地区的关境以外划出特定的区域，准许外国商品豁免关税自由进出，是在贸易和投资等方面，比世贸组织有关规定更加优惠的贸易制度，具有特定的实施范围，一般同时包含海关特殊监管区域和非海关特殊监管区域。自贸区核心在于制度创新，根本目的是通过自贸试验区的先行先试、改革创新，形成可复制、可推广的创新成果，打造新时代改革开放新高地。综合来看，自贸区开放程度更高，一个自贸区可包含多个保税区。一般认为，自贸区是综保区的高阶形式，综保区可以依规逐步复制自贸区有关改革政策与良好经验。但二者都是我国扩大开放的特定区域和吸引外资的重要载体，是我国发展开放型经济的重要平台。

生态环境是综保区和自贸区的发展基础和重要竞争力之一。四川省第十二次党代会提出要“加快打造改革开放新高地”“高质量建设自贸试验区和综合保税区”，当前四川省综保区和自贸区在协同推动高水平保护与高质量发展方面，与国家有关战略的定位

要求、国内外同类标准相比仍存在差距。鉴于此，课题组对综保区和自贸区生态环境保护工作开展深入调研，梳理了特殊区域生态环境保护现状、相关政策文件要求及园区对生态环境保护的需求，并赴成都、宜宾等地综保区和自贸区开展实地调研，结合实际情况，提出促进综保区和自贸区生态环境高水平保护、推动高质量发展的对策建议。

一、四川综保区、自贸区高质量发展迈出坚实步伐

（一）综保区和自贸区基本情况

在综保区方面。截至 2022 年 7 月，四川有成都高新、成都高新西园、成都国际铁路港、绵阳、泸州、宜宾综保区等 6 个综保区（表 1），另外天府国际空港综保区正在筹建中。近年来，四川综保区发展不断取得新突破，2021 年全省各综保区进出口值 6 189.2 亿元，占同期外贸进出口总额的 65.1%，其中成都高新综保区进出口值 5 819.0 亿元，继续保持全国综保区第一位。

表 1　四川省综保区基本情况

序号	名称	成立时间	面积	重点发展产业与方向定位
1	高新综保区	2010 年 10 月	8.68 km^2（包括成都高新区西部园区和双流园区）	重点发展笔记本电脑、平板电脑制造，晶圆制造及芯片封装测试，电子元器件、精密机械加工以及生物制药产业
2	成都高新西园综保区	2018 年 10 月	1.390 km^2（毗邻成都高新综保区）	聚力为发展电子信息产业、先行先试保税维修业务，鼓励企业设立研发创新中心，积极打造物流分拨中心提供持续有效的载体平台
3	成都国际铁路港综保区	2019 年 12 月	1.03 km^2（位于成都市青白江区）	建设大宗矿产品、整车、跨电商品等物流分拨中心，重点发展智能家电、物流智能装备、电脑外设保税加工等先进制造业，配套发展以跨境电商及适欧适铁大宗商品为重点的国际贸易，以平行车及汽车零配件等为重点的保税物流业，以机电检测维修、艺术品保税展示、国际结算为重点的保税服务业，打造面向亚欧大陆桥和国际陆海贸易新通道开放需求的外向型产业聚集区
4	绵阳综保区	2020 年 5 月	0.14 km^2（位于绵阳国家高新区石桥新城内）	依托绵阳科技城优势，重点发展以电子信息产业为代表的加工制造、以高新技术和战略性新兴产业为代表的研发设计、以跨境电商为代表的销售服务三大领域
5	泸州综保区	2019 年 12 月	1 km^2［位于中国（四川）自贸区川南临港片区范围内］	依托长江黄金水道优势，重点发展航运物流、港口贸易、先进制造、现代服务业等涉水涉港涉外产业；加大对传统产业的转型升级，加快新兴产业和特色产业等牵动性项目的引进；大力招引装备制造、电子信息、高端纺织、新材料等优质加工贸易项目入驻

序号	名称	成立时间	面积	重点发展产业与方向定位
6	宜宾综保区	2020 年 12 月	0.89 km^2（位于宜宾临港经济技术开发区内）	重点发展保税物流、保税加工制造、保税研发等三大功能区，注重发展国际贸易、检测与维修、展览展示等业务，为川南经济区乃至川滇黔接合部城市的制造企业及其上下游企业提供口岸、物流、国际分拨配送、生产加工、国际贸易等一体化服务

在自贸区方面。2017 年 3 月，中国（四川）自贸区正式成立，整体分为成都和泸州两部分，包括成都天府新区、青白江铁路港、川南临港 3 个片区（表 2）。自获批成立以来，四川自贸区以不足四川省 1/4 000 的面积，贡献了全省 1/3 的新设外资企业、1/10 的货物进出口和 1/20 的新增市场主体，实现从高位开局到攻坚布局，再到初步形成发展强势格局的跨越。获批成立 5 年以来，全域累计新设企业 19 万家以上、注册资本超 1.9 万亿元，引进亿元以上项目 494 个，实际到位外资 32 亿美元，进出口额达 3 515.8 亿元。特别是面对全球新冠疫情带来的挑战，四川自贸区展现出韧性与活力，2021 年全年新设企业 55 635 家，同比增长 24%；外商直接投资 15.1 亿美元，同比增长 69.7%；外商直接投资占全省比重由挂牌之初的 4.3%提升至 44.9%。

表 2　中国（四川）自贸区基本情况

序号	名称	成立时间	面积	重点发展产业与方向定位
1	成都天府新区片区	2017年3月	90.32 km^2［含成都高新综合保税区区块四（双流园区）4 km^2、成都空港保税物流中心（B 型）0.09 km^2］	现代服务业、高端制造业、高新技术、临空经济、口岸服务等产业。建设国家重要的现代高端产业集聚区、创新驱动发展引领区、开放型金融产业创新高地、商贸物流中心和国际性航空枢纽
2	青白江铁路港片区	2017年3月	9.68 km^2［含成都铁路保税物流中心（B 型）0.18 km^2］	国际商品集散转运、分拨展示、保税物流仓储、国际货代、整车进口、特色金融等口岸服务业和信息服务、科技服务、会展服务等现代服务业。打造内陆地区联通丝绸之路经济带的西向国际贸易大通道重要支点
3	川南临港片区	2017年3月	19.99 km^2［含泸州港保税物流中心（B 型）0.21 km^2］	航运物流、港口贸易、教育医疗等现代服务业，以及装备制造、现代医药、食品饮料等先进制造和特色优势产业。建设成为重要区域性综合交通枢纽和成渝城市群南向开放、辐射滇黔的重要门户

（二）综保区和自贸区的高质量发展概况

一是进出口贸易规模不断扩大。四川抢抓国家赋予更大改革自主权的窗口期，深度融入成渝地区双城经济圈等国家战略，支持、培育、引进包括绿色动能在内的新动能，在构建双循环新发展格局的过程中，实行税收免征、许可证精简、配额不受限制等政策，在扩大进出口绿色贸易等方面规模不断提升，影响力进一步提高。二是持续产业升级。四川综保区和自贸区以“实施开放升级行动”为契机，突出服务贸易作为经济转型的升级的重要支点，围绕打造优势产业积极拓展和延伸产业链，成都天府新区片区（直管）围绕新兴增长极打造区域发展新引擎，成都天府新区片区（高新）建设具有国际竞争力的开放型产业体系，成都天府新区（双流）加快建设国家级临空经济示范区等，综保区和自贸区基本实现集群联动发展，正加速推进产业“腾笼换鸟、凤凰涅槃”。三是推动区域创新带动。自贸区依托临空（成都双机场）、临铁（中欧班列）、临水（泸州港）“三临叠加”优势，探索沿海沿江沿边产业合作机制，在全国首创自贸区协同改革先行区，宜宾、绵阳等 13 个市（区）享有下放给四川自贸区的 142 项省级管理权限与政策红利，有效带动区域创新发展，被浙江、陕西、河南、重庆等自贸区广泛复制。同时在省外，高标准建设川渝自贸区协同开放示范区，强化与广东、广西、海南等兄弟省份互学互鉴，共同打造区域开发高地。

（三）综保区和自贸区生态环境保护概况

国家发布的促进综保区高水平开放高质量发展的若干意见、自贸区实施方案均提出了生态环境保护的相关要求和目标，涉及生态环境的条款有 90 多条，其中最多的为服务地方高质量发展；其次为防范环境风险，如“开发利用须遵守生态环境要求”“生态环境风险防范”等共有 20 多条；此外还有创新环境政策类，如“出口产品低碳认证”“责任报告制度和责任追溯制度”等共有 20 余条[1]。四川省综保区和自贸区发布的省级地方性法规条例等，也专门设置了与生态环境相关的条款，对国家综保区和自贸区高质量发展有关实施方案、意见等的进一步细化、拓展和落实。近年来，四川省综保区和自贸区所在区域大气环境质量持续改善，均完成各项大气指标目标任务，深入开展清洁降尘、全域秸秆禁烧、“散乱污”综合治理、餐饮油烟整治等专项行动；水环境质量稳定达标，有关国控、省控断面的水质检测均达到既定标准；土壤污染防治推进有序，全面推进污染地块退出系统，完成疑似污染地块土壤调查，危险废物转运处置得到有效监管。

二、综保区和自贸区生态环境管理面临的形势

绿色决定发展的成色。进入新发展阶段，在碳达峰碳中和背景下，对于特殊区域的高质量发展、绿色发展有着更高的需求。

一是绿色发展相关配套政策需更“完备”。目前，国家、有关部（委）出台了《关于推进贸易高质量发展的指导意见》《关于促进综合保税区高水平开放高质量发展的若干意见》《关于加强自由贸易试验区生态环境保护推动高质量发展的指导意见》等文件，用以指导综保区和自贸区高质量发展。但个别园区仍然存在对应的落实、落地办法缺位

现象，尚无《关于加强自由贸易试验区生态环境保护推动高质量发展的指导意见》在省级层面的配套落实文件，特殊区域内生态环境保护助推经济高质量发展缺乏政策支撑。

二是部分产业仍处于价值链中低端。四川省各特殊区域积极发挥保税、自贸优惠政策辐射带动作用，正在大力发展电子信息、生物制药、先进材料等先进制造业，以及人工智能、大数据、文化创意等现代信息与文化服务业，制造业营收较挂牌除增长近 3 倍，服务业营收增长近 1 000 亿元。但与长三角地区、珠三角地区相比，在产业规模、发展质量、经济效益上仍存在差距，制造业仍以承接发达地区转移产能为主，现代服务业仍以运营、维护等人力密集型为主，在价值链分工中处于相对低端位置。例如，四川自贸区天府新区片区产业发展存在经济总量增长，但对周边辐射带动作用仍不强等问题；成都青白江铁路港片区集散仓储发展迅猛，但也反映出四川省高端加工贸易业及相关上下游产业链配套不足。川南临港片区产业发展存在市场主体实力不强、产业聚集度不高等问题。

三是环境管理精细化、现代化体现不足。在环保基础设施建设上，部分园区企业废水产量大，园区配套的污水处理设施能力无法满足需求或者建设进度滞缓，与园区产废能力或未来产业发展规划不匹配；园区固体废物产生量大，部分废弃物循环化、资源化利用困难。在清洁能源利用上，目前部分综保区和自贸区的电力使用上仍以火电为主，清洁能源使用较少，自贸区青白江铁路港运输多为柴油车，且多为重型车，推进新能源汽车替代进程滞后。在环境质量监测上，个别综保区和自贸区所在区域 $PM_{2.5}$ 年均浓度出现未达标现象，入园企业在建施工项目扬尘现象仍时有存在，大气环境监控预警体系建设存在短板；土壤环境监测点位设置不到位，个别区域跟踪监测工作滞后。

四是在环境体制机制“创新应用”不够。自贸区和综保区作为改革开放“试验田”，多数园区生态环境工作创新管理模式和推广复制效率胆子不大、力度不够，如 2014 年 12 月至今，自贸区已形成 278 项制度创新成果，主要涵盖国务院发函复制推广经验（六批）143 项、部门自行复制推广经验 74 项、最佳实践案例（四批）61 项[2]，其中，由生态环境部门负责的改革事项仅 1 项。在调研过程中，综保区和自贸区有关企业还普遍反映目前需要填报的环境管理数据信息的相关平台达 13 个，存在交叉填报、平台使用效率不高等现象。

五是国际环境保护相关合作有待深化。《自由贸易试验区条例》要求“共建多元化经贸合作平台，开展海关、认证认可、标准计量、运输安全、环境保护等方面的合作，优化通关、退税、外汇、安全、环保管理方式”。截至 2021 年年底，我国已经达成 19 个自由贸易协定，同 26 个国家和地区签署了自由贸易协定，并将加快新的自由贸易协定谈判步伐，积极考虑加入 CPTPP 的有关工作，国际合作成果显著。但受制于我国与其他国家发展水平不一致、贸易与利益诉求不一致等因素，自由贸易协定中针对环境的条款仍然存在内容措辞模糊、缺乏统一标准和针对领域、缺乏对协定成员在环境保护方面责任和义务明确规定、环保条款分布较零散等问题。

三、省外自贸区和综保区生态环境保护经验借鉴

一是加强管理制度创新。青岛自贸片区基于“双碳”目标，针对城市经济发展和项目建设过程中的难点，以探索绿色发展制度创新为突破口，在中德生态园已有生态底色优势和前期标准化工作探索基础上，进一步完善建设ISO国际贸易可持续发展示范试点，打造全国首个自贸区绿色发展指标体系，也是全球自贸区第一套以“绿色”为核心和标题的指标。天津自贸区成立了生态城环境资源中心法庭，坚持绿色生态环保的司法理念，主动服务对接生态城战略定位和社会发展，以绿色发展理念高标准建设好环境资源法庭为生态城建设成为“资源节约、环境友好、社会和谐”的生态城市提供司法保障。上海自贸区根据《关于支持中国（上海）自由贸易试验区临港新片区高质量发展环境管理的若干意见》，通过实施源头减量、实行两证合一、优化环评管理、提升政府服务、加大环境基建、强化环保监管共六大类11项措施，服务自贸区高质量发展。

二是深化“放管服”改革。苏州自贸片区出台《关于进一步优化建设项目环境影响评价审批服务的十一项措施》，将环评审批时限由30个工作日缩短至1个工作日，进一步简化流程环节、强化信息沟通，提升环评业务办理的便利性、时效性，降低企业环评审批成本。深圳自贸片区对盐田综合保税区内四大产业10个行业企业豁免环评手续，并制定针对性要求作为企业实施环境保护和污染防治的标准和指引，优化环评审批流程，解决环评审批“慢、难、繁”问题。浙江自贸片区开展新区规划环评，明确“海陆统筹、以海定陆”的生态保护与开发引导策略，坚持将生态环境保护工作要求融入经济社会发展各项规划中，同时强化规划环评与项目环评联动。昆明自贸片区严格环保准入制度，以“环保七项原则”严把项目入口关，对不符合环保法律的建设项目设置“防火墙”，鼓励企业开展循环经济提升、清洁产能改造、管理体系认证等工作，做好“产业留白”“生态增绿”，打造资源节约型和环境友好型园区。

三是衔接“双碳”目标，促进园区绿色发展。苏州自贸片区开展“环保+电力大数据”合作，共建电力大数据助力生态环境治理现代化示范工程；指导帮助企业建立太阳能、风能、生物质多能互补型综合能源管理系统，建设“零碳工厂”。南京自贸片区建立“碳擎—企业数字化碳管理平台”平台，系统展示产品全生命周期的“碳足迹”数据，并率先应用于纺织服装产业，在全国率先推出了第一批经数字化认证的“碳中和”纺织品服装。昆明自贸片区基于昆明电力交易中心和区块链技术，积极利用电力市场存证及溯源系统，开发“绿色用电凭证”，推动电力资源高效利用；鼓励企业大力探索循环经济，建成工业固体废物资源化利用链；优化产业发展格局，大力发展数字经济，加快布局新能源低碳等新兴产业。大兴自贸片区基于数字孪生技术开发并运营全市首个平台安置房低碳能源数智运营平台，在大兴机场噪声区全部范围内实现低碳、高效的精细化供热管理，通过智能化手段提高能源利用效率。

四是精准科学开展污染治理。苏州自贸片区成立重点区域工作专班，针对自贸区空气质量制定环境空气精细化管控方案；在阳澄湖水源地保护区内建立“水环境管理—排口管理—排水户管理”三位一体的管理方式，用“雨污管网+排口”一张图管好所有排口；发布《苏州工业园区场地环境调查评估单位考核办法（试行）》，将 AI 人脸识别、5G、大数据等信息化技术手段引入开发建设。昆明自贸片区严格落实大气减排目标，抓实扬尘联防联控，全区空气质量稳居国家二级标准，年均优良率保持 98%以上；通过创新融资模式申请到德国政府贷款和德国促进贷款 6 000 万欧元用于“经开区倪家营污水处理及再生利用工程”和“经开区环境综合整治工程”的建设。

五是建立智能高效监管体系。苏州自贸片区促进智慧环保平台升级，集成建设项目审批、排污许可证发放、现场执法检查、行政处罚、环境信访等多项应用，覆盖企业基础信息 1.1 万多条；瞄准片区产业特点，小微型企业危险废物管理云平台，加强危险废物全生命周期管理，做到日产日清；率先开展“第三方辅助执法”机制的探索，通过第三方监理单位，辅助进行污染源自动监控系统的管理工作。昆明自贸片区开展生态环境治理“三方共建”，引入第三方力量开展环保核查，建立起辖区生态环境问题整治“一本账”，破解“零和博弈”监管弊病，延伸网格监管边界；累计投入 21 亿元，完成 55 个重点项目环保类基础设施配套，探索形成环境无感监察全覆盖，实现了大气指标自动监测、工厂排污检查 24 小时在线、“散乱污”小作坊整治动态跟踪、“双随机、一公开”网格管理、重点污染源远程预警等功能。湘潭综保区建立“第三方治理、政府监管、社会监督”新机制，建设园区环境管理监管信息平台，形成“市场主导、政府监管、公众参与”的生态环境管理监管新格局。

六是促进绿色金融服务高质量发展。上海自贸区依托区域优势，积极参与引导低碳节能产业的发展和绿色产品的改革创新，努力打造金融中心“绿色品牌”，创新对接长三角绿色发展基金等平台，强化了自贸区与绿色金融的衔接。深圳自贸片区通过绿色信贷、绿色基金业务创新绿色金融产品，有效提升环境污染责任险在绿色保险中的比例。海南自贸区结合自身特色定位和实际发展情况，针对旅游业、农业、保险业等不同行业制定了侧重点不同的绿色信贷政策，充分利用优质金融资源、创新绿色金融工具，吸引社会资本支持绿色产业项目。陕西自贸区积极参与“一带一路”和全球范围内的供应链、价值链，陆续发行绿色债券、对环保行业制定相应的绿色信贷标准和评价体系，有力推动了陕西自贸区的绿色金融和西部绿色技术的蓬勃发展。

四、促进综保区和自贸区高质量建设的政策建议

综保区和自贸区要充分发挥特殊监管区域的“试验田”作用，统筹好发展与保护的关系，深入推进生态环境领域“放管服”改革，加强生态环境改革举措系统集成，助推综保区和自贸区高质量发展。

（一）加快引导产业结构优化升级，促进园区绿色化发展水平提高

一是科学把控综保区和自贸区产业准入门槛。充分发挥市场在资源配置中的决定性作用，进一步建立健全实施市场准入负面清单制度，动态更新《外商投资准入特别管理措施（负面清单）》和《自由贸易试验区外商投资准入特别管理措施（负面清单）》。坚持源头把关，在项目准入方面实施环评“一票否决制”，对耗能类、污染类等不符合特殊区域规划准入的项目和产业坚决不予引进；对低能耗、高产值、高技术含量的高端产业，新能源、节能环保等战略性新兴产业，有针对性开展绿色低碳招商。

二是优化园区绿色发展空间布局。结合综保区和自贸区现有产业基础，按照“三线一单”要求，持续优化园区产业、企业空间布局，统筹优化城镇、生态空间布局，形成产城一体、功能融合的空间格局；引导已建园区产业协同联动、集聚发展，按照相关要求科学制定产业升级或者产能/产业置换企业名单，鼓励企业开展循环经济提升、清洁产能改造、管理体系认证等工作，逐步调整园区重污染产业。提升园区土地利用效率，根据“负面清单”承接产业项目，积极探索未来土地混合使用和建筑复合利用的新模式；推动增量用地和存量用地联动发展，增量用地优先用于对区域发展和城市转型有带动示范效应的重大产业项目和重大服务平台建设，预留空间留白用地；存量用地重点关注工业用地的更新与土地“二次开发”，通过创新设计和新技术融合，改（扩）建续建和盘活区内存量项目。

三是推动特色产业的绿色化发展。深度融入成渝地区双城经济圈建设等国家战略，把营造国际一流营商环境作为主抓手，明确培育综保区和自贸区特色主导产业，壮大战略性新兴产业和现代服务业，通过产业“引、改、转、减”提升产业绿色低碳化水平。自贸区成都天府新区片区进一步聚焦新一代信息技术、新能源、新材料、生物医药产业以及总部经济、金融、电子商务等现代服务业，完善产业链及相关配套，提高新兴制造产业的绿色化水平，积极扩大先进生态环境治理与低碳技术进口以及研发设计、环境服务等生产性服务进口，打造绿色高端产业示范基地；自贸区青白江片区进一步发挥中欧班列（成都）横跨亚欧大陆的贸易通道优势，大力发展现代物流、国际贸易、保税加工，开展高技术、高附加值、符合环保要求的产品维修业务，推动绿色物流标准化建设，打造绿色低碳货运链条，开展绿色货运配送示范工程；自贸区川南临港片区进一步建设内陆水港，紧紧围绕电子信息、高端纺织、新材料、粮油食品、国际贸易五大产业，加速适港产业集聚，推动制造业绿色化水平提升，加快形成“水公铁空”和“快速无缝换乘、高效多式联运”的绿色低碳交通网络。

（二）推动绿色低碳基础设施体系建设，促进园区能源利用低碳清洁

一是加强园区综合能源利用规划。优化能源结构，构建“多能互补”分布式能源系统，夯实电力、燃气能源基础发展，打造分布式能源、氢能、可再生能源一体化多能互

补供能系统。提高清洁能源供应能力，系统布局新型能源基础设施，推进基础设施互联互通，大力发展绿色公共服务设施；优化电力生产和输送通道布局，提升光伏等新能源消纳和存储能力，积极探索氢能稳定利用。推动园区布局“多位一体”交通综合能源补给站，在传统加油站供应模式基础上，因地制宜叠加充电、加氢、LNG 加注、换电等功能模块。规划布局智慧安全智慧能源管理系统，加强大数据技术和区块链技术的集成应用，共建电力用能大数据系统。

二是加快绿色交通运输体系建设。深入实施铁路运能提升、水运系统升级行动，推动大宗货物及中长距离货物运输“公转铁”“公转水”；深入推进多式联运发展，推进综合货运枢纽建设，推动铁水、公铁、公水、空陆等联运发展。加快推广低碳设施设备，推进园区新增作业机械、作业车辆等优先使用新能源和清洁能源，逐步替换传统能源车辆；规划建设充换电网络，稳步推进铁路电气化改造，推动港口船舶更多使用电动、天然气动力等清洁能源。持续加强港口船舶污染防治，严格落实船舶大气污染物排放控制区制度，推动船舶污染物港口接收设施与城市公共转运处置设施有效衔接。

三是加快园区绿色基础设施建设。加快推进既有建筑节能提效改造，大力发展装配式建筑，提升绿色建材使用比例，降低建筑碳排放；充分利用日照条件，将建筑与光伏发电有效结合，持续为园区清洁能源供能。推动新建停车场和既有停车场全部配备充电设施，适时布局燃料电池汽车终端设施。提升园区绿化程度，优先选择固碳能力强的本地植被群落，提高园区绿地覆盖率，构建全尺度、全空间覆盖的绿地体系，增进绿林网络连接，扩大生态容量。

（三）构建生态环境风险防控体系，促进园区生态环境高水平保护

一是深入推进环境污染治理。加强园区工业企业废气治理，按照“可替尽替、应代尽代”的原则，实施一批源头替代项目，大力推进 VOCs 源头替代；加强 VOCs 低效治理设施升级改造，提高废气治理设施污染物去除率；深化工业企业无组织排放废气整治，推动涉 VOCs 产业集群综合整治。推进园区水体治理，系统推进全域园区“污水零直排区”建设工作，通过督导检查、技术帮扶、典型引导等措施，强化对园区污水排放的管理；定期开展园区水体水质采样监测，以水质监测“倒逼”园区建设质量提高。加强园区土壤污染排查与监测，推动重污染地块合理土地规划利用，促进园区污染场地风险防控及绿色低碳修复。控制园区噪声污染，优先采用低噪声、低振动设备，加强生产设备安装减振基础等措施治理。

二是强化环境基础设施建设。补齐园区生态环境基础设施建设短板，根据园区产业发展规划研判产废量，提前谋划生态环境基础设施处理能力，合理布局园区污水处理设施以及固体废物、危险废物处理设施点位，推进雨污分流、污水管网全覆盖。提升园区现有生态环境基础设施处置能力，实施园区已有生活垃圾收运、危险废物和一般工业固体废物等基础设施提标改造，提升处置利用能力。提高监测设施硬件水平，合理布局园

区生态环境监测点位，依托5G、物联网、地理信息、卫星遥感等技术，建立“全方位监控、全要素管理、全周期跟踪、全过程监管”的数字化监测体系。

三是推进“无废园区”建设。推动危险废物精细化管理，建立固体废物管理系统，推动园区内固体废物管理信息系统企事业单位上网，实现业务层面固体废物数据互联互通。加强构建固体废物资源化利用，健全完善园区企业物料资源循环使用链，以能源或物料的形式实现废弃物的资源转化和回收利用，大力提升园区物料资源重复利用率和产出率，力推固体废物、危险废物“就地利用处置”，最大限度不出园区。

四是构建环境应急防控体系。构建三级风险防控体系，针对综保区和自贸区内企业、综保区和自贸区及周边等构建三级风险防控体系，提高企业内部及周边局部区域应急防控能力。加大环境风险救援协作力度，建立企业间、企业与园区间的应急联络信息化工作，定期开展演习工作；加强环保与安全、消防、医疗、抢险、市政、公安、气象等部门间应急协作，针对园区突发环境风险事故类型、影响程度及范围、影响对象。加强环境应急能力建设与应急保障，与周边签订应急救援联防联动协议，贮备必要的环境应急物资和装备，提高综合应急能力。构建生物安全防控体系，加强外来物种截获绩效评价考核和检测鉴定，定期组织生物安全监测，从严格做好外来入侵物种口岸防控以及进出境生物资源安全监管。

（四）深化生态环境体制机制创新，促进园区绿色服务基础夯实

一是大力促进绿色科技创新。加快绿色技术与信息技术融合发展，构建以数字技术为基础的可持续发展研发创新体系，以数字化赋能企业环境治理和绿色生产智慧化；研发碳计量关键设备，探索建立外贸产品全生命周期碳足迹追踪体系，开展碳足迹国际认证与应用。加大绿色科技创新研发力度，大力支持天府永兴实验室建设，开展绿色低碳领域关键核心技术研究，打造碳达峰碳中和领域人才与科技高地，为制造业绿色创新发展提供方案支撑、技术支持；强化科研合作，打通企业上下游产业绿色科技链，推进创新成果的扩散应用，推动产学研用深度融合，提升自贸区的企业绿色竞争力。推动市场化绿色技术创新体系完善，大力引进绿色专业人才，构建完整的绿色技术创新创业人才培养体系；配套绿色知识产权保护相关条例、科技成果转化机制，提供法治保障。建立绿色科技创新投入增长机制。

二是深化绿色金融创新。支持绿色金融在自贸区的创新和落地，设立支持绿色金融创新发展奖励专项资金，加强税收优惠、担保、贴息等绿色财政政策与绿色金融政策有效结合。加强与金融机构协作联动，支持符合条件的绿色企业上市融资、挂牌融资和再融资；鼓励银行业积极开展绿色贷款业务，开辟绿色贷款业务快速审批通道，推进信用贷款和其他非抵押类信贷产品的持续创新。创新绿色金融产品，引导绿色债券、基金、信贷、股权投资等金融产品创新与发展，创新设立应对气候变化专题“债券通”绿色金融债券、“碳中和”专题“债券通”绿色金融债券等。加快展开政府与社会资本合作，

鼓励合规社会组织资金、民间投融资、海外资金等多方创新构建合作模式。探索综保区和自贸区气候投融资发展，加快建立一套完善的气候信息披露体系，进一步完善碳市场体量与功能。

（五）提升生态环境“放管服”水平，促进园区环境管理精细化

一是优化综保区和自贸区环评审批工作。豁免部分项目环评审批手续，结合《建设项目环境影响评价分类管理名录》实施环评审批正面清单，对园区关系民生且纳入实施排污许可登记管理的相关行业，以及社会事业与服务业，不涉及有毒有害及危险品的仓储、物流配送、政府认定急需的应激性临时性项目、行业等豁免环评手续办理。拓展告知承诺制试点，依法依规开展环境影响评价制度改革试点，对园区内环境影响总体可控、受疫情影响较大、就业密集型等民生相关的部分行业，包括工程建设、社会事业与服务业、制造业、畜牧业、交通运输业等多个领域，开展环评告知承诺制审批改革。精准服务重点项目，对依法合规、满足生态环境保护要求的基础设施、重点产业布局等项目开辟“绿色通道”，支持园区重大项目建设。创新环评管理方式，对开工急需和环境问题复杂的重点项目试行预审，项目实质开工前完善环评批复手续。加快推进“互联网+政务服务”系统建设，提高审批效率。优化试行备案管理，应编制环境影响报告表的建设项目，环评文件由建设单位委托开展评价后自行备案并严明追责途径。

二是优化提升生态环境监督执法水平。改进现场执法检查，全面推行“双随机、一公开”监管，实施监督执法正面清单，对园区内与疫情防控物资生产和民生保障密切相关的，污染物排放量小、吸纳就业能力强的，涉及重大工程与重点领域管理规范、环境绩效水平高的，清洁生产审核评价等级为一、二级的，环境信用评价为诚信的企业，原则上不开展现场执法检查；对已安装在线监控并与生态环境部门联网、稳定达标、环境信用良好、近一年无环境违法记录的重点监管企业，减少现场检查频次。提升科技监管水平，加强在线监控、视频监控、热点网络等大数据应用抽查；强化监督定点帮扶，对污染物排放量大的重点企业，涉重、涉危等环境风险隐患突出的企业，采取“科技+现场”监管，充分利用卫星遥感，无人机、无人船巡查等手段开展外围排查，依法推动联合监管、动态监管、信用监管和失信惩戒。慎用监管处罚措施，指导地方适时研究制定生态环境轻微违法违规行为免罚清单，对法律规定不明界限不清的，除可能引发重大环境安全或造成突发环境事件的外，审慎采取查、扣、限、停等整治措施。

三是畅通影响“放管服”质效的其他环节。持续加强生态环境管理信息化建设，整合不同行政层级的环境统计、环境监测、污染排放、环境信用评价等信息填报平台，优化信息填报、处理等流程，提升后台管理水平，减少重复填报、多头填报。环境管理部门主动同园区企业构建“清亲”政企、政商关系，重点针对跨部门、跨区域事务，深化沟通协调、畅通办事渠道，避免企业办事出现“中阻梗”现象。

（六）持续深化生态环境国际贸易，促进园区贸易与环境协调统一

一是健全资源环境要素价值实现机制。依托综保区和自贸区，鼓励培育发展排污权交易市场，坚持以市场化原则来配置资源环境要素，建立与国际接轨的资源环境价值反映体系，在特殊区域内创新制定并实施对应价格政策；建立特殊区域国际资源环境市场，通过金融、贸易等手段把资源环境要素推向国际市场交易流通，动态缩小与发达国家在资源环境要素上的价差，逐步实现国内资源环境价值。开展生态产品价值核算试点，探索建立生态产品价值实现机制、异地开发生态保护补偿机制。

二是细化绿色贸易有关政策和规则。支持综保区内企业开展高技术、高附加值且符合环保要求的保税维修业务，研究扩大维修产品目录，研究支持自贸区内企业按照综保区维修产品目录开展保税维修业务。鼓励自贸区积极扩大先进生态环境治理与绿色低碳技术进口，以及推动研发设计、环境支撑等生产性服务进口。鼓励综保区和自贸区结合区域所处地理位置、发展定位以及生态环境管理与贸易间面临具体问题等，继续完善绿色贸易政策架构，并定期对园区绿色贸易发展情况开展评估。

三是推动融入国际绿色贸易体系。推动特殊区域绿色供应链管理，建立绿色采购指标体系，建立产业转移引导基金，重点投资节能环保等领域。鼓励特殊区域企业依法依规创新探索绿色贸易的形式与途径，促进保税绿色维修、物资循环等业务顺利开展。推动自贸协定与中韩、中日韩、中瑞、中新等明确环境章节和条款的国际自贸区在规范上予以接轨，积极探索实现环境与贸易投资相互支持的新模式。

四是持续开展生态环境国际合作。依托综保区和自贸区，积极与世界贸易组织（WTO）、世界卫生组织（WHO）、联合国开发计划署（UNDP）、联合国环境规划署（UNEP）等国际组织，有关国家环境保护部门，搭建生态环境国际合作平台，有针对性开展环境治理技术、绿色低碳技术交流与合作，为各国企业参与共建绿色“一带一路”提供政策咨询服务等。鼓励综保区和自贸区企业与主要海外贸易伙伴（国家）开展国际绿色产品认证领域各项合作，联合商务、海关等部门依规为其提供必要便利。进一步提升节能环保领域对外开放水平，鼓励外商投资节能环保项目，持续做好生态环境领域外商投资安全审查工作。

参考文献

[1] 张彬，李丽平，赵嘉，等. 自贸区生态环境管理现状及趋势[N]. 中国环境报，2021-07-15（3）.

[2] 佟家栋，张千，佟盟. 中国自由贸易试验区的发展、现状与思考[J]. 山东大学学报（哲学社会科学版），2022（4）：1-13.

关于贯彻实施噪声污染防治法更好履行生态环境主管部门噪声监管职责的建议

摘　要：《中华人民共和国噪声污染防治法》（以下简称《噪声法》）的施行为实现我国噪声污染治理体系、治理能力现代化提供了重要法治遵循，为切实做好《噪声法》的贯彻实施，助力生态环境主管部门更好履行噪声监管职责，本文对《噪声法》的监督管理体制和生态环境主管部门的职责进行了全面剖析，并从制度完善、能力提升、效果保障等三方面提出了生态环境部门履行噪声污染防治法定职责的工作建议。

关键词：噪声污染防治法；监督管理；职责

一、《噪声法》的监督管理体制

（一）政府统筹协调

《噪声法》从纵向上规定了省、市、县以及乡四级政府职责，要求压紧压实属地责任。一是建机制、明责任、促协同，形成噪声污染防治行政合力。规定县级以上地方人民政府应当明确有关部门的噪声污染防治监督管理职责，根据需要建立噪声污染防治工作协调联动机制，加强部门协同配合、信息共享，推进本行政区域噪声污染防治工作。二是以"两规划一预算"保障噪声污染防治效果。县级以上人民政府应当将噪声污染防治工作纳入国民经济和社会发展规划和生态环境保护规划，明确噪声污染防治目标任务和保障措施，将噪声污染防治工作经费纳入本级政府预算，保障噪声防治措施落地。三是以"目标责任+考核评价"监督噪声污染防治"不作为"。对噪声污染防治实行目标责任制和考核评价制度，将目标完成情况纳入对地方各级人民政府的考核评价体系。

（二）严格行业监管

《噪声法》在承袭生态环境主管部门负责统一监督管理，与其他有关部门按照各自职责分别实施监督管理相结合的传统生态环境保护工作体制基础上，结合综合行政执法体制改革和工作实际，坚持"管发展管环保、管生产管环保、管行业管环保"的"三管三必须"基本原则，明确提出各级住房和城乡建设、公安、交通运输、铁路监督管理、民用航空、海事等部门，在各自职责范围内，对建筑施工、交通运输和社会生活噪声污染防治实施监督管理，进一步理顺了噪声污染防治的生态环境主管部门“统一监督管理”和有关部门“行业监督管理”的关系。

二、生态环境主管部门职责分析

《噪声法》规定地方生态环境主管部门对本行政区域内噪声污染防治工作实施统一监督管理，并明确了相关具体职责，以“点线面”立体构筑了生态环境主管部门噪声污染防治监管体系。

（一）紧抓工业噪声“关键点”

实践中，生态环境主管部门长期以来履行工业噪声监督管理职能，积累了丰富的执法监管经验，加之工业噪声依法纳入排污许可管理，因此《噪声法》规定生态环境主管部门承担工业噪声污染防治的监督管理职责，见表 1。

表 1　生态环境主管部门工业噪声监管职责[①]

序号	职责内容	层级	条文依据
1	制定本行政区域噪声重点排污单位名录，向社会公开并适时更新	设区的市级以上	第三十七条
2	对在噪声敏感建筑物集中区域新建排放噪声的工业企业进行处罚	/	第七十四条第一款
3	对在噪声敏感建筑物集中区域改建、扩建的工业企业，未采取有效措施防止工业噪声污染的行为进行处罚	/	第七十四条第二款
4	对无排污许可证或者超过噪声排放标准排放工业噪声的行为进行处罚	/	第七十五条
5	对实行排污许可管理的单位未按照规定对工业噪声开展自行监测，未保存原始监测记录，或者未向社会公开监测结果的行为进行处罚	/	第七十六条第一项
6	对噪声重点排污单位未按照国家规定安装、使用、维护噪声自动监测设备，或者未与生态环境主管部门的监控设备联网的行为进行处罚	/	第七十六条第二项

（二）绘制齐抓共管“连接线”

《噪声法》规定，其他有关部门在各自职责范围内对噪声污染防治进行监督管理，生态环境主管部门应当加强部门协同，配合公安机关、市场监督管理等部门开展划定禁止

① 客观反映《噪声法》相关规定，“/”表示相关条款表述为“生态环境主管部门”，未明确层级。

机动车行驶和使用喇叭等声响装置的路段和时间、产品噪声限值监督抽查等工作事项，见表2。

表2 生态环境主管部门协同配合职责

序号	职责内容	层级	条文依据
1	会同相关部门对可能产生噪声污染的产品，在其技术规范或者产品质量标准中规定噪声限值	国家	第十六条第一款
2	配合市场监督管理部门对特种设备使用时发出的噪声进行监督抽测	县级以上	第十六条第三款
3	会同相关部门公布低噪声施工设备指导名录并适时更新	国家	第四十一条第二款
4	会同公安机关划定禁止机动车行驶和使用喇叭等声响装置的路段和时间，向社会公告	地方	第四十九条

（三）完善噪声污染防治"覆盖面"

《噪声法》明确了生态环境主管部门应当从完善噪声污染防治标准体系、建立健全噪声污染防治监测体系和规范噪声污染防治监督执法制度等三方面为噪声污染防治工作提供保障，见表3。

表3 生态环境主管部门噪声污染防治统一监管职责①

序号	职责内容	层级	条文依据
1	制定和完善噪声污染防治相关标准	国家	第十三条第二款
2	制定国家声环境质量标准	国家	第十四条第一款
3	制定国家噪声排放标准以及相关的环境振动控制标准	国家	第十五条第一款
4	制定噪声监测和评价规范，规划国家声环境质量监测站（点）的设置，开展全国声环境质量监测，统一发布全国声环境质量状况信息	国家	第二十三条第一款
5	设置本行政区域声环境质量监测站（点），开展本行政区域声环境质量监测，定期公布声环境质量状况信息	地方	第二十三条第二款
6	加强对噪声敏感建筑物周边等重点区域噪声排放情况的调查、监测	地方	第二十三条第三款
7	约谈未完成声环境质量改善规划设定目标的地区以及噪声污染问题突出、群众反映强烈的地区人民政府及其有关部门的主要负责人	省级以上	第二十八条
8	对排放噪声的单位或者场所现场检查	/	第二十九条第一款
9	查封、扣押排放噪声的场所、设施、设备、工具和物品	/	第三十条
10	公布噪声污染举报电话、电子邮箱	/	第三十一条第二款
11	对拒绝、阻挠监督检查，或者在接受监督检查时弄虚作假的行为进行处罚	/	第七十一条

① 客观反映《噪声法》相关规定，"/"表示相关条款表述为"生态环境主管部门"，未明确层级。

三、贯彻实施《噪声法》，更好履行生态环境主管部门噪声监管职责的建议

（一）以法律规划政策为切入点，突出统筹性，完善噪声污染防治制度

1．制定噪声污染防治地方性法规

一是进一步明确相关部门监管职责。《噪声法》共涉及13处“人民政府指定的部门”，其中9处为处罚主体，需要在制定地方噪声污染防治具体办法过程中结合本省实际情况予以细化，进一步明确相关部门职能职责和对应处罚职权，并同步纳入全省生态环境系统行政权力清单。二是细化相应法律责任。针对生产、进口、销售超过噪声限值的产品，在噪声敏感建筑物禁止建设区域新建与航空无关的噪声敏感建筑物等9项违法行为，《噪声法》规定可报经有批准权的人民政府批准，责令停业、关闭。省条例可结合本省实际情况明确报批政府层级，确保监管主体统一规范。三是先行先试突显地方特色。《噪声法》针对噪声污染防治工作共提出5项鼓励性制度，包括友好协商解决噪声纠纷、噪声污染防治社会参与和宁静区域创建等内容，这些有待省条例充分贯彻落实，体现四川特色与创新。

2．配套制定噪声污染防治政策

一是制定噪声污染防治工作方案。充分借鉴四川省“大气十条”“水十条”“土十条”等政策实施经验，加快制订出台四川省噪声污染防治行动计划。突出持续改善声环境质量的主线，以社会生活、建筑施工、交通运输和工业生产等领域的噪声污染防治为重点工作方向，以解决人民群众投诉举报的噪声污染扰民突出环境问题为重点目标，全面加强噪声监测与监管。二是出台上位法相关配套规定。全省各市（州）在经济社会发展水平、声环境状况、行政管理能力等方面存在较大差异，省噪声条例难以对所有噪声污染防治工作进行明确具体规定，因此《噪声法》中的需政府指定的部门、划定公布声环境质量标准适用区域范围和噪声敏感建筑物集中区域范围、“绿色护考”等特殊活动的时间和区域限制性规定、敏感区使用高音喇叭或反复高噪声的特殊情形等事项，设区的市、自治州人民政府可采取制定规范性文件的形式自行规定，但不得与上位法相抵触。

（二）以支撑噪声污染防治为目标，聚焦主责协调兼顾，提升噪声污染监测监管能力

1．提升噪声污染防治执法能力

一是强化联合协作执法。加强与其他负有噪声污染防治监督管理职责部门的沟通协调，针对建筑施工噪声、交通运输噪声、社会生活噪声等需要多部门协同配合的执法事项建立健全协调联动机制，探索建立多部门的噪声污染投诉渠道和信息共享机制，重点

城市、区域定期组织联合执法专项行动。二是加强日常监督管理。将噪声污染防治相关执法活动纳入日常执法检查计划，实施“双随机、一公开”监管，调整完善现有抽查事项清单，制订翔实的检查计划，抽查情况及查处结果及时向社会公开。三是树立典型示范。加强工业园区管控，推动噪声污染严重的工业企业进入园区，严控向乡村居住区域转移。鼓励工业企业开展“静音工厂”建设，鼓励工业园区进行噪声污染分区管控。鼓励将噪声指标纳入非道路移动施工机械编码登记。

2. 夯实噪声污染防治监测能力

一是完善噪声监测体系。各级生态环境主管部门应会同有关部门按照规定合理规划和设置本行政区域声环境质量监测站（点），组织开展本行政区域声环境质量监测，并定期统一向社会公布声环境质量状况信息。二是深化敏感区域监测。各级生态环境主管部门在开展常规声环境质量和噪声敏感建筑物周边噪声源监测的同时，还应当加强对噪声影响投诉较多的敏感区域监测，进一步织牢、织密噪声污染防治监测网络。三是推进噪声监测能力现代化。省内部分地区存在声环境监测点位设置不规范、数量不达标，监测自动化程度和管理信息化程度不高等问题。建议综合运用自动化、信息化、智能化监测手段为噪声污染防治工作提供高效及时的技术支撑，建立专业化的噪声污染防治技术人员队伍为相关工作提供坚实人才保障。鼓励有条件的城市依托噪声地图等信息化手段，加强噪声污染防治精准化管控。开展噪声监测量值溯源。四是加强噪声污染防治科学技术研究。开展环境振动控制技术、低频噪声污染防治技术和相关产品的创新研发及应用示范，建设环保科技产业基地等成果转化平台，引进噪声污染管控及防治先进技术和管理经验。

（三）以新法颁布实施为契机，体现为人民服务中心思想，保障噪声污染治理效果

1. 加大噪声污染违法案件查处力度

一是了解掌握新设立噪声污染违法情形。《噪声法》规定生态环境主管部门有权对噪声敏感建筑物集中区域新（改、扩）建排放噪声的工业企业、无排污许可证或者超过噪声排放标准排放工业噪声、未按照规定对工业噪声开展自行监测等 6 项噪声污染违法情形实施处罚，生态环境主管部门应当熟悉相关处罚条款的适用情形和处罚额度，做到应罚尽罚，强化新法震慑效应。二是综合运用行政强制措施降低噪声影响危害。《噪声法》增设了查封、扣押排放噪声的场所、设施、设备、工具和物品的行政强制措施，因此对于排放噪声造成严重污染，被责令改正拒不改正的行为，生态环境主管部门可以采取相关强制措施制止噪声污染违法行为。三是丰富行政执法手段引导企业及时完成整改。对于无排污许可证或者超过噪声排放标准排放工业噪声，违反工业噪声自行监测规定，未按照国家规定安装、使用、维护噪声自动监测设备或未与生态环境主管部门的监控设备联网等行为，《噪声法》增设了限制生产、停产整治这一行政处罚种类。为保障执法效果，更加精准有力打击噪声违法行为，生态环境主管部门应当综合运用限制开展生产

经营活动等新行政处罚种类，切实把“纸上的法律”变为“行动中的法律”。

2．加强噪声污染防治信息公开

一是噪声重点排污单位名录公开。市（州）生态环境主管部门应按照国务院生态环境主管部门的规定，根据噪声排放、声环境质量改善要求等情况，制定本行政区域噪声重点排污单位名录，及时向社会公开并适时更新。二是编制声环境质量改善规划及实施方案公开。未达到国家声环境质量标准的区域所在的市（州）生态环境主管部门应当及时编制声环境质量改善规划并向社会公开。三是约谈整改情况公开。对未完成声环境质量改善规划设定目标的地区以及噪声污染问题突出、群众反映强烈的地区，省生态环境主管部门可约谈该地区人民政府及有关部门主要负责人，并向社会公开约谈整改相关情况。

3．加大噪声污染防治法宣传力度

一是多渠道开展普法宣传，营造良好法治环境。制作噪声污染防治宣传册、宣传彩页、噪声污染防治知识问答等资料开展线下宣传，通过新媒体普法矩阵进行典型案例通报、公益宣讲、推送普法视频等活动，进一步扩大新法宣传的覆盖面和参与面，为噪声污染防治工作开展营造良好法治环境。二是立法与普法相结合，推动执法人员知法、懂法。在省噪声条例立法调研工作中，主动了解各市（州）生态环境、住房和城乡建设、公安、交通运输、铁路监督管理、民用航空等主管部门在噪声污染防治工作中的难点、痛点问题以及《噪声法》实施过程中遇到的问题和立法建议，为全省噪声污染防治工作顺利开展奠定坚实法治基础。

推进 2.0 版岷江流域水生态环境治理精准施策

摘　要：2022 年 7 月 7—8 日，全国水生态环境保护工作会议召开，生态环境部部长黄润秋提出，“十四五”时期要抓好 4 个方面的工作，推动水生态环境保护工作迈上新台阶。2022 年 7 月 26 日，全省水生态环境保护工作视频会议召开，会议提出，下半年全省水生态环境保护工作要锚定“五年目标两年完成，以Ⅱ类水为主体”的工作目标。岷江是长江上游的四大支流之一，是长江上游生态屏障的关键组成部分，对全省水源涵养、水环境安全和水生态环境保护有着极其重要的战略地位。本篇专报以岷江流域水生态环境保护工作成效与问题为出发点，明确了下阶段工作的总体思路，提出岷江流域水环境治理的目标及下阶段岷江流域水生态环境治理的建议，一是优化水资源配置，提高水资源利用效率；二是针对短板解决问题，构建以Ⅱ类水为主体的水环境质量管理新格局；三是摸清水生态底数，推进水生态保护与修复；四是强化风险防范意识，守住水环境安全底线；五是统筹保护与发展，培育岷江流域多彩水文化；六是强化岸线保护监管，推进流域岸线保护和修复；七是深化改革创新，提升环境治理现代化水平；八是强化保障措施，推动水生态环境保护工作落实。

关键词：岷江；水生态环境治理；对策建议

一、国、省水生态环境保护工作会议要求

2022 年 7 月 7—8 日，全国水生态环境保护工作会议召开，生态环境部部长黄润秋出席会议并讲话。黄润秋部长要求，“十四五”时期要抓好 4 个方面的工作，推动水生态环境保护工作迈上新台阶。一是坚持问题导向、强化项目管理和绩效监督，推动重点流域规划落实见效。二是坚持方向不变、力度不减，深入打好城市黑臭水体治理攻坚战、长江保护修复攻坚战和黄河生态保护治理攻坚战、重点海域综合治理攻坚战、农业农村污染治理攻坚战等一批标志性战役。三是鼓励有条件的地方先行先试，力争在城乡面源污染防治和水生态保护修复等工作上取得更大突破。四是深化改革创新、优化工作方式方法，着力提升水生态环境治理现代化水平。要树牢底线思维，扛牢政治责任，强化突发水生态环境事件处置，守住长江、黄河生态环境安全底线，毫不放松抓好疫情应急处置和常态化疫情防控各项工作，切实保障水生态环境安全，为党的二十大创造和谐稳定

的政治社会环境。

2022 年 7 月 26 日，四川省生态环境厅召开 2022 年全省水生态环境保护工作视频会议。会议指出，今年以来全省水环境质量持续保持良好的改善态势，但水生态环境持续改善仍面临一些制约和挑战，环保基础设施短板仍然突出，面源污染治理难以形成突破，水质达标还有提升空间，水质优良率虽高但质低，短板效应十分明显，距离实现水生态环境高水平保护还存在较大差距。会议提出，2022 年下半年全省水生态环境保护工作要锚定“五年目标两年完成，以Ⅱ类水为主体”的工作目标，以落实长江、黄河水生态环境保护规划为主线，有力有序推动水质达标提质、黑臭水体整治、入河排污口排查等攻坚，全面落实重点流域水生态环境保护规划，持续扩大水质达标提质攻坚成效，常抓不懈统筹推进控源和截污，加快推进全域美丽河湖建设，确保全年国考水质优良断面个数达到 198 个，力争排名进入全国前五。要坚持问题导向，强化系统观念，精准化、系统化、品牌化，进一步统筹水环境、水生态、水资源，“以能酿出美酒的标准”扎实抓好水生态环境保护各项工作。

二、1.0 版岷江水生态环境保护工作及成效[1,2]

（一）目标任务要求

岷江流域要求到 2020 年，地表水水质优良率（达到或优于）大于 80%，劣Ⅴ类水体全面消除；大渡河流域要求到 2020 年，一级支流全面消除劣Ⅴ类水质，干流三个一级水功能区中，青川缓冲区水质目标Ⅱ类，甘孜、雅安、乐山保留区水质目标Ⅱ～Ⅲ类，乐山市开发利用区水质目标Ⅲ类；青衣江流域要求到 2020 年，干流水质总体稳中向好，一级支流劣Ⅴ类及Ⅴ类水质水体基本消除，一般水体稳步改善，国控监测断面水质达到Ⅱ类。

（二）主要工作成效

1．水资源管理保护

一是加强饮用水水源地饮用水水源环境保护规范化建设，强化饮用水水源风险防范。成都市完成 4 个地级以上饮用水水源地保护区划定，完成地级饮用水水源地保护区和 33 个县级集中式饮用水水源地环境问题整治。二是实行水资源总量和强度“双控”，严格计划用水管理。流域内各市（州）严控用水总量，岷江、大渡河、青衣江流域 2020 年现状用水总量分别为 57.78 亿 m^3、6.78 亿 m^3、7.24 亿 m^3，均未超过流域用水总量红线。三是实行流域水资源统一调度，先后印发实施《岷江流域水资源调度方案》等文件，确定紫坪铺、高场、福禄镇、绰斯甲、夹江等 12 个断面最小下泄流量控制指标，明确了岷江流域内 9 个市（州）分配水量、3 个重要控制断面最小下泄流量和下泄水量。四是开展水电工程生态流量专项整治，清理整改小水电。共完成流域内 1 482 个水电站下泄生态流量设施改造，有序退出218座小水电。

2. 水域岸线管理保护

一是严格岸线保护修复。完成岷江流域干流和主要支流管理范围划界工作，全面开展河湖岸线保护和利用规划编制，强化岸线资源集约利用，严格涉河建设项目审批和监管。二是有序推进水域岸线管理。整治河湖岸线乱建、乱堆、乱采、乱占问题，岷江、大渡河、青衣江分别完成416个、218个、142个“四乱”问题整改销号；开展“清江行动”，岷江、大渡河流域分别清理非法采砂428处、408处；乐山市整治非法码头14座，依法拆除青衣江涉河违建4处。

3. 水污染防治

一是加强工业污染防治。全面完成工业园区污水处理设施建设和“三磷”排查整治工作，完成39家省级及以上工业集聚区污水处理设施建设及在线监控装置安装并实现联网，68家工业企业“三磷”问题全部完成整改。二是加强城镇污水治理。2020年，岷江流域城市、县城、建制镇生活污水处理率分别达90%、80%、50%，大渡河流域城市、县城污水处理率分别达93.4%、82%，青衣江流域城市、县城、建制镇生活污水处理率分别达95.18%、91.91%、70.03%。三是加强农业农村污染防治。深入推进禁养区内规模化养殖场（小区）和养殖专业户关闭搬迁工作，实施化肥、农药减量增效控害专项行动，2020年年底岷江、大渡河、青衣江流域内禽畜粪污综合利用率均达75%以上，化肥农药使用量连续3年保持负增长。四是加强船舶港口污染控制。宜宾市、乐山市印发《港口和船舶污染物接收、转运及处置设施建设方案》，全面开展船舶港口污染整治行动，截至2020年年底，船舶污油水回收处理率达60%以上。五是加强入河排污口排查整治。岷江流域干流及主要支流3 042 km^{2}共排查排污口3 198个，其中岷江流域共排查入河排污口2 010个，清理取缔494个，大渡河流域排查入河排污口723个，清理取缔358个。

4. 重点流域综合治理

一是全面整治劣V类水体。坚持问题导向，通过精准治污、信息公开、强化督导等措施，全面整治流域内劣V类国控、省控断面，目前流域内已全面消除劣V类水体。二是挂牌整治重点小流域。对9条小流域实施挂牌督办，截至2020年12月，府河、新津南河、江安河、毛河、思蒙河、金牛河、越溪河6条河流水质达到优良标准。三是实施府河黄龙溪污染攻坚。制定了《成都市锦江流域水污染治理攻坚行动实施方案》，细化出26条具体措施及40项攻坚任务。2020年1—12月黄龙溪断面平均水质达到III类，实现了特大城市河道水质从劣V类提升到III类的重大突破。四是打好黑臭水体攻坚战。截至2020年年底，纳入“全国城市黑臭水体整治监管平台”的岷江流域44个地级及以上城市建成区的黑臭水体，均已全部治理竣工。五是创新流域治理模式，建设示范河湖。通过对锦江150 km干流实施分段打造，高质量推动锦江功能“第三次转型”，实现了特大型城市河道水质从劣V类提升到III类的重大突破，成功入选全国第一批示范河湖。

5．水生态修复

一是开展水土保持综合治理。2020 年，岷江、大渡河、青衣江水土流失治理面积分别达 576.5 km^2、1 036 km^2、1 094.82 km^2，岷江、大渡河流域水土保持率分别达 78.5%、83.4%。二是实施长江流域十年禁渔。色曲河州级珍稀鱼类自然保护区已实现全面禁渔，阿坝州松潘县 2017—2020 年每年开展春季禁渔。成都市印发《全市天然水域禁捕和退捕渔民安置保障工作实施方案》，加强资金保障，做好分类帮扶转产安置。三是加强水生野生动物保护管理。阿坝州松潘县 2017 年实施增殖放流项目，完成增殖放流 5.6 万尾齐口和重口裂腹鱼。眉山市在岷江、青衣江水域开展经济性物种和珍稀濒危物种增殖放流，增殖经济性鱼类物种 117.65 万尾，珍稀濒危物种 5.1 万尾。

6．水环境风险防范

一是将生态环境风险纳入常态化管理。阿坝州理县、茂县、松潘县、黑水县等地区通过完善企业环境应急预案备案、建立县级环境应急物资仓库、采购应急物资设施设备、印发应急处置预案，为妥善处置突发环境事件提供了有力的基础保障。二是加强突发环境事件联防联控。阿坝、成都、眉山、乐山和宜宾生态环境局共同签订《四川省岷江流域突发环境事件联防联控框架协议》，定期召开岷江流域突发环境事件联防联控联席会议，建立跨区域生态环境司法保护协作机制，构建岷江流域生态环境保护法治“立体网”。三是严格疫情期间医疗废水处置监管。督促各地认真组织落实《新型冠状病毒污染的医疗污水应急处理技术方案（试行）》，加强医疗污水和城镇污水监管工作，持续开展疫情日调度。

7．监督执法管理

一是建立区域一体化监测网络。贯彻落实《四川省生态环境监测网络建设工作方案》，启动 25 个长江经济带水质自动监测站建设，在全国率先实现提前 48 小时水质预警预报，成都市已基本实现流域干流及主要支流出入境水质断面自动监测全覆盖。二是推进地方标准出台落地。编制并发布了《四川省岷江、沱江流域水污染物排放标准》等一系列地方标准，为流域水污染物排放管理和环境保护提供了重要依据。三是加快推进各类督察问题整改。截至 2020 年年底，中央生态环境保护督察反馈的 30 项水环境问题已完成整改 29 项，移交的 1 258 个信访问题完成整改 1 249 个，中央生态环境保护督察“回头看”移交的 460 个信访问题完成整改 458 个。

三、存在的问题

（一）水资源保护力度不够，调配能力不足

一是岷江流域水资源供需矛盾突出。岷江流域（含大渡河、青衣江）水资源总量为 301.2 亿 t，都江堰水利工程年均引水量 100 亿 t，超过岷江上游来水总量的 70%，特别是

枯水期岷江干流上游来水量几乎全部经都江堰灌区取水口进入成都平原，导致干流金马河（鱼嘴至青城桥）河段常现断流，造成河床大面积裸露与沙化，极大影响河流生态功能和服务功能。二是水资源调配能力不足，小流域水量保障多以天然降水为主，缺少系统调度和优化配置措施，尚未形成“优水优用、劣水劣用，水尽其用”的梯级使用格局。三是再生水利用率不高，再生水总量占污水处理总量比例较低，部分市（州）未开展再生水利用工作，流域内再生水管网建设不完善，制约了再生水的利用，节水型社会建设力度需进一步加强。

（二）水环境问题较为突出，水污染防治工作仍需加强

一是面源污染治理问题亟待解决。岷江流域农田、茶园、果园沿河分布，农业种植污染物入河量占全省比重10.2%。流域内分布规模不等的畜禽养殖场及散养户较多，畜禽养殖污染物入河量占全省比重的 15%。水产养殖污染越发凸显，绝大部分未经处理直接排入环境进入水体。乡村畜禽粪污散排、生活垃圾随意堆放、废旧农膜和农业废弃物随意丢弃，旱季“藏污纳垢”、雨季“零存整取”现象突出。二是工业和城镇水污染防治工作仍需持续推进。岷江流域（含青衣江、大渡河）工业园区污水集中处理设施建成率不高，部分已建设施运行不稳定，废水治理水平需进一步提升。“三磷”企业仍存在磷石膏库防渗不到位、磷肥企业初期雨水收集设施不规范、黄磷企业无组织废气排放控制不严、磷矿矿井水不能稳定达标排放。青衣江流域制浆造纸、电子、屠宰等行业废水排放量大，清洁生产水平有待提高。岷江流域建成区污水管网病害普遍存在，雨污混流现象较为普遍，导致生活污水收集率低，部分城镇生活污水厂存在进水浓度低于 100 mg/L 现象。三是进入全国排名前 30 的城市水质不够稳定。2022 年 1—8 月，岷江（含大渡河、青衣江）国考、省考断面优水（达Ⅱ类及以上）比例达 74.4%，相比同期有所提升。从全国重点地级城市水环境质量排名情况来看，2021 年 1—12 月和 2022 年第一季度涉及岷江流域的城市中仅有甘孜州进入全国前 30，但受畜牧业的雨季面源污染影响，在今年上半年排名已退出前 30，需引起警惕和重视。

（三）岷江上游水生态破坏严重，水生态保护修复存在难度

一是岷江上游水土流失较严重，其中阿坝州水土流失面积占岷江流域 41%，水土保持信息化建设推进滞后，部分站点未安装检测设备。二是岸线保护监管存在短板，非法采砂、堆沙码头等现象仍存，河湖岸线自然形态被破坏；农村河湖水域岸线管理乏力、管理范围不明确、划界确权滞后；部分乡村旅游开发出于亲水目的，紧邻河道建设房屋、游乐场等；存在在一些季节性河流河道里耕种现象。三是生态流量下泄监管力度有待加强，岷江流域境内小水电较多（549 座，占全省的 11%），分布较广，生态流量监测设施参差不齐，监管难度较大。四是岷江流域水生态现状不清，还未开展系统性的水生态现状基础调查，干流重点河段水生生物完整性相关基础研究尚属空白，流域有关水生生物

基础数据严重缺失，难以准确系统性谋划下一步生态修复工作。

（四）水生态环境安全风险依然存在

一是岷江上游饮用水水源存在安全隐患。岷江上游主要道路沿江而建，都汶高速穿紫坪铺水库而过，存在运输车辆交通事故发生泄漏、污染物甚至危险物入河（湖）从而对饮用水水源造成影响。二是岷江中、下游中高风险企业分布较多。石化、化工、医药、采选矿等高风险企业分布众多，特别是岷江干流中下游眉山、乐山、宜宾市均沿江分布有中高风险园区，部分“涉磷”企业沿江分布，存在偷排、漏排以及超标排放等潜在风险。三是大渡河流域“涉重”企业数量较多。区域环境风险较为突出，沿江固体废物堆场、尾矿库环境风险防控体系有待进一步完善。

四、2.0 版岷江流域水生态环境治理总体思路与目标

（一）总体思路

岷江流域水生态环境治理应坚决落实习近平总书记提出的“要以能酿出美酒的标准，想方设法保护好长江上游水质”要求，坚持上游意识，筑牢长江上游生态屏障。在全省提出构建以Ⅱ类水为主体的新时代水生态环境保护新格局下，从生态系统整体性和流域系统性出发，坚持生态优先、绿色发展，坚持综合治理、系统治理、源头治理，坚持精准、科学、依法治污，统筹水环境、水生态、水资源、水安全、水文化和岸线协同保护，推进岷江流域上中下游、江河湖库、左右岸、干支流协同治理，以高水平保护推动高质量发展，在全省率先建设成为“能酿出美酒”的样板河流。

（二）目标

到 2023 年，岷江流域（含大渡河、青衣江，下同）国考、省考断面水质优良率达 100%。进一步加强岷江流域提质升优，到 2025 年力争实现 80%以上国考、省考断面水质达到Ⅱ类及以上，岷江汇长江口水质稳定达到Ⅱ类，流域内至少 1 个城市稳定进入全国地级城市水环境质量排名前 30，美丽河湖数量超过全省的 1/3。

五、2.0 版岷江流域水生态环境治理精准施策建议

（一）优化水资源配置，提高水资源利用效率

一是优化水资源配置，提高水利调蓄调度能力。按照岷江流域水生产力和骨干水网布局，加快推进“引大济岷”、“长征渠”、毗河供水二期等重大跨流域输配水工程建

设，推进成都市桤木河、眉山市思蒙河—橘橙湖、乐山市“岷茫连通”等水系连通工程。

二是将生态用水纳入最严格的水资源管理。推进以紫坪铺水库为核心的岷江上游水库群联合生态调度，加强对岷江流域干流及锦江、马边河、越溪河 3 条重要支流的 9 个控制断面（凤仪水文站、彭山水文站、五通桥水文站等）上游水利水电工程最小下泄流量和河道外取水户的监管，保障水利水电工程生态下泄流量。

三是拓宽再生水回用途径，提高中水回用率。在岷江流域开展非常规水源利用专项规划相关政策研究，加强雨水集蓄利用，提升雨水综合利用水平。到 2025 年，岷江流域各城市再生水利用率大幅提高，其中成都市再生水利用率力争达到 35%以上。

四是探索研究岷江流域水资源与气候变化的关系。在全球气候变暖的背景和极端气候条件下，研究对流域水资源、水环境、水安全的影响，研判水资源量变化趋势。

（二）针对短板解决问题，构建以Ⅱ类水为主体的水环境质量管理新格局

一是精准发力突破农业农村面源污染问题。加强畜禽粪污处理设施建设及运行管理，制订禽养殖污染防治专项规划。持续开展化肥农药减量增效行动，推广应用生物防治等绿色防控技术，在茫溪河流域试点实施“纵沟改横沟”，配套建设退水收集净化设施。在岷江、大渡河、青衣江探索开展岷江流域汛期污染物强度管控及防治措施，制定汛期污染负荷削峰技术方案。推进初期雨水污染控制，实施初期雨水截留纳管、初期雨水处理设施建设。全面推进成都市 15 条，梯次推进乐山市 11 条农村黑臭水体整治工作，推动河长制体系向村级延伸。

二是深入开展城镇和工业领域水环境治理。持续深入开展市政排水管网排查检测，推进管网系统化整治，加快城中村、老旧城区和城乡接合部的生活污水收集管网建设，提升污水收集效能；加快青衣江、大渡河干流及主要支流城镇污水厂提标改造；到 2025 年年底，基本消除生活污水直排，城市生活污水集中收集率提升至 70%以上。推进岷江流域工业园区污水处理设施分类管理、分期升级改造，鼓励有条件的化工园区开展初期雨水污染控制试点示范，深化实施工业污染源全面达标排放计划。持续推进岷江流域“三磷”综合整治攻坚行动，开展耕地周边涉镉等重金属行业企业排查整治。进一步深入实施县级城市建成区黑臭水体排查整治，建立防止返黑返臭的长效机制，到 2025 年，县级城市建成区黑臭水体基本消除。在成都、眉山、乐山开展公园黑臭水体排查和整治，定期维护水体及滨岸水生植物，提高水生态系统稳定性。

三是推进重点小流域精准有效治理。持续补齐基础设施建设短板，开展污水直排口清零攻坚，提升污水处理设施处理效能。有效开展面源污染综合治理，积极推广水产生态健康养殖模式，削减农业源总氮、总磷直接入河量；加强规模以下养殖场（户）和散养密集区粪污收集治理监管。科学制定枯水期生态流量保障方案，落实小流域枯水期生态流量保障目标，加快推动城镇生活污水资源化利用；建设一批有实效、可示范、能推广的生态缓冲带修复与建设项目。逐步提升流域精细化管理水平，推进水质异常区域预

警预报、应急管控常态化，精准锁定污染河段和主要污染源。科学谋划小流域治理整治工程，明确工期、时间节点、建设内容，逐步或分阶段实施整治工程，强化整治过程跟踪和评估。

四是推进重点城市提质增优。阿坝州和甘孜州应力争进入全国重点地级城市水环境质量前 30 名。加强重点断面水质提质增优分析，研判畜牧业面源污染影响，划定岸线保护范围，禁止在岸线保护区内放牧，强化岸线对面源污染的拦截作用。重点针对县城和规模较大、人口集中的乡镇生活污水进行收集，推进雨污分流，提高污水处理设施进水浓度。

（三）摸清水生态底数，推进水生态保护与修复

一是以岷江及重要支流为试点开展水生态调查及初步评估。对照长江水生态考核指标体系，联合相关部门开展水生态摸底调查和评估，逐步推动全省水生态考核评估工作。

二是推进水生生物多样性恢复。建立健全水生生物监测体系，开展水生生物完整性指数评价，科学规范开展水生生物增殖放流。试点编制岷江流域水生生境修复专项规划，系统分析岷江流域水生生境现状与存在的问题，识别重点影响因子，针对性制定阶段的修复目标。到 2025 年，水生生物完整性指数持续提升。

三是推进岷江流域水生态修复工程建设。加快推进松潘岷江源、新津白鹤滩、仁寿黑龙滩等国家级重要湿地自然保护地的保护修复工程；以恢复、维系、增强河湖水系连通性为重点，恢复河湖水力联系与历史河湖湿地。在有条件的区域开展河湖水生态基础调查和水生态健康评价体系研究，开展系统性水生态本底调查，探索建立岷江流域水生生物分子生物学数据库，从群落结构与功能、栖息生境、环境 DNA 等方面掌握岷江流域水生态及水生生物多样性状况。

（四）强化风险防范意识，守住水环境安全底线

一是强化饮用水水源地风险防范。加快推进成都邛崃市、眉山东坡区、彭山区、乐山犍为县等乡镇及以上饮用水水源地保护区划定、立标与问题整治，开展岷江流域及涉市级集中式地表水饮用水水源地环境应急“一河一策一图”编制，加强水源地保护。

二是全面核清岷江流域沿线环境风险源。梳理干流及重要支流风险源、敏感点和应急资源分布，建立典型突发环境事件情景库，编制环境风险防控和应急响应方案，绘制应急处置“一张图”，切实提升应急处置能力。

三是加强危险化学品运输和尾矿库风险排查整治。加大紫坪铺库区上游工矿企业及危险化学品运输风险管控力度，推进岷江、大渡河、青衣江流域尾矿库风险排查与整治，制定针对性的安全风险管控措施，按照“一库一策”开展整治工作，到 2025 年，尾矿库环境风险隐患基本可控。

（五）统筹保护与发展，培育岷江流域多彩水文化

一是开展岷江流域水文化研究。以岷江上游都江堰水利工程为代表，追溯江河水生态文明之源，挖掘江河源头蕴含的民族历史文化精神内涵，开展流域和区域的水文化研究。

二是将水文化要素融入“水美乡村”建设。在推进农村河道整治、护坡筑岸、加固堤防、美化环境等工作中，挖掘和融入文化要素，积极建设亲水平台、休闲栈道、文化长廊等景观设施，统筹好水资源、水环境、水生态、水文化功能，活水系、护岸线、兴文化，打造幸福河湖，助力乡村振兴。

三是打造一批水生态价值转化示范项目。在岷江、大渡河、青衣江流域范围内探索将地表水生态环境综合整治、水系生态廊道建设、地下水治理、污水处理及其配套设施、水利工程建设等流域治理类项目与生态旅游、文旅融合、绿色农业等产业关联，并及时包装、落地项目。

四是开展生态产品价值实现机制试点。探索岷江上游“生态补偿型”“绿色银行型”“市场驱动型”3 种生态价值转化路径。推进中游成都市通过公园城市、“绿道+”模式实现生态价值转化。重点探索“山歌水经型”“复合业态型”“品牌引领型”3 种转化路径模式，实现中、下游眉山、乐山、宜宾三市旅游资源和生态资源的价值转化。

（六）强化岸线保护监管，推进流域岸线保护和修复

一是将岸线规划和水生态环境空间管控有机结合。加强与国土空间规划、生态环境“三线一单”的协调衔接，持续开展水域空间管控行动，深入推进河道“清四乱”常态化、规范化。

二是推进河湖水域岸线整治修复。由水利部门组织开展岸线利用项目清理整治，对违法违规占用岸线，妨碍行洪、供水、生态安全的项目要依法依规予以退出，对多占少用、占而不用等岸线利用项目进行优化调整，恢复河湖岸线生态功能，深化美丽岸线建设。

三是规范沿河沿湖绿色生态廊道建设。依托河湖自然形态，充分利用河湖周边地带，因地制宜建设亲水生态岸线，推进沿河沿湖绿色生态廊道建设，打造滨水生态空间、绿色游憩走廊。重点实施岷江干流、寿溪河、府河、蒲江河等河道生态护岸改造，提升岷江流域生态系统质量和稳定性。

（七）深化改革创新，提升环境治理现代化水平

一是深化排污口监督管理制度。落实《四川省入河排污口排查整治工作方案》（川办发〔2022〕61 号），岷江、大渡河、青衣江沿线涉及的各市（州）政府按照“一口一策”原则研究制定实施方案，按照“谁污染、谁治理”和政府兜底的原则确定排污口责

任主体，明确整治要求。启动岷江干流入河排污口整治和信息管理平台建设工作，推动建立排污口长效管理机制。

二是健全法规标准体系。加快推动四川省岷江流域立法工作，从环境准入、水资源保护、水污染治理、水土保持以及法律责任等内容作出规定。

三是强化监督执法。保持执法监管高压态势，进一步规范企业环境管理，“倒逼”生态环境责任落地落实；深入开展岷江保护大检查、大渡河、青衣江禁捕执法，推进环境执法重心向市（县）下移，开展联合执法、区域执法、交叉执法，强化执法监督和责任追究。

四是提升监测能力水平。切实加强水生态环境监测能力建设，完善和优化监测点位，构建水生态环境监测网络。组织开展水生态调查监测，掌握水生态状况及变化趋势。

五是推进水环境智慧化管理。加强部门信息沟通，通过智能化管控措施，建立“三水”智慧管理平台，建设集水资源、水环境、水生态一体化的水生态环境管理数据库，全方位为水环境管理决策提供支撑。

（八）强化保障措施，推动水生态环境保护工作落实

一是加强组织领导。流域涉及的地方各级政府要按照“党政同责”“一岗双责”的要求，细化明确各部门水环境保护职责，分解落实规划任务，形成水生态环境保护合力。

二是强化制度保障。定期召开岷江、大渡河、青衣江流域河长制碰头会、专题协调会、工作督导会，动态掌握各地工作推进情况。

三是落实资金保障。各地、各相关部门要积极拓宽投资渠道，优化支出结构，加大对岷江流域工作的支持力度。加大项目融资模式创新力度，探索实施生态环境导向的开发模式。发挥财政资金引导作用，统筹好各级专项资金，形成政策、资金合力。

四是加大督查帮扶力度。进一步压实基层责任，直面农村水环境治理的难点、痛点、盲点，指导帮助协调解决问题。

参考文献

[1] 四川省总河长办公室. 关于印发《四川省岷江一河（湖）一策管理保护方案（2021—2025 年）》的通知[Z]. 2021-11-25.

[2] 四川省生态环境厅. 关于印发《四川省“十四五”长江流域水生态环境保护规划》的通知[Z]. 2022-05-31.

全国各省（区、市）“十四五”生态环境保护规划健全环境治理体系研究

摘　要：生态环境治理体系和治理能力现代化建设，是促进国家全面深化改革、平衡经济发展与环境保护、推动美丽中国建设的护航舰。本文通过深入研究全国各省（区、市）“十四五”生态环境保护规划中关于治理体系的改革措施，采各方之所长，集诸省之智慧，合力推动构建党委领导、政府主导、企业主体、社会组织和公众共同参与的现代环境治理体系，为经济社会高质量发展保驾护航。

关键词：生态环境保护；治理体系；“十四五”规划

“十四五”时期，要深入贯彻落实《关于构建现代环境治理体系的指导意见》（以下简称《意见》），将坚持党的领导、多方共治、市场导向和依法治理等要求内化于环境治理体系中，牢固树立绿色发展理念，以坚持党的集中统一领导为纲领，以强化政府主导作用为关键，以深化企业主体作用为根本，以更好动员社会组织和公众共同参与为支撑，完善体制机制，构建政府、市场、社会三大治理机制均衡发展的治理体系，强化源头治理，形成工作合力，为推动生态环境持续好转、建设生态文明和美丽中国提供有力制度保障。目前，全国 31 个省级“十四五”生态环境保护规划均对“十四五”期间构建现代环境治理体系进行了部署，结合地区实际与未来需求，从健全环境治理领导责任体系等七大方面以及区域协同治理机制等进行体系化建构。

一、健全环境治理领导责任体系

环境治理中的“政府主导”体现出生态环境是市场失灵领域，政府的公共管理和政策制定在其中起到主导作用。不断完善环境决策机制和生态环境管理体制，贯彻中央关于生态环境保护的总体要求，坚持党对生态环境工作的集中统一领导，严格落实生态环境保护“党政同责、一岗双责”，明确各级管理责任，强化生态环境保护目标评价考核，深化生态环境保护督察，发挥政府主导作用。

一是落实生态环境保护党政主体责任。按照中央统筹、省负总责、市（县）抓落实的工作机制，省级党委、政府对本地区环境治理负总体责任，市（县）党委、政府承担具体责任；按照财力与事权相匹配的原则，明确中央和地方财政支出责任。全国各省（区、

市）均围绕以上要求，各级党政干部深入学习贯彻习近平生态文明思想，全面落实生态环境保护责任清单，严格落实生态环境保护“党政同责、一岗双责”，推进河（湖）长制、林长制、田长制深入实施，加大生态环境保护治理资金投入，统筹资金安排，完善金融扶持，加强山水林田湖草沙冰生命共同体整体保护，开展领导干部自然资源资产离任审计，实行生态环境损害责任终身追究制。

二是开展生态环境保护目标评价考核。生态环境保护目标责任考核是一种优化提升政府工作目标和效率的管理方式，与环境保护、廉政建设以及绩效考核挂钩，为了将环境治理工作落到实处，需要建立健全完善的目标责任考核机制。北京提出按照国家要求开展污染防治攻坚战成效考核，强化碳排放控制等生态环境目标约束性作用，考核结果作为领导干部考核评价的重要依据。浙江提出落实省直各有关单位生态环境保护责任清单，深入实施领导干部自然资源资产离任审计、生态环境损害责任终身追究、生态环境状况报告制度、环境质量综合排名制度，建立健全“河湖湾滩林长制”长效机制。湖南提出科学开展评价考核，合理设定约束性和预期性目标，纳入各级国民经济和社会发展规划、国土空间规划和生态环境保护等专项规划；健全湖南省高质量发展综合绩效评价考核体系，考核结果作为各级领导班子和领导干部综合评价考核、奖惩任免的重要依据。四川提出实行区域差异化政绩考核，在县域经济发展考核中加大生态文明建设、生态环境保护等方面的指标权重，重点生态功能区（县）不考核地区生产总值。重庆提出制定高质量发展综合绩效评价办法及指标体系，落实环境保护目标责任制和考核评价制度，将环境保护目标完成情况纳入各级各部门考核内容；把主要污染物减排作为改善环境质量的重要手段，根据环境质量改善要求分解减排目标任务，推动环境质量改善任务重的区（县）承担更多减排任务。

三是深化生态环境保护督察。中央生态环境保护督察制度是我国生态文明建设的重要制度创新之一，目的是在生态环境领域抓落实，确保生态环境领域的法律法规和重大改革举措落实到位。省级生态环境保护督察是中央生态环境保护督察的有效延伸和补充，在推动解决生态环境问题、促进经济高质量发展上具有无可替代的作用。生态环境保护督察制度极大促进了环境治理效能的提升，在未来相当长的时期内，生态环境保护督察制度是我国生态环境治理领域的政策常量和制度场景。北京提出健全以党内监督为主导，各类监督有机贯通、相互协调的生态环境保护监督体系，推动职责落实、任务落地、整改见效，在大气、水污染防治及应对气候变化等重点领域强化监督帮扶，指导基层解决生态环境问题，健全中央及市级生态环境保护督察反馈问题整改机制，压实整改责任，推动问题解决。河北提出持续推进例行督察及“回头看”，对承担生态环境保护责任的省有关部门和省属企业开展督察；将应对气候变化、生物多样性保护、地下水超采治理、张家口首都“两区”建设等重大决策部署贯彻落实情况纳入督察范畴；对生态环境问题突出的地方或行业适时开展专项督察；建立健全督察组织推动和责任体系，完善省级生态环境保护督察机制。江苏提出贯彻落实《江苏省生态环境保护督察工作规定》，制定例行督察、专项督察、派驻监察实施办法，明确督察流程、标准、规范等配套制度；强化问责问效，压紧、压实生态环境保护政治责任；围绕督察体系和督察能力现代化建设，优化督察指挥运转体系，强化督察装备保障和技术支撑，加强督察人员教育培训和作风建设，提升督察效能。广东提出完善省级生态环境保护督察工作规则，加强例行督察、专项督察、派驻监察；统筹中央和省生态环境保护督察发现问题整改工作，坚持同步推进、一体整改，加强督察整改落实情况调度；创新问政问责手段方式，推进环境监察专员根据工作需要列席所辖市（县）党委、政府涉及生态环境保护相关议题的重要会议，强化与纪委监察机关、巡视巡察机构联动。

二、健全环境治理企业责任体系

企业是市场主体，具有创新的内在动力，发挥市场和社会主体作用，企业应承担起生态环境治理的应有责任。在新时期的发展过程中，企业要转变观念，增强主体意识，发挥企业主体作用和以符合市场需求为导向、以技术创新为驱动力的比较优势，坚持绿色低碳可持续发展，形成良性循环。

一是依法实行排污许可证制度。推行排污许可“一证式”管理，是优化生态环境监管方式的有效途径，是落实企事业单位治污主体责任的有效手段。各省（区、市）深化排污许可改革，聚焦提升排污许可证质量、强化依证监管、深化制度联动等重点任务，充分发挥好排污许可在固定污染源监管中的效力。北京提出健全“一证式”管理体系，推动排污许可制与环境影响评价等制度衔接融合，实现“一证一源、精细管理”，监督企业严格依法落实污染物排放浓度和排放总量“双控”制度。上海提出环评审批与排污许可“二合一”，加强排污许可事后监管，强化环境监测、监管和监察联动，严厉打击无证排污和不按证排污行为，建立与排污许可相衔接的污染源信息定期更新机制。江苏提出全面落实排污许可制，推进固定污染源“一证式”管理，巩固提升固定污染源排污许可全覆盖；加强排污许可证后管理，建立排污许可质量控制长效机制；建立排污许可联动管理机制，加快推进环评与排污许可融合，推动排污许可与环境执法、环境监测、总量控制等环境管理制度有机衔接，构建以排污许可证为核心的固定污染源监管制度体系；开展碳排放许可试点。广东提出构建以排污许可制为核心的固定污染源监管制度，开展基于排污许可证的监管、监测、监察执法“三监”联动试点，推动重点行业环境影响评价、排污许可、监管执法全闭环管理。陕西提出实施固定污染源全过程管理和多污染物协同控制，组织开展基于排污许可证“审计式”监管试点，持续做好排污许可证换证或登记延续动态更新。

二是推进生产服务绿色化。积极推行绿色生产方式，从源头防治污染，从全过程管理入手，将污染治理前置，节约治理成本。大部分省（区、市）规划中对推行绿色生产方式开设了专章撰写。北京提出鼓励企业开展节能减碳、污染治理先进技术示范和应用，大力提升能效、水效、污染物和碳排放绩效。河南提出推动企业淘汰落后生产工艺技术，践行绿色生产方式，增强工业产品全生命周期绿色化理念，落实生产者责任延伸制度，从源头上降低资源消耗和污染物排放。湖南提出引导企业牢固树立新发展理念，压实企业治污责任，督促企业切实加大污染治理投入、提高清洁生产水平，自觉加强日常管理，严格落实环评批复要求、减少污染排放。贵州提出探索开展企业集群强制性清洁生产审核整体模式；针对传统优势产业，按照"一行业一规范"明确高标准治污措施。新疆提出积极开展循环经济试点示范，推动现有产业园区循环化改造和新建园区循环化建设；推进绿色制造，加快传统产业绿色改造升级；加大清洁生产推行力度，对重点企业开展强制性清洁生产审核；提供资源节约、环境友好的产品和服务。

三是公开环境治理信息。当前，"公开环境治理信息"作为健全环境治理企业责任体系的明确要求，企业环境治理信息公开工作成为压实企业主体责任的重要抓手，作为一项重要任务在各省（区、市）的规划中均有体现。北京提出落实环境信息依法披露制度改革方案，指导、督促企业依法依规披露环境信息；监督重点排污单位依法公开污染物排放相关情况，鼓励排污单位通过开放日等形式向社会公众开放。天津提出推动强制性环境治理信息披露，督促上市公司、发债企业等重点企业全面、及时、准确披露环境信息。四川提出严格落实企业环境信息依法披露制度，鼓励采取企业开放日、建设教育体验场所等形式，向社会公众开放环保设施。云南提出开展企业环境信息强制性披露平台建设，打通企业相关信息披露途径。

三、健全环境治理全民行动体系

充满活力的社会组织和公众是生态环境治理的动力源泉。充分发挥各类社会组织和公众积极参与生态环境治理，健全参与机制、畅通参与渠道、拓宽参与途径，强化社会监督作用。提高公民环保素养，引导绿色消费和生活方式，从需求端"倒逼"企业环境行为的改进。

一是开展社会多元化监督。社会的全方位多角度监督可以有力促进环境治理工作的高效开展，在各省（区、市）规划中从环保举报热线、新闻媒体曝光、生态环境公益诉讼等方面提出了强化社会监督的主要任务。北京提出发挥"12345"市民服务热线等作用，深化"接诉即办"，实施有奖举报；发挥新闻媒体的舆论监督作用，及时报道环境治理进展、曝光环境违法行为和生态环境破坏问题。上海提出健全生态环境损害赔偿和公益诉讼制度，支持具备资格的环保组织依法开展环境公益诉讼。河南提出拓展河南环境微信平台服务功能，完善群众举报受理、查处、反馈、奖励制度；加强舆论监督，鼓励新闻媒体对各类破坏生态环境问题、突发环境事件、环境违法行为进行曝光；开展环境决策民意调查，搭建公众参与环境决策平台。安徽提出健全公众监督、举报反馈、环保设施公众开放等机制，探索建立新闻媒体与环保督察、执法、排查、暗访联动模式，积极动员各方力量参与环境治理。四川提出创新完善生态环境信访投诉工作机制，完善环保投诉举报管理平台功能，畅通环保监督渠道，推动信访信息综合运用；开展环境违法行为举报奖励制度。

二是发挥各类社会团体作用。社会团体是当代中国政治生活的重要组成部分，社会动员能力极强，在环境治理中发挥公益、高效和灵活的作用。在全国各省（区、市）规划中均就如何发挥社会团体作用提出了任务建设要求。河南提出工会、共青团、妇联等群团组织积极动员广大职工、青年、妇女参与生态环境保护，引导公民自觉履行生态环境保护责任；各级各类行业协会、商会发挥桥梁纽带作用，引导企业技术进步和绿色发展；加强对环保组织的管理和指导，引导具备资格的社会组织依法开展生态环境公益诉讼等活动。湖南提出加强对生态环境保护类社会组织的管理指导，引导、支持生态环境保护志愿者队伍建设，积极拓展生态环境保护业务培训，提高志愿服务能力。四川提出加快培育发展社会组织，并积极引导社会组织合法合规通过实地访问、民意调查等方式参与环境监督；引导环保组织依法开展生态环境公益诉讼等活动；探索设立生态环保公益小额资助项目。

三是提高公民环保素养。生态环境事业是人民的事业，也必须依靠人民群众的伟大力量，普及习近平生态文明思想，提高民众的生态环保意识，为相关的绿色生产、消费、生活提供思想动力与内在支持。在各省（区、市）规划中均提出了提高公民素养的目标任务，重点集中在加大生态环保知识宣传、开展生态环保教育、倡导绿色低碳生活等方面。北京提出把生态环境保护纳入国民教育体系，开展生态环境科普活动，创建一批生态环境宣传教育实践基地，向公众提供生态环境保护宣传教育服务，增强全社会生态环保意识。福建提出推行《公民生态环境行为规范（试行）》，推动简约适度、绿色低碳的生活方式，促进公众以实际行动参与生态环境保护；制定实施绿色低碳社会行动示范创建方案，组织开展绿色家庭、绿色学校、绿色社区、节约型机关等绿色生活创建活动。重庆提出推广环境标志产品，实施政府绿色采购，推行绿色产品优先，倡导绿色办公，带头践行绿色消费；开展公民生态环境行为调查，制定发布绿色旅游消费公约和消费指南，建立和完善绿色生活激励回馈机制。

四、健全环境治理监管体系

环境治理监管体系对加强我国的生态环境保护工作起到非常重要的作用。随着时代的发展和环境问题的日益复杂严重，现行体制暴露出越来越多的问题，为了不断完善环境治理监管体系，必须采取有效措施健全和丰富环境治理监管内容。

一是完善环境监管体制。各省（区、市）在规划中重点从完善生态环境保护综合执法，监测监察执法垂直管理制度改革，跨区域、跨流域污染联防联治等方面提出了目标任务。在完善生态环境综合执法方面，北京提出深入推进生态环境保护综合执法改革，形成层级分明、职责明确的生态环境执法管理体系；落实监督执法正面清单制度，建立专案查办制度，加强行政执法机构的部门联动；提升生态环境执法能力，探索第三方辅助执法，建设"互联网+监管"系统，提升执法效能。浙江提出推进生态环境执法规范化标准化建设，出台生态环境执法装备现代化标准，完成全省各级生态环境保护综合行政执法队伍服装、车辆、设备、办公场所等配置；建立全省生态环境执法装备调度制度，实现全省非现场执法全覆盖；加强省级执法指挥系统建设，探索建设省级办案执法队伍；扎实推进生态环境保护综合行政执法，健全乡镇（街道）生态环境网格化监管体系。四川提出做好省以下生态环境机构监测监察执法垂直管理制度改革"后半篇"文章，推动执法权限向基层延伸；完善生态环境监督执法正面清单制度，优化环保执法方式，推动实施差异化执法监管；加快补齐应对气候变化、生态监管等领域执法能力短板；建立健全以移动执法系统为核心的执法信息化管理体系，并与排污许可、建设项目管理等平台互联互通。在跨区域、跨流域联防联治方面，上海提出在长三角生态绿色一体化发展示范区率先推进统一标准、统一监测、统一执法的环境监管新模式。山东提出加强区域联动，推行跨区域、跨流域联合执法、交叉执法。四川提出和重庆共建区域生态环境协作机制，积极探索区域协同立法及跨区域生态环境标准协同发展机制，完善成渝地区双城经济圈一体化监测网络，开展联合监测，推进生态环境数据共享。

二是加强司法保障。坚定贯彻生态环境司法保护新理念，持续深化高质量司法实践，全面加强生态环境司法保护。各省（区、市）在规划中建立有效的联动衔接工作机制，合力为推进各地区生态环境安全提供司法保护，以高质量环境司法服务保障生态优先绿色发展。四川提出推进环境司法联动，进一步加强生态环境、公安、检察、司法等部门协同配合，建立健全联席会议制度；强化生态环境行政执法与刑事司法衔接，联合开展专项行动。江西提出在高级人民法院和具备条件的中级、基层人民法院调整设立专门的环境审判机构，完善全省生态环境资源民事、行政、刑事"二合一""三合一"归口审理模式；推进省内重点流域和重点区域环境资源法庭建设，构建地域管辖和流域（区域）管辖相结合的环境资源审判体系；探索建立"恢复性司法实践+社会化综合治理"审判结果执行机制。新疆提出各级生态环境综合行政执法机关、公安机关、检察机关、审判机关要不断完善线索通报、案件移送、联合调查、资源共享和信息发布工作机制，实现生态环境保护行政执法与刑事司法无缝衔接。

三是强化监测能力建设。着力提升生态环境监测能力，对于持续改善生态环境质量、有效防控环境污染、切实维护人民群众身体健康和生态环境安全具有重大作用。各省（区、市）在规划中重点从构建完善的监测网络、提升监测技术能力、提高应急监测能力等方面提出了各自的任务。在完善生态环境监测网络方面，北京提出规范监测事权，建立生态环境部门统一管理、相关部门共同开展的生态环境监测"大格局"；按照"谁考核、谁监测"原则，优化监测网络；建设覆盖典型生态系统和重点区域的地面监测系统，形成"空天地"一体的生态质量监测网络。上海提出加快建设陆海统筹、天地一体、上下协同、信息共享的高水平生态环境智慧监测体系，全面提升生态环境监测自动化、智能化、立体化能力。浙江提出升级完善大气复合污染立体监测网络，加强 O_3 和 $PM_{2.5}$ 协同控制监测，完善大气环境监测预警系统；建立陆海统筹的水环境监测网，构建以自动监测为主、手工监测为辅的“9+X”地表水水质监测与评价体系；统筹优化土壤环境监测网络，建立健全地下水环境监测体系，探索开展农业面源污染综合监测试点；加强生物生态监测能力建设，开展生态毒理监测。在提升环境监测技术能力方面，河北提出优化省级环境质量监测站点设置，补齐省级 $PM_{2.5}$ 和 O_3 协同监测，二噁英、持久性有机物排放监测，危险废物鉴定及遥感解译等短板；深化大数据创新应用，加快建设生态环境综合管理信息化平台。江苏提出加快执法监测标准化能力建设，加密自动监测站点布设，在全省实现县（市、区）、重点乡镇空气质量自动监控全覆盖，国考、省考断面水质自动监测全覆盖；深入推进监测监控一体化融合发展，加快实现在线监控系统远程取证；综合采用信用惩戒、强制退出、激励奖补等措施，加强对第三方服务机构的监管。四川提出补齐地下水和水生态监测能力短板，加强特定行业特征污染物和新型污染物的监测技术研发与应用，加大西南区域空气质量预警预报中心、土壤样品流转中心建设；强化驻市（州）监测机构预警预报、风险评估和实验室基础能力建设，建立一批重金属、生态状况、环境健康、地下水等特色专项监测实验室。在提高生态环境应急能力建设方面，天津提出加强生态环境应急管理制度建设，完善平战结合、区域联动的环境应急体系；加强环境应急队伍建设，定期开展基层环境应急人员培训，建立完善环境应急专家库；加强应急监测装备配置；完善与公安、消防救援等专业应急救援队伍联动机制。河北提出健全平战结合的环境风险防控与预警应急监测体系，提升大气环境质量预测预报预警能力，强化有毒有害大气污染物风险预警，建设水源地水质在线生物预警系统，推进土壤风险评估和生态风险预警研究。山西提出推进市级和有条件的县级生态环境部门健全环境应急管理专职机构，构建环境风险源、敏感目标、环境应急能力及环境应急预案等数据库，建立健全突发环境事件应急指挥决策支持系统；强化生态环境部门与应急、交通运输、交管、气象等部门的应急联动。

四是提升智慧环保信息化水平。当今社会，数据已成为国家基础性战略资源，大数据日益对国家治理能力产生重要影响。为了响应国家提出的“加快政府数据开放共享，推动资源整合，提升治理能力”的要求，各省（区、市）均规划开展提升环境领域信息化建设工作。北京提出开展“互联网+环保”建设，不断提高生态环境数字化智慧治理水平；推进生态环境政务服务“一网通办、全程网办”，明显优化智慧生态环保服务体系；深入推进环境信息资源整合共享和开发利用，优化升级生态环境数据资源中心，运用大数据、区块链、人工智能等技术深挖数据资源利用价值，全面提高智慧生态环保互融互通能力。浙江提出推进生态环境数字化改革，以数字化改革为牵引，加快新一代数字技术集成应用，全面提升科技创新能力，提升生态环境全要素态势智慧感知能力，推进数据资源跨部门、跨层级、跨地区数据共享、业务协同，实现基础设施、数据资源和公共应用支撑体系互融互通。江苏提出“环保脸谱”体系建设，持续整合全省生态环境数据资源，完善“环保脸谱”综合评价体系，建成“一码通、马上办”的江苏“环保脸谱”管理系统，出台“环保脸谱”管理办法。山东提出加快推进数字化集成应用和核心业务流程再造，全面推动数字化技术与生态环境保护业务的深度融合；利用新一代信息技术，提升精细化服务感知、精准化风险识别、网络化行动协作的智慧环保治理能力；加强生态环境数据资源规划，建立统一的数据资源体系和目录，加强数据共享开放，深化大数据创新应用。四川提出整合共享经济和信息化、交通运输、城乡建设、水利、农业农村、供水电气企业等单位与环境管理相关的信息，打造一体化环境业务应用系统，有效支撑环境决策；加快生态环境数据平台建设，推动污染源排放、生态环境质量、环境执法、环评管理、自然生态等数据整合集成、动态更新和共建共享，提升生态环境数据处理能力，拓展数据应用场景。

五、健全环境治理市场体系

在建设全国统一大市场的雄伟框架下，环境治理市场将以高品质供给创造和引领需求。生态环境市场既包括污染治理、生态修复的技术和产品，也包括碳排放权、排污权以及地区优质的生态产品，通过构建规范开放的市场、强化环保产业支撑、创新环境治理模式、健全价格收费机制等措施，逐步健全环境市场体系，引导各类资本公平公正参与环境治理投资、建设和运行，充分发挥市场在生态资源配置中的决定性作用。

一是构建规范开放市场。各省（区、市）规划中谋划力争以规范、合法、便利的制度运作，营造真正公平公正、公开透明的市场竞争环境，为环境治理市场提供良好发展前景。在“放、管、服”改革方面，北京提出深化“放、管、服”改革，优化营商环境，平等对待各类市场主体，引导各类资本参与环境治理。浙江提出持续深化“放管服”改革，深入推进环境治理领域“最多跑一次”改革，逐步扩大“区域环评+环境标准”改革覆盖面。江苏提出继续深化生态环境领域“放管服”改革，优化环评审批程序，持续推进专业服务标准化；深化部门协商、厅市会商机制，对环境质量改善滞后的设区市开展定点精准帮扶。四川提出强化规划环评的约束和指导作用，加强规划环评与项目环评联动；健全环评预审制度，对重大项目开辟环评审批绿色通道，优化小微企业项目、编制报告表项目的环评管理；加强对“两高”项目环评审批程序、审批结果的监督与评估；完善建设项目环境保护“三同时”及竣工环境保护自主验收监管指导工作机制。在规范市场秩序方面，天津提出健全环境监测机构质量控制管理体系，探索环境治理企业分级评估评价机制。上海提出规范生态环境领域政府投资项目社会资本市场准入条件，加强环境治理市场管理，健全多部门企业环境信用信息共享和联合惩戒制度，严厉打击不规范的市场行为。四川提出发挥市场机制引导作用，完善有利于绿色发展的价格政策及差别化管理政策，充分发挥市场在资源配置中的决定性作用，通过价格杠杆引导，推动生态环境高水平保护和经济高质量发展。在建立环境权益交易市场方面，河北提出深入推进资源要素市场化改革，依托公共资源交易平台，推进排污权、用能权、用水权、碳排放权市场化交易，完善确权、登记、抵押、流转等配套管理制度。山东提出构建生态产品价值核算体系、价值实现体系和生态产品交易体系，积极争取纳入国家生态产品价值实现机制改革试点；深入推进资源要素市场化改革，积极探索合同环境管理；积极参与全国碳排放权交易市场建设，强化碳排放交易制度与其他环境权益类市场机制的统筹协调；加快水权交易试点，培育和规范水权交易市场。四川提出依托四川联合环境交易所，加快建设环境资源交易平台，力争打造西部碳排放权交易中心、西部环境交易中心和全国重要的环境资源交易市场。

二是强化环保产业支撑。生态环保产业是战略性新兴产业，发展壮大生态环保产业，既有利于生态环境保护，也是经济增长的新引擎，以及统筹推进生态环境高水平保护和经济高质量发展的重要抓手。在各省（区、市）规划中均设置了大力发展环保产业的重点任务。广东提出培育一批节能环保领域专业化园区，鼓励企业通过并购、重组等方式实现主业壮大，拓展产业链，打造龙头骨干企业，推动组建环境集团；通过政府采购、建设工程招标等方式引导环境治理企业加强技术研发，推动环保首（套）重大技术装备示范应用；搭建生态环保技术合作交流平台，鼓励企业积极参加中国环保展览会、澳门环保国际论坛及展览、香港国际环保博览等，宣传展示环保成果和环保产业新技术、新产品和新工艺。辽宁提出加快发展节能环保产业，推广运用先进节能、节水、节材设备及工艺、技术；重点支持改善环境质量、补齐基础设施建设短板及环境安全保障项目建设；以废钢渣、尾矿、煤矸石等固体废物为重点，做大资源综合利用产业；以环境治理服务、环境影响评价、环境监测为重点，做强环保服务产业。新疆提出强化环保产业支撑，以科技创新为引领，加大关键核心技术攻关力度，加强对环境治理新技术新方法的推广，提升环保技术装备和产品的供给能力；以环境污染治理“市场化、专业化、产业化”为导向，加快推进环保产业集聚发展。

三是创新环境治理模式。当前，我国生态环境保护环境治理模式已经从传统的技术研发、工程设计与施工、设施运营服务逐步向生态环保产业上下游及横向整合，提供一站式服务的综合环保服务模式转变，各省（区、市）重点从推行环境污染第三方治理模式方面提出工作任务。天津提出推进工业园区环境污染第三方治理，开展乡镇（街道）环境综合治理托管服务、环境治理整体解决方案、生态环境导向的开发（EOD）模式试点。陕西提出在工业园区推行统一规划、统一监测、统一治理模式；推广“环保管家”“环境医院”等综合服务模式；推动政府由过去购买单一服务向购买整体环境质量改善服务方式转变；健全第三方治理服务标准规范及治理效果评估机制，合理划分排污单位与第三方治理企业责任。四川提出引导企业参与污水垃圾等环境基础设施建设、城乡黑臭水体整治等生态环保工程，鼓励和支持社会资本参与生态保护修复；支持减污降碳、区域一体化服务模式、园区污染防治、农业面源污染治理等第三方治理示范，鼓励小城镇环境综合治理托管服务试点，鼓励实施技术河长制。

四是健全价格收费机制。根据全面深化价格机制改革的相关要求，要创新和完善生态环保的价格机制，进一步完善高耗能、高污染和产能严重过剩等行业的差别电价和水价政策，全面推行城镇非居民用水超定额累进加价制度，完善污水和垃圾处理收费制度，再生水回收利用价格政策，健全和完善可再生能源和清洁能源的开发利用价格政策等。各省（区、市）在规划中合理完善生态环保价格和收费机制，灵活有效发挥价格杠杆的激励约束和利益调节作用。北京提出按照补偿处理成本并合理盈利原则，适时调整污水、垃圾处理费收费标准；落实差别化电价要求，有序推进非居民用水超定额累进加价，促进节能节水减排；完善危险废物处置收费政策。上海提出逐步调整优化污水处理费征收标准，在工业园区率先试点实施企业污水排放差异化收费；加快建立垃圾分类、固体废物处理收费机制。河北提出鼓励有条件的城市探索将管网运营费纳入城镇污水处理费，探索建立农村生活污水、垃圾治理收费制度；放开再生水价格，鼓励采用政府购买服务的方式推动污水再生利用；完善差别化电价机制，实施岸电支持性电价政策。四川提出建立生态环境保护者受益、使用者付费、破坏者赔偿的利益导向机制；完善并落实污水处理费标准动态调整机制，推进污水排放差别化收费，健全固体废物处理收费机制；实行差别化的电价、水价、气价，推动制定钢铁、水泥等重点行业差别化电价政策。

六、健全环境治理信用体系

信用制度是现代国家治理体系的重要组成部分，完善的环境治理信用体系对促进生态环境保护工作具有重要意义。完善环境治理信用体系建设主要包括“建立健全环境治理政务失信记录，建立信用信息互联共享机制；推动企业依法披露环境信息，健全企业环保信用评价制度，依据评价结果实施分级分类监管；完善排污企业黑名单制度，将环境违法企业依法依规纳入失信惩戒对象名单；建立完善上市公司和发债企业强制性环境治理信息披露制度”等内容。

一是加强政务诚信建设。根据国家相关要求，全国各省（区、市）均将建立健全环境治理政务失信记录，依法纳入政务失信记录并归集至相关信用信息共享平台，依法依规逐步向社会公开。

二是健全企业信用建设。随着信用联合奖惩机制的全面落实，各省（区、市）重视加强企业生态环境系统信用领域建设，引导企业关注企业信用，深入开展企业信用建设，进一步提高企业守法意识，促进企业健康发展。北京提出开展企业环保信用评价，依法依规公开，并实施差别化监管，推动将企业环保信用评价纳入社会信用体系；依法依规实施守信联合激励和失信联合惩戒，在融资授信、资质评定、考核表彰等领域强化环保信用应用，让守信企业受益、让失信企业受限。江苏提出进一步完善全省企事业单位环保信用评价制度，动态开展绿色等级评定；研究制定更加科学规范的信用等级评价细则，扩大环境失信行为的评价范围；构建公开公正、自动透明、平行管理、即时更新的环境信用系统，建立信用信息更为广泛便捷的互联共享机制；建立完善上市公司和发债企业强制性环境信息披露制度。江西提出建立完善排污企业和生态环境社会化服务机构黑名单制度，依法依规开展失信联合惩戒；完善环保信用评价异议申诉、信用修复机制，激励失信主体主动纠错，保障企业合法权益。广东提出健全企业环保信用评价制度，坚持守信激励和失信惩戒相结合，不断扩大参评企业覆盖面，推动信用数据动态评价，完善信用评价修复机制，建立排污企业严重失信惩戒名单制度；推行企业环保“领跑者”制度，树立行业标杆。

七、健全环境治理法律法规政策体系

法律法规政策体系贯穿整个治理体系，为其他所有体系提供行为依据。强化法律标准实施，使环境治理走向法治化、规范化和标准化。积极发挥财税、金融等经济政策在生态环境保护中的作用，促进生态环境保护政策与经济社会发展政策融合共生形成合力，推进经济社会高质量发展。

一是完善环境法律法规。坚持用最严格制度、最严密法治保护环境，以法律底线守住生态环境保护底线，为生态环境保护提供强有力的法律保障。各省（区、市）规划中均要求要依法治污，北京提出推进大气、水、土壤和环境噪声污染防治以及碳排放控制等方面地方性法规制（修）订工作；适时出台碳排放交易、辐射等领域配套规章。浙江提出研究制（修）订固体废物污染防治、土壤污染防治、生态环境监测等地方性法规规章；及时清理与上位法不一致、不符合改革要求的地方性法规规章；强化标准引领，制（修）订化学纤维、汽车维修、纺织染整、工业涂装等行业污染物排放地方标准，以及水生态修复、挥发性有机物治理、土壤污染风险评估等领域技术规范。江苏提出力争建成全国覆盖面最广、类型最全、质量最高、匹配度最优的标准体系；鼓励行业协会、社会团体、企业在生态环境保护领域制定严于国家标准、地方标准的行业标准、团体标准、企业标准；完善标准规划、制定、评估、奖惩全流程工作机制。四川提出加快推进重点领域立法，深化美丽河湖法治建设，研究制定岷江、泸沽湖等主要流域及重要湖库生态环境保护条例；鼓励有条件的地方在应对气候变化、生物多样性保护等领域制定地方性法规；支持鼓励市（州）针对生态环境治理的地方特定问题开展精细化立法；建立地方生态环境立法后评估方法体系，对已出台的生态环境地方性法规逐步开展立法后评估；实施生态环境损害赔偿制度，对损害生态环境的行为依法依规追究赔偿责任。

二是完善环境保护标准。标准是开展环境保护和治理的标尺，也是开展中央生态环境保护督察、考核地方和企业的依据，从根本上减少和避免选择性执法和自由裁量权，有效避免纷争。从国家到地方均在逐步完善和修订环境保护标准，天津提出完善生态环境法规标准，研究制定和修改完善生态环境保护方面的地方性法规，加强节能降耗、减污降碳标准建设。上海提出统筹做好生态环境保护标准制定工作，聚焦汽修、涂装等行业，制定、修订涉挥发性有机物等重点领域的标准和规范；鼓励推行各类涉及环境治理的绿色认证制度。广东提出研究制定与现场执法即时性相匹配的污染物监管标准；开展相关地方生态环境标准实施情况评估，适时启动修订工作；加快制定出台广东省固定污染源 VOCs 综合排放标准，逐步开展金属制品业、家电制造业等挥发性有机物排放标准制定；充分发挥地方立法权作用，针对重点流域、重点领域，制定实施更严格的地方性法规标准。

三是加强财税支持。环境的公共属性决定了环境治理资金来源仍然是以财税为主，充分利用好财税资金，能够缓解环境治理工作的财税压力，做到事半功倍。北京提出将生态环境作为财政支出的重点领域，健全投入机制，提高使用绩效；加强市级资金统筹，实施污染防治专项转移支付管理，支持生态涵养区等重要生态功能区生态保护和绿色发展；依法征收环保税，落实节能环保税收优惠政策；完善流域、区域横向生态补偿制度，健全流域上下游补偿、区域结对协作机制；健全以生态环境质量改善为目标，覆盖空气、水环境、森林、湿地、生活垃圾、危险废物等领域的综合性生态补偿机制，补偿资金与生态环境质量改善相挂钩，并统筹用于生态环境保护。河北提出健全常态化环境治理财政资金投入机制，支持应对气候变化、运输结构调整、美丽河湖、美丽海湾、新污染物治理、山水林田湖草沙一体化保护修复等工作；完善生态环境重大项目储备库制度，加强项目资金安排和预算绩效管理。江苏提出完善与污染物排放总量挂钩的财政政策和生态保护补偿政策，建立以绿色发展和环境质量改善绩效为导向的财政奖惩制度；实施农业有机物、太湖蓝藻及底泥等资源化利用财政补贴，加大对畜禽粪污、农作物秸秆利用、废旧农膜、尾菜残菜等农业废弃物资源化利用和农田退水生态净化的补贴力度；落实环境保护税、再生水产品增值税返还等优惠政策，建立“政府补贴+第三方治理+税收优惠”联动的企业污染治理装备更新换代激励政策。

四是完善金融扶持。健全完善绿色金融相关政策，有利于缓解政府、企业面临的融资“瓶颈”，通过金融市场的运作为环境治理和保护提供更多资金投入，以推动环境保护与经济发展协同共进。各省（区、市）均高度重视发挥金融政策的作用，北京提出建设绿色金融改革创新试验区，发展绿色金融；以市场化方式推动完善绿色发展基金、绿色信贷、绿色债券；健全绿色产业投融资体系，支持产业升级；推进环境污染责任险、重大环保装备融资租赁；提升国际绿色投融资服务、绿色技术与产业合作等功能，推动建设国际绿色金融中心。河北提出推行绿色信贷、绿色债券、绿色保险，支持机构及资本依法合规开发与碳排放权相关的金融产品和服务；开展企业和金融机构绿色绩效评估；规范有序推广政府和社会资本合作（PPP）模式；鼓励银行业金融机构开展排污权、碳排放权等抵质押融资；在环境高风险领域探索建立环境污染强制责任保险制度。广东提出推动粤港澳大湾区合作，建设互联互通的绿色金融产品服务、绿色企业和项目认定、绿色信用评级评估等标准体系；持续推进广州市绿色金融改革创新试验区建设，支持深圳申建绿色金融改革创新试验区和国家气候投融资促进中心，推进梅州国家级农村金融改革创新综合试验区开展绿色金融改革创新。

四川省土壤环境标准的现状、问题与对策

摘　要：土壤环境标准作为环境标准体系的重要构成，多年来为土壤环境保护工作提供了基础性技术准则，为打好土壤污染防治攻坚战发挥了引领性作用，但仍存在质量标准指标覆盖不全、配套标准不完善、基础研究薄弱等问题。为服务新时期四川省土壤污染的深度治理和环境质量的持续改善，本文总结了四川省土壤环境标准体系的现状与问题，在吸取国内外标准制（修）订先进经验的基础上提出四川省土壤环境标准体系建设的对策建议，力争在深入贯彻国家土壤环境标准讲好“普通话”的同时立足四川省实情讲好“四川话”。
关键词：四川；土壤环境；标准；问题；对策

一、土壤环境保护标准体系现状与需求

（一）土壤环境标准体系现状

“十三五”以来，我国土壤污染防治基本形成以《中华人民共和国土壤污染防治法》《土壤污染防治行动计划》以及污染地块、农用地、工矿用地土壤环境管理办法等3个部门规章为主体、若干标准和技术规范相支撑的土壤污染防治“四梁八柱”制度体系。围绕“一法一条三部令”，我国构建了以土壤环境质量标准为中心、多种技术规范相协调的土壤环境保护标准体系，为顺利打好净土保卫战提供了坚实技术支撑（图1）。

一是形成了以保护人体健康为目标的土壤环境质量标准。我国2018年发布了《土壤环境质量　建设用地土壤污染风险管控标准（试行）》（GB 36600—2018），规定了建设用地85种主要污染物的风险筛选值和管制值，发布了《土壤环境质量　农用地土壤污染风险管控标准（试行）》（GB 15618—2018），规定了农田土壤中8种主要重金属和3种有机污染物的筛选值，以及镉、汞、砷、铅、铬等5种重金属的管制值，为建设用地和农用地土壤环境质量评价和分类管控提供了基础依据。

二是建立了以风险管控为核心的建设用地土壤环境保护系列标准。“十三五”期间，生态环境部发布了涵盖调查、风险管控与修复监测、风险评估、修复、风险管控与修复效果评估、地下水修复和风险管控等建设用地土壤污染风险管控和修复系列环境标准，基本覆盖了建设用地土壤环境保护的工作链条。

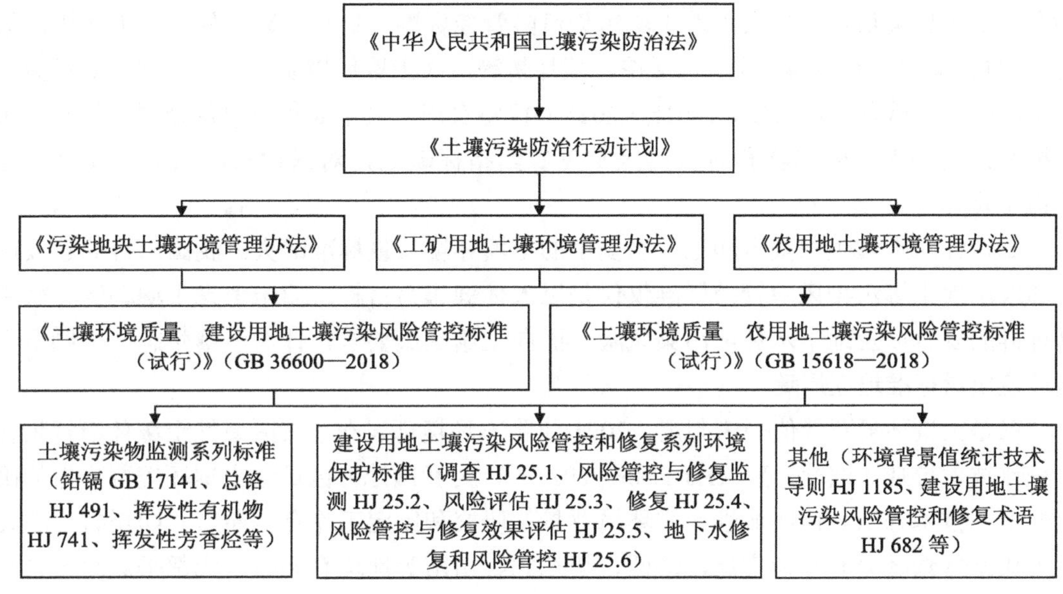

图 1　我国土壤环境管理法规标准体系

三是建立了较为完善的土壤污染物监测标准。截至 2020 年年底，我国出台了 45 项土壤中无机物、重金属监测分析方法标准、24 项土壤中有机物污染物监测分析方法标准、8 项土壤理化特性监测分析方法标准、2 项土壤中生物、微生物监测分析方法标准和 2 项土壤放射性元素监测分析方法标准，常见土壤污染物的分析测试方法逐步规范化。

四是建立与国家标准相协调的四川省土壤环境地方标准。“十三五”期间，四川省制定发布了《〈土壤污染防治行动计划〉四川省工作方案》《四川省污染地块土壤环境管理办法》《四川省农用地土壤环境管理办法》《四川省工矿用地土壤环境管理办法》等文件，完善了土壤环境保护管理体系。土壤环境标准方面四川省基本沿用国家和行业标准，尚未出台地方性土壤环境标准，但积极推动相关技术标准的制定，编制了《四川省建设用地土壤污染风险管控标准》《四川省固体废物堆存场所土壤风险评估技术规范》等征求意见稿，并以部门文件的形式发布了《在产企业土壤污染状况详细调查和风险管控技术指南》等技术规范。

（二）面临的形势与挑战

四川省工业行业类别全、土壤污染物多、地质背景复杂，对土壤污染风险管控技术与管理等方面的需求较为多样。《中共中央　国务院关于深入打好污染防治攻坚战的意见》也为新时期土壤污染防治工作提出了更高要求。现有土壤环境标准体系难以支撑土壤环境的高水平保护。

1. 土壤环境质量标准指标覆盖不足

一是土壤环境质量标准指标覆盖不足。全省重点行业企业用地调查检出有 88 项污染物在《土壤环境质量　建设用地土壤污染风险管控标准（试行）》以外，其中无机污染物 43 项，有机污染物 45 项，包括铊、草甘膦等。《土壤环境质量　农用地土壤污染风险管控标准（试行）》（GB 15618—2018）仅将农田土壤中 8 种主要重金属总量和 3 种有机污染物纳入，硫化物和有机磷等常见农药指标缺乏，对保护农产品质量安全而言覆盖不足。

二是针对土壤生态安全和地下水安全的土壤环境质量标准缺失。我国出台的建设用地和农用地土壤污染风险管控标准仅仅是以人体健康为目标，而未考虑土壤动物、微生物种群的安全以及地下水环境污染风险。面向土壤健康要求，针对土壤生态安全制定土壤环境质量标准迫在眉睫。

三是土壤环境背景值尚未制定。2021 年生态环境部发布了《区域性土壤环境背景含量统计技术导则（试行）》（HJ 1185—2021），为我国地方区域性土壤环境背景值的确定规范了技术方法。但区域性土壤环境背景值研究和制定工作有些滞后。四川省土壤元素地质高背景区分布较为广泛，攀西、川东北、川南等地均有分布。成都平原地区也存在砷背景值偏高的现象。但四川省尚未制定区域土壤环境背景值标准，为土壤环境质量判定造成困扰。

2．土壤污染风险管控技术链条尚不完善

一是土壤污染隐患排查技术规范针对性不足。生态环境部 2021 年发布了《重点监管单位土壤污染隐患排查指南（试行）》等文件，规定了重点监管单位土壤隐患排查的一般性要求。但不同行业企业生产工艺差别大，一般性规定难以详尽规定不同行业企业隐患排查的重点及要点，实际工作中存在隐患排查水平不平衡、部分企业排查不到位的现象，带来较大的土壤污染风险。

二是在产企业土壤污染状况调查与风险管控不规范。全省共有超过 100 家在产企业地块超过第二类用地筛选值，开展超标在产企业土壤污染详细调查和风险管控是防止土壤污染进一步扩大的重要举措，如何通过技术规范的制定将在产企业由“边生产边污染”向“边生产边管控”转变是亟须解决的问题之一。

三是土壤中部分污染物以及新污染物分析测试方法标准缺失。分析测试是开展土壤污染状况调查和风险评估的基础。吡啶、呋喃等四川省常见的特征污染物以及抗生素类、微塑料等新污染物暂无土壤分析测试方法标准。

3．土壤环境标准基础研究仍有差距

一是污染物迁移转化过程基础研究不足。土壤异质性较强，污染物在土壤圈的迁移转化过程复杂，污染地块土壤污染物影响地下水和周边用地的过程难以量化，对建设用地土壤污染风险评估造成一定影响。

二是污染物暴露模型基础研究不足。我国建设用地、绿地公园等用地类型中群众受土壤污染物的暴露途径和暴露时间与欧美等发达国家和地区有明显差异，而我国相关研究仍处于起步阶段。

三是新污染物控制基础研究不足。新污染物因其易累积和潜在危害大等特点逐渐受到社会各界的关注，一直以来也都是科学研究的热点，但其类型多、含量少，加之土壤异质性强，新污染物的调查、分析测试、毒理性质及风险评估等研究仍然不足。

二、国内外经验借鉴

国内北京、上海、浙江、重庆、深圳等10省（区、市）先后出台了地方建设用地土壤环境质量标准。欧美国家和地区在土壤标准体系方面的研究较为领先，制定了较为全面的土壤环境标准体系。国内外完善土壤环境标准体系的实践，可为四川省制定地方标准提供借鉴和参考。

（一）国内土壤环境地方标准制定情况

《中华人民共和国土壤污染防治法》施行后，北京、上海、浙江、重庆、广东、河北、江西、广西、辽宁、江苏等省（区、市）和深圳市等先行省（市）已经出台或正在开展地方建设用地土壤污染风险管控标准制（修）订工作，构建涵盖土壤污染调查、评估、风险管控、修复等多个内容的土壤环境标准体系，积累了宝贵的经验。

一是衔接国家标准体现区域特色。2020年，河北省和江西省相继出台了省级建设用地土壤污染风险管控标准。深圳市出台了我国第一个地市级土壤风险管控标准。新增铬、锌等68项污染物。浙江省发布了《建设用地土壤污染风险评估技术导则》（征求意见稿），重新制定45项国家标准基本项目筛选值和47项其他项目筛选值（新增检测项22项）。各省市级土壤风险管控地方标准，解决了当地建设用地的调查评估面临标准指标缺失问题。

二是将国内外研究成果本地化。浙江省从美国国家环境保护局综合风险信息系统等数据库中综合采纳了锑、砷等117项污染物毒性参数，构成了土壤污染风险评估数据库。深圳市在建设用地第一类用地标准中新增青少年宫、儿童活动中心等用地类型，并采用本地化的土壤容重、风速等关键暴露参数，同时将场地检出频率较高的污染物项目纳入地方标准。河北省统计了当地典型行业企业调查涉及的主要污染物，将检出率高的污染物纳入地方标准，并参考国内外优先控制污染物名单进行进一步优化筛选。

三是土壤环境标准体系逐渐完善。根据不同建设用地暴露情景存在较大差异，各地逐步开展了不同类型建设用地土壤污染风险管控标准的细化工作。北京市应用大数据等先进手段，研究人群在不同用地类型的暴露特征，正在制定公园等特殊用地的土壤环境质量标准。深圳市和韶关市分别发布了土壤环境背景值地方标准。江苏省发布了《建设用地土壤污染风险筛选值（征求意见稿）》，是国内第一个保护人体健康、土壤生态安全和地下水安全的土壤环境地方标准。

（二）国外土壤环境标准制定情况

土壤环境污染问题在世界各国普遍存在，为了解决这一问题，世界上主要发达国家如美国、英国、荷兰、加拿大、澳大利亚等结合本国国情，先后建立了以风险评估为核心，各具特色的土壤环境基准理论体系，制定了较为全面的土壤环境标准。主要特点有：

一是毒性参数和暴露模型研究先行。世界卫生组织、美国国家环境保护局、美国疾病预防控制中心等机构均建立了各类污染物毒理学数据库。英美等国家依据各自特点，分别开发了不同的场地污染暴露评估模型，为土壤标准的计算和建设用地土壤污染风险评估提供了技术支撑。

二是土壤污染风险管控体系完善。美国建立了保护人体健康、土壤生态安全、地下水安全等一系列场地筛选值体系；荷兰基于全国范围农业用地和自然保护地的调查和监测数据确定了土壤背景值以及评估土壤和地下水质量的目标值、干预值和严重污染指示水平值；英国建立了污染土壤可持续修复框架，在推动欧洲可持续修复方面发挥重要作用。

三是土壤污染风险管控标准增修频率较高。美国国家环境保护局 1983 年就创建了第一个国家污染场地优先清单；1996 年发布了计算场地污染水平的工具《土壤筛选指南：用户指南》；2009 年整合开发了区域筛查值网站，截至 2021 年，共进行了 34 轮增修，平均每年增修 2.4 次。

三、建立完善四川省土壤环境标准体系的对策建议

新时期土壤环境标准体系建设应与土壤环境保护形势相协调，坚持目标导向、问题导向、需求导向和成效导向，制定符合四川省实情的土壤环境质量标准，健全控源头、防风险、治污染、评效果等土壤污染防治技术规范，提升土壤环境标准制（修）订能力，持续完善土壤环境标准体系，为深入打好净土保卫战提供标准技术支撑。

（一）坚持目标导向，制定完善土壤环境质量标准

一是加快制定面向人体健康的四川省土壤环境质量标准。以保护人体健康为目标，以风险评估为手段，以衔接国家标准、立足四川实际、覆盖污染重点为原则，制定铊、总铬、氰化物、苯酚、草甘膦等四川省常见土壤污染物的风险筛选值和管制值，加大力度推进《四川省建设用地土壤污染风险管控标准》的尽快发布和动态更新。

二是推进制定面向土壤生态安全的土壤环境质量标准。针对不同区域生态功能定位，以保护土壤生态系统的完整性、系统性、良性循环以及生物多样性为目标，确定自然保护区、公园用地、住宅用地等不同土地利用类型下的土壤生态保护水平，筛选植物、土壤无脊椎动物、土壤微生物以及高等动物等多种四川省代表性生物物种，分区制定对人

体健康危害较低但生态危害性强的土壤污染物的风险筛选值，服务区域土壤环境标准化和差异化管理。

三是逐步制定面向地下水环境协同保护的土壤环境质量标准。以地下水环境安全为目标，针对地下水埋深较浅或容易受土壤影响的区域，如泸州市矿渣堆场黄矸水渗出区域、大型垃圾填埋场影响区域等，评估土壤污染物在土壤-地下水系统的迁移转化及水土界面平衡过程，开展建设用地土壤-地下水环境协同保护质量标准制定，推动土壤和地下水环境的协同保护。

四是协同制定面向农产品安全生产的农用地土壤环境质量标准。以农产品质量安全为目标，针对四川省农用地污染风险较为突出的镉等重金属以及有机磷等有机污染物，分析不同农作物根系吸收、可食用部位累积以及人体吸收效率，在标准 GB 15618—2018 的基础上增加土壤有效态重金属、有机磷等指标，协同制定农用地土壤环境质量地方标准，推动农用地土壤环境质量的精确判别和精细管理。

五是协同制定面向土壤污染成因分析和分区分类管理的区域土壤环境背景值地方标准制定。在综合利用多目标区域地球化学调查、农用地土壤污染状况详查等数据基础上，开展高背景区土壤重金属补充调查，分区制定有色金属成矿区、红层丘陵区和喀斯特岩溶区镉、铬、砷、铊、氟化物等污染物的区域土壤环境背景值，推动四川省高背景区土壤环境质量分区分类管理。

（二）坚持问题导向，织密土壤污染预防规范网络

一是加快制定具有四川省特色的土壤污染隐患排查系列技术指南。针对隐患排查工作水平不平衡、部分企业排查不彻底的问题，系统调研四川省特色重点行业企业和重点工业园区的生产工艺流程和污染隐患环节，衔接国家土壤污染隐患排查相关要求，分类制定四川省铅锌冶炼、农药制造等特色行业以及工业园区土壤污染隐患排查技术指南，推动隐患排查工作规范化、系统化。

二是推动制定土壤污染重点行业企业清洁化改造系列技术指南。基于土壤污染隐患排查成果以及在产企业源头防控类项目实施成效，总结提炼土壤污染重点行业企业清洁化改造经验做法，与发展改革、经济和信息化等部门联合制定重有色金属矿采选、皮革鞣制加工、农药制造等行业企业清洁化改造技术指南，加强清洁化改造与隐患排查成果的衔接，推动绿色化改造工作规范化、系统化。

三是加快出台固体废物堆存场所土壤风险评估技术规范。针对尾矿库、垃圾填埋场等固体废物堆场污染周边土壤和水体环境的问题，制定固体废物堆存场所土壤风险评估技术规范，评价堆存场所土壤环境质量以及堆存场所对周边污染物受纳介质环境质量的影响，综合评估固体废物堆场土壤风险并开展分级管控，推动四川省固体废物堆场环境管理的规范化。

（三）坚持底线思维，完善“土净食安”风险管控规范

一是推进四川省土壤典型污染物和新污染物分析测试方法标准化。基于土壤污染重点行业企业调查等数据成果，开展分析测试方法比选，推动制定吡啶、呋喃等四川省常见有机污染物以及微塑料、抗生素等新污染物在土壤中的分析测试方法系列标准，补齐土壤环境调查监测短板。

二是推进制定在产企业土壤污染状况详细调查与风险管控技术规范。参考国家关闭地块土壤污染状况详细调查与风险评估相关要求，推动制定在产企业土壤污染状况详细调查与风险管控技术规范，明确在产企业土壤污染状况调查的布点、采样监测、风险评估及管控要求，防止新增土壤污染，守住建设用地环境风险底线。

三是推进制定土壤污染重点监管单位及周边土壤监测技术规范。制定土壤污染重点监管单位自行监测和监督性监测技术规范，明确调查监测工作流程，规范土壤污染重点监管单位及周边土壤监测的布点、采样、分析测试与质控方法，推动重点行业企业自行监测和监督性监测规范化。

四是鼓励制定受污染耕地农作物正负面清单。基于农用地土壤污染状况详查成果，针对受污染耕地集中区域或市（州）粮食安全生产的需求，分区域开展农作物可食部位重金属累积系数调查和低累积品种作物筛选，鼓励有条件的市（州）制定受污染耕地农作物种植正负面清单，用于科学指导受污染耕地粮食种植和农用地安全利用。

（四）坚持规范指导，强化土壤环境修复技术要求

一是建立受污染土壤修复目标指标体系。针对人体健康、土壤生态安全、地下水安全、农产品安全生产等目标制定四川省污染地块和受污染耕地修复目标值地方标准，并逐步建立涵盖土壤物理结构、化学组成、生物群落构成以及固碳增汇、涵养水源等生态系统功能的土壤修复目标指标体系，用于指导受污染耕地和建设用地土壤修复以及土壤生态环境水平的持续提升。

二是推动制定重金属污染土壤修复技术指南。针对四川省不同地区土壤、水文和地质特点，开展涉镉等重金属行业企业、矿渣堆体等周边受污染耕地和地块土壤污染修复试点示范，推进典型区域重金属污染土壤的系统治理，筛选适用于四川的土壤重金属修复技术组合、实施方法和模式，制定重金属污染土壤修复技术指南，推动重金属污染土壤修复技术设计与工程实施的规范化。

三是推动制定有机污染土壤修复技术指南。开展有机农药类等有机污染耕地和地块土壤污染修复试点示范，筛选适用于四川的土壤有机污染物修复技术模式和实施方法，综合考虑基础自然地理条件、技术效果以及实施成本，因地制宜编制四川省有机污染土壤修复技术指南，推动有机物污染土壤修复技术设计与工程实施的规范化。

（五）坚持成效导向，建立健全治理成效评估规范体系

一是制定土壤污染风险管控与修复工程监理技术指南。针对污染场地风险管控和修复工程实施过程中地块位点确定、修复方案实施以及效果评估等关键环节，制定四川省建设用地土壤污染风险管控与修复工程环境监理技术指南，明确监理单位在工程设计、工程实施和效果评估中的工作内容、流程与方法，确保工程设计的科学性、工程实施的规范性、效果评估的准确性，落实风险管控与修复方案的治理效果。

二是细化土壤污染风险管控与修复效果评估技术方法。在国家《污染地块风险管控与土壤修复效果评估技术导则（试行）》（HJ 25.5—2018）的基础上，细化效果评估技术流程，结合地块前期调查情况、用地历史、地质水文条件、污染物特点以及修复过程的潜在影响，合理设置评估治理效果的监测点位，科学评估修复后的土壤环境风险，筑牢建设用地准入管理的最后一道防线。

三是强化土壤污染风险管控与修复工程验收技术规范。针对风险管控与修复工程实施规范性、修复目标达标性、地块可安全利用性、风险管控与修复过程中二次污染防控有效性以及后期管理措施的可行性等，制定土壤污染风险管控和修复工程评审验收技术指南，严控专家把好技术关、监理把好过程关、评估把好成效关。依据验收结果强化从业单位人员管理，制定从业单位人员奖惩制度，推动相关单位和人员技术水平的持续提高，促进四川省土壤环境治理行业健康发展。

（六）加强要素保障，提高土壤环境标准制（修）订能力

一是加强部门联动，促进环境协同治理标准共同制定。坚持山水林田湖草沙冰系统治理观念，加强各环境保护要素部门联动，推动水、大气、土壤、固体废物相关环境标准衔接。加强生态环境与农业农村、自然资源、发展改革、经信等部门联动，强化工业企业、矿山企业、固体废物堆场等“源”的治理技术规范与农用地、建设用地等“汇”的风险管控标准之间的有机衔接，推动土壤环境质量的全链条标准化管理。加强各级政府、科研团体、企业的沟通对接，制定省级、市级、团体标准、企业标准以及部门规章等土壤环境标准，形成多要素、多层级、全领域、全过程的土壤环境标准体系。

二是整合科研资源，提高技术引领能力。通过标准制定需求带动科技研发，以科技研发支撑标准制（修）订。整合高等院校、科研机构、企事业单位等单位科研优势，支持毒理学、暴露模型、土壤背景值、土壤污染物的迁移转化以及新污染物等一系列土壤环境标准相关基础研究与成果转化，补齐四川省土壤环境保护科研指导实践应用的需求。

三是强化交流对接，推动标准实施落地。发挥行业主管部门优势，开门编标准，充分了解行政管理、监督执法、调查评估、科技研发等各类需求，针对性开展标准制（修）订工作。充分用好国内外已有经验成果，注意吸收企事业单位一线建议，积极听取公众意见。做好技术培训和宣传解读，推动相关单位与社会各界关心支持土壤环境保护工作，

充分发挥标准对生态环保事业发展的预期引领和“倒逼”作用。

四是强化跟踪评估，推动标准常修常新。充分用好四川省生态环境标准化技术委员会等技术平台，实时跟踪国内外土壤环境相关标准动态和需求，定期评估土壤环境标准实施效果，分析问题、研判形势，根据实际情况开展标准制（修）订，推动标准定期制修和常修常新，不断健全土壤环境标准体系，持续提高土壤生态环境保护工作的科学性和规范性。

关于开展省属国有企业生态环境保护督察的思考与建议

摘　要：开展国有企业生态环境保护督察，是督察工作的纵深发展，是新时代生态文明建设和生态环境保护工作赋予的重大使命和责任担当，是推动国有企业绿色发展，促进人与自然和谐共生的重要制度保障。为确保四川省省属国有企业生态环境保护督察工作顺利开展，本文对中央生态环境保护督察的6家央企和部分省（市）督察所属重点国有企业情况进行了分析研究，现结合四川省实际提出建立有“权威”的督察组、做足功课确保督察聚焦、提前排查关注差异性、科学设置督察组别、优化督察方式、完善沟通机制、探索办理“结果”核查、建立省属国有企业生态环境保护督察专家库8条意见建议。

关键词：国有企业；生态环境保护督察；绿色发展；制度保障

习近平总书记指出：“保护生态环境必须依靠制度、依靠法治。”党的十八大以来，我国全方位构建起生态文明制度建设的“四梁八柱”，其中，生态环境保护督察制度正是关键一招。2019年6月，中共中央办公厅、国务院办公厅印发《中央生态环境保护督察工作规定》，以党内法规形式明确将中央企业纳入中央生态环境保护例行督察的督察对象，拉开了“党政企”督察全覆盖的序幕。2021年7月，四川省委、省政府专门出台了《关于贯彻落实〈中央生态环境保护督察工作规定〉规范开展省级生态环境保护督察的通知》，将从事的生产经营活动对生态环境影响较大的省属国有企业纳入省级生态环境保护督察对象。

国有企业在经济社会发展中发挥“主导作用”和“基础作用”，特别是在化工、有色金属、煤炭、钢铁、能源、交通、制造业等关键领域占据支配地位，担负着促进经济社会发展全面绿色转型的主力军职责。对国有企业开展生态环境保护督察，是推动其完整、准确、全面贯彻新发展理念，加快重塑产业结构、能源结构，转变生产方式的重要手段，事关全面建成社会主义现代化强国、实现第二个百年奋斗目标，事关以中国式现代化全面推进中华民族伟大复兴。

一、新时代中央生态环境保护督察国有企业的特点变化

（一）督察要求更为聚焦明确

在思想认识方面，督察重点包括学习贯彻落实习近平生态文明思想，贯彻落实习近平总书记有关生态文明建设和生态环境保护重要指示批示精神，特别是对国有企业做好生态环境保护工作的重要指示批示精神贯彻落实情况。在贯彻落实重大战略方面，督察重点包括落实中共中央、国务院关于生态文明建设和生态环境保护重大决策部署情况，特别是推动碳达峰碳中和落实情况等。在绿色发展方面，督察重点包括立足新发展阶段，深入贯彻新发展理念，主动服务和融入新发展格局，推动高质量发展情况，特别是严格控制“两高一低”项目盲目“上马”、淘汰落后产能等内容。在履行主体责任方面，督察重点包括执行生态环境保护法律法规、政策措施、规划标准以及国有企业生态环境保护长效机制建立运行等内容。在突出环境问题治理方面，督察重点包括大气、水、固体（危险）废物污染防治等内容。在整改落实方面，督察重点包括中央生态环境保护督察，以及其他重要督查检查发现问题和中央媒体曝光问题整改落实情况。

（二）例行“督企”与前期“督企”目标不同

在督查阶段，对国有企业未实行生态环境保护督察前，企业生态环境监管实施主要依赖环境监察机构、环保综合督查等，重点关注的是企业突出生态环境问题，强调对企业污染防治的末端督查检查，实现“以督查促治理”。在督察阶段，督察国有企业具有系统性，是一次全面的生态环境保护工作“体检”，实现“以督察促发展”。一是从“大环保”视野，解决国有企业生态环境保护工作思想认识问题，督促国有企业把讲政治放在首位，树牢以人民为中心的发展思想；二是推动国有企业从生产“源头—过程—末端”全链条解决突出生态环境问题；三是推动国有企业建立长效机制，夯实生态环境保护“党政同责”“一岗双责”，践行绿色发展理念。

（三）督察党委、政府与“督企”各有侧重

一是督察关注点不同。督察党委、政府方面，侧重生态环境保护政治责任落实、全面贯彻新发展理念、统筹推动生态环境保护、深入打好污染防治攻坚战、构建现代环境治理体系等情况。督察企业方面，除关注落实生态环境保护政治责任、全面贯彻新发展理念、统筹推动生态环境保护、深入打好污染防治攻坚战等外，还关注了国有企业生态环境保护主体责任落实、生态环境保护法律法规执行、生态环境保护长效机制健全完善、污染防治设施建设运行等。

二是督察区域有所差异。督察党委、政府时，督察区域主要集中在地方行政区划范

围内的县（市、区）和经济开发区。就企业而言，国有企业下属企业数量多，分布在全国或全省各地，督察组通常将人员分成总部组和区域组，总部组重点负责总部层面的督察，区域组按照所属企业区域，有针对性地进行现场督察。

三是人员配备有所侧重。整体来看，督察组实行组长负责制，副组长协助组长开展工作，成员多以生态环境部各区域督察局组成，抽调部分地方生态环境保护督察工作人员。鉴于国有企业点多面广，涉及行业较为广泛，生产工艺、技术差异较大，从精准识别问题角度出发，还抽调了有关领域专家进行技术支持。

二、中央、省级国有企业生态环境保护督察经验

（一）中央生态环境保护督察聚焦行业分批开展

第二轮第一批中央生态环境保护督察以来，中国五矿集团有限公司、中国化工集团有限公司等 6 家国有企业成为督察对象，集中通报典型案例 14 个、约谈企业有关责任人 78 人（次）、问责 111 人（次）。从督察反馈情况来看，企业存在生态环境保护认识不深刻、主体责任落实不到位、集团环境管理“宽、松、软”、生态环保考核内容笼统等问题，生态环境保护工作现状与国有企业应起到的引领示范作用还有较大差距。对不同行业关注重点分析如下。

一是有色金属类——聚焦企业资源开发、生态保护情况。从中国黄金集团、中国有色矿业集团有限公司、中国五矿集团有限公司督察反馈来看，资源开发中存在无证开采、以探代采、越界开采、超许可开采等问题，破坏原生生态和地貌、侵占林地草原、挤占河道、矿井废水直排、生态修复治理滞后、绿色矿山管理长效机制不健全等现象频发。

二是制造类——聚焦企业环境污染和风险隐患。从中国化工集团有限公司、中国铝业集团有限公司督察反馈来看，危险废物收集、贮存、转移、处置不规范，大气污染物浓度大幅超标排放，污染防治设施缺失，环境风险防范化解不到位，环境污染和风险隐患突出。

三是建材类——聚焦企业产业结构调整和违法违规行为。从中国建材集团有限公司督察反馈来看，企业产业结构调整落实不到位，工艺落后、超标排放，产能置换政策执行不力等问题突出。

（二）省级国有企业生态环境保护督察实践经验

重庆全覆盖开展了市属国有重点企业生态环境保护督察，形成了一系列经验做法。一是厘清督察对象。提前与市委组织部、市国资委等部门沟通衔接，摸清市属国有重点企业组织架构、业务范围、经营领域及全资或控股企业等情况，形成全市市属国有重点企业工作情况“一张图”，确定将 30 家与生态环保密切相关企业纳入督察对象。二是注

重“督帮”结合。充分发挥桥梁纽带作用，坚持市属国有重点企业主体责任、区（县）属地责任、市级部门行业主管责任的原则，打通堵点、连接断点，同时加强帮扶，指导解决难点问题，通过联动贯通各类责任主体，推进各方责任落地落实。三是严督实察促落实。现场督察结束后，“点对点”跟踪，督促各企业落实督察指出的完善机制、系统排查、扎实整改等有关工作要求，确保企业整改规范、有效。

三、思考建议

四川省政府国有资产监督管理委员会官网信息显示，目前，全省省属监管企业 19 家，业务板块涵盖：矿产资源、装备制造、能源化工、水电开发、煤炭工业等领域，且在全省该领域属于骨干力量，承担着服务四川省全面绿色转型发展、推动和引领四川省经济高质量发展的政治责任。但一些突出生态环境问题的“肇事者”仍存在国有企业的“影子”，从第二轮中央生态环境保护督察反馈报告不难看出，有的国有企业生态环境保护主体责任落实不力、绿色发展理念树立不牢，导致环境污染、生态破坏等问题多发，既影响国有企业示范引领形象，又偏离高质量发展的轨道。开展省属国有企业生态环境保护督察，发挥督察“利剑”作用，不仅能有效提升省属国有企业生态环境治理能力，夯实其生态环境保护主体责任，更能增强其做好生态文明建设和生态环境保护工作的政治责任感和历史使命感。

（一）做足功课，掌握重点摸清底数，做到督察“精准”

开展省属国有企业生态环境保护督察，目的是促进省属国有企业完整、准确、全面贯彻新发展理念，更要为民营企业坚持绿色低碳发展树立标杆。前期工作中必须把握被督察国有企业所属领域和所在区域，找到督察的重点和差异性，做到指向明确、问题精准，使得督察质量和效率“双提升”。

一是吃透精神，确保督察聚焦。在生态环境保护政治责任方面，要认真学习党中央、国务院和省委、省政府关于生态文明建设和生态环境保护的决策部署，细化出省属国有企业需贯彻落实的内容，并使之条目化、清单化。如学习贯彻习近平生态文明思想、落实生态环境保护“党政同责、一岗双责”、践行绿色发展理念、深入打好污染防治攻坚战等情况。在生态环境保护法律方面，要熟悉国家生态环境保护法律、法规、规章和关于督察对象的政策规划、行业标准等，同时，要知晓宪法、刑法、行政法中关于生态环境保护的司法解释和法律执行依据。如《中华人民共和国环境保护法》《中华人民共和国长江保护法》《中华人民共和国节约能源法》《固定资产投资项目节能审查办法》等。在企业生态环境保护主体责任方面，要梳理省属国有企业作为生态环境保护主体应建立的生态环境保护制度，污染防治设施、环境风险评估、应急预案等落实情况，如严格落实企业生态环境保护第一责任人责任、执行建设项目环境保护“三同时”制度、环境风险排查机制、应急预案执行等。在践行绿色低碳转型发展方面，要掌握党中央、国务院关于绿色低碳发展的“顶层设计”和省委、省政府关于“碳达峰碳中和”、落后产能淘汰等方面的部署要求。如《关于加强高耗能、高排放建设项目生态环境源头防控的指导意见》《关于省属企业碳达峰碳中和的指导意见》等。

二是关注差异，做到有的放矢。省属国有企业所属行业不同，主营业务也就不同，同时存在一个企业多元业务的问题，在制定设计督察方案中，要突出重点，关注督察对象的行业特性容易造成的环境问题，分门别类，摸清被督察省属国有企业“家底”，实行“一企一策”。化工类企业，重点关注环境风险、危险废物处置、污染物排放等方面。采矿类企业，重点关注生态破坏、固体废物处置、违规违法开采等方面。制造类企业，重点关注节能减排、落后产能淘汰、污染物排放等方面。交通类企业，重点关注道路、铁路等线性工程，以及船舶码头港口生物多样性保护、生态破坏、固体废物处置、手续合规合法性等方面。工程施工类企业，重点关注污染物排放、居民满意度等方面。电力类企业，火力发电厂重点关注污染物排放等方面；水电站重点关注生态保护等方面。

三是摸排画像，锚定靶向用力。做好督察对象前期排查，全面、客观、准确掌握一定问题线索，有利于在时间有限的督察进驻期间直面问题、解决问题。企业自查，根据督察工作规程，提前拟定基本情况、组织机构、业务板块、项目位置分布图、生态环境保护工作总结等材料。部门征求，向省属国有企业监管部门、行业管理部门、省纪委监委、省委组织部等有关省直部门和项目属地政府，征求督察对象生态环境保护问题线索。暗访调查，组织专业队伍提前对督察对象开展暗查暗访，收集问题线索和相关证据，拍摄突出问题视频素材。系统内部管理，对生态环境部、西南督察局反馈问题，生态环境厅日常掌握的问题线索，进行事先甄别梳理。注重民意收集，一方面，网络民意，组织在网络、微博、微信、抖音、小红书等平台，收集督察对象生态环境问题线索；另一方面，组织开展项目属地周边群众生态环境满意度调查。督察进驻前，梳理汇总问题线索，形成问题清单，逐项研判问题严重程度，形成重点督察事项。

四是加强组织，规范有序督察。从中央生态环境保护督察来看，一些国有企业因级别高、经济实力雄厚，一方面地方依赖其增加“GDP”，地方对其驻地下属公司存在不敢管的现象；另一方面国有企业总部对下属公司查处结果“视而不见”，一定程度纵容了下属企业的违法违规行为。省属国有企业生态环境保护督察要抓住“牛鼻子”，关键是落实生态环境保护“党政同责、一岗双责”。建立有“权威”的督察组，建议省属国有企业生态环境保护督察工作以省委、省政府名义开展，由省委、省人大、省政府、省政协领导担任督察组组长，并根据省属国有企业行业特点分类建立专家库，督察组成员从省纪委监委、省委组织部、省发展改革委、经济和信息化厅、生态环境厅等有关省直部门，以及行业专家库中选配。厘清督察对象责任。省属国有企业组织架构复杂、管理体系特殊、业务分布范围广，要清晰界定省属国有企业生态环境保护责任，省属国有企业与项目属地政府间的生态环境保护责任、省属国有企业总部与下属企业间的生态环境保护责任，避免因责任界定不清影响督察实效。规范督察形式，对标中央生态环境保护督察做法，编制省属国有企业生态环境保护督察工作规范和模板范式，制定工作手册，明确职责和责任人，开展督察工作流程、督察方式、工作纪律培训，根据督察需求及时配备督察设备物资，确保督察组随时进入“战斗状态”。

（二）细致部署，多措并举深挖细查，确保督察“严实”

开展省属国有企业督察的复杂性，在于企业点多、面广、战线长，跨领域、跨行业、跨区域，专业性强、任务重、时间短。要优化“综合督察、重点督察、分析汇总”的分段式模式，创新督察方法，同步推进，促进督察工作“快、准、实”。

一是科学设置督察组别。将督察组设置为“总部组+区域组”，根据被督察省属国有企业业务区域设置区域组，内设若干小组，充分利用前期准备成果，结合问题清单和督察重点事项，互相配合全面开展督察工作。总部组主要负责总部层面的督察，区域组小组人员配备结合企业业务以“领队+行业专家”领衔组合，聚焦问题针对性开展督察。

二是优化督察方式。总部督察主要采取“个别谈话+资料调阅+走访问询+受理举报+线索梳理”的方式开展工作。下沉督察以问题为导向，采取“四不两直”的方式，先查看后调查，进一步完善证据链。根据企业生产特性，建立晨查、夜查、明察、暗访、突查、抽查的现场检查方式，同时，加强遥感卫星、无人机、天眼监控、红外热成像和大数据分析等新技术、新设备、新方法的应用，提高督察的科学性和有效性。重点问题线索采取机动式、点穴式或“杀回马枪”的方式开展核查，并全程拍摄留证。

三是畅通信访举报。要扩大群众知晓面，在常规的新闻、督察公告发布基础上，注重“总部+分公司”的内部宣传，利用公司官网、官微、公众号、大屏幕、公开栏等形式，宣传督察动态、督察公告；突出“公司驻地+项目属地”的社会面宣传，在公司、项目所在地利用电视、网络、报纸等媒介，每日公布举报电话、举报信箱和监督电话，同步以短信形式定期向公众推送督察公告，提升群众知晓度、参与度。

四是完善沟通机制。坚持信息互通，总部组与区域组建立每日信息共享制度，总部组将需要现场核查的问题线索清单化，及时移交区域组核查；区域组及时将下沉督察发现需要总部组核查的问题线索，反馈总部组研究部署；各小组间及时交流工作经验，提出需共同核实的问题线索，确保督察顺畅迅速。建立“三方”会商机制，核查事项存在主体不清、责任不清时，督察组组织督察对象、有关地方政府“三方”会商，并根据需要邀请相关部门参加，共同研究处置，确保督察事项责任明确，有人抓、有人管。建立行业反馈制度，按照管行业必须管环保的要求，督察组及时将督察对象存在的问题反馈行业主管部门，传导压力，“倒逼”履职尽责。

（三）精准把脉，追根溯源督帮结合，确保督察“到位”

省属国有企业生态环境保护督察，不仅要关注企业“环保数据”，更要关注企业生态环境保护“政治担当”，既查“现象”又查“内因”，找准生态环境问题产生的原因，帮助建立“源头严防、过程严管、后果严惩”的全链条管控体系。

一是深入剖析找准“穴位”。建立问题分析研判制度，对查找出的问题，根据资料调阅、约见约谈、现场核查等情况，从生态环境保护政治站位、思想认识、新发展理念、体制机制、政绩观等方面，集中分析研判问题产生根源，并视情邀请行业主管部门、项目属地政府共同参与，确保问题分析精准。突出典型案例震慑作用，围绕突出生态环境问题原因调查，采取“文字+图片+视频”方式，制作发布不少于 2 个典型案例，形象直观曝光问题，发挥查处一案、警示一片的综合效应。写好督察报告，督察报告坚持问题导向，不仅要指出问题，更要指出问题产生的原因，允许督察对象“自我辩护”，充分征求行业专家意见，使得报告质量各方“信服”，并及时向社会公开督察报告主要内容。

二是案件交办要及时。完善群众来电来信案件处理流程，案件移交办理时，对应当由督察对象办理的案件，每日严格程序及时移交，能立行立改的坚持立即整改；无法立行立改的明确整改措施和时限；对应当由省直有关部门或项目属地办理的，由省生态环境保护督察工作领导小组办公室统一移交，并要求限时反馈办理情况。坚持依规、依纪、依法问责，对发现的生态环境损害问题线索，严格调查审核，形成调查报告，按照权限、程序交由省直有关部门或督察对象调查处理。

三是全过程推动整改。既要“把脉”，也要“开方”，现场督察发现的问题，现场“点对点”帮助明确整改方向、整改措施或方法；建立边督边改事项“回访”机制，对已反馈办理情况的整改事项进行电话“回访”或现场“回访”；督察进驻结束后，指导督察对象按照清单制+责任制+销号制要求，编制整改方案，严格执行销号制度，确保问题整改到位；按照行业属性，探索建立生态环境问题整改行业标准，提升行业性问题整改质量。

（四）探索创新，健全机制完善制度，确保督察“有力”

省属国有企业生态环境保护督察，是生态环境保护督察范围的拓展，是促进省属国有企业履行生态环境保护主体责任的制度探索，可以在督察人才配备、组织形式、制度机制等方面尝试开展一些创新探索，推动督察工作更好服务于生态文明建设和生态环境保护。

一是建立省属国有企业生态环境保护督察专家库。督察省属国有企业专业性强，根据四川省国有企业行业属性，遴选一批化工、建筑、交通运输、水利、电力、环境、法律、矿业等方面专家，建立省属国有企业生态环境保护督察专家库，定期对生态环境保护督察人员库入库人员开展培训，并提供政策、业务咨询，提高发现问题和解决问题的能力。建立专家退出机制，如有违纪违法、不良信用记录等，及时调出专家库。

二是建立省属国有企业生态环境保护“闭环监督机制”。省国资委、行业主管部门将推动省属国有企业落实生态环境保护作为本单位重要工作内容，完善省属国有企业负责人生态环境保护目标考核，经常性开展生态环境保护法律、法规教育活动。省属国有企业要建立生态环境保护重大事项决策机制和督查督办制度，健全生态环境保护责任体系，厘清总部公司、直管二级公司、基层企业生态环境保护职责边界，压紧压实各层级责任。属地生态环境部门要发挥综合监管职能，摒弃“怕得罪”的心理，将省属国有企业纳入监督检查范围，坚决移交查处违法行为。

三是建立健全机制。建立省属国有企业负责人离任环境责任审计制度，将生态文明建设和生态环境保护工作作为重要审计内容；省国资委开展省属国有企业政治巡视，将生态环境保护工作纳入巡视范围；在督察期间，将生态环境保护政策宣传宣讲纳入工作范围，做到实现压力传导到位、政策宣讲到位、问题检查到位。

四是探索办理“结果”核查。根据督察对象整改情况，尝试委托“第三方”以随机抽查、突击检查、明察暗访等方式，对整改结果进行核查或“评估”，确保整改措施落在实处、取得实效。对整改敷衍、弄虚作假的，按程序移送调查处理。

关于“测管协同”的经验总结分析及完善政策建议

摘　要：近年来，各级生态环境部门积极作为、创新举措，“测管协同”工作取得了长足进步，生态环境管理质效得到了有效提升。但仍存在环境监测、环境执法、环境管理、环境决策之间缺乏有效联动配合，导致延误形势研判、错失“战机”等问题。据此，建议突出基于协作的分工，明确“测管协同”工作内容；强化事前、事中、事后三环节工作方式，提升“测管协同”工作效能；围绕环境执法案件、突发生态环境事件、环境质量异常情况、环境信访投诉等四大重点领域，明晰“测管协同”工作重点；健全工作专班、工作计划、多向预约、特事特办、超标快报、清单管理、信息共享、联合培训、“多向持证”等九项机制，夯实“测管协同”工作基础。

关键词：环境监测；环境执法；环境管理；环境决策

一、“测管协同”的重要意义

（一）“测管协同”是提升生态环境管理效能的重要内容

近年来，我国环境监测逐步实现从手工到自动、从粗放到精准、从分散封闭到集成联动、从现状监测到预测预警的全面深刻转变，提供的监测数据产品更加丰富、科学、准确、及时，为生态环境管理提供了重要基础支撑。执法机构以监测数据为依据，有效打击各类生态环境违法行为，为生态环境管理提供了坚强保障。管理部门根据监测数据，分析判断生态环境形势，及时调整政策措施，为实现生态环境管理目标提供科学指引。环境监测、环境执法、环境管理协调配合，形成工作合力，是提升生态环境管理效能的重要内容。

（二）“测管协同”是深入打好污染防治攻坚战的重要保障

2021 年 11 月，中共中央、国务院印发《关于深入打好污染防治攻坚战的意见》，对“十四五”时期深入打好污染防治攻坚战作出一系列重大决策部署。污染防治攻坚任务更加艰巨，对标新形势、新目标、新任务、新要求，亟须用好、用足环境监测、环境执法这两支环保铁军队伍，实现更科学、高效的环境管理，为深入打好污染防治攻坚战，持续改善生态环境提供重要保障。

（三）“测管协同”是加强环境治理能力现代化建设的有力支撑

保护生态环境必须依靠制度、依靠法治，坚持精准治污、科学治污、依法治污。中共中央办公厅、国务院办公厅《关于构建现代环境治理体系的指导意见》指出，要坚持依法治理，严格执法、加强监管，加快补齐环境治理体制机制短板。环境监测、环境执法、环境管理有效联动，是统筹解决区域、流域生态环境问题，强化追根溯源、分类施策、系统治理，依法严厉打击各种环境违法行为的重要手段，是加快推动环境治理能力现代化建设的有力支撑。

二、“测管协同”存在的问题

但在生态环境管理具体工作中，时常因环境监测、环境执法、环境管理、环境决策之间脱节，缺乏有效的联动配合，导致延误形势研判、错失“战机”，而无法及时开展相关处置应对。因此，有必要进一步完善“测管协同”工作机制，推动监测、执法、管理、决策有效联动，推进生态环境保护各项工作高效协调发展，为深入打好污染防治攻坚战夯实硬支撑。

三、关于进一步完善“测管协同”工作机制的建议

（一）指导思想

以习近平新时代中国特色社会主义思想为指导，全面落实习近平生态文明思想和习近平法治思想，深入贯彻党的二十大精神以及习近平总书记来川考察重要讲话精神，积极服务生态环境保护中心工作，坚持方向不变、力度不减，突出精准治污、科学治污、依法治污，完善环境监测、执法、管理协调联动的“测管协同”工作机制，充分发挥生态环境保护铁军工作效能，深入打好污染防治攻坚战，推动生态环境质量持续改善，切实维护人民群众环境权益，为四川省经济高质量发展和生态环境高水平保护提供坚强保障。

（二）工作原则

坚持目标导向。紧密围绕持续改善生态环境质量，深入打好污染防治攻坚战目标任务，树牢环境管理总揽，监测向执法延伸、执法向监测融入的总基调，提升生态环境管理效能。

坚持协调联动。环境监测机构、环境执法机构、环境管理部门应当加强事前沟通、

事中配合、事后会商，聚焦“测管协同”工作中薄弱环节，强化改革创新，持续探索完善协同机制。

坚持规范高效。严格依照法定要求、技术规范开展协同联动，明确“测管协同”工作程序，协调工作要求，确保工作规范、证据符合审理标准，准确、及时打击环境违法行为。

（三）重点举措

1. 突出基于协作的分工，明确“测管协同”工作内容

在职责分工上，环境监测机构主要负责样品采集、样品运输及保存、样品分析、监测数据及报告等监测流程，环境执法机构主要负责排污单位污染物排放、污染物处理设施运行情况等现场检查，管理部门主要负责统筹协调、分析研判、决策部署等。在工作程序上，明确计划制订、快速响应、方案制定、现场实施、报告报送、线索移送、会商分析等工作内容和要求。

2. 强化三环节工作方式，提升“测管协同”工作效能

一是强化事前沟通。提出“测管协同”联动工作需求的一方应在事前草拟联动工作方案，明确联动事项、对象、时间、分工及联动过程中其他需特别注意的事项，会商后予以确定。二是强化事中配合。现场实施时，监测人员、执法人员、相关管理部门应按照联动工作方案，分工负责、密切配合。现场检查、监测情况等应及时相互沟通。三是强化事后会商。加强协同工作事后会商，通报工作进展，形成反馈材料，开展总结并解决协同工作中存在的问题。

3. 围绕四大重点领域，明晰“测管协同”工作重点

一是环境执法案件处置。由环境执法机构负责环境执法案件的统筹工作，事前通过监测联系单与环境监测机构联系，联系单应载明监测日期、监测点位、监测因子、执行标准等基本信息，环境监测机构接到联系单后，根据执法监测工作要求做好监测准备；事中执法与监测人员应相互配合，分工协作；事后环境监测机构应及时告知环境执法机构监测结果，环境执法机构根据监测结果、现场调查情况等，按照环境执法相关规定进行案件查处。二是突发生态环境事件应急处置。由环境应急管理部门负责应急处置的统筹工作，第一时间将事故发生的时间、地点、性质、原因及已造成的污染影响情况等通知环境监测机构、环境执法机构及大气、水、土壤、固体废物等相关业务管理部门；环境监测机构接报后，在第一时间完成人员、设备、车辆等准备，启动应急监测，制定应急监测方案，开展监测并持续报送监测信息；环境执法机构、环境应急及相关业务管理部门负责进行现场勘查，查清事故源头；环境应急及相关业务管理部门、监测机构、执法机构共同开展突发生态环境事件的影响情况研判和评估，根据突发生态环境事件应急预案相关规定采取措施处置应对，排除隐患、控制事态。三是环境质量异常情况处置。大气、水、土壤等相关业务管理部门按照环境质量影响的异常情况和可能造成的严重程度、危害程度、紧急程度、发展势态和影响范围等，建立异常情况分级响应机制，并负责统筹工作。环境监测机构定期定时分析每日、每月环境质量数据，关注水、气自动监测站实时监测数据，及时向相关业务管理部门报告异常情况。由相关业务管理部门、监测机构、执法机构共同开展异常情况研判、评估和溯源，采取措施处置应对。若异常情况达到突发生态环境事件应急预案启动条件，则按照应急预案相关规定进行处置。若异常情况由排污单位或个人违法排污造成，则按照环境执法程序进行调查处置。四是环境信访投诉处置。由环境信访管理部门负责统筹工作，对信访投诉事项进行梳理、分类，按照规定程序将信访投诉案件情况转交大气、水、土壤、固体废物等相关业务管理部门，由相关业务管理部门协调环境执法机构进行现场调查。如需开展现场监测，则通过监测联系单及时将监测需求告知环境监测机构，做好相关监测工作。对复杂、疑难案件，现场监测、现场调查结束后，由相关业务管理部门、环境监测机构、环境执法机构共同开展研讨、会商。若信访投诉案件调查结果为涉及环境违法行为的，则按照环境执法程序进行调查处置。最终调查处置情况由相关业务管理部门在规定时间内书面回复信访人，并报环境信访管理部门备案。

4．健全九项机制，夯实“测管协同”工作基础

一是健全工作专班机制。各地生态环境部门应强化组织领导，成立工作专班，环境监测机构、环境执法机构、环境管理部门各自确定 1 名日常联络员，负责工作对接。定期召开联席会议，互相通报相关工作情况，及时总结经验做法，共同研究解决协同过程中存在的问题，研究制定阶段性任务措施，提高协同响应时效，对疑难、复杂案件及时进行会商研讨，确保证据链完整和证据真实可靠。二是健全工作计划机制。环境监测机构制订年度监测计划、环境执法机构制订执法监测年度计划和专项计划、相关业务管理部门制订监督检查计划时，应互相征求意见，以保障监测机构、执法机构、管理部门可根据计划提前做好相关工作安排协同，减少计划安排上的重复、冲突等问题。三是健全多向预约机制。环境监测机构根据年度监测计划等需要，提前预约执法人员；环境执法机构根据专项执法、“双随机”检查等需要，提前预约监测人员；相关业务管理部门根据专项检查等需要，提前预约监测、执法人员，确保提前做好人员、设备、车辆等安排和准备工作。四是健全特事特办机制。对于突击执法检查、上级交办、突发事件、紧急信访调查等时效性较强的任务，应实施特事特办机制，坚持即收即办、急事急办、马上就办。环境监测机构、环境执法机构、相关管理部门应迅速落实人员，配合开展监测与现场检查。五是健全超标快报机制。环境监测机构在完成监督性监测、执法监测工作后，应及时将监测结果通报相关业务管理部门和环境执法机构，发现超标情况应实行快报制，立即通报并优先出具监测报告，相关业务管理部门、环境执法机构接到通报后应迅速开展调查和后续处置。六是健全清单管理机制。开展执法、应急、环境质量或信访投诉监测前，环境执法机构或相关管理部门应向环境监测机构出具监测联系单。无法事先确定的内容应在监测现场确定，事后补充填报相关内容，实现监测活动全流程、全要素留痕和全过程质量控制。七是健全信息共享机制。推进生态环境监测数据、生态环境违法案件信息和生态环境管理信息共享，开展监测数据、违法案件线索分析，实现环境监测、执法、管理有效联动，为生态环境保护决策、管理等提供数据支持。八是健全联合培训机制。采用环境监测与环境执法人员交叉学习、集中培训、专项培训、跟岗培训等方式，强化人员技术培训。同时，借助“大练兵”“大比武”等活动，对标补短，推动环境执法人员、环境监测人员、环境管理人员同时具备行政执法和现场监测专业知识，全面提升“测管协同”工作效率。九是探索“多向持证”机制。县级生态环境分局探索“局队站合一”运行方式，将承担执法监测任务的监测人员逐步纳入生态环境保护综合行政执法体系。对纳入执法体系的监测人员、环境管理人员，经培训考核后，核发相应的行政执法证。实现一员多证、一员多能，有力应对紧急情况下人力不足、协调困难等问题。

总结四川省生态环境保护立法经验，推进科学立法、民主立法、依法立法

摘　要：科学立法、民主立法、依法立法三者关系密不可分。四川省现行生态环境保护立法坚持党的领导，坚持以人民为中心，坚持山水林田湖草沙一体化保护，形成了较为完备的法规制度和鲜明的地方特色，但也存在立法空白、选题重复、配套制度滞后等不足。据此建议，四川省生态环境保护立法应当要做好立法规划、明确立法目的、加强立法评估，重视立法调研、区分调研对象、创新调研方式、做好意见征集，遵守法定程序、维护法制、完善配套制度，切实推进科学立法、民主立法、依法立法。

关键词：生态环境保护；科学立法；民主立法；依法立法

一、贯彻落实科学立法、民主立法、依法立法的要求

（一）科学立法、民主立法、依法立法的溯源

科学立法、民主立法的提出。2001 年，第九届全国人大四次会议常委会工作报告首次明确提出“在立法工作中坚持民主集中制原则，力争做到立法决策的民主化、科学化”。2006 年，第十届全国人大四次会议常委会工作报告要求“要在总结经验的基础上，进一步推进科学立法、民主立法，使之制度化、规范化和程序化”，会议通过的《中华人民共和国国民经济和社会发展第十一个五年规划纲要》提出要“贯彻依法治国基本方略，推进科学立法、民主立法，形成中国特色社会主义法律体系”。2007 年，党的十七大报告明确提出“要坚持科学立法、民主立法，完善中国特色社会主义法律体系”。2012 年，党的十八大提出“要推进科学立法、严格执法、公正司法、全民守法”。2014 年，党的十八届四中全会作出《中共中央关于全面推进依法治国若干重大问题的决定》，进一步提出“深入推进科学立法、民主立法”。

从科学立法、民主立法到依法立法。2017 年，党的十九大报告提出“推进科学立法、民主立法、依法立法，以良法促进发展、保障善治”，首次将依法立法与科学立法、民主立法正式并列提出。2018 年，在中央全面依法治国委员会第一次会议上，习近平总书记指出，要善于运用制度和法律治理国家，提高党科学执政、民主执政、依法执政水平。

2019年，在中央全面依法治国委员会第二次会议上，习近平总书记再次指出，发展要高质量，立法也要高质量。要积极推进重点领域立法，深入推进科学立法、民主立法、依法立法，提高立法质量和效率。2022年，党的二十大报告再次强调“要完善以宪法为核心的中国特色社会主义法律体系，加强宪法实施和监督，加强重点领域、新兴领域、涉外领域立法，推进科学立法、民主立法、依法立法”。

（二）科学立法、民主立法、依法立法的内涵

从法律角度来看，《中华人民共和国立法法》在总则部分专门用三条规定了科学立法、民主立法、依法立法。第六条规定科学立法，“立法应当从实际出发，适应经济社会发展和全面深化改革的要求，科学合理地规定公民、法人和其他组织的权利与义务、国家机关的权力与责任。法律规范应当明确、具体，具有针对性和可执行性”；第五条规定民主立法，“立法应当体现人民的意志，发扬社会主义民主，坚持立法公开，保障人民通过多种途径参与立法活动”；第四条规定依法立法，“立法应当依照法定的权限和程序，从国家整体利益出发，维护社会主义法制的统一和尊严”。

从核心关键来看，2014年，习近平总书记在关于《中共中央关于全面推进依法治国若干重大问题的决定》的说明中对科学立法和民主立法的内涵进行了深刻阐释，科学立法的核心在于尊重和体现客观规律，民主立法的核心在于为了人民、依靠人民。2021年，全国人大常委会法制工作委员会在人民日报发表评论指出，坚持依法立法，关键在于依照法定权限和程序立法，不断提高规范化、科学化、法治化水平。

从三者的关系来看，科学立法、民主立法、依法立法三者密不可分。科学立法体现了科学属性，民主立法体现了人民属性，依法立法体现了合法属性。坚持科学的立法程序、立法技术和工作方式，统筹平衡各种不同的社会关系，可以更好地体现立法的人民性、合法性。同时，科学立法又必然要求民主立法、体现立法的民主化；民主立法可以保证和促进立法的科学性；依法立法是科学立法、民主立法的制度保障。

（三）科学立法、民主立法、依法立法的要求

科学立法要求完善立法体制，遵循立法技术规范，做好立法论证工作。一是完善立法体制。优化立法职权配置，健全立法起草、论证、协调、审议机制，完善法律草案表决程序，落实立法后评估机制及合宪性、合法性审查机制，明确立法权力边界，规范和约束立法权，尤其地方立法权的行使。二是遵循立法技术规范。我国现行《立法技术规范》包括法律结构规范、条文表述规范、常用词语规范、修改形式规范、废止形式规范等，立法过程中应当根据相应规范加强立法表达技术，提高立法质量。三是做好立法论证工作。明确论证对象，根据需要通过书面、会议、视频等多种方式开展全面论证及专项论证，充分发挥专家学者、科研院所、法学院校的第三方作用。

民主立法要求体现人民意志，坚持立法公开，保障公众参与。一是体现人民意志。

习近平总书记在党的二十大报告中指出“全过程人民民主是社会主义民主政治的本质属性，是最广泛、最真实、最管用的民主”，立法不能仅代表少数人的意志，必须坚持将体现人民意志作为根本目的，发扬社会主义民主。二是坚持立法公开。除涉及国家秘密等不宜公开的事项外，立法原则上要求将立项、起草、论证、审议以及后评估、备案审查、清理等各阶段及成果最大限度向社会公开。三是保障公众参与。立法可以通过书面征求意见，实地走访调研，举办座谈会、听证会、论证会等会议，通过报刊、网络等媒体公开，公民旁听人大及其常委会会议等方式广泛征求公众意见。

依法立法要求遵循宪法，依照法定权限和程序立法，强化立法监督。一是依宪立法。坚持宪法是一切法律的制定依据，一切法律的立、改、废、释都必须符合宪法的原则和要求，不得同宪法规定相抵触。二是依照法定权限和程序立法。不同位阶法律的立法权主体、权限及程序均有所区别，必须严格依法执行。例如，设区的市人大及其常委会或人民政府只能就城乡建设与管理、环境保护、历史文化保护等方面的事项制定地方性法规或地方政府规章，制定的地方性法规须报省、自治区人大常委会批准后施行。三是强化立法监督。行政法规、地方性法规、自治条例和单行条例、规章应当在公布后的30日内依法报有关机关备案，发现立法存在法定情形的，有关机关有权予以改变或撤销。

二、四川省生态环境保护立法现状

四川省现行生态环境保护立法共75件，从法律位阶来看，地方性法规60件，地方政府规章14件，自治条例1件；从行政层级来看，省级立法12件，市级立法63件；从制定内容来看，以水、大气和生态保护类立法为主，分别为29件、14件、10件；从市级立法的制定地区来看，成都市立法数量最多，为20件，其余市（州）立法数量均在5件及以下。整体来看，四川省生态环境保护法规制度较完备，层级分明、界限清晰，已形成围绕流域保护、大气污染防治、生态保护等重点领域进行立法的特色，但仍存在立法空白、选题重复、配套制度滞后等不足之处。

（一）立法总体情况

坚持党的领导。四川省生态环境保护立法坚持党的领导，深入落实习近平生态文明思想和习近平法治思想，完整、准确、全面贯彻新发展理念，坚持生态优先、绿色发展的立法定位，以生态环境保护的总体要求和制度设计为根本遵循和立法导向，着力用生态环境高水平保护推动经济社会高质量发展。

坚持以人民为中心。四川省生态环境保护立法坚持立足省情，积极整改落实中央和省级生态环境保护督察发现的各类问题，着力解决人民群众反映强烈的环境污染和生态破坏等突出问题，强化源头控制，实施过程严管，建立健全问责制度和责任终身追究制度，实现从源头到末端的全链条管理，全面从严加强地方立法硬约束。

坚持山水林田湖草沙一体化保护。四川省生态环境保护立法坚持绿水青山就是金山银山的理念，强化上游意识，坚持系统治理、水陆空统筹，既注重各方面实践经验的总结提炼，又注重生态环境保护法律、法规、规章在四川的衔接细化，以环境保护条例这一综合性法规为首，涵盖水、大气、固体废物、辐射、噪声、建设施工、畜禽养殖等污染防治，以及生态保护、环境影响评价管理、文化遗产保护等多领域，助力天更蓝、山更绿、水更清。

（二）围绕重点领域立法特色鲜明

守护千河之省，加强流域立法。《中华人民共和国长江保护法》《中华人民共和国黄河保护法》等流域法律的陆续出台标志着我国开始全面推进国家"江河战略"法治化。四川作为"千河之省"，是长江上游重要生态屏障和水源涵养地，加强流域保护必须立法先行。四川省现行生态环境保护地方性法规中，水污染防治和水资源保护类立法占比38.7%，四川省及成都、遂宁、内江、雅安、凉山等 17 个市（州）均出台了相关规定，其中饮用水水源和河湖保护立法占比 69%，从支流到干流，从省内立法到跨区域"共同立法"，不断织密、织牢流域立法法网，为深入打好碧水保卫战提供立法保障。

重现西岭美景，加强大气污染防治立法。四川自古便有"窗含西岭千秋雪"的盛赞，为了守护好这一片蓝天白云，克服处于盆地的天然不利气象条件，必须重视大气污染防治立法。四川省现行生态环境保护地方性法规中，大气污染防治立法占比 18.7%，省及成都、攀枝花、德阳、广元、乐山、广安、巴中、资阳等 8 个市纷纷出台相关规定，除综合性规定外还对机动车排气、高排放非道路移动机械排放、扬尘污染、秸秆焚烧、烟花爆竹燃放等各方面作出专门规定，为空气质量持续改善提供有力法治保障。

建设美丽四川，加强生态保护立法。四川省是西部地区第一个出台美丽中国建设地方实践规划纲要的省份，其中要求精准锚定能源优势和生态优势，建设成为长江黄河上游生态安全高地和宜居地，特别需要用好立法这一重要抓手。四川省现行生态环境保护地方性法规中，生态保护立法占比 13.3%，省及成都、乐山、广安、达州、凉山等 5 个市陆续出台生态保护立法，对自然保护区、风景名胜区、城市公园、湿地等进行针对性保护。其中成都作为我国公园城市的"首提地"，先后出台了 4 部地方性法规，依托以大熊猫国家公园为主体的自然保护地、生态廊道、天府绿道、天府蓝网以及全域公园体系等构建山水林田湖城为一体的生态基础，统筹重要生态系统保护，充分践行新发展理念。

（三）四川省生态环保立法的主要不足

存在立法空白。我国现行生态环境保护法律体系既包括环境保护法等综合性法律，也包括大气、水、土壤、固体废物、噪声、放射性等污染防治和生物多样性保护以及流域性生态环境保护等专门法律。但四川省生态环境保护立法中，除综合性立法外，专门立法主要集中在水、大气、固体废物、放射性等污染防治和生态保护、流域生态环境保护等领域，噪声污染防治仅有成都和攀枝花两市进行了立法，土壤污染防治和生物多样性保护更是处于立法空白。

立法选题重复。地方立法的目的是解决地方实际问题，突出地方特色，但四川省现行生态环境保护立法中，部分立法选题重复，以饮用水水源保护立法为例，省级层面出台了一部综合性保护立法和一部针对性立法，市级层面成都、自贡、德阳等 10 个市均出台了相关立法，为了保持立法体例的完整性，各地立法难免出现重复性规定。一旦出现大量重复，地方立法的灵活性、可操作性、特殊性功能将会大大降低，也违背了地方立法的原意。

配套制度滞后。立法规定一般具有简约性、抽象性，为了确保规定落地落实，需要制定配套制度，对适用范围、职责分工、具体措施等进一步细化。四川省现行生态环境保护法规中，规定要求制定配套法规的 22 件，占比 29.3%，13 件立法就整体立法提出制定实施细则或办法，其中 9 件明确要求应当制定实施细则或办法；此外，9 件立法就单项规定提出制定具体实施细则或办法。但由于种种原因，实践中相关配套制度出台滞后，已出台的配套制度也存在公开范围不够广泛的情形。

三、推进四川省生态环境保护科学立法、民主立法、依法立法的建议

四川省生态环境保护领域法规体系建设应当深入贯彻习近平生态文明思想和习近平法治思想，坚持科学立法、民主立法、依法立法，为建设美丽四川提供更加有力的法治保障。

（一）坚持科学立法，提高立法质量

做好立法规划。对照国家最新法律法规，推动空白领域立法，进一步填补立法空白点，补强立法薄弱点。一是推动土壤污染防治立法。党的十八大以来，习近平总书记多次强调要强化对水、大气、土壤等的污染防治力度，着力推进重金属污染和土壤污染综合治理。《中华人民共和国土壤法》对土壤污染防治及管理作出了原则性规定，但土壤污染地域性强，四川省作为农业和矿产资源大省，土壤污染防治是必须应对的重大课题，需要构建全方位的省内土壤污染防治监管法规制度。建议建立健全土壤污染风险管理、治理、修复制度，加强对已污染土地的管控和修复，强化对未污染耕地、林地、草地、饮用水水源地以及未利用地的保护，深入推进农用地土壤污染防治和安全利用，加强准入管理，严格管控建设用地土壤污染风险，深入打好净土保卫战。二是加强噪声污染防治立法。噪声污染防治是重要民生问题，需要重点抓好法律中新制度、新规定、新要求的贯彻实施，抓紧完善有关地方性法规。四川省噪声扰民问题日益突出，目前仅成都、攀枝花两市出台了噪声相关立法，迫切需要构建完善的噪声地方立法监管体系。建议对工业、建筑施工、交通运输以及社会生活等重点领域加强噪声污染防治立法，进一步明

确监管责任，采取有效措施，完善声环境质量标准、噪声排放标准和其他噪声污染防治相关标准，切实推动防噪、降噪、治噪工作，解决群众关心的突出噪声问题。三是探索生物多样性保护立法。生物多样性是人类赖以生存和发展的基础，虽然目前我国尚未出台专门的生物多样性保护法，但四川作为我国自然生态系统最重要、自然景观最独特、生物多样性最丰富、自然遗产最精华的省份之一，具备探索建立生物多样性保护地方立法的基础条件，可以推动健全生物多样性保护和监管制度。建议研究推进野生动植物保护、渔业、湿地保护、自然保护地、森林、生物遗传资源获取与惠益分享等领域立法工作，健全生态保护补偿制度，完善生态环境损害赔偿制度，严格责任追究制度，形成生物多样性保护推动绿色发展、促进人与自然和谐共生的良好局面。

明确立法目的。生态环境保护立法专业性较强，除运用法律技术外，还需要专业技术支撑，法律与专业的结合方能精准识别和解决问题。一是确定拟解决的问题。通过摸底调查、实地调研等方式确定通过立法拟解决的问题，并论证拟解决问题有无立法必要、是否可以通过立法解决等，尤其是在有上位法律、法规、规章规定的前提下有无立法必要。二是确定解决问题的程度。任何事物都不可能一蹴而就，立法同理，立法过程中需要通过不断调查发现拟解决生态环境问题的严重程度、经济社会发展情况及现有条件等，以此为据判断问题可以解决到何种程度。三是确定解决方案。通过立法解决问题是立法的最终目的，为了防止出现事与愿违的情况，需要制定解决问题的基本方案，并确保方案切实有效，能在后续实施过程中落地落实。

加强立法评估。一是加强立法前评估。为了提高立法的科学性、针对性，在法规、规章公布实施前，围绕立法规定的主要制度规范的可行性、出台时机、实施的社会效果和可能出现的问题等方面进行分析评价，作出预测。二是加强立法后评估。在法规、规章公布实施一段时间后，围绕立法预期目标的实现程度、立法合法性和合理性、制度规范的可操作性和针对性、立法设定的权利义务和法律责任的适当性、法律宣贯执行情况、配套制度建设情况、与其他立法的协调性等方面开展深入调查，发现法律实施中的问题，为立法的释、改、废提供依据支撑。

（二）坚持民主立法，保障公众参与

重视立法调研。一是明确调研主题。提高立法调研的针对性，开展立法调研之前要先明确调研主要问题、主要分歧点以及初步拟定的解决方法等内容，形成调研问卷，根据需要可以通过书面问卷调查、实地调研等不同方式收集调研对象意见。对纳入立法调整范围的重点人群可以开展问卷调查；对需现场开展实地调研的，可以将调查问卷提前发给调研对象，让调研对象对调研内容形成清晰认知，更有效地向调研组反馈意见，确保调研取得实效。二是区分调研对象，根据实际情况分别召开不同类型、不同对象参加的调研座谈会，对不同调研对象开展不同内容的调查，保证调研对象“能说”且“说到位”。建议区分内部系统和外部系统、行政管理部门和被管理对象等，对行政管理部门

重点调研管理工作中遇到问题或先进实践经验，对被管理对象重点调研拟解决对象对日常生产生活的影响及相关建议，对不同系统根据工作职责分工调研对应职责履行中发现的问题及建议。三是创新调研方式。把“走出去”与“请进来”相结合，既要深入基层、深入一线，主动吸收借鉴省内外先进经验，取长补短，又要虚心听取意见，邀请专业人士论证评估，有的放矢。把实地调研和案头调研相结合，既要加强走访、调研，又要广泛收集各方材料，开展深入研究，综合形成调研成果。把综合调研和专题调研相结合，既要对立法草案开展全面性、整体性调研，也要对其中涉及的重点问题开展专题调研，选取典型样本进行专门研究。

做好意见征集。一是扩大征集范围。意见征集既要体现代表性，又要体现广泛性。代表性是指要考虑不同社会群体，既要征求行政管理部门意见，又要征求被管理对象意见，还要征求第三方和社会公众意见，尤其要扩大向基层征求意见的范围。广泛性是指除了点对点开展征求意见外，还应尽可能增加调研对象参与数量，可以通过报刊、网络等方式面向社会公开征求意见。二是拓宽反馈方式。可以通过电话、电子邮箱、信件等书面方式，也可以通过召开会议、专题走访等面对面方式，重视网上公开意见征集，充分吸纳反馈意见，保证反馈渠道畅通。三是及时反馈采纳情况。部分采纳及未采纳意见应以适当方式向调研对象反馈，最大限度与调研对象协商达成一致，避免调研“走过场”。

（三）坚持依法立法，严格依照法定权限和程序立法

遵守法定程序。一是立项。生态环境主管部门应当根据本级人大及其常委会和政府法制机构工作安排提出下一年度立法项目建议，按期报送立项申报书及相关材料，纳入年度立法计划的项目方能开展后续立法工作。二是起草。纳入年度立法计划的项目分为调研论证项目和制定项目，生态环境主管部门可自行起草或委托起草，在规定时限内完成调研或起草并报送有关材料。起草单位应当深入调查研究，广泛征求意见，并按有关规定进行论证。三是论证与审查。生态环境主管部门应当配合人大及其常委会和政府法制机构开展公开征求意见、实地调查研究、召开立法座谈会等工作，并根据立法需要配合召开论证会、听证会或引入第三方评估等。四是决定与公布。生态环境主管部门应当配合政府法制机构修改完善立法草案，地方性法规、自治条例、单行条例经相关人大或其常委会审议后公布，地方政府规章经人民政府审定后公布。五是备案。地方立法应当自公布之日起 30 日内报送备案，生态环境主管部门根据人大或政府法制机构工作需要配合开展具体工作。地方立法流程见图 1。

维护法治统一。一是保持“上下”一致，地方生态环境保护立法要与国家法律、行政法规以及生态环境部规章保持一致，不得与上位法相抵触。二是保持“左右”协调，四川省生态环境保护立法要与省内其他领域立法相衔接，也要与其他省生态环境保护立法相协调，特别是在成渝地区双城经济圈建设和流域一体化治理的大背景下，要注重加强与渝、滇、黔等相邻省份的立法协同。三是保持“新旧”衔接，处理好新法和旧法之

间的衔接，及时清理与最新立法规定不一致、不衔接或者明显不适应、不协调的规定，保持政策和立法的统一，充分发挥立法引领推动作用。

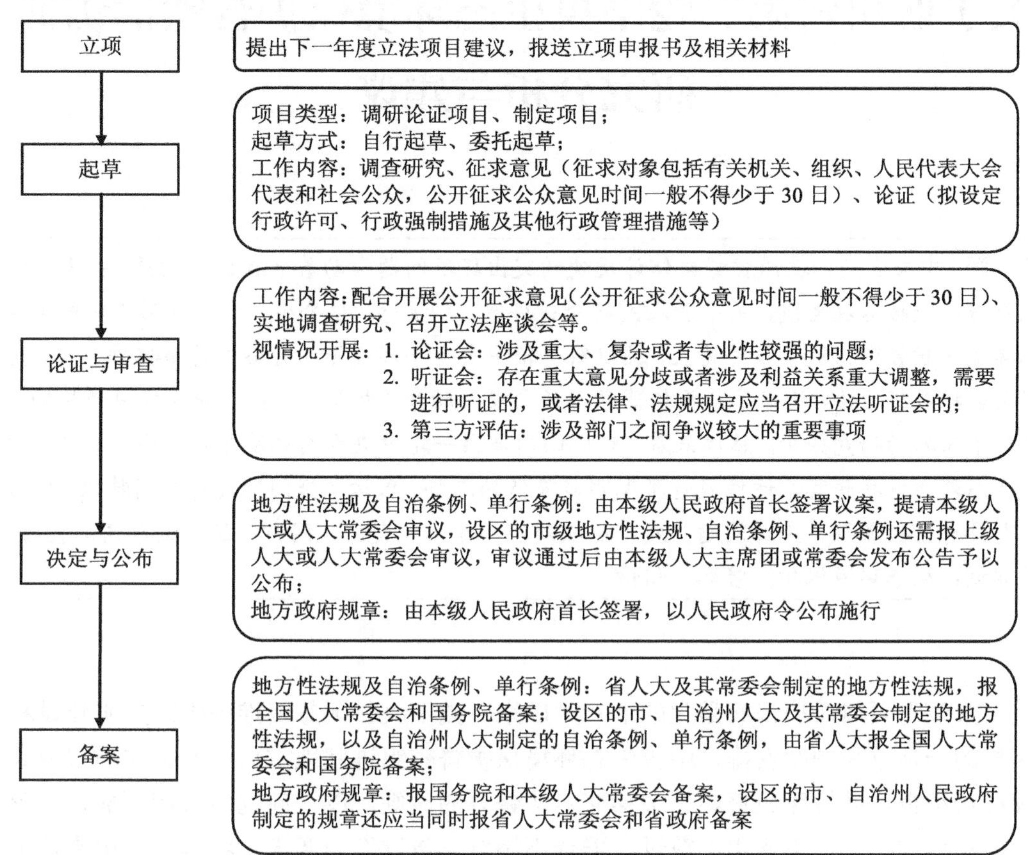

图1　地方立法流程

完善配套制度。进一步加强地方立法及规范性文件的配套衔接，切实发挥地方生态环境保护法规体系整体功效。一是避免重复立法，配套制度目的是增强立法的可操作性，在原有立法的基础上予以补充、完善，杜绝照搬照抄，需要几条就制定几条，不搞“大而全”、要搞“小而精”。二是明确规范对象，配套制度不一定要解决所有问题，但需要解决的问题必须清楚明白，尤其对执法主体规定要求职责明晰，避免职责交叉、重复，相关措施能够细化并且进行明确具体的规范。三是严格依法公开，配套制度虽然不是立法，但如果属于规范性文件或者其他应予公开的文件的，同样应当依法依规公开。

关于四川省第二轮中央生态环境保护督察信访的研究分析与建议

摘　要：中央生态环境保护督察信访反映的突出环境问题牵动着老百姓的利益，关乎着深入打好污染防治攻坚战，关乎着人民群众获得感、幸福感、安全感。本文以第二轮中央生态环境保护督察信访举报件为主，辅以第一轮中央生态环境保护督察信访举报件，综合运用大数据分析方法，构建了基于机器学习的文本自动分类模型，在自动分类应用的基础上进行了深入的研究分析。总体来看，对比四川省第一轮中央生态环境保护督察，第二轮中央生态环境保护督察信访件数量呈现明显降低的态势，信访举报问题具有时间特性、举报问题具有区位属性、企业问题高发、垃圾处理问题比较突出，同时，边督边改情况良好。

关键词：生态环境保护；督察；信访

中央生态环境保护督察是党的十八大以来，党中央、国务院推进生态文明建设和环境保护的一项重大制度安排，中央生态环境保护督察组进驻地方后立即公布举报方式，受理群众举报，并按照边督察、边移交、边督办的原则，以“问题不查清不放过，整改不到位不放过，责任不落实不放过，群众不满意不放过”为要求，将群众来电来信举报的环境问题转地方，提出整改落实目标、时限和责任单位，督促地方及时处理、解决实际问题，推进环境质量改善。

2021 年 8 月中央第五生态环境保护督察组（以下简称督察组）进驻四川，开始了为期一个月的环保督察，四川省广大人民群众通过来信、来电的方式反映身边的生态环境问题，涉及大气、生态、水、土壤、噪声、辐射、其他等多类型，分布于制造业、采矿业、畜牧业、公共设施管理业及住宿和餐饮业等多个行业。为进一步了解群众关心、烦心的生态环境保护问题，以问题为导向推动环境问题整改，助推生态环境高水平保护和经济高质量发展，课题组综合运用大数据分析方法，开展有关数据清洗整合、信息提取、多维统计、关联分析，基于自然语言处理（NLP）及文本挖掘技术实现词云热点分析、LDA 主题分布分析、文本共现分析等，构建了基于机器学习的环保督察生态环境问题线索的文本自动分类模型，对生态环境问题进行自动分类应用，从信访举报总量、分布、污染类型等基本情况，信访举报典型的趋势特点以及边督边改等情况进行了深入分析并提出对策建议。

一、与第一轮中央生态环境保护督察的对比情况

（一）信访举报总量情况：第二轮中央生态环境保护督察信访件数量呈现明显降低的态势

截至2021年10月10日，第二轮中央生态环境保护督察共接移交四川34批次、6 532条群众信访举报，经现场调查核实，信访件中有2 761件属实、834件基本属实、2 745件部分属实、192件不属实，剔除不属实信访件的数据，共6 340件。相较于2017年第一轮中央生态环境保护督察移交四川的9 070①件信访件（经现场调查核实，其中8 780件属实，不属实245件），第二轮中央生态环境保护督察信访件数量呈现明显降低的态势，总量减少约28.1%②。

（二）信访举报地区分布：信访举报分布不平衡，成都市在两轮中央生态环境保护督察中信访举报量最大，与其他市（州）相比悬殊

两轮中央生态环境保护督察信访举报量均涵盖全省21个市（州）但分布不平衡，除攀枝花市、凉山州和阿坝州外，其余各市（州）信访举报量均呈现下降态势。成都市在两轮中央生态环境保护督察中信访举报量最大，与其他市（州）相比悬殊，分别为3 984件、3 570件，与《2021年四川省群众生态环境满意度调查报告》（以下简称《满意度报告》）结果契合，即成都市生态环境满意度评价综合得分相对较低，排名靠后。除成都市以外，信访举报量200件以上的市（州），第一轮12个、第二轮3个，其中，绵阳、南充、德阳两轮中央生态环境保护督察均居于前列。信访举报量低于100件的市（州），第一轮3个、第二个4个，其中，阿坝州、甘孜州和广元市信访举报量两轮中央生态环境保护督察稳定居于后三位。

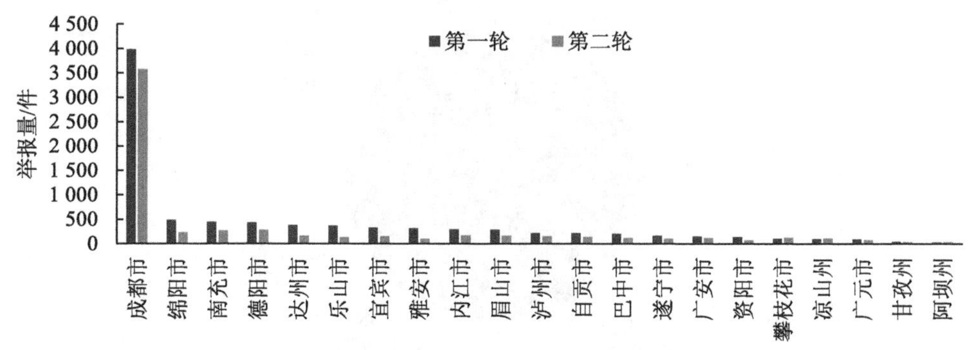

图1　两轮中央生态环境保护督察各市（州）信访举报量对比

---

① 9 070件为包括省本级数量，除总数使用该数值外，其余地方出现的第一轮中央生态环境保护督察信访举报件数据总量为9 025件。

② 该数据及后文分析所用数据均为剔除不属实信访件的数据。

（三）信访举报污染类型：两轮中央生态环境保护督察中大气、噪声和水污染问题始终较为严重，收到群众举报量较高

两轮中央生态环境保护督察污染类型不一致，但均涵盖大气、生态、水、土壤、噪声、辐射、其他等多类型污染问题。经归并整合①，第一轮中央生态环境保护督察污染类型分为大气、生态、水、土壤、噪声、垃圾和其他等污染类型，分别占比约 12.00%、2.80%、26.12%、0.22%、22.27%、12.74%、12.57%，除去其他类型问题，水污染问题最为突出，其次为噪声、垃圾、大气问题。第二轮则按照大类划分为大气、生态、水、土壤、噪声、辐射污染和其他等类型污染，分别占比约 30.13%、5.27%、17.97%、11.09%、25.84%、0.33%、9.38%，大气、噪声和水污染问题比较突出。两轮中央生态环境保护督察中，大气、噪声和水污染问题始终较为严重，收到群众举报量较高，反映问题与《满意度报告》中“水环境质量需要提升，噪声扰民问题突出”等结论基本一致。

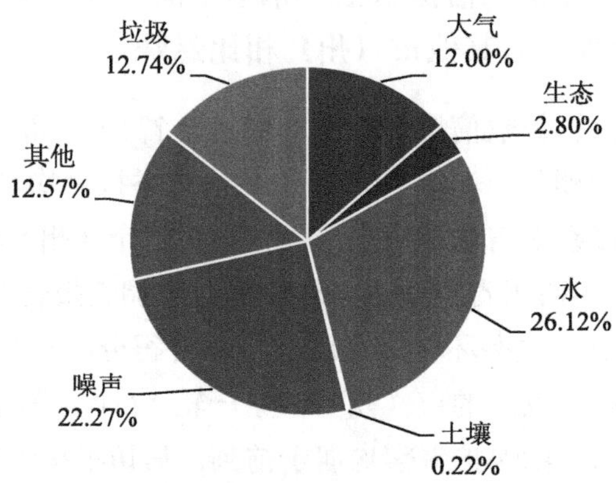

（a）第一轮中央生态环保督察污染类型占比

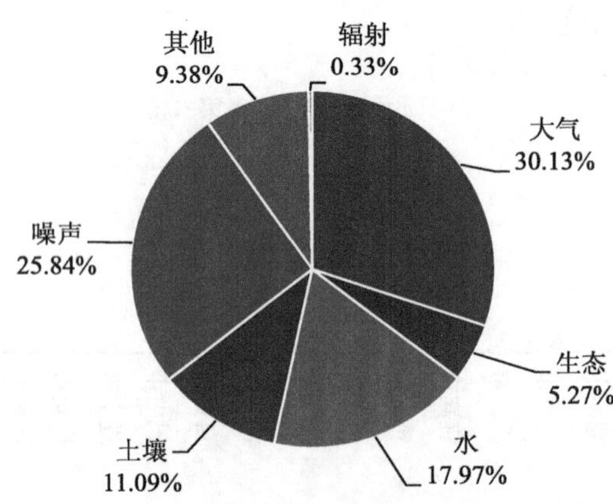

（b）第二轮中央生态环保督察污染类型占比

图 2　两轮中央生态环境保护督察信访举报污染类型占比

① 将大气、扬尘和油烟问题归并为大气问题，占道、重金属、其他归并为其他类型问题，其余类型保持不变。

二、第二轮中央生态环境保护督察信访举报件特征明显

（1）基于词频分析的特征：通过对居民信访举报件的交办情况进行统计分析可知，扰民、噪声、污水、垃圾、油烟、臭味、异味等词语比较突出，通过对高频词语的组合，并与交办问题基本情况对比，可分析出以下特点：

一是信访举报问题具有时间特性。群众举报的问题有时间段，即反馈的问题夜间频发，且问题长期存在。如楼下餐饮店长期夜间经营，油烟直排，食客夜间喧哗，严重影响社区居民的休息和生活环境。

二是举报问题具有区位属性。小区、社区、居民、广场、业主等名词的词频较高，说明城市举报问题较多。结合信访举报件中区域情况可知，信访举报量中城市信访举报占比约 62.1%，农村信访举报量占比约 29%，城乡接合部 8.7%。

三是呈现企业高发特点。企业（工厂）是环境污染的主要来源之一，主要问题有企业废水、污水直排，影响水质；企业生产产生臭气、刺鼻性气体；企业环评手续不齐全问题；建设项目砂石随处堆放，施工设备产生噪声、扬尘问题。

四是污水、垃圾处理问题比较突出。垃圾、污水处理是城市和农村环境治理当前都面临的难题，主要表现为小区垃圾堆放清理不及时，散发臭气，社区垃圾中转站和清运站污水横流、脏乱差、污水处理不到位、污水处理厂异味重等问题。信访举报件反映的此类问题与《满意度报告》中“垃圾收运不及时、垃圾桶和垃圾站设置不合理、废水污水直排、污水处理效率低”等群众反映问题高度重合，且意见较为集中。

图 3　第二轮中央生态环境保护督察信访举报件词频分析

（2）基于行业污染类型分析的特征：从行业污染问题来看，群众信访举报的问题集中分布于住宿和餐饮业、制造业、水利、环境和公共设施管理业、农林牧渔业、采矿业、建筑业等多个行业。具体分析如下。

住宿和餐饮业信访举报量最高，约占信访举报量的 43.2%，问题反馈主要为大气污

染和噪声污染。通过举报问题分析可知，住宿餐饮业投诉量中，大气污染问题和噪声污染问题重合度较高，表现为伴生关系，大致原因为小区底商无专用烟道或烟道设置不规范导致的油烟、餐饮废水乱排导致的异味和水污染、经营性项目产生的噪声问题（餐饮设备噪声、食客玩家深夜喧哗），除此以外，农村区域的住宿餐饮业还伴随着水污染和生态破坏，主要表现为废水直排、毁林（田）修建房屋。

其次为制造业信访举报量，约占信访举报量的22.03%，问题反馈主要为大气污染、水污染和噪声污染，分别占制造业信访举报量的49.70%、19.15%、16.26%。通过举报问题分析可知，制造业的大气问题与噪声问题关系紧密，主要为工厂长期排放臭气、废气，产生刺鼻性气味，扬尘、粉尘污染较为严重，工厂生产活动还伴随噪声问题，严重影响周边居民的生活。制造业水污染问题主要为工厂偷排或直排污水，导致河水颜色异常、水生生物死亡，严重破坏水生态和水环境；工业污水处理不达标、污水未分流进入生活下水管道，污染农田和地下水①。

水利、环境和公共设施管理业居于行业污染信访举报量第三位，约占信访举报量的14.03%，多数属于邻避效应。问题反馈主要为土壤污染、大气污染和水污染，分别占水利、环境和公共设施管理业信访举报量的47.02%、25.30%、16.47%。通过举报问题分析可知，垃圾处理与大气污染重合度较高，表现为垃圾中转站或垃圾清运站设置不合理，散发恶臭气味、脏水横流，垃圾清理不及时，垃圾清运噪声扰民。大气污染除垃圾处理问题外，还有污水处理问题，表现为污水处理厂与小区卫生防护距离不够，排放、散发恶臭气体。

其他行业内，农林牧渔业的污染问题集中在畜禽养殖和处理，养殖场和屠宰场粪污处理不合格、气味大、污水直排乱排，污染居民居住环境。采矿业的污染问题集中在采矿导致的生态破坏和水污染、生产导致的扬尘、粉尘污染和噪声问题。建筑业的污染问题建筑工地施工过程产生的噪声和扬尘，建渣随意堆放造成的水、土壤污染和生态破坏。其余行业信访举报量相对较小，均低于信访举报量的1%，在此不作具体分析。

表1 各行业污染类型情况 单位：件

行业类型	大气	辐射	其他	生态	水	土壤	噪声	总计	占比/%
住宿和餐饮业	653	0	26	11	84	50	461	1 285	43.02
制造业	327	0	55	12	126	31	107	658	22.03
水利、环境和公共设施管理业	106	0	18	3	69	197	26	419	14.03
农林牧渔业	81	0	11	10	137	8	9	256	8.57
采矿业	23	0	13	74	19	17	11	157	5.26
建筑业	34	0	8	8	13	15	70	148	4.95
电力、热力、燃气及水生产和供应业	6	2	1	12	3	0	2	26	0.87
卫生和社会工作	2	0	3	0	8	4	3	20	0.67
计算机、通信和其他电子设备制造业	1	13	0	0	0	0	2	16	0.54
交通运输、仓储和邮政业	0	0	0	0	0	0	2	2	0.07

① 群众举报为污水直排、偷排，现场核验情况为不属实或者部分属实。

（3）基于区域经济发展分析的特征：第二轮中央生态环境保护督察信访举报量和举报问题与区域经济发展水平、发展定位相关性明显。具体分析如下。

一是与经济情况挂钩。将各市（州）信访举报量与当年 GDP 进行相关性分析可知，信访举报量与 GDP 相关性系数①为 0.989，且在 0.01 水平显著②，二者呈现强相关关系，表明各市（州）信访举报量与当地经济发展水平呈现显著正相关关系，即区域经济发展水平越高，信访举报量越多，反映的生态环境问题越多。

二是与区域发展定位相符，除“共性问题”外，不同区域污染行业和类型各有侧重。成都平原经济区各类问题均较多且较综合。与其余 4 个区域相比，川东北经济区化工厂、水泥行业问题偏多；川南经济区制造业问题偏多；攀西经济区矿产开采相关问题居多；川西北生态示范区以生态破坏问题为主。具体分析如下：

成都平原经济区突出聚集发展和协同发展，其信访举报量共 4 654 件，反映出来的各行业问题较多且较综合，制造业的大气、噪声、水污染，畜禽养殖导致的异味重、土壤和水等环境污染问题较突出。同时还表现出城市发展过程中的“城市通病”，如餐饮业油烟、噪声，垃圾清运和污水处理过程中的异味、水污染，邻避设施布局不合理等。

川东北经济区加快推动振兴发展，其信访举报量共 740 件，投诉问题制造业中除常规污染问题外，具有区域特点的为：化工厂、制药厂布局不合理，距离居民区较近，环境污染严重；水泥等高耗能行业“批小建大”，环保设备落后，环保排放指标和能耗严重超标，未严格遵守水泥行业错峰生产规定。

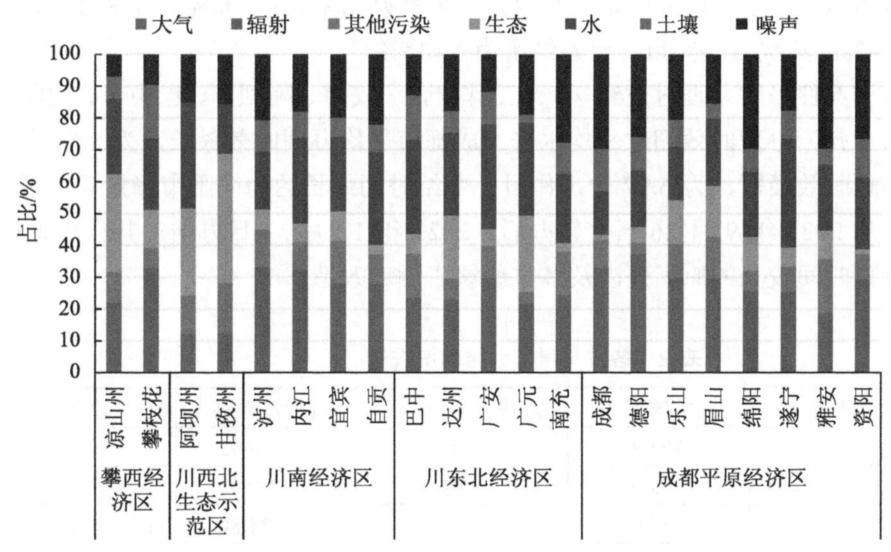

图 4　五大区域信访举报污染类型情况

① 相关系数用来描述两组数据之间线性依赖的程度，越接近 1、−1 说明数据相关性越好。

② 显著性水平指当原假设为正确时人们却把它拒绝了的概率或风险，通常取 0.05 或 0.01，表明当作出接受原假设的决定时，其正确的可能性（概率）为 95%或 99%。

川南经济区制造业产业基础厚实，其信访举报量共 615 件，除常规问题外，具有区域特点的为：制造业问题相对突出，表现为加工制造过程（包括开矿采矿）产生的噪声、粉尘、异味和浓烟黑烟，污水直排、偷排；垃圾和污水处理等邻避设施布局不合理，运行过程中产生异味。

攀西经济区矿产资源丰富，其信访举报量共 239 件，投诉行业主要包括采矿业、制造业，投诉问题与区域定位关系紧密，集中于采矿导致的生态破坏、土壤污染、水污染等问题，以及生产再加工导致的黑烟、刺激性气味等大气污染、水污染等问题。

川西北生态示范区将生态保护放在第一位，其信访举报量共 65 件，投诉行业主要包括采矿业、建筑行业，问题集中于非法采矿、保护区内违规（环评手续不齐全）建设导致的生态破坏，基础设施不完善导致的水污染。

三、边督边改情况分析

（一）直面问题立行立改

总体来看，经查实或部分属实的 6 340 个信访案件均已办结或阶段性办结，办结率①为 100%。其中，已办结 4 725 件，占总数的 74.53%，阶段性办结 1 615 件，占总数的 25.47%。各市（州）在信访案件办理中，内江市响应速度快，案件已办结率最高，达 98.83%；其次为宜宾市、资阳市、遂宁市、绵阳市、甘孜州，案件办结率超过 90%。省本级已办结率最低，为 40.74%；其次为广安市，已办结率为 49.15%。

全省督查信访案件平均办理时效约 7.3 个工作日，广安市、阿坝州、巴中市、德阳市及成都市 6 个市（州）办理时效超过平均水平。成都市平均办理时效最长，为 8.66 个工作日，自贡市办理时效最短，为 6.97 个工作日。办结时间最长的为简阳市峰景里小区餐饮油烟投诉件，从 2021 年 9 月 26 日交转办后，2021 年 12 月 31 日办结，共计用时 96 天，分析发现办理时间较长的原因是涉及多家餐饮店烟道改造。

表 2　各市（州）办结情况统计

行政区域	已办结/件	已办结率/%	阶段性办结数/件	阶段性办结率/%	总数/件
成都市	2 502	70.08	1 068	29.92	3 570
自贡市	112	80.00	28	20.00	140
攀枝花市	94	75.20	31	24.80	125
泸州市	113	73.38	41	26.62	154
德阳市	208	72.98	77	27.02	285
绵阳市	208	91.23	20	8.77	228

① 办结率=（已办结案件数+阶段性办结案件数）÷总案件数×100%。

行政区域	已办结/件	已办结率/%	阶段性办结数/件	阶段性办结率/%	总数/件
广元市	63	79.75	16	20.25	79
遂宁市	94	92.16	8	7.84	102
内江市	169	98.83	2	1.17	171
乐山市	109	83.21	22	16.79	131
南充市	188	70.68	78	29.32	266
宜宾市	140	93.33	10	6.67	150
达州市	121	74.69	41	25.31	162
广安市	58	49.15	60	50.85	118
雅安市	87	86.14	14	13.86	101
眉山市	139	85.80	23	14.20	162
资阳市	69	92.00	6	8.00	75
巴中市	96	83.48	19	16.52	115
凉山州	89	78.07	25	21.93	114
甘孜州	29	90.63	3	9.38	32
阿坝州	26	78.79	7	21.21	33
省级	11	40.74	16	59.26	27

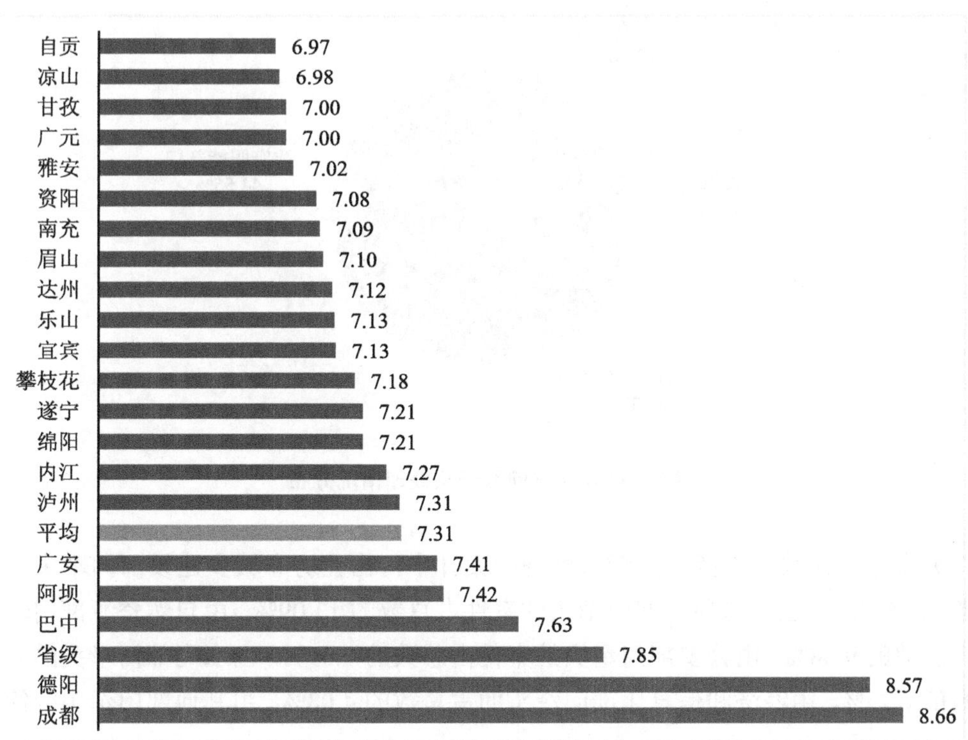

图 5 各市（州）办理时效情况

分析案件各市（州）平均办理时效与案件总数的相关性发现，办理时效和案件总数之间的相关系数值为 0.694，并且呈现 0.01 水平的显著性，因而说明办理时效和案件总数之间呈较强相关，即案件数总数越多，办理时效越长。

表 3　案件总数与办理时效的 Pearson 相关分析

		办理时效
案件总数	相关系数	0.694**
	p 值	0.000

注：**表示 $p<0.01$。

（二）主管部门分层明显

根据牵头办理的责任单位来看，由政府职能部门牵头处理的问题最多，占总数的 44.55%；其次是由街道办牵头处理的问题，占总数的 23.17%，再次是由党委、政府的牵头处理的问题占总数的 21.33%；剩余 10.96%由管委会牵头处理。

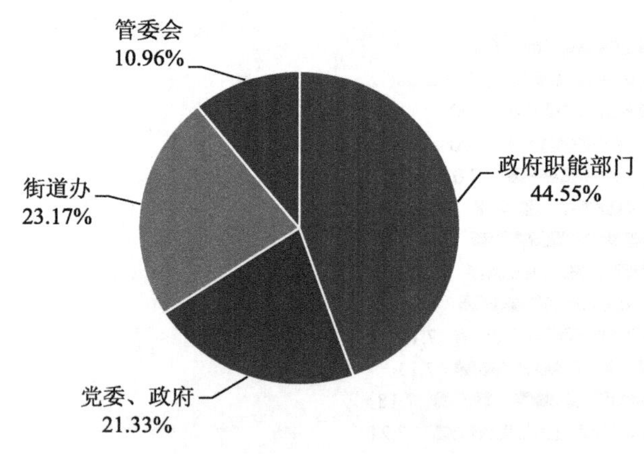

图 6　群众举报问题牵头处理情况分布

细分来看，在政府职能部门牵头处理的案件中，由住房和城乡建设部门牵头的案件占总数的 16.92%，由生态环境部门牵头的案件占总数的 13.09%，由自然资源部门牵头的案件占总数的 9.08%，由公安部门牵头的案件占总数的 7.39%，由水利部门牵头的案件数占总数的 6.23%，由经济和信息化部门牵头的占总数的 4.08%，由其他部门牵头的约占总数的 40%。

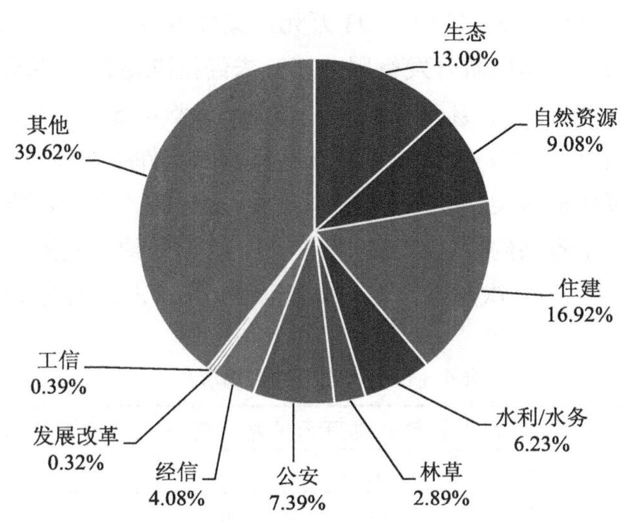

图 7　群众举报问题部门牵头处理情况分布

（三）立案查处稳步推进

全省责令整改 3 381 家，其中成都市 1 919 家，占总责令整改数的 56.76%，其次是达州市问责企业 364 家，占问责总数的 10.77%。遂宁市、南充市、达州市、阿坝州 4 个市（州）责令整改数大于经核实的群众举报案件总数。遂宁市责令整改数较大主要噪声扰民、占用小区绿地等问题。达州市责令整改数较大是因为商户在公共区域清理旧货、生猪养殖、非煤矿山企业生态修复工作整改未到位、垃圾填埋场散发恶臭等问题。南充市责令整改数较大是因为违法鸣笛发等噪声污染问题。阿坝州责令整改数较大是因为违规建设养猪场等问题。

从立案处罚来看，全省立案处罚 1 550 家，成都市占比最大，共立案处罚 992 家，占总数的 64.00%。立案处罚数量大于责令整改的市（州）有 6 个，分别是德阳市立案处罚 90 家、内江市 40 家、乐山市 27 家、雅安市 30 家、眉山市 23 家、资阳市 17 家。德阳市立案处罚的违法行为主要是超速超载、抛洒滴漏等交通违法行为。内江市立案处罚的违法行为主要涉及采石、采砂、采矿、噪声、养殖等方面的问题。乐山市立案处罚的违法行为主要涉及餐饮油烟、有机肥生产、采石采矿等方面的问题。雅安市立案处罚的违法行为主要涉及餐饮油烟、采石采矿、噪声扰民等方面的问题。眉山市立案处罚的违法行为主要涉及林木砍伐、废气排放等方面的问题。资阳市立案处罚的违法行为主要涉及噪声、养殖、废气排放等方面的问题。

从罚款金额来看，全省合计罚款 574.98 万元，其中，达州市罚款金额最高，为 186.61 万元，占总数的 32.46%；其次是成都市，罚款金额为 111.55 万元，占总数的 19.40%。处罚金额大于 20 万元的案件共 6 件，分别是达州市 1 件、凉山州 1 件、攀枝花市 1 件、成都市 2 件。其中罚款金额最大的为 155.93 万元，案件为原宣汉县中河旅游开发有限公司（现更名为更为四川省灿和旅游开发有限公司）未经批准擅自平整场地。

从立案侦查来看，全省共立案侦查 12 件，分别是成都市 5 件、达州市 1 件、眉山市 1 件、凉山州 2 件、甘孜州 2 件、省级 1 件。立案侦查的案件主要涉及鱼塘投毒、餐厨垃圾处理、销售长江流域禁捕鱼类、非法开采砂石、污水排放、占用林地耕地等方面。

从约谈情况来看，全省共约谈 146 人，南充市、阿坝州约谈人数最多，均为 36 人，均占总约谈人数的 24.66%，其次是宜宾市，共约谈 29 人，占总数的 19.86%。

表 4　各市（州）处罚情况

行政区域	责令整改/家	立案处罚数/家	罚款金额/万元	立案侦查/件	行政拘留/人	刑事拘留/人	约谈/人
成都市	1 919	992	111.55	5	3	3	9
自贡市	13	13	0.80	0	0	0	0
攀枝花市	48	30	52.81	0	0	0	18
泸州市	104	41	3.06	0	0	0	0
德阳市	65	90	3.07	0	0	0	11
绵阳市	133	26	14.26	0	0	0	0
广元市	36	24	0.12	0	0	0	0
遂宁市	107	16	0.00	0	0	0	0
内江市	35	40	4.46	0	0	0	3
乐山市	23	27	4.60	0	0	0	0
南充市	364	61	43.63	0	0	0	36
宜宾市	76	11	5.15	0	0	0	29
达州市	208	38	186.61	1	0	0	0
广安市	85	15	0.00	0	0	0	0
雅安市	13	30	0.63	0	0	0	3
眉山市	13	23	16.11	1	0	0	0
资阳市	11	17	0.00	0	0	0	0
巴中市	31	18	22.74	0	0	0	0
凉山州	45	31	82.88	2	1	0	0
甘孜州	3	1	18.50	2	0	0	1
阿坝州	34	2	0.00	0	0	0	36
省级	15	4	4.00	1	3	3	0
合计	3 381	1 550	574.98	12	7	6	146

四、对策建议：推动环境“信访”变“信服”

中央生态环境保护督察信访反映的突出环境问题牵动着老百姓的利益，关乎着深入打好污染防治攻坚战，关乎着人民群众获得感、幸福感、安全感。坚持问题导向、强化规律认识、寻找长效机制，切实动员各方力量、组合各种政策，变环境“信访”为“信服”是当前信访工作重点、难点。

（一）进一步加强对督查信访问题的总结研判

建议有关部门加强对信访突出问题的规律性特征分析、研判、总结，掌握信访反映问题呈现出时间性、区域性、内容反复性等规律性特征。及时将规律性认识转化为常态化环境信访工作反馈机制、预防机制、处置机制，形成环境信访问题“化解在日常”的工作氛围，切实防止环境保护问题“由小变大”“督察集中爆发”。

（二）进一步完善群众参与的常态化工作机制

畅通公众参与渠道，用好“互联网+”手段，提高群众参与环境信访问题的便捷性，及时向社会反馈整改情况，形成与公众的良性互动。用好基层网格员、河（湖）长、林长等力量，把环境信访问题的发现工作重心下移至社区（村组）一线，最大限度地把矛盾问题解决在基层。加大生态环境违法行为举报奖励和宣传，激发公众参与环境信访日常举报的积极性。

（三）进一步优化污染防治环境政策体系供给

打好法规、标准及规划等政策“组合拳”，形成以问题为导向的政策供给机制。以源头防控为主，针对信访反映突出的噪声、油烟、垃圾处理等投诉量高的问题，制定出台相关专项治理政策，完善污染物排放标准、规范化处理流程、指导意见及实施方案，深化专项治理。

（四）进一步深化环境污染问题行业治理

针对环境信访问题突出的住宿和餐饮业、制造业、水利、环境和公共设施管理业、农林牧渔业、采矿业、建筑业行业领域，抓住行业特征特点，开展针对性、系统性治理。进一步健全以环评制度为主体的源头预防体系，加强对企业排污许可的监管及常态化的巡查管理。切实提高企业等有关单位的环保意识，加强技术研发升级，加强污染物排放治理，尽可能减少噪声、废气、废水等排放影响。

（五）进一步突出环境信访问题整改实效

坚持把维护人民群众的根本利益放在首位，切实压实信访举报的整改主体责任，推动主要领导亲自抓，亲自安排部署。强化整改时效，制订详细、合理的整改计划，加快案件办结，对于转办案件采取拉条挂账的方式，明确责任单位、责任领导和完成时效；对于无法立即办结的案件明确整改目标、实施路径和完成时效；对于整改难度大的案件，成立专班研究问题、解决问题。加强行政执法与刑事司法衔接，形成职权分工明确的行刑联动，健全证据链衔接规定。

研读全省各市（州）2022年政府工作报告：推动生态环境保护和生态文明建设重点工作见势成效

摘　要：政府工作报告是反映地方党委、政府政治站位，执政成效，总体部署，回应民众关切等方面的重要载体，具有较强的政策研究和分析价值。2022 年是大多数市（州）政府任期届满、如期换届之后的开局之年，政府工作报告具有承前启后、继往开来的特点，更加值得关注和分析研判。本文对 2022 年各市（州）政府工作报告进行了系统梳理，对 2022 年各市（州）如何发挥生态环境保护支撑作用，全力服务经济社会发展全面绿色转型进行了整理分析、归纳总结。

关键词：政府工作报告；绿色发展；生态环境保护；生态文明建设

2022 年，“生态”“环保”“绿色”成为各地政府工作报告的关键词，在经济工作稳字当头、稳中求进大背景下，各地面对资源要素保障、产业结构调整、生态文明建设等困难挑战迎难而上，发挥生态环境保护的“倒逼”、引导和支撑作用，全力服务经济社会发展全面绿色转型，打出了系列“组合拳”。

一、总体背景

（一）全省经济持续恢复势头进一步巩固

一是从地区生产总值增速来看，2021 年，成都、绵阳、自贡、攀枝花、泸州、德阳、广元、内江、乐山、资阳、宜宾（过去 5 年年均增长）、达州、雅安、广安、眉山等 15 个市地区生产总值增长均超过 8%，其中，资阳以 9%的增速位列首位；南充（过去 5 年年均增长）、阿坝、甘孜、凉山、巴中（过去 5 年年均增长）等 5 个市（州）地区生产总值增长未超过 7.5%。除宜宾、南充、甘孜、凉山等 4 个市（州）保持或上调 2022 年地区生产总值预期增速目标外，其余市（州）2022 年地区生产总值增速预期目标均在 2021 年基础上有所下调（自贡、巴中两市未提出具体增速目标）。

二是从地方一般公共预算收入增速来看，2021 年，攀枝花、雅安两市地方一般公共预算收入增速超过 20%；绵阳、自贡（过去 5 年年均增长）、泸州、德阳、广元、宜宾（过去 5 年年均增长）、达州、阿坝、甘孜、眉山等 10 个市（州）地方一般公共预算收入增速超 10%；南充（过去 5 年年均增长）、凉山、广安、巴中（过去 5 年年均增长）等 4 个市（州）地方一般公共预算收入增速未超过 9%。除巴中上调 2022 年地方一般公共预算收入增速目标外，其余市（州）2022 年地方一般公共预算收入增速目标均在 2021 年基础上有所下调（绵阳、德阳、广元、内江、乐山、资阳、雅安、广安等 8 个市 2022 年地方一般公共预算收入增速目标均为“与经济增长基本同步”）。

三是从城乡居民人均可支配收入增速来看，2021 年，所有市（州）城乡居民人均可支配收入增长分别均超过 7%、9%，其中，成都、绵阳、自贡、泸州、德阳、广元、内江、乐山、达州、甘孜、凉山、广安等 12 个市（州）城乡居民人均可支配收入增长分别均达到或超过 8%、10%。除自贡、甘孜两市（州）上调 2022 年城镇居民人均可支配收入增速目标外，其余大多数市（州）2022 年城乡居民人均可支配收入增速目标均在 2021 年基础上有所下调（阿坝州保持 2021 年增速；内江、资阳两市增速目标为“稳步增长”；凉山州增速目标为“高于经济增速”；乐山市增速目标为“达到或高于全省平均水平”）。

表 1　各市（州）地区生产总值增长、地方一般公共预算收入增长、城乡居民人均可支配收入增长

市（州）	地区生产总值增长/%		地方一般公共预算收入增长/%		城乡居民人均可支配收入增长/%	
	2021 年	2022 年（预计）	2021 年	2022 年（预计）	2021 年	2022 年（预计）
成都	8.6	7	/	7	8.3、10.2	7.3、8.2
绵阳	8.7	8	12.9	与经济发展趋势基本一致	8.7、10.5	8、9
自贡	8.3	高于全省平均水平	10.9（过去 5 年年均）	8	8.2、10.1	8.5、9
攀枝花	8.6	7	31.6	7	/	8、9
泸州	8.5	7	11.8	8	8.7、10.9	7、8
德阳	8.7	7	12.6	与经济增长基本保持一致	8.6、10.4	7.5、8.5
广元	8.2	7	14.6	与经济增长基本同步	9.1、10.8	7.5、9
遂宁	/	/	/	/	/	/
内江	8.3	7.5	9.3	与经济增长一致	9、10	稳步增长
乐山	8.2	7.5	9.4	与经济发展趋势基本一致	8.8、10.3	达到或高于全省平均水平

市（州）	地区生产总值增长/%		地方一般公共预算收入增长/%		城乡居民人均可支配收入增长/%	
	2021 年	2022 年（预计）	2021 年	2022 年（预计）	2021 年	2022 年（预计）
资阳	9	8	9.1	与经济发展趋势基本一致	8、9.2	稳步增长
宜宾	8.1（过去 5 年年均）	8.5	14.9（过去 5 年年均）	9	8.4、9.6（过去 5 年年均）	8、9
南充	7.3（过去 5 年年均）	7.5	8.9（过去 5 年年均）	8	8.6、9.9（过去 5 年年均）	7.5、8.5
达州	8.3	7.6	18.7	10.5	9、10.4	8.7、9
雅安	8.5	7.5	22.4	与经济发展趋势基本一致	7.5、9.5	7、9
阿坝	7.5	7	10.5	7.5	8、9.5	8、9.5
甘孜	7.5	7.5	15	8.5	8、10	8.5、10
凉山	6	9.5	7.8	6	8、10	高于经济增速
广安	8.1	7.5	8.8	与经济发展趋势基本一致	8.5、10．5	8、9
巴中	5.5（过去 5 年年均）	保持合理增速	2.78（过去 5 年年均）	4	8.5、9.9（过去 5 年年均）	7、9
眉山	8	7	13.4	7.5	/	7.5、8

资料来源：2022 年各市（州）《政府工作报告》（遂宁市除外，成文时遂宁市政府工作报告尚未发布）。

2021 年各市（州）经济发展稳中加固，为加快推动经济社会发展全面绿色转型奠定了良好基础。一是疫情冲击影响逐步减弱，但仍有较大不确定性。2020 年受新冠疫情冲击，各地经济面临巨大下行压力，在疫情防控常态化的当下，2021 年大多数市（州）经济恢复势头明显，为“十四五”期间经济平稳增长奠定了基础。二是经济下行压力依然存在，稳中求进要求更高。新冠疫情仍是当前最大的不确定因素，各市（州）经济社会发展面临需求收缩、供给冲击、预期转弱三重压力，经济下行压力更加凸显，各市（州）政府坚持稳中求进的工作总基调不变且还有加强。

（二）加快经济社会发展全面绿色转型的共识进一步形成

梳理发现，各市（州）以习近平新时代中国特色社会主义思想为指导，全面落实习近平总书记对四川工作系列重要指示精神，统筹做好经济社会发展各项工作，目前已形成加快推动经济社会发展全面绿色转型的共识。

一是从抢抓“双碳”机遇来看，各市（州）深入开展重点行业领域减污降碳行动，在工业领域推进绿色制造，在交通领域加快形成绿色低碳运输方式，在建筑领域提升节能标准，严控“两高”项目盲目“上马”，淘汰退出低效落后产能，推动传统高耗能、高排放行业能耗逐步下降。同时，各市（州）加快建设现代产业体系，在先进制造业、现代服务业、现代农业、数字经济等领域稳步发展，正在加快形成集中布局、集群成链、集约高效的绿色低碳优势产业发展格局。

二是从积极融入成渝地区双城经济圈建设来看，相关市（州）积极融入成渝地区双城经济圈建设，区域协调发展格局加快形成，川渝协同联动持续深化。川渝两地大力推进重大项目合作共建相关工作，相关市（州）积极推进绿色发展示范带、高新技术产业示范区、一体化发展先行区等毗邻地区合作平台建设工作。“一干多支，五区协同”战略部署持续深化，成都平原、川南、川东北、攀西经济区 2021 年经济总量分别增长 8.5%、8.6%、7.6%、7.6%，川西北生态示范区绿色发展特色鲜明。

三是从深入推进高质量发展来看，各市（州）高质量发展动力不断增强。大力推进科技创新，加快建设战略科技力量，持续强化产业技术创新，以科技赋能经济社会发展全面绿色转型。深入推进改革开放，不断提升市场主体活力。在重大改革事项推进方面，积极探索推进经济区与行政区适度分离改革工作；在营商环境优化方面，积极推进“最多跑一次”改革工作，大力支持实体经济发展；在开放合作水平提升方面，加快推进西部陆海新通道建设工作，不断吸引国内外资本来川投资。

二、政府工作报告多维度反映出各市（州）高度重视生态环保和生态文明建设工作

2021 年是地方政府换届之年，因此市（州）政府工作报告包括 2 个工作回顾与 2 个主要目标任务，2 个回顾即本届政府任职期间总结与 2021 年工作年度总结；2 个主要目标任务为今后 5 年主要目标任务与 2022 年主要目标任务。

（一）思想认识：坚持新发展理念，主动作为

各市（州）均强调主动适应新发展阶段，完整、准确、全面贯彻新发展理念，主动服务和融入新发展格局，推动产业向绿色低碳转型、深入推进绿色发展，促进经济高质量发展；各市（州）坚持以习近平生态文明思想为指导，不等不靠、主动作为，坚定不移夯本底、促转型，推动绿色发展步伐加快，坚决筑牢长江黄河上游生态屏障。

（二）重点工作：坚持务实推进，成效突出

各市（州）聚焦产业结构优化调整、污染防治攻坚战、生态保护与修复、人居环境整治、中央生态环境保护督察反馈问题整改等扎实推进，生态环境质量持续改善，绿色低碳发展有序推进。各市（州）取得成就主要分为以下几个方面。

一是生态环境保护工作在务实推进。成都扎实推进生活垃圾分类，建成标准化投放

站点 2.3 万个，生活垃圾分类居民小区覆盖率达 99%、资源化利用率超过 70%。自贡以前所未有的决心“打好环保翻身仗”，农村人居环境整治三年行动圆满收官，大环保格局构建形成；坚定落实“双碳”目标，国家公交都市创建进展顺利，新能源城市公交占比达 53%。广元建成全省第二大风电基地。眉山工业固体废物综合利用处置率达 98%。德阳 189 个行政村完成“厕所革命”整村推进，全市卫生厕所普及率达 90%，95%的行政村生活垃圾、73%的行政村生活污水得到有效治理。阿坝新纳入国家重点保护野生动植物 61 种，生物多样性保护更加有力；九寨沟火花海生态修复得到世界自然保护联盟认可，草原鼠害治理、沙化防治、地质灾害监测、民族医药发展等领域技术研发取得新成效。

二是荣誉表彰全面开花。雅安生态环境状况指数位居全省第一。广元污染防治攻坚战成效考核全省优秀，土壤污染防治工作年度评估位居全省第一；严格落实长江十年禁渔，侦破“4·28”跨省（市）非法捕捞案得到公安部表扬；建立最干净城市建设指标体系，成功入选中国最干净城市排行榜前 10。攀枝花环境空气质量优良率进入全省前列，地表水环境质量排名稳居全国前列，生态环境保护党政同责工作目标绩效考评 3 次获评全省先进。内江生活垃圾分类工作位列全国同类城市第三。阿坝率先组建黄河护河队，“一队三用”经验全国推广；汶川县荣获“中国最美生态文化旅游名县”称号。巴中污染防治攻坚战成效考评居全省前列。泸州“绿芽积分”获全国表彰。

三是试点、示范创建有力。绵阳北川县、盐亭县成功创建国家生态文明建设示范县。攀枝花成功创建国家森林城市、国家园林城市，米易县、盐边县入围省级生态产品价值实现机制试点地区，金沙江干热河谷攀枝花水资源配置工程成为全国 4 个全球环境基金长江经济带生物多样性主流化项目试点城市之一，西区进入全国整区屋顶分布式光伏开发试点名单。阿坝创建生态旅游示范区 3 个，松潘县成功创建国家生态文明建设示范县，九寨沟景区全域开放，成为民族地区绿色发展、全域旅游、脱贫奔康的典范。眉山青神县获评国家生态文明建设示范区。绵阳江油、梓潼被命名为第二批全省生态园林城市（县城）。德阳绵竹县获评国家水土保持示范县。泸州跻身全国首批系统化全域推进海绵城市建设示范城市，江阳区、龙马潭区、古蔺县创成全国节水型社会建设达标县（区），泸县列入全国水系连通及水美乡村建设试点县。广元率先在全省开展生态产品价值实现机制市级全域试点。内江全面完成国家黑臭水体治理示范城市建设。乐山新创建国家绿色小水电示范电站 9 个、省级绿色工厂 15 家；金口河区创建为国家生态文明建设示范区，峨眉山市、犍为县成为全国节水型社会建设达标县，马边县跻身全省生态园林县城。

（三）下一步打算：坚持绿色低碳发展，稳步推进

各市（州）立足自身发展状况，坚持生态优先、绿色发展，提出未来发展主要目标与任务，一是全面完成省下达的 2022 年环保工作任务；二是提出未来 5 年生态环保工作的目标与任务。总体可分为以下几个方面。

一是立足区域特色与定位，积极推动绿色低碳发展。成都突出绿色低碳发展和内涵

提升，打造中国“绿氢之都”，彰显公园城市大美形态，全面建成“百个公园”示范工程项目。自贡围绕新能源电池、太阳能光伏组件、氢能装备制造、页岩气综合利用等产业，共建川渝千亿方天然气（页岩气）基地。攀枝花大力实施绿色低碳“三大战略”，统筹做好钒钛、阳光、清洁能源“三篇文章”，争创国家零碳建筑示范城市。德阳重点推动重点行业清洁生产与绿色化改造，大力发展节能环保装备产业，促进清洁能源装备全产业链发展。绵阳做优做强清洁能源产业集群，加大致密气田勘探开发力度。内江突出发展先进制造业，培育页岩气综合利用循环经济千亿产业集群；培育氢能产业集群。广元突出“双碳”目标引领，大力发展生态经济，深化国家低碳城市试点建设，加快构建独具特色的绿色低碳优势产业体系。泸州着力打造绿色低碳发展试验区，加快创建全国绿色出行城市、全省首批绿水绿航示范城市，努力争创碳达峰碳中和先行试点市。凉山聚焦建设川西南地区绿色发展新高地，培育千亿级绿色工业产业集群，推动“水风光氢储”一体化，实现能源生产和输配相匹配，建成全国重要清洁能源基地。甘孜抢抓碳达峰碳中和机遇，加快发展清洁能源，建设国家重要清洁能源基地。

二是践行绿水青山就是金山银山理念，高质量开展生态建设与示范创建。南充认真践行绿水青山就是金山银山理念，开展高质量国土绿化行动，建成国家生态文明建设示范市、国家森林城市和嘉陵江绿色生态经济带示范市。达州探索通过碳汇交易、碳排放权交易等途径，促进“生态资源”向“生态资本”转变。阿坝坚定不移推进生态建设，强化上游意识，扛牢上游责任，在提升绿水青山“颜值”中做大金山银山“价值”。甘孜坚持生态立州，牢牢守住绿水青山，全力打造国家生态文明建设示范区。凉山打造生态文明建设示范样本，创建一批生态文明示范县（市）、绿水青山就是金山银山实践创新基地。广安坚定走生态优先绿色发展之路，争创国家生态文明建设示范市和绿水青山就是金山银山理论实践创新基地。雅安深入贯彻习近平生态文明思想，以大熊猫国家公园建设为引领，在生态环境建设上争当示范。眉山深入践行习近平生态文明思想，持续推进国家生态文明建设示范市创建，支持丹棱县申报创建国家生态文明建设示范县，东坡区申报创建省级生态区。乐山夯实绿色发展本底，支持区（县）创建国家生态文明建设示范区、“绿水青山就是金山银山”实践创新基地。

三是推动人与自然和谐共生，建设高品质生活宜居地。德阳大力建设西部地级城市人与自然和谐共生绿色发展的典范、西部地级城市建设城乡一体高品质生活宜居地的典范，争创国家海绵城市建设示范市。资阳聚焦山水魅力公园城市，厚植绿色发展本底，加快创建全国文明城市和国家森林城市。绵阳积极推进城市有机更新，开展公园城市专项行动，力争人均公园绿地面积达到 14.15 m^2。内江加快建设滨水宜居公园城市，着力提升城市能级，加快完善城市功能，争创国家海绵城市试点城市。自贡着力打造独具特色的山水园林城市，加快海绵城市建设，编制完成中心城区绿地系统规划，推进山体公园化。

三、主要问题

大多数市（州）政府工作报告以凝练的语言，概括了当地生态环境保护、绿色发展面临的主要问题、挑战和形势。一是推动绿色低碳发展任务艰巨。大多数市（州）认识到绿色低碳发展方式尚未完全形成，城市空间结构、产业结构、能源结构、交通运输结构不优，不足以适应经济社会发展全面绿色转型要求的问题依然突出。部分城市传统产业转型缓慢，新兴产业培育不足，优势资源高质高效开发利用不足，新兴产业支撑作用尚未形成。二是污染防治仍需久久为功。部分城市空气质量、水环境质量改善任务依然艰巨。大气污染方面，部分城市优良天数率远低于全省平均，$PM_{2.5}$年均浓度仍然处在较高位置，臭氧污染问题依然存在并有所加重。水污染方面，部分城市个别水质断面达标不稳定，部分小流域仍长期未达标。土壤污染方面，部分城市土壤污染治理修复进展较慢，化肥农药缩量下行压力依然较大。三是生态环境保护修复存在短板。地方生态安全风险隐患仍然存在，赤水河、嘉陵江、沱江等重点流域生态保护修复仍然面临挑战，黄河干流河岸侵蚀应急处置及防洪治理能力亟待提高，部分城市资源环境约束趋紧，土地、能耗等要素保障压力不断加大，“三州”地区生态系统脆弱、承载力较低。

四、发挥生态环境保护支撑作用，全力服务经济社会发展全面绿色转型

2022 年工作怎么做？经过梳理，各地聚焦“绿色”、突出“转型”，以“服务经济社会发展全面绿色转型”为主线，从碳达峰碳中和、污染防治攻坚、高品质生活宜居地等方面入手，积极谋划、精准发力。

（一）有序推进碳达峰碳中和，加快推动产业绿色低碳发展

各市（州）严格落实中央、省委、省政府“双碳”政策要求，推动能耗“双控”向碳排放总量和强度“双控”转变，加快建立健全绿色低碳循环发展的经济体系，坚定走生态优先、绿色低碳的高质量发展道路。一是实施重点行业领域减污降碳。绝大多数市（州）提出，节能减排完成省下达目标任务，在工业领域推进绿色制造，推动重点行业清洁生产和绿色化改造，坚决遏制“两高”项目盲目发展。成都、自贡、泸州、内江、南充、雅安、眉山等地提出，高水平开展园区循环化改造，打造绿色低碳园区。成都、自贡、宜宾、巴中、眉山等地提出，在交通领域加快形成绿色低碳运输方式，积极推广新能源汽车。成都特别提出，构建“轨道引领、公交优先”格局，开展绿色出行积分激励，完善新能源汽车鼓励政策。宜宾特别提出，深入实施“电动宜宾”行动，加快打造全省电动化样本城市。攀枝花、德阳、南充、雅安、阿坝、巴中等地提出推广绿色建筑，攀

枝花特别提出争创国家零碳建筑示范城市。二是发展绿色低碳优势产业。各地提出推动产业结构优化调整，加快发展清洁能源、清洁能源支撑、清洁能源应用等绿色低碳优势产业。大多数市（州）提出实施清洁能源替代，推进可再生能源发展，成都、攀枝花、广元、乐山、南充、阿坝、甘孜、凉山、巴中等地提出，加快推进抽水蓄能、风电基地、屋顶分布式光伏开发试点等项目，推动水风光一体开发、多能互补，加快发展锂电、光伏产业，推动清洁能源装备制造与服务融合发展，乐山特别提出，发展晶硅光伏产业，建设“中国绿色硅谷”；自贡、达州等地提出大力发展天然气，自贡特别提出，共建川渝千亿方天然气（页岩气）基地，达州特别提出，发展天然气、锂钾综合开发两大绿色低碳优势产业；成都、攀枝花等地提出，推动氢能“制储输用”全产业链发展；凉山提出，大力发展钒电池、锂电池、燃料电池、铅酸蓄电池等储能产业，推动“水风光氢储”一体化；绵阳、内江等地提出参与成渝“氢走廊”建设；成都、德阳等地提出大力发展成德高端能源装备产业集群，成都特别提出，设立绿色低碳产业基金，加快建强新能源产业国家高技术产业基地，加快发展新能源汽车产业。三是加强碳汇能力建设。泸州、广元、内江、雅安、阿坝、甘孜、凉山等地提出，推动碳汇项目开发，提升生态系统碳汇能力。泸州特别提出实施林竹经营碳汇项目。四是创新运用环境经济政策。一些地方通过发展绿色经济，推动节能降碳，促进经济社会绿色低碳循环发展。攀枝花、广元、乐山、达州等地提出大力发展绿色金融，攀枝花特别提出，用好国省系列引导支持政策，争取绿色低碳转型金融改革创新试点。阿坝、巴中等地提出开展生态价值评估，推进生态综合补偿试点，建立横向生态保护补偿机制。广元、内江、乐山、雅安、巴中等地提出，稳步推进碳交易工作，参与全国碳市场交易。雅安特别提出，在个别地区先行先试森林碳汇交易。巴中特别提出，探索建立生态资源资产开发经营服务和交易平台，促进森林、水等生态资源权益交易。

（二）深入打好污染防治攻坚战，进一步筑牢长江黄河上游生态屏障

各市（州）不断提高生态环境保护水平，切实树牢上游意识，坚决守住生态环境质量“只能更好、不能变坏”的刚性底线。一是深化蓝天、碧水、净土保卫行动。各地提出深入打好大气、水、土壤污染防治攻坚战，推动主要污染物排放总量持续下降，空气优良天数率，国考、省考核断面水质优良率稳中有升，严格落实河（湖）长制，推进土壤污染治理与修复，全面推行生活垃圾分类。二是加强生态系统保护治理。绝大多数市（州）提出，实施长江、金沙江、岷江、赤水河、嘉陵江、沱江、涪江、安昌江等重点流域生态综合治理和修复，全面落实长江流域重点水域禁捕政策，大力推行林长制，科学推进国土绿化。绵阳、自贡、德阳、内江、乐山、宜宾、南充、雅安、甘孜、广安等地提出，严格执行“三线一单”生态环境分区管控。攀枝花、泸州、雅安、广安等地提出，全面加强生态系统保护修复，强化水土保持综合治理。阿坝、甘孜等地提出，推进黄河流域生态保护和高质量发展，加快推进若尔盖国家公园建设。绵阳、广元、雅安、阿坝、

眉山等地提出，高质量建设大熊猫国家公园。绵阳、泸州、雅安、阿坝等地提出，有序推进小水电清理整改。自贡、泸州、德阳、广元、资阳、南充、雅安、广安等地提出，推进历史遗留矿山生态修复，加强绿色矿山建设。德阳、乐山、南充、达州、巴中等地提出，推动生物多样性保护与修复。三是狠抓问题整改。绝大多数市（州）提出，要坚决抓好中央和省生态环境保护督察及“回头看”、长江黄河生态环境警示片反馈问题整改，加强系统治理，确保按期整改到位。成都、泸州、德阳、广元、雅安、凉山、巴中等地提出，坚决落实长江经济带生态环境突出问题整改。自贡特别提出，坚持把督察发现问题整改作为重大政治责任和改善生态环境质量的有力抓手，扎实推进整改攻坚，严格执行“清单制+责任制+销号制”。阿坝提出，确保第二轮中央、省生态环境保护督导反馈问题整改完成率在 2022 年达到 60%以上。

（三）打造高品质生活宜居地，加强成渝地区双城经济圈生态环境共建共保

相关市（州）积极融入成渝地区双城经济圈建设，并以此为战略牵引，深化拓展“一干多支”发展战略，在助推高品质生活宜居地建设方面发挥重要作用。一是践行公园城市理念，提升城市风貌品质。德阳、眉山、资阳、内江、绵阳、宜宾等城市对标成都，提出深入践行公园城市理念，加快推进环城生态公园、龙泉山城市森林公园、城市公园、街头绿地公园、湿地公园、城市绿道以及城市生态治理项目和生态修复工程，统筹推进景城融合，优化城市生态功能，提升城市居住品质。二是加强城市精细化治理，助力提升城市智慧化管理水平。资阳、内江、达州、巴中、乐山等地统筹地上地下建设，全面开展城市体检，加快城市更新，完善公共交通、给排水、污水垃圾处理、生活垃圾分类等市政基础设施，重点实施城市地下管网管廊综合整治专项行动，坚决消除城市内涝等安全隐患，提升城市功能品质。三是开展高质量城乡绿化行动，争创国家森林城市。乐山、南充、雅安、德阳、内江等地积极推进“全域绿化”，加强城市绿心保护，实施“城乡增绿”行动，提高绿化覆盖率，巩固国家森林城市成果，积极创建国家森林城市、国家生态文明建设示范市和绿色生态经济带示范市。四是营造绿色生活氛围，推行绿色生活方式。各市（州）均提出开展节约型机关和绿色学校、绿色社区等公共机构创建，节约每一张纸、每一度电、每一滴水；推行绿色消费、鼓励绿色出行、新增公交车、出租车等全部采购清洁能源车辆，新增公共充电桩等基础设施，抓好环保基础设施运维管理。

（四）接续推进乡村振兴，深入落实“美丽四川·宜居乡村”建设部署

在大力实施乡村振兴战略，加快推进农业农村现代化的大背景下，各市（州）高度重视农村环境治理，积极推进宜居乡村建设。一是支持农业绿色发展，开展商标、地理标志品牌经济培育专项行动，打造一批绿色优质农产品品牌。宜宾实施名优特新农业品牌培育，大力实施质量兴农和绿色兴农战略，重点把“宜宾酒”“宜宾竹”“宜宾早茶”等培育成为国内外知名品牌。巴中提出加快培育生态产品区域公用品牌，提升生态产品

溢价能力。南江县围绕文旅康养、种养循环产业，依托南江黄羊品牌优势深度开发文旅产品；通江县围绕文旅康养、山地高效特色农业，依托青峪猪、通江银耳等特色资源，抓精深加工、价值提升和种源基地建设。阿坝实施品牌培育提升工程，培育新增“净土阿坝”品牌产品和“三品一标”品牌产品。雅安提出大力发展绿色有机农业，提出新认证绿色（有机）农业示范基地 3 万亩，新增绿色食品、有机农产品认证 20 个。二是高质量开展农村人居环境整治“五大提升行动”。各市（州）均提出建设美丽宜居乡村，深入开展城乡环境综合治理，重点推进垃圾处理设施建设与运行，探索厕所粪污与生活污水同步治理模式，改造农村户厕、有效治理行政村生活污水；开展农业面源污染防治“六大行动”，稳步提高秸秆综合利用率、废旧农膜回收利用率和畜禽粪污综合利用率，加快消除农村黑臭水体。三是抓住农村特色，加强传统村落保护与开发利用。达州、绵阳等地提出，保护传统村落和乡村特色风貌，强化传统村落保护开发利用，焕发乡村文明新气象。雅安提出打造一批最美古村落。阿坝提出加大传统村落、历史文化名镇名村保护力度，促进民族文化资源价值转化。

关于完善四川绿色发展的环境经济政策和标准体系的思考

摘　要：党的二十大报告明确指出，“完善支持绿色发展的财税、金融、投资、价格政策和标准体系”，凸显了财税、金融、投资、价格政策和标准体系在推动绿色转型发展的重要支撑作用。为充分发挥财政资金引导作用、绿色税制激励作用、绿色金融赋能作用、绿色投资盘活作用以及绿色价格的调节作用，更好服务四川省经济社会绿色转型，本文通过对相关政策的梳理与分析，结合绿色财税、绿色金融、绿色投资、绿色价格政策和标准体系现状，认为应深化环境经济各政策的协同联动，促进财政投入、金融、投资及价格政策的加力提效，以政策合力推动经济社会全面绿色转型。

关键词：绿色财税；绿色金融；绿色投资；绿色价格；绿色转型

资金保障是国家治理的基础和重要支柱，生态环境治理是国家治理的重要组成部分。习近平总书记强调：“生态环境投入不是无谓投入、无效投入，而是关系经济社会高质量发展、可持续发展的基础性、战略性投入。”近年来，为有效支撑生态环境高水平保护和经济高质量发展，各类投资呈逐年上升趋势，绿色财税政策、绿色金融体系建设稳步推进，绿色投资逐年上升，绿色价格政策不断优化，基本形成了支持我国绿色发展的环境经济体系。在绿色财税方面，2021 年全国财政生态环保投入 8 210 亿元，累计征收资源税 2 288 亿元，同比增长 30.4%，环境保护税 203 亿元，同比下降 1.9%；在绿色金融方面，截至 2021 年年末绿色金融业务快速壮大，绿色信贷、绿色债券等蓬勃发展，我国绿色贷款余额 15.9 万亿元，同比增长 33%，境内绿色债券发行量超过 6 000 亿元，同比增长 180%，余额达 1.1 万亿元，我国已初步形成涵盖绿色贷款、绿色债券、绿色保险、碳金融产品等多层次绿色金融产品和市场体系，绿色贷款、绿色债券规模均居世界前列；在绿色低碳投资方面，2021 年全国水力发电、太阳能发电投资增长 22.5%和 48.7%，分别比全部电力生产投资增速快 17.3 个百分点和 43.4 个百分点，可再生能源发电装机达到 10.63 亿 kW，占总发电装机容量的 44.8%，风电、光伏发电利用率分别达到 96.9%和 98%，清洁能源消纳取得新进展。在绿色低碳价格方面，各级价格主管部门积极推进资源环境价格改革，实行差别化电价政策，完善水资源费、污水处理费、垃圾处理费等政策。截至 2021 年年底，全国城市污水处理率为 97.5%，生活垃圾清运量继续呈增长趋势，全国绿色电力交易试点正式启动，绿色价格政策对绿色发展的撬动作用不断凸显。

一、深刻认识加快完善财税、金融、投资、价格政策和标准体系的重大意义

（一）是全面贯彻落实新发展理念的战略要求

作为支持全球环境治理的重要工具，绿色财税、绿色金融、绿色投资、绿色价格等重要环境经济政策的实践与创新，已成为世界各国着力推进的新发展理念的重要支撑力量。环境经济政策遵循市场经济规律，运用财政、价格、税收、信贷、收费以及保险等手段，形成有效的价值导向，调节或影响市场主体积极性，有效降低环境的外部性，不断推动经济发展与环境保护互相协调，为绿色发展理念的有序发展形成提供了坚实的保障。

（二）是健全完善生态环境治理体系重要内容

提升治理能力是现代化建设的重要保障。绿色财税、绿色金融、绿色投资、绿色价格等政策，是生态环境治理体系中“环境治理市场体系”“环境治理法规政策体系”重要组成内容，作为一种调控环境行为、促进经济人理性选择的重要政策工具，有利于激发经济主体推动生态环境改善的积极性和主动性、建立环境保护的长效机制，是推进绿色发展、提升治理能力、实现生态环境治理现代化的重要手段和内容[1]。

（三）是促进经济社会全面绿色转型的重要保障

促进经济社会发展全面绿色转型是实现人与自然和谐共生的现代化、建设美丽四川的关键举措。绿色财税、绿色金融、绿色投资、绿色价格利用市场经济杠杆作用，引导改变过多依赖增加物质消耗、规模粗放扩张、高耗能与高排放产业发展模式，能有效促进提升产业链现代化水平、发展战略性新兴产业、完善宏观经济治理、构建国土空间开发保护新格局、推进区域协调发展，是经济社会全面绿色转型的重要保障措施。

二、完善财税、金融、投资、价格政策和标准体系支持绿色发展的难点

（一）绿色税收机制不够健全

相较国外而言，绿色税收起步相对较晚，征收管理激励约束机制还不完善，当前绿色税收以税收减免为主，实施优惠税率、差别征税等税收激励的力度不够，在当前全球经济下行压力不断加大的情况下，企业大幅加大环保设备和技术的投入动力不足。在约

束方面，环保税在实际征管过程中机动车尾气、光污染等污染源未纳入征税范围；资源税的征收范围限制于不可再生资源，森林资源、草地资源、湿地资源等可再生能源均未纳入征收范围。

（二）绿色金融标准发展滞后

当前，绿色金融标准发展滞后于业务发展。绿色信贷、绿色产业等标准设定与 2021 年 7 月发布的《绿色债券项目支持目录》（2021 年版）中的绿色标准尚未同步，不同绿色产品的标准差异仍然较大；棕色产业向绿色转型的技术路径、准入门槛及转型金融标准尚待确立；部分绿色债券发行存在“漂绿”“洗绿”现象，严重损害了绿色债券发行主体的声誉，并加大了投资者的筛选甄别成本，第三方绿色评估认证机构发展亟待规范[2]。

（三）绿色投资力度偏弱

近年来，绿色投资额虽然增长迅速，但仍存在总量不足、投资结构不合理、投资主体单体一等问题。2020 年，全国环境污染治理投资总额为 10 638.9 亿元，仅占国内 GDP 的 1%，且 64.3%用于城市基础设施，绿色投资多侧重于解决传统发展模式的遗留问题上。其次，绿色投资主要以政府投资为主，民间、外商投资较少，进一步完善市场投资机制，拓宽资金来源成为亟待解决的问题。

（四）绿色价格政策不够系统

绿色价格机制目前主要集中在污水垃圾处理、用水用电等方面，仍然存在价格机制不够完善、政策体系不够系统，价格机制未充分反映资源稀缺程度、生态价值和环境损害成本情况，激励与约束相结合的价格机制没有真正建立等问题[3]。这就要求要不断完善绿色价格标准、政策机制，更好发挥价格杠杆引导资源优化配置，实现生态环境成本内部化，推动绿色发展。

（五）政策协同不够

在目标多元、政策多元的新发展阶段，绿色财税、绿色金融、绿色投资、绿色价格政策互补性有限，仍然存在绿色税收支持政策范围窄、绿色价格政策执行不到位等问题，导致一定程度上政策间的承接度不够。另外，部分环境经济政策间内容交叉，导致实施效果相互削弱，背离政策目标。进一步增强绿色财税、绿色金融、绿色投资、绿色价格等各项举措的关联性和耦合性，避免政策的“合成谬误”和“分解谬误”①，是解决绿色

① 资料来源：《北京日报》2022-05-16：政策“合成谬误”是指从各部门来看，每项政策都是对的，都有一定道理，但合起来看，当齐头并进地实施时，可能就错了。政策“分解谬误”是指不该分解的系统性任务被分解了，有的分解到各部门、各地方，有的分解到各个时间段。本以为可以更好地明确责任、变压力为动力，但过多过细的任务分解实际上反而可能会造成整体无序和相互掣肘。

发展资金保障问题的关键。

三、完善财税、金融、投资、价格政策和标准体系，推动绿色低碳转型的建议

（一）注重财政政策“引导”

一是完善绿色财政制度标准体系。进一步深化生态环境领域的财政事权、支出责任划分改革，加快建立健全各领域财政事权和支出责任相适应的配套政策制度体系。结合绿色发展需要，建立绿色财政支出标准，优化调整财政支出结构，加大对循环经济、清洁生产等绿色产业的培植力度。完善绿色项目支出的绿色绩效评估指标体系，强化项目实施前、中、后不同节点的绩效评估与监管[4]。全面推进绿色采购标准体系建设，建立“碳标识”标签制度，完善配套政策措施，分类建立绿色低碳政府采购需求标准。压实政府环境监控主体责任，构建投入保障到位、资金统筹到位、引导带动到位、绩效管理到位的绿色财政保障制度。

二是完善生态功能区转移支付制度。进一步强化财政转移支付对生态文明建设、绿色低碳转型发展的支撑力度。将生态价值核算结果作为生态补偿定量参考依据，细化对重点生态县域、生态功能重要地区等转移支付支持范围，逐年增加重点生态功能区转移支付规模。健全完善横向政策补偿机制，推动建立岷江流域、嘉陵江流域第二轮横向生态保护补偿机制，支撑流域生态环境质量持续提升。

三是创新绿色财政资金使用方式。加大各级财政资金支持力度，探索采取投资补助、以奖代补、财政贴息等多种方式支持绿色发展。加快增强绿色财政补贴实效，进一步提高补贴政策的精准性、指向性和实效性，强化对具有绿色属性生产者补贴、消费者补贴及投资补贴。通过对新能源、节能环保等行业贷款贴息、补助和奖励等方式，加大对绿色制造重点领域技术创新和技术改造。发行地方政府债券用于长江经济带重大公益性项目建设，鼓励增加用于符合条件的长江经济带重大生态保护项目的规模和比例。倡导绿色消费，加强对企业和居民采购绿色产品的引导，适当采取补贴、积分奖励等方式促进绿色消费。

（二）加强绿色税制“激励”

一是加快构建清洁能源税收支持体系。加大对太阳能、风能、水能、核能等清洁能源开发利用的税收政策支持力度。将激励型税收政策作用于能源产业全产业链，全方位高效刺激能源技术创新。针对电力、水泥、钢铁等高耗能、高排放行业，在生产环节征收碳税，作为对现有碳交易机制的有益补充，为科学有序推动如期实现碳达峰碳中和目标和建设现代化清洁能源体系提供保障。

二是不断优化环境保护税征收体系。合理拓宽征税范围，逐步将 VOCs 以及建筑噪声等民众投诉率高的污染物纳入征税范围，通过税收方式予以调节，推动形成减污降碳的激励约束机制。探索调整提高适用税率，根据环境质量改善目标、产业结构调整需要、环境承载能力水平、污染物排放状况、经济社会发展目标等，实行更加精准的差别化、精细化税率，促使环境保护税税率不低于边际减排成本的目标，“倒逼”企业淘汰高污染高耗能的生产设备及工艺，更加注重绿色低碳发展。

三是完善绿色税收优惠政策。根据《支持绿色发展税费优惠政策指引》，结合四川现行税收优惠政策，细化支持绿色发展的税收优惠政策，扩大税收优惠政策的适用主体范围。细化支持从事污染防治的第三方企业、市政生态环境保护基础设施项目、水土保持规划开展水土流失治理活动等内容的税收优惠政策，推动生态环境保护。出台推广合同能源管理项目、建材等行业绿色化改造、促进节能节水环保等方面的系列优惠政策，有效促进节能环保。不断加大资源综合利用税收优惠政策支持力度，加强对废弃物综合利用、污水垃圾处理、矿产资源高效利用等方面政策扶持，着力提升资源利用效率。完善推动绿色低碳产业发展的税收优惠政策，提高研发费用税前加计扣除比例，激发企业科技创新动力，促进企业技术创新。

四是完善税收标准体系。健全以环境保护税为主资源税、消费税、增值税等其他税种相互配合、相互补充、差别化税率相互协调的绿色税收标准体系。在完善绿色税收标准体系的过程中，通过经济高质量发展与环境保护双线并行，建立绿色税收优惠的标准，扩大税收优惠政策的适用主体范围，让企业更好地达到节能减排要求、实现绿色发展要求。逐级完善配套监督及管理机制，增加周期性检查和不定期抽查，加大对企业“伪绿”申报税费减免、偷税漏税等行为的处罚力度。

（三）强化绿色金融“赋能”

一是加强绿色金融制度设计。创新地方性绿色金融制度，建立组织多元、产品丰富、政策有力、市场运行安全高效的绿色金融体系。从省级层面加快制定省级绿色金融统计制度、绿色银行评级体系、设计绿色信贷风险补偿机制和保费补贴机制[5]。从成渝区域合作层面建立高度信息化的绿色金融征信系统，加强成渝地区金融机构、政府、企业之间的信息交流，促进不同区域的协同与合作。支持各类基础设施及监管平台业务流程互联互通和数据共享，推动金融科技与绿色金融深度融合，生态环境部门充分共享包括环保相关的法律、法规、标准、环境经济政策等情况。经信部门建立绿色园区、节能环保产业骨干企业名单，以及节能、资源综合利用和绿色新兴产业发展等绿色制造项目库。住建部门加强绿色建筑星级等级、项目业主、项目规模等相关信息共享。加大绿色金融宣传力度，加强行业主管部门与地方政府联动，协助地方政府在制度设计、规划审批中融入绿色金融理念。

二是鼓励绿色金融产品创新。建立健全银行业金融机构绿色金融产品服务体系，创新一批有四川特色可复制、可推广的绿色金融产品服务。组织金融机构力量共同组建“两山银行”，以绿色金融改革促进生态产品价值实现。鼓励商业银行参与绿色信贷发行并创新绿色信贷产品，大力推广“环保贷”“两山贷”“碳惠贷”以及绿色园区贷、绿色工厂贷等特色绿色信贷产品。创新抵押担保方式，支持金融机构创新推广水权、用能权、排污权、林草碳汇等抵质押贷款产品。支持生态产品、绿色项目 PPP、碳资产证券化等创新业务，进行结构化融资，推动生态资源变资产、资产变资金。支持符合条件的金融机构、企业发行绿色债券、中小企业绿色集合债、绿色项目收益债等债种。推动绿色保险持续发展，加快各地的绿色保险险种覆盖农业、新能源、科技创新、网络安全、绿色建筑、绿色消费、碳排放权质押融资等各个领域，进一步推动经济社会绿色转型。

三是不断完善绿色金融标准。衔接国家绿色金融标准，结合四川省实际，研究制定全省绿色金融标准建设实施方案，探索绿色金融标准化试点示范。完善绿色金融风险监测和预警标准，提升绿色金融风险防控水平，坚决杜绝“漂绿”“洗绿”现象。健全绿色金融业综合统计标准，明确绿色金融口径、分类等规则，进一步推进绿色金融统计基础标准实施。支持建立绿色项目库标准，为绿色金融与绿色低碳项目高效对接提供平台。探索制定碳金融产品相关标准，助力金融支持碳市场建设。加快建立金融产品和服务创新标准体系，统一绿色债券标准，制定绿色债券募集资金用途、环境信息披露和相关监管标准。制定绿色建筑保险的认定标准，探索绿色金融服务绿色建筑的规范化流程体系。

四是制定绿色金融发展“三张清单”。加强发展改革、财政、金融部门合作，明确具体合作事项清单。发展改革部门根据《绿色产业指导目录》《绿色债券支持项目目录》规定，明确绿色金融支持范围，加强绿色企业（项目）库建设，定期开展绿色项目遴选、认定和推荐，加大对环保、节能、循环经济、清洁能源、绿色交通、绿色制造等领域及绿色发展新模式、新业项目的倾斜，形成绿色发展“万亿项目库”[6]。财政部门明确对绿色产业投资基金、绿色信贷、绿色保险和绿色担保的财政支持措施，对出成果、出模式的地区予以政策倾斜。按照市场化、法治化原则对风电和光伏等行业自主发放补贴确权贷款，加大对清洁能源和可再生能源技术、项目和产业的支持力度。金融部门以国家绿色低碳发展目标和规划为指引，以相关环保法律法规、产业政策、行业准入政策等规定为界限，强化发展制度和业务流程建设，明晰绿色金融发展方向和重点行业支持规则，鼓励低碳环保产业发展和高耗能产业转型升级[7]。同时，以结果为导向建立成果评价机制，对绿色金融项目进行督导落实和跟踪。

（四）推动绿色投资“盘活”

一是全力支持绿色低碳发展重点领域。结合成渝地区双城经济圈建设、美丽四川建设等重大战略，积极争取中央财政资金支持，建立省级财政投入稳定投入机制，调动地方政府加大投入积极性，确保全省美丽四川建设、生态文明建设、绿色低碳转型发展的资金投入力度。支持高品质生活宜居地建设，推进以县城为重要载体的绿色化城镇建设，鼓励支持城乡环境改善，创建“无废城市”、宜居宜业和美乡村。支撑碳达峰碳中和试点示范建设，积极支持重点行业、产业节能降耗和减排降碳，鼓励市（县）绿色低碳和高质量发展，对符合条件的试点对象给予专项资金支持。支持深入推进污染防治，全力支撑“十四五”重大环保项目建设实施，补齐生态环境基础设施短板。

二是推动绿色投资方式多元化。发挥财政资金引导作用，规范运用政府专项债、PPP等模式，吸引社会资金参与绿色低碳转型发展。建立EOD项目储备库，加快推进试点项目建设进度，加强EOD项目与相关规划的有效衔接。争取中国绿色发展基金加大对四川的支持力度，设立四川绿色发展基金，鼓励社会资本设立各类民间绿色投资基金，支持开展生态环境系统性保护修复、污染治理与生态环境监测、绿色发展示范、生态产品价值实现工程等项目。鼓励绿色企业在主板、创业板、科创板、新三板等多层次资本市场上市或挂牌。完善市场化多元化投入机制，推动各市场主体积极参与ESG投资，加快发展ESG投研体系。

三是建立绿色投资标准体系。根据相关领域、区域发展重点，细化绿色投资行业标准，撬动更多社会资本投向环境保护产业、资源综合利用产业、新能源产业、生态农业、绿色技术和绿色服务业等绿色产业。推动绿色企业投资标准，鼓励企业进行绿色技术创新，采取节能降耗、资源综合利用和清洁生产技术。建立绿色园区投资标准，推动各个企业相互协调，实现生产、物流、废弃物处理设施资源共享。鼓励规范绿色城市投资标准，大力发展再生资源回收利用，实现城市内物质和能量的闭路循环，同时，加大对绿色交通、绿色建筑、绿色消费和生态文化建设等方面的投资力度。

（五）活用价格政策“调节”

一是完善污水处理收费政策。结合水污染防治形势和当地经济社会发展水平，探索开展污水排放差别化收费机制，根据排放污水中主要污染物种类、浓度等指标，分类分档制定差别化收费标准，将收费标准提高至补偿污水处理和污泥无害化处置成本且合理盈利的水平，并建立动态调整机制。健全城镇污水处理服务费市场化形成机制，鼓励通过政府购买服务，以招投标等市场化方式确定污水处理服务费水平，建立与处理水质、污染物削减量等挂钩的污水处理服务费奖惩机制。具备条件的地区探索建立污水处理农户付费制度。

二是健全固体废物处理收费机制。完善城镇生活垃圾分类和减量化激励机制，实行分类垃圾与混合垃圾差别化收费等政策，提高混合垃圾收费标准。完善城镇生活垃圾分类和减量化激励机制，鼓励城镇生活垃圾收集、运输、处理市场化运营。加快建立有利于促进垃圾分类和减量化、资源化、无害化处理的激励约束机制，具备条件的地区探索建立农村垃圾处理收费制度。完善危险废物处置收费机制，全面建立覆盖成本并合理盈利的固体废物处理收费机制。

三是建立有利于节约用水的价格机制。建立健全有利于促进水资源节约，与投融资体制相适应的水价形成机制，促进节水减排和水资源可持续利用。科学核定定价成本，合理确定盈利水平，动态调整供水价格。鼓励有条件的地区实行供需双方协商定价。深入推进农业水价综合改革，推行分类、分档水价，统筹推进精准补贴和节水奖励机制、工程建设和管护机制、终端用水管理机制的健全和落实。有序推进城镇非居民用水超定额累进加价制度，探索建立城镇供水上下游价格联动机制，全面推行城镇非居民用水超定额累进加价制度。

四是健全促进节能环保的电价机制。完善差别化电价政策、峰谷电价形成机制，针对高耗能、高排放行业，完善差别电价、阶梯电价等绿色电价政策，强化与产业和环保政策的协同，支持污染深度治理、产业结构、能源结构优化升级和相关环保业发展。实施支持性电价政策，降低岸电使用服务费。引导电力资源和价格的优化配置，持续深化燃煤发电、水电等上网电价市场化改革，完善风电、光伏发电、抽水蓄能价格形成机制，建立新型储能价格机制。

五是健全绿色价格的标准体系。加快形成支持污水处理收费标准体系，进一步明确城镇污水处理费标准、企业污水排放差别化收费、农村污水处理农户付费标准等。建立固体废物处理收费标准体系，推动县级以上地方政府建立生活垃圾处理收费制度，合理制定调整收费标准，细化城镇生活垃圾分类和减量化激励标准、农村垃圾处理收费标准以及危险废物处置收费标准，建立覆盖成本并合理盈利的固体废物处理收费标准。建立节约用水的价格标准体系，明确农业水价标准、城镇非居民用水超定额累进加价标准，促进节约用水的价格形成和动态调整机制。健全促进节能环保的电价标准，完善差别化电价、峰谷电价等标准，充分发挥电力价格的杠杆作用。

参考文献

[1] 葛察忠. 环境经济政策是实现环境治理现代化重要手段[N]. 中国环境报，2018-02-26（3）.

[2] 国家发展改革委关于创新和完善促进绿色发展价格机制的意见（发展改革价格规〔2018〕943 号）.

[3] 董战峰，龙凤，毕粉粉，等. 国家“十四五”绿色财税政策改革思路与重点[J]. 环境保护，2020，18：42-43.

[4] 积极发挥绿色金融在高质量发展上的促进作用[N]. 第一财经日报，2023-02-07（A2）.

[5] 李江涛，黄海燕. 绿色金融的生态环境效应——“双碳”目标下粤港澳大湾区的实践检验[J]. 广东财经大学学报，2022，37（1）：87-95.

[6] 左希. 践行绿色发展理念　促进经济高质量发展[N]. 金融时报，2022-10-31（5）.

促进绿色消费，推动形成绿色生活新风尚

摘　要：改革开放40余年以来，中国经济增长模式逐步经历了由投资导向型向消费导向型的转变，消费正在成为拉动我国经济增长的主要动力。经济的快速增长为消费的转型升级奠定了扎实的基础，我国居民消费随着社会主要矛盾的转变由"有没有"向"好不好"转化，消费特征日渐多元化、品质化、个性化，绿色消费理念逐渐融入人民生活。为进一步促进绿色消费，推动绿色生活成为社会新风尚，本文基于绿色消费链条的各主体参与者的角度，明确了政府、企业、社会公众和公共机构等各方的责任与任务，提出对策建议。

关键词：绿色消费；绿色生活

绿色消费是社会经济发展到一定程度的产物，反映了人类社会由工业文明转向生态文明的发展进程。绿色消费兼顾了人的生活需要和生态环境健康发展需求，不仅关注消费点、消费量，更关注消费方式、消费结果及其对经济社会发展全面绿色转型的深刻影响[1]。改革开放以来，尤其是党的十八大以来，我国在推动生态环境保护、加快绿色生产、促进消费领域出台了一系列法律法规和政策文件，推动全民绿色消费成为生态环境治理体系中关键的一环。倡导全民绿色消费逐渐成为保护生态环境、推动生产方式绿色化的重要方式。

一、绿色消费的内涵

2016年，国家发展改革委等十部门出台的《关于促进绿色消费的指导意见》明确指出，绿色消费是指以节约资源和保护环境为特征的消费行为，主要表现为崇尚勤俭节约，减少损失浪费，选择高效、环保的产品和服务，降低消费过程中的资源消耗和污染排放。绿色消费作为一种新兴消费观念，强调的核心理念是对生态环境的保护，促进资源的可持续利用，促进社会经济的可持续发展[2]，其内涵体现为以下三方面。

（一）消费观念：倡导科学理性的消费观

思想是行动的先导，观念是实践的指南。在消费观念上，绿色消费倡导的是科学理性的消费观，要结合自身生活需求进行适度消费，在追求生活舒适的同时注重保护环境

和节能资源能源，进而实现可持续消费。绿色消费以建立绿色生活价值体系为主导，引导消费者选择绿色环保的消费模式，养成资源稀缺意识和节约意识，以环境友好的消费理念指导消费行为，实现从过度消费向适度消费转变。切实把自身利益与环境结合起来，在环境可承载范围内进行适度消费。

（二）消费对象：主动选择绿色健康的产品与服务

绿色消费引导消费者从吃、穿、住、用、行、游、购、娱等方面关注消费选择，鼓励广大消费者选择无污染、无公害、高质量、绿色环保的产品，选择未被污染的或有利于公众健康的绿色产品、对环境友好的产品，自觉抵制和不消费存在环境破坏或造成大量资源浪费的产品，主动选择绿色健康的产品与服务。

（三）消费过程与结果：减少消费对生态环境的破坏与污染

在消费过程与结果上，强调人与自然的和谐共生。在消费过程中，避免铺张浪费，减少消费产生的污染物与废弃物，重视对废弃物的处置方式，尽可能在处理环节减少污染物的产生和排放，推动废弃物循环利用。在消费结果上，强调尊重自然、顺应自然、保护自然，达到人与自然万物和谐共生的状态，不能因为无节制、过度的消费行为造成生态环境的破坏与污染，降低消费对生态环境的影响，促进社会经济的可持续发展。

表 1　绿色消费与传统消费对比

	绿色消费	传统消费
消费者社会责任意识	高	低
资源消耗	少	多
废弃物产生与排放量	少	多
产品质量与耐用性	优质、耐用	劣质、易损
对消费自身健康	利于健康	不利于健康
对社会影响	促进公平	有失公平
对环境影响	环境友好	损害环境

二、促进绿色消费的重要意义

促进绿色消费、加快形成绿色生活方式对促进经济社会发展全面绿色转型，解决我国资源环境生态问题有重要意义，是推动经济高质量发展，满足人民日益增长的美好生活需要的重要方式，也是实现碳达峰碳中和目标的重要举措之一。

（一）绿色消费是推动经济社会发展全面绿色转型的新动能

加快形成绿色生产、生活方式是促进经济社会全面绿色转型、推动经济高质量发展的重要举措。按照马克思主义经济理论，消费不但实现生产，而且反过来促进生产，同时影响交换和分配。消费的绿色化引导和“倒逼”生产方式的绿色化，即消费者绿色生活方式的变化会传导至消费品生产领域，影响着生产要素的配置、技术的优化和方式的改进，进而促进生产方式的绿色化、产业的转型升级。随着我国居民消费升级，公民绿色消费意愿逐渐提升，绿色消费需求的扩大推动了市场的扩张，有效促进了绿色生态产品的供给与创新，加速绿色消费与生产、绿色需求与供给形成良性循环，这不仅大幅减少了资源消耗与环境污染，也推动了经济增长趋向绿色化的供给侧结构性改革，成为推动经济社会发展全面绿色转型的新动能。

（二）绿色消费是推动实现碳达峰碳中和目标的重要拉力

实现碳达峰碳中和是一场广泛而深刻的经济社会系统性变革，需要生产领域和消费领域协同发力。消费领域的降碳力量来源于绿色低碳消费市场、渗透于生产领域，关键在于能否激活绿色低碳消费需求、降低经济终端碳排放。人作为碳达峰碳中和的参与者和责任人，其消费是经济活动的终端，也是工业化生产的动力和二氧化碳等温室气体排放的根源[3]；人们的消费爱好与购买力直接影响生产领域降碳力量的发挥。根据消费习惯理论，一旦人们形成绿色生活方式、养成绿色消费习惯，并倾向于长期保持，能够从消费端拉动碳达峰碳中和目标的实现。

（三）绿色消费体现了人民追求美好生活的本质诉求

党的十九大报告指出，新时代我国社会主要矛盾是人民日益增长的美好生活需要和不平衡、不充分的发展之间的矛盾，人民对生活的追求已经由过去的“温饱型”向“健康型”转变，社会绿色消费升级趋势明显。绿色消费所倡导的绿色生活方式是以绿色为底色，简约适度、绿色低碳为特征的新生活方式，从根本上满足了人民对诗意生活、健康生活的美好向往，契合了人的自由而全面的发展的本质诉求[1]。同时，对美好生活的追求既包含了对更有质感的物质生活的追求，也涵盖了对更高境界的精神生活追求，绿色消费所提倡的适度、理性消费，既满足自身物质需求又从中获得精神愉悦的生活体验，是人支配消费而不是消费异化，是实现美好生活、促进人的全面发展的重要依托[1]。

三、绿色消费先进经验与典型案例

国外对于绿色消费的研究较早，绿色消费制度较我国也走在前面，累积了一批先进的绿色消费建设经验。同时，我国也在不断加快推进全民参与的绿色消费建设步伐，打造绿色消费典型城市，推动品牌践行绿色行动。

（一）国外绿色消费制度先进经验

一是建立循环利用回收保障体系，建立完善循环利用消费制度。美国建立较为完善的旧物回收利用保障体系，主要做法为鼓励公众通过循环消费取得更加显著的社会经济效益，并通过法律规定二手商品进入市场交易规则，在旧货交易及循环消费方面配备完善的消费者权益保障体系；此外，美国还通过法律及地方专项法案明确废弃物的回收与处置；德国、日本均制定并不断修订、完善循环经济与绿色消费相关的法律，为发展循环经济、加快绿色消费步伐奠定制度保障基础。

二是建立绿色产品责任制度和认证体系。德国主要通过完善立法加强对绿色产品的质量认证、约束生产商家的行为，为消费者选购绿色消费品提供法律依据；制定绿色包装制度，减少包装流通环节对环境造成的污染；通过环境标志认证制度带动产品和服务的绿色化水平提升。美国重视绿色能源消费认证标志制度，推广实施“能源之星”计划，提升绿色能源在终端消费能源的比重；英国推出碳标签制度引导消费者选购低碳产品，“倒逼”企业不断进行低碳技术更新，美国、日本、法国、瑞典等国家相继推出碳标签制度。

三是大力实施鼓励绿色消费的财税政策。德国建立绿色消费财政资金补贴制度，以完善的法规制度提供资金支持，鼓励企业进行绿色生产技术的革新，促进绿色、健康、环保产品的生产和消费；新加坡借助税收优惠政策促进新能源汽车市场发展，同时打造友善便捷的公交地铁系统推动绿色出行；瑞典通过强化政策支持、实施投资补贴激励措施、鼓励先进科学技术应用等途径，为生物质能产业快速稳定发展提供重要保障。

四是推行绿色采购制度。日本通过法律要求无论是政府、企业还是个人都必须严格遵行绿色环保理念来进行采购及消费活动，尤其是政府部门更要起到代表作用。德国为政府采购设定了不浪费、耐用、可回收、易于处理的基本原则，提升消费者购买绿色消费品的意识和欲望，从而促进绿色经济和面向全民的绿色消费的发展。

五是推进绿色消费积分制度。日本推出“住宅环保积分制度”，以确保新建或改建住宅时使用经环保机构认定的节能环保材料，获得的积分可以兑换节能环保型商品或抵充因追加施工而发生的费用。韩国推出“绿色信用卡”，用户在购买环保产品、绿色出行、无纸化交易时将获得相应积分，可以兑现或在消费时享受折扣。

（二）国内绿色消费典型案例

一是城市开展绿色消费季。北京绿色消费季聚焦城市“白色污染”，与知名咖啡品牌合作开展活动，减少一次性餐具使用，并宣传咖啡渣的循环利用，营造“减塑”新风尚；策划骑行活动、发放骑行积分奖励、新能源车充电优惠券及绿色生活联名纪念卡，积极引导市民绿色低碳出行；建立碳普惠超市，通过“绿色生活季”小程序建立“碳账本”，根据个人减碳量及相关活动获得相应绿色积分，参与换购和消费抵扣[4]。上海积极创建国家级绿色商场，构建集地铁、公交首末站枢纽、新能源汽车基地于一体的立体交通网络，以智慧化运营为手段，引领绿色出行新方式；推出“上海市绿色餐厅”，倡导适度点餐，推出小份菜、半份菜，贯彻光盘行动；强化一次性塑料制品和湿垃圾源头减量，在菜市场试点塑料购物袋集中购销制度，配置湿垃圾就地处理设施；创新“互联网+”和“两网融合”模式，推动闲置或废弃物品的回收与再利用[5]。

二是品牌开展绿色消费行动。可口可乐将旗下的雪碧等品牌改用更加环保的透明瓶，预计将减少 9 万 t 的新塑料垃圾；科罗娜联合海洋保护组织共同发起“重塑鱼路计划”，打捞海洋垃圾，进行塑料再生创意，并呼吁更多人参与海洋环境保护行动；耐克与蚂蚁集团联合发起“绿色能量行动”，完成旧鞋回收获得相应的蚂蚁森林绿色能量，回收的旧鞋用于建造环保球场；美的推出《盗绿空间》喜剧片，通过外星人来地球寻找绿色警醒人类，唤醒人们的绿色意识，倡导大家应该主动为绿色生活付出，践行绿色生活方式。快手联合快手渔民打造环保艺术作品《没有一头鲸想这样告别》，以一场艺术展览揭露人们随意丢弃垃圾导致生态环境被破坏的真实现状，提醒人们重视绿色生活。

四、多主体发力，共同促进绿色消费的建议

促进绿色消费是消费领域的一场深刻变革，需抓住政府、企业、公众、公共机构等重点主体，着力调动全社会各方面的积极性、主动性和创造性，加快形成政府大力促进、企业积极自律、公众广泛参与、社会全面协同的绿色消费共谋共建共享格局，形成全社会共同参与绿色消费的良好风尚。

（一）政府：充分发挥在促进绿色消费上的推动作用

政府在促进绿色消费过程中，要充分发挥推动作用，加强制度供给，建立健全促进绿色消费的政策体系。一是发挥引导作用。加强绿色消费宣传教育，持续推动绿色消费宣传教育进机关、进学校、进企业、进社区、进农村、进家庭，注重绿色消费理念和绿色消费价值观的培育，引导全社会树立科学健康的绿色消费意识和习惯。加大“双碳”引领下的“碳普惠机制”宣传力度，探索建立个人碳账户，广泛对接各类碳普惠项目和应用场景，提高全社会的降碳意识，鼓励居民低碳生活、低碳出行，营造全民参与、共建共享的良好氛围。组织开展绿色消费活动，增强绿色消费产品和场景供给，制定发布绿色旅游消费公约或指南，建立绿色消费积分制度，探索发行“绿色消费券”，刺激绿色消费。二是发挥监管作用。加快建立健全绿色消费制度保障体系，制定和完善促进绿色生产、绿色消费的法律法规，健全生产者责任延伸制度。完善绿色产品认证制度，健全绿色低碳产品认证体系和产品碳足迹评价体系，探索建立重点产品全生命周期碳足迹标准。完善绿色设计和绿色制造标准体系，不断推进绿色低碳产品标准、标识和认证工

作，提升绿色标识产品和绿色服务市场认可度和质量效益。强化监督管理，严格控制高污染、高能耗、质量低劣、不符合安全卫生标准的产品生产消费，严厉打击虚标绿色低碳产品行为。规范绿色消费市场，加强绿色产品与服务的信息披露，完善网络直播标准，遏制诱导消费者过度消费。三是发挥激励作用。完善促进绿色产品和服务供给的经济政策，稳步扩大绿色债券发行规模，鼓励金融机构和非金融企业发行绿色债券，落实和完善资源综合利用税收优惠政策，更好发挥税收对市场主体绿色低碳发展的促进作用[6]。加大对绿色低碳技术产品认证和推广等的服务支持力度，扶持企业实施绿色科技创新、规范绿色产品和服务定价等。设立绿色产业专项基金，在贷款上给予优惠利率，扩大对绿色产业的信贷规模，鼓励社会资本以市场化方式设立绿色消费基金。增加节能环保领域的财政支持，确定重点领域“领跑”企业，对其提供资金、技术、政策、税收等方面的支持，充分发挥其引领作用，带动绿色消费产业的大规模发展。

（二）企业：构建全链条绿色产品供给体系

企业作为绿色消费产品的生产供给主体，应强化产品全生命周期管理，扩大绿色低碳产品的有效供给。一是加大绿色消费产品供给。提升绿色创新水平，推动设计、采购、生产、销售、服务等供应链各个环节加快绿色、低碳、环保、可循环创新，实行全过程低碳化控制，实现生态设计，清洁生产，提升产品“绿色”含量。在绿色有机食品、新能源汽车、绿色家电、绿色家装建材等重点领域，积极研发和引进先进适用的绿色低碳技术，增加品种，完善功能，提升品质，生产符合绿色低碳要求、生态环境友好的产品，不断丰富和扩大绿色产品的消费品类和规模，更好地满足消费者对绿色产品的需求。二是完善绿色供应链体系。探索建立全生命周期绿色供应链制度体系，强化原材料采购、生产过程、产品销售和回收的全过程监控，加强技术突破、标准引领、示范推广，打造一批绿色工厂、绿色工业园区、绿色供应链管理企业，逐步构建起从基础原材料到终端消费品的全链条绿色产品供给体系。积极推进商品包装和流通环节包装绿色化、减量化、循环化，加强低碳零碳负碳技术、智能技术、数字技术等研发推广和转化应用。加大区块链、大数据等技术在绿色产品研发、市场调研等环节的应用，推动绿色消费品溯源体系建设。三是持续创造绿色消费新业态。坚持“线上+线下”双线发力，打造绿色商场、绿色网店等绿色产品销售专区，搭建绿色产品供给与消费的对接平台[7]。创建绿色品牌，科技赋能产品，培育一批“零碳排”和“零废弃”的绿色消费产品，针对可回收“空罐”，试点实行“返航计划”，进一步探索更高效的废旧循环利用模式，形成生产者-消费者的良好循环互动。打造一批绿色消费新场景，通过举办数字生活节、绿色消费季等活动，提升绿色消费品牌影响力。

（三）公众：自觉践行绿色消费行为

消费者要自觉、全面地推进吃、穿、住、行、用、游等各领域的消费转型升级，加快形成简约适度、绿色低碳、文明健康的生活方式和消费模式。一是养成理性消费观念。个人应当树立文明、健康、理性、绿色的消费理念，支持适度消费、反对奢侈消费；积极参与绿色消费、绿色生活等环保志愿活动，主动为个人、家庭及社会营造良好的绿色生活氛围。二是主动选用绿色衣物和耐用产品。注重衣物的绿色设计、选材和开发，选择符合绿色低碳要求的服装；参与旧衣零抛弃和衣物重生活动，推进二手服装再利用；自觉抵制珍稀动物皮毛制品，保护生物多样性。日常生活用品购买耐用品，外出自带购物袋、水杯等，减少使用、购买一次性产品的频率，拒绝跟风购买、更新换代迅速的电子产品，主动拒绝过度包装的商品。三是要树立文明健康的食品消费理念。在家庭生活中，培养形成科学健康、物尽其用、防止浪费的良好习惯，按照日常生活实际需要采购、储存和制作食品；外出用餐合理确定数量、分量，深入践行“光盘”等粮食节约行动；调整饮食结构，日常食物采购主动选用绿色有机食品、农产品，拒食珍稀野生动植物。四是营造绿色居住环境。更换或新购绿色节能家电、环保家具等家居产品；家庭装修选用节能门窗、建筑垃圾再生产品等绿色建材和环保装修材料，使用低挥发性有机物含量的涂料、干洗剂，选用节水龙头、马桶、洗衣机等节水产品；践行绿色居住，减少无效照明和电器设备待机能耗，节约用水用电。五是鼓励绿色出行与游玩。鼓励消费者购买新能源汽车或节能型汽车；优先步行、骑行或公共交通出行和出游，多使用共享交通工具；出游购买小容量可重复使用的分装瓶，自带洗漱用品，减少使用酒店、餐厅一次性用品。六是强化再生资源回收利用意识。学习并掌握垃圾分类和回收利用知识，按标志单独投放有害垃圾、可回收垃圾，分类投放其他生活垃圾。加强个人闲置物品的改造利用、交流捐赠与出售，提高二手物品流转率和使用率。

（四）绿色消费载体：推进公共机构消费绿色转型

组织开展绿色商场、绿色景区、绿色饭店、绿色食堂、节约型机关、节约型校园、节约型医院等绿色生活载体的创建活动，鼓励建立绿色批发市场、绿色商场、节能超市、节水超市、慈善超市等绿色流通主体。一是推动新建建筑绿色化。加强新建建筑的节能设计，充分利用自然环境与相关因子（如阳光、空气、降水量等），辅以智能通风系统、节能空调系统、节能照明系统、环保材料和环保涂料等节能技术及产品，降低能耗、降低碳排放，营造舒适的声、光、热环境。二是开展既有建筑的绿色化改造。鼓励开展绿色建筑改造，针对批发市场、大型商业综合体、老旧小区，融入节能环保要求开展绿色化改造，以智能化手段大幅提升改造质量；完善各类建筑附属基础设施，淘汰落后高耗能设备，选用先进高效节能设备。三是创建绿色消费氛围。推动商场、超市、集贸市场等商品零售场所严格执行“限塑令”，减少包装物的消耗，鼓励使用生物基材料的环保包装制品，长期开展绿色回收活动；鼓励商场整合供应链上下游资源，构建绿色供应链，销售有机绿色商品，提供绿色服务；引导商家运用多种方式开展绿色消费宣传，营造绿色购物氛围。四是推进公共机构绿色转型。积极推动机关、事业单位、团体组织类公共机构绿色办公，提高办公设备和资产使用效率，鼓励无纸化办公和双面打印，使用再生制品。严格执行党政机关厉行节约反对浪费条例，确保各类公务活动规范开支，提高视频会议占比，鼓励和推动文明、节俭举办活动。促进学校、医院开展节能化、智能化改造，降低能源浪费。五是创建绿色景区。将绿色设计、节能管理、绿色服务等理念融入景区运营，推动景区基础设施节能改造，实现景区资源高效、循环利用；完善景区景点交通转换条件，推进骑行专线、登山步道建设，引导景区低碳出行；鼓励旅游饭店、景区等推出绿色旅游消费奖励措施，星级宾馆、连锁酒店逐步减少“一次性用品”的免费提供，试行按需提供。

参考文献

[1] 【聚焦政策中国】切实绿色消费理念引领消费新风尚的内在要求[EB/OL]. https：//www.sohu.com/a/455139967_120873510，2021-03-11.

[2] 张晓行. 构建中国绿色消费法律制度体系框架的思考[D]. 呼和浩特：内蒙古财经大学，2021.

[3] 做好低碳消费这篇大文章[EB/OL]. https：//baijiahao.baidu.com/s？id=1719882782799879176&wfr=spider&for=pc，2021-12-23.

[4] 陈向国. 以实际行动迎接党的二十大胜利召开“2022 北京绿色生活季”推动市民生活方式绿色转型纪实[J]. 节能与环保，2022（10）：10-19.

[5] 上海已有 39 家国家级大型绿色商场[N]. 文汇报，2022-09-03（2）.

[6] 推动绿色消费　促进绿色发展[N]. 学习时报，2022-08-29（A4）.

[7] 以“三轮驱动”深入开展绿色生活创建行动[N]. 重庆日报，2021-02-02（1）.